Susanna Labisch
Christian Weber
Paul Otto

Technisches Zeichnen
Grundkurs

Susanna Labisch
Christian Weber
Paul Otto

Technisches Zeichnen
Grundkurs

Mit über 250 Abbildungen und 50 Tabellen

Die Deutsche Bibliothek – CIP-Einheitsaufnahme

ISBN 978-3-528-04961-4   ISBN 978-3-663-05771-0 (eBook)
DOI 10.1007/978-3-663-05771-0

Umschlaggestaltung: Klaus Birk, Wiesbaden

Vorwort

Das vorliegende Buch „Technisches Zeichnen – Grundkurs" bietet eine schrittweise Einführung in die Grundlagen und die Praxis des technischen Zeichnens. Es wendet sich an Lernende in einer gewerblich-technischen Berufsausbildung, an angehende Techniker und sowie an Ingenieur-Studenten an Fachhochschulen und Technischen Hochschulen/Universitäten, die erstmals mit dem Problem des Lesens und Anfertigens von technischen Zeichnungen konfrontiert werden und sich schnell und fundiert in die Materie einarbeiten wollen. Das Buch vermittelt neben Fakten- auch Hintergrundwissen, um den Lernprozeß zu beschleunigen und zu intensivieren. Aus diesem Grunde wurde auch das Kapitel über die Regeln und Verfahren der Darstellenden Geometrie aufgenommen, da sie die Grundlage vieler Regeln und Verfahren des technischen Zeichnens sind. Alle Lernschritte können zudem mit Hilfe der Übungsaufgaben (am Ende jedes Kapitels) und ihrer Lösungen (im Anhang) im Selbststudium kontrolliert und vertieft werden.

Das Buch basiert auf einer Serie von Studienheften von Paul Otto sowie auf Vorlesungsmanuskripten und Übungen von Christian Weber und Susanna Labisch, die sich in verschiedenen Lehrveranstaltungen bisher schon bestens bewährt haben. Einerseits auf der Basis der mit diesen Unterlagen gemachten Erfahrungen und andererseits im Hinblick auf die gerade in jüngster Zeit stark veränderte (internationalisierte) Normung wurden aber erhebliche Überarbeitungen, zum Teil auch Ergänzungen vorgenommen.

In Kürze wird der auf der gleichen Basis aufbauende Folgeband „Technisches Zeichnen – Aufbaukurs" erscheinen, der sich im Stile einer einführenden Übersicht mit den wichtigsten Maschinenelementen und ihrer korrekten Darstellung in technischen Zeichnungen beschäftigen wird.

Die Autoren möchten Herrn Marc Gerhardt, daneben aber auch Herrn Dipl.-Ing. (FH) Roland Gall für die Anfertigung der zahlreichen Zeichnungen danken. Dank gilt auch den Herren Dipl.-Ing. Klaus Ewert und Jörg Bautz für die Herstellung der Fotografien beziehungsweise für die Anfertigung der darauf abgebildeten Werkstücke sowie Herrn Dr. rer.nat. Alfred Wisser, der die Rasterelektronenmikroskop-Aufnahmen zur Verfügung stellte. Schließlich sei Herrn Dipl.-Ing. Horst Werner für die Durchführung der letzten Korrekturen gedankt.

Herbst 1996

Dr.-Ing. Susanna Labisch, Saarbrücken
Prof. Dr.-Ing. Christian Weber, Saarbrücken
Ing. Paul Otto, Hamburg

Inhaltsverzeichnis

1 Einleitung

1.1 Was ist das „Technische Zeichnen"?

Das technische Zeichnen ist eine Möglichkeit, Formen und Gedanken bildhaft darzustellen. Das Produkt – die technische Zeichnung – ist als Informationsträger das Verständigungsmittel zwischen den einzelnen Abteilungen innerhalb eines Werkes und nach außen für die Fremdfertigung in anderen Fabrikationsstätten. In Verbindung mit dem Schriftfeld und der Stückliste können der technischen Zeichnung alle zur Fertigung notwendigen Angaben entnommen werden. Das betrifft Formen, Werkstoff, Maße, Fertigungsverfahren, Vorgehensweise bei der Bearbeitung sowie die zulässigen Abweichungen des Werkstücks.

Der Konstrukteur entwirft und zeichnet ein Werkstück nach den Gesichtspunkten der Funktion, Beanspruchung und günstigsten Fertigung. Die Normenstelle prüft die Einhaltung der Normen, die Arbeitsvorbereitung erstellt einen Fertigungsplan und alle weiteren Arbeitsunterlagen, plant die Belegung der Maschinen und stellt das Vorhandensein der Werkstoffe sicher. Wenn der Facharbeiter dann die technische Zeichnung an der Werkzeugmaschine erhält, muß er diese einwandfrei lesen und die Form des Werkstücks klar erkennen können, damit kein Fertigungsfehler und somit Ausschuß entsteht. Diskussionen an der Werkbank oder der Maschine über die technische Zeichnung deuten auf mangelhafte Arbeit des Konstrukteurs oder Technischen Zeichners hin.

Die Aussage der technischen Zeichnung muß deshalb *vollständig, eindeutig* und *gut verständlich* sein, was voraussetzt, daß der Ersteller sie nach verbindlichen Regeln – den Zeichnungsnormen – anfertigt, die keine Unklarheiten zulassen.

Weitere Anwendungen von technischen Zeichnungen, die über die oben gegebene Definition hinausgehen, sind z.B. Angebotsunterlagen, Montage- und Reparaturanleitungen. Im folgenden wird auf diese Anwendungen nicht im einzelnen eingegangen. In der Regel unterliegen diese auch nicht den strengen Vorschriften einer Technischen Zeichnung; sie gehen sogar teilweise in den Bereich der Repräsentationsgraphik hinein.

1.2 Wozu eine Normung?

Eine technische Zeichnung ist also offenbar ein relativ stark abstrahiertes Abbild eines vorhandenen oder geplanten Gegenstandes. Zur Beschreibung dieses Gegenstandes stehen dem Zeichner nur geometrische/graphische Merkmale (Linien, Symbole) sowie alphanumerische Zeichen (Zahlen, Buchstaben) zur Verfügung. Des weiteren kann die Zeichnung nur zweidimensional sein, während der dargestellte Gegenstand stets dreidimensional ist. Es ist klar, daß ein Gegenstand damit insgesamt nur sehr unvollständig beschrieben werden kann. Es bedarf also immer des „Lesers" einer technischen Zeichnung, der in der Lage ist, aus den in der Zeichnung niedergelegten geometrischen/graphischen Merkmalen und alphanumerischen Angaben wieder das tatsächliche Aussehen des Gegenstandes zu rekonstruieren. Voraussetzung dazu, daß eine technische Zeichnung von verschiedenen „Lesern" identisch verstanden und interpretiert wird, ist die Beachtung der im folgenden dargelegten Zeichenvorschriften – den Zeichnungsnormen.

Die Normung schreibt aber nicht nur die Regeln des Technischen Zeichnens vor, sie ordnet und vereinheitlicht Form, Größe und Ausführung von Erzeugnissen und Verfahren. Normen bieten Lösungen für immer wiederkehrende Aufgaben und sind in Zusammenarbeit von Vertretern aus Praxis und Wissenschaft erarbeitet worden. Normen sollen die technische Weiterentwicklung nicht hemmen und sind daher Änderungen oder Erweiterungen unterworfen. Die Normen fördern die Rationalisierung und gewährleisten gleichbleibende Qualität.

Die vom Deutschen Institut für Normung e.V. herausgegebenen Normen tragen das Zeichen DIN oder DIN ISO. DIN ist heute das Kurzzeichen des Instituts und zugleich Kennzeichen seiner Gemeinschaftsarbeit. Von ihm werden z.B. die DIN-Normen und DIN-Taschenbücher erstellt, die vom Beuth-Verlag GmbH in Berlin herausgegeben werden.

Normen haben den Charakter von Empfehlungen mit einer technisch-normativen Wirkung. Die Beachtung dieser Normen steht jedermann frei. Aus sich heraus haben sie keine rechtliche Verbindlichkeit, wer sich aber nach ihnen richtet, verhält sich ordnungsgemäß. Da lediglich die Angaben der Original-Normblätter verbindlich sind, ist es untersagt, die Normen durch Kopien zu vervielfältigen.

DK /44.44 : 62-408 : 003.62	DEUTSCHE NORM	Dezember 1993
	Technische Zeichnungen **Angabe der Oberflächenbeschaffenheit** Identisch mit ISO 1302 : 1992	$\overline{\underline{\text{DIN}}}$ ISO 1302
	Technical drawings; Method of indicating surface structure; Identical with ISO 1302 : 1992 Dessins techniques; Indication des états de surface; Identique à ISO 1302 : 1992	Ersatz für Ausgabe 06.80 und Beiblatt 1 zu DIN ISO 1302/06.80

Das Internationale Schriftstück ISO 1302, 3. Ausgabe, 1992-11-01, „Technical Drawings – Methods of indicating surface texture", ist unverändert in diese Deutsche Norm übernommen worden.

Nationales Vorwort
Diese Norm wurde vom Technischen Komitee ISO/TC 10 unter ...

Bild 1-1 Kopfleiste einer DIN-Norm; hier DIN ISO 1302, Ausgabe 12.93

Da es weder nützlich noch sinnvoll sein kann, die Normung allein auf die Bedürfnisse eines einzelnen Landes auszurichten, wurde die „International Federation of the National Standardizing Association (ISA)" gegründet, durch die die gegenseitige Zusammenarbeit im Bereich des geistigen, wissenschaftlichen, technischen und wirtschaftlichen Schaffens entwickelt und gefördert werden sollte. Hieraus entstand die ISO (International Organization for Standardization) in Genf. Die Bezeichnung ISA wurde durch ISO ersetzt. Durch den Anstieg länderübergreifender Zusammenarbeit sind die internationalen Normen wichtiger als je zuvor.

Eine internationale Norm der ISO, der das DIN zugestimmt hat, wird nach Entscheidung des zuständigen Normenausschusses in der deutschen Übersetzung entweder ohne jegliche Überarbeitung als DIN-ISO-Norm übernommen, oder es wird daraus nach einer Überarbeitung eine DIN-Norm erstellt. Daneben werden auch Normen vom Europäischen Komitee für Normung[1] (CEN; Comité Européen de Normalisation) angenommen, die dann als DIN-EN- oder DIN-EN-ISO-Normen in ihrer deutschen Fassung ebenfalls den Status einer Deutschen Norm besitzen.

Das Ergebnis der Normungsarbeit liegt dann als Norm-Entwurf, Vornorm oder als endgültige DIN-(EN-ISO-)Norm vor. Bei Referenzen ist deshalb nicht nur das entsprechende Kürzel der Norm (DIN, EN bzw. ISO) und die Norm-Nummer anzugeben, sondern auch das Datum der Ausgabe, welches stets in der Kopfleiste einer Norm gegeben ist, siehe auch Bild 1-1.

Der Inhalt einer Norm kann z.B. sein:

- objektiv feststellbare Eigenschaften in bezug auf die Gebrauchstauglichkeit eines Gegenstandes (Gebrauchstauglichkeitsnorm)

- technische Grundlagen und Bedingungen für Lieferungen (Liefernorm)

- Maße und Toleranzen von materiellen Gegenständen (Maßnorm)

- Planungsgrundsätze und Grundlagen für Entwurf, Planung, Berechnung, Aufbau, Ausführung und Funktion von Anlagen, Bauwerken und Erzeugnissen (Planungsnorm)

- Untersuchungs-, Prüf- und Meßverfahren für technische und wissenschaftliche Zwecke zum Nachweis von Eigenschaften von Stoffen und Erzeugnissen (Prüfnorm)

- Ermittlung von Beurteilungskriterien (Qualitätsnorm)

- Festlegung zur Abwendung von Gefahren für Menschen, Tiere und Sachen (Sicherheitsnorm)

- Verfahren zur Herstellung, Behandlung und Handhabung von Erzeugnissen (Verfahrensnorm)

- Zeichen oder Systeme zur eindeutigen und rationellen Verständigung terminologischer Sachverhalte (Verständigungsnorm)

Eine Kopfleiste einer solchen Norm gibt Bild 1-1 wieder. Sie enthält die genaue Bezeichnung dessen, was genormt ist, sowie die dazugehörige DIN-Nummer, die aus den Buchstaben DIN (bzw. DIN ISO, DIN EN oder DIN EN ISO) und einer Zählnummer ohne klassifi-

---

[1] CEN-Mitglieder sind die nationalen Normungsinstitute von Belgien, Dänemark, Deutschland, Finnland, Frankreich, Griechenland, Irland, Island, Italien, Luxemburg, Niederlande, Norwegen, Österreich, Portugal, Schweden, Schweiz, Spanien und dem Vereinigten Königreich.

zierende Bedeutung besteht. Darüber steht auf der linken Seite die Dezimalklassifikation (DK), die das Fach- bzw. Anwendungsgebiet kennzeichnet und auf der rechten Seite das Datum der Ausgabe.

In der Praxis ist es wichtig, sich gründlich und auch laufend über Normen und Neuerscheinungen zu unterrichten. Unterstützt wird dieses Bestreben durch die Veröffentlichungen des DIN: DIN-Kataloge mit Normen und Normentwürfen, „DIN-Mitteilungen", die Monatsschrift des DIN, das DIN-Informationssystem Technik „DINST", Einführungen in die DIN-Normen mit zahlreichen umfassenden Behandlungen von Normen.

1.3 Zur Vorgehensweise

In den folgenden Kapiteln sind die zur Erstellung von technischen Zeichnungen notwendigen Normen und Konventionen ausführlich erläutert. Da es sehr viele Regeln gibt und hier die Informationen aufeinander aufbauend dargelegt sind, sollte beim ersten Lesen das Buch „von vorne nach hinten" durchgearbeitet werden. Zur Wiederholung einer ganz speziellen Thematik kann aber auch ein Kapitel separat durchgearbeitet werden.

Nach diesem ersten Kapitel wird zunächst auf die Arbeitsmittel eingegangen, die zur Erstellung einer Technischen Zeichnung benötigt werden. Des weiteren wird über die Arbeitsweise bei manueller und rechnergestützter Erstellung einer Technischen Zeichnung informiert. Das darauffolgende Kapitel ist der Darstellenden Geometrie gewidmet, denn beim Technischen Zeichnen ist es ja besonders wichtig, Bauteile, die noch gar nicht existieren, auch so darzustellen, wie sie später einmal aussehen werden. Hierzu gehört viel Vorstellungsvermögen. In Kapitel 3 wird also weniger auf Normen eingegangen. Vielmehr gilt es, die Vorgehensweise aufzuzeigen, nach der die Bauteile dargestellt werden können. Das 4. Kapitel enthält als Ergänzung des vorangegangenen Kapitels die Regeln und Normen, die beim Technischen Zeichnen zur Vereinfachung der Darstellung angewendet werden. Auch sind ganz bestimmte Ansichten und Schnitte üblich, auf die dort explizit eingegangen wird. Im 5. Kapitel wird auf die Beschriftung eingegangen. Hierzu gehören zum einen die Maßeintragungen, die die Dimensionen eines Bauteiles bestimmen, und zum anderen Zusatzangaben, die in Schriftfeldern und Stücklisten gemacht werden. Das 6. Kapitel gibt Informationen zu aktuellen und bereits abgelösten Werkstoffbezeichnungen. Im 7. Kapitel wird auf die Regeln eingegangen, nach denen die Oberflächenbeschaffenheit eines Bauteiles definiert wird. Darunter sind Angaben zu verstehen, die die Rauheit eines Bauteiles definieren und die durch Abtragung oder Beschichtung erreicht werden. Das letzte Kapitel behandelt die Thematik Toleranzen und Passungen. Toleranzen sind zulässige (geduldete) Abweichungen vom Sollwert. Im einzelnen sind dies Maß-, Form- und Lageabweichungen, die das reale Bauteil von der Idealgeometrie aufweist. Toleranzen sind immer dann wichtig, wenn mehrere Bauteile aufeinander abgestimmt funktionieren müssen.

Am Ende der Kapitel 2 bis 8 sind Aufgaben angefügt, die auf die jeweils zuvor behandelte Thematik als Fragen oder Übungen eingehen. So können die wichtigen Lernziele wiederholt und überprüft werden. Bemühen Sie sich also, möglichst alle gestellten Fragen zu beantworten und die Übungen selbständig zu bearbeiten. Die Lösungen zu den Aufgaben sind am Ende des Buches gegeben.

2 Erstellung einer Technischen Zeichnung

2.1 Arbeitsmittel

Das Produkt „Technische Zeichnung" ist die bildliche Darstellung eines (vorhandenen oder geplanten) Gegenstandes in der für technische Zwecke erforderlichen Art und Vollständigkeit. Sie ist hierdurch so stark genormt, daß die zu ihrer Erstellung notwendigen Hilfsmittel und Materialien ebenfalls standardisiert sind. Dieses Kapitel soll einen Überblick geben über die vorhandenen Zeichengeräte, die genormten Papierformate und die verschiedenen im Fertigungsablauf eines Werkstücks vorkommenden Zeichnungsarten.

2.1.1 Zeichengeräte

Zum Anfertigen einer technischen Zeichnung haben sich die unten genannten Zeichengeräte als hilfreich herausgestellt, auf die im folgenden einzeln eingegangen wird:

- zur Erzeugung der Linien: Bleistift und Tuschehalter

- zur Führung der Linien: Zeichenschiene, Dreiecke, Schablonen, Zirkel

- zur Entfernung überflüssiger oder ungewollter Linien: Radiergummi, Radiermesser (evtl. Rasierklinge)

- zur Unterstützung der Führung: Zeichenplatte, Zeichenanlage (bestehend aus Zeichentisch und Zeichenmaschine mit Parallelogramm- oder Laufwagenführung)

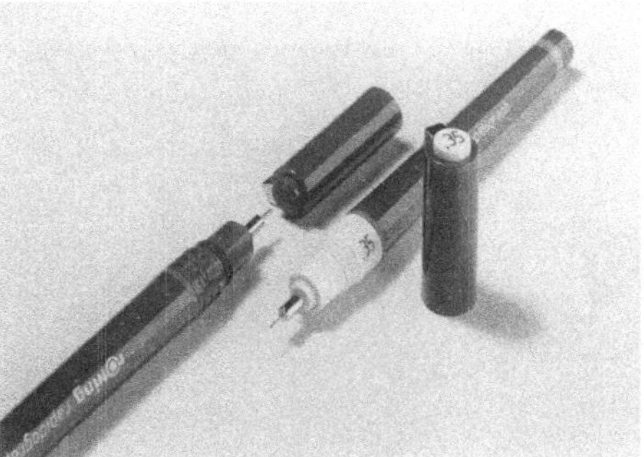

Bild 2-1 Feinminen- und Tuschehalter in definierten Linienbreiten [Werkbilder Rotring]

Bleiminen dienen zur Erstellung von Bleizeichnungen. Sie sind in Holz gebettet oder in praktischen Klemmhaltern geführt, die ein Anschärfen meist überflüssig machen. Die auf den Minen bzw. Bleistiften angegebenen Buchstaben geben Auskunft über die Mineneigenschaften. Dabei steht B für schwarz (englisch: black) und deutet an, daß es sich um eine weiche Mine handelt. Eine solche Mine erzeugt einen „satten", dunklen Strich, der jedoch mit der Hand leicht verwischt werden kann. H steht für hart (englisch: hard). Eine H-Mine erzeugt einen „lichten", dünnen Strich, der nicht so leicht verwischt, d.h. auch schwer wegzuradieren ist. Als Zwischenhärten sind zu nennen: HB für „hard-black" und F für „firm" (englisch: fest). Den genannten Buchstaben können Ziffern vorgestellt sein, die auf feinere Abstufungen hinweisen. Dabei bezeichnet 8B eine Mine, die weicher (dunkler) ist als z.B. 2B. 6H steht für eine Mine, die härter ist als z.B. 2H. Neben der Stufung der Härtegrade hat sich durch die Nutzung von *Feinminenbleistiften* eine Stufung der Minenstärke durchgesetzt. Diese Feinminen sind in den Linienbreiten 0,3 – 0,5 – 0,7 – 0,9 erhältlich. In der Regel werden jedoch nur die Linienbreiten 0,3 – 0,5 – 0,7 benutzt, Bild 2-1.

Zur Anfertigung von Tuschezeichnungen werden heute meist *Tuschehalter* (spezielle Tuschefüller) benutzt, die die Arbeit durch genaue Einhaltung der geforderten Linienbreiten und kontinuierlichen Tuschefluß relativ einfach gestalten. Früher wurden Reißfedern[2] verwendet, bei denen die Linienbreite variabel eingestellt werden konnte und die nur einen kleinen Tuschevorrat besaßen. Bei Tuschehaltern wird die Tusche in Form von Patronen zugeführt. Günstig ist der Erwerb eines Tuschehaltersatzes mit den wichtigsten Linienbreiten, siehe Kapitel 4.2. Diese Linienbreiten sind zur besseren Übersichtlichkeit auf den Tuschehalter durch Farben gekennzeichnet, die auch zur Kennzeichnung der Bleistiftminenstärken genutzt werden.

Zeichenschienen sind vornehmlich zum Zeichnen gerader Linien gedacht. Um parallele Linien ziehen zu können, müssen diese sehr sorgfältig geführt sein. Diese Führung kann die Kante des Zeichenbrettes, aber auch eine Führungsschiene übernehmen. Sehr vorteilhaft sind Feststellvorrichtungen, die beim Andruck durch Blei- und Tuschestifte ein Wegrutschen verhindern. Professionelle Zeichenschienen bzw. -lineale haben eine besonders geformte Kante, die ein Auslaufen der Tusche unter die Zeichenschiene verhindern soll.

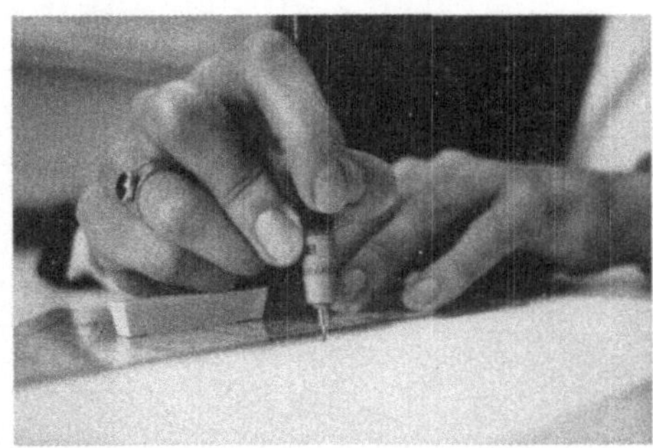

Bild 2-2 Tuschekante an einem Zeichendreieck (Geo-Dreieck)

Zeichendreiecke sind fast ausschließlich nur mit den Winkelgrößen 45°-90°-45° (Geo-Dreieck) und 30°-60°-90° erhältlich. Sie können auf der waagerechten Zeichenschiene aufgestützt werden und dienen so zum Zeichnen vertikaler und schräger Linien. Durch die Kombination beider Ausführungen lassen sich alle Winkel in den Abständen von 15° zeichnen.

---

[2]   Die Bezeichnung „Reißzeug" ist bis heute für die zum Erstellen einer technischen Zeichnung notwendigen Geräte üblich. Des weiteren sind heute noch gebräuchlich „Reißzwecke", „Grundriß", „Reißschiene" etc.

Meistens werden transparente Kunststoffdreiecke verwendet, die verschiedenerlei Gravuren wie Maßleisten, Winkelmesser und auch Schablonenstiche aufweisen.

Zur Erleichterung der Arbeit bei schwierigen Linienführungen wie bei Kreisen, Radien, Kurven und auch für die mannigfachen Symbole der Technik sind *Schablonen* eingeführt worden, von denen Bild 2-3 eine Auswahl zeigt. Um eine gute Führung des Tuschehalters zu gewährleisten, ist die Breite der Führung der Strichstärke der Tuschehalterspitze angepaßt. Entsprechend sind die Schablonen – wie ja auch die Tuschehalter – durch eine Farbkodierung gekennzeichnet. Ein großes Angebot besteht auch in Anreibe- und *Aufklebefolien*, die das zeitraubende Zeichnen von häufig wiederkehrenden Symbolen, Sinnbildern, Schaltzeichen u.a.m. ersetzen.

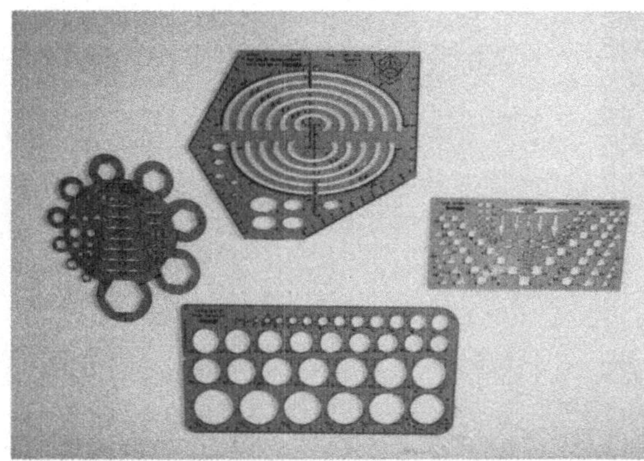

Bild 2-3 Schablonenauswahl

Eine besondere Art der Schablonen sind *Schriftschablonen*. Wer in Freihand-Normschrift ungeübt ist, benutzt sie für die verschiedenen Schriftgrößen und schreibt in diesen mit Tuschefüllern der entsprechenden Linienbreiten. Die Außendurchmesser der Schreibröhrchen und die Schlitzbreiten der Schablonen sind genormt, so daß die dieser Norm entsprechenden Tuschehalter sowohl zum normgerechten Zeichnen als auch zum normgerechten Beschriften verwendet werden können. Die Zuordnung von Tuschefüllern und Schriftschablonen ist durch die gleiche Farbkennzeichnung gegeben. Auf die Beschriftung von technischen Zeichnungen wird in Kapitel 5 eingegangen. Dort wird auch die Benutzung der Schriftschablonen erklärt.

Zum Reißzeug gehört neben den Tuschezeichengeräten der *Zirkel*. Bei den Zirkeln sind die Typen Stechzirkel, Teilzirkel, Nullenzirkel und Einsatzzirkel zu unterscheiden. In Bild 2-4 sind der Einsatz- und der Nullenzirkel dargestellt.

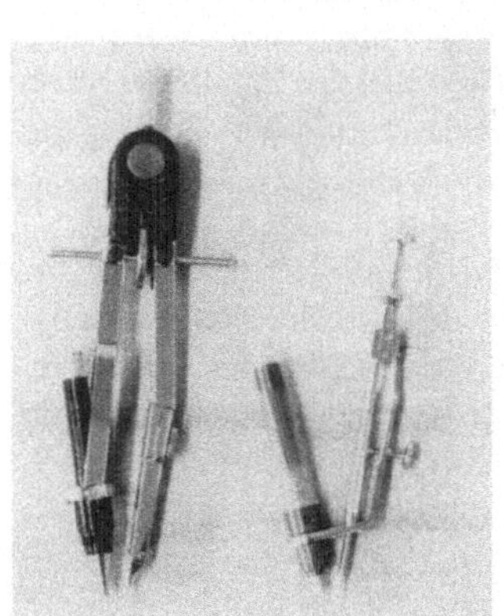

Bild 2-4 Zirkel mit Tuscheeinsatz (Einsatzzirkel und Nullenzirkel)

Ein *Stech- oder Spitzzirkel* dient allein zum Abgreifen und Einstechen von Teilungen, Strekken usw. sowie zum Nachprüfen von Maßen, da seine Spitzen aus Metall sind. Mit dem *Teilzirkel* können mehrmals kleine Strecken übertragen werden. Mittels einer Schraubspindel kann der Spitzenabstand präzise eingestellt werden und bleibt während des Teilens konstant. *Nullenzirkel* werden zum Zeichnen besonders kleiner Kreise verwandt; dazu sind wahlweise auswechselbar der Bleiminenzusatz und ein Tuscheeinsatz. Am häufigsten jedoch wird der *Einsatzzirkel* verwendet. Er ist vielseitig verwendbar, da seine Spitzen auswechselbar sind. Er dient zum Zeichnen von Kreislinien, wobei der Bleimineneinsatz bzw. der Tuscheeinsatz verwendet werden kann. Mit einer Verlängerung können auch große Kreise gezeichnet werden, Bild 2-5. Durch metallene Spitzen kann der Einsatzzirkel auch als Einstechzirkel für das Abgreifen von Strecken verwendet werden. Tips zur Benutzung von Zirkeln sind in Kapitel 2.2 gegeben.

Bild 2-5 Verwendung des Einsatzzirkels

Für das Entfernen von überflüssigen oder ungewollten Linien verwendet man unterschiedliche *Radiergerätschaften*. Für das Radieren in Bleizeichnungen verwendet man Gummimaterialien verschiedener Härtegrade oder auch Kunststoffe. Die Härtegrade müssen der verwendeten Bleihärte und der Papierqualität angepaßt sein. Tusche hingegen kann man immer noch am besten mit der Rasierklinge entfernen (wenn auf Klarpapier oder Folie gezeichnet wird), doch gibt es auch spezielle Tuscheradierer auf Kunststoffbasis, Glashaarpinsel und ähnliches. Nach dem Radieren sollten die Radierreste nicht mit der Hand abgewischt werden, da dadurch die Zeichnung verwischt werden könnte. Hierzu dient ein kleiner Handfeger, siehe auch Bild 2-18. Weitere Tips zur Vorgehensweise beim Radieren sind in Kapitel 2.2 gegeben.

Zeichenplatten, siehe Bild 2-6, sind für die Formate A4 bis A2 gebräuchlich[3]. Sie dienen zur Befestigung der Zeichenpapiere oder -folien, die mittels seitlich angebrachter Klemmschienen glattgezogen werden können. In der horizontalen oder vertikalen Nut gleitet eine mit Maßeinteilung versehene Zeichenschiene, auf die noch Zeichendreiecke oder ein Zeichenkopf mit variabel verstellbaren Linealen gesetzt werden kann.

---

[3]   Auf das Format wird im Abschnitt 2.1.2 eingegangen.

Zur Anfertigung von größeren Formaten eignen sich die Zeichenplatten nicht mehr, da sie ohne zusätzliche Vorrichtungen nicht verkippt werden können. Hierzu sind *Zeichenanlagen* vorteilhafter, Bild 2-6, die aus Zeichentisch und Zeichenmaschine bestehen. Mit ihnen ist selbst die Anfertigung von größeren Zeichnungen einfach, da der Zeichentisch verkippt und in der Höhe verstellt werden kann. Die Zeichenmaschine besteht im wesentlichen aus der Führung und dem Zeichenkopf. Der Zeichenkopf ist drehbar gelagert und trägt zwei Lineale, die senkrecht zueinander stehen. Er läßt die Einstellung und Fixierung beliebiger Winkel zu. Meist hat er noch eine Einrichtung zum Einstellen und Einhalten gleicher Schraffurabstände. Die Lineale sind auswechselbar und zum Zeichnen mit verschiedenen Maßstäben oder zum Gebrauch als Tuschelineale geeignet. Die Führung kann eine Parallelführung mit zwei hintereinandergeschalteten Parallelogrammgestängen oder eine Laufwagenführung sein.

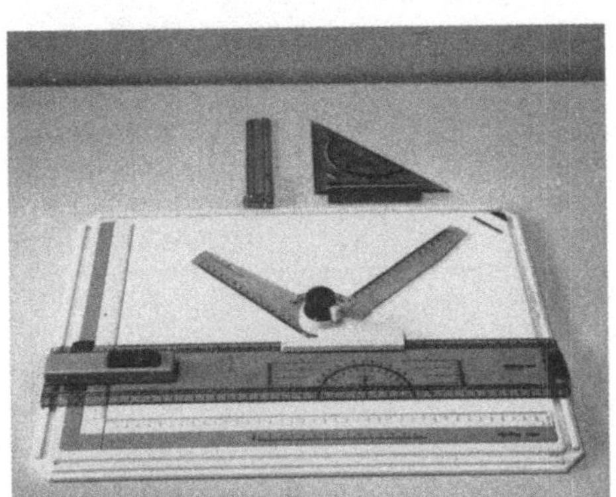

Bild 2-6 Zeichenanlage mit Laufwagenführung und Zeichenplatte

2.1.2 Zeichenpapier

Da das gewöhnliche weiße Zeichenpapier (Zeichenkarton) nicht lichtdurchlässig, daher auch nicht lichtpausfähig ist, kommt es für technische Zeichnungen nur selten in Frage. Durchsichtiges Papier ist einerseits die Voraussetzung dazu, daß man von einer Zeichnung Lichtpausen anfertigen kann. Andererseits ist nur so das Durchziehen von Zeichnungen möglich. Pausfähiges Zeichenpapier gibt es in den verschiedensten Ausführungen. Zunächst unterscheidet man es nach der Oberflächenglätte und nach der Dicke. Mit „naturglatt" bezeichnet man Zeichenpapier mit rauher und matter Oberfläche. Mit glatter und glänzender Oberfläche heißt es „satiniert". Sowohl naturglatte als auch satinierte Zeichenpapiere sind für Bleistift- und Tuschezeichnungen verwendbar. Nach Möglichkeit wird man sich aber beim Zeichnen mit Tusche für satiniertes Papier und bei Bleizeichnungen für naturglattes Papier entscheiden. Ein weiteres Merkmal ist die Dicke, die durch das Gewicht in g/m^2 ausgedrückt wird. Sehr dünnes Papier reißt schon bei festen Bleistiftstrichen und läßt sich schlecht oder nicht radieren. Dickes Papier ist steif und knickfest wie Karton.

Klarpapier oder *Transparentpapier* ist fett- und ölfrei und meist hellgrau. Es muß tusche-, radierfest und gut lichtdurchlässig sein. Es kann bei warmer trockener Luft spröde werden, bei Nässe verdirbt es. Breite Tuschelinien machen es wellig. In der Praxis wird es nicht gefaltet. Bei *Pergamin* und *Pergazell* handelt es sich um stark geglättete, mit Kunstharzen getränkte Klarpapiere von besonders guter Lichtdurchlässigkeit. *Klargewebe* sind lichtdurchlässige Papiere mit Leinengewebe. Sie werden für Tuschezeichnungen verwendet, die häufig benutzt werden. Das Maschengewebe sichert eine gute Haltbarkeit der Zeichnung. *Transparentfolien* sind nahezu glasklare, aus Zellstoff, Kunststoff oder beidem hergestellte filmartige Zeichenhäute, und zwar beidseitig geglättet oder einseitig mattiert. Das Material ist sehr beständig gegen Nässe, Wärme, Öle und Fette und dazu von höchster Durchsichtigkeit und Radierfestigkeit. Für häufig benutzte Pläne wie Lagepläne, Vermessungspläne usw. eignet sich diese Folie besonders gut. *Millimeterpapier* kann undurchsichtiges Zeichenpapier oder Klarpapier sein und Einteilungen in verschiedenen Farben besitzen. Das Hauptanwendungsgebiet sind grafische Darstellungen, gelegentlich auch Skizzen, wenn die Einteilung dabei hilfreich ist. Teilungen aus blauem Druck werden bei Lichtpausen nicht wiedergegeben. Natürlich gibt es für Sonderzwecke auch Sonderteilungen wie z.B. die logarithmische Teilung.

Tabelle 2-1 Zeichnungsformate

Blattgrößen Reihe A	Beschnittene Zeichnung und beschnittene Licht-pause (Fertigblatt)	Zeichenfläche	Unbeschnittenes Blatt (Rohblatt für den Einzeldruck)
A0	841 × 1189	831 × 1179	880 × 1230
A1	594 × 841	584 × 831	625 × 880
A2	420 × 594	410 × 584	450 × 625
A3	297 × 420	287 × 410	330 × 450
A4	210 × 297	200 × 287	240 × 330

Die *Blattgrößen* der Vordrucke für technische Unterlagen sind genormt nach DIN 6771 Teil 6, die die DIN 823 ersetzt hat. Die Formate basieren auf dem metrischen System (internationales Einheitensystem). Die Fläche des Formats A0 als Ausgangsformat ist daher gleich der metrischen Flächeneinheit Quadratmeter, d.h. $A = x \cdot y = 1$ m². Durch Halbieren der langen Seite des Ausgangsformates A0 (= 841×1189 mm) entsteht die nächstkleinere Blattgröße A1, wie Bild 2-7 zeigt. Die Flächen zweier aufeinanderfolgender Formate verhalten sich daher wie 2 : 1. Die Seiten x und y der Formate verhalten sich zueinander wie die Seite eines Quadrats zu dessen Diagonale. Daraus ergibt sich die Gleichung $x : y = 1 : \sqrt{2}$.

Die Formate der Hauptreihe (A-Reihe) werden bei Papiererzeugnissen, wie Geschäftsbriefen, Vordrucken, Prospekten, Zeichnungsvordrucken, Zeitschriften usw. angewendet. Die Formate der Zusatzreihen (B- und C-Reihe) werden bei Papiererzeugnissen angewendet, die zur Unterbringung von Papiererzeugnissen in Formaten der A-Reihe bestimmt sind, wie Briefhüllen, Mappen, Aktendeckel usw. Dabei ist in den Normen das DIN-Format A4 nur als Hochformat vorgesehen, alle anderen Formate nur als Querformat.

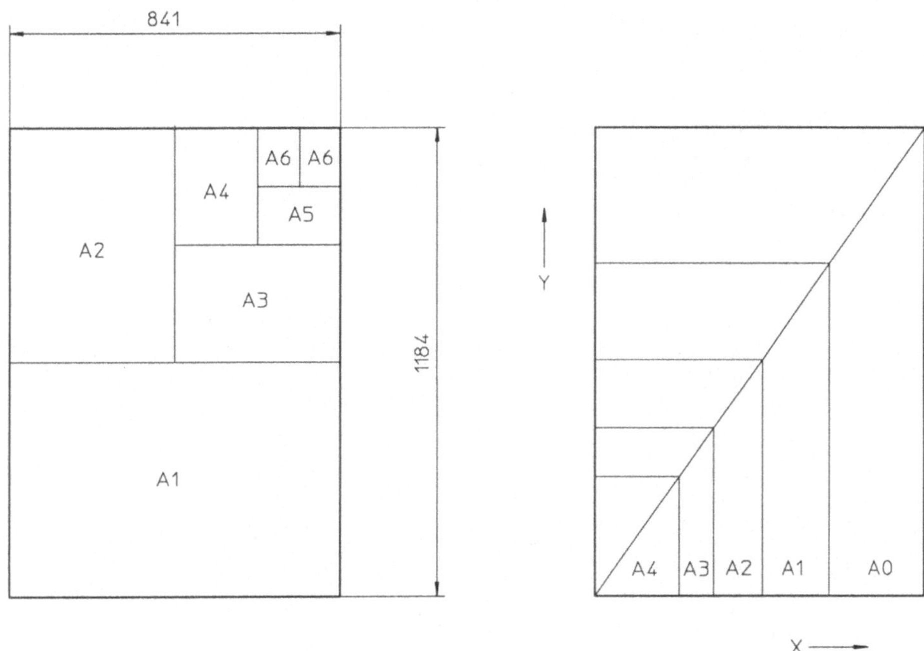

Bild 2-7 Entwicklung der A-Reihe durch fortgesetztes Halbieren des Ausgangsformates A0

Die Zeichenfläche bei einer technischen Zeichnung ist jeweils aus den Maßen der beschnittenen Zeichnung unter Berücksichtigung des Schriftfeldabstands von 5 mm errechnet (Tabelle 2-1, Bild 2-8). Die wirklich zur Verfügung stehende Zeichenfläche ist jedoch noch zumindest um das Schriftfeld kleiner. Die Position des Schriftfeldes ist stets in der rechten unteren Ecke in 5 mm Abstand von den beschnittenen Außenkanten des Bogens.

Der Vorteil bei der Verwendung von *Zeichnungsvordrucken* ist es, daß das Aufzeichnen des Schriftfeldes, der Stückliste, der Randlinien und anderer lästiger Nebenarbeiten eingespart werden kann. Diese Vordrucke sind für alle Blattgrößen erhältlich. Die genormten Formate, Schriftfelder und Stücklisten, die Schrift und die Umrandung geben den Vordrucken ein einheitliches Aussehen.

Üblicherweise werden auf die Vordrucke auch Firmennamen und andere ständige Angaben mit aufgebracht. Die Vordrucke nach DIN 6771 Teil 6 haben ein Schriftfeld, welches gegebenenfalls durch eine aufgesetzte Stückliste ergänzt ist. Des weiteren sind sie zum leichteren Auffinden von Einzelheiten mit einer Feldeinteilung versehen, siehe Bild 2-9. Die „Spalten" erhalten arabische Zahlen, die „Zeilen" dagegen Großbuchstaben. Eine bestimmte Stelle (ein „Planquadrat") wird somit durch einen Buchstaben mit dahinterstehender Zahl gekennzeichnet, z.B. „B6".

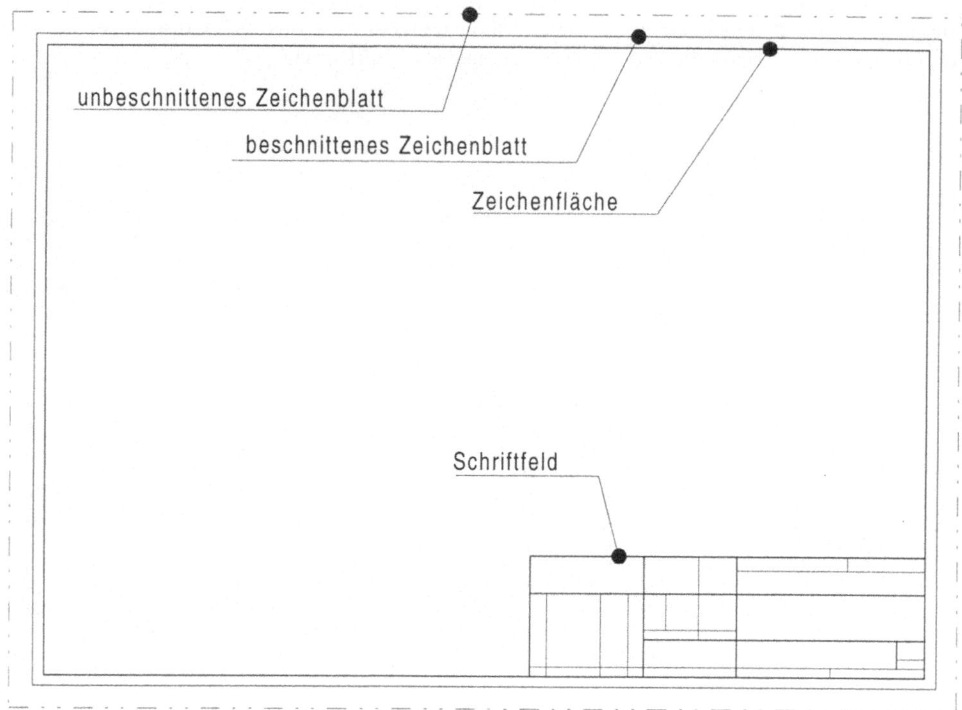

Bild 2-8 Zeichenblatt

Bild 2-9 Zeichnungsvordrucke nach DIN 6771 Teil 6 (Ausschnitt)

2.1.3 Zeichnungsarten

In der Praxis ist die Benennung „Technische Zeichnung" im allgemeinen ein Sammelbegriff. So ist es sinnvoller, die technische Zeichnung in der Benennung nach

- Art der Darstellung (z.B. Skizze, Zeichnung, Diagramm),

- Art des Fertigungsmittels (z.B. Bleizeichnung, Tuschezeichnung),

- Art des Fertigungsstandes (z.B. Originalzeichnung, Stammzeichnung, Vordruck, Kopie),

- Art des Inhalts (z.B. Gesamtzeichnung, Gruppenzeichnung, Einzelteilzeichnung, Modellzeichnung, Rohteilzeichnung) und

- dem Zweck (z.B. Entwurfszeichnung, Zusammenbauzeichnung, Werkstattzeichnung, Fertigungszeichnung)

zu unterscheiden. In der DIN 199 Teil 1 bis 5 sind neben einigen weiteren die Definitionen der oben genannten Zeichnungsarten gegeben. Mit der Vereinheitlichung der Terminologie für das Zeichnungs- und Stücklistenwesen stellt die DIN 199 eine wichtige Voraussetzung für eine wirtschaftliche Fertigung dar. Die einheitliche Begriffsdefinition erleichtert die Unterhaltung, Instandsetzung und Beschaffung von Ersatzteilen.

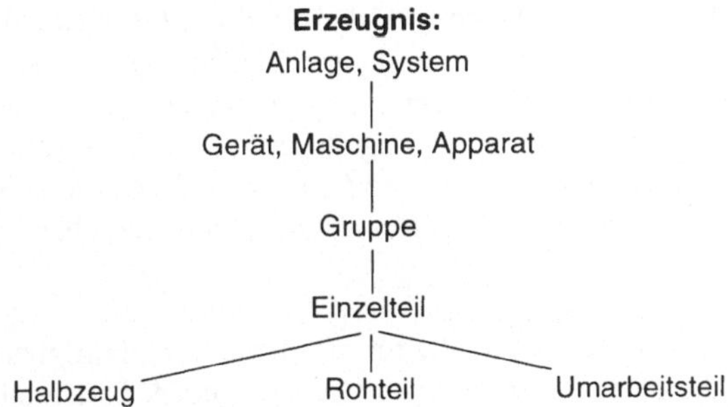

Bild 2-10 Erzeugnisstruktur nach DIN 199 Teil 2

Im Fertigungsprozeß wird annähernd jeder Schritt durch eine Zeichnung begleitet. Die notwendigen Zeichnungen müssen entsprechend der Erzeugnisstruktur, siehe Bild 2-10, angefertigt werden. Soll ein Teil durch Gießen oder Schmieden erzeugt werden, so müssen Zeichnungen erstellt werden, aus denen die Geometrie und Abmessung der Gußform bzw. des Gesenkes hervorgeht. Die weitere Bearbeitung z.B. durch Drehen oder Fräsen muß ebenfalls in Zeichnungen festgelegt werden. Die Anordnung der Einzelteile in der Baugruppe bzw. dem Erzeugnis wird ebenfalls durch Zeichnungen dokumentiert.

Im folgenden soll nur auf die wohl wichtigsten zwei Zeichnungsarten – die Einzelteilzeichnung und die Gesamtzeichnung – ausführlicher eingegangen werden. Für die anderen Begriffsdefinitionen – so sie hier nicht kurz gegeben sind – sei auf die DIN 199 verwiesen. Tabelle 2-2 gibt eine Übersicht über die im folgenden angesprochenen Inhalte von Einzelteil- und Gesamtzeichnungen.

Tabelle 2-2 Inhalte der Einzelteil- und Gesamtzeichnung

Technische Zeichnung	
Einzelteilzeichnung	Gesamtzeichnung
enthält alle für einen besonderen Arbeitsschritt (z.B. Fertigung, Prüfung) notwendigen Angaben: • graphische Darstellung der Bauteilform • vollständige Bemaßung • zulässige Abweichungen von Maß, Form und Lage • Werkstoff bzw. Rohteil • Oberflächenbeschaffenheit • weitere Forderungen (z.B. gefordertes Fertigungs- oder Prüfverfahren)	gibt die Anordnung der Einzelteile im Erzeugnis wieder: • graphische Darstellung der Einzelteile im Erzeugnis • Haupt- und Anschlußmaße des Erzeugnisses (einzelteilübergreifend) • Informationen über Einzelteile (z.B. Einsatzmenge und -einheit, Benennung, Bauart, Baugröße, Werkstoff/Rohteil, Angaben zur Bestellung/Fertigung, Gewicht)

Die *Einzelteilzeichnung* ist eine Technische Zeichnung, die ein einzelnes Teil ohne räumliche Zuordnung zu anderen Teilen darstellt. Dabei wird ein Gegenstand, für dessen weitere Aufgliederung aus der Sicht des Anwenders kein Bedürfnis besteht, als ein *Teil* bezeichnet und ein Teil, das nicht zerstörungsfrei weiter zerlegt werden kann, als ein *Einzelteil*. Ein Teil kann also beispielsweise ein ganzes Rillenkugellager sein, ein Einzelteil dagegen nur sein Innenring. In Einzelteilzeichnungen können z.B. dargestellt werden: Rohteile, Halbzeuge oder Umarbeitsteile[4]. Im allgemeinen sind Einzelteilzeichnungen aber Fertigungs-Zeichnungen.

Zweck der *Fertigungs-Zeichnung* ist es, alle für die Herstellung/Fertigbearbeitung des betreffenden Bauteiles erforderlichen Informationen wiederzugeben. Das setzt entsprechend vollständige Angaben voraus, d.h. neben der graphischen Darstellung der Bauteilform unter anderem alle Maße, die einzuhaltenden Toleranzen, den Werkstoff, die Oberflächenbeschaffenheit und gegebenenfalls zusätzliche erläuternde Texthinweise.

Oft sind zur möglichst vollständigen Erfassung der Geometrie eines Bauteiles mehrere Ansichten, gegebenenfalls auch vergrößert herausgezogene Einzelheiten, erforderlich. Um innere Konturen darzustellen, müssen in der Regel Schnitte gelegt werden. Die näheren Erläuterungen zu Ansichten, Einzelheiten und Schnitten werden im Kapitel 4 gegeben.

---

[4] *Halbzeug* ist der Sammelbegriff für Gegenstände mit bestimmter Form, bei denen mindestens noch ein Maß unbestimmt ist. Es sind insbesondere durch Walzen, Ziehen, Pressen, Schmieden, Weben hergestellte Bleche, Stangen, Rohre, Seile, Bänder, Gewebe usw. Ein *Rohteil* ist ein zur Herstellung eines bestimmten Gegenstandes spanlos gefertigtes Teil, das noch einer Bearbeitung bedarf. Ein *Umarbeitsteil* ist ein Gegenstand, der aus einem Fertigteil durch weitere Bearbeitung entsteht.

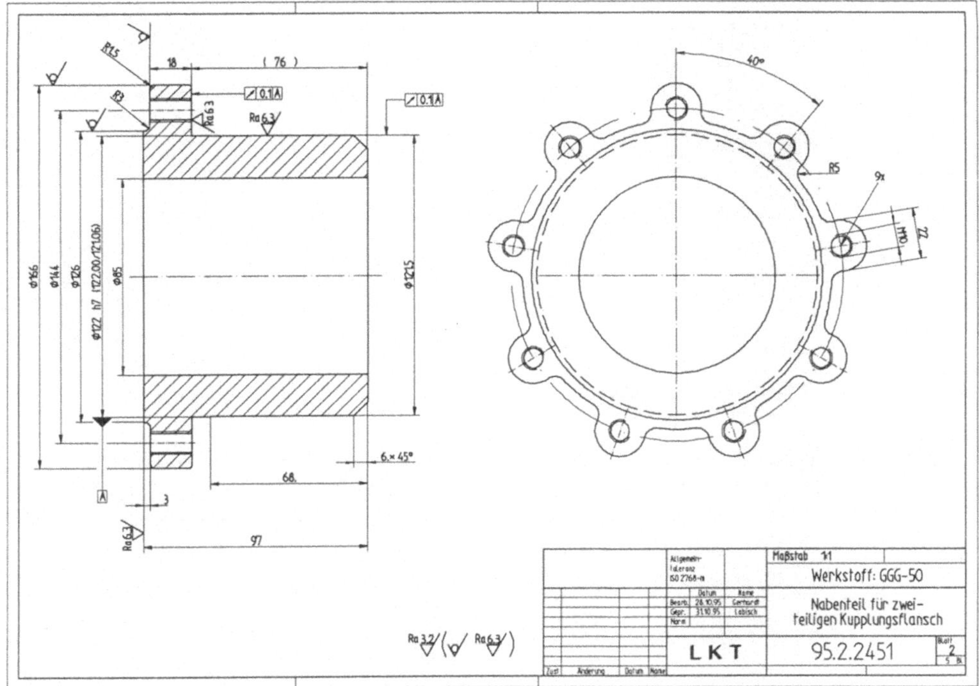

Bild 2-11 Beispiel für eine technische Zeichnung als Einzelteilzeichnung (Nabenteil einer Klauenkupplung)

Bei relativ einfachen Rohteilgeometrien können die Rohteilinformationen in der Fertigungs-Zeichnung durch eine besondere Symbolik zusätzlich untergebracht werden. In komplizierteren Fällen ist eine separate Rohteil-Zeichnung erforderlich (z.B. die Darstellung der unbearbeiteten Guß- oder Schmiedestücke als Grundlage für den Modell- oder Formenbauer).

In den meisten Fällen werden Einzelteilzeichnungen für jedes Einzelteil auf einem separaten Zeichenblatt erstellt. Es ist allerdings auch zulässig, mehrere zusammengehörige Teile gemeinsam als *Sammel-Zeichnung* auf einem Zeichenblatt darzustellen. In diesem Fall sollte jedoch jedes Einzelteil numeriert und mit seiner Benennung in einer Stückliste aufgeführt werden. Format und Blattlage sind beim Aufzeichnen aller Teile, die zu einem Ganzen gehören, möglichst beizubehalten.

Ebenso kann das Aufteilen einer Zeichnung in mehrere Blätter zweckmäßig sein, wenn sie ein zu großes Format annimmt und dadurch z.B. für den Gebrauch in der Werkstatt oder im Archiv zu unhandlich wird. Als Beispiel sei hier die Aufteilung eines Langträgers in Vorderende, Mittelteil und Hinterende bzw. die Auskoppelung von Schnitten oder besonderen Ansichten genannt. In diesem Fall ist es notwendig, auf der ersten Zeichnung eine Übersicht über den Gesamtinhalt in Form einer Aufzählung der zusammengehörenden Blätter zu geben. Die bei der Aufteilung entstandenen Blätter besitzen die gleiche Benennung und die gleiche Zeichnungsnummer, sollten jedoch durch einen Untertitel in der Benennung kenntlich und unterscheidbar gemacht werden.

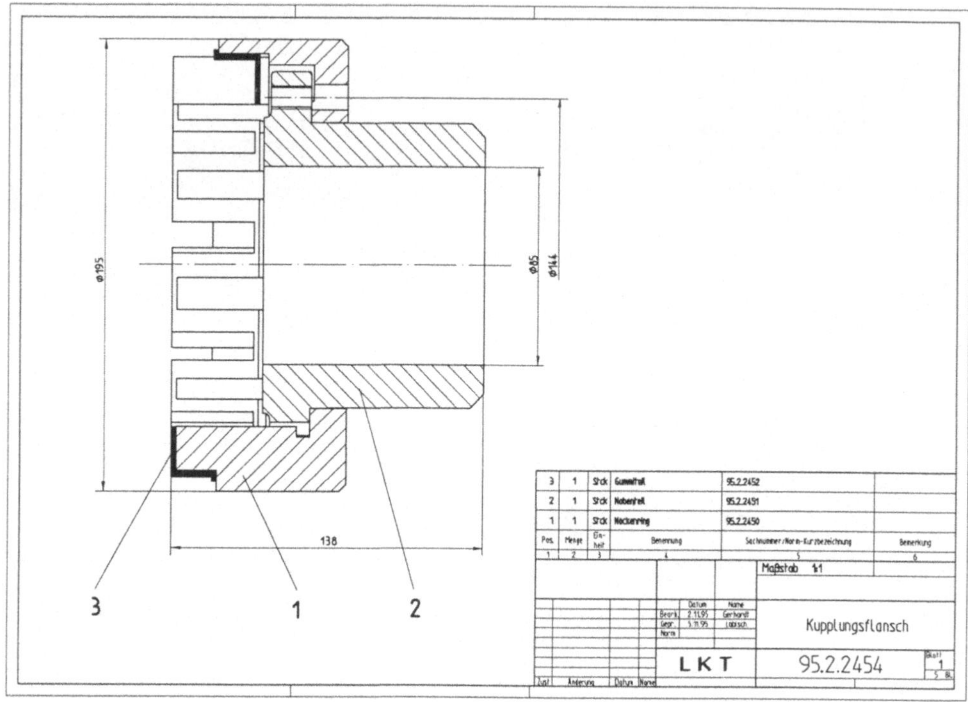

Bild 2-12 Beispiel für eine technische Zeichnung als Gesamtzeichnung (Kupplungsflansch)

Die *Gesamtzeichnung* gibt alle Einzelteile eines Erzeugnisses[5] im zusammengebauten Zustand wieder. Wichtig bei der Gesamtzeichnung ist, daß die Anordnung, die gegenseitigen Abhängigkeiten und das Zusammenwirken der Einzelteile der Baugruppe zum Ausdruck kommen. Detaillierte Informationen zu den Einzelteilen, wie z.B. die vollständige Bemaßung, sind ausdrücklich nicht Bestandteil der Gesamtzeichnung, da gerade zu deren Wiedergabe ja die Einzelteilzeichnungen dienen. In eine Gesamtzeichnung werden vielmehr nur sogenannte Hauptmaße und sogenannte Anschlußmaße eingetragen. Die Hauptmaße werden benötigt, um zu kennzeichnen, welchen Platz das Erzeugnis insgesamt beansprucht, Anschlußmaße werden eingetragen, um zu kennzeichnen, wie die Anschluß- und Befestigungsteile für das betreffende Erzeugnis zu dimensionieren sind.

Für Gesamtzeichnungen genügt oft eine Ansicht der Baugruppe, sofern aus dieser Ansicht Lage und Zuordnung aller Einzelteile erkennbar sind. Die Ansicht sollte der gewünschten Gebrauchslage der Baugruppe entsprechen.

Einzelteile, aus denen das in der Gesamtzeichnung bestehende Erzeugnis besteht, werden mit einer arabischen Ziffer, der sogenannten *Positionsnummer* gekennzeichnet. Die Reihenfolge

---

[5] Ein Erzeugnis ist nach DIN 199 definiert als ein durch Produktion entstandener gebrauchsfähiger bzw. verkaufsfähiger Gegenstand. Damit kann eine Baugruppe auch ein Erzeugnis sein.

der Numerierung sollte mit 1 beginnend dem Verlauf des Zusammenbaus möglichst entsprechen und die jeweilige Zahl soll übersichtlich über oder neben der zeichnerischen Darstellung angebracht sein. Eine Bezugslinie in der Linienbreite der Maßhilfslinien („dünn") führt von der Zahl zum Einzelteil und endet dort i.allg. in dem Teil mit einem Punkt. Die Bezugslinie kann auch an der Außenkontur des Teiles mit einem Pfeil enden. Die Bezugslinien sollen nicht parallel zu anderen Linien gezogen werden, damit sie nicht mit diesen verwechselt werden können. Sind mehrere identische Teile vorhanden, so erhalten sie alle nur eine Nummer, die auch nur einmal in der Zeichnung erscheint. Die Positionsnummern sollten doppelt so groß wie die Maßzahlen, aber in der Liniengruppe 0,5 mindestens 5 mm groß wiedergegeben sein.

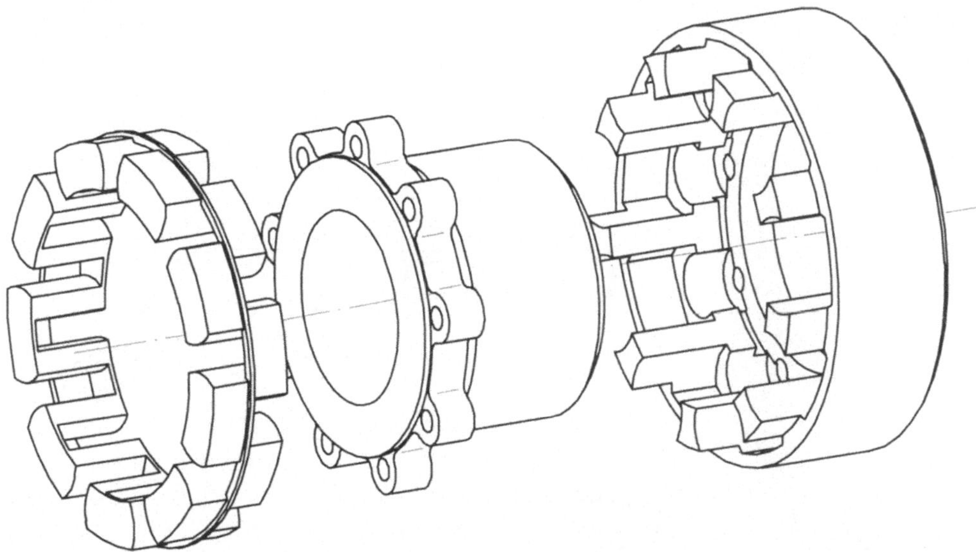

Bild 2-13 Beispiel für eine technische Zeichnung als Explosionszeichnung (Kupplungsflansch nach Bild 2-12)

Zu einer Gesamtzeichnung gehört im Normalfall eine *Stückliste*. Die Stückliste ist das – nach den in der Zeichnung angegebenen Positionsnummmern geordnete – Verzeichnis sämtlicher Einzelteile des dargestellten Erzeugnisses. Neben der Zeichnung ist die Stückliste das wichtigste Ergebnis des Konstruktionsprozesses. Sie ist Grundlage nicht nur für die sich an die Konstruktion anschließende Fertigungsvorbereitung, sondern auch für die eher organisatorisch/kommerziell orientierten Unternehmensbereiche (z.B. Kalkulations-, Bestell- oder Lagerwesen). Stücklisten sind selbstverständlich genormt. Es ist genau festgelegt, wie die Stücklisten auszusehen haben und was an welcher Stelle eingetragen werden darf. Auf diese Regeln soll jedoch erst im Zusammenhang mit der Bemaßung im Kapitel 5 eingegangen werden.

Mit Gesamtzeichnungen verwandt sind schließlich noch sogenannte Explosionszeichnungen, Bild 2-13. Diese sind z.B. für Katalogunterlagen oder Montageanleitungen erforderlich. Da Explosionszeichnungen bevorzugt in perspektivischen Ansichten angefertigt werden, sind sie mit konventionellen Zeichenmethoden im Normalfall nur recht mühsam und zeitaufwendig zu erstellen. Hier ergibt sich eine attraktive CAD-Anwendungsmöglichkeit, da sich Explosionszeichnungen aus einem einmal im Rechner vorhandenen dreidimensionalen Modell eines Erzeugnisses durch nachträgliches Auseinanderrücken der Einzelteile entlang ihrer jeweiligen Montageachsen auf relativ einfachem Wege erzeugen lassen.

2.2 Arbeitstechnik bei manueller Zeichnung

Das Erstellen einer technischen Zeichnung bildet gewissermaßen den Abschluß der Tätigkeit „Konstruieren". Die technische Zeichnung dient dazu, die qualitativen und quantitativen Merkmale der vom Konstrukteur erdachten Gestalt eines Bauteiles, einer Baugruppe, einer Maschine oder einer Anlage anderen Personen, beispielsweise den Mitarbeitern in der Werkstatt, mitzuteilen.

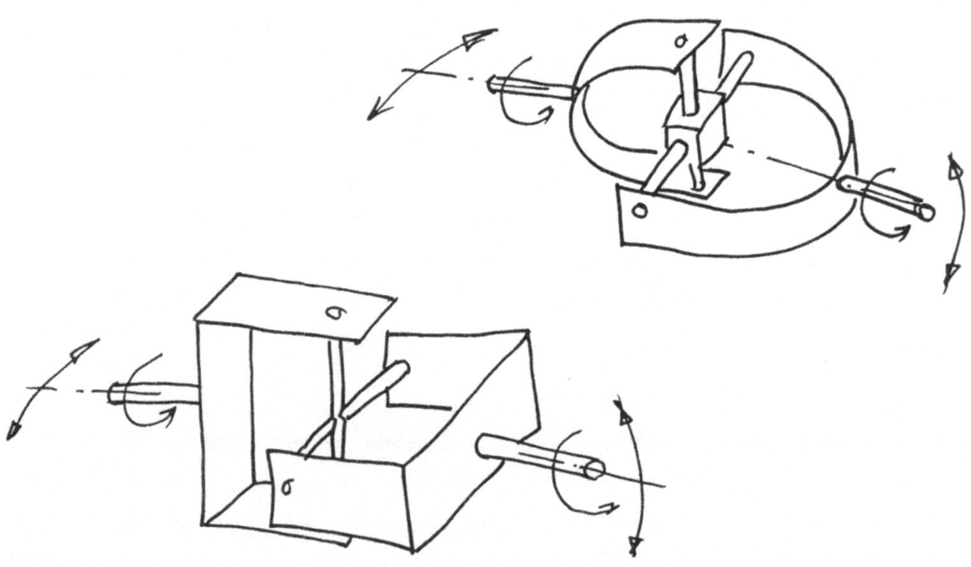

Bild 2-14 Beispiele für Skizzen als eine Möglichkeit, Ideen zu notieren

Für die hier vorrangig interessierende Zeichentätigkeit bei der Gestaltfestlegung gilt, daß man in vielen Fällen mit einer Skizze beginnt, die *freihändig*, d.h. ohne Lineal und Zirkel mit dem Bleistift erstellt wird. Eine Skizze ist im allgemeinen nur grob maßstäblich und soll lediglich die grundsätzlichen geometrischen Verhältnisse verdeutlichen. Meistens dient eine Skizze als Vorlage für das spätere Übertragen in eine normgerechte technische Zeichnung.

Je nach der Aufgabenstellung und nach dem zeichnerischen Talent des Konstrukteurs werden Skizzen unter Umständen auch in perspektivischen Ansichten angefertigt.

Die eigentliche Anwendung der Skizze ist aber die Notation einer Idee eines technischen Gebildes oder einer technischen Funktion. Am deutlichsten wird das bei der Neukonstruktion – wo völlig neue Lösungen erarbeitet werden – indem man sich über mehrere, schrittweise immer weiter verfeinerte Skizzen an die endgültige Lösung „herantastet". Solche Skizzen sind meistens projizierte Ansichten und unterliegen nicht den Anforderungen der technischen Zeichnung. In Bild 2-14 sind Beispiele für solche Skizzen wiedergegeben.

In seltenen Fällen (z.B. kurzfristiger Ersatz eines defekten Bauteiles) kann eine Skizze ohne weitere Ausarbeitung direkt als Fertigungsunterlage dienen. Im Normalfall folgt jedoch auf die Skizze zunächst die Bleizeichnung. Das Bauteil oder die Baugruppe wird hierin maßstäblich und unter Beachtung der Zeichnungs- und Bemaßungsnormen dargestellt. Der letzte Schritt liefert als Endergebnis die Tuschezeichnung.

2.2.1 Tips zur Erstellung von Skizzen

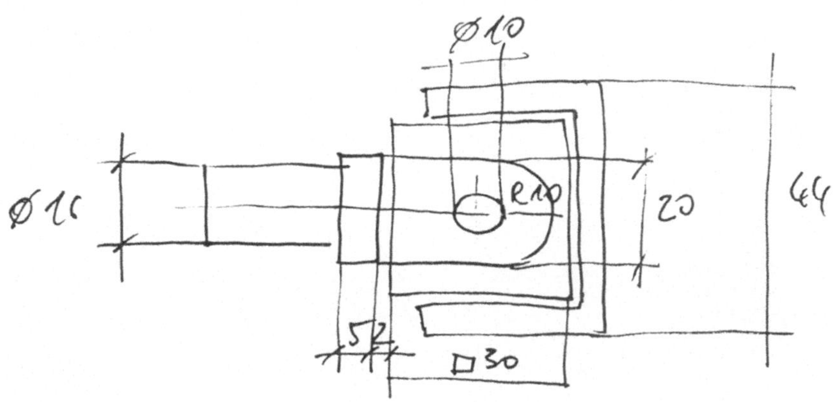

Bild 2-15 Beispiele für Skizzen, die als Vorlage für technische Zeichnungen dienen

Wie bereits angedeutet, werden Skizzen in der Regel freihändig angefertigt. In der Regel werden sie auf weißem Papier oder Karton mit einem relativ weichem Bleistift, z.B. der Härte B oder HB, angefertigt. Man kann – um maßstäblich zu sein – auch auf Millimeterpapier zeichnen. Es gibt auch eine spezielle Rasterung, die das Freihandzeichnen von perspektivischen Darstellungen erleichtert. Auf diese Form der Darstellung wird im 4. Kapitel eingegangen.

Es ist von Vorteil, zuerst die Mittellinien darzustellen, um sich selbst einen Begriff des benötigten Platzes zu verschaffen. Auch können anhand der Mittellinien die Symmetrien besser abgeschätzt werden, so daß die Zeichnung präziser wird. Der Maßstab ist zwar nicht vorgeschrieben, doch sollte eine Skizze ungefähr maßstäblich sein, um die Verhältnismäßigkeit sicherzustellen. Dies wird bei Freihandzeichnungen natürlich nicht immer gelingen.

Soll ein vorhandenes Bauteil in eine Zeichnung übertragen werden, so sind mittels Meß-schieber (Schieblehre), Stabmaß, Meßschraube und Tiefenmaß die Originalmaße abzuneh-men und in die Skizze zu übertragen. Sodann folgen u.U. weitere zur Fertigung benötigte Angaben. Damit dient eine Skizze dazu zu überprüfen, wie die Ansichten eines Bauteiles zu positionieren sind bzw. wieviele davon überhaupt benötigt werden. Damit stellt die Skizze eine Vorlage dar. In diesem Fall sollten bereits in der Skizze die Anforderungen, die an eine technische Zeichnung gestellt werden, erfüllt sein. Es kann nämlich in dringenden Fällen auch dazu kommen, daß solch eine Skizze gleich als Fertigungsunterlage genutzt wird.

Mit Sicherheit ist es hilfreich, das Freihandzeichnen zu üben. Aus diesem Grunde sind im Abschnitt 2.4 einige Übungen auch zum Freihandzeichnen gegeben.

2.2.2 Tips zur Erstellung von Bleizeichnungen

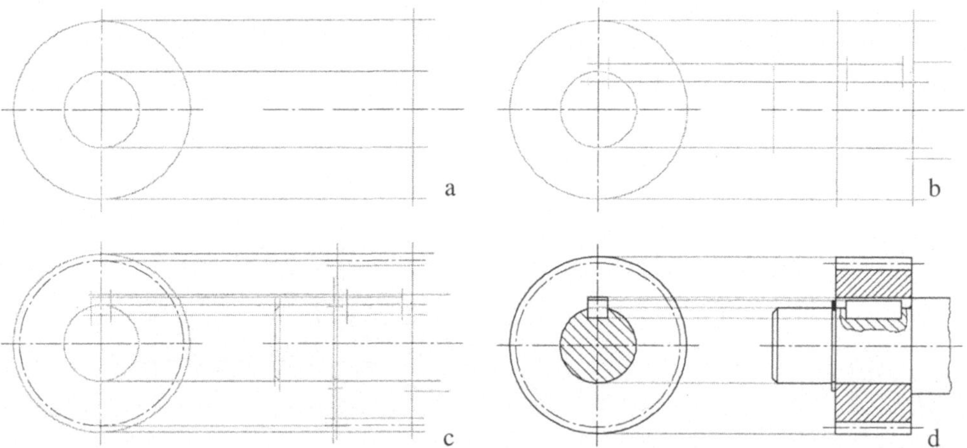

Bild 2-16 Vorgehen bei der Konstruktion eines Bauteils mit Bleistift (Zwischenstadien und Endergebnis)

Es wurde angesprochen, daß Bleistiftzeichnungen nach Möglichkeit mit einem harten Blei-stift erstellt werden sollen. Harte Minen haben aber den Nachteil, daß sie auf dem grauen Transparentpapier relativ schlecht zu sehen sind. Die Tendenz zu weicheren Minen muß mit dem Nachteil erkauft werden, daß die Zeichnung leicht verschmiert und dadurch unsauber aussieht. Das Verschmieren des Bleistiftes kann durch Unterlegen eines Papierbogens unter den Handballen der Zeichenhand vermieden werden. Geübte Zeichner können auf das Unter-legen dieses Blattes dadurch verzichten, daß sie die Hand gar nicht erst auf das Papier aufle-gen. Das Unterlegen eines Blattes unter die zeichnende Hand hat einen weiteren Vorteil: Es wird dadurch wirksam verhindert, daß das Papier von der Hand gefettet (imprägniert) wird. Dieses Fetten muß auf der Bleistiftzeichnung nicht unbedingt sichtbar sein; es wird erst offenbar, wenn im darauffolgenden Arbeitsschritt die Tusche auf dem Blatt nicht mehr hält, sondern perlt.

Bei der Erstellung einer Bleistiftzeichnung wird in der Regel das Bauteil erst konstruiert, d.h. die Maße des Bauteiles werden abgetragen oder den vorhandenen Abmessungen der anderen Bauteile angepaßt. Da nicht von vornherein feststeht, an welcher Stelle genau das Bauteil begrenzt ist, ist es beim Konstruieren der Abmessungen u.U. hilfreich, die Linien etwas länger zu ziehen, Bild 2-16. Dieses Überstehen der Bleistiftlinien ist nicht störend, da mit Tusche (oder einem weichen Bleistift) darüber gezeichnet wird und sich diese Linien genügend stark abheben.

Ist es sicher, daß eine Bleistiftzeichnung nur als Vorlage für eine Tuschezeichnung dienen soll, ist es nicht erforderlich, alle Einzelheiten, wie Radien, Rundungen oder Fasen, des darzustellenden Bauteils bereits in Bleistift festzuhalten. Vielmehr genügt es, eine Hüllform des Werkstückes zu konstruieren und die Einzelheiten erst in Tusche zu zeichnen, Bild 2-17.

2.2.3 Tips zur Erstellung von Tuschezeichnungen

Die Tuschezeichnung entsteht üblicherweise auf dem mit Blei vorgezeichneten Transparentpapier. Sollte die Tusche perlen, ist das Papier durch die feuchten Hände fettig geworden, und es gibt mehrere Möglichkeiten, hier Abhilfe zu schaffen. Zunächst einmal kann die Bleistiftzeichnung leicht überradiert werden, ohne die Zeichnungslinien allzusehr auszulöschen. Andere Möglichkeiten sind, ein weiteres Klarpapier über die Bleistiftzeichnung zu spannen und die Zeichnung in Tusche durchzuziehen bzw. – wie bereits erwähnt – das Durchfetten durch Unterlegen eines Papiers unter die Hand zu unterbinden.

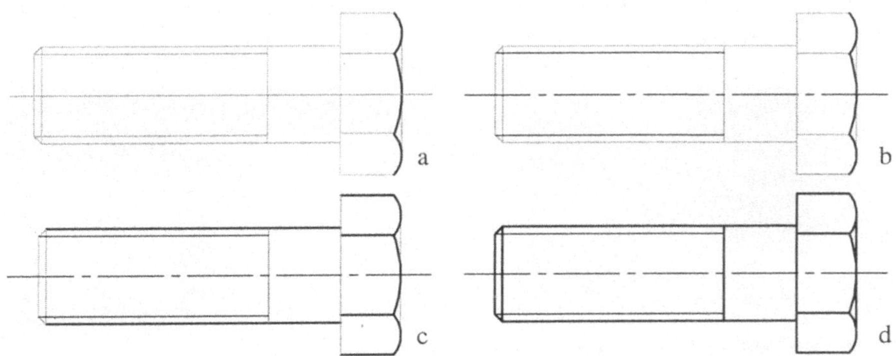

Bild 2-17 Vorgehen beim Zeichnen mit Tusche

Beim Erstellen der Tuschezeichnung sollten keine Maße mehr konstruiert werden. Da somit nur die vorliegende Bleistiftzeichnung durchgezogen wird, kann das Ausziehen in Tusche optimiert erfolgen. Dabei wird berücksichtigt, daß nicht alles gleich gut in Tusche zu zeichnen ist und daß die Tusche einige Zeit braucht, um zu trocknen. In Bild 2-17 ist an einem einfachen Bauteil die Reihenfolge der Arbeitsschritte aufgezeigt. Es wird dabei davon ausgegangen, daß die Vorzeichnung in Bleistift die Mittellinien und die Hüllform enthält.

Zu Beginn ist es sinnvoll, diejenigen Linien in Tusche auszuziehen, bei denen dies am schwierigsten ist. Hierzu gehören vor allem die gekrümmten Linien wie Bohrungen und Radien, Bild 2-17 a. Anschließend werden alle Horizontal- und Vertikallinien in der dafür vorgesehenen Linienbreite nachgezogen. Also werden zunächst die Horizontal- bzw. Vertikallinien in schmaler Linienbreite (Mittellinien und Gewindelinien) von oben nach unten bzw. von links nach rechts ausgezogen, Bild 2-17 b. Danach wird genauso bei den Horizontal- und Vertikallinien in breiter Linienbreite (Körperkanten) verfahren, Bild 2-17 c und d. Den Abschluß bilden die schrägen Linien.

Schwierigkeiten machen gelegentlich die Übergänge von Kreisbögen in Geraden. In diesen Fällen sollten die Kreisbögen nicht bis zum Ende durchgezogen werden und das verbleibende Stück über schräge Linien mit den angrenzenden Kanten verbunden werden. Diese Vorgehensweise garantiert einen optisch sauberen Übergang.

Nach den sichtbaren und verdeckten Körperkanten sollten nacheinander Maß- und Maßhilfslinien, Maßpfeile, Maßzahlen, Oberflächenzeichen und sonstige Angaben angebracht werden. Nachdem die Konturen ausgezogen sind, wird schraffiert. Dabei ist es zum Teil sinnvoll, die Schraffuren auf der Rückseite anzubringen. Dies ermöglicht, den rauhen Stellen auszuweichen, die durch Kratzen entstanden sind, und eventuell noch folgende Änderungen einfacher zu realisieren. Zum Schluß wird das Schriftfeld ausgefüllt.

2.2.4 Tips zum Radieren

Fast genauso wichtig wie das Zeichnen ist das Radieren. Auch dieses „Handwerk" sollte geübt werden. Beispiele hierzu werden in den Übungen aber nicht gegeben. Sie ergeben sich mit Sicherheit − leider − von selbst.

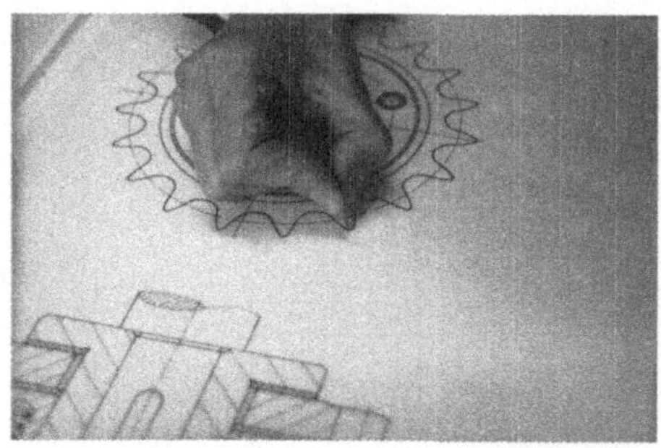

Bild 2-18 Radieren von Tuschezeichnungen und Entfernen von Radierresten

Das Entfernen von Bleistiftlinien erfolgt vorteilhaft mit dem Radiergummi. Beim Radiervorgang muß der Bogen straff gespannt werden, um unschöne Knickstellen oder Risse im Zeichenblatt zu vermeiden. Diese Arbeit wird erleichtert, indem stets in einer Richtung radiert wird.

Es ist stets darauf zu achten, daß der Radierabrieb nicht mit der Hand entfernt wird, sondern mit einem kleinen Besen. Damit kann man das bereits beschriebene Fetten der Zeichnung vermeiden. Auch werden mit dem Besen die übrigen Bleistiftlinien nicht verschmiert.

Um zu vermeiden, daß beim Radieren angrenzende Bereiche vom Radiergummi erfaßt und verschmiert werden, können sogenannte Radierschablonen verwendet werden. Dies sind relativ dünne Metallscheiben mit ausgestanzten Stellen in verschiedenen Formen. Durch das Radieren innerhalb eines solchen ausgestanzten Bereiches kann radiert werden, ohne daß Nachbarbereiche verschmiert werden.

Für das Entfernen von Tusche gibt es grundsätzlich zwei Mittel: das Radieren mit einem speziellen Radiergummi und das Kratzen mit einer Rasierklinge.

Das Radieren mit dem Radiergummi ist für das Entfernen von frisch getrockneter Tusche vorteilhaft. Es ist aber unbedingt darauf zu achten, daß die Tusche wirklich trocken ist. Der Nachteil, daß beim Radieren eventuell benachbarte Zonen angegriffen werden, kann durch die Benutzung einer Radierschablone aufgehoben werden.

Das Wegkratzen von Tusche verlangt eine besondere Handfertigkeit, Bild 2-18. Als Werkzeug sind normale Rasierklingen, aber auch Skalpelle geeignet. Bei den Rasierklingen ist jedoch stets auf die Verletzungsgefahr zu achten. Beim Wegkratzen der Tusche macht man sich zunutze, daß die Tusche nicht tief in das Klarpapier eindringt und man deshalb nur die oberste Schicht wegkratzen muß. Dies setzt voraus, daß die Tusche vollständig abgetrocknet ist und das Blatt nicht mehr weich ist. Der Vorteil des Kratzens liegt darin, daß der zu entfernende Bereich sehr eng, z.B. auf eine einzelne Linie, begrenzt werden kann.

Allgemein ist darauf zu achten, daß das Zeichenblatt nach dem Radieren in dem radierten Bereich eine veränderte Rauhigkeit aufweist. Dies gilt nicht nur für die mit der Rasierklinge traktierten Flächen, sondern auch für die mit dem Radiergummi behandelten. Diese veränderte Rauhigkeit hat zur Folge, daß die Tusche anders fließt und es zum unschönen „Ausbluten" der Linien kommt. In leichten Fällen läßt sich diese Rauhigkeit durch Polieren mit dem Fingernagel beheben. In schweren Fällen hilft aber nur noch das Umdrehen der Zeichnung und Zeichnen von der linken Seite.

2.3 Unterstützung der Zeichentätigkeit durch Rechner

Heutzutage werden sowohl zum Konstruieren als auch zum Fertigen zunehmend Rechner zur Unterstützung herangezogen. Je intensiver der Rechnereinsatz beim Konstruieren und Fertigen ist, desto mehr verliert die technische Zeichnung an Bedeutung, da die Verständigung zwischen Konstruktion und Werkstatt primär durch den Austausch digitaler Daten erfogt. Entsprechend wandelt sich der Platz des Technischen Zeichners/der Technischen Zeichnerin immer mehr zu einem Rechnerarbeitsplatz.

Das rechnerunterstützte Zeichnen/Konstruieren wird mit dem Kürzel „CAD" (Computer Aided Drafting/Design; rechnerunterstütztes Zeichnen/Konstruieren) bezeichnet. Der wesentliche Unterschied zwischen dem manuellen Zeichnen und dem rechnerunterstützten Zeichnen/Konstruieren besteht darin, daß im zweiten Fall zu jedem Bauteil, jeder Baugruppe und jedem Erzeugnis ein rechnerinternes Modell erzeugt wird, das nicht nur für diese eine Zeichnung, sondern zu ganz verschiedenen Zwecken verwendet werden kann.

Bild 2-19 Arbeitsplatz zur Erstellung von Technischen Zeichnungen

Der CAD-Einsatz lohnt sich deshalb insbesondere dann, wenn:

- oft sehr ähnliche Zeichnungen zu erstellen sind und/oder

- häufig Konstruktionen mit gleichen oder ähnlichen Bauteilen vorkommen und/oder

- das CAD-System gegenüber dem manuellen Zeichnen erheblich mehr Leistung bietet (z.B. dreidimensionales Modellieren) und/oder

- die einmal in den Rechner gebrachten Daten automatisch oder teilautomatisch weiterverwendet werden können, z.B zur Stücklistengenerierung, zur Ableitung von Illustrationen für Dokumentationen direkt aus dem Konstruktionsmodell oder zur Gewinnung von Steuerungsinformationen für NC-Werkzeugmaschinen (CAP/CAM – Computer Aided Planning/Manufacturing; rechnerunterstützte Arbeitsplanung/Fertigung).

Des weiteren unterscheidet sich die Arbeitsweise bei Nutzung eines CAD-Systems von der manuellen ganz enorm. Ein Beispiel für die Vorgehensweise beim Konstruieren mit einem flächenorientierten zweidimensionalen CAD-System[6] ist in Bild 2-20 gegeben. Üblich ist die Anwendung der sogenannten Ebenentechnik (auch als Layer-, Gruppen- oder Folientechnik bezeichnet). Hierunter ist die organisatorische Aufteilung der Zeichnungselemente auf mehrere „Schichten" oder „Folien" zu verstehen. Diese können einzeln gehandhabt werden, beispielsweise einzeln auf dem Graphikbildschirm oder der Plotterzeichnung ein- oder ausgeblendet oder einzeln verschoben und gedreht werden. Wie in Bild 2-20 dargestellt, werden

---

[6] Es sind sowohl zweidimensionale als auch dreidimensionale CAD-Systeme auf dem Markt. Bei den zweidimensionalen werden die linienorientierten CAD-Systeme von den flächenorientierten unterschieden. Interessierte Leser seien hier jedoch auf weitere Literaturstellen [Vaj94] verwiesen.

die einzelnen „Schichten" übereinandergelegt und ergeben hier das Bauteil. In diesem Beispiel bildet die Bemaßung die letzte „Schicht". Es sind aber auch komplexere Beispiele möglich, wo einzelne Baugruppen zu einem Erzeugnis „geschichtet" werden.

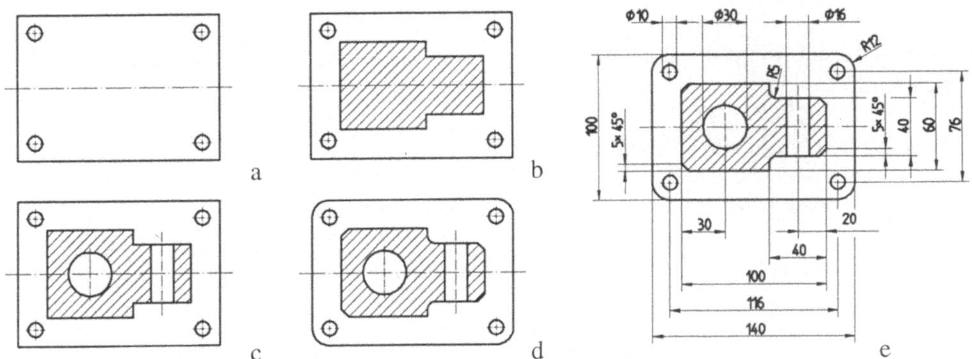

Bild 2-20 Beispiel für die Arbeitsweise mit einem zweidimensionalen CAD-System [Vaj94]

Ungefähr 80% aller heute eingesetzten CAD-Systeme sind zweidimensionale CAD-Systeme. Diese unterscheiden sich vom manuellen Zeichnen zwar durch ihre eigene Arbeitstechnik und erweiterte Möglichkeiten (z.B. der Datenweitergabe in die Fertigung), bieten aber prinzipiell nichts Neues. Neu sind eigentlich erst die dreidimensionalen CAD-Systeme. So ist man erst mit dreidimensionalen CAD-Systemen in der Lage, in einer Geometrie/Datei das vollständige Bauteil zu repräsentieren und dadurch z.B. Inkonsistenzen zwischen unabhängig voneinander erzeugten 2D-Projektionen eines Bauteiles zu vermeiden.

3D-CAD-Systeme erzeugen rechnerintern ein dreidimensionales Modell der Bauteile und Baugruppen. Dadurch ist z.B. die automatische Generierung von Ansichten aus beliebigen Blickwinkeln realisierbar. Ein kleines Beispiel hierfür ist in Bild 2-13 gegeben. Wird ein Modell mit einem solchen CAD-System erstellt, so muß aber nicht auf die „konventionelle" Zeichnung verzichtet werden. Es können Ansichten und Schnitte herausgeleitet werden, um diese durch Hinzufügen z.B. einer normgerechten Bemaßung, eines Zeichenrahmens oder eines Schriftfeldes zu vervollständigen, Bild 2-11. Mit CAD-Systemen erstellte Zeichnungen werden über sogenannte Plotter (numerisch gesteuerte Zeichenmaschinen) ausgegeben.

2.4 Übungen

1. Aufgabe

Beantworten Sie die folgenden Fragen:

- Welche Hoch- und Querformate sind für die Erstellung von technischen Zeichnungen zugelassen?

- Was kennzeichnet die Einzelteilzeichnung im Gegensatz zur Gesamtzeichnung?

- Was ist der Zweck einer Fertigungs-Zeichnung und was muß sie deswegen enthalten?

- Was muß bei einer Sammel-Zeichnung beachtet werden?

- Was ist zu tun, wenn die Darstellung eines Teiles auf mehreren Zeichenblättern erforderlich wird?

- Was gehört alles zu einer Gesamtzeichnung?

- Wird in der Gesamtzeichnung das dargestellte Bauteil bemaßt? Wozu?

- Wozu dienen Positionsnummern und wie werden sie eingetragen?

- Was bedeuten die Kürzel CAD und CAM?

2. Aufgabe

Zeichnen Sie mit Hilfe eines Bleistiftes die folgenden Formen auf einem separaten Blatt nach. Die Abmessungen können frei gewählt werden, bemühen Sie sich jedoch, die Proportionen beizubehalten.

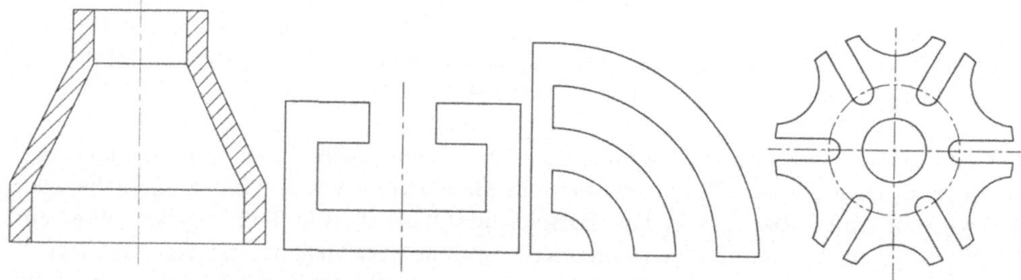

Sie werden sehen, daß das Zeichnen viel einfacher geht, wenn Sie sich zunächst Hilfslinien konstruieren und dann erst bestimmte Linien dick nachziehen.

3. Aufgabe

Versuchen Sie, einen Schnapp-Verschluß für einen Filzstift freihand zu skizzieren.

4. Aufgabe

Versuchen Sie, die Funktion eines Schraubstockes freihand zu skizzieren. Legen Sie besonderen Wert darauf, die Übertragung der Klemmkraft zu verdeutlichen.

5. Aufgabe

Mit Tusche zu zeichnen ist nicht ganz so einfach. Um zunächst die Handfertigkeiten zu über,
zeichnen Sie das vorgegebene Muster in Tusche. Scheuen Sie sich nicht, bei Nichtgelingen
das Muster mehrfach zu zeichnen, Sie werden sehen, daß es immer sauberer wird.

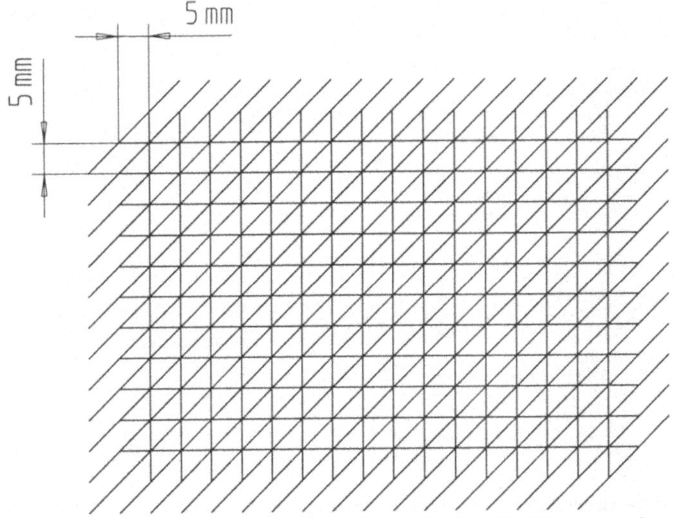

Zeichnen Sie dazu zuerst die Horizontallinien, dann die Vertikallinien und anschließend die
Diagonalen ein. Bedenken Sie, daß die erste Schicht getrocknet sein muß, bevor die zweite
aufgebracht werden kann. Anhand der Diagonalen können Sie sehen, wie genau Sie gearbei-
tet haben.

6. Aufgabe

Zeichnen Sie einen Kreis mit einem Zirkel in Tusche in einer Linienbreite von 0,25 mm aus
und unterteilen Sie diesen Kreis in 12 gleiche Teile.

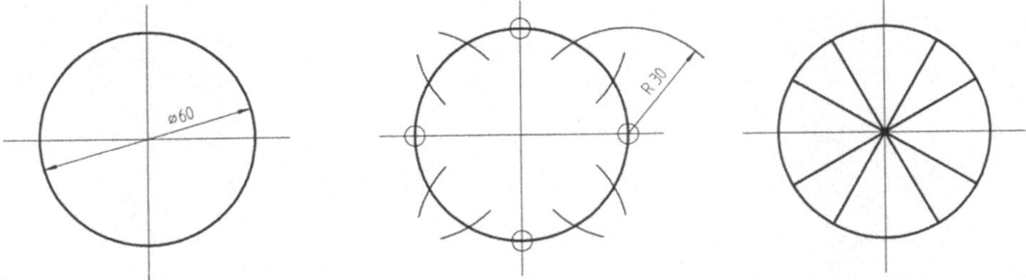

Dies geht recht einfach, wenn Sie mit dem Zirkel und der bereits gegriffenen Strecke
(Halbkreis) ausgehend von den Schnittpunkten des Kreises mit der Horizontal- und Verti-
kallinie Schnittpunkte bilden. Kennzeichnen Sie die Schnittpunkte mit dem Zirkel. Verbinden Sie die so gefundenen Schnittpunkte mit dem Mittelpunkt.

7. Aufgabe

Zeichnen Sie mit Tusche in 0,5 mm-Linienbreite die unten wiedergegebenen Geometrien auf. Zeichnen Sie die Halbkreise bzw. Kreise sowohl mit dem Zirkel als auch mit der Radienschablone. Finden Sie so heraus, mit welchem Werkzeug Sie besser zurechtkommen.

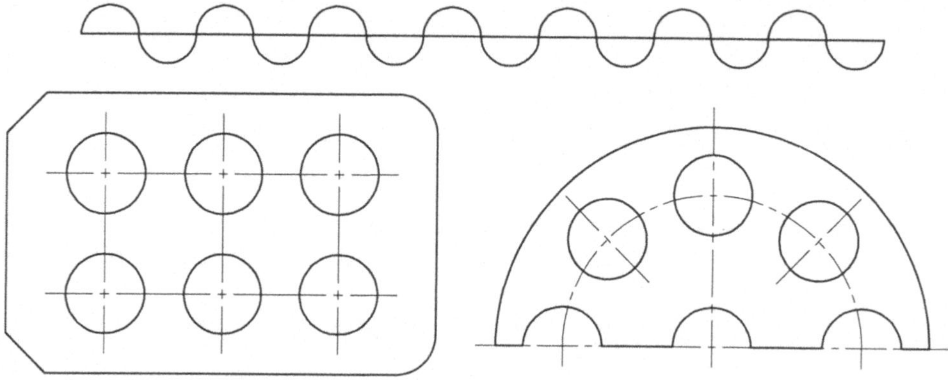

8. Aufgabe

Zeichnen Sie maßstabsgetreu und in Tusche das unten wiedergegebene Maschinenbauteil „Zylinderschraube mit Innensechskant" M 30 × 110 nach DIN 912 ohne Bemaßung. Bemühen Sie sich, in der Tuschezeichnung die unterschiedlichen Linienbreiten zu berücksichtigen (Körperkanten in Linienbreite 0,5 mm, Hilfslinien in 0,25 mm). Mit Hilfe der Abmessungen (Angaben in Millimetern) kann die unten wiedergegebene Zeichnung leicht übertragen werden. Es ist jedoch hilfreich, wenn Sie zuvor eine Vorzeichnung in Bleistift erstellen. Hinweis: R3 bedeutet, daß der bemaßte Radius 3 mm beträgt. Das Zeichen ∅ deutet an, daß es sich bei der bemaßten Geometrie um eine zylindrische Form handelt, das Maß hinter diesem Zeichen gibt das Durchmessermaß an.

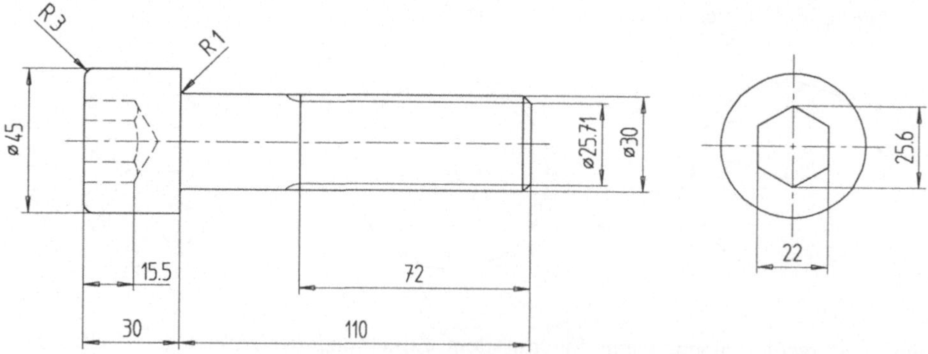

Vorsicht: Die unten dargestellte Bemaßung dient nur der Wiedergabe der vorhandenen Abmessungen, sie erfüllt die strengen Anforderungen an eine normgerechte Bemaßung nicht!

3 Darstellende Geometrie

Die Aufgabe der Darstellenden Geometrie ist es, räumliche Körper und Figuren in einer Zeichenebene so anschaulich darzustellen, daß alle wichtigen geometrischen Maße erkennbar bzw. entnehmbar sind. Um dieses Ziel zu erreichen, gibt es mehrere Möglichkeiten, die selbstverständlich wieder genormt sind. Da jedoch durch die Informationsreduktion von drei auf zwei Dimensionen nicht sowohl die Forderung nach Anschaulichkeit als auch die Forderung nach einfacher Entnahme von Maßen gleichzeitig zu erfüllen ist, bedarf es des geschulten Lesers, der den Nachteil der weniger anschaulichen zweidimensionalen Darstellung durch seine Erfahrung ausgleichen kann.

Im folgenden wird zunächst auf verschiedene Grundkörper eingegangen, aus denen sich ein Werkstück zusammensetzen kann. Ergänzend hierzu wird die Berechnung von Volumen und Oberflächen für diese Körper angegeben. Anschließend wird auf die oben genannten, genormten Möglichkeiten eingegangen, dreidimensionale Körper zeichnerisch so darzustellen, daß Maße entnehmbar sind. In diesem Zusammenhang wird auf die Ermittlung der wahren Größe von Linien und Flächen eingegangen sowie auf die Konstruktion von Durchdringungskurven, die sich als Verbindungslinien zwischen vereinigten Körpern zeigen. Des weiteren wird gezeigt, wie Mantelflächen (Abwicklungen) von verschiedenen Körpern ermittelt werden können.

3.1 Grundkörper

Die Gestalt vieler Werkstücke oder Bauteile läßt sich auf geometrische Grundkörper zurückführen. Im folgenden soll deshalb auf die wichtigsten dieser geometrischen Grundkörper eingegangen werden. Im wesentlichen sind dies Prisma, Pyramide, Zylinder, Kegel und Kugel. Die meisten der Bauteile können aus diesen Grundvolumina „zusammengesetzt" werden.

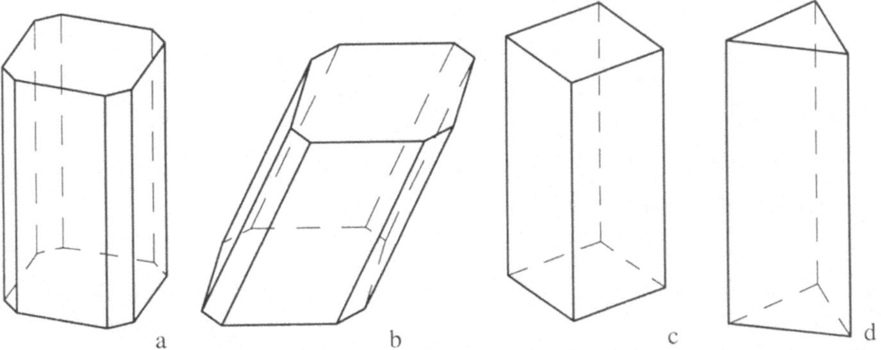

Bild 3-1 Prismen; a) gerades Prisma, b) schiefes Prisma, c) Rechteckprisma, d) Dreieckprisma

Ein *Prisma* ist ein Körper, dessen Form hauptsächlich von der Grundfläche bestimmt wird. Bei einem Prisma ist wichtig, daß die Grundfläche durch gerade Lininen begrenzt ist, also ein Vieleck (Dreieck, Viereck, Fünfeck, ...) darstellt. Unwichtig ist hingegen, ob es sich um ein regelmäßiges oder unregelmäßiges Vieleck handelt. Durch „Hochziehen" dieser Grundfläche wird das Volumen gebildet. In Bild 3-1 sind unter anderem ein gerades und ein schiefes Prisma dargestellt. Während beim *geraden Prisma* die Achse des Körpers auf der Grundfläche senkrecht steht, ist diese bei einem *schiefen Prisma* gegen die Grundfläche geneigt. Die Anzahl der Seitenflächen ist dabei stets gleich der Kantenanzahl der Grund- bzw. Deckfläche. Die Seitenflächen werden im allgemeinen als Mantelflächen bezeichnet. Als Höhe der Prismen wird der kürzeste Abstand zwischen der Grund- und der Deckfläche bezeichnet.

Eine *Pyramide* hat wie das Prisma als Grundfläche ein Vieleck, Bild 3-2. Der Unterschied zum Prisma besteht jedoch darin, daß von der Grundfläche aus alle Kanten zu einem Punkt, nämlich der Spitze, zusammenlaufen. Die Seitenflächen sind entsprechend stets Dreiecke. Sind Grundfläche und Körperhöhe angegeben, so kann die Pyramide konstruiert werden. Sogenannte *regelmäßige Pyramiden* sind gekennzeichnet durch eine gleichseitige Grundfläche mit zwar beliebig vielen, aber auf einem Kreis liegenden Ecken. Bei *geraden Pyramiden* steht die Körperachse senkrecht auf der Grundfläche. Je nachdem, ob es sich um regelmäßige und/oder gerade Pyramiden handelt, sind die Seitenflächen deckungsgleiche oder verzerrte Dreiecksflächen. Ist eine Pyramide „abgeschnitten", sind also die Seitenflächen nicht bis zur Spitze durchgezogen, so spricht man von einem *Pyramidenstumpf*, der wiederum gerade oder schief geschnitten sein kann. Wenn dieser Schnitt parallel zur Grundfläche geführt wird, sind Deckfläche und Grundfläche kongruent. Der kürzeste Abstand beider Flächen voneinander wird als Höhe bezeichnet. Eine Sonderform unter den Pyramiden stellt das von vier deckungsgleichen und gleichseitigen Dreiecken begrenzte *Tetraeder* dar, denn bei diesem kann nicht mehr zwischen Grund- und Seitenflächen unterschieden werden.

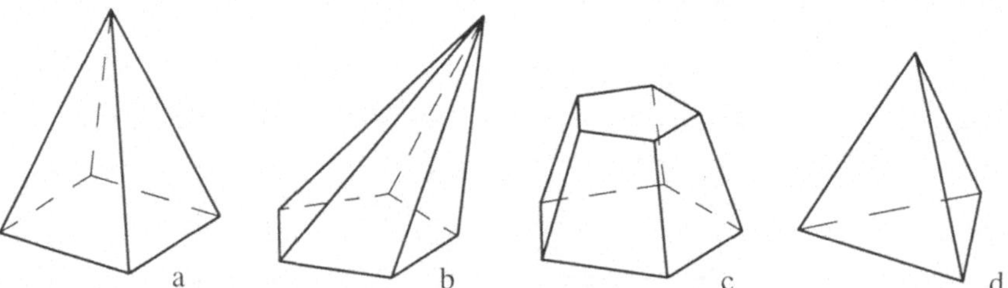

Bild 3-2 Pyramiden; a) regelmäßige, gerade Pyramide, b) regelmäßige, schiefe Pyramide, c) Pyramidenstumpf einer regelmäßigen, geraden Pyramide, d) Tetraeder

Im Gegensatz zu den vorgenannten Körpern haben Zylinder und Kegel Grundflächen, die von gekrümmten Linien begrenzt sind, Bild 3-3. Bei einem *Zylinder* sind Grund- und Deckfläche ebene, deckungsgleiche und parallel liegende Flächen. Diese Flächen können zwar beliebig geformt sein, aber allgemein wird unter einem Zylinder ein von Kreisflächen begrenzter Körper (der Eindeutigkeit halber auch *Kreiszylinder* genannt) verstanden. Bei geneigter Achse entsteht ein *schiefer Zylinder*. Wenn Grund- und Deckflächen Ellipsen sind, trägt der entstehende Körper die Bezeichnung (schiefer bzw. gerader) *elliptischer Zylinder*.

Ein *Kegel* besitzt ebenfalls eine von gekrümmten Linien begrenzte Grundfläche. Er besitzt jedoch keine Deckfläche, sondern läuft in einer Spitze aus. Wenn die Spitze senkrecht über dem Mittelpunkt einer kreisförmigen Grundfläche liegt, also die Körperachse senkrecht steht, handelt es sich um einen *geraden Kreiskegel*; ein *schiefer Kreiskegel* hat eine geneigte Körperachse. Selbstverständlich sind auch hier Modifikationen möglich, so daß es auch gerade oder schief geschnittene Kegelstümpfe gibt.

Ein Kennzeichen von Zylindern und Kegeln ist, daß ihre Mantelflächen gekrümmt sind. Bei diesen Körpern besitzt die Mantelfläche eine einfache Krümmung.

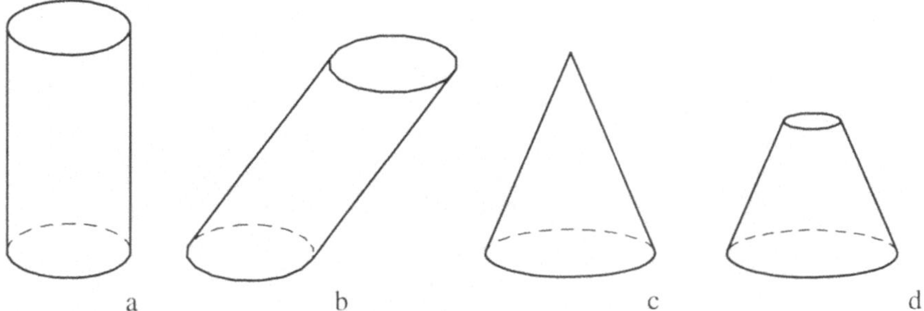

Bild 3-3 Zylinder und Kegel; a) gerader Zylinder, b) schiefer Zylinder, c) gerader Kreiskegel, d) gerade geschnittener Kegelstumpf

Die *Kugel* ist ein Körper mit in alle Richtungen gleichförmig gewölbter Oberfläche. Man sagt auch, eine Kugel hat eine doppelt gekrümmte Mantelfläche. Der Abstand der Mantelfläche vom Kugelmittelpunkt ist an jeder Stelle gleich groß. Von jeder Seite aus betrachtet zeigt ein Kugelkörper dieselbe Ansicht. Führt man an irgendeiner Stelle der Kugel einen geraden Schnitt, so erhält man eine Kreisfläche, Bild 3-4. Der durch einen ebenen Schnitt von der Kugel abgetrennte Teil wird dann Kugelabschnitt oder auch Kalotte genannt.

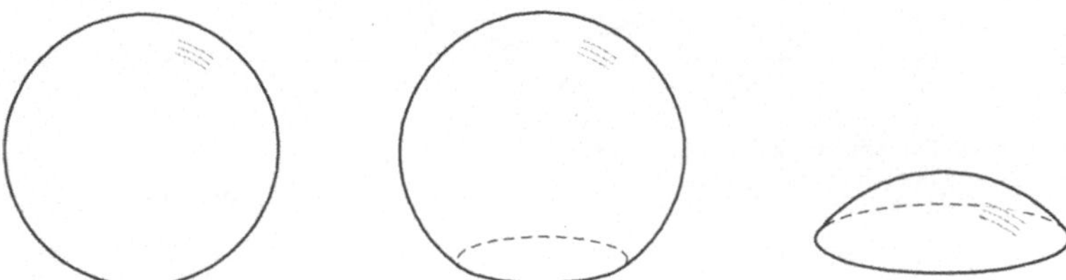

Bild 3-4 Kugel und Kugelabschnitte

In der folgenden Tabelle sind einige nützliche Berechnungsformeln für die oben angesprochenen Grundkörper zusammengestellt. Als Formelzeichen werden benutzt: V = Volumen, V_S = Volumen eines geschnittenen Körpers (Stumpfes), A_G = Grundfläche, A_M = Mantelfläche, A_O = Oberfläche, U = Umfang der Grundfläche, h = Höhe, r = Radius.

Tabelle 3-1 Oberflächen und Volumen von Polyedern und Rotationskörpern

gerades Prisma; Kantenlängen a, b, c, ...	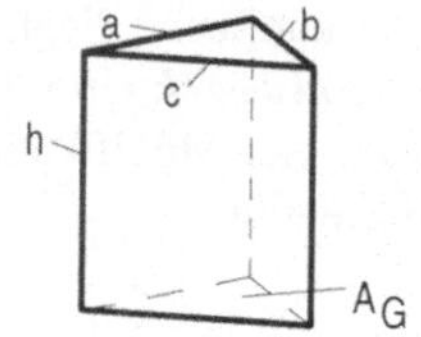	$V = A_G \cdot h$; $A_M = U \cdot h$; $A_O = 2 \cdot A_G + A_M$; $U = a + b + c + ...$
Würfel; Kantenlänge a	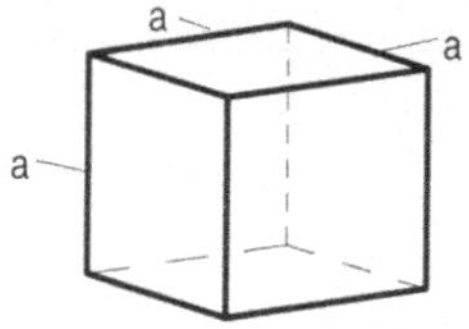	$V = a^3$ $A_O = 6 \cdot a^2$
gerade Pyramide; Grundfläche quadratisch	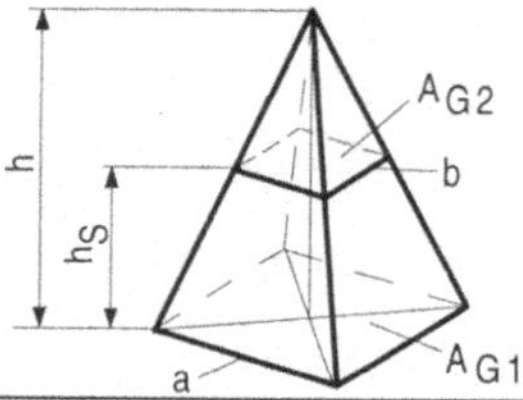	$V = A_{G1} \cdot h / 3 = a^2 \cdot h /3$ $A_O = a^2 + 2a \sqrt{(h^2 + a^2/4)}$ $A_M = 2a \cdot \sqrt{(h^2 + a^2/4)}$ $V_S = h_S (a^2 + ab + b^2) / 3$
Tetraeder; Kantenlänge a	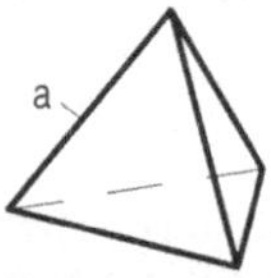	$V = a^3 \cdot \sqrt{2} / 12$ $A_O = a^2 \sqrt{3}$
gerader Kreiszylinder; Grund- und Deckfläche sind Kreisscheiben mit Radius r	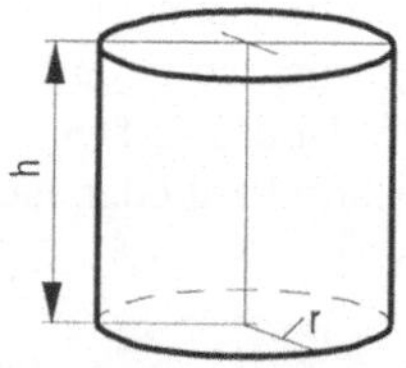	$V = A_G \cdot h = r^2 \cdot \pi \cdot h$ $U = 2 \cdot r \cdot \pi$ $A_G = r^2 \cdot \pi$ $A_M = U \cdot h$ $A_O = 2 \cdot A_G + A_M$
gerader Kegel; Grundfläche ist eine Kreisscheibe mit Radius r_1	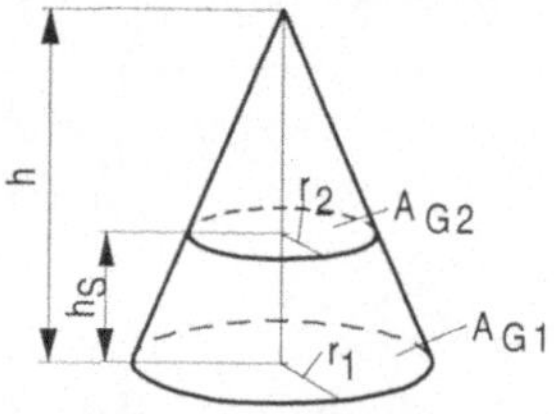	$V = 1/3 \cdot \pi \cdot r_1 \cdot h$ $A_G = r^2 \cdot \pi$ $A_O = A_M + A_{G1}$ $A_M = \pi \cdot r_1 \sqrt{(r_1^2 + h^2)}$ $V_S = \pi \cdot h_S (r_1^2 + r_1 r_2 + r_2^2) / 3$
Kugel; Radius r	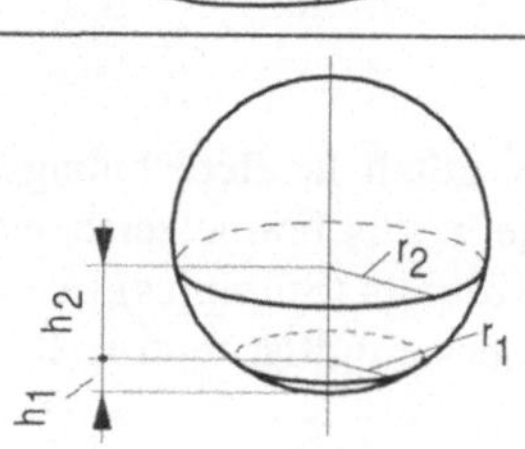	$V = 4 / 3 \cdot \pi \cdot r^3$ $A_O = 4 \cdot \pi \cdot r^2$ $V_1 = \pi \cdot h_1^2 (3 \cdot r - h_1) /3$ $V_2 = \pi \cdot h_2 (3 \cdot r_1^2 + 3 \cdot r_2^2 + h_2^2)$

3.2 Projektionen

Bevor auf die im Rahmen des Technischen Zeichnens gängigen perspektivischen Darstellungen, die sämtlich sogenannte axonometrische Projektionen sind, eingegangen wird, seien einige allgemeine Begriffe eingeführt und erläutert. Hier zunächst die Definition des Begriffes *Projektion* (nach DIN 5 Teil 10): „Die Projektion ist im Zeichnungswesen eine Methode, bei der die bestimmenden Punkte eines Gegenstandes (z.B. Eckpunkte eines Körpers oder Auflösungspunkte einer Kurve) mit Hilfe von Projektionslinien (Strahlen) auf einer oder mehreren Bildebenen (Projektionsebenen) abgebildet werden."

Der Begriff „Projektion" hat streng genommen eine doppelte Bedeutung: Zum einen kann damit das in der obigen Definition beschriebene Abbildungs*verfahren* gemeint sein, zum anderen das in der Bildebene daraus resultierende *Ergebnis*.

Den Mechanismus des Projizierens eines Körpers auf eine Bildebene kann man sich am einfachsten wie folgt vorstellen: Betrachter, abzubildender Körper und Bildebene stehen hintereinander[7]. Der abzubildende Körper wird von bestimmten Flächen begrenzt. Jede Begrenzungsfläche hat eine bestimmte geometrische Form (z.B. Ebene, Zylindermantel) und ihrerseits Begrenzungen, die diesesmal allerdings räumliche Linien sind (Körperkanten, wie z.B. Strecken, Kreisbögen). Jede Flächenbegrenzungslinie läßt sich durch die erwähnten bestimmenden Punkte (z.B. Anfangs-, End-, Mittelpunkt) sowie gegebenenfalls durch zusätzliche Parameter (z.B. Radius) beschreiben.

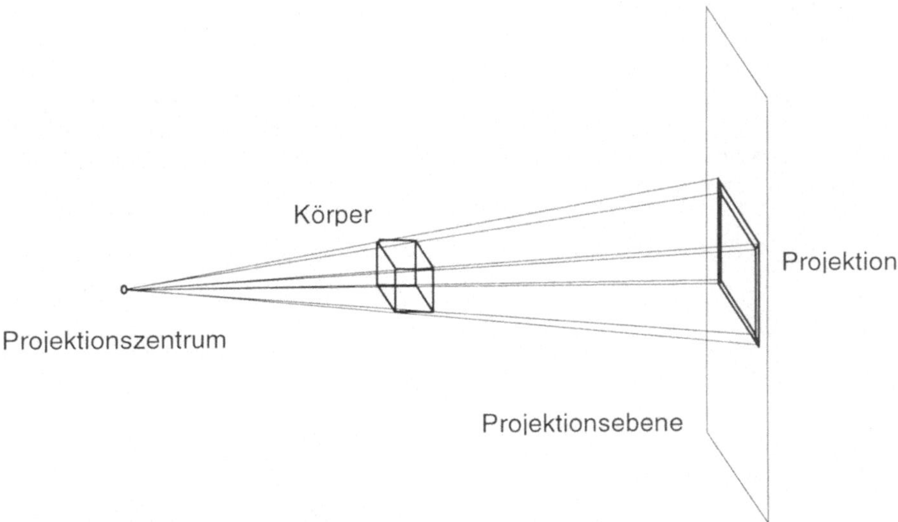

Bild 3-5 Zentralprojektion eines Körpers auf eine Ebene als „Schattenwurf"

---

[7]   Vom Prinzip her spielt es dabei keine Rolle, ob man die Reihenfolge Betrachter-Körper-Bildebene oder Betrachter-Bildebene-Körper zugrunde legt.

Sehr anschaulich wird die Projektion eines Körpers auf eine Ebene, wenn man sich diese als „Schattenwurf" vorstellt, den ein von einer Lichtquelle (z.B. Kerze) angestrahlter Körper auf eine Wand wirft. In Bild 3-5 ist so eine gedachte Lichtquelle (sogenanntes *Projektionszentrum*) dargestellt. Um die Körperkanten als Begrenzungen der Flächen des angestrahlten Körpers im Schattenbild zu erkennen, muß man sich den Körper – hier einen Würfel – als aus Draht geformt vorstellen. Der auf der Wand (der sogenannten *Projektionsebene*) dann ersichtliche Schatten ist eine Projektion des Drahtmodells. Gut nachzuvollziehen ist an diesem Beispiel, daß jede Bewegung des Projektionszentrums – hier der gedachten Lichtquelle – auch eine Veränderung des Schattenbildes nach sich zieht. Probieren Sie es aus: Eine Bewegung der Lichtquelle auf den Körper zu, läßt das Schattenbild größer werden, eine größere Entfernung der Lichtquelle vom Körper läßt das Schattenbild kleiner werden, bis bei (theoretisch) unendlich weit weggerückter Lichtquelle das Schattenbild die gleiche Größe aufweist, wie der Körper. Verschiebungen der Lichtquelle nach rechts oder links lassen die Projektion des abzubildenden Körpers verzerrt erscheinen.

Zur Ermittlung der Projektion des Körpers auf die Bildebene konzentriert man sich zunächst auf die bestimmenden Punkte des abzubildenden Körpers, indem vom Auge des Betrachters aus (in Bild 3-5 vom Projektionszentrum aus) Projektionslinien, gelegentlich auch als „Sehstrahlen" oder „Projektionsstrahlen" bezeichnet, auf diese Punkte gerichtet werden. In der Verlängerung treffen diese Projektionslinien auf die Bildebene und hinterlassen auf dieser die Projektionen der erfaßten Punkte (Durchstoßpunkte der Projektionslinien durch die Bildebene). Aus diesen läßt sich in der Bildebene schrittweise die Projektion des Körpers insgesamt rekonstruieren, z.B. indem man die Projektionen des Anfangs- und des Endpunktes einer geraden Körperkante mit einer Strecke verbindet, die dann die Projektion der betreffenden Körperkante darstellt.

Je nachdem, wie Betrachter, abzubildender Körper und Bildebene relativ zueinander liegen, haben die projizierten Linien gegenüber den realen Körperkanten eine andere Form (z.B. Ellipse statt Kreis) und/oder eine andere Ausdehnung (z.B. in der Projektion verkürzte Strecke, bis hin zum Extremfall der zum Punkt entarteten Strecke).

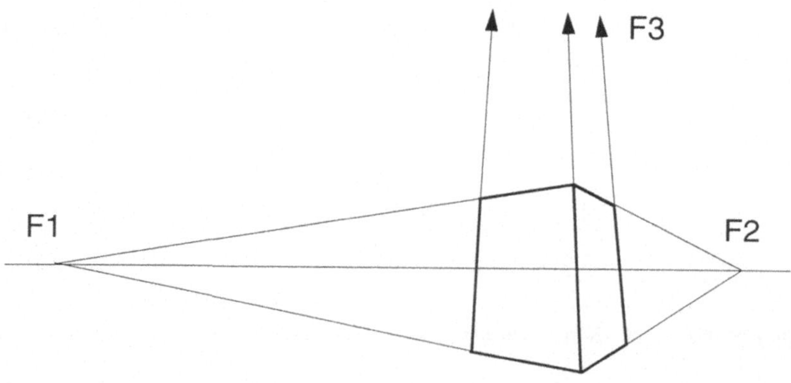

Bild 3-6 Fluchtpunktprojektion eines Würfels

Grundsätzlich unterscheidet man zwei Arten der Projektion: Bei der *Zentralprojektion* gehen sämtliche Projektionslinien von einem gemeinsamen Punkt aus, dem sogenannten *Projektionszentrum*, Bild 3-5. Die in der Bildebene entstehenden Projektionen sind sämtlich sogenannte Fluchtpunktprojektionen, wobei sich abhängig von der relativen Lage des Projektionszentrums, der Körperflächen und der Bildebene ein, zwei oder drei Fluchtpunkte (F1, F2, F3) entsprechend den drei Raumrichtungen ergeben können (Einzelheiten siehe DIN 5 Teil 10). Tatsächlich sehen wir sehr lange parallele Linien, beispielsweise Schienen oder Kanten von „Wolkenkratzern" am Horizont bzw. in größerer Entfernung zusammenlaufen.

Das Verfahren der Zentralprojektion liefert also in Form der daraus resultierenden Fluchtpunktprojektionen sehr anschauliche, da dem Ergebnis des menschlichen Sehens am nächsten kommende Abbildungen. Sie haben allerdings den „Schönheitsfehler", daß die Projektionen ursprünglich parallel zueinander liegender Linien im allgemeinen nicht mehr parallel verlaufen und daß außerdem Kanten gleicher Länge in der Regel auf unterschiedliche Längen in der Bildebene projiziert werden, Bild 3-6. Die mit Hilfe der Zentralprojektion ermittelten Abbildungen von Körpern sind daher kaum sinnvoll maßstäblich zu interpretieren, was ihre Verwendung im technischen Bereich einschränkt. Die Zentralprojektion hat wegen der gebotenen Realitätsnähe ihre Einsatzdomäne eher in der Kunst und wird deshalb gelegentlich auch als „künstlerische Perspektive" bezeichnet.

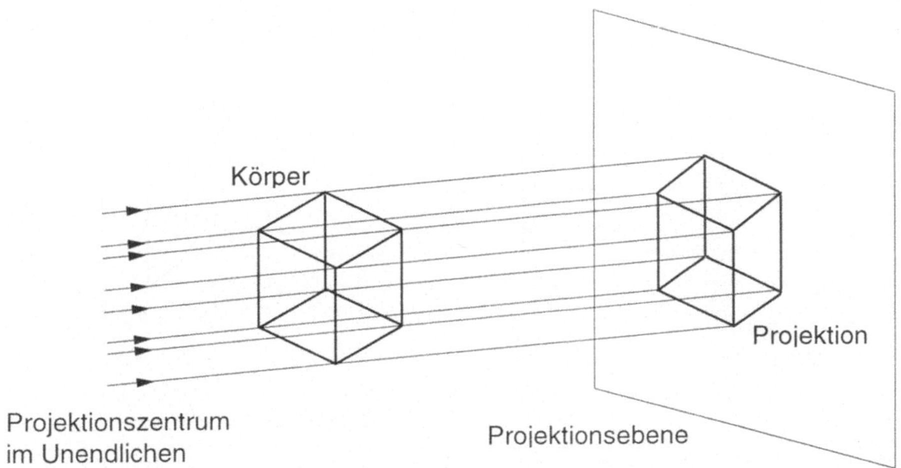

Bild 3-7 Parallelprojektion eines Körpers auf eine Ebene als „Schattenwurf"

Bei der *Parallelprojektion* verlaufen alle Projektionslinien parallel zueinander, Bild 3-7. Die Parallelprojektion kann demnach als Sonderfall der Zentralprojektion mit ins Unendliche gerücktem Projektionszentrum aufgefaßt werden. Die resultierenden Abbildungen sind im Vergleich zur Zentralprojektion relativ unaufwendig zu erstellen und vermeiden die für diese genannten „technischen" Nachteile (Maßstäblichkeit, parallele Linien bleiben parallel und werden gleichmäßig verzerrt). Dies wird allerdings dadurch erkauft, daß die Abbildungen dem Betrachter gefühlsmäßig oft ein wenig „schief" vorkommen, eben weil der Mechanismus des menschlichen Sehens eher der Zentralprojektion als der Parallelprojektion ähnelt.

Im allgemeinen Fall kann bei der Parallelprojektion die Bildebene beliebig zu den Projektionslinien stehen. Steht die Bildebene senkrecht (orthogonal) zu den Projektionslinien (wie in Bild 3-7 bereits angenommen), so handelt es sich um den Sonderfall der *orthogonalen Parallelprojektion*. Die orthogonale Parallelprojektion ist das im Rahmen des Technischen Zeichnens nahezu ausschließlich angewendete Projektionsverfahren. Wird der durch orthogonale Parallelprojektion abzubildende Körper zusätzlich noch so gedreht, daß maßgebliche Flächen, Kanten oder Symmetrielinien parallel zur Bildebene verlaufen (d.h. senkrecht auf den Projektionslinien stehen), so spricht man von einer *Normalprojektion*, Bild 3-8. Die Bedeutung der Normalprojektion wird klar, wenn man bedenkt, daß hierbei die geringsten Verzerrungen der Abbildung gegenüber dem Original auftreten.

Der Nachteil bei der Normalprojektion ist der, daß in einer Projektionsebene immer nur eine Ansicht eines Bauteiles dargestellt werden kann. Um eine vollständige Wiedergabe des Bauteiles zu erzielen, werden deshalb bei der technischen Darstellung im allgemeinen drei − bei komplexeren Aufgabenstallungen auch mehr − verschiedene Ansichten des Bauteiles angefertigt. Diese drei Seiten des Körpers im allgemeinen entsprechend der Vorderansicht, der Seitenansicht und der Draufsicht werden in einer Zeichnung vereinigt. Diese Art der Darstellung wird als *Dreitafelprojektion* bezeichnet. Im Kapitel 4 wird ausführlicher auf diese Form der Darstellung eingegangen.

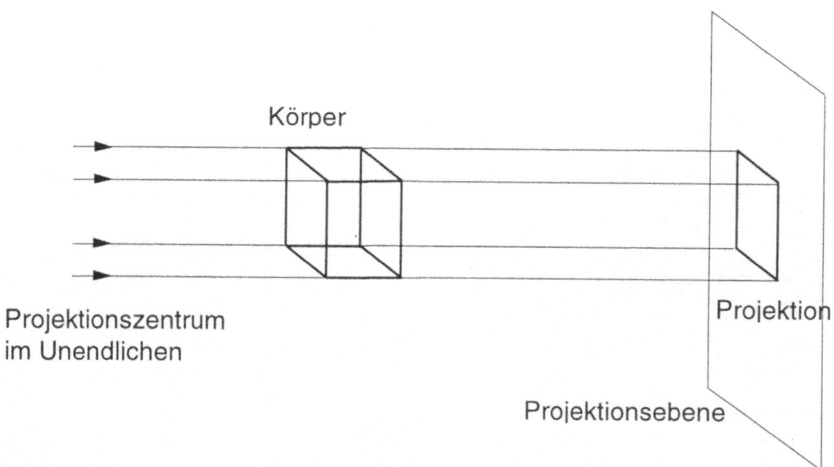

Bild 3-8 Normalprojektion eines Körpers auf eine Ebene als „Schattenwurf"

Im Gegensatz dazu entstehen *axonometrische Projektionen*, wenn ein Körper mit Hilfe der Parallelprojektion so abgebildet wird, daß er in seinen drei Ausdehnungen (im allgemeinen entsprechend der Vorderansicht, der Draufsicht, und einer Seitenansicht) gleichzeitig sichtbar wird und daß in den entsprechenden Koordinatenrichtungen die Abmessungen des Körpers abgegriffen werden können. Der Begriff der axonometrischen Projektion verlangt nicht zwingend, daß es sich um eine orthogonale Parallelprojektion handelt, allerdings werden im Rahmen des Technischen Zeichnens überwiegend solche angewendet.

Die zwei in der Technik wichtigsten Arten der (orthogonalen) axonometrischen Projektion sind die Isometrie und die Dimetrie. Auf diese Projektionen wird im Kapitel 4 näher eingegangen.

3.3 Projektionszeichnen

Im vorangegangenen Abschnitt wurde bereits der in der Darstellenden Geometrie zentrale Begriff der Projektion definiert. Danach ist das Abbilden von sogenannten *bestimmenden Punkten* eines Gegenstandes (z.B. Eckpunkte eines Körpers oder Auflösungspunkte einer Kurve) auf einer oder mehreren Bildebenen (Projektionsebenen) der Hauptzweck der Projektion.

Wie man im folgenden erkennen wird, lassen sich in der Tat nahezu alle Operationen der Darstellenden Geometrie auf *Punktoperationen* zurückführen, die auch im Falle komplexer Aufgabenstellungen „nur noch" nach bestimmten Regeln mehrfach angewendet werden müssen. Aus den betrachteten bestimmenden Punkten lassen sich dann die Begrenzungskanten des abzubildenden Gegenstandes ermitteln, die ihrerseits dessen Begrenzungsflächen beranden.

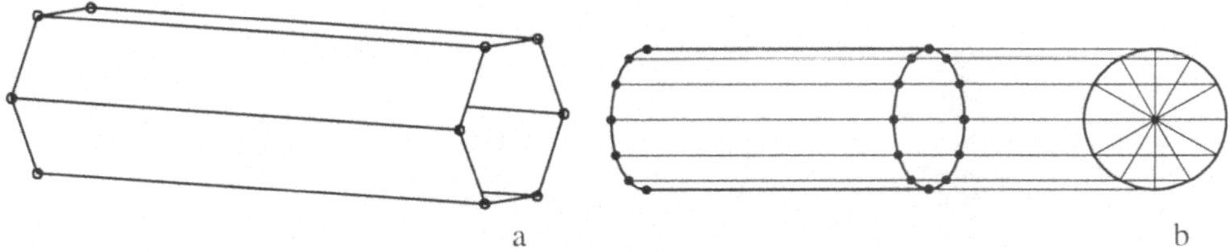

Bild 3-9 Bestimmende Punkte von Gegenständen a) prismatischer und b) zylindrischer Geometrie

Bauteile, die ausschließlich von ebenen Flächen begrenzt werden, besitzen ausschließlich gerade Begrenzungskanten. Bei ihnen ist unmittelbar einsichtig, daß die zu betrachtenden bestimmenden Punkte die Eckpunkte (= Anfangs- bzw. Endpunkte der Begrenzungskanten) sind, Bild 3-9. Die Ermittlung der Kanten aus den Punkten ist relativ einfach, da gerade Kanten in jeder Projektion gerade bleiben (allenfalls zu Punkten entarten können) und daher nur noch die zusammengehörigen Eckpunkte paarweise durch Strecken zu verbinden sind. Die Kunst besteht demnach darin, den Überblick zu behalten, welche Kante durch welche Punkte bestimmt wird.

Bauteile mit gekrümmten Begrenzungsflächen (z.B. Zylinder-, Kegel-, Kugelflächen) haben demgegenüber nur sehr wenige Kanten (im Extremfall gar keine Kanten, z.B. Vollkugel), die darüber hinaus in der Regel nicht gerade, sondern gekrümmt und oft in sich geschlossen sind, so daß „Eckpunkte" unter Umständen überhaupt nicht existieren. Auch die in solchen Fällen vorhandenen „natürlichen" bestimmenden Punkte (z.B. Mittelpunkt des Vollkreises, der die ebene Deckfläche eines Zylinders begrenzt; Mittelpunkt einer Kugel) sind wenig hilfreich, weil sie in der Regel nicht auf den Begrenzungskanten, ja teilweise noch nicht einmal in den Begrenzungsflächen der abzubildenden Gegenstände liegen.

In solchen Fällen muß man sich die bestimmenden Punkte quasi selbst erzeugen, indem man auf die vorhandenen Kanten definierte Zwischenpunkte legt und/oder indem man eine Fläche netzartig mit definierten Hilfslinien überzieht, deren Schnittpunkte dann als bestimmende Punkte dienen können, Bild 3-9 b. Auf die so gebildeten Hilfspunkte sind dann die Operationen und Regeln der Darstellenden Geometrie genauso anwendbar wie auf die Eckpunkte prismatischer Körper. Allerdings ist die Rekonstruktion gekrümmter Kanten mit mehr Aufwand verbunden als die Rekonstruktion gerader Kanten (Strecken).

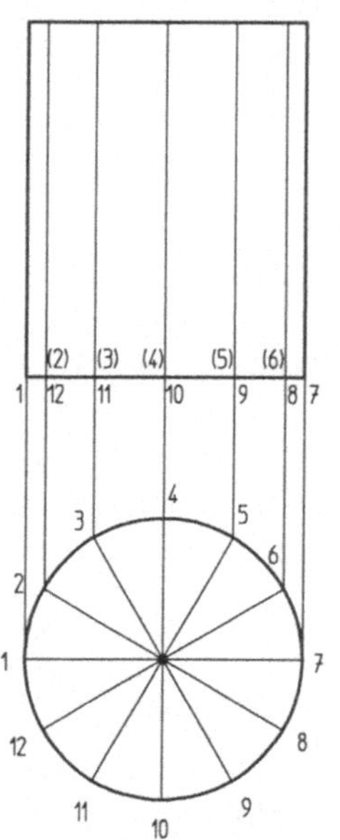
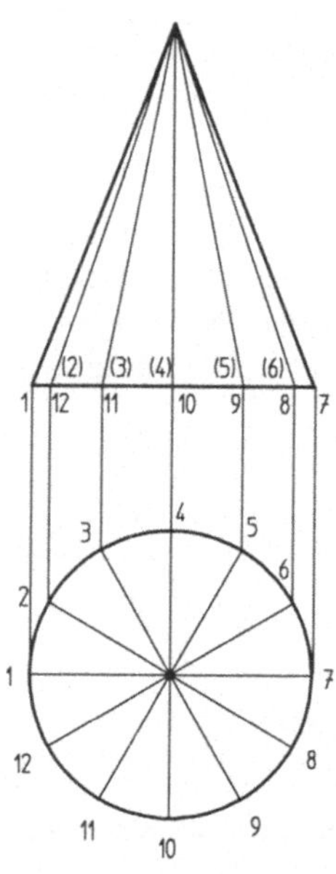

Bild 3-10 Mantellinien

In analoger Weise kann man auf gekrümmten Flächen – insbesondere auf Zylinder- und Kegelflächen – „Hilfskanten" errichten, die *Mantellinien* genannt werden. Normalerweise handelt es sich hierbei um gerade Verbindungslinien zusammengehöriger Hilfspunkte, Bild 3-10 a), oder um gerade Verbindungslinien zwischen Hilfspunkten und „natürlichen" bestimmenden Punkten, Bild 3-10 b).

In der Darstellenden Geometrie werden Ansichten häufig als *Risse* bezeichnet. Vorderansicht, Draufsicht und Seitenansicht heißen dementsprechend *Aufriß*, *Grundriß* und *Seitenriß*. Auch verwendet man anstelle des Begriffes Bildebene oder Projektionsebene gerne den Begriff *Tafel*. Im weiteren werden jedoch die jeweils zuerst genannten, im Bereich des Technischen Zeichnens gebräuchlicheren Bezeichnungen Vorderansicht, Draufsicht und Seitenansicht beibehalten.

Die verschiedenen gleichzeitig in der Zeichenebene dargestellten Bildebenen (Tafeln) mit den jeweils zugeordneten Ansichten (Rissen) des abzubildenden Gegenstandes sind durch die sogenannten *Rißkanten*, die zum Teil auch *Projektionsachsen* genannt werden, voneinander abgegrenzt. Die Rißkanten sind anschaulich gesprochen die „Knickstellen" zwischen den einzelnen Bildebenen, sie teilen die Zeichenebene nach dem Auseinanderklappen der Bildebenen in „Bildfenster" für die verschiedenen Ansichten auf. In der Darstellenden Geometrie empfiehlt es sich, die Rißkanten auf der Zeichnung explizit darzustellen, auch wenn es sich streng genommen natürlich nur um gedachte Linien handelt.

Bild 3-11 zeigt für den Fall der Dreitafelprojektion die Entstehung der Rißkante x_{12} zwischen den Bildebenen π_1 und π_2, der Rißkante x_{23} zwischen den Bildebenen π_2 und π_3 und schließlich der Rißkante x_{13} zwischen den Bildebenen π_1 und π_3. Bei der orthogonalen Parallelprojektion, die hier ausschließlich betrachtet wird, verlaufen alle Projektionslinien p_1, p_2, p_3 in allen „Bildfenstern" (p_i', p_i'', p_i''') orthogonal zu den zugehörigen Rißkanten[8]. (In der Darstellenden Geometrie werden die Projektionslinien gelegentlich auch „Ordnerlinien" genannt.)

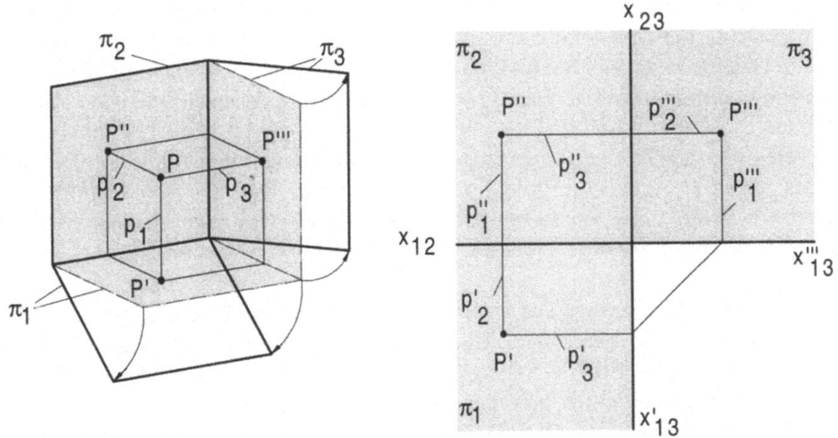

Bild 3-11 Rißkanten bei der Dreitafelprojektion

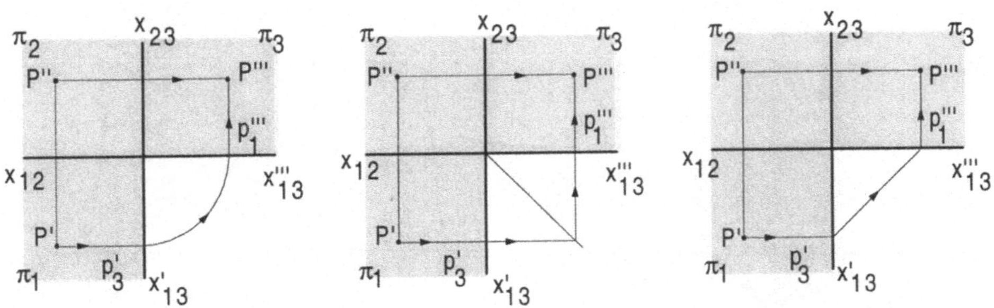

Bild 3-12 Verfahren zur „Umlenkung" von Projektionslinien (Projektion eines Punktes)

In Bild 3-11 ist zu sehen, daß die Rißkante x_{13} durch das Auseinanderklappen der drei Bild-ebenen π_1, π_2, π_3 in der Zeichenebene in zwei verschiedenen, hier senkrecht aufeinander stehenden Projektionen x_{13}' und x_{13}''' auftaucht. Aus diesem Grunde schließen auch die Projektionslinien p_3' und p_1''' nicht direkt aneinander an, wie es beispielsweise bei den Projektionslinienpaaren p_1''/p_2' und p_3''/p_2''' der Fall ist. Um die „Umlenkung" von p_3' in p_1''' oder umgekehrt zu schaffen, gibt es die drei in Bild 3-12 dargestellten Hilfskonstruktionen: Kreisbögen um den Schnittpunkt O zwischen x_{13}' und x_{13}'''; Winkelhalbierende zwischen x_{13}' und x_{13}''' (hier unter 45°); schräge Projektionslinien senkrecht zur Winkelhalbierenden zwischen x_{13}' und x_{13}'''.

Die wichtigste Grundregel der Darstellenden Geometrie besagt, daß aus zwei verschiedenen gegebenen Projektionen eines Gegenstandes jede weitere Projektion ableitbar ist (sofern die gegebenen Projektionen vollständig sind, was im allgemeinen die jeweils verdeckten Kanten einschließt). Die theoretische Begründung für diese Regel ist, daß man zur Festlegung der gesuchten Projektion punktweise vorgeht (unter Ausnutzung der bestimmenden Punkte eines Gegenstandes, siehe oben) und daß man zur Bestimmung der Lage jedes Punktes in der gesuchten Projektion gerade zwei sich schneidende Projektionslinien (Ordnerlinien) benötigt, die man aus den zwei gegebenen Projektionen erhält. In der Darstellenden Geometrie spricht man anstatt von Projektions- oder Ordnerlinien auch häufig von zwei *geometrischen Orten*, deren Schnittpunkt die Lage eines Punktes in einer Projektion bestimmt.

Die bildliche Erklärung, wie man aus zwei gegebenen Projektionen eine dritte ermittelt, geht für einen einzelnen Punkt bereits aus Bild 3-12 hervor (man beachte die Pfeile!). Nachfolgend ist in Bild 3-13 bis Bild 3-15 die gleiche Konstruktion nacheinander für eine Strecke, eine (Vierecks-)Fläche und einen prismatischen Körper gezeigt. Exemplarisch sind in allen Fällen die Vorderansicht und die Draufsicht als gegeben betrachtet worden (Projektionen auf die Bildebenen π_1 und π_2), die Seitenansicht von links (Projektion auf die Bildebene π_3) ist jeweils gesucht. Das Verfahren funktioniert völlig analog, wenn andere Projektionen gegeben bzw. gesucht sind.

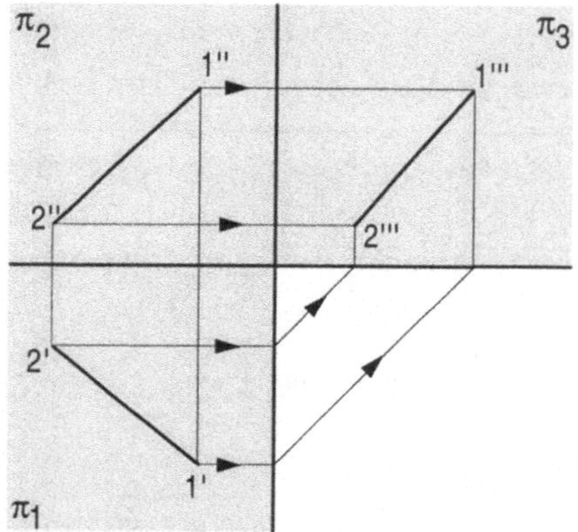

Bild 3-13 Projektion einer Linie (Strecke)

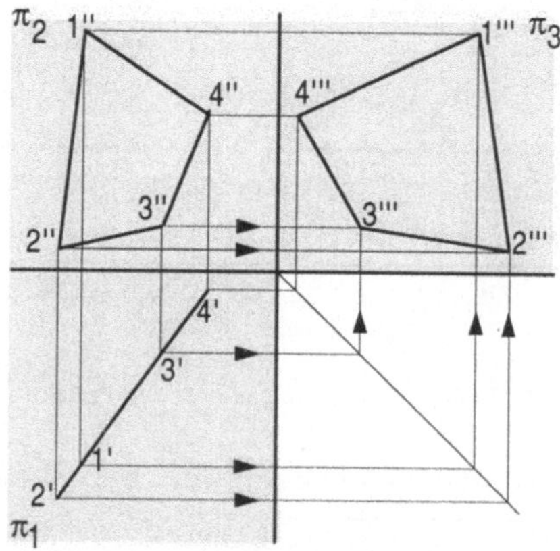

Bild 3-14 Projektion einer Fläche (Viereck)

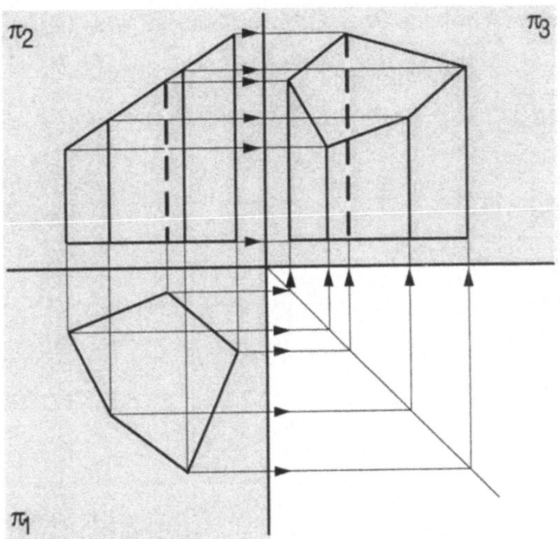

Bild 3-15 Projektion eines Körpers (prismatischer, schief geschnittener Körper)

An den dargestellten Beispielen ist leicht zu erkennen, daß das Verfahren zur Projektion von Linien, Flächen und Körpern nichts anderes ist als die mehrfache Anwendung des Verfahrens zur Projektion eines einzelnen Punktes mit anschließendem Verbinden zueinander gehörender Punkte.

Das gilt im Prinzip auch für gekrümmte Linien, Flächen und Körper, wenn man sich, wie oben erwähnt, einige bestimmende Punkte selbst erzeugt. Bild 3-16 zeigt dies für die Projektion eines schräg zur Bildebene π_3 geneigten Vollkreises. Ein Hilfskreis[9] liefert in den beiden gegebenen Projektionen (wiederum Bildebenen π_1, π_2) die auf dem Kreis liegenden Hilfspunkte 1 bis 8, die nach dem nun bekannten Verfahren in die Bildebene π_3 (gesuchte Projektion) übertragen werden können. Die Verbindung der in die Bildebene π_3 projizierten Hilfspunkte (z.B. mit dem Kurvenlineal durchzuführen) ergibt die gesuchte Figur. Es ist klar, daß man wahlweise auch mehr oder weniger Hilfspunkte als genau 8 einführen kann. Im Einzelfall hängt dies von der Größe des Kreises und von der gewünschten Zeichengenauigkeit ab.

Es sei noch darauf hingewiesen, daß in vielen praktischen Fällen die Rißkanten zwischen den Bildebenen (Projektionsebenen) nicht vorgegeben sind. Wenn nicht andere Gründe dagegen sprechen (z.B. fest vorgegebenes x,y,z-Koordinatensystem), darf man dann die Lage der Rißkanten relativ zu den gegebenen Ansichten beliebig wählen, da hierbei lediglich die Bildebenen in bezug auf den abzubildenden Gegenstand verschoben werden. In horizontaler und/oder in vertikaler Richtung parallelverschobene Rißkanten liefern dabei qualitativ iden-

---

[9] Streng genommen ist der Hilfskreis eine weitere Projektion des betrachteten Gegenstandes auf eine Bildebene π_4, die parallel zu dem Hilfskreis liegt. Sind die Verhältnisse so einfach überschaubar wie im vorliegenden Fall, wird jedoch meistens auf die explizite Darstellung dieser (Hilfs-)Bildebene mit ihren schrägen Rißkanten verzichtet (siehe auch unten).

tische, lediglich parallelverschobene Projektionsergebnisse, was in den meisten Fällen keine Rolle spielt.

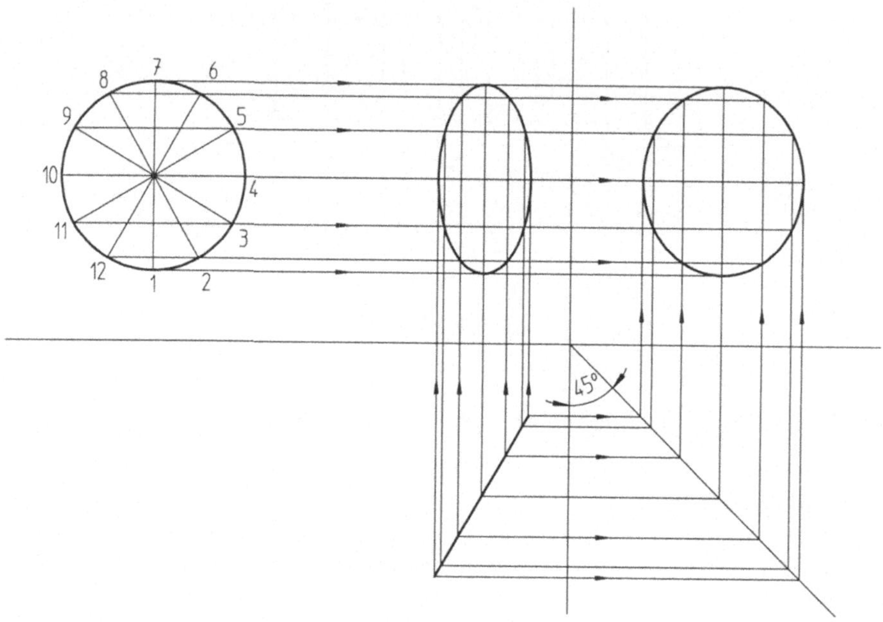

Bild 3-16 Projektion eines schräg liegenden Vollkreises

3.4 Wahre Größen von Linien und Flächen

Eine Frage, die bisher noch nicht angesprochen wurde, ist die nach der wahren Größe von Linien und Flächen. Eine Zeichnung gibt nämlich nur dann den wahren, d.h. unverkürzten Abstand zweier Punkte (die wahre Länge einer Strecke) wieder, wenn die diese Punkte verbindende Gerade parallel zur Bildebene verläuft. Analog dazu ergibt sich in der Zeichnung die wahre Größe einer einfach gekrümmten Linie nur dann, wenn die Ebene, welche diese Linie enthält, parallel zur Bildebene verläuft. Entsprechend geht die wahre Größe einer ebenen Fläche nur dann aus der Zeichnung hervor, wenn alle Begrenzungskanten dieser Fläche parallel zur Bildebene liegen[10].

Vor diesem Hintergrund erkennt man bei der Betrachtung der Linien- und Flächenbeispiele in den vorangegangenen Bildern, daß weder die Strecke in Bild 3-13 noch die (Vierecks-) Fläche in Bild 3-13 noch der Kreis in Bild 3-16 in irgendeiner Ansicht in der wahren Größe dargestellt sind.

---

[10] Für mehrfach gekrümmte Linien und für gekrümmte Flächen wird der Begriff „wahre Größe" normaler-
      weise nicht verwendet, weil grundsätzlich in jeder Projektion (= Abbildung auf eine Bildebene) Verkür-
      zungen auftreten. Ein verwandter Fall ist allerdings die Abwicklung einer gekrümmten Fläche, die aber
      keine Projektion im üblichen Sinne ist.

Da die Kenntnis der wahren Größe einer Linie oder Fläche in der Praxis vielfach eine überaus wichtige Information ist, soll im folgenden auf die Verfahren zur Ermittlung der wahren Größen von Linien und von ebenen Flächen aus beliebigen Projektionen eingegangen werden. Grundsätzlich gibt es dazu zwei verschiedene Ansätze:

1. Bei unveränderten Bildebenen Drehen der Linie bzw. der Fläche so, daß in einer Bildebene die wahre Größe erscheint.

2. Einführung einer zusätzlichen Bildebene, die schräg zu den gegebenen Projektionen liegt und gerade so gewählt wird, daß sie die Linie bzw. die Fläche in der wahren Größe wiedergibt.

Der erste Ansatz bietet sich für einfachere Fälle (Linien), der zweite Ansatz für kompliziertere Fälle (Flächen) an.

Zu Studienzwecken seien beide Ansätze am Beispiel der Strecke nach Bild 3-13 einander gegenübergestellt, obwohl man sich in der Praxis wegen der hier vorliegenden einfachen Verhältnisse wohl mit dem einfacheren ersten Ansatz begnügen würde.

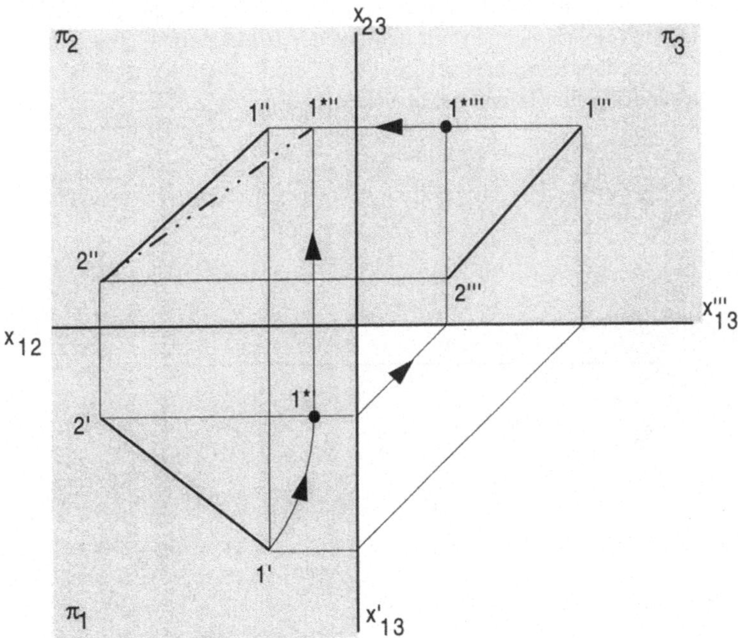

Bild 3-17 Ermittlung der wahren Größe (Länge) einer Strecke nach Ansatz 1 (Drehen der Linie)

In Bild 3-13 liegt die Strecke so, daß alle Projektionen eine gegenüber der wahren Größe verkürzte Darstellung zeigen. Exemplarisch sei mittels des oben eingeführten ersten Ansatzes (Drehen der Linie) die unverkürzte Größe der Strecke in der Vorderansicht konstruiert. (Dies wäre in analoger Weise auch in jeder beliebigen anderen Ansicht möglich.) Dazu wird die Strecke in der Draufsicht (Bildebene π_1) um einen festen Punkt (gewählt wurde hier der Punkt 2') so weit gedreht, bis sie parallel zu einer der Rißkanten, hier parallel zur Rißkante x_{12} ausgerichtet ist (Bild 3-17). Räumlich entspricht dies einer Drehung der Strecke um eine Drehachse, die durch den Punkt 2 verläuft und senkrecht auf der Bildebene π_1 steht. Der Punkt 2 ändert dadurch seine Lage nicht. Der Punkt 1 bleibt durch die Drehung in der Vorderansicht (Bildebene π_2) und in der Seitenansicht (Bildebene π_3) auf der gleichen Höhe wie zuvor, wandert jedoch in horizontaler Richtung etwas aus (neue Lage 1*). Die Größe der horizontalen Verlagerung ergibt sich unmittelbar aus der Draufsicht (Bildebene π_1). Die Verbindung der Punkte 2" und 1*" in der Vorderansicht (Bildebene π_2) ist die gesuchte wahre Länge der Strecke.

Der zweite Ansatz zur Ermittlung der wahren Größe der Strecke nach Bild 3-13 ist die Einführung einer neuen Bildebene, die parallel zu der gegebenen Strecke liegt. Das bedeutet, daß die Rißkante der neuen Bildebene in irgendeiner der vorhandenen Bildebenen parallel zu der betrachteten Strecke liegen muß. In Bild 3-18 ist die neue Bildebene π_4 exemplarisch so gewählt, daß sie senkrecht auf der gegebenen Draufsicht (Bildebene π_1) steht. Die zwischen π_1 und π_4 neu entstehende Rißkante x_{14} ist dann eine Parallele zur Darstellung der Strecke in π_1, wobei auch hier die genaue Lage der Rißkante x_{14} keine Rolle spielt. Die Projektionslinien der Punkte 1' und 2' auf die Bildebene π_4 stehen senkrecht auf der Rißkante x_{14}. Die Schnittpunkte dieser Projektionslinien mit den aus der Bildebene π_2 abgegriffenen „Höhen" der Punkte 1 und 2 ergeben die Lage der Punkte 1"" und 2"" in der Bildebene π_4. Ihre Verbindung ist die gesuchte wahre Länge der Strecke.

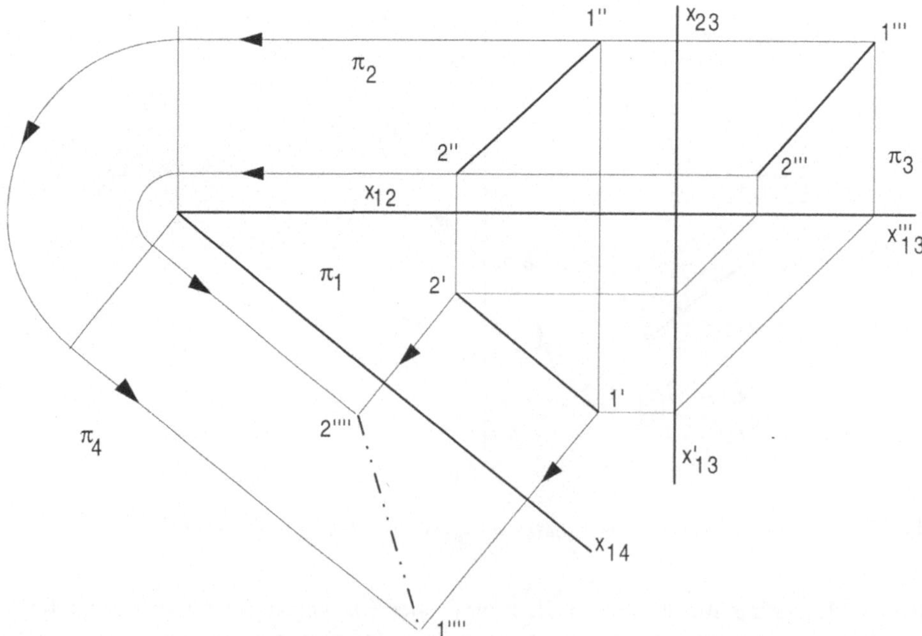

Bild 3-18 Ermittlung der wahren Größe (Länge) einer Strecke nach Ansatz 2 (Einführung der zusätzlichen Projektion π_4)

Bei der Bestimmung der wahren Größe einer (ebenen) Fläche ergibt sich der einfachste Fall, wenn die Fläche senkrecht auf einer der gegebenen Bildebenen steht, in der sie dann naturgemäß als Linie erscheint. Bild 3-19 zeigt diese Verhältnisse am Beispiel einer Vierecksfläche, die senkrecht auf der Draufsicht (Bildebene π_1) steht. Genau wie im vorangegangenen Beispiel (siehe Bild 3-18) wird eine neue Bildebene π_4 so gewählt, daß sie senkrecht auf π_1 steht und parallel zur Draufsicht auf die untersuchte Fläche verläuft. Die zwischen π_1 und π_4 neu entstehende Rißkante ist x_{14}. Die von den Eckpunkten 1', 2', 3' und 4' senkrecht zu x_{14} ausgehenden Projektionslinien sind der erste geometrische Ort zur Bestimmung der Lage der Eckpunkte in π_4. Der zweite geometrische Ort ergibt sich wieder aus der Vorderansicht oder aus der Seitenansicht, indem die dort erkennbaren „Höhen" der Punkte 1 bis 4 in die Bildebene π_4 übertragen werden. Die Verbindung der auf diese Weise ermittelten Punkte 1"" bis 4"" ergibt die Vierecksfläche in wahrer Größe.

Steht eine ebene Fläche nicht senkrecht auf einer der gegebenen Bildebenen, sondern besitzt sie eine beliebige schräge räumliche Orientierung zu den Bildebenen, so ist das Vorgehen zur Bestimmung ihrer wahren Größe im allgemeinen Fall komplizierter.

Es gibt nur einen einzigen Sonderfall, der eine einfachere Konstruktion zuläßt, nämlich den Fall der ebenen Dreiecksfläche mit geraden Begrenzungskanten. Da man aus drei Strecken ein Dreieck immer eindeutig zusammenfügen kann, genügt es in diesem Sonderfall, einzeln für die drei Begrenzungskanten nach einem der oben erläuterten Verfahren die wahre Länge zu ermitteln und aus den drei wahren Längen die Dreiecksfläche zu konstruieren.

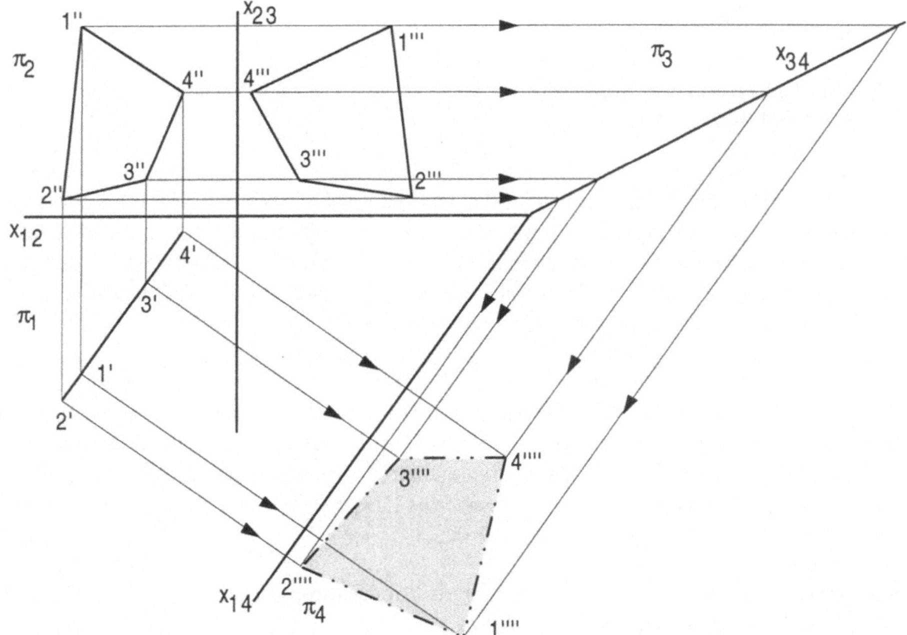

Bild 3-19 Ermittlung der wahren Größe einer Fläche, die senkrecht auf einer der gegebenen Bildebenen steht (Einführung der zusätzlichen Projektion π_4)

Bild 3-20 zeigt dies an einem Beispiel: Nach der in Bild 3-17 für eine einzelne Strecke demonstrierten Vorgehensweise werden alle drei Begrenzungskanten der Dreiecksfläche hier wieder in der Draufsicht (Bildebene π_1) parallel zur Rißkante x_{12} ausgerichtet, woraufhin man ihre wahren Längen in der Vorderansicht (Bildebene π_2, Strich-Zweipunktlinien) abgreifen kann. Ausgehend von einer der drei Begrenzungskanten (hier AB) kann man dann mit Hilfe von Zirkelschlägen (hier mit der Länge AC um A und mit der Länge BC um B) die Dreiecksfläche in ihrer wahren Größe konstruieren.

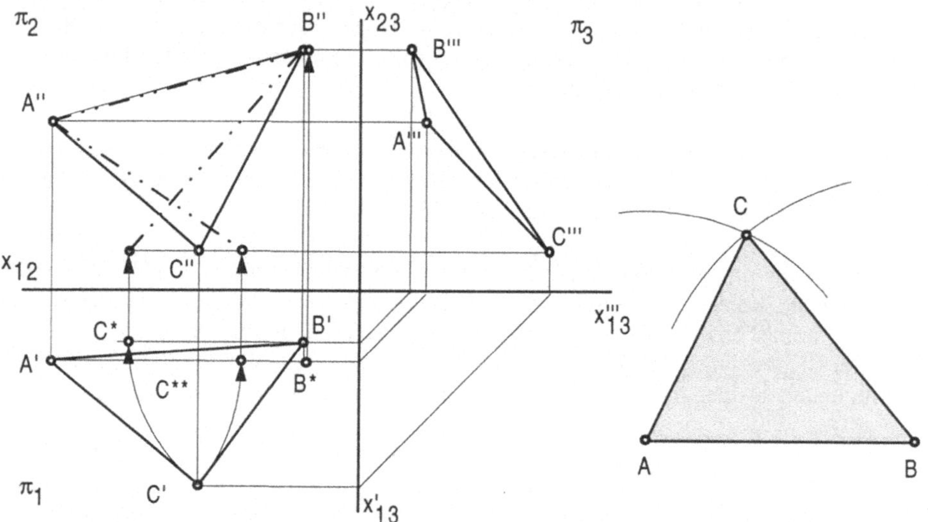

Bild 3-20 Ermittlung der wahren Größe einer ebenen Dreiecksfläche durch Konstruktion der wahren Längen ihrer Begrenzungskanten

Das vorgestellte Verfahren zur Ermittlung der wahren Größe einer beliebig im Raum orientierten ebenen Dreiecksfläche läßt sich mit einem „Trick" auch auf anders berandete Flächen ausdehnen, indem man die zu untersuchende Fläche in mehrere Dreiecksflächen zerlegt (z.B. Zerlegung eines Vierecks in zwei Dreiecke) und das Verfahren mehrfach anwendet. Darauf sei jedoch hier nicht weiter eingegangen.

Vielmehr soll auf das oben bereits angedeutete, nicht unkomplizierte allgemeine Verfahren zur Ermittlung der wahren Größe einer beliebig orientierten und beliebig berandeten ebenen Fläche eingegangen werden. Die Vorgehensweise wird im folgenden exemplarisch an der gleichen Aufgabenstellung wie im vorangegangenen Beispiel (Dreiecksfläche nach Bild 3-20) aufgezeigt, obwohl man in der Praxis gerade für Dreiecksflächen natürlich das soeben erläuterte vereinfachte Verfahren vorziehen würde.

Die Schwierigkeiten des allgemeinen Verfahrens zur Bestimmung der wahren Größe einer Fläche ergeben sich aus zwei Gesichtspunkten:

1. Es ist zunächst unbekannt, wie die Rißkante orientiert sein muß, die zwischen einer der gegebenen Bildebenen und der zur Darstellung der wahren Größe einzuführenden zusätzlichen Bildebene liegt. Es muß ein eigener Arbeitsschritt vorangestellt werden, der in dieser Frage Klarheit schafft.

2. Die neue Bildebene muß so eingeführt werden, daß sie parallel zu der in wahrer Größe darzustellenden Fläche liegt (siehe oben). Da die Fläche schräg im Raum liegt, erhält man eine Bildebene, die zu keiner der vorhandenen Bildebenen orthogonal ist. Dadurch wiederum unterscheiden sich die „Höhenkoordinaten" auf der neuen Bildebene von denen auf allen anderen Bildebenen. Es muß deshalb eine zweite zusätzliche Bildebene eingeführt werden, aus der sich die „wahren Höhenkoordinaten" abgreifen lassen.

Diese erste Frage, wie nämlich die Rißkante zwischen einer der gegebenen Bildebenen und der neuen Bildebene orientiert sein muß, läßt sich mit Hilfe der sogenannten Spur zwischen der (schrägen) Ebene, in der die betrachtete Fläche liegt, und einer oder mehreren der gegebenen Bildebenen klären.

Eine *Spur* ist ganz allgemein die beim Schnitt zweier (nicht paralleler) Ebenen entstehende Schnittgerade („Durchdringungskurve", siehe auch den nachfolgenden Abschnitt 3.5). Bild 3-21 verdeutlicht dies am Beispiel einer schräg zu den drei Bildebenen π_1, π_2 und π_3 einer Dreitafelprojektion liegenden Ebene E: Die Geraden e_1, e_2 und e_3 sind die Spuren von E in den Bildebenen π_1, π_2 bzw. π_3. Aus dem Beispiel läßt sich erkennen, daß die Kenntnis zweier Spuren die räumliche Lage der Ebene eindeutig festlegt.

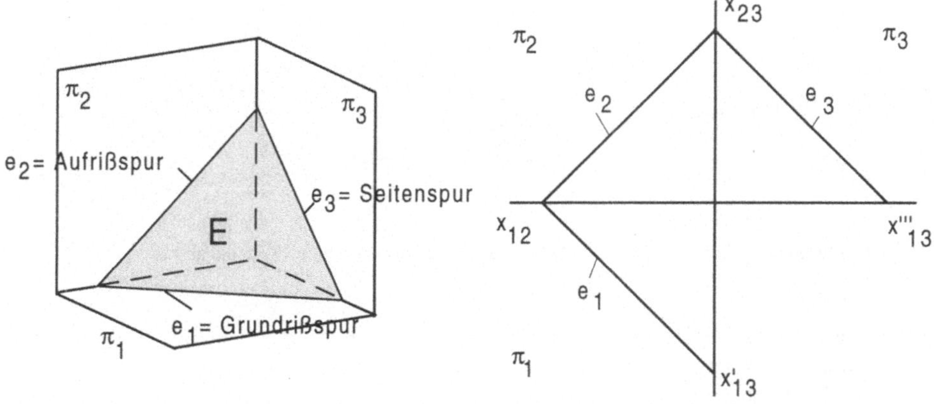

Bild 3-21 Spuren e_1, e_2, e_3 der Ebene E in den Bildebenen π_1, π_2, π_3

Für die hier zur Diskussion stehende Aufgabe der Ermittlung der wahren Größe einer beliebigen (ebenen) Fläche besteht also der erste Schritt darin, für die Ebene, in der die betrachtete Fläche liegt, in mindestens einer Bildebene die Spur zu bestimmen. Ausgehend von der Draufsicht (Bildebene π_1) und der Vorderansicht (Bildebene π_2) der exemplarisch betrachteten Dreiecksfläche geschieht dies wie folgt (Bild 3-22):

Zwei Begrenzungskanten (hier AC und BC) werden ausgewählt und beispielsweise in der Vorderansicht (Bildebene π_2) bis zur Rißkante (x_{12}) verlängert. Die Schnittpunkte zwischen den verlängerten Begrenzungskanten und der Rißkante werden dann in die andere Bildebene (hier π_1) gelotet und dort mit der jeweils zugehörigen Verlängerung der gleichen Begrenzungskante zum Schnitt gebracht. Auf diese Weise entstehen in der Bildebene π_1 zwei Punkte (hier S'_{AC}, S'_{BC}), von denen man weiß, daß sie auf der gesuchten Spur liegen. Da jede Spur (wie alle Geraden) durch zwei Punkte bestimmt werden kann, ergibt die Verbindung der gefundenen Punkte unmittelbar die gesuchte Spur (hier e_1 in π_1). Analog verläuft die Ermittlung von e_2 in der Bildebene π_2. Hierauf sei nicht näher eingegangen, da zur Zeit nur die wahre Größe der gegebenen Dreiecksfläche interessiert (zu deren Bestimmung eine Spur ausreicht) und nicht etwa die allgemeine Charakterisierung der räumlichen Lage der Ebene, in der die Dreiecksfläche liegt.

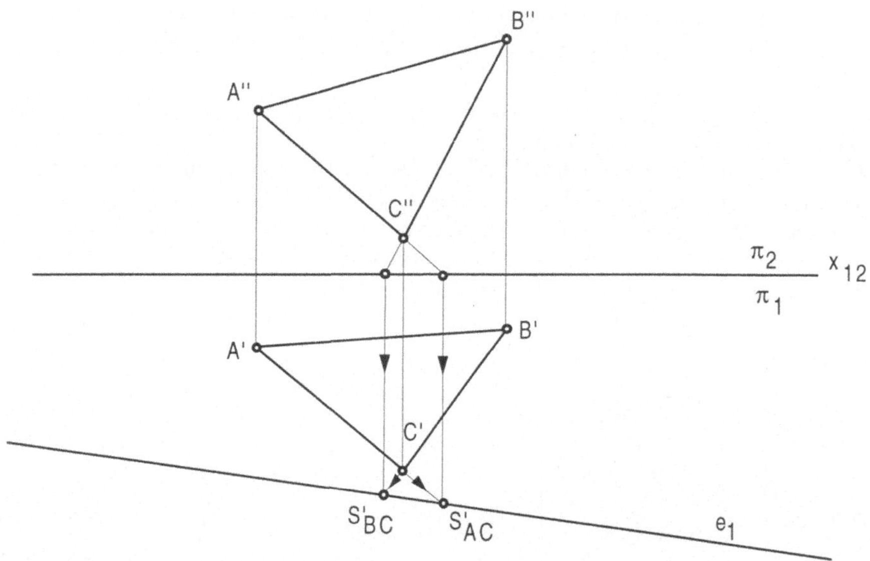

Bild 3-22 Ermittlung der Spur e_1 einer Fläche aus zwei gegebenen Ansichten (Bildebenen π_1, π_2)

Der oben aufgelistete erste Arbeitsschritt bei der Bestimmung der wahren Größe einer beliebig im Raum orientierten ebenen Fläche, der die Ermittlung der Rißkante zwischen einer der gegebenen Bildebenen und der neu einzuführenden, parallel zur untersuchten Fläche liegenden Bildebene zum Inhalt hat, ist nun praktisch erledigt. Da in jeder Bildebene die Orientierung der (unendlich ausgedehnten) Ebene, in der die betrachtete Fläche liegt, gerade durch deren Spur vorgegeben wird, ist nämlich klar, daß die gesuchte Rißkante parallel zu der ermittelten Spur liegen muß.

Bild 3-23 führt in diesem Sinne das begonnene Beispiel (Dreiecksfläche) weiter. Die Rißkante x_{13} zwischen der gegebenen Bildebene π_1 und der neu einzuführenden Bildebene π_3 wird hier sogar nicht nur parallel zu, sondern genau identisch mit der Spur e_1 gewählt. Die senkrecht zur Rißkante x_{13} verlaufenden Projektionslinien der Punkte A' bis C' auf die Bildebene π_3 liefern nun einen ersten geometrischen Ort für die Lage der Punkte A''' bis C''' in π_3.

Wie oben schon angedeutet, muß nun berücksichtigt werden, daß die neue Bildebene π_3 zwar in der gewünschten Weise parallel zu der in wahrer Größe darzustellenden Fläche liegt, jedoch auf keiner der gegebenen Bildebenen π_1, π_2 senkrecht steht. Deshalb läßt sich der zweite geometrische Ort zur Bestimmung der Lage der Punkte A''' bis C''' in π_3 nicht unmittelbar aus den gegebenen Bildebenen π_1, π_2 entnehmen, sondern es ist hierfür ein weiterer Zwischenschritt erforderlich. Im vorliegenden Fall geht es konkret um die Frage, wie groß die Abstände zwischen der Spur e_1 und den Punkten A''' bis C''' in der schräg liegenden Bildebene π_3 (und nicht etwa in einer der zuvor vorhandenen Bildebenen π_1, π_2!) sind.

Um diese Frage beantworten zu können, benötigt man eine weitere Bildebene π_4, die gerade so gewählt wird, daß sie senkrecht auf der Ebene steht, in der die untersuchte Fläche liegt. Nur in dieser zusätzlichen Projektion kann man die wahren Längen der Abstände zwischen den Punkten A bis C und der Spur e_1 unmittelbar abgreifen.

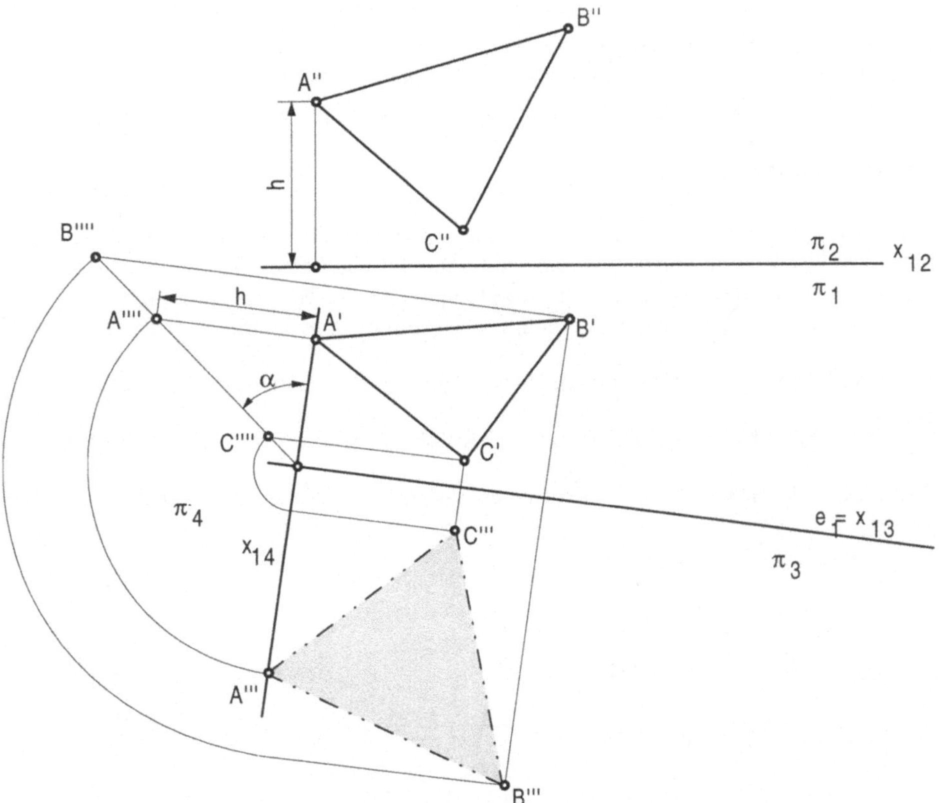

Bild 3-23 Einführung einer zusätzlichen Projektion (π_3) zur Ermittlung der wahren Größe einer beliebig orientierten Fläche (Dreiecksfläche nach Bild 3-22)

Bild 3-23 zeigt exemplarisch die folgende Vorgehensweise: Senkrecht zur Spur e_1 wird die Rißkante x_{14} eingeführt. (Sie ist hier identisch mit der Projektionslinie des Punktes A' auf die Bildebene π_3 gewählt, könnte aber auch parallel dazu an einer anderen Stelle liegen.) Die durch die Rißkante x_{14} definierte zusätzliche Bildebene π_4 steht senkrecht sowohl auf der Bildebene π_1 als auch auf der Ebene, in der die betrachtete Dreiecksfläche liegt. Diese Ebene wird sich in π_4 deshalb als Linie abbilden. Die Frage ist noch, welchen Winkel α diese Linie in π_4 mit der Rißkante x_{14} bildet.

Eine erste Information hierzu liefert der Punkt E (Schnittpunkt zwischen der Rißkante x_{14} und der Spur e_1), der die in π_4 zum Punkt entartete Spur e_1 repräsentiert. Durch diesen Punkt muß die zur Linie entartete Projektion der Ebene laufen.

Die zweite notwendige Information liefert (beispielsweise) eine Betrachtung des Punktes A: Da sowohl die neue Bildebene π_4 als auch die Bildebene π_2 senkrecht auf π_1 stehen, kann die Höhe h des Punktes A" in π_2 unmittelbar nach π_4 übertragen werden, woraus sich die Lage von A"" auf der vorher schon bekannten Projektionslinie unmittelbar ergibt. Die Verbindung von E und A"" ist dann sofort die (linienhafte) Abbildung der Ebene, in der die betrachtete Dreiecksfläche liegt, in π_4. In dieser Projektion der Ebene kann man dann die „wahren Höhen" der Punkte A bis C unmittelbar abgreifen und auf den jeweiligen Projektionslinien in die Bildebene π_3 übertragen. Durch die Verbindung der Punkte A''' bis C''' ergibt sich schließlich die gesuchte wahre Größe der Dreiecksfläche.

3.5 Durchdringungen

Werden zwei oder mehrere Körper so miteinander kombiniert, daß sie gemeinsame Volumenbereiche besitzen, so entstehen sogenannte Durchdringungen. Alle Aufgabenstellungen lassen sich auf den einfachsten Fall, die Kombination zweier Körper, zurückführen. Hierfür gibt es grundsätzlich die folgenden Verknüpfungsoperationen, Bild 3-24:

1. *Vereinigung* zweier Körper zu einem einzigen (häufig auch „Addition" genannt)

2. *Differenz* zweier Körper („Subtraktion" des Körpers 1 von Körper 2 oder umgekehrt)

3. *Bildung des Schnittvolumens* (gemeinsamen Volumens) zweier Körper („Kollisionsuntersuchung")

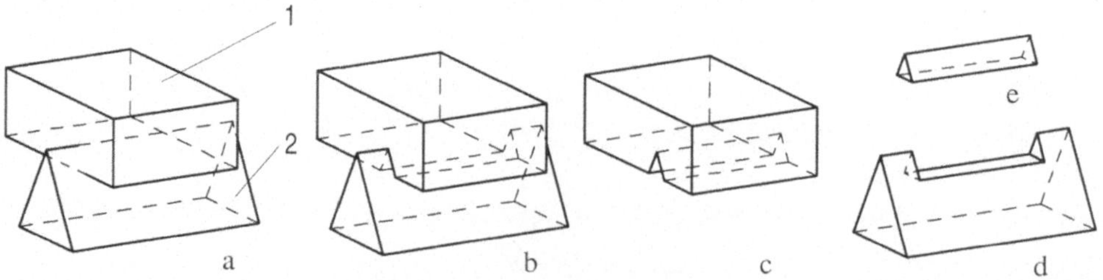

Bild 3-24 Vereinigung, Differenz und Schnittvolumen zweier Körper; a) Körper 1 und Körper 2, b) Vereinigung 1 ∪ 2, c) Differenz 1 \ 2, d) Differenz 2 \ 1, e) Schnittvolumen 1 ∩ 2

Insbesondere im Bereich des CAD nennt man diese Operationen wegen ihrer Verwandtschaft mit der Mengenlehre (Bildung der Vereinigungs-, Differenz- und Schnittmenge) die *Booleschen Operationen* oder *Booleschen Verknüpfungen*. Sofern die betrachteten Körper überhaupt gemeinsame Volumenbereiche haben, entstehen bei der Ausführung einer Verknüpfung zweier Körper Durchdringungen, die im folgenden besprochen werden sollen.

Bei der Verknüpfung bzw. Durchdringung zweier Volumen ist zu berücksichtigen, daß Durchdringungen stets nur auf den Oberflächen dieser Volumina sichtbar werden und es deswegen genügt, die Verschneidung ihrer Begrenzungsflächen zu betrachten. Des weiteren ist es möglich und auch sinnvoll, die Verschneidung von Flächen auf die Verschneidung einer Fläche mit einer Linie bzw. sogar auf den Schnitt zweier Linien zurückzuführen.

Bei der Verschneidung zweier Flächen ist grundsätzlich zu beachten, daß Flächen im mathematischen Sinne stets unendlich groß sind (unendlich ausgedehnte Ebene, unendlich langer Zylindermantel, aber auch etwa die geschlossene Oberfläche einer Kugel). Deswegen haben streng genommen schon an den meisten Einzelkörpern Durchdringungen stattgefunden, weil jede Körperkante nichts anderes ist als das Ergebnis einer Durchdringung zweier unendlich ausgedehnter Flächen, die den Körper begrenzen. Reale Körper können demgegenüber keine unendlich großen Begrenzungsflächen besitzen. Deswegen sind die theoretischen Schnittlinien häufig weitaus größer und liegen zum Teil völlig außerhalb des betrachteten realen Körpers.

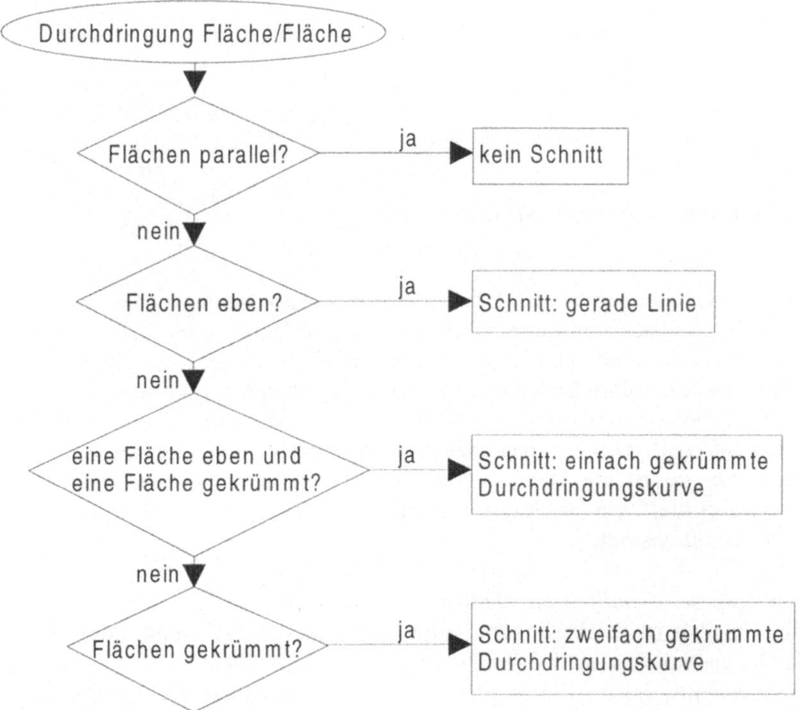

Bild 3-25 Durchdringung zweier Fächen

Die Flächen beider zu verknüpfender Körper sind paarweise daraufhin zu untersuchen, ob sie sich schneiden. Trifft dies zu, so liefert der Schnitt zweier Flächen eine Linie. Sind beide untersuchten Flächen eben (und nicht parallel), so ergibt sich als Schnittfigur eine gerade Linie, die sogenannte Spur. Ist eine der Flächen eine Ebene, die andere hingegen gekrümmt, so entsteht als Schnittfigur eine einfach gekrümmte *Durchdringungskurve*. Sind beide Flächen gekrümmt, so ist die Durchdringungskurve zweifach gekrümmt. Diejenigen Teile der theoretischen Schnittlinien, die innerhalb der endlichen Begrenzungsflächen der realen Körper liegen, werden bei der Verknüpfung der Körper zu neuen Körperkanten.

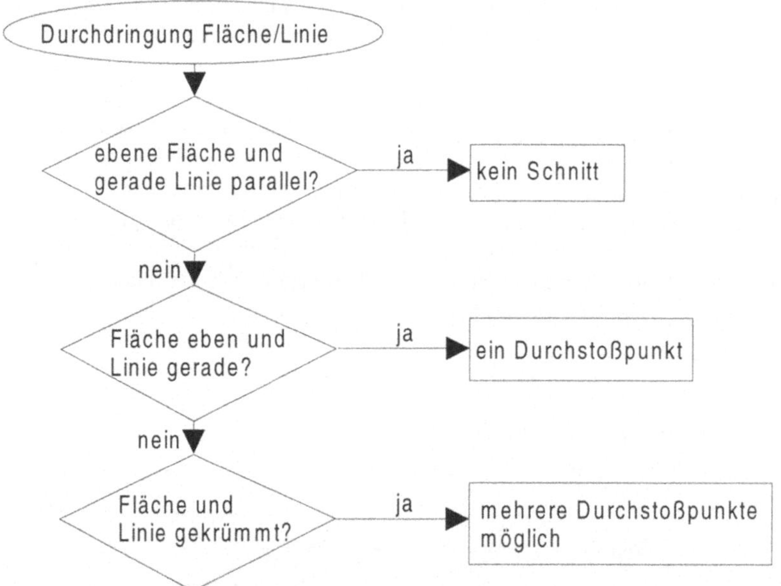

Bild 3-26 Durchdringung von Fläche und Linie

Der Schnitt einer Linie mit einer Fläche, bei der Verknüpfung zweier Körper etwa der Schnitt einer Kante des ersten mit einer Fläche des zweiten Körpers, liefert einen oder mehrere sogenannte Durchstoßpunkte. *Durchstoßpunkte* sind stets Bestandteile von Spuren oder Durchdringungskurven. Ihre Bedeutung bei der Booleschen Verknüpfung zweier realer Körper liegt darin, daß sie vorher vorhandene Kanten oder durch die Verknüpfung entstehende Schnittlinien auf „reale Größen" begrenzen. In der Darstellenden Geometrie geht man gerne so vor, daß man zuerst die Durchstoßpunkte ermittelt und erst anschließend daraus die Schnittlinie konstruiert. Am wichtigsten ist der Fall, daß eine Gerade eine ebene oder gekrümmte Fläche durchstößt.

Schließlich kann der *Schnitt zweier Linien* einen oder mehrere sogenannte *Schnittpunkte* ergeben. Bei Geraden ist die Bedingung dafür, daß ein solcher Schnittpunkt überhaupt existiert: Die Geraden müssen in einer Ebene liegen und dürfen nicht parallel zueinander verlaufen. Für den Schnitt anderer Linien gelten entsprechende andere Existenzbedingungen, auf die hier nicht eingegangen sei. Schnittpunkte zwischen Linien (Kanten, Schnittlinien) sind immer gleichzeitig auch Durchstoßpunkte zwischen diesen Linien und den zugehörigen Flächen, weshalb ihnen bei der Verknüpfung zweier Körper im Prinzip die gleiche Bedeutung zukommt wie den Durchstoßpunkten (siehe oben).

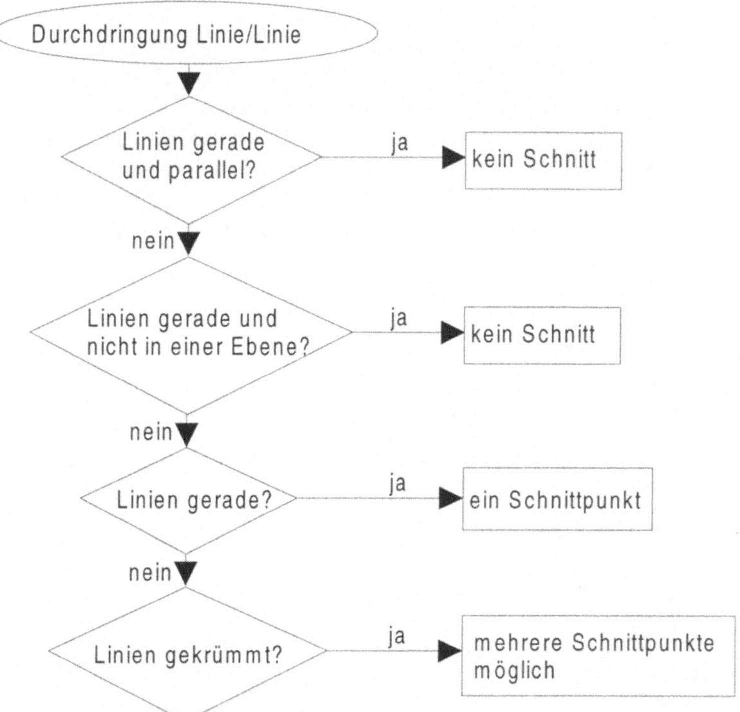

Bild 3-27 Durchdringung zweier Linien

Allgemein gilt, daß Durchdringungen zur korrekten Darstellung eines durch die Verknüpfung mehrerer (Grund-)Körper entstandenen Körpers, aber auch etwa zur Abwicklung der Mantelfläche eines Körpers unerläßlich sind, siehe Abschnitt 3.6.

Zur Bearbeitung von Durchdringungen gibt es in der Darstellenden Geometrie eine Reihe von Verfahren, die für verschiedene Einsatzfälle unterschiedlich gut geeignet sind. Generell gilt, daß man mit einem gewissen Fingerspitzengefühl für jede Anwendung das am besten passende Verfahren auswählen oder durch Kombination von Einzelschritten mehrerer Verfahren quasi selbst zusammenstellen muß. Die folgenden Ausführungen beschränken sich auf die gängigsten Fälle. Ergänzende Erläuterungen finden sich in der Literatur [Ges94, Har88, Hoi94, Vog81].

Wie oben bereits angedeutet, gilt in der Darstellenden Geometrie die Ermittlung des Durchstoßpunktes zwischen einer (begrenzten) Fläche und einer Geraden als die elementare Konstruktion. Der einfachste Fall ist dabei die Ermittlung des Durchstoßpunktes zwischen einer ebenen Fläche und einer Geraden.

Zur Bestimmung des Durchstoßpunktes zwischen einer Ebene und einer Geraden führt man zunächst eine Hilfsebene ein, die so gewählt wird, daß sie einerseits die betrachtete Gerade enthält und daß sie andererseits orthogonal zu einer Bildebene steht (sogenanntes *Hilfsebenenverfahren*). In dieser Bildebene fallen die Hilfsebene und die Gerade dann zusammen. In dem Beispiel nach Bild 3-28 steht die Hilfsebene senkrecht auf der Vorderansicht (Bildebene π_2). Die Schnittpunkte der Hilfsebene mit der gegebenen, hier dreieckig berandeten Fläche (ABC) findet man dann einfach durch Herunterloten der Schnittpunkte zwischen der Geraden g" (= Vorderansicht der Hilfsebene) und den Rändern der Fläche ABC aus der Vorderansicht in die Draufsicht. In der Draufsicht werden diese Schnittpunkte (S'_{AC}, S'_{BC}) sodann mit einer Strecke verbunden. Der Schnittpunkt dieser Strecke mit der Geraden g' ist der gesuchte Durchstoßpunkt D, der nun nach den bekannten Methoden aus der Draufsicht (Bildebene π_1) auch in die anderen Ansichten (Bildebenen π_2, π_3) übertragen werden kann.

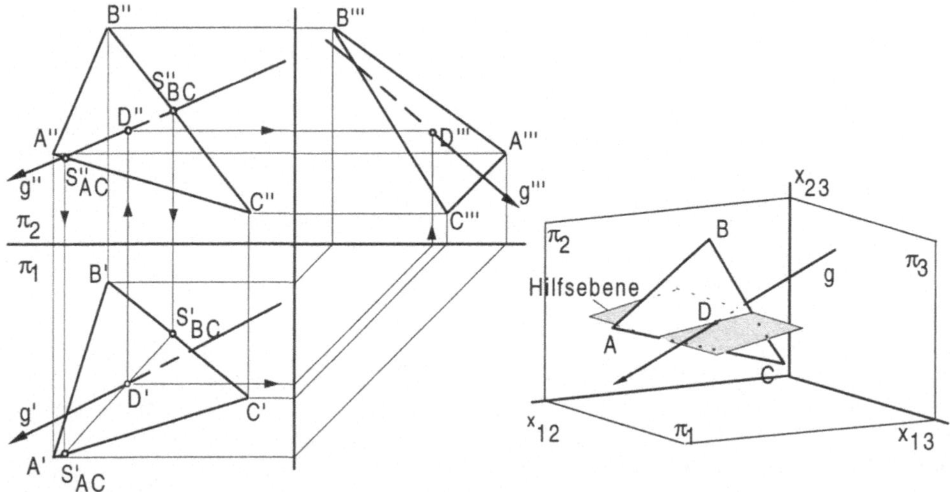

Bild 3-28 Ermittlung des Durchstoßpunktes zwischen einer ebenen Fläche und einer Geraden

Begründung: Der erste Schritt liefert die Schnittkante zwischen der Hilfsebene und der gegebenen Fläche ABC. Die Schnittkante ist definiert als die Summe derjenigen Raumpunkte, die Hilfsebene und Fläche gemeinsam haben. Gleichzeitig ist bekannt, daß die Gerade g in der Hilfsebene liegt. Daraus folgt, daß der Schnittpunkt zwischen den Schnittkante und der Geraden g der gesuchte Durchstoßpunkt ist, weil nur dieser Punkt sowohl auf der Geraden g als auch auf der Fläche ABC liegt. Zu beachten ist noch, daß die Gerade g aufgrund der Durchdringung mit der Fläche ABC in jeder Ansicht auf einer Seite des Durchstoßpunktes von der Fläche ABC verdeckt wird. Welche „Hälfte" der Geraden g verdeckt wird, muß man sich anhand der räumlichen Lage von Gerade und Fläche klar machen.

Die Ermittlung der Durchstoßpunkte zwischen einer Geraden und einer gekrümmten Fläche führt man ebenfalls mit Hilfe einer Hilfsebene durch, die hier allerdings im allgemeinen anders gewählt wird. In dem Beispiel nach Bild 3-29 geht es zunächst um die Verschneidung einer Geraden g mit einer einfach gekrümmten Fläche (Kegelmantel). Hier führt man die

Hilfsebene zweckmäßigerweise so ein, daß einerseits die Gerade g in ihr liegt und daß sie andererseits durch die Kegelspitze verläuft. Dazu werden zwei Punkte A und B auf der Geraden g willkürlich gewählt, der dritte Bestimmungspunkt der Hilfsebene ist die Spitze S des Kegels. Die (verlängerten) Verbindungslinien von S nach A bzw. B liefern in der Vorderansicht (Bildebene π_2) zwei Schnittpunkte mit der Rißkante x_{12}, die man in die Draufsicht (Bildebene π_1) übertragen kann. Ihre Verbindung ist die Spur der Hilfsebene in der Bildebene π_1. Die Spur schneidet die Kegel-Grundfläche an zwei Punkten, welche diejenigen beiden Mantellinien des Kegels definieren, die durch die gesuchten Durchstoßpunkte der Geraden g auf dem Kegelmantel verlaufen. Die Schnittpunkte dieser Mantellinien mit der Geraden g sind mit anderen Worten die beiden gesuchten Durchstoßpunkte (C, D).

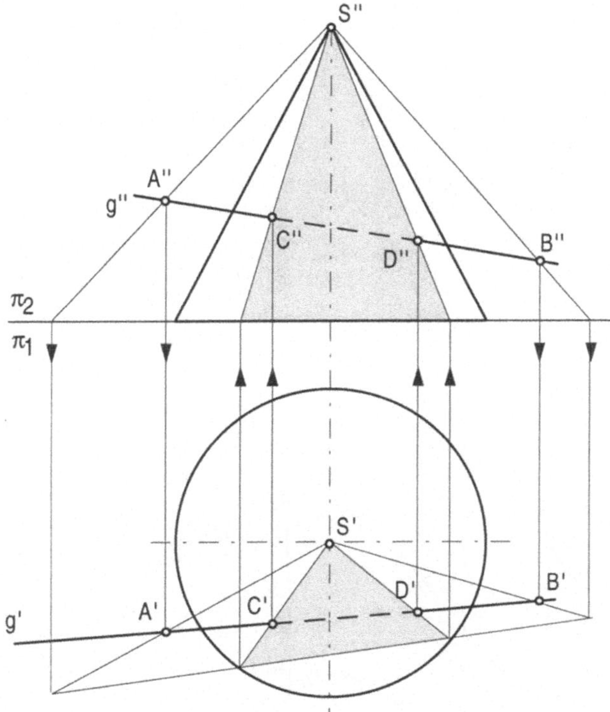

Bild 3-29 Ermittlung der Durchstoßpunkte zwischen einer einfach gekrümmten Fläche (hier Kegelmantel) und einer Geraden

Begründung: Wieder werden im ersten Schritt die Schnittkanten der Hilfsebene, die die Gerade g enthält, mit der gegebenen Fläche, hier also mit dem Kegelmantel konstruiert (Ermittlung der Raumpunkte, die Hilfsebene und Kegelmantel gemeinsam sind). Nur die Schnittpunkte zwischen den Schnittkanten und der Geraden g liegen sowohl auf der Geraden als auch auf dem Kegelmantel. Sie sind folglich die gesuchten Durchstoßpunkte.

Die Ermittlung der Durchstoßpunkte zwischen einer Geraden und einer Fläche mit Hilfe einer Hilfsebene kann auch dann durchgeführt werden, wenn die Fläche zweifach gekrümmt ist. Ein Beispiel zeigt Bild 3-30. Ähnlich wie im zuerst genannten Beispiel, siehe Bild 3-28, ist die Hilfsebene so gewählt, daß sie einerseits die Gerade g enthält und andererseits senkrecht auf einer der Bildebenen (hier π_1, Draufsicht) steht, so daß die Projektionen von Hilfsebene und Gerade g in dieser Ansicht identisch sind. Die neu eingeführte Bildebene π_4 liegt parallel zur Hilfsebene, so daß die Schnittlinie zwischen Kugel und Hilfsebene (in schmaler Linienbreite gezeichneter Vollkreis k) hier in ihrer wahren Größe erscheint. Den Verlauf der Geraden g in π_4 erhält man mittels der Hilfspunkte A und B, deren Höhen (a, b) in π_4 aus der Vorderansicht (π_2) abgegriffen werden können. Die gesuchten Durchstoßpunkte (C, D) zwischen der Kugeloberfläche und der Geraden g ergeben sich nun in der Bildebene π_4 als die Schnittpunkte zwischen dem Kreis k und der Geraden g (Begründung analog zu den vorangegangenen Beispielen). Sie können mittels der üblichen Projektionsverfahren ohne Schwierigkeiten in die anderen Bildebenen übertragen werden.

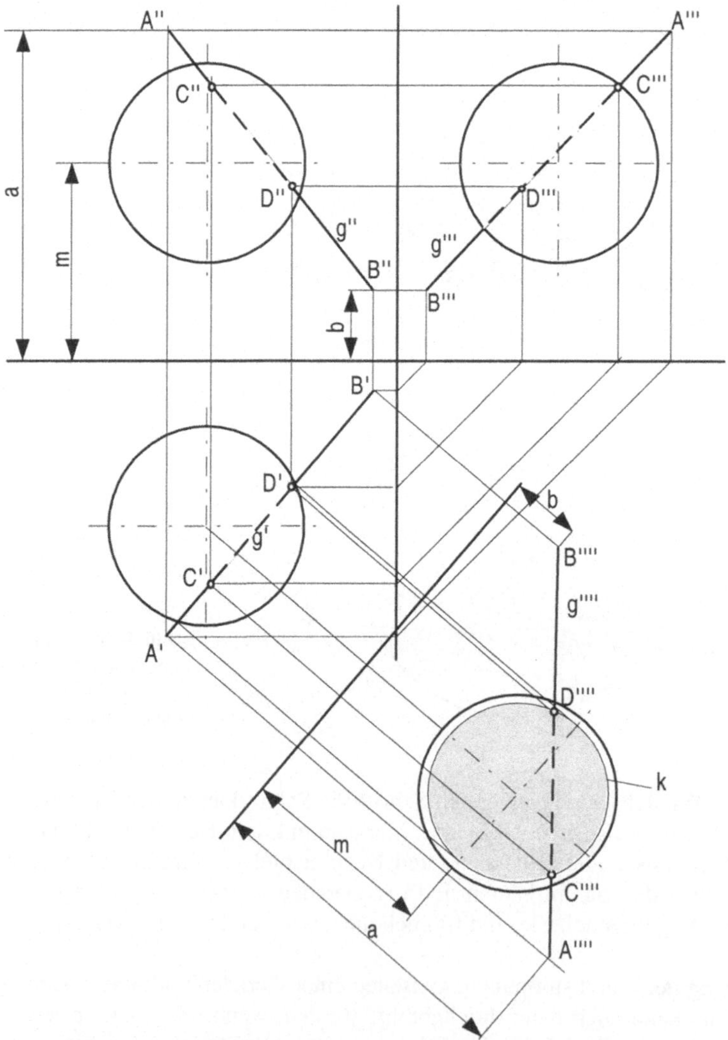

Bild 3-30 Ermittlung der Durchstoßpunkte zwischen einer zweifach gekrümmten Fläche (hier Kugel) und einer Geraden

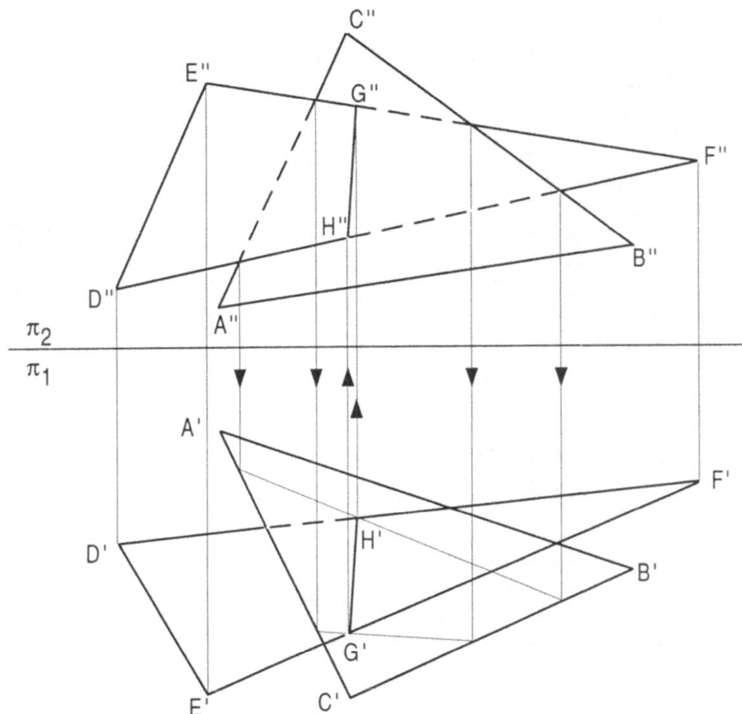

Bild 3-31 Ermittlung der (begrenzten) Schnittlinie zwischen zwei ebenen Flächen mit geraden Begrenzungskanten

Die als nächste im Zusammenhang mit Durchdringungen zu behandelnde Fragestellung ist die Ermittlung der (begrenzten) Schnittlinien zwischen den Flächen zu verknüpfender Körper. Der einfachste Fall ist die Verschneidung zweier ebener Flächen. Die gesuchte Schnittlinie ist hier ein Teil der Spur, die sich aus dem Schnitt der (unendlich ausgedehnten) Ebenen ergibt, in denen die betrachteten Flächen liegen. Sind die ebenen Flächen, die zum Schnitt gebracht werden sollen, ausschließlich von geraden Kanten begrenzt, so ermittelt man die Schnittlinie am besten durch mehrmalige Anwendung des oben beschriebenen Verfahrens zur Bestimmung des Durchstoßpunktes zwischen einer Geraden und einer ebenen Fläche, siehe Bild 3-28. Die gefundenen Durchstoßpunkte sind dann lediglich noch durch Strecken zu verbinden. Bild 3-31 zeigt als Beispiel die Schnittlinie zwischen zwei dreieckig berandeten ebenen Flächen. Auch hier ist zu beachten, daß sich im allgemeinen zu beiden Seiten der gefundenen Schnittlinie bestimmte Teilbereiche beider Flächen wechselseitig überdecken. Die Lage der überdeckten Bereiche ergibt sich aus der Relativlage der Flächen, wie sie aus den Ansichten ersichtlich ist.

Werden die betrachteten ebenen Flächen nicht von geraden, sondern von gekrümmten Kanten begrenzt, so führt man auf einer der Flächen „Hilfsgeraden" ein, von denen man weiß, daß sie in der Ebene dieser Fläche liegen (z.B. Sekanten zwischen Anfangs- und Endpunkt der gekrümmten Kanten). Das soeben beschriebene Verfahren wird dann auf diese Hilfsgeraden angewendet, woraus man die Durchstoßpunkte der Hilfsgeraden durch die andere Fläche erhält. Damit ist die Richtung der Spur eindeutig definiert. Die gesuchte (begrenzte) Schnittlinie zwischen den Flächen ist dann derjenige Teil der Spur, der zwischen den tatsächlichen, hier gekrümmten Begrenzungskanten der Fläche liegt.

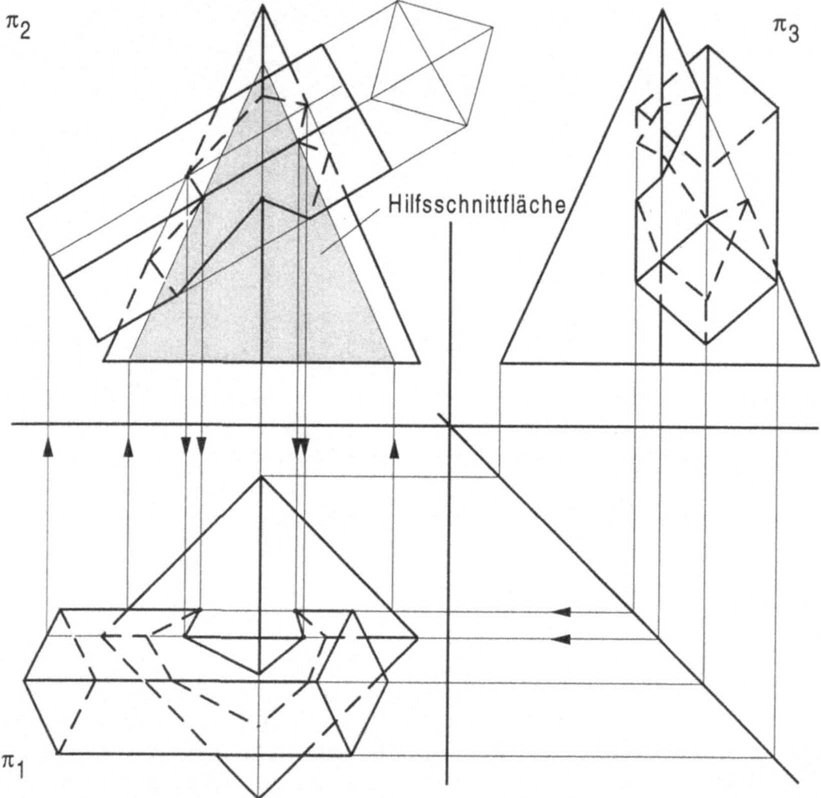

Bild 3-32 Durchdringung zwischen Vierkantprisma und Rechteckpyramide

Durch Mehrfachanwendung des beschriebenen Verfahrens lassen sich alle Durchdringungen von Körpern, die durch ebene Flächen begrenzt werden (prismatische Körper), ermitteln. In Bild 3-32 ist exemplarisch die schräge Durchdringung eines Vierkantprismas mit einer Rechteckpyramide gezeigt.

Bei der Durchdringung einer ebenen mit einer gekrümmten Fläche oder zweier gekrümmter Flächen ergeben sich einfach bzw. zweifach gekrümmte *Durchdringungskurven* (siehe oben). Zu ihrer Ermittlung bedient man sich in vielen Fällen der Mantellinien auf der bzw. den gekrümmten Fläche(n) als „Hilfskanten" (siehe Bild 3-10). Eine durchgängige Numerierung der Mantellinien in allen Ansichten ist hierbei von großem Vorteil, um die Übersicht zu behalten.

Die Bestimmung einer Durchdringungskurve, die durch die Verschneidung zweier gekrümmter Flächen entsteht, kann mit Hilfe der Mantellinien beispielsweise so durchgeführt werden,

daß man die Durchstoßpunkte der Mantellinien des einen Körpers durch die Begrenzungsfläche des anderen Körpers sucht. Das entsprechende Verfahren wurde oben schon erläutert,
siehe Bild 3-29 und Bild 3-30. Die Durchdringungskurven ergeben sich dann aus den Verbindungen der gefundenen Durchstoßpunkte in den einzelnen Projektionen.

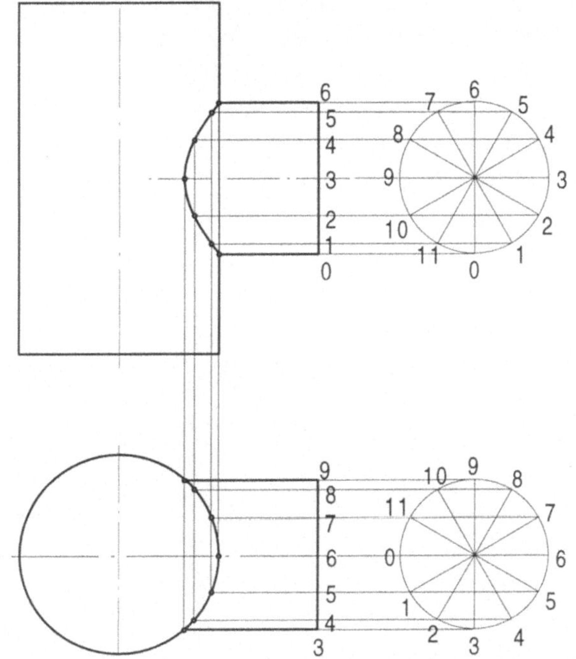

Bild 3-33 Ermittlung der Durchdringungskurve zweier Zylinder unterschiedlichen
Durchmessers

Bild 3-33 zeigt als erstes Beispiel die Durchdringung zweier Kreiszylinder unterschiedlichen
Durchmessers unter 90°. Es genügt, Mantellinien auf den kleineren Zylinder aufzubringen.
Aufgrund der in diesem Fall vorliegenden Projektionen ergibt der Schnittpunkt jeder Mantellinie mit der in der Draufsicht als Kreis erscheinenden Mantelfläche des größeren Zylinders sofort den ersten geometrischen Ort für den zugehörigen Durchstoßpunkt zwischen
Mantellinie und dem Mantel des größten Zylinders. Der zweite geometrische Ort resultiert
aus der Lage der jeweils gleichen Mantellinie in der Vorderansicht. Auf diese Weise läßt sich
die Durchdringungskurve der beiden Zylinder in der Vorderansicht sehr einfach punktweise
ermitteln. (In der Draufsicht entfällt die Konstruktion der Durchdringungskurve, weil sie auf
der kreisförmigen Projektion des größeren Zylinders liegt und damit nicht als eigenständige
Linie sichtbar ist.)

Bild 3-34 zeigt ein ähnlich gelagertes, insgesamt jedoch etwas komplizierteres Beispiel.
Wieder handelt es sich um eine Durchdringung zweier unterschiedlich großer Kreiszylinder,
diesesmal jedoch schneiden sich deren Achsen nicht (kleinerer Zylinder gegenüber dem größeren versetzt und schräggestellt).

Wie im vorangegangenen Beispiel werden zur Ermittlung der Durchdringungskurven auf den
kleineren Zylinder Mantellinien aufgebracht. Den ersten geometrischen Ort für den Durch-

stoßpunkt jeder Mantellinie durch die Mantelfläche des größeren Zylinders bestimmt man
wieder in der Draufsicht (Schnittpunkt der betreffenden Mantellinie mit der kreisförmigen
Projektion des größeren Zylinders). Projektionslinien dieses Schnittpunktes werden in die
Vorderansicht übertragen und dort mit der entsprechenden Mantellinie des kleineren Zylinders zum Schnitt gebracht, woraus die Lage des Durchstoßpunktes unmittelbar resultiert.
Punktweise entsteht so die Durchdringungskurve in der Vorderansicht. Die Mantellinien
werden auch für die Konstruktion der Deckfläche des kleineren Zylinders, der in der Vorderansicht elliptisch erscheint, benutzt.

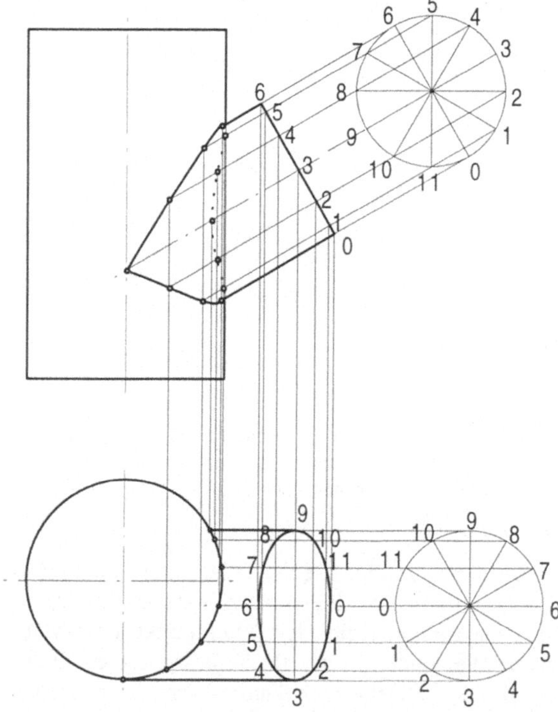

Bild 3-34 Ermittlung der Durchdringungskurven zweier Zylinder unterschiedlichen
Durchmessers mit versetzten Achsen

Mit diesen Ausführungen seien die Erklärungen zum Hilfsebenenverfahren abgeschlossen.
Alle hier betrachteten Fälle können unter Anwendung dieses Verfahrens gelöst werden. Es
sei allerdings erwähnt, daß es auch noch andere Verfahren, z.B. das Hilfskugelverfahren,
gibt.

3.6 Abwicklungen

Abwicklungen entstehen, wenn man die Begrenzungsflächen (Mantelflächen) eines Körpers
in die Zeichenebene „auseinanderfaltet". Nur ebene und einfach gekrümmte Flächen können
exakt abgewickelt werden. Wie es vom „Weltkarten-" oder „Apfelsinenschalenproblem" her
bekannt ist, lassen sich bei der Abwicklung zweifach gekrümmter Flächen Verzerrungen
niemals vermeiden.

Für die Ermittlung der Abwicklung eines zusammengesetzten Körpers ist die Kenntnis der im vorangegangenen Abschnitt behandelten Durchdringungskurven eine elementare Voraussetzung, da sich diese in der abgewickelten Oberfläche als Berandungen von „Löchern" abbilden. Zu bedenken ist auch, daß sich zusammengesetzte Körper in der Regel nicht auf nur eine einzige zusammenhängende Fläche abwickeln lassen. Vielmehr ergeben sich in diesen Fällen normalerweise für die Einzelelemente, aus denen der zusammengesetzte Körper besteht, mehrere getrennte Abwicklungen.

Die Abwicklung von prismatischen Körpern ist recht einfach. Sie entsteht im wesentlichen durch das Aneinanderhängen aller Begrenzungsflächen des Körpers in ihrer wahren Größe so, daß sie sich paarweise an den jeweils gemeinsamen Kanten berühren. Dies ist möglich, da jede Kante zwingend genau zwei Flächen begrenzt. Anderenfalls wäre der Körper nicht geschlossen, was in der Realität unmöglich ist.

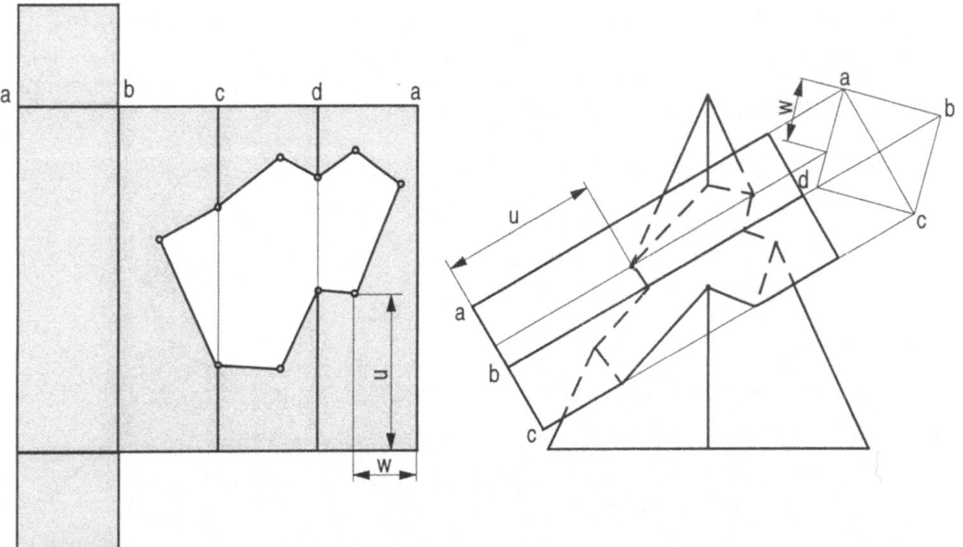

Bild 3-35 Abwicklung des Vierkantprismas nach Bild 3-32

Bild 3-35 gibt die Abwicklung des Vierkantprismas aus dem dargestellten Durchdringungskörper. Zur Konstruktion dieser Abwicklung werden zunächst die Mantel- und die Deckflächen des Vierkantprismas einzeln und noch ohne Berücksichtigung der Durchdringungsverhältnisse zu Papier gebracht. Die dazu erforderlichen wahren Längen der Kanten lassen sich direkt aus der gegebenen Bildebene (Bildebene π_2 nach Bild 3-32) abgreifen.

Da bei der Durchdringung zwischen den beiden Körpern ausschließlich Schnitte zwischen ebenen Flächen vorkommen, sind alle sich ergebenden Durchdringungslinien Strecken. Es genügt daher, für jede Strecke, die Bestandteil der Durchdringungslinien ist, den Anfangs- und den Endpunkt aus den Ansichten in die Abwicklung zu übernehmen. Am einfachsten gelingt dies für diejenigen Punkte, die auf den Kanten der beiden Körper liegen. Ihre Lage auf der betreffenden Kante läßt sich aus einer der Ansichten unmittelbar in die Abwicklung übertragen. Die Lage der anderen Punkte kann man entweder durch Zirkelschläge ausgehend von den zuvor ermittelten, auf den Kanten liegenden Punkten bestimmen, oder es werden in horizontaler und vertikaler Richtung – bezogen auf die Abwicklung – Hilfsabstände zu den Kanten eingeführt und eingetragen (Strecken u und w in Bild 3-35). Analog wird bei der Konstruktion der Abwicklung der Rechteckpyramide verfahren.

Die Vorgehensweise bei der Abwicklung von Körpern mit (einfach) gekrümmten Flächen ist im Prinzip ähnlich. Allerdings werden anstelle der bei prismatischen Körpern vorhandenen Kanten Mantellinien verwendet. Bild 3-36 zeigt als Beispiel einen schräg geschnittenen Kreiszylinder (Verschneidung eines Zylinders mit einer Schnittebene, die senkrecht auf π_2 steht). Zur Abwicklung der Mantelfläche des schräg geschnittenen Zylinders wird zunächst entweder der Umfang errechnet ($U = d \cdot \pi$), abgetragen und in zwölf gleiche Teile unterteilt, oder es wird näherungsweise das Maß der Sekante zwischen zwei Punkten der Draufsicht mit einem Zirkel abgegriffen und zwölfmal auf der Grundlinie der Mantelabwicklung abgetragen. Die Höhe der Mantellinien ergibt sich aus der Vorder- oder Seitenansicht. Die Konstruktion der Grundfläche (untere Deckfläche) des Zylinders ist trivial (Kreis). Im Gegensatz hierzu muß die obere, elliptische Deckfläche in ihrer wahren Größe extra konstruiert werden (aus Bildebene π_2 entwickelte Zusatzprojektion).

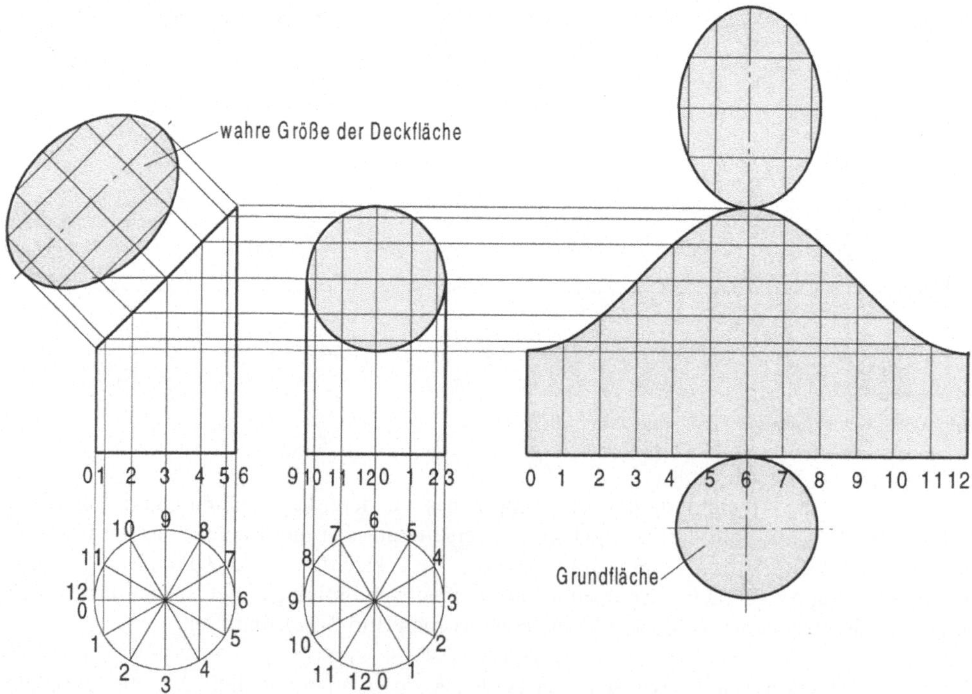

Bild 3-36 Abwicklung eines schräg geschnittenen Zylinders nach dem Mantellinienverfahren

Auch zum Thema „Abwicklungen" sei für zusätzliche Beispiele und Verfahren abschließend auf weitere Literatur verwiesen [Ges94, Hoi94, Vog81].

3.7 Übungen

1. Aufgabe

Gegeben sind verschiedene Bauteile. Aus welchen Grundkörpern sind die unten wiedergegebenen Bauteile additiv bzw. subtraktiv zusammengesetzt?

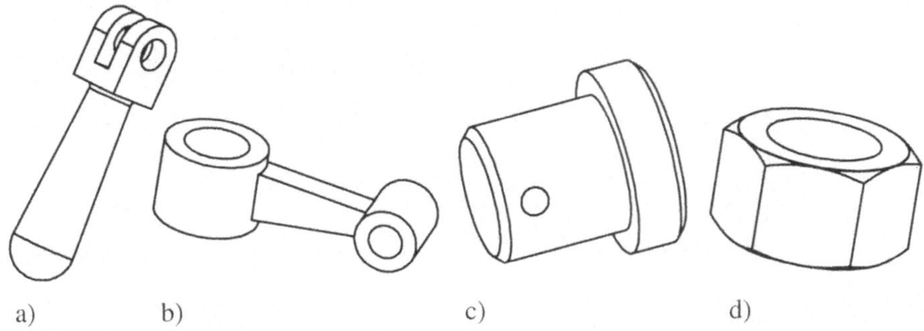

a)   b)   c)   d)

2. Aufgabe

Skizzieren Sie die dargestellten Körper (freihand) in Vorder-, Seiten- und Draufsicht. Wenn Sie Schwierigkeiten mit der räumlichen Vorstellung haben, bauen Sie die Körper aus Streichholzschachteln oder Holzklötzchen nach (35 × 15 × 50). Betrachten Sie die gebauten Modelle von den verschiedenen Seiten und übertragen Sie anschließend die Ansichten aufs Papier.

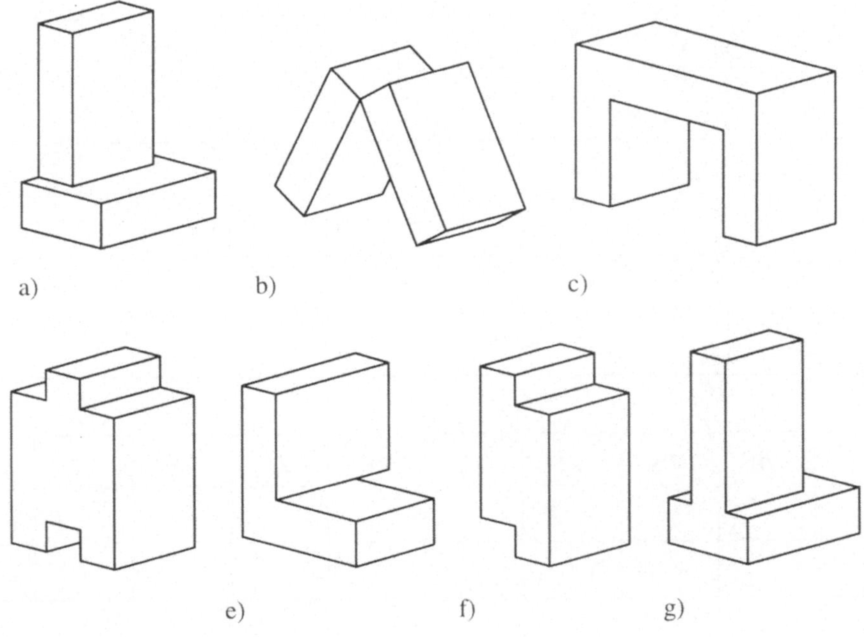

a)   b)   c)

d)   e)   f)   g)

3. Aufgabe

Ordnen Sie die richtigen Vorder-, Seiten- und Draufsicht einander zu.

Vorderansicht:

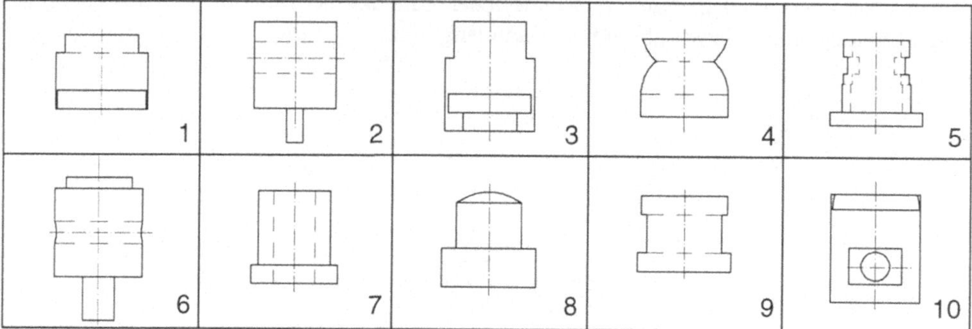

Seitenansicht:

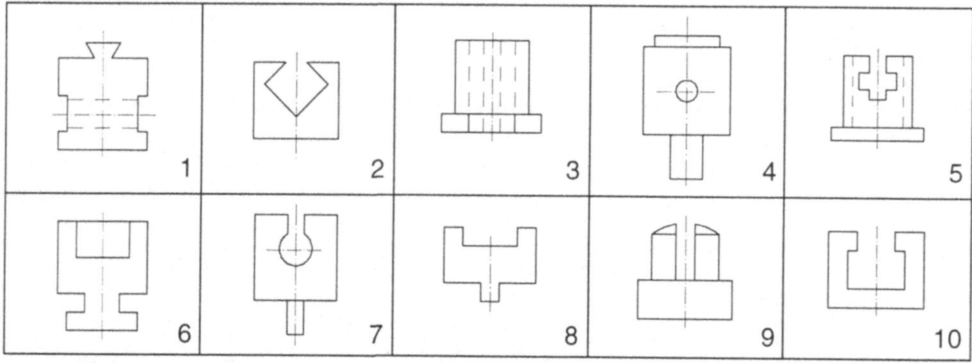

Draufsicht:

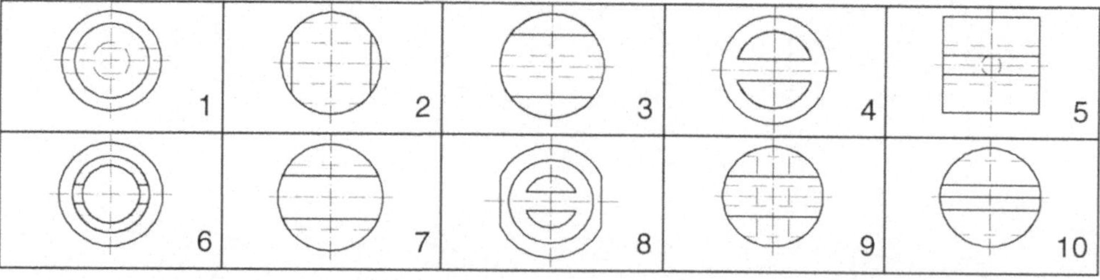

V1	V2	V3	V4	V5	V6	V7	V8	V9	V10

4. Aufgabe

Versuchen Sie, die in der vorhergehenden Aufgabe in Vorder-, Seiten- und Draufsicht dargestellten Körper auch in dreidimensionaler Darstellung zu skizzieren.

5. Aufgabe

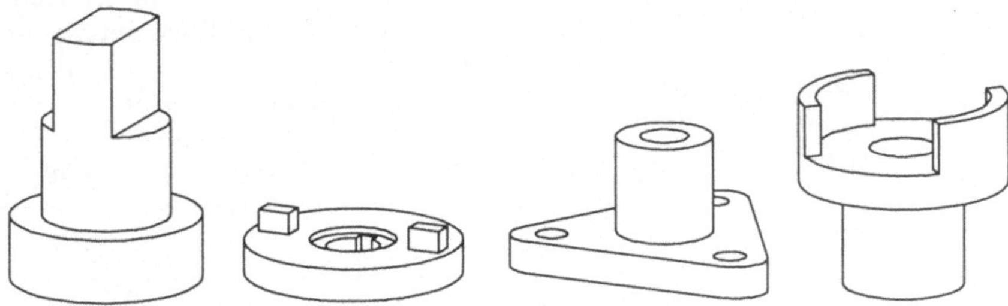

Stellen Sie die angegebenen Bauteile jeweils in einer Dreitafelprojektion dar.

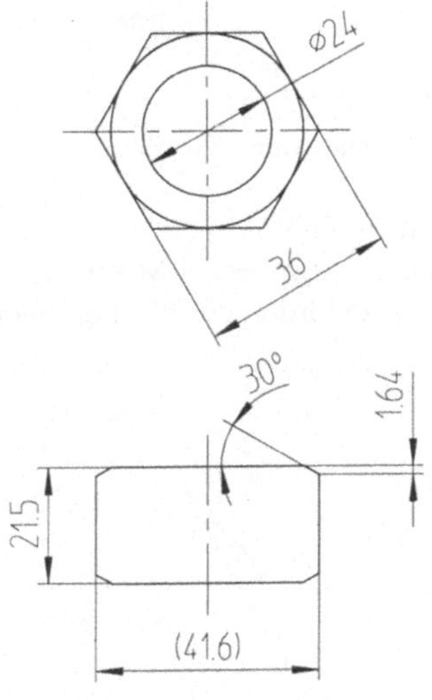

6. Aufgabe

Ein Stangenmaterial mit Außensechskant und zylindrischer Bohrung wird auf eine Länge von 21,5 mm geschnitten. Anschließend werden die Schnittkanten mit einer 30°-Fase versehen. Wie sehen die sich aufgrund dieser Bearbeitung ergebenden Körperkanten aus?

In der nebenstehenden Abbildung sind die Konturen des Maschinenbauteils gegeben. Konstruieren Sie die fehlenden Körperkanten in der Draufsicht. Ergänzen Sie die Seitenansicht. Benutzen Sie die angegebenen Maße, um die Vorgabe auf ein gesondertes Blatt zu übertragen.

7. Aufgabe

Das rechts wiedergegebene Bauteil ist aus Zylindern und Quadern additiv und subtraktiv zusammengesetzt. Zeichnen Sie die „Entstehungsgeschichte" auf.

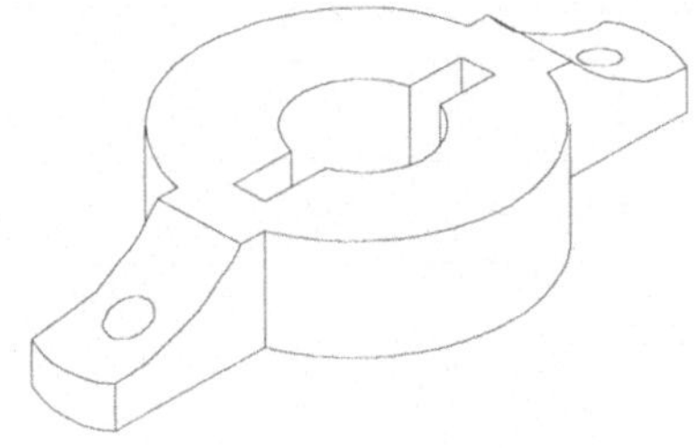

8. Aufgabe

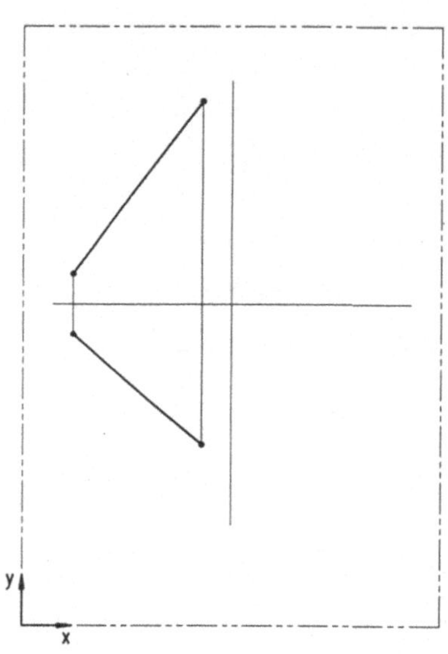

Gegeben ist eine schief im Raum stehende Strecke. Gesucht ist ihre wahre Größe.

Übertragen Sie die gegebenen Punkte auf ein gesondertes Blatt im DIN-Format A4. Richten Sie sich dabei nach den in der Tabelle angegebenen Koordinaten (Angaben in Millimetern). Ergänzen Sie die Seitenansicht (Tafel π_3). Konstruieren Sie die wahre Länge der Strecke in der Vorderansicht.

P	x [mm]	y [mm]
A'	25	145
B'	90	90
A''	25	175
B''	90	260

9. Aufgabe

Gegeben ist ein schief im Raum stehendes Dreieck. Gesucht ist seine wahre Größe.

Übertragen Sie die gegebenen Punkte auf ein gesondertes Blatt im DIN-Format A4. Richten Sie sich dabei nach den in der Tabelle angegebenen Koordinaten (Angaben in Millimetern). Ergänzen Sie die Draufsicht (Tafel π_1). Konstruieren Sie die wahre Größe der Fläche, indem Sie die wahre Länge der Begrenzungskanten bestimmen.

P	x [mm]	y [mm]
A''	40	185
B''	100	235
C''	70	265
A'''	125	185
B'''	140	135
C'''	170	265

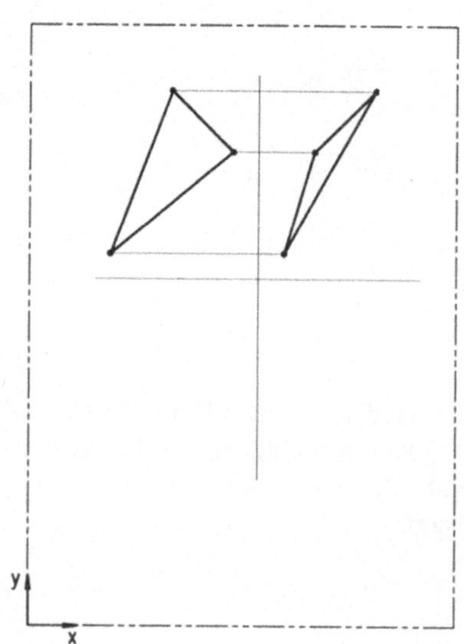

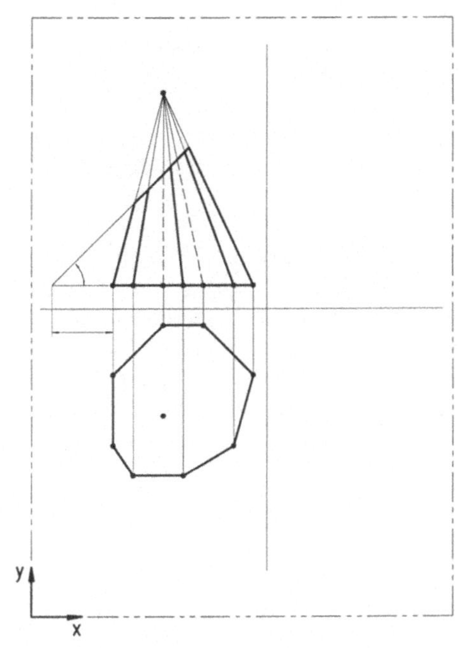

10. Aufgabe

Gegeben ist eine unregelmäßige und schief geschnittene Pyramide. Gesucht ist die wahre Größe der Schnittfläche.

Übertragen Sie die gegebenen Punkte auf ein gesondertes Blatt im DIN-Format A4. Richten Sie sich dabei nach den in der Tabelle gegebenen Koordinaten (Angaben in Millimetern). Gegeben ist des weiteren $l = 30$ mm und $\varphi = 45°$.

Ergänzen Sie zunächst die Angaben in der Draufsicht und anschließend die Seitenansicht (Tafel π_3). Konstruieren Sie die wahre Größe der Schnittfläche in der Vorderansicht.

P	x [mm]	y [mm]	P	x [mm]	y [mm]
A"	40	165	A'	40	85
B"	50	165	B'	50	70
C"	75	165	C'	75	70
D"	100	165	D'	100	85
E"	110	165	E'	110	120
F"	85	165	F'	85	145
G"	65	165	G'	65	145
H"	40	165	H'	40	120
S"	65	260	S'	65	100

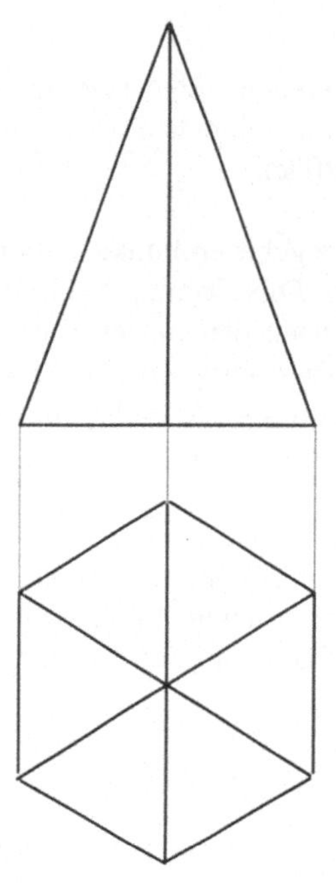

11. Aufgabe

Gegeben ist eine regelmäßige sechsseitige Pyramide. Gesucht ist die wahre Größe einer Seitenfläche.

Übertragen Sie die gegebene Anordnung auf ein gesondertes Blatt im DIN-Format A4. Hierbei können Sie die Abmessungen selbst wählen.

Hinweis: Die Problematik liegt hier darin, daß in den beiden gegebenen Ansichten die Seitenflächen gegenüber der Projektionsfläche verkippt sind und deshalb nicht in wahrer Größe erscheinen. Die Größe der gesuchten Fläche kann entweder durch Kippen um die Kanten der Grundfläche oder durch Bestimmung der wahren Längen der Seitenkanten konstruiert werden.

12. Aufgabe

Gegeben ist ein schief geschnittener Hohlzylinder mit Außendurchmesser D = 40 mm, Innendurchmesser d = 15 mm, Schnittwinkel $\varphi = 45°$ und Länge l = 70 mm. Bestimmen Sie die wahre Größe der Schnittfläche.

Übertragen Sie hierzu die Vorgaben auf ein gesondertes Blatt. Berücksichtigen Sie dabei den für die Konstruktion der gesuchten Fläche benötigten Platz.

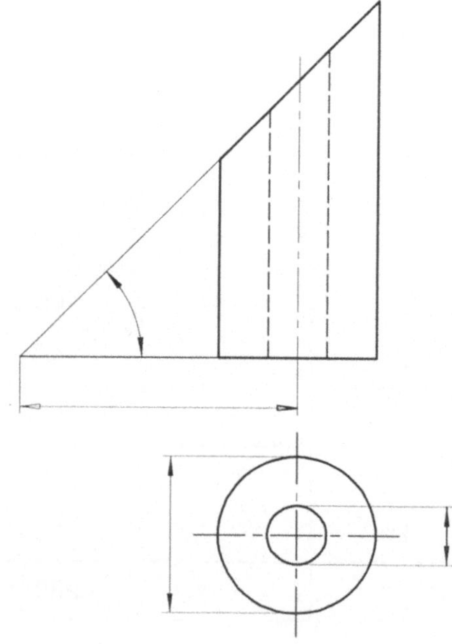

13. Aufgabe

Konstruieren Sie die fehlenden Körperkanten in der Vorderansicht, und ergänzen Sie die Seitenansicht. Benutzen Sie die angegebenen Maße, um die Vorgaben jeweils auf ein gesondertes Blatt zu übertragen.

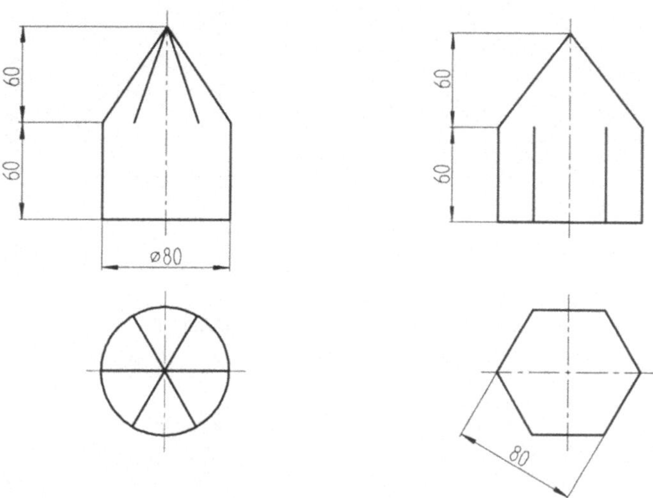

a) Durchdringung Zylinder/Pyramide b) Durchdringung Sechskantprisma/Kegel

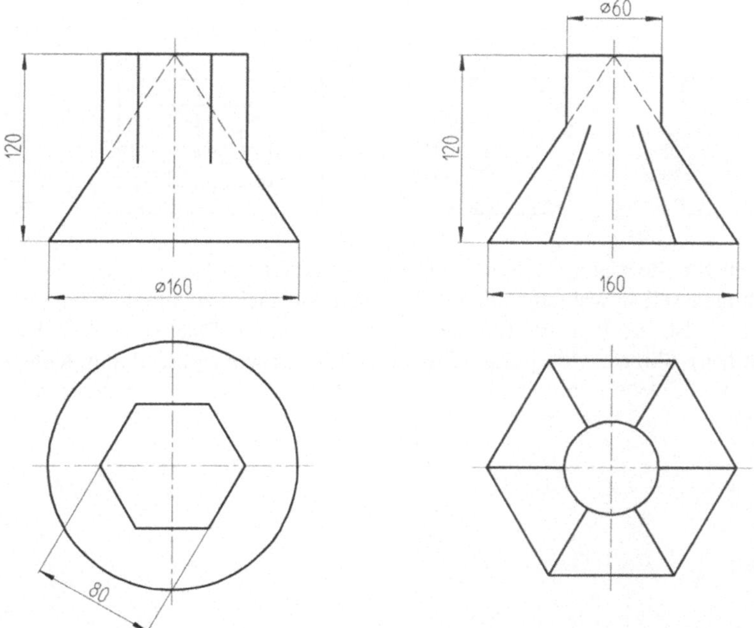

c) Durchdringung Kegel/Sechskantprisma   d) Durchdringung Pyramide/Zylinder

14. Aufgabe

Gegeben sind die folgenden Körper in Vorderansicht und Draufsicht. Gesucht sind jeweils die Mantel- und Deckflächen der Körper.

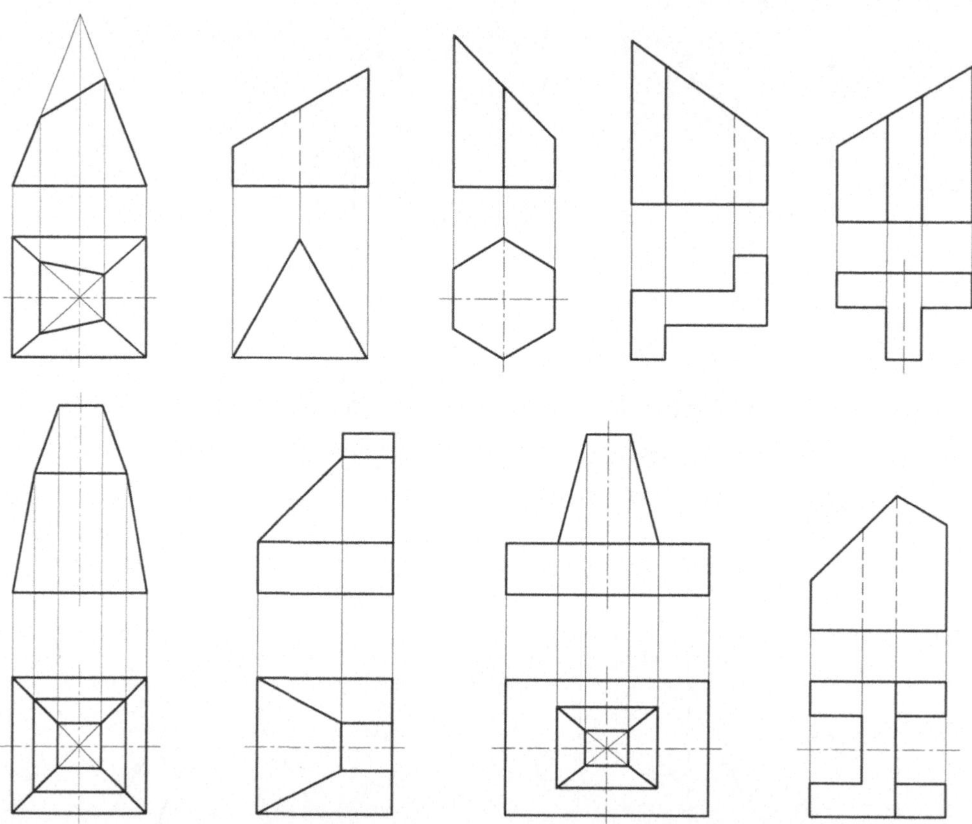

Übertragen Sie die gegebenen Geometrien jeweils auf ein gesondertes Blatt, wobei Sie die Abmessungen selbst wählen können. Zeichnen Sie nicht zu klein! Ermitteln Sie den Lösungsweg – also die Konstruktion der wahren Größe der Flächen – zunächst anhand einer (freihändigen) Skizze. Überprüfen Sie Ihren Lösungsvorschlag durch Konstruktion, Ausschneiden und Zusammenfügen der Mantel- und Deckflächen zu dem betreffenden Körper.

15. Aufgabe

Gegeben sind die folgenden Körper in Vorderansicht und Draufsicht. Gesucht sind jeweils
die Mantel- und Deckflächen der Körper. Ergänzen Sie jeweils die Seitenansicht.

Verfahren Sie so wie in Aufgabe 14 vorgegeben.

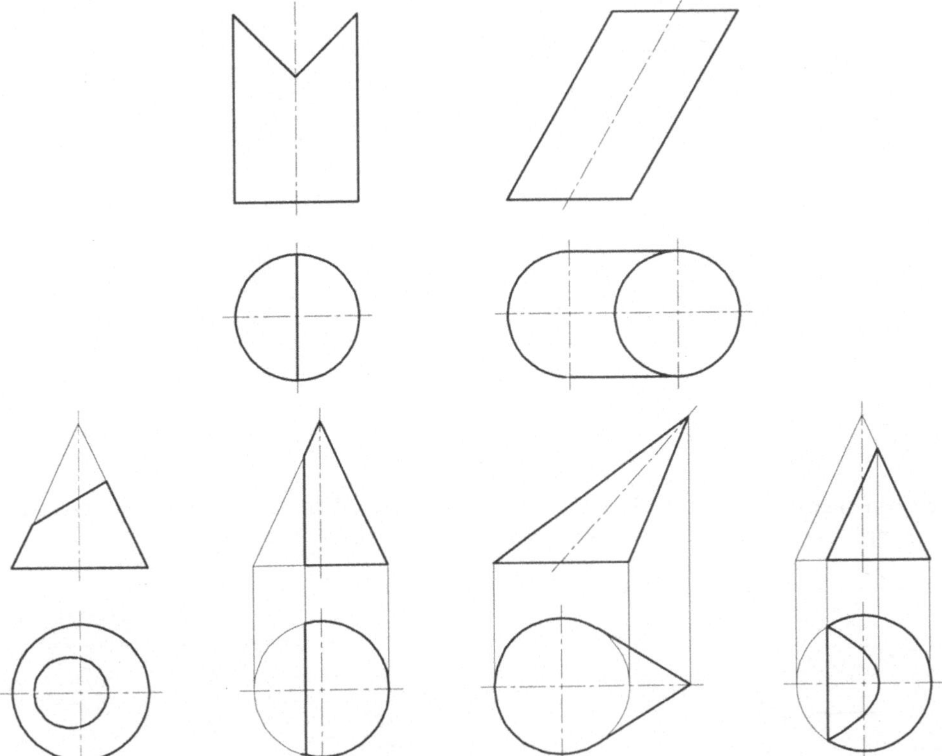

16. Aufgabe

Gegeben sind die Seiten- und die Draufsicht eines Durchdringungskörpers. Dieser Durchdringungskörper besteht aus einem Dreikant- und einem Vierkantprisma. In der Seitenansicht
ist das Vierkantprisma in seiner wahren Länge zu sehen, in der Draufsicht das Dreikantprisma. Die Höhe H des Vierkantprismas beträgt H = 70 mm. Die Länge L des Dreikantprismas
beträgt L = 80 mm. Des weiteren sind – ausgehend von den Kanten des DIN-Formates A4 –
die Koordinaten der Punkte A bis G in einer Tabelle gegeben.

Übertragen Sie mit Hilfe der für die verschiedenen Punkte gegebenen Koordinaten die dargelegte Anordnung auf ein gesondertes Blatt im DIN-Format A4. Ergänzen Sie die Vorderansicht. Zeichnen Sie hierbei die Durchdringungskurven in ihren sichtbaren und unsichtbaren
Bereichen. Ermitteln Sie die Mantelflächen.

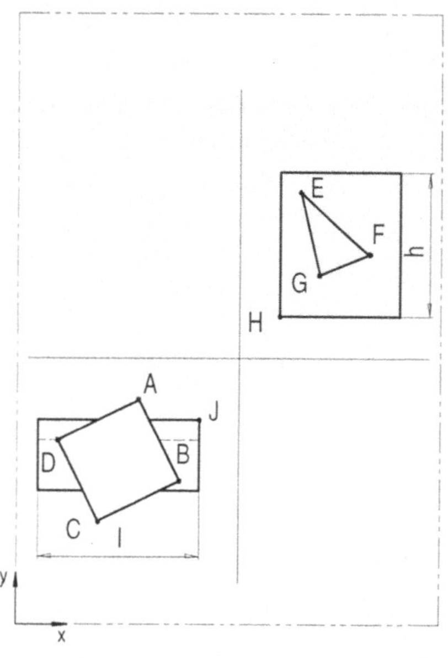

P [mm]	x [mm]	y [mm]
A	60	110
B	80	70
C	40	50
D	20	90
E	140	210
F	175	180
G	150	170
H	130	150
J	90	100

17. Aufgabe

Gegeben sind die Vorder- und die Draufsicht eines Durchdringungskörpers. Dieser Durchdringungskörper besteht aus zwei schief zueinander liegenden Prismen.

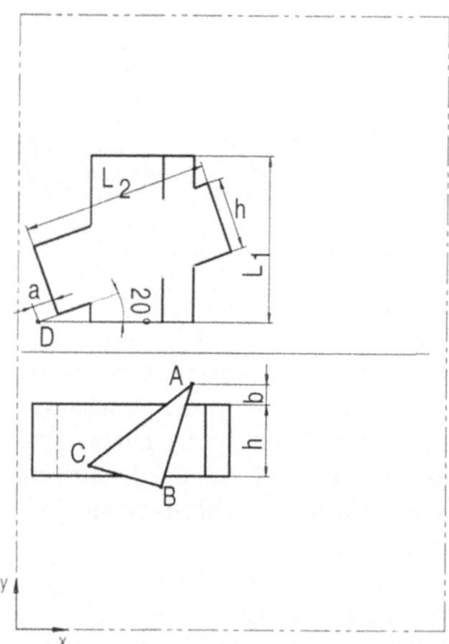

P	x [mm]	y [mm]
A	85	120
B	70	70
C	35	80
D	10	150

In der Vorderansicht erscheint einer der Körper (Dreikantprisma) in seiner wahren Länge mit $L_1 = 80$ mm. In der Draufsicht ist die wahre Größe seiner Grundfläche zu sehen; sie wird durch die Punkte A, B und C (siehe Tabelle) definiert. Der zweite Körper (Vierkantprisma mit Breite = Höhe = h = 35 mm) liegt in der Draufsicht parallel zur Rißkante x_{12}. Entsprechend ist er in der Vorderansicht in seiner wahren Länge ($L_2 = 90$ mm) zu sehen.

Die Neigung des Vierkantprismas gegenüber der Rißkante x_{12} beträgt $\varphi = 20°$. Des weiteren ist die Lage des Vierkantprismas durch den Hilfspunkt D und die Strecke a = 10 mm und b = 10 mm gegeben. Zur Konstruktion der dargelegten Anordnung sind die Koordinaten der signifikanten Punkte in einer Tabelle zusammengefaßt.

Übertragen Sie mit Hilfe der für die verschiedenen Punkte gegebenen Koordinaten die dargelegte Anordnung auf ein gesondertes Blatt im DIN-Format A4. Vervollständigen Sie die Vorder- und die Draufsicht. Ergänzen Sie die Seitenansicht. Zeichnen Sie die Durchdringungskurven in ihren sichtbaren und unsichtbaren Bereichen. Ermitteln Sie die Mantelflächen.

18. Aufgabe

Gegeben sind im folgenden jeweils die Vorder- und die Draufsicht von zylindrischen bzw. kegligen Durchdringungskörpern. Die Kanten sind in den Bereichen wiedergegeben, in denen sich die gegebenen Körper nicht verschneiden.

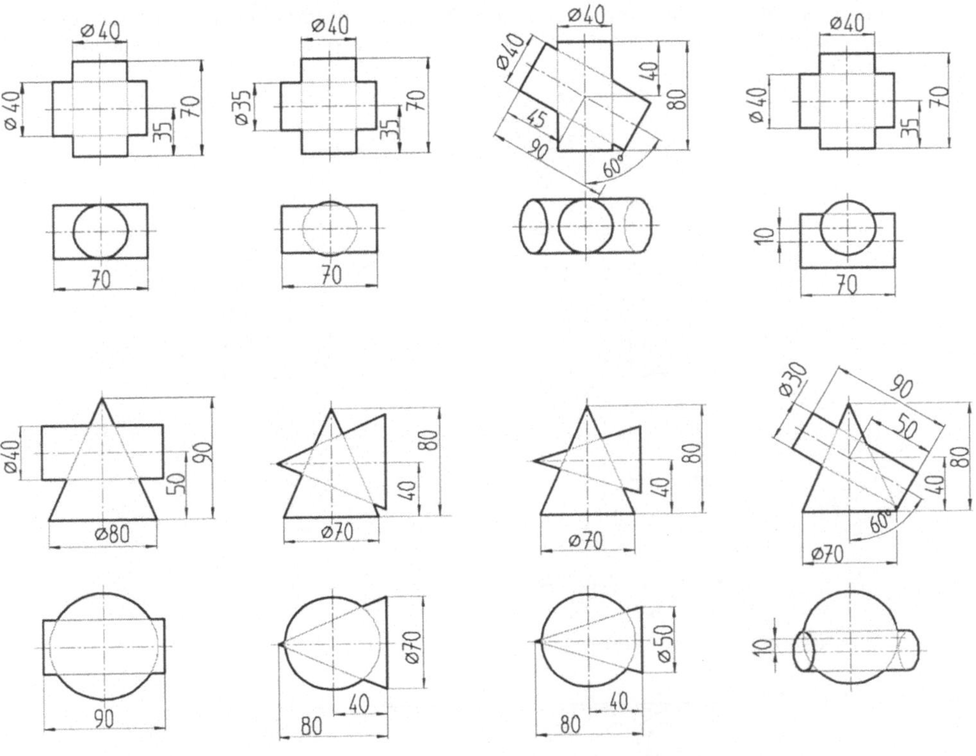

Übertragen Sie jede der dargelegten Anordnungen auf ein gesondertes Blatt im DIN-Format A4. Richten Sie sich dabei nach den in der Zeichnung gegebenen Maßangaben (in Millimetern). Natürlich können Sie von den hier gegebenen Maßangaben abweichen, berücksichtigen Sie jedoch stets, daß bei größeren Abmessungen eventuell eine andere Blattgröße notwendig wird. Vermeiden Sie es, die Abmessungen noch kleiner zu wählen. Vervollständigen Sie die Vorder- und gegebenenfalls die Draufsicht. Ergänzen Sie die Seitenansicht. Zeichnen Sie die Durchdringungskurven in ihren sichtbaren und unsichtbaren Bereichen.

19. Aufgabe

Als Maschinenbauteil ist eine Stellringhälfte gegeben. In der Vorderansicht ist die Stellringhälfte geschnitten dargestellt. Aus der Draufsicht ist die Breite (32 mm) zu entnehmen. Das Bauteil besitzt zwei Bohrungen, die eingesenkt sind, um Zylinderschrauben mit Innensechskant aufnehmen zu können. Gesucht ist die Seitenansicht (ungeschnitten).

Übertragen Sie die Anordnung entsprechend den Maßangaben auf ein gesondertes Blatt (ohne Bemaßung). Beachten Sie den für die Seitenansicht und die Draufsicht notwendigen Platz; günstig ist hier ein Querformat. Zeichnen Sie die Konturen der Seitenansicht und der Draufsicht. Konstruieren Sie die Körperkanten, die sich aufgrund der Senkung ergeben.

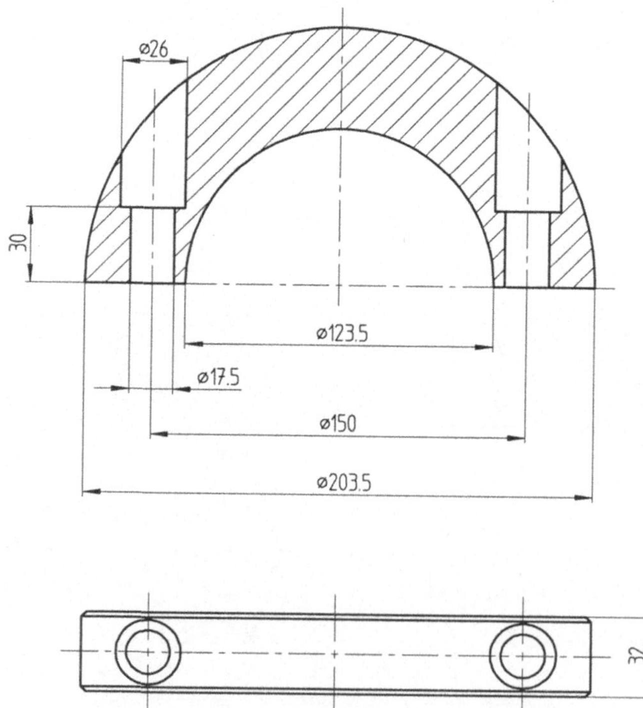

20. Aufgabe

Als Maschinenbauteil ist ein Hahngehäuse gegeben. Seine Darstellung ist zweigeteilt: die linke Hälfte ist als Ansicht, die rechte Hälfte im Schnitt zu sehen. Solch eine Anordnung wird Halbschnitt genannt. In der gegebenen Darstellung fehlen noch die Durchdringungskurven, die zu ergänzen sind. Übertragen Sie die Anordnung auf ein gesondertes Blatt mit Hilfe der gegebenen Bemaßung, günstig ist hier ein Querformat. Ergänzen Sie die Durchdringungskurven. In der linken Hälfte (Ansicht) konstruieren Sie die Durchdringungskurven so, als ob keine Radien vorhanden wären.

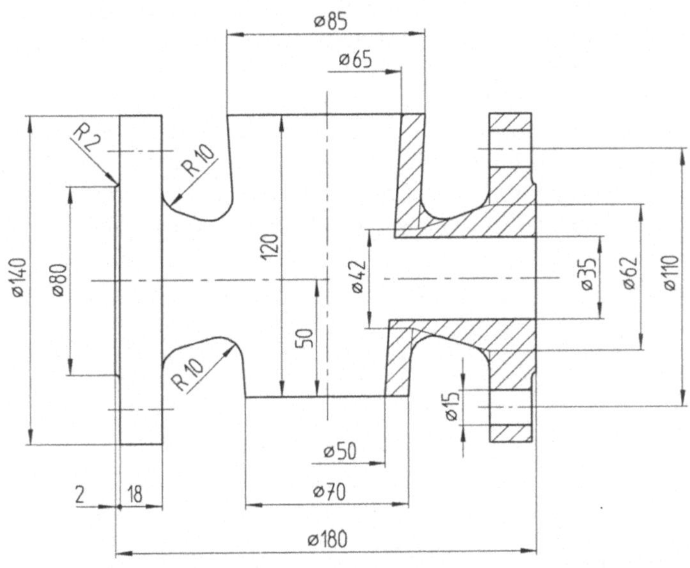

21. Aufgabe

Als Maschinenbauteil ist ein Hebel in Vorderansicht und Draufsicht gegeben. Er besteht aus zwei zylindrischen Teilen und einem kegeligen Verbindungsstück. Gesucht sind wiederum die Durchdringungskurven, die sich zwischen den einzelnen Grundkörpern ergeben.

Übertragen Sie zunächst die Anordnung entsprechend den gegebenen Maßen auf ein gesondertes Blatt, günstig ist hier ein Hochformat. Konstruieren Sie die Durchdringungskurven so, als ob keine Radien vorhanden wären.

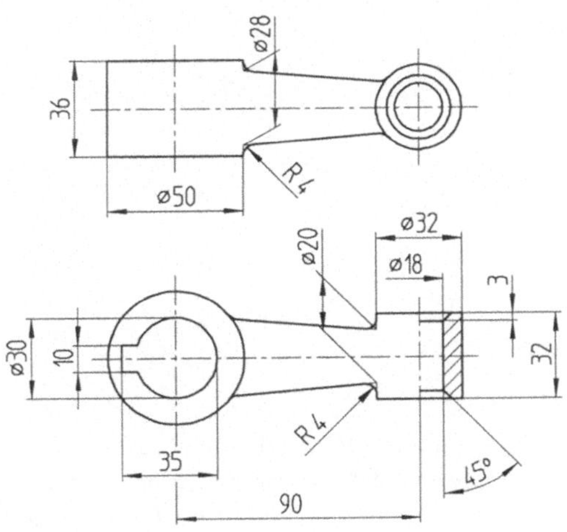

4 Darstellung von Werkstücken

In Kapitel 3 wurde ausführlich auf das „Handwerk" des Technischen Zeichners – die Darstellende Geometrie – eingegangen. In diesem Kapitel sollen nun die Regeln und Konventionen bei der Darstellung zur Sprache kommen, die, um die Arbeit zu erleichtern, manchmal sogar von der exakten Wiedergabe nach den Regeln der Darstellenden Geometrie abweichen.

4.1 Maßstäbe

Die Zeichnung gibt die genaue Form des Werkstücks eindeutig an. Je nach Größe des darzustellenden Werkstückes kann es erforderlich sein, es in natürlicher Größe, in vergrößertem oder in verkleinertem Maßstab zu zeichnen. In einer technischen Zeichnung muß jedes Werkstück maßstäblich gezeichnet werden und der verwendete Maßstab auf der Zeichnung angegeben sein. Der Maßstab soll dabei so gewählt werden, daß weder ein zu großes noch ein zu kleines Bild entsteht. Darauf ist auch die Größe des Zeichnungsformates abzustimmen. Die zu verwendenden Maßstäbe sind in DIN ISO 5455 festgelegt. Diese Norm gilt für Maßstäbe und deren Angaben in technischen Zeichnungen für alle Gebiete der Technik.

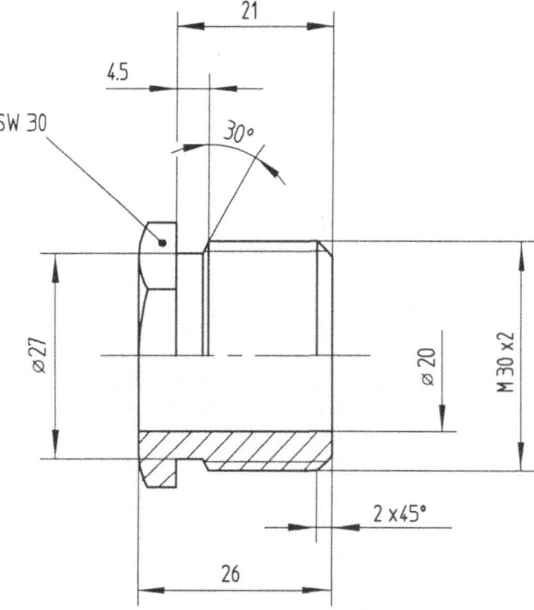

Bild 4-1 Beispiel für eine Zeichnung im natürlichen Maßstab

Es gibt den natürlichen Maßstab, den Verkleinerungs- und den Vergrößerungsmaßstab. Der *natürliche Maßstab* besitzt das gleiche Verhältnis von gezeichneter zu realer Größe. Sind die Abmessungen eines Bauteils in der Zeichnung also ebenso groß wie in Wirklichkeit, so ist der Zeichnungsmaßstab 1:1. Bei einem *Vergrößerungsmaßstab* ist dieses Verhältnis größer als 1:1, bei einem *Verkleinerungsmaßstab* ist dieses Verhältnis kleiner als 1:1.

In Bild 4-1 ist eine Zeichnung im Maßstab 1:1 wiedergegeben. Messen Sie nach, die zahlenmäßigen Angaben in der Zeichnung stimmen mit den gezeichneten Abmessungen des Werkstücks überein − oder? Zu berücksichtigen ist allerdings, daß eine Angabe des Maßstabes stets nur für das Original und seine (maßstabsgetreuen) Kopien zutrifft, nicht jedoch für die hier in der Regel wiedergegebenen verkleinerten Darstellungen, Bild 4-1 stellt eine Ausnahme dar.

Die vollständige Angabe eines Maßstabes besteht aus dem Wort „SCALE", in der Bundesrepublik Deutschland aus dem Wort „Maßstab", sowie aus dem Maßstabsverhältnis z.B. Maßstab 1:1 für den natürlichen Maßstab, Maßstab x:1 für den Vergrößerungsmaßstab oder Maßstab 1:x für den Verkleinerungsmaßstab.

Es bedeutet also z.B. Maßstab 1:2: Ein Millimeter der gezeichneten Länge des Werkstücks entspricht 2 mm der tatsächlichen Länge. Maßstab 2:1 bedeutet: Das Werkstück ist doppelt so groß gezeichnet, als es in Wirklichkeit ist. Die in der Zeichnung eingetragenen Maße entsprechen allerdings immer der wahren Länge des Werkstücks, nicht der entsprehend dem Maßstab verkleinerten oder vergrößerten Länge.

Der in der Zeichnung angewendete Maßstab ist in das Schriftfeld der Zeichnung einzutragen. Wenn mehr als ein Maßstab in einer Zeichnung benötigt wird, soll der Hauptmaßstab in das Schriftfeld und alle anderen Maßstäbe in die Nähe der Positionsnummer oder der Kennbuchstaben der Einzelheit (z.B. „Y 10:1") und/oder Schnitte (z.B. „C-D 5:1") geschrieben werden. Es entfällt das früher übliche Wort Maßstab. Auch der Kennbuchstabe M wird nicht mehr mitgeschrieben.

Die zur Zeichnung benötigten Abmessungen können in der Regel direkt an den Linealen und Stabmaßstäben abgegriffen werden. Diese mit den üblichen Maßstäben eingeteilten Lineale und Stabmaßstäbe an den Zeichenanlagen oder -platten ersparen so die lästige Umrechnung. Zeichnungsmaßstäbe sind stets lineare Maßstäbe. Durch die DIN ISO 5455 sind folgende Maßstäbe festgelegt:

Vergrößerungsmaßstäbe:	20:1	50:1	10:1
	2:1	5:1	
Natürlicher Maßstab:			1:1
Verkleinerungsmaßstäbe:	1:2	1:5	1:10
	1:20	1:50	1:100
	1:200	1:500	1:1.000
	1:2.000	1:5.000	1:10.000

In der Bundesrepublik Deutschland ist auch noch der Verkleinerungsmaßstab 1:2,5 (auslaufend) in Gebrauch, sollte aber vermieden werden. Auf Winkel haben die Zeichnungsmaßstäbe natürlich keinen Einfluß, da der Maßstab nicht nur nach einer Seite hin verändert wird, sondern proportional verkleinert bzw. vergrößert wird. Ein Winkel von z.B. 60° bleibt bei allen Zeichnungsmaßstäben auch 60°. Handelt es sich bei der dargestellten Zeichnung um eine Handskizze, so wird keine Maßstabsangabe gefordert.

Für die Wahl des Darstellungsmaßstabes gilt folgende Richtlinie: Vorzugsweise ist das Werkstück in der natürlichen Größe, also im Maßstab 1:1 zu zeichnen. Ansonsten muß der jeweils gewählte Maßstab auf jeden Fall die deutliche und unmißverständliche zeichnerische Wiedergabe der tatsächlichen Verhältnisse gewährleisten. Es ist zu berücksichtigen, daß der Flächenbedarf auf einer Zeichnung z.B. beim Maßstab 1:10 nur ein Hundertstel, beim Maßstab 10:1 das Hundertfache gegenüber dem Maßstab 1:1 beträgt.

Es ist durchaus möglich und auch zulässig, die verschiedenen Ansichten eines Werkstücks in verschiedenen Maßstäben zu zeichnen. Grundsätzlich unzulässig ist es dagegen, in ein und derselben Ansicht mehrere Maßstäbe zu gebrauchen. Das Werkstück würde dadurch verzerrt dargestellt werden, und der Facharbeiter in der Werkstatt könnte sich keine richtige Vorstellung von der wirklichen Form und Größe machen.

Wie überall, gibt es aber auch hier Ausnahmen. So ist es durchaus möglich, daß die Abmessungen eines bereits gezeichneten Werkstückes aus konstruktiven oder sonstigen Gründen geändert werden müssen. Nicht immer ist dann auch der Arbeits- und Zeitaufwand zum Anfertigen einer neuen Zeichnung – vom wirtschaftlichen Standpunkt aus betrachtet – gerechtfertigt. In solchen Fällen darf die entsprechende Maßzahl in der Zeichnung geändert und, da sie jetzt nicht mehr dem gewählten Maßstab entspricht, durch Unterstreichen kenntlich gemacht werden. Daraus folgt: Für die Fertigung sind stets nur die eingetragenen Maßzahlen verbindlich.

4.2 Linienarten

Die in technischen Zeichnungen anzuwendenden Linienarten sind in DIN 15 genormt. Danach kommen in einer technischen Zeichnung in der Regel nur zwei Linienbreiten vor: breit und schmal. Die breiten Linien sind doppelt so dick wie die schmalen. Durch weitere Unterscheidungen wie durchgezogen (Vollinie), gestrichelt (Strichlinie), strichpunktiert (Strichpunktlinie, Strich-Zweipunktlinie) entstehen die einzelnen Linienarten, deren Anwendung nach festgelegten Regeln erfolgt.

Aus Gründen klarer Mikroverfilmung und Einschränkung der Tuscheschreib- und Zeichengeräte sind nach DIN 6774 für Linien (DIN 15) und Schriften (DIN 6776) die gleichen Linienbreiten mit einem Stufensprung von etwa $\sqrt{2}$ festgelegt.

Rückvergrößerungen von Mikrofilmen auf andere DIN-Formate führen so wieder zu genormten Schriftgrößen und Linienbreiten. Die verschiedenen Liniengruppen mit ihren Linienarten werden nach der Breite der breiten Vollinie benannt. In Tabelle 4-1 sind die bevorzugten Liniengruppen hervorgehoben dargestellt.

Die wichtigsten Anwendungen sind im folgenden ausgeführt.

Tabelle 4-1 Linienarten, Linienbreiten in mm und Liniengruppen nach DIN 15 Teil 1

	Liniengruppen				Bennenung	Beispiel
Nr.	1,0	0,7	0,5	0,35		
1	1,0	0,7	0,5	0,35	breite Vollinie	
2					breite Strichpunktlinie	
3	0,5	0,35	0,25	0,18	schmale Vollinie	
4					schmale Strichlinie	
5					schmale Strichpunktlinie	
6					Strich-Zweipunktlinie	
7					schmale Freihandlinie oder schmale Zickzacklinie	

1. *Breite Vollinie*: a) sichtbare Kanten und Umrisse; b) Grenze der nutzbaren Gewindelänge

2. *Breite Strichpunktlinie*: a) Schnittlinien; b) Kennzeichnung von Zonen mit bestimmter vorgeschriebener Behandlung, z.B. Wärmebehandlung oder Beschichtung

3. *Schmale Vollinie*: a) Schraffurlinien; b) Umrahmungen von Einzelheiten; c) Maßlinien und Maßhilfslinien; d) Hinweislinien (z.B. zu den Positionsnummern in Gesamtzeichnungen); e) in Ansichten eingezeichnete Querschnitte; f) Projektionslinien; g) Lichtkanten; h) vereinfachte Darstellung von Freistichen; i) Gewindegrund; j) Diagonalkreuz zur Kennzeichnung ebener Flächen

4. *Strichlinie, stets schmal*: a) verdeckte Kanten und Umrisse

5. *Schmale Strichpunktlinie*: a) Mittellinien und Symmetrielinien; b) Lochkreise; c) Teilkreise von Zahnrädern; d) Trajektorien[11]

6. *Strich-Zweipunktlinie, stets schmal*: a) Umrisse/Kanten von angrenzenden Bauteilen; b) Rohteilgeometrie in Fertigteilzeichnungen oder umgekehrt Fertiggeometrie in Rohteilzeichnungen; c) Extremstellungen beweglicher Teile wie Federn, Hebel und Griffe; d) vor der Schnittebene liegende Teile; e) besondere Umrahmungen; f) Umrisse/Kanten von wahlweisen Ausführungen; g) Werkzeug am Werkstück

7. *Freihandlinie und Zickzacklinie, stets schmal*: a) Begrenzung abgebrochener und unterbrochener Darstellungen

---

[11] Trajektorien = Linien zur Kennzeichnung der Bewegungsbahn eines Punktes

Im folgenden sind Beispiele für Anwendungen von Linienarten gegeben, wobei die in die Beispielzeichnungen eingetragenen Ziffern auf die vorstehende Einteilung verweisen.

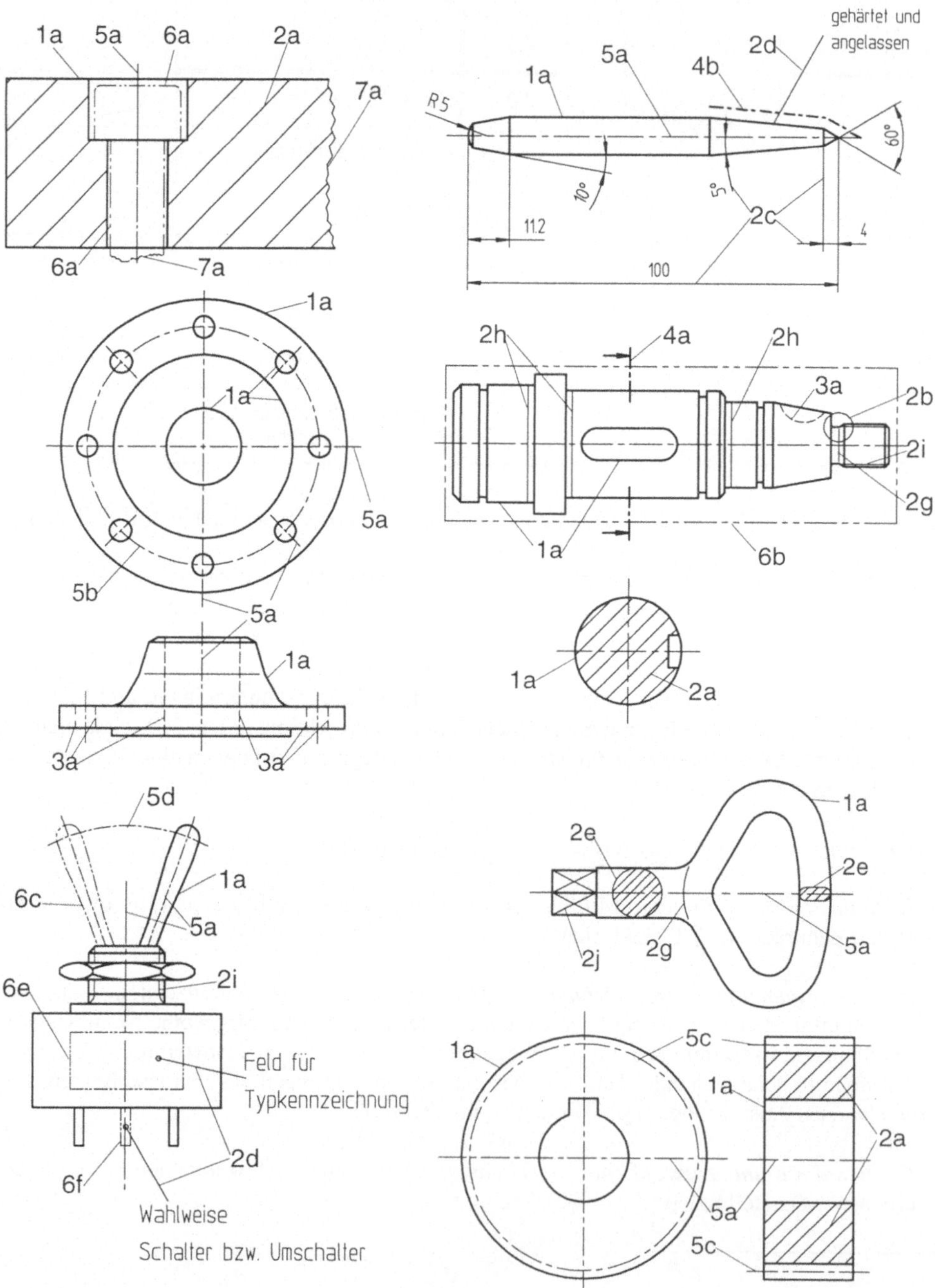

Bild 4-2 Beispiele zur Anwendung der Linienarten

Zum Schluß noch einige praktische Hinweise in bezug auf die Linienarten:

- In einer Zeichnung sind entweder durchgängig die Freihandlinie oder die Zickzacklinie zu verwenden.

- Der kleinste Abstand zwischen zwei Linien einer Strichpunktlinie soll gleich der doppelten Linienbreite, mindestens aber 0,5 mm sein. Der Punkt in der Strichpunktlinie darf auch eine (sehr) kurze Linie sein.

- Strich- und Strichpunktlinien schließen sich untereinander und in den Ecken nie mit Lücken an und kreuzen sich auch nicht mit einer Lücke oder einem Punkt. Dadurch wird gewährleistet, daß ein eindeutiger Eck- bzw. Schnittpunkt entsteht. In besonderen Fällen, z.B. bei geringen Abmessungen, werden die Mittellinien als kurze, schmale Vollinien gezeichnet.

- Mittellinien schließen nicht mit den Körperkanten ab, sondern gehen etwas über diese hinaus.

- Fallen in einer Ansicht Strichlinien (verdeckte Körperkanten) und Mittellinien zusammen, so ist der Strichlinie der Vorrang zu geben.

4.3 Anordnung von Ansichten

Um Werkstücke für die Fertigung eindeutig darzustellen, muß man sie in den meisten Fällen in mehreren Ansichten zeichnen. Die „klassische" Form der technischen Zeichnung zeigt das darzustellende Einzelteil in drei orthogonalen Ansichten (sogenannte Dreitafelprojektion, bei der die Bildebenen zueinander senkrecht stehen), wobei die Lage des Bauteils in der Regel der Gebrauchslage entspricht. Seine Ansicht von vorn liefert die *Vorderansicht*, die von oben die *Draufsicht* und die von der linken Seite die *Seitenansicht von links*. Diese drei Ansichten werden nach DIN 6 in einer festen Regel angeordnet (Bild 4-4): Die Draufsicht ist senkrecht unter der Vorderansicht, die Seitenansicht von links waagrecht rechts neben der Vorderansicht positioniert. Diese Zeichenmethode wird auch international als *Projektionsmethode 1* bezeichnet.

Grundsätzlich ist zu sagen, daß die technische Zeichnung ein Bauteil möglichst in der Gebrauchslage zeigt, d.h. stehende Werkstücke sollen nicht liegend und umgekehrt dargestellt werden. Die Vorderansicht stellt den Bezugs- bzw. Ausgangszustand bei der Zeichnung eines Bauteiles dar. Manchmal ist jedoch nicht eindeutig, was die Hauptansicht/Vorderansicht eines Bauteiles ist. Eine Empfehlung lautet deshalb, die Fertigungslage des Bauteiles als Hauptansicht zu wählen (z.B. Drehteile in horizontal liegender Darstellung mit dem dünnen Ende nach rechts). Wenn ein Bauteil mehrere Fertigungslagen haben sollte, wählt man die überwiegende. Es kann aber auch diejenige Ansicht als Hauptansicht gewählt werden, aus der sich die wesentlichen Merkmale des Bauteiles am besten erkennen lassen. Die Vorderansicht ist also die Hauptansicht, und das Bauteil soll so gelegt werden, daß keine oder nur wenige verdeckte Kanten auftreten.

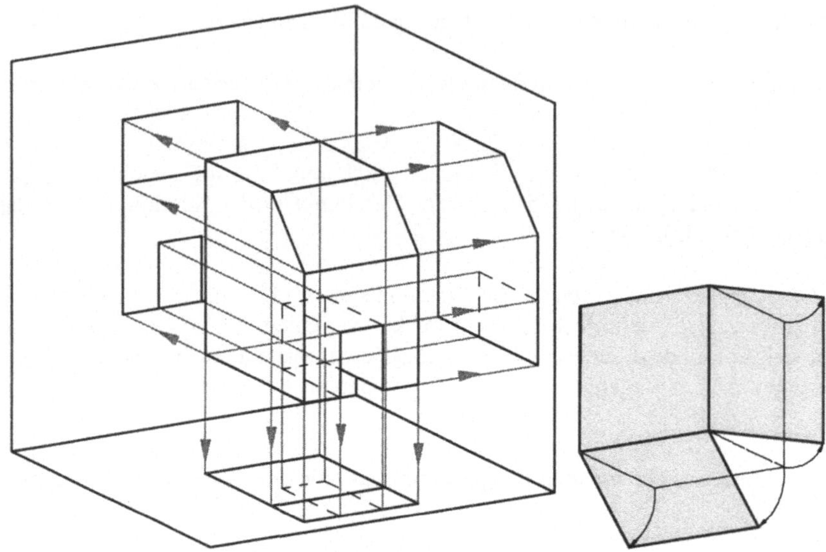

Bild 4-3 Entwicklung der Dreitafelprojektion

Anschaulich kann man sich die Entstehung der Dreitafelprojektion eines Bauteiles in drei Schritten entstanden denken.

1. Das darzustellende Bauteil wird in eine aus drei senkrecht aufeinander stehenden Bildebenen gebildetete „Raumecke" gestellt.

2. Es werden die Projektionen des Bauteiles auf die drei Bildebenen ermittelt.

3. Eine der drei Bildebenen wird zur Zeichenebene erklärt (in der Regel die Bildebene, die als Projektion die Vorderansicht des Bauteiles enthält), die beiden anderen Bildebenen mit den darauf befindlichen Projektionen (in der Regel Draufsicht und Seitenansicht von links) werden in die Zeichenebene geklappt.

In der Praxis verzichtet man auf die Darstellung der Begrenzungen der Projektionsebenen, da die Lage der Ansichten zueinander eindeutig definiert und – da die Parallelprojektion vorgeschrieben ist – auch immer gleich ist, Bild 4-4.

Die Dreitafelprojektion ist die am häufigsten angewendete Darstellungsform. Ihre Anwendung ist jedoch nicht zwingend. Wenn eine oder zwei Ansichten genügen, um die Geometrie eines Werkstücks eindeutig zu definieren, gibt es keinen Grund dafür, zusätzliche Ansichten zu erstellen. Es kann aber ebenso vorkommen, daß drei Ansichten des Bauteiles nicht ausreichen, um das Werkstück in allen Einzelheiten darzustellen. Für diesen Fall sind nach der Projektionsmethode 1 bis zu sechs Ansichten definiert, die das Bauteil dann von allen Seiten zeigen. In Bild 4-5 ist ein Beispiel in Sechstafelprojektion gegeben.

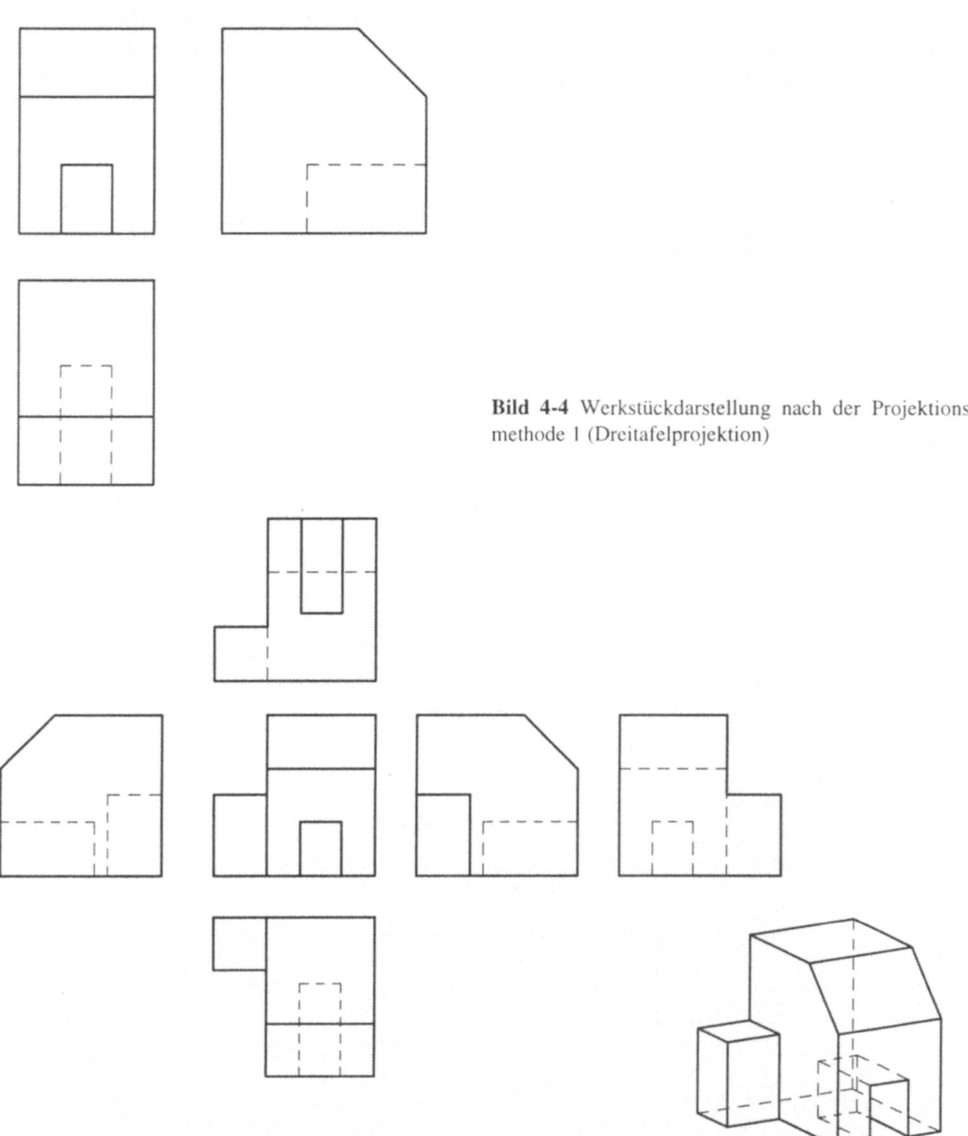

Bild 4-4 Werkstückdarstellung nach der Projektionsmethode 1 (Dreitafelprojektion)

Bild 4-5 Werkstückdarstellung nach der Projektionsmethode 1 (Sechstafelprojektion)

Die bislang erwähnte Projektionsmethode 1 wird hauptsächlich in Europa angewendet (frühere Bezeichnung „Methode E" wie „europäisch", gelegentlich auch „deutsche Klappregel" genannt). Im anglo-amerikanischen Raum ist demgegenüber die *Projektionsmethode 3* nach DIN 5 bzw. DIN 6 gebräuchlich (frühere Bezeichnung „Methode A" wie „anglo-amerikanisch"). Bei dieser Projektionsmethode sind die Ansichten in bezug auf die Vorderansicht folgendermaßen angeordnet: die Seitenansicht von links ist links und die Seitenansicht von rechts ist rechts von der Hauptansicht angeordnet. Die Draufsicht liegt oberhalb und die Untersicht liegt unterhalb der Hauptansicht. Um einer Verwechselung dieser beiden Projektionsmethoden vorzubeugen, etwa im internationalen Gebrauch, ist eine Kennzeichnung durch Symbole möglich. Diese werden entweder im Schriftfeld oder dicht daneben positioniert.

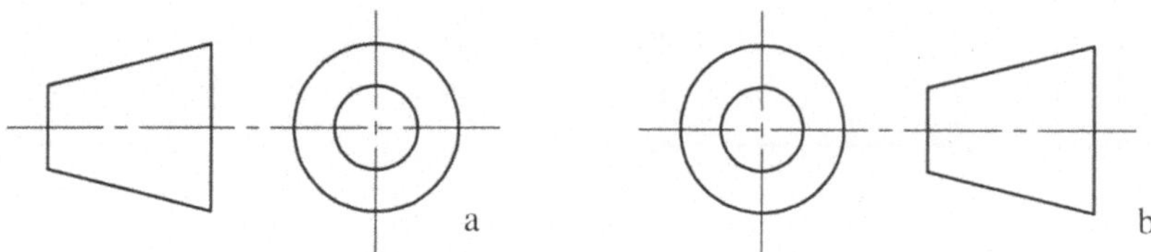

Bild 4-6 Symbole zur Kennzeichnung der Projektionsmethode: a) Projektionsmethode 1; b) Projektionsmethode 3

Es kann natürlich auch vorkommen, daß selbst die sechs Ansichten zur eindeutigen Darstellung des Werkstücks nicht genügen und zusätzliche Ansichten notwendig werden oder daß es günstiger erscheint, die Ansichten anders anzuordnen, als es durch die Projektionsmethode 1 vorgeschrieben ist.

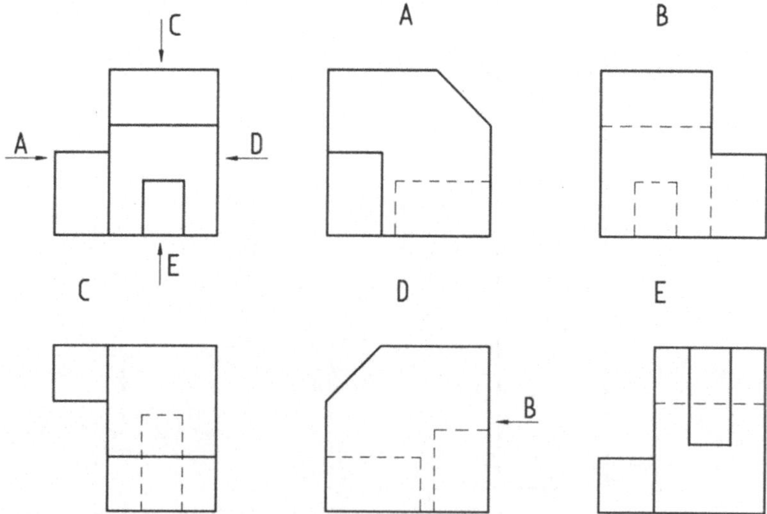

Bild 4-7 Werkstückdarstellung nach der Pfeilmethode

Ein Abweichen von der Projektionsmethode 1 ist zwar möglich, muß jedoch kenntlich gemacht werden, um Mißverständnisse zu vermeiden. Es wird dann ausgehend von der Hauptansicht (Vorderansicht) die Betrachtungsrichtung für jede gewählte Ansicht durch einen Pfeil festgelegt. Die Pfeile und Ansichten werden durch Großbuchstaben gekennzeichnet. Die Buchstaben werden unmittelbar oberhalb bzw. rechts von der Pfeillinie und in unmittelbarer Nähe oberhalb der zugehörigen Ansichten angetragen. Diese Projektionsmethode ist nach DIN 6 als *Pfeilmethode* genormt, Bild 4-7. Sie besitzt den Vorteil, daß durch die Angabe einer besonderen Ansichtsrichtung auch ungünstige Projektionen (z.B. Verkürzungen) vermieden werden können.

In der bzw. den gewählten Ansicht(en) werden alle sichtbaren Kanten und Umrisse in breiter Vollinie gezeichnet (siehe Abschnitt 4.2). Kanten und Umrisse, die in der gewählten Ansicht verdeckt sind, können (!) als schmale Strichlinien zusätzlich dargestellt werden. Mit dem Einzeichnen von verdeckten Kanten sollte jedoch insgesamt sparsam umgegangen werden, um die Zeichnung nicht zu unübersichtlich werden zu lassen. Am besten werden verdeckte Kanten nur dann gezeichnet, wenn die in ihnen steckende Information über die Form des Bauteiles oder der Baugruppe in der Zeichnung nicht anders vermittelt werden kann. Zusätzliche Ansichten und Schnitte (siehe Abschnitt 4.4) sind stets günstiger.

Es wurde bereits erwähnt, daß man sich stets bemüht, den Zeichnungsaufwand gering zu halten. Dieses Bemühen geht so weit, daß manche der wiedergegebenen Ansichten in einer vereinfachten Form bzw. nicht vollständig gezeichnet werden. Im folgenden soll auf einige dieser Vereinfachungen, die ebenfalls in DIN 6 genormt sind, eingegangen werden.

In Bild 4-8 sind zwei Beispiele für das Klappen um schräg liegende Kanten gegeben. Durch diese zusätzlichen Ansichten wird in diesem Fall die Form der schräg liegenden Flächen und die Lage der Bohrungen gegeben. In diesen eindeutigen Fällen würde eine vollständige Darstellung des Bauteiles in den zusätzlichen Ansichten hier nur unnötigen Zeitaufwand bedeuten, da keine neuen Informationen vermittelt werden können. Die zusätzlichen Ansichten sind daher als Schnitt bzw. „abgebrochen" dargestellt (siehe Abschnitt 4.4). Wenn die Betrachtungsrichtung – wie im Fall von Bild 4-8 b) – eindeutig ist, kann auch auf ihre Kennzeichnung verzichtet werden.

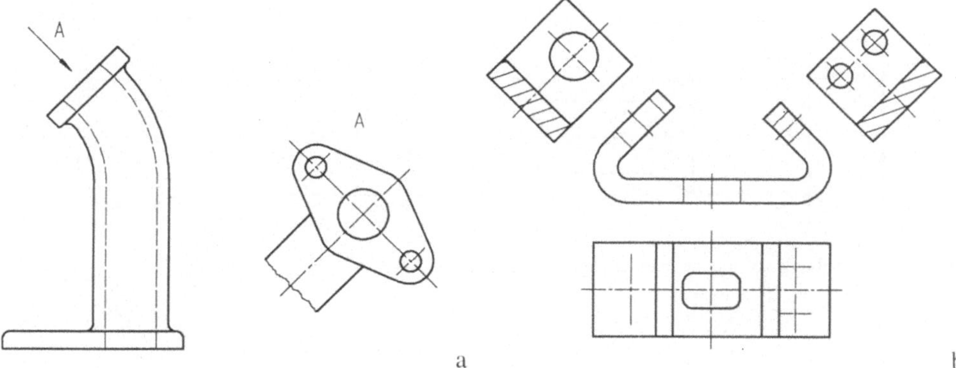

Bild 4-8 Klappen um schräg liegende Kanten a) Rohrflansch und b) gebogenes Blech

Symmetrische Teile dürfen unter Ausnutzung der Symmetrie vereinfacht dargestellt werden. Die Symmetrieachse wird dann an jedem Ende durch zwei schmale, kurze parallele Linien gekennzeichnet, die senkrecht zur Achse stehen, Bild 4-9.

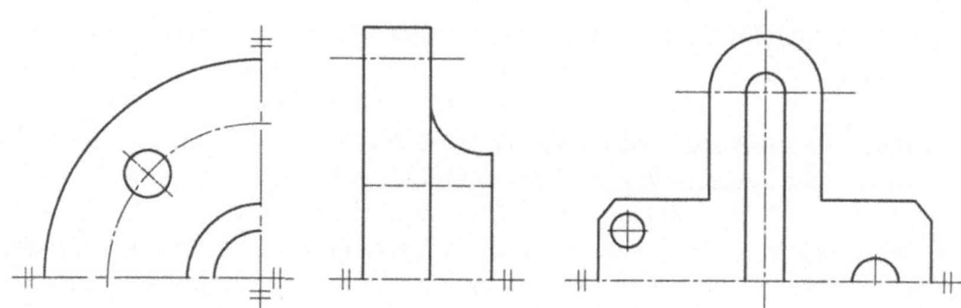

Bild 4-9 Ansichten symmetrischer Gegenstände

Soll ein Bauteil zweimal dargestellt werden, um den Zustand vor und nach einer Bearbeitung (z.B. vor und nach einer spanenden Bearbeitung oder Umformung) zu dokumentieren, so wird dies nicht in zwei getrennten Ansichten wiedergegeben, sondern in übereinander liegenden Ansichten. Dabei wird eine dieser Ansichten (z.B. der Ursprungszustand) ganz normal gezeichnet und die von der ersten Ansicht abweichenden Körperkanten und Umrisse als schmale Strich-Zweipunktlinie angedeutet, Bild 4-10. Mit Hilfe dieser Linienart können auch Grenzstellungen beweglicher Teile veranschaulicht werden, worauf hier nicht näher eingegangen sei.

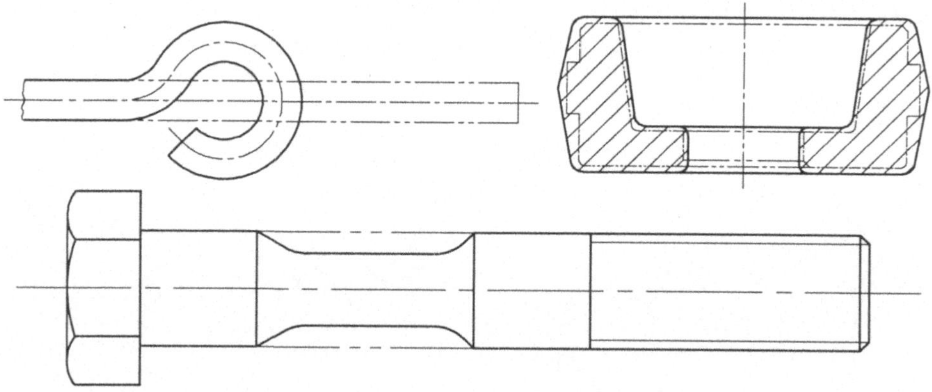

Bild 4-10 Darstellung vor und nach einer Bearbeitung in einer Ansicht

Bei Flanschen dürfen zusätzliche Ansichten dadurch eingespart werden, daß Lochkreis und Löcher in die Zeichenebene eingeklappt dargestellt werden, Bild 4-11. Die Löcher sind dann allerdings nicht (wie sichtbare Kanten) mit breiten Vollinien, sondern mit schmalen Vollinien auszuziehen. In eindeutigen Fällen darf auch auf die Darstellung der sich wiederholenden Elemente verzichtet werden.

Können Bereiche eines Werkstücks in der Gesamtdarstellung nicht deutlich genug dargestellt oder bemaßt werden, so werden sie als *Einzelheit* gekennzeichnet und neben der Gesamtdarstellung – meist vergrößert – noch einmal wiedergegeben. Die herauszuzeichnende Stelle ist mit einem Kreis – oder bei länglichen Einzelheiten auch eine Ellipse – in der Linienbreite schmaler Vollinien sowie mit einem großen Buchstaben zu kennzeichnen. Es sollen vorrangig die letzten Buchstaben des Alphabetes verwendet werden, um Kollisionen mit Schnittverlaufsbezeichnungen (siehe Abschnitt 4.4) zu vermeiden. Die neben der Ursprungszeichnung dargestellte Vergrößerung ist ebenfalls durch einen großen Buchstaben zu kennzeichnen und der Maßstab dazu anzugeben.

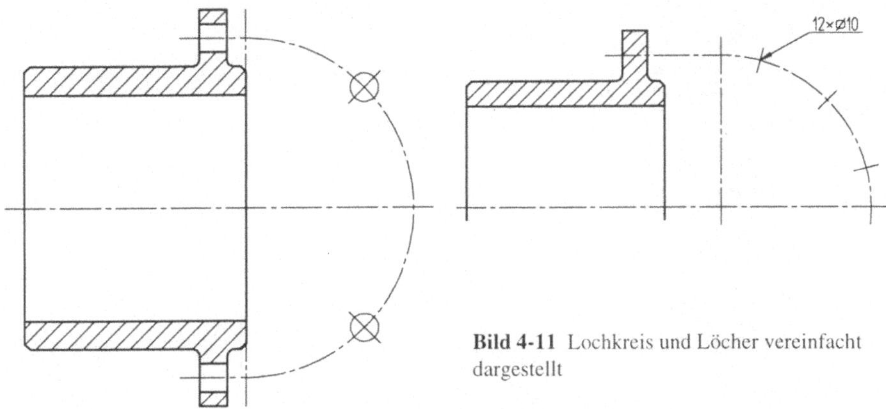

Bild 4-11 Lochkreis und Löcher vereinfacht dargestellt

Zur Kennzeichnung ebener Flächen kann man ein aus schmalen Vollinien gebildetes Diagonalkreuz verwenden (Bild 4-13). Diese Kennzeichnung wird immer dann angewendet, wenn dadurch auf andere Ansichten verzichtet werden kann oder aus der Zeichnung sonst nicht hervorgeht, daß es sich um eine ebene Fläche handelt. Dabei ist es unerheblich, ob die ebene Fläche in der Bildebene liegt oder zu ihr geneigt ist. Die ebene Fläche darf durch das Diagonalkreuz auch in mehreren Ansichten gleichzeitig gekennzeichnet sein.

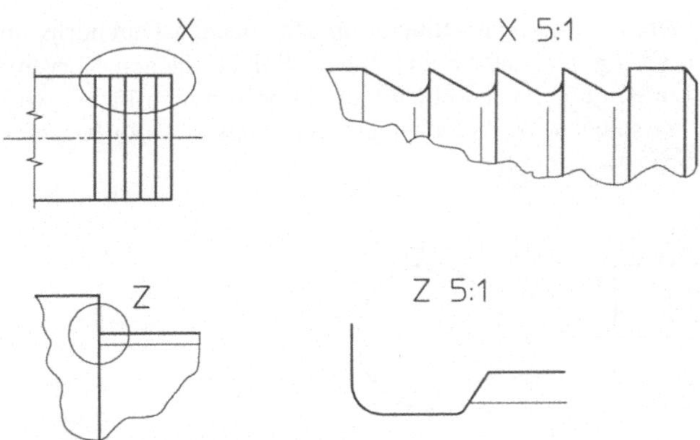

Bild 4-12 Darstellung mit Hilfe der herausgezogenen Einzelheit

Bauteilflächen, die in einem sehr flachen Winkel gegen die Blickrichtung geneigt sind, dürfen vereinfacht durch eine einzige Kante dargestellt werden, die in der Regel der Projektion des kleineren Maßes entspricht, Bild 4-14. Diese Vereinfachung gilt auch dann, wenn die Begrenzungskanten der Fläche abgerundet und deshalb streng genommen nicht mehr als Kanten sichtbar sind.

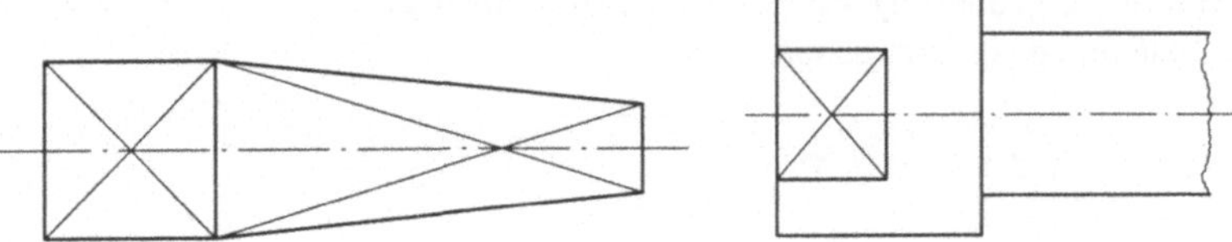

Bild 4-13 Diagonalkreuz zur Kennzeichnung ebener Flächen

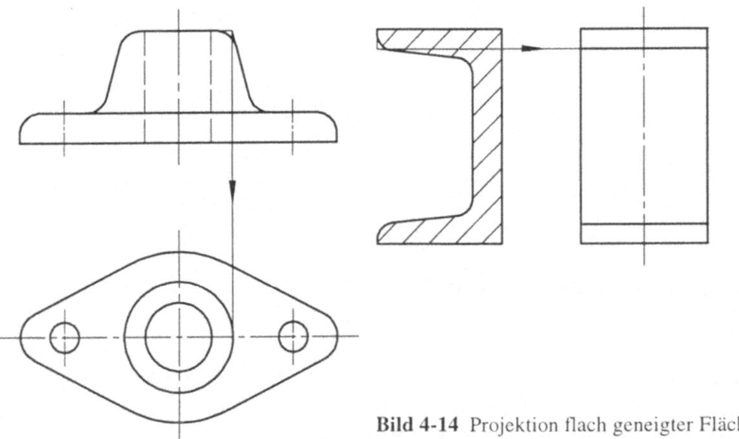

Bild 4-14 Projektion flach geneigter Flächen

Ähnlich wird verfahren bei der Darstellung von sehr flachen Durchdringungskurven zweier Flächen oder auch gering versetzter Schnittlinien. Solche flachen Kurven können vereinfachend als gerade Linien gezeichnet werden bzw. in bestimmten Fällen weggelassen werden, Bild 4-15. Es ist bei solchen Vereinfachungen allerdings stets zu beachten, daß der dargestellte Zusammenhang eindeutig bleibt.

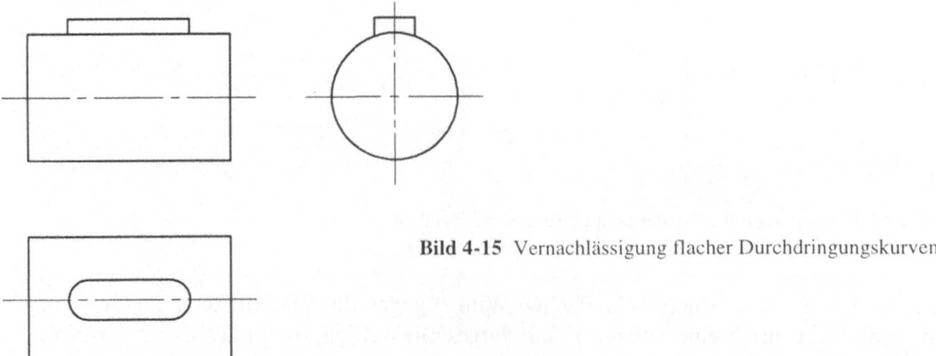

Bild 4-15 Vernachlässigung flacher Durchdringungskurven

4.4 Schnittdarstellungen

Bei Verwendung von ausschließlich äußeren Ansichten und der Darstellung der Innenkonturen durch verdeckte Kanten, werden Zeichnungen rasch unübersichtlich, da sich die verdeckten mit den sichtbaren Kanten überdecken können. Eine Schnittdarstellung ist dabei die bessere Lösung, um Klarheit über das Innenleben des Bauteiles zu erhalten. Soll in einer Zeichnung also etwas gezeigt werden, das durch die bisher angewandten äußeren Ansichten nicht zu erkennen ist, so wird ein gedachter Schnitt durch den betreffenden Körper gelegt. Damit man aber erkennen kann, daß es sich nur um einen gedachten Schnitt handelt und nicht um Körperflächen, werden die Schnittflächen durch Schraffieren besonders gekennzeichnet, Bild 4-16.

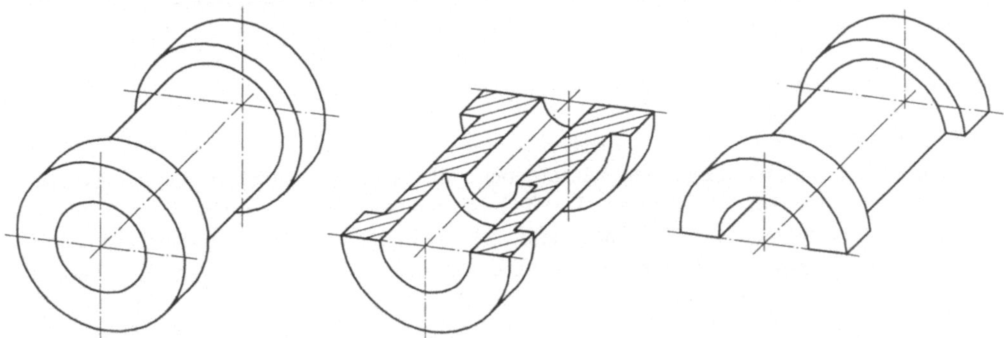

Bild 4-16 Schnittdarstellung im Raumbild

Anschaulich kann man sich „das Schneiden" folgendermaßen vorstellen. Der betreffende Körper – in Bild 4-16 am Beispiel eines zylindrischen Körpers verdeutlicht – wird auf der Symmetrielinie aufgetrennt. Die vordere Hälfte, die den Einblick versperrt, wird in Gedanken weggenommen, so daß am stehenbleibenden Stück die wichtigen Innenkonturen freigelegt sind. Klappt man nun die Schnittfläche in die Zeichenebene, so bekommt man die gewünschte technische Darstellung, Bild 4-17.

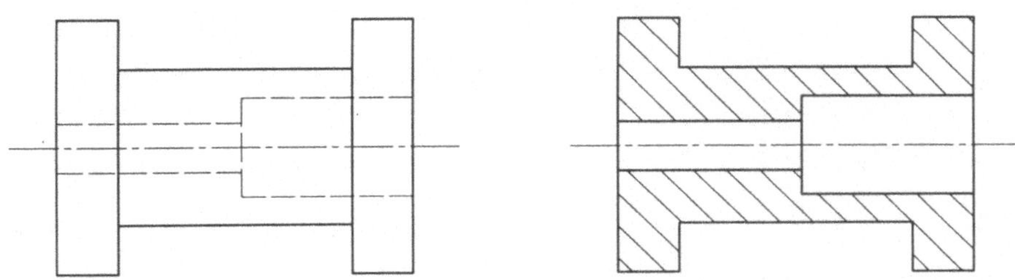

Bild 4-17 Ansicht und Schnittbild

In der Darstellung nach Bild 4-17 sind bereits die wichtigen Grundregeln befolgt:

1. Das Muster, mit dem die Schnittfläche gekennzeichnet wird, besteht aus geneigten Schraffurlinien.

2. Die Schraffurlinien sind in schmaler Linienbreite gezeichnet.

3. Die Schraffurlinien sind unter 45° zur Mittellinie des Bauteiles geneigt.

4. Alle Schnittflächen eines Bauteiles sind identisch schraffiert.

5. Verdeckte Kanten (wie z.B. Umlaufkanten) sind nicht dargestellt.

Im folgenden sollen die wichtigsten Regeln bei der Schnittdarstellung kurz erwähnt werden, um dann anhand von Beispielen ausführlich darauf eingehen zu können.

4.4.1 Schraffuren

Nach DIN 201 ist die *Schraffur* eine Konfiguration von Punkten, Linien und/oder Figuren, die eine Fläche in einer Zeichnung hervorheben soll. Dabei werden Schnittflächen im allgemeinen ohne Rücksicht auf den Werkstoff durch das sogenannte *Grundmuster U* gekennzeichnet. Verschiedentlich ist es jedoch sinnvoll, in einer Zeichnung unterschiedliche Stoffe deutlich voneinander abzuheben. Dies kann dann durch Variation der *Schraffe* – also des Schraffurmusters – geschehen. Zu diesem Zweck führt DIN 201 die Unterscheidung nach festen, flüssigen und gasförmigen Stoffen ein und gibt weitere Untergliederungen mit jeweils zugeordneten Schraffen an. In Bild 4-18 sind einige Beispiele für die unterschiedlichen Schraffen gegeben. Außer den in der DIN 201 gegebenen Schraffurmustern können auch weitere Schraffuren angewendet werden, wenn eine genauere Unterscheidung notwendig wird.

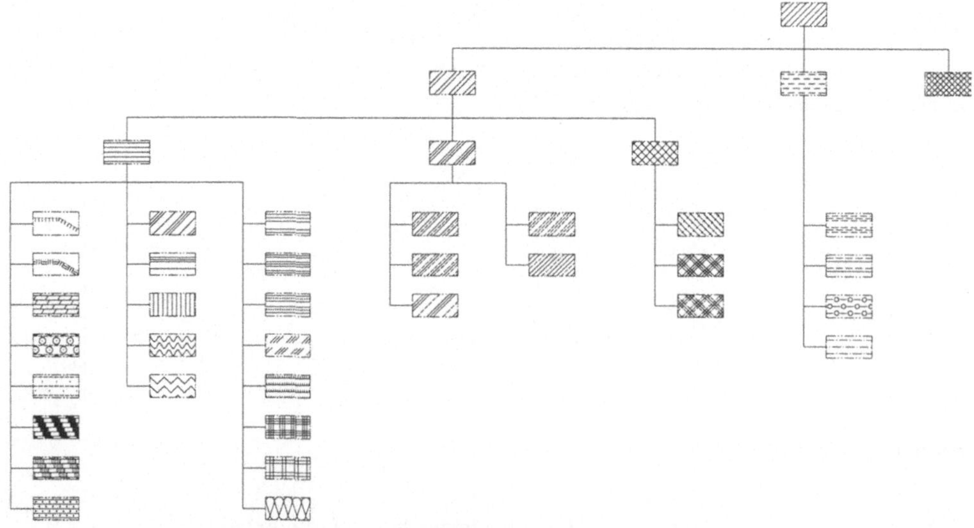

Bild 4-18 Schraffuren für Schnittflächen nach DIN 201

Die richtigen Abstände der Schraffurlinien nach dem Grundmuster werden nach Augenmaß gewählt und richten sich stets nach der Größe des Werkstückes, Bild 4-19.

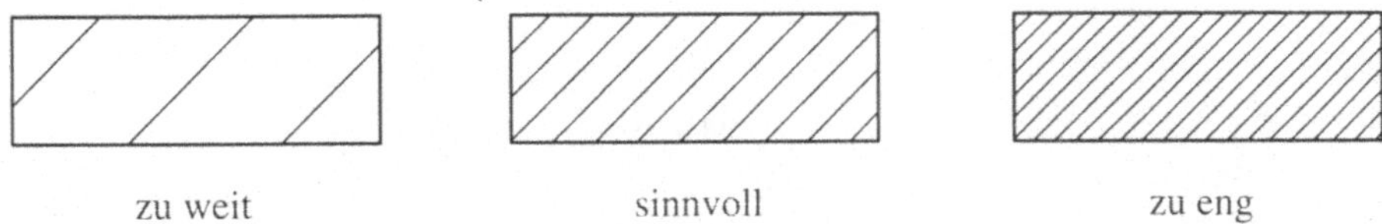

Bild 4-19 Schraffurlinien-Abstände

Stoßen Schnittflächen verschiedener Bauteile aneinander, so erhalten die jeweiligen Schraffurlinien unterschiedliche Winkel (± 45°) oder, wenn das nicht möglich ist, unterschiedliche Abstände, wie das am Beispiel in Bild 4-20 ersichtlich ist.

Bild 4-20 Zusammentreffen mehrerer Schnittflächen

Für ein und dasselbe Bauteil wird stets das gleiche Schraffurmuster beibehalten, auch wenn sich die Schnittflächen an verschiedenen Stellen des Bauteiles befinden oder in verschiedenen Ansichten auftauchen.

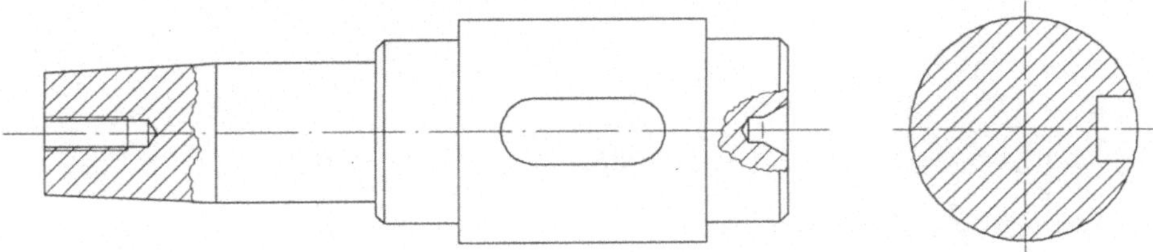

Bild 4-21 Schraffuren an einem Bauteil in unterschiedlichen Schnittflächen und Ansichten

Nun kann es vorkommen, daß geschnittene Körper in der Zeichnung so liegen, daß Schraffurlinien und Körperkanten annähernd parallel verlaufen, was dem Bild ein eigenartiges Aussehen gibt. Hier darf der Schraffurwinkel angepaßt werden, siehe Bild 4-22. Nach Möglichkeit sollten dabei die Schraffurlinien unter 45° zu den Hauptumrissen des Teiles oder zu seiner Symmetrielinie liegen. Unangetastet davon bleibt die Regel, daß die Schraffur, die einem

Bauteil zugeordnet wurde, beizubehalten ist. Liegen besonders große Schnittflächen vor, brauchen diese nicht vollflächig, sondern nur am Rand schraffiert zu werden, Bild 4-23.

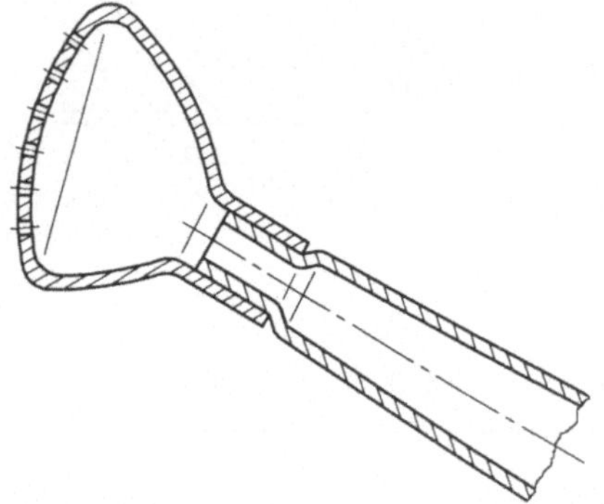

Bild 4-22 Angepaßte Schraffurlinien

Teileverbände, die zwar aus mehreren, aber unlösbar miteinander verbundenen Einzelteilen bestehen (z.B. Wälzlager, Schweißgruppen-Zeichnung), können zum einen als ein Teil oder auch als eine Gruppenzeichnung von Einzelteilen gesehen werden. Entsprechend kann das Teil einheitlich oder jedes Einzelteil anders schraffiert sein. Entscheidend dafür, wie schraffiert wird, ist die Art der Zeichnung. In einer Gesamtzeichnung oder einer übergeordneten Gruppenzeichnung erhalten dargestellte Gruppen, die als eine Einheit gesehen werden und z.B. auch nur mit einer Positionsnummer bezeichnet werden, auch die gleiche Schraffur. Steht die Montage der betreffenden Gruppe im Vordergrund oder werden ihre Einzelteile durch verschiedene Positionsnummern unterschieden, so werden sie auch unterschiedlich schraffiert (unterschiedliche Richtungen und/oder Abstände).

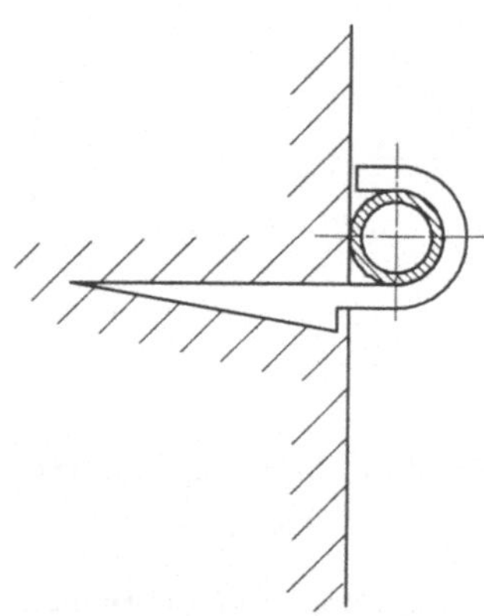

Bild 4-23 Randschraffur
(Beispiel: Rohrhaken im Mauerwerk)

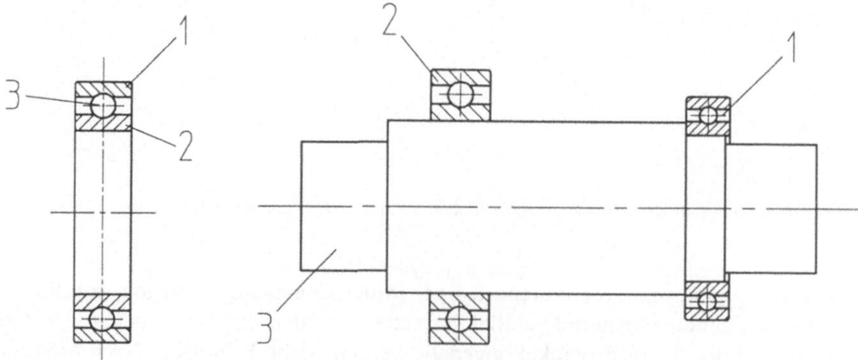

Bild 4-24 Schnitte von Gruppen

Besonders schmale Schnittflächen, vorzugsweise bei dünnen Beschichtungen, Lagerausgüssen und Profilmaterialien werden geschwärzt, und es ist darauf zu achten, daß beim Zusammenstoßen mehrerer solcher Schnittflächen ein geringer Abstand zu lassen ist, damit die verschiedenen Teile nicht als ein zusammenhängendes Teil interpretiert werden, Bild 4-25.

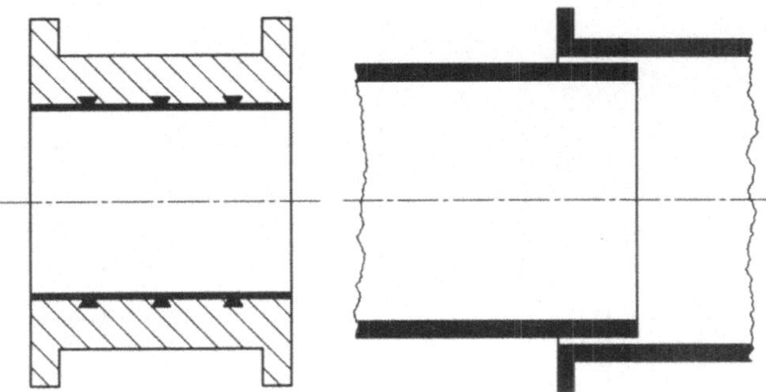

Bild 4-25 Darstellung schmaler Schnittflächen

4.4.2 Schnittarten

Grundsätzlich unterscheidet man Vollschnitte, Halbschnitte und Teilschnitte, siehe Bild 4-26. Während beim *Vollschnitt* das betreffende Bauteil komplett durchgeschnitten ist, zeigt der *Halbschnitt* eine Hälfte des Bauteiles im Schnitt, die andere als Ansicht. Ein *Teilschnitt*, auch Ausbruch genannt, legt die Innenkonturen eines Bauteiles nur in bestimmten ausgewählten Bereichen im Schnitt frei. Ausbrüche werden durch sogenannte Bruchlinien, das sind schmale Freihandlininen, begrenzt.

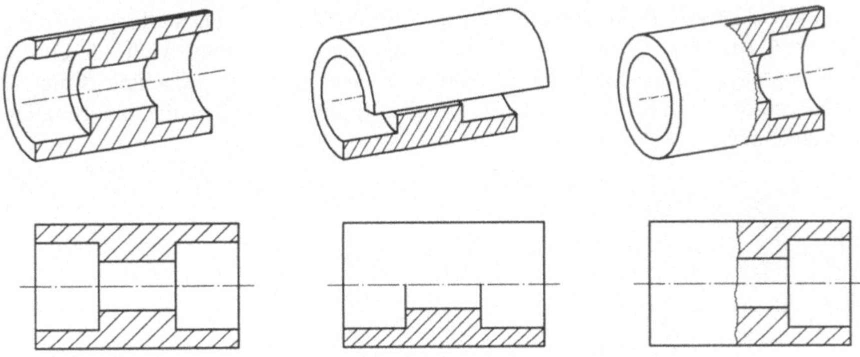

Bild 4-26 Vollschnitt, Halbschnitt, Teilschnitt (hier Ausbruch)

Im allgemeinen zeigt man ein hohles Werkstück im Vollschnitt. Wenn allerdings in der Ansicht darstellungswürdige Besonderheiten vorliegen, dann vorzugsweise durch einen Halbschnitt. Da bei einem Halbschnitt die Schnittlinien lediglich gedacht sind, darf die auf der Mittellinie liegende Schnittkante nicht als Vollinie gezogen werden. Nur die Strichpunktlinie trennt die beiden vereinigten Darstellungen, Ansicht und Schnitt, und die Körperkanten beider Hälften dürfen nur bis zu dieser Mittellinie durchgezogen werden. Bei Halbschnitten werden grundsätzlich keine verdeckten Kanten gezeichnet. Das Werkstück wird vorzugsweise in der Fertigungslage gezeichnet. Bei senkrecht verlaufender Mittellinie wird die linke Hälfte als Ansichtszeichnung ausgeführt, bei waagerechter Mittellinie die obere, Bild 4-27.

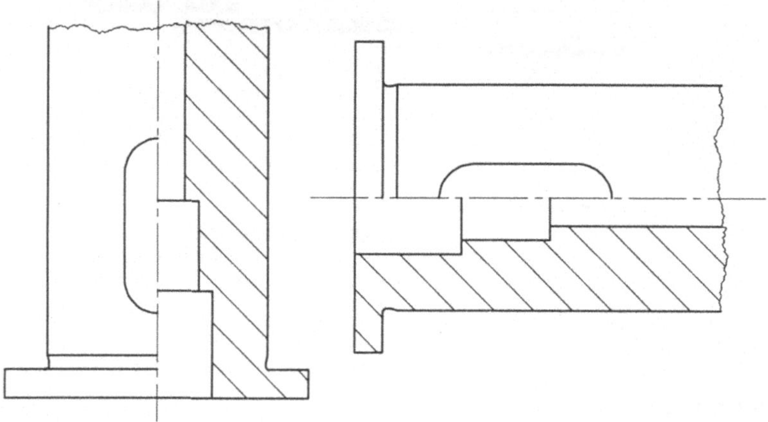

Bild 4-27 Halbschnitte

Eine weitere Möglichkeit einer Schnittdarstellung ist der Teilschnitt. Ein Teilschnitt ist als Ausbruch oder als Teilausschnitt möglich. Bei einem *Ausbruch* werden die Schnittlinien so gelegt, daß das zu zeigende Gebiet freigelegt wird. Der Rest bleibt in der Ansicht bestehen. Der Ausbruch hat als Begrenzungslinie des Schnittes eine Freihandlinie oder Zickzacklinie nach DIN 15. Diese Linien sollen aber nicht mit Umrissen, Kanten oder Hilfslinien zusammenfallen, Bild 4-28 a). Als *Teilausschnitt* wird die (ggf. vergrößerte) Darstellung einer Einzelheit bezeichnet, Bild 4-28 b). Hier ist es nicht notwendig, die Schnittfläche durch eine Bruchlinie zu begrenzen, die Schraffurlinien enden an einer geraden, gedachten Kante. Es wird der interessierende Ausschnitt – in der Regel vergrößert – neben die ursprüngliche Darstellung gezeichnet.

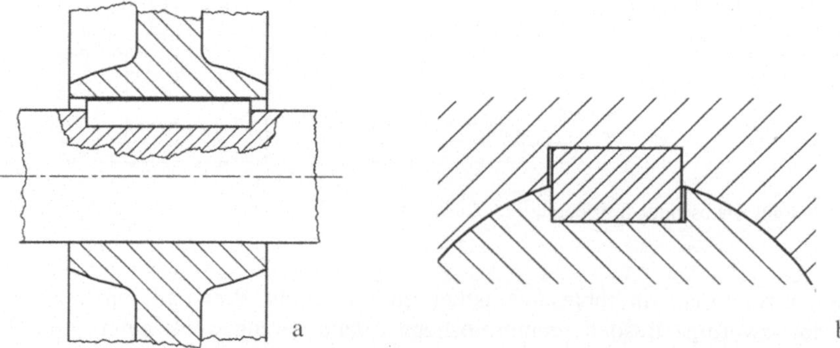

Bild 4-28 Teilschnitte: a) Ausbruch und b) Teilausschnitt

In manchen Fällen ist es notwendig, den Querschnitt eines Profils in einer Schnittdarstellung wiederzugeben. Um nicht eine weitere Ansicht anfertigen zu müssen, kann der *Profilschnitt* in die Ansicht hineingedreht werden. In diesem Fall werden die Umrisse dieses Profilschnittes in schmalen Vollinien nach DIN 15 gezeichnet. Werden die Profile neben der Ansicht plaziert, sind die Umrisse dann in breiten Vollinien darzustellen, Bild 4-29.

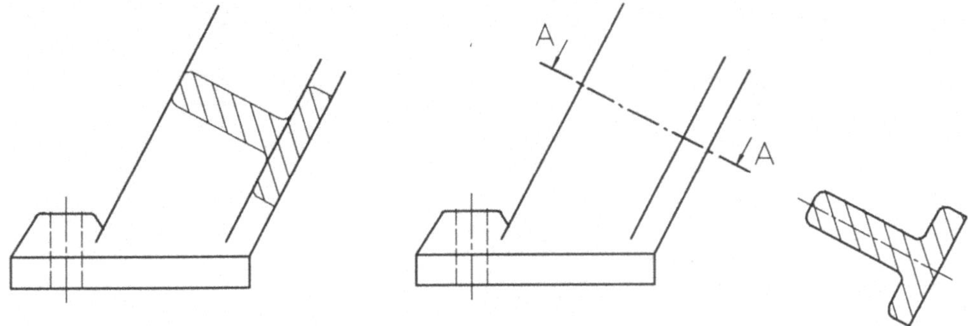

Bild 4-29 Profilschnitte

Da ein Schnitt nur dann notwendig wird, wenn innere Partien freigelegt werden sollen, werden Teile, die in ihrer Längsrichtung dargestellt sind und keine Hohlräume oder Hinterschneidungen aufweisen, grundsätzlich auch nicht geschnitten. In Bild 4-30 ist dies an einem Beispiel verdeutlicht, welches eine Welle und eine Hohlwelle durch einen Kegelstift verbunden zeigt. In Parallelprojektion kann diese Verbindung in drei verschiedenen Ansichten dargestellt werden. Hier sind diese Ansichten durch die drei Arbeitsebenen X, Y und Z verdeutlicht.

Die Arbeitsebene X eignet sich in diesem Fall wenig zur Schnittdarstellung, da die genaue Lage und Form des Kegelstiftes nicht wiedergegeben werden kann. In dieser Ansicht sollte auf den Schnitt verzichtet und das Wesentliche in einer anderen Ansicht dargelegt werden. In der Arbeitsebene Y kann die Verbindung besser dargestellt werden. In dieser Ansicht kann man sich jedoch nicht für einen Vollschnitt entscheiden, da nicht alle Teile Hohlkörper sind. Auch ein Halbschnitt ist hier nicht aussagekräftig genug, da der Kegelstift einen veränderlichen Querschnitt aufweist. An dieser Stelle ist nur ein Ausbruch zur Verdeutlichung der Form und Lage sinnvoll. In der Arbeitsebene Z sind die Wellenkörper im Querschnitt und der Kegelstift ungeschnitten darzustellen, da er in Längsrichtung erscheint. Diese Arbeitsebene gibt in guter Übersichtlichkeit die Lage und Form der einzelnen Teile wieder. Diese Ansicht wird auch in der Regel als zusätzliche Ansicht verwendet, um die innenliegenden Teile darzustellen.

Zu den innenliegenden, „vollen" Teilen, die man nicht schneidet, gehören zum Beispiel Wellen, Stifte, Bolzen, Paßfedern, Keile, Schrauben, Niete, Kugeln (Wälzkörper). Diese werden auch dann nicht geschnitten, wenn sie in Gesamtzeichnungen dargestellt werden, die ansonsten im Vollschnitt dargestellt sind. In Bild 4-31 sind hierzu einige Beispiele dargestellt.

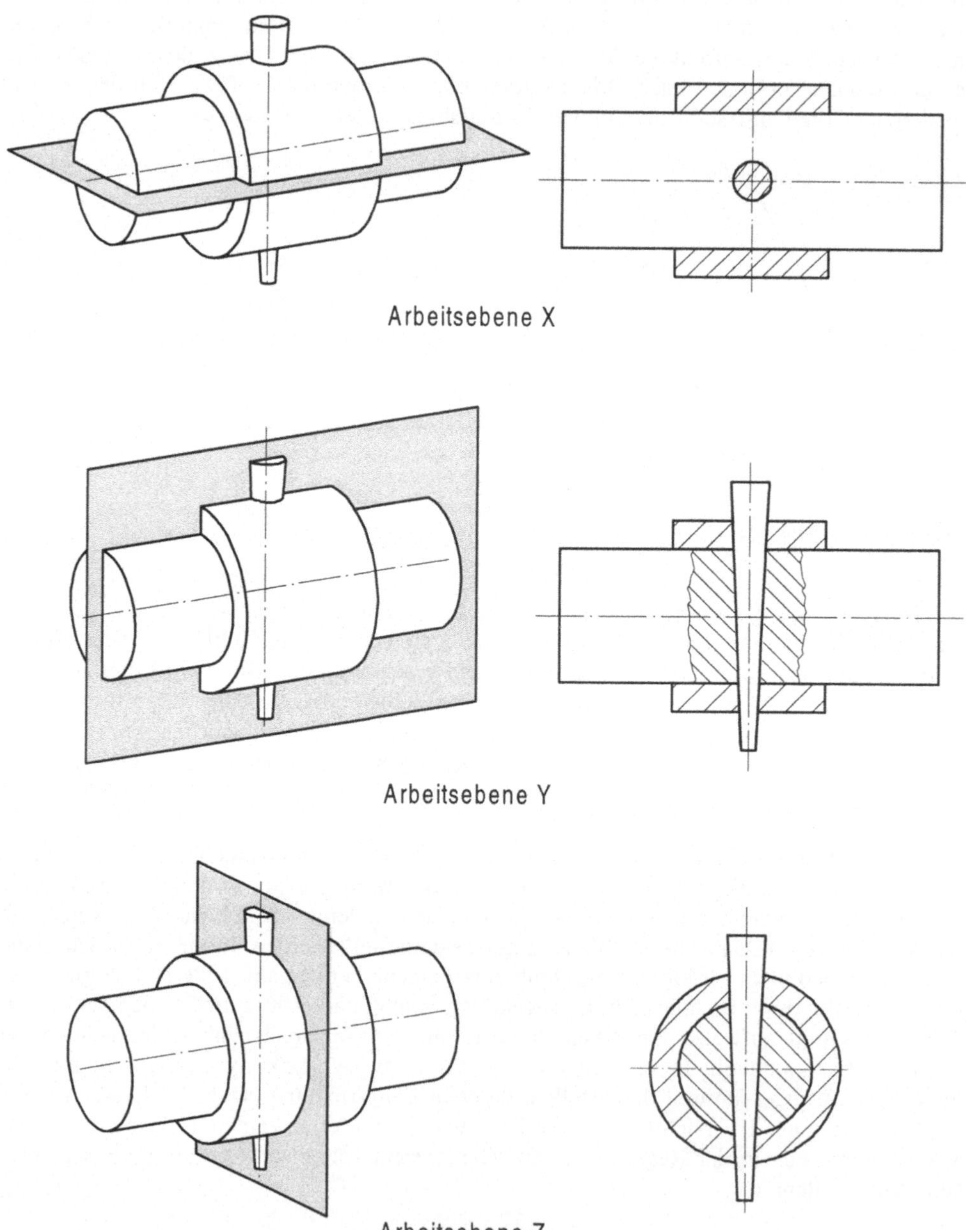

Bild 4-30 Schnittführung bei unterschiedlichen Arbeitsebenen

Ebenso werden Rippen, Stege, Zapfen und dergleichen nicht mitgeschnitten, was das Erkennen der Bauteilform erleichtert, Bild 4-32.

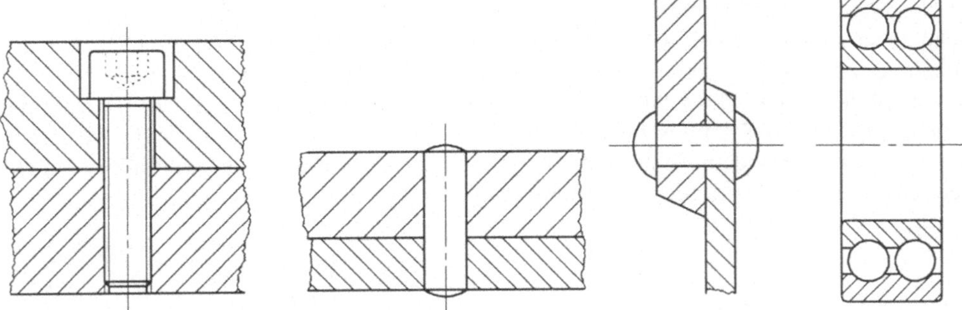

Bild 4-31 Wellen, Schrauben, Kugeln nicht geschnitten

Eine weitere Konvention bei der Erstellung von technischen Zeichnungen ist, daß Schraubenlöcher und Verschraubungen bei runden Teilen (z.B. Flanschen) unabhängig von ihrer tatsächlichen Winkellage stets so gezeichnet werden, als seien sie in die Schnittfläche gedreht. Der Grund dafür ist, daß nur so die konstruktiv wichtige Größe des Lochkreises und der Schraubenlöcher aus der Zeichnung ersichtlich wird, Bild 4-32 a).

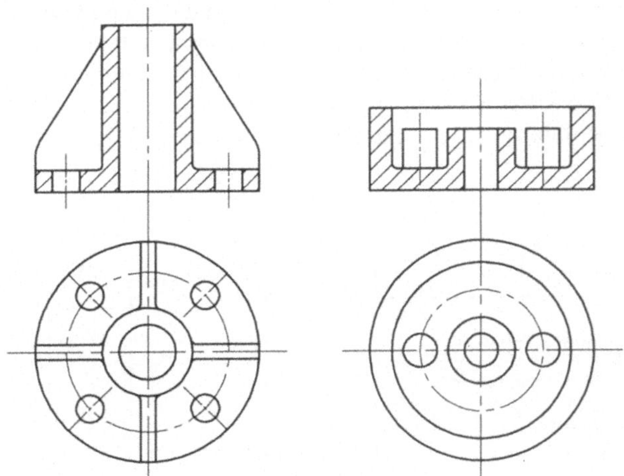

Bild 4-32 Rippen, Zapfen nicht geschnitten

4.4.3 Schnittlinien

Bislang wurden Fälle betrachtet, bei denen der Verlauf der Schnittebene nicht explizit angegeben wurde. Dies liegt daran, daß bislang der *Schnittverlauf* eindeutig (z.B. „in der Mitte längs durchgeschnitten") zu erkennen war. Ergibt sich der Schnittverlauf jedoch nicht eindeutig aus der Darstellung oder sind Zweifel oder längeres Suchen möglich, so wird er durch sogenannte *Schnittlinien* (oder Schnittverlaufslinien) kenntlich gemacht. Die Schnittlinien deuten den Anfang und das Ende der Schnittfläche an, indem sie an den entsprechenden Stellen etwas in das Bauteil hineinragen. Sie werden in breiten Strichpunktlinien ausgeführt.

Ist der Schnittverlauf komplizierter und handelt es sich deshalb um einen abgeknickten Schnitt, so sind zusätzlich zum Anfangs- und zum Endpunkt auch die Knickpunkte des Schnittverlaufes einzuzeichnen. Am Anfang und am Ende der Schnittlinie zeigen Pfeile die Blickrichtung an. Die Pfeile für die Blickrichtung sind auf den Schnitt mit der Spitze auf die Strichpunktlinie des Schnittes zu setzen. Sie werden etwa 1,5mal so lang wie die Maßpfeile gezeichnet. Im folgenden soll anhand von Beispielen auf die Besonderheiten im Zusammenhang mit dieser Regelung eingegangen werden.

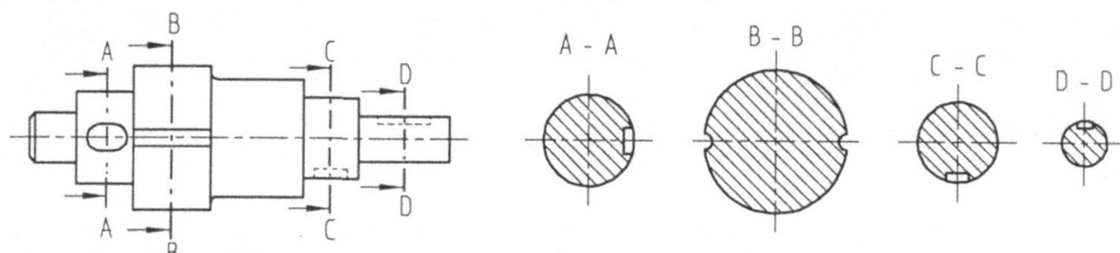

Bild 4-33 Darstellung von Schnittebenen; Welle mit Nuten

Bei komplexeren Bauteilen, wie z.B. der in Bild 4-33 dargestellten Welle mit Nuten, können mehrere Schnitte erforderlich sein, um alle Formelemente eindeutig wiederzugeben. Die Zuordnung der verschiedenen Schnittebenen zu ihren Schnittdarstellungen erfolgt dabei in der Regel mit Hilfe von Großbuchstaben, wobei die Schnittdarstellungen nach Möglichkeit auf der Projektionsachse positioniert werden. Zu beachten ist hierbei, daß Umrisse und Kanten, die hinter einer Schnittebene liegen und nicht zur Verdeutlichung des Dargestellten dienen, entfallen dürfen.

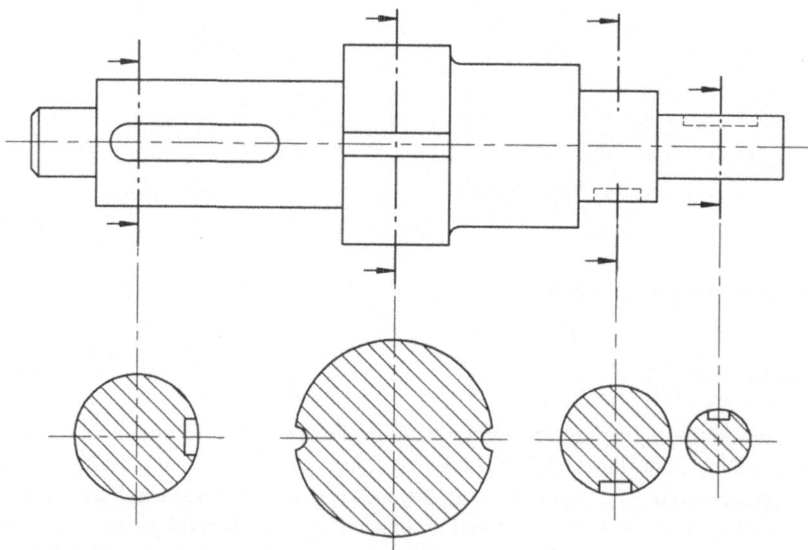

Bild 4-34 Darstellung von Schnittebenen

Bei länglichen Bauteilen, z.B. Wellen, dürfen die Profilschnitte auch unterhalb ihrer zugehörigen Schnittebenen wiedergegeben werden. Sind die Profilschnitte überdies symmetrisch, so darf man auf die Kennzeichnung durch Großbuchstaben verzichten. Voraussetzung hierfür ist allerdings, daß die Mittellinien der Profilschnitte mit den Schnittlinien verbunden sind. In der Regel ist die Angabe der Blickrichtung durch Pfeile jedoch unverzichtbar.

Die Hauptansicht in Bild 4-35 zeigt eine Dämmplatte eines elektrischen Schalters. Zur Befestigung der gegeneinander gedämmten Schalterteile dienen Bohrungen unterschiedlicher Geometrie. Um die Bohrungen im Schnitt darzustellen, könnte man nun einen senkrechten Schnitt durch die Löcher 1 und 2 legen (dargestellt in der Seitenansicht von links), einen senkrechten Schnitt durch die Löcher 3 und 4 (dargestellt in der Seitenansicht von rechts) und schließlich einen waagerechten Schnitt durch das Loch 5 (dargestellt in der Draufsicht). Man bräuchte also drei Ansichten, um die Geometrie der Bohrungen zu verdeutlichen. Da es sich jedoch um einen einfachen, plattenförmigen Körper handelt, vereinigt man die drei Schnitte zu einem einzigen und gibt den Schnittverlauf durch eine Schnittverlaufslinie an. Dabei muß der Schnittverlauf nur dort gekennzeichnet werden, wo sich der Schnittverlauf ändert (abknickt). Jede Richtungsänderung (jeden Knick) des Schnittes bezeichnet man durch einen großen Buchstaben, ggf. ergänzt um eine fortlaufende Zahl, und setzt über den Schnitt die Angabe des Schnittverlaufes (in dem hier betrachteten Fall „A - K"). Die Buchstabengröße ist dabei mindestens eine Schriftgröße größer als die der Maßzahlen. Durch je einen Pfeil am Anfang und am Ende des Schnittverlaufes (hier bei A und K) wird die Blickrichtung angegeben.

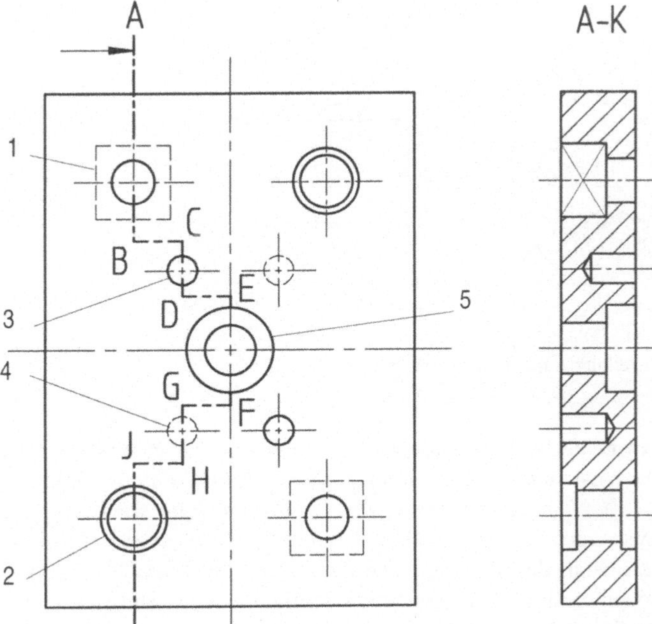

Bild 4-35 Dämmplatte eines elektrischen Schalters

Liegt ein Schnitt in mehreren Ebenen, werden die Schnittlinien – wie oben gezeigt – geknickt. Dabei muß nicht zwingend der Winkel von 90° eingehalten werden, die Schnittlinien können auch schräg liegen, wenn dies die Wiedergabe der Schnittebene vereinfacht. Bei der Darstellung der Schnittebene in der Projektion wird die vorgegebene Blickrichtung dabei auch dann befolgt, wenn Verkürzungen auftreten. Als Beispiel ist in Bild 4-36 ein Flansch einmal in einer verkürzten und einmal in einer unverkürzten Projektion wiedergegeben.

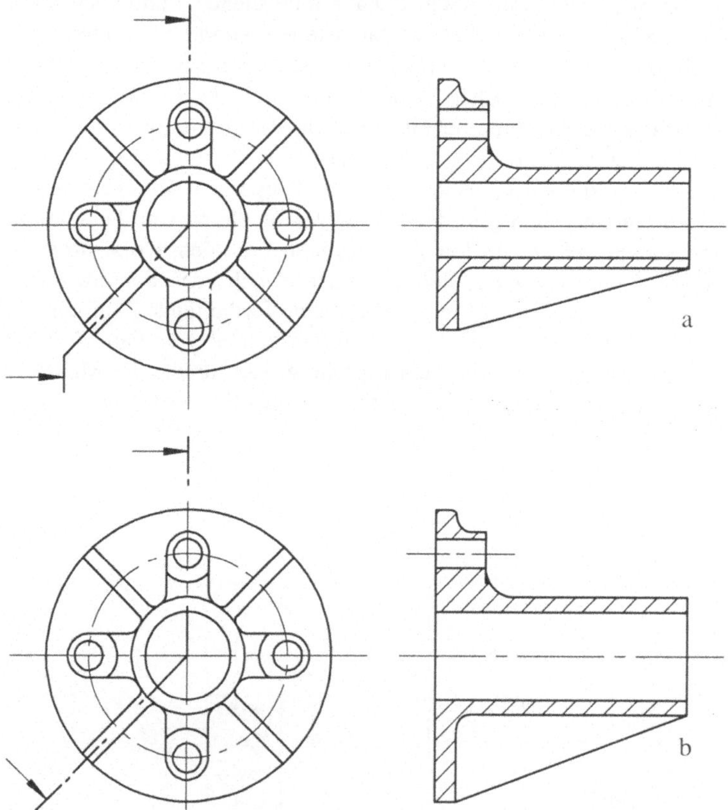

Bild 4-36 Geknickte Schnittlinien; a) verkürzte und b) nicht verkürzte Projektion

Der Schnittverlauf kann auch so gelegt werden, daß Schnitte in Ansichten übergehen. Die Grenzlinie zwischen Schnitt und Ansicht wird dann durch eine Bruchlinie (dünne Freihandlinie) gekennzeichnet, Bild 4-37 a). Manchmal kann es aber auch notwendig werden, deutlich darauf hinzuweisen, daß zwei verschiedene parallel versetzte Schnittebenen dargestellt sind. Dies ist z.B. dann der Fall, wenn die Schnittebenen durch eine Mittellinie verbunden sind. Für diesen Fall ist vorgesehen, daß die Schraffurlinien deutlich gegeneinander versetzt werden. Es darf aber weder der Schraffurwinkel noch der Schraffurabstand verändert werden, Bild 4-37 b).

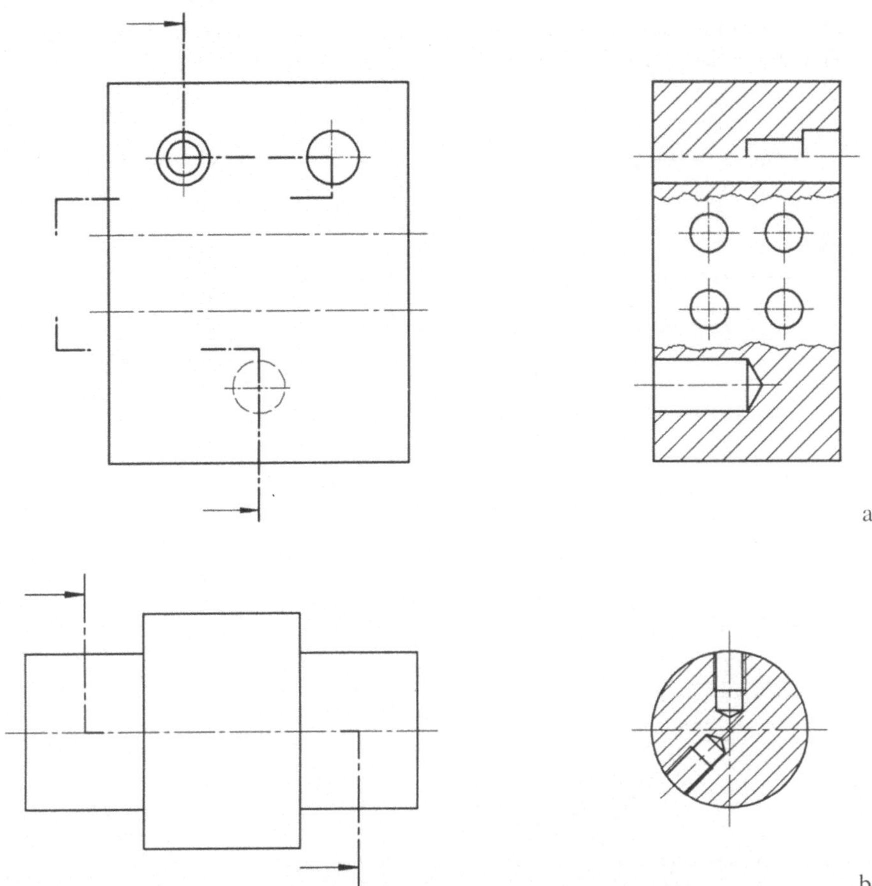

Bild 4-37 Trennung der verschiedenen Schnittebenen durch a) Bruchlinien und b) versetzte Schraffur

4.4.4 Bruchdarstellungen

Unter Bruchdarstellungen nach DIN 6 wird nicht die Darstellung von zerbrochenen Bauteilen verstanden, sondern die Darstellung von verkürzt wiedergegebenen Werkstücken. Im Zuge der Vereinfachung der Zeichnungen und Verringerung der Zeichenarbeit, dürfen nämlich Abschnitte von Gegenständen, die keine relevanten Informationen enthalten, vereinfacht, d.h. abgebrochen dargestellt werden. Dies erfolgt in der Regel durch Darstellung der Bauteile, bei denen die weniger aussagefähigen Abschnitte weggelassen werden. Die Kennzeichnung der *Bruchkanten* erfolgt wahlweise durch dünne Freihandlinien oder Zickzacklinien. Während die Freihandlinie mit der Umrißlinie endet, wird die Zickzacklinie etwas über die Umrißlinien hinausgehend gezeichnet.

Sinnvoll ist diese Darstellung bei Maschinenteilen, die eine größere Längenabmessung bei gleichbleibendem oder sich stetig verändernden Querschnitt aufweisen, weil dadurch eine Platzersparnis erzielt wird. Es wird nicht zwischen prismatischen, rotationssymmetrischen oder hohlen Körpern unterschieden. Alle erhalten nach DIN 6 die gleichen Bruchkanten[12]. In Bild 4-38 sind einige Beispiele für abgebrochen bzw. unterbrochen dargestellte Bauteile gegeben.

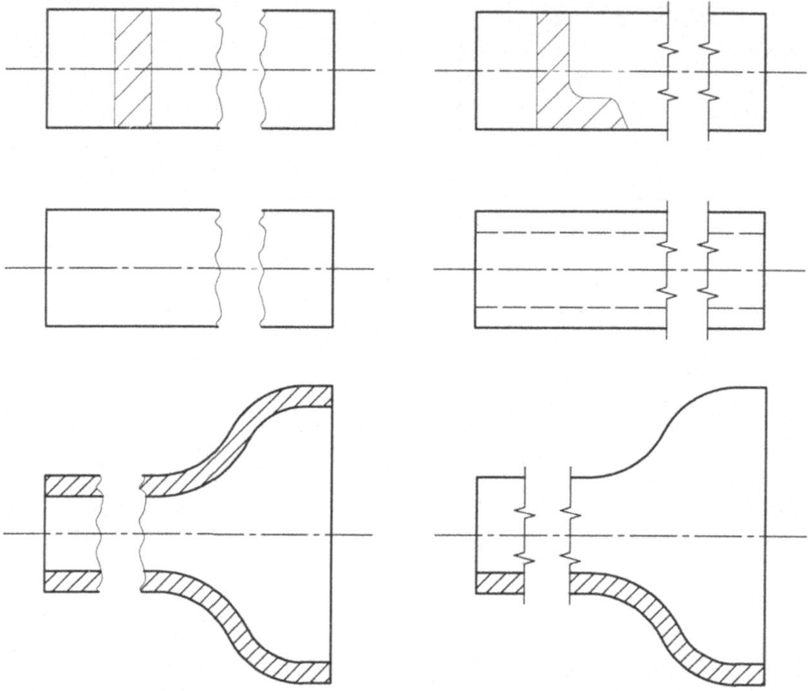

Bild 4-38 Beispiele für abgebrochen und unterbrochen dargestellte Bauteile

Man bedient sich der abgebrochen dargestellten Bauteile immer dann, wenn der weitere Verlauf eindeutig ist. Dies kann, wie oben dargestellt, bei länglichen Bauteilen der Fall sein, aber auch dann, wenn das Fortführen der Ansicht keine neuen Informationen mehr liefert, da die Information z.B. bereits in einer anderen Ansicht gegeben ist, siehe auch Bild 4-8.

4.5 Perspektivische Darstellungen

Die im Rahmen des Technischen Zeichnens genutzten perspektivischen Darstellungen sind in der Regel *axonometrische Projektionen*. Sie entstehen, wenn ein Körper mit Hilfe der Parallelprojektion, siehe auch Kapitel 3, so abgebildet wird, daß er in seinen drei Ausdehnungen (im allgemeinen entsprechend der Vorderansicht, der Draufsicht und der Seitenansicht) gleichzeitig sichtbar wird, ohne daß dabei die Möglichkeit verloren geht, die Abmes-

---

[12] Bis vor kurzem wurden abweichend davon abgebrochene oder unterbrochene Teile mit rundem Querschnitt durch Freihandlinien in Schleifenform mit schraffierter Bruchfläche gekennzeichnet. Diese Darstellung ist in älteren Zeichnungen nahezu ausschließlich anzutreffen und wird auch heute noch oft benutzt.

sungen des Körpers abzugreifen. Der Begriff der axonometrischen Projektion verlangt nicht zwingend, daß es sich um eine orthogonale Parallelprojektion handelt, allerdings werden im Rahmen des Technischen Zeichnens überwiegend solche angewendet.

Die zwei in der Technik wichtigsten Arten der (orthogonalen) axonometrischen Projektion sind die Isometrie und die Dimetrie, welche beide in DIN 5 genormt sind. Das Wesen beider axonometrischer Projektionen kann man am besten am Beispiel eines Würfels verdeutlichen, dessen Kanten parallel zu einem kartesischen x,y,z-Koordinatensystem mit z-Achse in vertikaler Richtung liegen.

Bei der *Isometrie* nach DIN 5 Teil 1 ist die Lage von Betrachter, abzubildendem Körper und Bildebene so gewählt, daß in der Projektion sowohl die x- als auch die y-Achse des kartesischen Koordinatensystems einen Winkel von 30° zur Horizontalen bilden. Die Abmessungen in allen drei Koordinatenrichtungen werden außerdem im gleichen („Iso-")Maßstab abgetragen. Dies ist eine Unexaktheit (x- und y-Abmessungen um ca. 22,5% zu groß gezeichnet), die man jedoch wegen der damit verbundenen Vereinfachung der Zeichenarbeit in Kauf nimmt. Schließlich werden bei der Isometrie Kreise in den drei Koordinatenebenen (oder dazu parallelen Ebenen) zu identischen Ellipsen verzerrt, was ebenfalls die Zeichenarbeit wesentlich erleichtert. Die drei gleichzeitig dargestellten Ansichten des Körpers (Vorderansicht, Draufsicht, Seitenansicht) sind bei der Isometrie gleichgewichtig, siehe hierzu Bild 4-39 a). Es gilt die Beziehung a:b:c = 1:1:1.

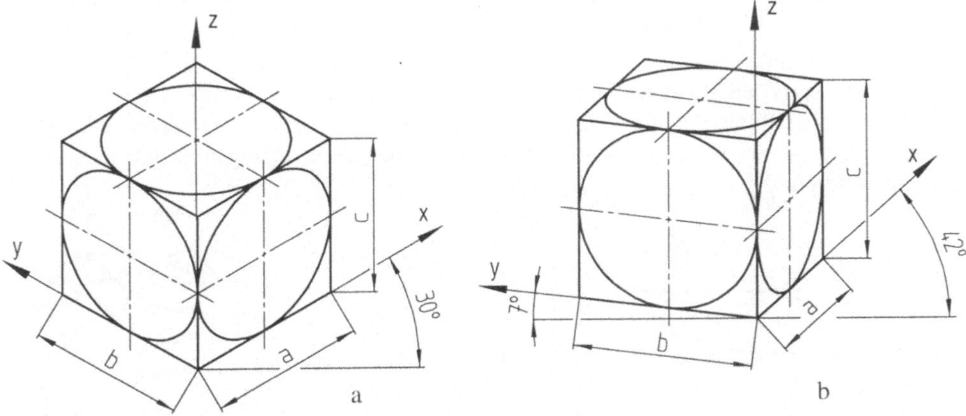

Bild 4-39 Axonometrische Projektionen; a) Isometrie, b) Dimetrie

Im Gegensatz dazu betont die *Dimetrie* nach DIN 5 Teil 2 von den drei perspektivisch dargestellten Ansichten die Vorderansicht. Bei der Dimetrie ist die relative Lage von Betrachter, abzubildendem Körper und Bildebene so gewählt, daß in der Projektion die x-Achse einen Winkel von 42° und die y-Achse einen Winkel von 7° zur Horizontalen bildet[13]. Die vertika-

---

[13]   Die exakten Winkel betragen eigentlich 41°25' und 7°10'.

le Achse bleibt auch hier vertikal. Durch die Winkelstellung verkürzen sich in der Projektion die parallel zur x-Achse verlaufenden Abmessungen sehr stark; näherungsweise zeichnet man sie genau halb so groß wie ihr tatsächliches Maß (Fehler: ca. 6% zu groß gezeichnet). Abmessungen in y- und z-Richtung werden demgegenüber unverkürzt dargestellt (dadurch y-Abmessungen streng genommen ebenfalls 6% zu groß gezeichnet). Es gilt die Beziehung a:b:c = ½:1:1. Bei der Dimetrie werden also zwei (= „di") verschiedene Längenmaßstäbe verwendet. Dementsprechend entstehen zwei unterschiedliche Ellipsen aus Kreisen, die in den drei Koordinatenebenen oder dazu parallelen Ebenen liegen. (In der y,z-Ebene oder dazu parallelen Ebenen liegende Ellipsen weichen allerding kaum von der Kreisform ab und werden deshalb vereinfachend oft als Kreise gezeichnet.) Die Dimetrie ist etwas aufwendiger zu erstellen als die Isometrie, liefert jedoch wegen der geringeren Näherungsfehler realistischer wirkende perspektivische Bilder.

Als besondere Formen der axonometrischen Projektion sind die planometrische Projektion, die Kabinett-Projektion und die Kavalier-Projektion (DIN 5 Teil 10) zu nennen. Die häufigste ist die sogenannte *Kabinett-Projektion*, die anderen Projektionen werden in der Praxis kaum gebraucht. Aus praktischer Sicht vereinfacht die Kabinett-Projektion die soeben beschriebene Dimetrie nach DIN 5 Teil 2 noch einmal erheblich: Die x-Achse bildet in der Projektion den „glatten" Winkel von 45° zur Horizontalen, während die y-Achse überhaupt nicht gegen die Horizontale geneigt wird. Die Abmessungen in x-Richtung werden wieder auf die Hälfte ihres tatsächlichen Wertes verkürzt gezeichnet, diejenigen in y-Richtung bleiben unverändert gegenüber dem Original. Es gilt die Beziehung a:b:c = ½:1:1. Kreise parallel zur y,z-Ebene bleiben immer unverzerrt, in den beiden anderen Koordinatenebenen werden sie zu identischen Ellipsen, siehe hierzu Bild 4-40. Damit handelt es sich bei der Kabinett-Projektion quasi um eine unverändert aus der Normalprojektion übernommene Vorderansicht mit perspektivisch ergänzter Seitenansicht und Draufsicht. Aus theoretischer Sicht entsteht die Kabinett-Projektion im Gegensatz zu den beiden vorgenannten axonometrischen Projektionen nicht aus einer orthogonalen, sondern aus einer schrägen (schiefwinkligen) Parallelprojektion.

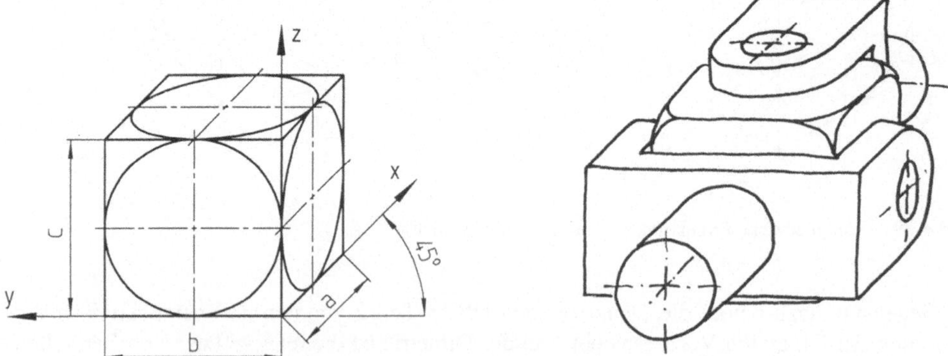

Bild 4-40 Kabinett-Projektion eines Würfels und die handgezeichnete Skizze eines Werkstücks

Um das Zeichnen insbesondere von Isometrien und Dimetrien zu erleichtern, sind sogenannte isometrische bzw. dimetrische Liniennetze, die – vergleichbar dem Millimeterpapier – ein

Hilfsliniengitter in den maßgeblichen Koordinatenrichtungen zur Verfügung stellen. Hiermit läßt sich sogar eine dreidimensionale Skizzentechnik äußerst wirksam unterstützen. In Bild 4-41 sind Beispiele für isometrische und dimetrische Darstellungen wiedergegeben. Die besonderen Liniennetze, die beim Zeichnen von isometrischen oder dimetrischen Bildern recht hilfreich sind, befinden sich bei den im Anschluß wiedergegebenen Übungen. Zum Reinzeichnen der zu Ellipsen verzerrten Kreise empfiehlt sich die Verwendung von fertig vorbereiteten Schablonen, die es sowohl für Isometrien als auch für Dimetrien gibt. Alternativ dazu können natürlich die Ellipsen auch mit Hilfe von Näherungskonstruktionen aus Kreisbögen zusammengesetzt werden.

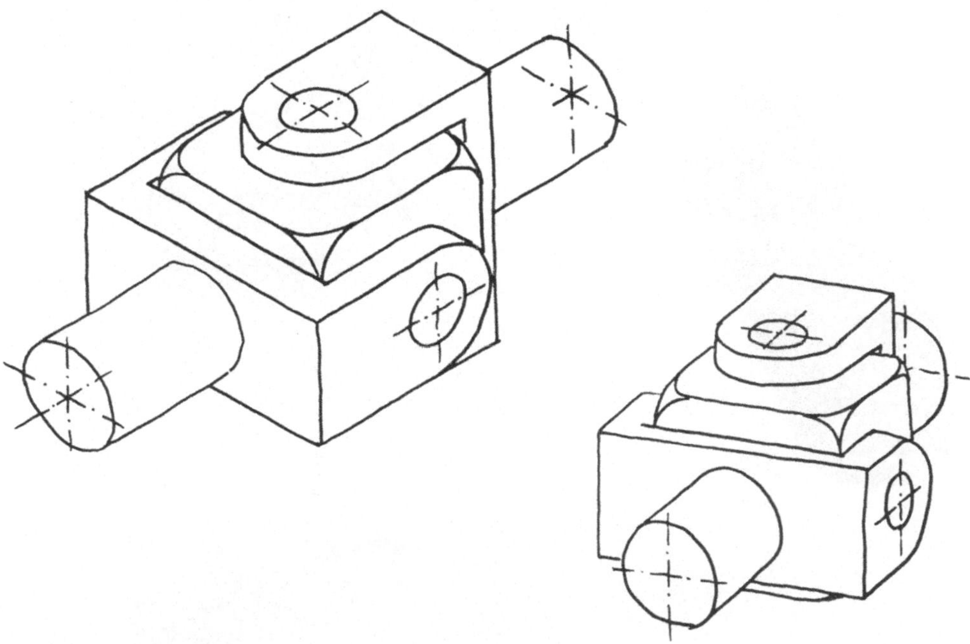

Bild 4-41 Beispiele für handgezeichnete isometrische und dimetrische Skizzen

Zum Schluß des vorliegenden Abschnittes sei noch kurz auf die Erstellung perspektivischer Ansichten mit Hilfe dreidimensionaler CAD-Systeme eingegangen. Vorteile gegenüber dem manuellen Zeichnen ergeben sich vor allem daraus, daß ohne jede Mühe Ansichten aus beliebigen Blickwinkeln erstellt werden können, wobei überdies sämtliche Verzerrungen exakt wiedergegeben werden können, Bild 4-42. Die vereinfachenden Projektionen (Isometrie, Dimetrie und Kabinett-Projektion) werden daher weniger benötigt und auch kaum angeboten. Bezüglich der Projektionsart beschränken sich die meisten CAD-Systeme auf die Parallelprojektion.

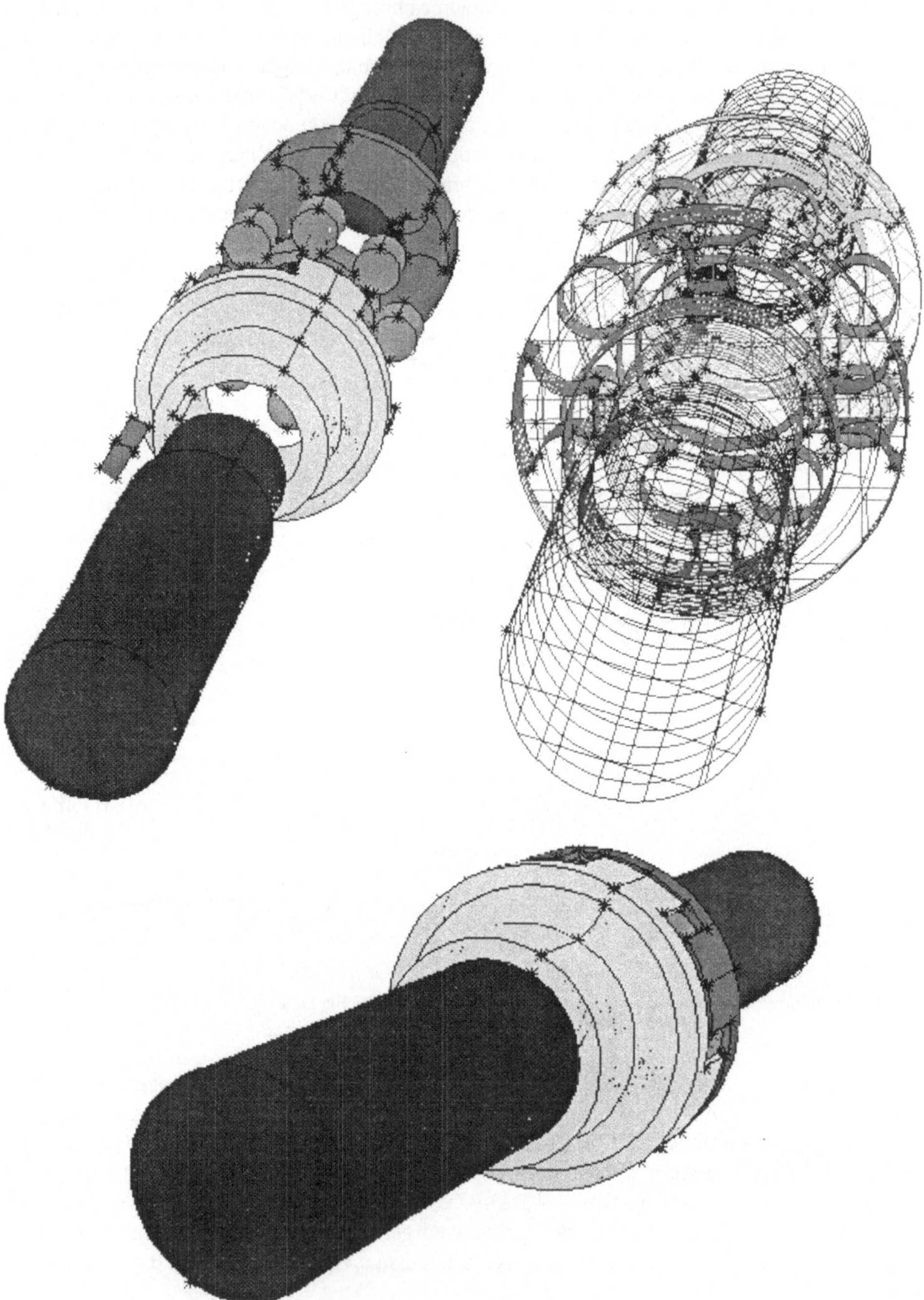

Bild 4-42 Beispiele für mit einem CAD-System erstellte perspektivische Darstellungen (Klauenkupplung)

4.6 Übungen

1. Aufgabe

Was bedeutet „natürlicher Maßstab"?

2. Aufgabe

Was bedeutet der Maßstab „1:5" und was der Maßstab „5:1"?

3. Aufgabe

Dürfen Maßstäbe frei gewählt werden?

4. Aufgabe

Wie wird der Maßstab in einer Zeichnung angegeben?

5. Aufgabe

Ordnen Sie in folgender Auflistung die jeweils richtige Linienart zu.

- Umrisse und Kanten, allgemein

- verdeckte Umrisse und Kanten

- Umrisse eines angrenzenden Werkstücks

- Lichtkanten

- Rohteilgeometrie in einer Fertigteilzeichnung

- Hinweislinien

- abgebrochen dargestelltes Werkstück

- Mittellinie an einem Handgriff

- Wärmebehandlung einer bestimmten Zone

- Extremstellungen von beweglichen Teilen

- Schraffurlinien

6. Aufgabe

Was versteht man unter der Bezeichnung Projektionsmethode 1 und wie unterscheidet sie sich von der Projektionsmethode 3?

7. Aufgabe

Zeichnen Sie die unten dargestellten Werkstücke in drei Ansichten jeweils einmal nach der Projektionsmethode 1, der Projektionsmethode 3 und nach der Pfeilmethode. Die Abmessungen können selbst gewählt werden. Wählen Sie eine Ansicht, in der möglichst keine Verkürzungen auftreten.

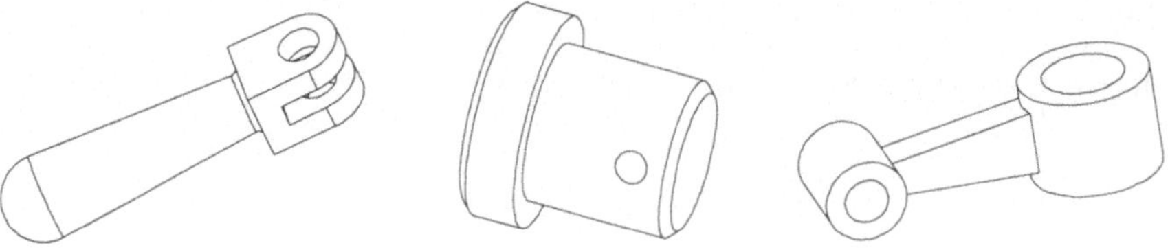

8. Aufgabe

Wie wird verfahren, wenn abweichend von der Projektionsmethode 1 die Ansichten eines Werkstückes positioniert werden?

9. Aufgabe

Zeichnen Sie die in der Aufgabe 7 dargestellten Werkstücke in Schnittdarstellung je nach Erfordernis als Voll-, Halb- oder Teilschnitt.

10. Aufgabe

In der folgenden Zeichnung sind die Schraffuren (bis auf den Ausbruch) noch nicht eingezeichnet. Zum besseren Verständnis sind allerdings alle Einzelteile mit ihrer Benennung und dem Werkstoff versehen. Ist keine Werkstoffangabe in Klammern gegeben, so ist das Werkstück aus Stahl.

Übertragen Sie die Zeichnung auf ein separates Blatt als Skizze (ohne Bezeichnungen) und ergänzen Sie die fehlenden Schraffuren. Berücksichtigen Sie beim Schraffieren die unterschiedlichen Werkstoffe der verschiedenen Bauteile.

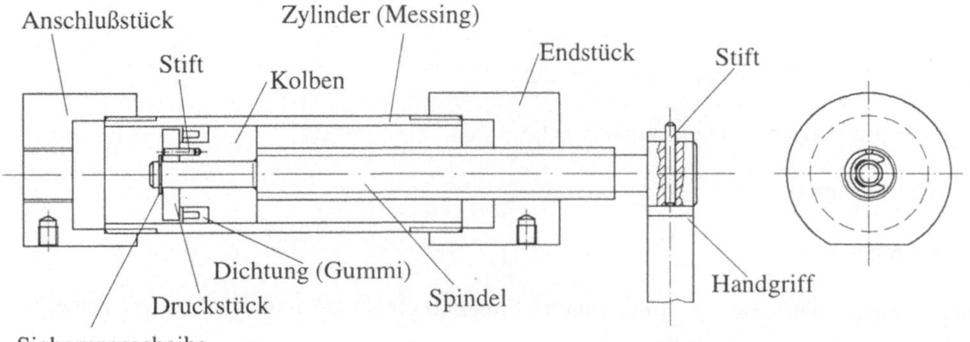

11. Aufgabe

Stellen Sie die im folgenden in dreidimensionaler Projektion gegeben Werkstücke als technische Zeichnung so dar, daß die Geomtrie vollständig wiedergegeben wird.

Die Abmessungen können frei gewählt werden. Überlegen Sie, bevor Sie zeichnen, welche Ansichten (bzw. Schnitte) notwendig sind und wie diese Ansichten positioniert werden müssen. Machen Sie sich zunächst eine Skizze. Berücksichtigen Sie bereits beim skizzieren, daß die Darstellung auch auf ein DIN-Format passen muß.

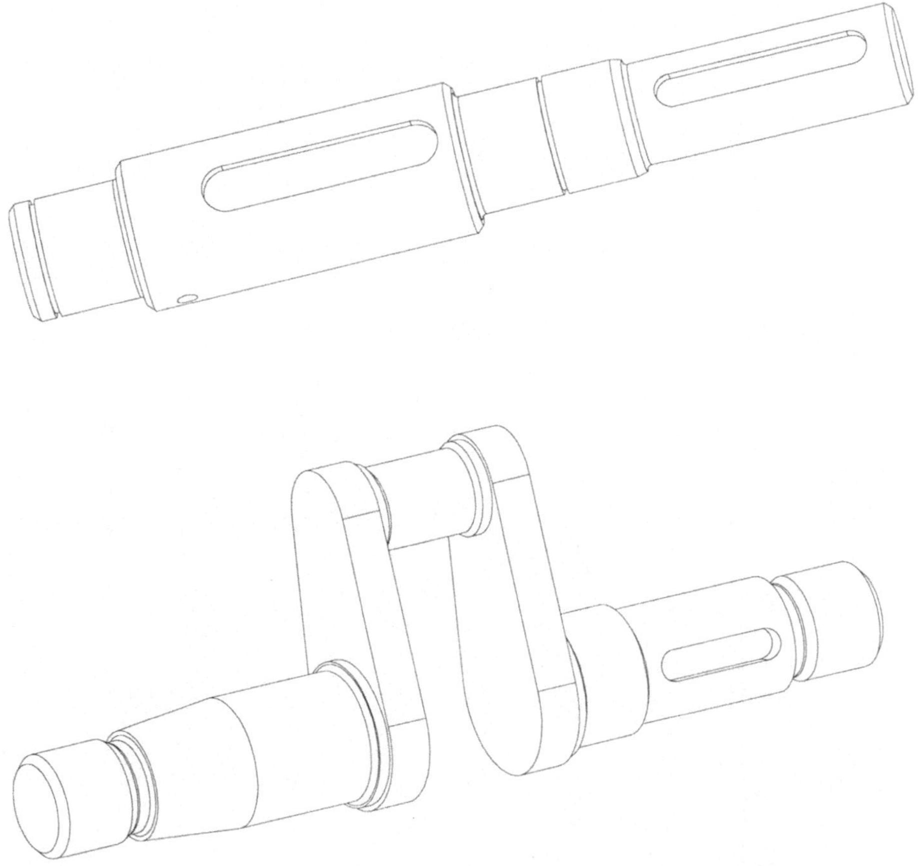

12. Aufgabe

Stellen Sie die Werkstücke nach Aufgabe 7 in isometrischer und dimetrischer Projektion dar. Benutzen Sie dazu das auf den folgenden Seiten wiedergegebene isometrische und dimetrische Papier, das Sie beim Skizzieren unter ein Klarpapier legen können.

5 Bemaßung

Zusätzlich zur reinen Darstellung der Geometrie müssen Eintragungen in technischen Zeichnungen vorgenommen werden, die über die reine Darstellung der Geometrie hinausgehen. Solche Angaben werden als Beschriftung der geometrischen Darstellung angefügt und spezifizieren sie weiter. Eine Beschriftung, die die Abmessungen der betreffenden Geometrie angibt, wird Bemaßung genannt. Die Regeln zur Eintragung von Bemaßungen in technischen Zeichnungen werden im einzelnen in diesem Kapitel angesprochen.

In den folgenden Kapiteln wird dann weiter auf die Beschriftung eingegangen, die weitere zur Fertigung notwendige Angaben enthält. Solche Angaben umfassen z.B. Informationen zum Werkstoff, zur Oberflächenbeschaffenheit und der zulässigen Abweichung der Werkstücke von den vorgegebenen Abmessungen und Formen.

5.1 Normschrift

Sämtliche Beschriftungen und Bemaßungen in technischen Zeichnungen sollen unter Benutzung der nach DIN 6776 Teil 1 international genormten ISO-Normschriften vorgenommen werden. Diese Norm legt Form und Abmessungen der Buchstaben und Ziffern fest[14]. Ist eine Schriftform und -größe erst einmal ausgewählt, so werden in dieser alle erforderlichen Angaben zur Fertigung gemacht. Die wichtigste Schriftform nach DIN 6776 Teil 1 ist die sogenannte *Schriftform B, vertikal*[15]. Zu beachten ist die in dieser Norm besonders für Deutschland empfohlene Schreibweise des Kleinbuchstabens a („Buckel-A") und der Zahl 7 (mit Querstrich).

abcdefghijklmnopqrstuvwxyz

ABCDEFGHIJKLMNOPQRSTUVWXYZ

0123456789

abcdefghijklmnopqrstuvwxyz
ABCDEFGHIJKLMNOPQRSTUVWXYZ
0123456789

Bild 5-1
Schriftform B, vertikal,
nach DIN 6776 Teil 1

---

[14] Sonderzeichen, wie z.B. Schweißsymbole oder Oberflächenzeichen, sind in gesonderten Normen vereinbart.

[15] Diese Aussage geht davon aus, daß mit Schriftschablonen geschrieben wird. Für das heutzutage kaum noch geübte freihändige Normschrift-Schreiben ist die Schriftform B, kursiv, besser geeignet.

Die Schriftform B ist (anders als die Schriftform A) dadurch definiert, daß die Linienbreite genau ein Zehntel der Buchstabenhöhe ist. Die Buchstabenhöhe (der Großbuchstaben) ist bei dieser Schriftform stets gleichzeitig die Nenngröße der Schriftzeichen. Die einzelnen Schriftzeichen sind so gestaltet, daß auch bei schlechten Rückvergrößerungen Verwechselungen vermieden werden und die Schrift lesbar bleibt. Dies wird dadurch erreicht, daß Tuscheanhäufungen durch waagerechtes Anschließen an die vertikalen Striche vermieden werden.

Neben den genannten Normschriften nach DIN 6776 sind noch Beschriftungen entsprechend DIN 16 oder DIN 17 im Umlauf, diese werden jedoch nicht mehr verwendet und kommen höchstens noch in älteren Zeichnungen vor. Aus diesem Grunde wird auf diese Schriftformen hier auch nicht näher eingegangen.

Nach DIN 6776 sind die zugehörigen Nenngrößen der Schriftzeichen – ganz ähnlich wie die Blattgrößen – in Stufensprüngen im angenäherten Verhältnis $1/\sqrt{2}$ gestuft. Die wichtigsten Nenngrößen sind *2,5 – 3,5 – 5* und *7* mm. Ihnen zugeordnet sind bei Schriftform B dementsprechend die Linienbreiten *0,25 – 0,35 – 0,5* und *0,7* mm. Auch sind die Höhen von Klein- und Großbuchstaben innerhalb einer Nenngröße wie $1/\sqrt{2}$ gestuft, wobei mindestens die Nenngröße 2,5 mm verwendet werden sollte. Bei gleichzeitiger Verwendung von Klein- und Großbuchstaben bedeutet dies: Großbuchstaben haben die Höhe 3,5 mm und eventuell verwendete Kleinbuchstaben die Höhe 2,5 mm.

Allgemein gesehen ist die Stufung der Schriftgrößen so gewählt, daß bei normgerechter Vergrößerung um den Faktor $\sqrt{2}$ (entspricht 141%) bzw. Verkleinerung um den Faktor $1/\sqrt{2}$ (entspricht 70,7%) die genormten Schriftgrößen wieder erzielt werden.

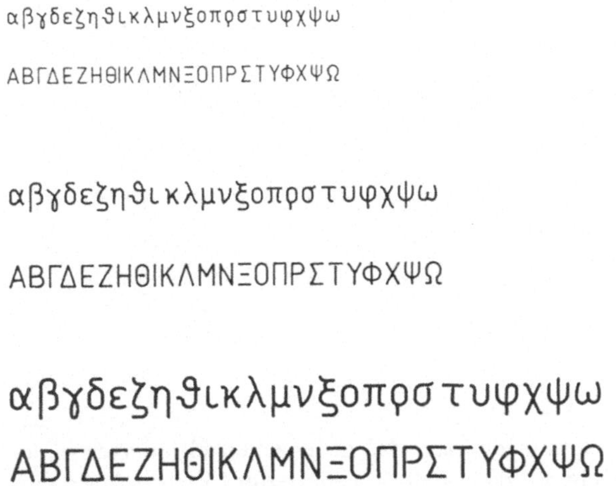

αβγδεζηϑικλμνξοπρστυφχψω

ΑΒΓΔΕΖΗΘΙΚΛΜΝΞΟΠΡΣΤΥΦΧΨΩ

αβγδεζηϑικλμνξοπρστυφχψω

ΑΒΓΔΕΖΗΘΙΚΛΜΝΞΟΠΡΣΤΥΦΧΨΩ

αβγδεζηϑικλμνξοπρστυφχψω
ΑΒΓΔΕΖΗΘΙΚΛΜΝΞΟΠΡΣΤΥΦΧΨΩ

Bild 5-2
Griechische Schriftzeichen:
Schriftform B, vertikal,
nach DIN ISO 3098 Teil 2

Da als Formelzeichen vielfach *griechische Buchstaben* verwendet werden, sollen diese hier ebenfalls angesprochen werden. Die griechischen Buchstaben sind nach DIN ISO 3098 Teil 2 genormt in den Schriftformen A und B jeweils kursiv oder vertikal. In Bild 5-2 ist das

Schriftbild B aus dieser Norm wiedergegeben. Sollten griechische Buchstaben in der Beschriftung benötigt werden und wurde für die bisherige Beschriftung die Schriftform B nach DIN 6776 verwendet, so sollte auch bei den griechischen Schriftzeichen die Schriftform B (nach DIN ISO 3098 Teil 2) beibehalten werden. Es sollte auch nicht zwischen kursiver und vertikaler Schrift gewechselt werden.

Der Vollständigkeit halber sei an dieser Stelle noch erwähnt, daß in DIN ISO 3098 Teil 4 die Schriftformen für die wichtigsten Zeichen aus dem kyrillischen Alphabet festgelegt sind. Wiederum existieren die Schriftformen A und B jeweils kursiv und vertikal. Auf eine Wiedergabe der kyrillischen Schriftzeichen wird an dieser Stelle jedoch verzichtet.

Aufgrund der vielen Anforderungen an das Beschriften technischer Zeichnungen bietet es sich an, Schablonen zu verwenden. Diese ermöglichen ein gleichmäßiges Schriftbild und die Einhaltung der geforderten Form und Größe der Schriftzeichen. Die Schriftschablonen sind nach DIN 6778 genormt. Sie gibt es nicht nur für alle (gültigen) Normschriftarten und -größen, sondern auch für verschiedene Schreib- und Zeichengeräte. In Bild 5-3 ist das Arbeiten mit der Schriftschablone und Tuschehalter dargestellt. Eine andere Möglichkeit, ein sauberes Schriftbild zu erzeugen, ist die Nutzung eines Beschriftungsgerätes. Beim Beschriften von Zeichnungen ist in jedem Fall auf passende Abstufung der verschiedenen Schriftgrößen auf dem gleichen Bogen und übersichtliche Anordnung der Schrift großer Wert zu legen.

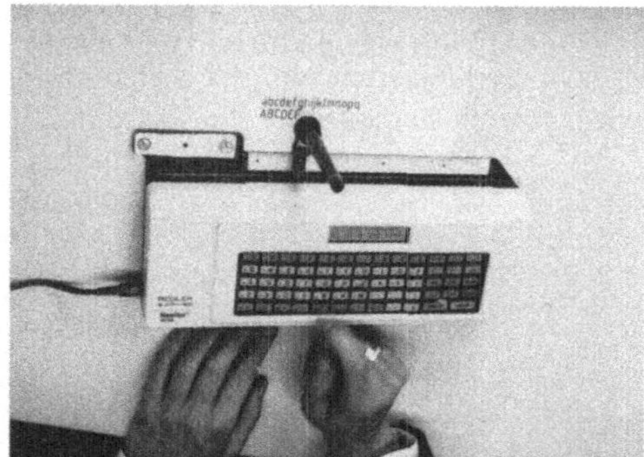

Bild 5-3 Nutzung von Schriftschablone und Beschriftungsgerät

5.2 Maßeintragung

5.2.1 Allgemeines

Es wurde in Abschnitt 2.1.3 bereits darauf hingewiesen, daß in Einzelteilzeichnungen in der Regel alle zur größenmäßigen Festlegung des dargestellten Teiles erforderlichen Maße einzutragen sind. Demgegenüber enthalten Gesamtzeichnungen nur Haupt- und Anschlußmaße der betreffenden Baugruppe.

Die Regeln der Maßeintragung sind in der DIN 406 (ISO 129) zusammengestellt. Diese gilt für das Eintragen von Maßen in technischen Zeichnungen nach DIN 199 (aber nicht für die

Maßeintragung durch Koordinaten und für die maschinelle Programmierung von numerisch gesteuerten Arbeitsmaschinen). Nach DIN 406 Teil 1 werden die *funktionsbezogene Bemaßung*, die *fertigungsbezogene Bemaßung* und die *prüfbezogene Bemaßung* unterscheiden, Tabelle 5-1 und Bild 5-4.

Tabelle 5-1 Bemaßungsarten

funktionsbezogen	fertigungsbezogen	prüfbezogen
• notwendig zur Funktions-erfüllung • Zusammenarbeiten und -passen der Bauteile steht im Vordergrund • Toleranzen sichern störungsfreie Funktion	• notwendig für die Fertigung • Bemaßung von Fertigungsverfahren abhängig • Maßangaben ohne Umrechnung verwendbar • Bemaßung von Bezugsebenen aus sinnvoll	• notwendig zur direkten Prüfung der Maßhaltigkeit • Bemaßung von Prüfverfahren abhängig • Maßangaben ohne Umrechnung verwendbar • Kettenmaße sinnvoll

In der Praxis treten häufig Mischformen der drei genannten Bemaßungsarten auf. Für Einzelteilzeichnungen gilt in der Regel, daß man sich um eine fertigungsbezogene Bemaßung bemühen sollte.

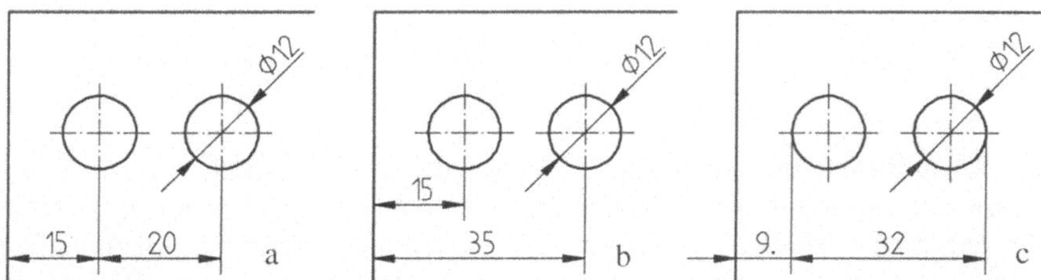

Bild 5-4 Grundsätzliche Bemaßungsarten: a) funktionsbezogen, b) fertigungsbezogen und c) prüfbezogen

Grundsätzlich gelten für die Bemaßung folgende Regeln:

• Die in der Zeichnung angegebenen Maßzahlen beziehen sich stets auf den Endzustand des dargestellten Bauteiles oder der Baugruppe. Je nach der Zeichnungsart kann dieser Endzustand auch der Rohteilzustand (Rohteilzeichnung), ein Zwischenzustand (z.B. Schweißbaugruppenzeichnung) oder der Fertigteilzustand (Fertigteilzeichnung) sein.

• Jedes Maß wird in der Zeichnung nur einmal angegeben. Auch wenn die gleiche Abmessung in mehreren Ansichten sichtbar ist, befindet sich die Bemaßung nur in einer Ansicht.

• In Einzelteilzeichnungen muß die Bemaßung vollständig sein, d.h. es darf kein zur Herstellung erforderliches Maß fehlen. Abmessungen, die sich durch den Herstellungsprozeß eines Bauteiles von alleine ergeben (z.B. die Abmessungen der Durchdringungskurven an Rohrübergängen), werden nicht bemaßt.

- Die in die Zeichnung eingetragenen Maße sind grundsätzlich in Millimetern zu verstehen, und zwar ohne daß die Einheit „mm" explizit angegeben wird. Die Einheit wird nur dann hinzugefügt, wenn sie von der Einheit Millimeter abweicht. Dies bedeutet, daß bei größeren Abmessungen eventuell abweichende Einheiten in cm oder m angegeben werden müssen. In diesem Fall steht die Maßeinheit hinter der Maßzahl (z.B. „4,8 m"). Auch Winkelangaben müssen mit einer Einheit versehen werden (z.B. „45°").

Eine Maßangabe setzt sich stets zusammen aus der Maßlinie, gegebenenfalls Maßhilfslinien, den Maßlinienbegrenzungen und der Maßzahl (Bild 5-5). Der Maßzahl können noch bestimmte Zeichen und Zusätze beigefügt sein. Die Maßangaben können zwischen den dargestellten Körperkanten oder zwischen Maßhilfslinien eingezeichnet werden. Im folgenden wird auf diese Elemente kurz eingegangen.

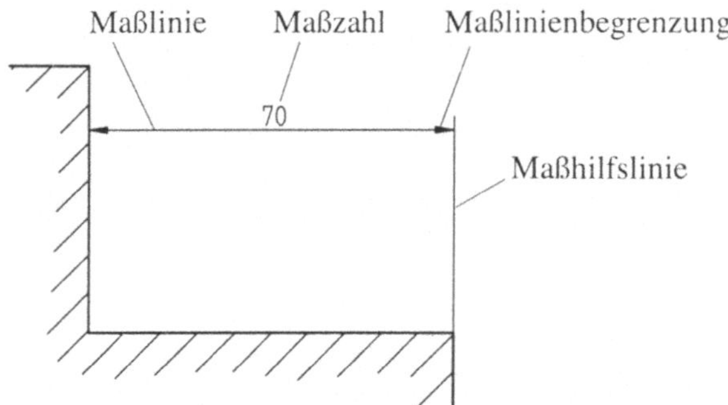

Bild 5-5
Elemente der Maßeintragung

Maßlinie und *Maßhilfslinie* sind als schmale durchgezogene Linien (DIN 15 Teil 2, Abschnitt 4.2) zu zeichnen. Maßlinien und Maßhilfslinien sollen möglichst nur an sichtbare Körperkanten angetragen werden. Mittel- und Symmetrielinien dürfen als Maßhilfslinien verwendet werden, sie sind zu diesem Zweck zu verlängern (Verlängerung als schmale, durchgezogene Linie).

Maßlinien sollen mindestens 10 mm von parallel verlaufenden Körperkanten entfernt sein. Sind mehrere Maßlinien untereinander angeordnet, so soll der Abstand zwischen ihnen gleich sein und mindestens 7 mm betragen. Maßlinien besitzen zwei Maßlinienbegrenzungen und sind in der Regel zwischen diesen ohne Unterbrechungen durchzuziehen. Die Maßhilfslinien werden im allgemeinen 1 bis 2 mm über die Maßlinie hinausgezogen. Maßlinien sollen sich mit anderen Hilfslinien und untereinander möglichst nicht schneiden, sie sind auch möglichst nicht parallel zu Schraffurlinien anzuordnen. Maßhilfslinien sind nie über mehrere Ansichten zu ziehen.

Im allgemeinen werden die Maßhilfslinien im rechten Winkel zu der Meßstrecke eingetragen, so daß die Maßlinien zu der Meßstrecke dann parallel liegen. In besonderen Fällen (z.B. bei Platzmangel) darf die Maßhilfslinie jedoch schräg herausgezogen werden (etwa 60° zur Maßlinie). Manchmal können die Maßhilfslinien nicht direkt an den Körperkanten angesetzt werden. In solchen Fällen werden die Umrisse durch Projektionslinien ergänzt, an denen die Maßhilfslinien definiert ansetzen können. Einige Beispiele zu dieser Vorgehensweise sind in Bild 5-6 zusammengefaßt.

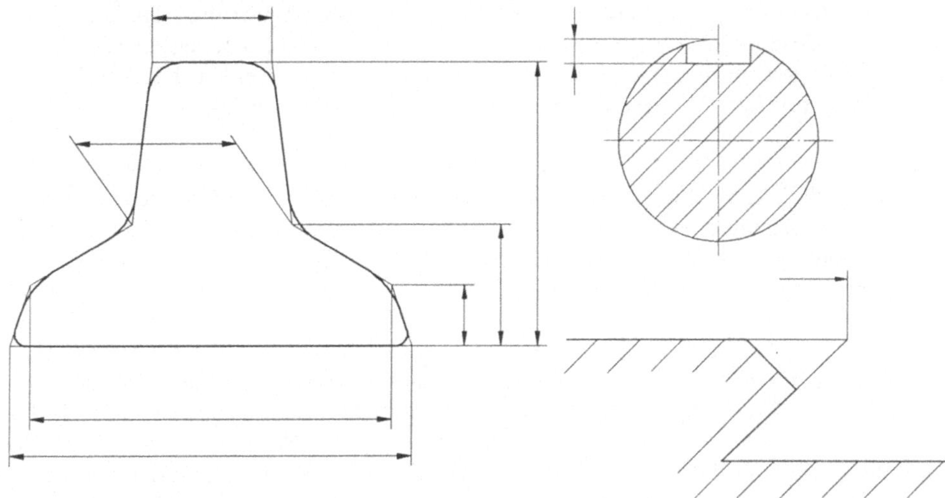

Bild 5-6 Besondere Maßhilfslinien

Die *Maßlinienbegrenzungen* sind innerhalb einer Zeichnung alle gleich und werden im Bereich des Maschinenbaus normalerweise als ausgefüllte Pfeile (Spitzenwinkel etwa 15°; Pfeillänge etwa fünffache Breite der breiten Vollinie) gezeichnet. Bei Platzmangel sind auch ausgefüllte Punkte zulässig. Daneben sind auch noch andere Maßlinienbegrenzungen, z.B. nicht ausgefüllte Pfeile, Schrägstriche, zugelassen. Diese sind aber mehr im Bereich des Bauwesens üblich, so daß hierauf nicht weiter eingegangen sei. Schriftschablonen enthalten im allgemeinen auch die als Maßlinienbegrenzungen zulässigen Symbole als Sonderzeichen.

Bild 5-7 Maßlinienbegrenzung nach DIN 406 Teil 10 (d = Linienbreite der breiten Vollinie)

Die an Bauteilen auftretenden Maße sollten so weit wie möglich den in DIN 323 festgelegten Normzahl-Empfehlungen folgen[16] (*Normmaße*). Dies bringt als Vorteil nicht nur eine Stan-

---

[16] Nicht nur bei den Abmessungen an Bauteilen, sondern bei allen zahlenmäßig ausdrückbaren Größen sollte man auf die Normzahlen zurückgreifen. Dies gilt besonders dann, wenn eine Stufung der Größen benötigt wird.

dardisierung der Herstellerwerkzeuge und Prüflehren, sondern auch eine Vereinfachung von Anschlußmaßen und Halbzeugen mit sich.

Die *Schriftgröße der Maßzahlen* richtet sich nach der DIN 6774 Teil 1. Welche Schriftgröße gewählt wird, hängt von der Zeichnungsgröße ab. Als Faustregel geht man davon aus, die Maßzahlen mindestens in Nenngröße 3,5 mm zu schreiben. Insgesamt dürfen aber keine kleineren Schriftgrößen als 2,5 mm in der Zeichnung verwendet werden. Die Schriftform entspricht der Schriftform B, vertikal, die in der DIN 6776 Teil 1 festgelegt ist.

Maßzahlen dürfen durch keine Linien gekreuzt werden. Aus diesem Grunde werden alle Hilfslinien (Maßhilfs-, Symmetrie- oder Mittellinien), sofern sie die Maßzahl kreuzen, unterbrochen. Maßeintragungen im schraffierten Bereich sollen vermieden werden. Ist dies nicht möglich, so muß die Schraffur im Bereich der Maßzahlen unterbrochen werden, dabei ist eine Unterbrechung für die Hilfslinien nicht notwendig.

Zur Eintragung der Maßzahlen in technische Zeichnungen sind in der DIN 406 Teil 11 zwei Möglichkeiten dargestellt. Zum einen ist die Eintragung in zwei Hauptleserichtungen definiert (*Methode 1*). Die Methode 1 ist bevorzugt anzuwenden. Zum anderen wird auch die Eintragung der Maßzahlen in nur einer Leserichtung zugelassen (*Methode 2*). Diese Methode soll nach Möglichkeit nicht verwendet werden. In keinem Fall jedoch dürfen Methode 1 und 2 gemischt in einer Zeichnung auftreten. (Sie wurde mit Blick auf sehr einfache Zeichnungssoftware eingeführt.) Im folgenden soll ausschließlich auf die Methode 1 eingegangen werden.

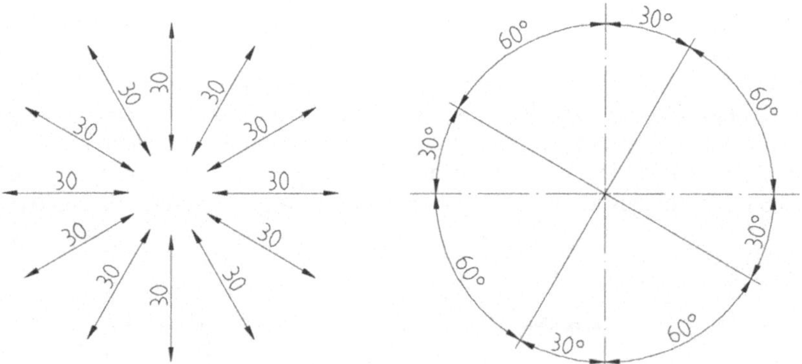

Bild 5-8 Schreibrichtung der Maßzahlen für Längen- und Winkelmaße

Entsprechend der *Eintragung in zwei Hauptleserichtungen* (Methode 1) sind die Maßzahlen so anzuordnen, daß sie „überwiegend von unten" und/oder „überwiegend von rechts"[17] gelesen werden können. Bild 5-8 gibt eine Übersicht über die Anordnung der Maßzahlen bei verschiedenen Neigungen und Winkeln. Die Maßzahlen werden etwa in der Mitte der Maßlinie

---

[17] Die Angaben „unten" und „rechts" beziehen sich auf die Normallage des Zeichenblattes, die durch das Schriftfeld vorgegeben wird.

über die Maßlinie gesetzt. Maßzahlen wie 6, 9, 66 oder 99 können zur Vermeidung von Mißverständnissen (etwa infolge einer Schrägstellung der Zahl) einen Fußpunkt erhalten (6., 9., 66. bzw. 99.).

Ist die Maßlinie zu kurz, um sowohl die Maßlinienbegrenzungen als auch die Maßzahl unterbringen zu können, so wird man zunächst die Maßlinie nach außen verlängern und die Maßlinienbegrenzungen von außen ansetzen. Reicht der Platz zwischen den Maßlinienbegrenzungen dann immer noch nicht für die Maßzahl aus, so wird auch diese nach außen verlegt (möglichst nach rechts). Im Notfall kann die Maßzahl auch von der Maßlinie ganz losgelöst werden, muß mit dieser dann jedoch mittels einer Hinweislinie (schmale Vollinie, im allgemeinen schräggestellt) in Bezug gebracht werden. Bild 5-9 gibt eine Übersicht über diese Eintragungsmöglichkeiten.

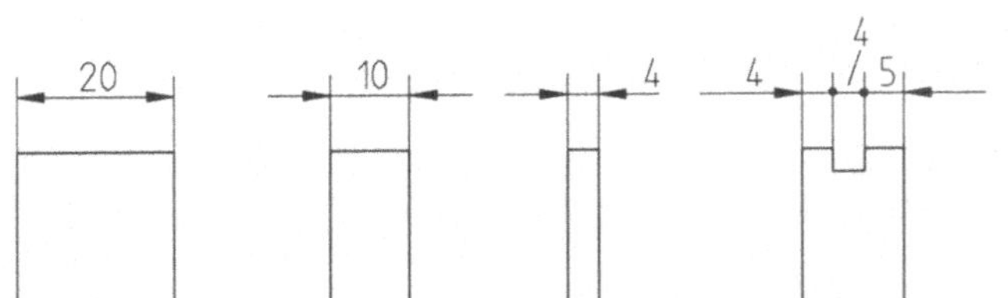

Bild 5-9 Eintragung von Maßzahlen bei kurzen Maßlinien

5.2.2 Fertigungsbezogene Bemaßung

Da die fertigungsbezogene Bemaßung die in der Praxis am häufigsten vorkommende Bemaßungsart ist, soll dieser Abschnitt die Gelegenheit bieten, ausführlich hierauf einzugehen.

Es wurde ja bereits darauf hingewiesen, daß diese Bemaßungsart stark von dem jeweils anzuwendenden Fertigungsverfahren abhängig ist. Dies liegt daran, daß bereits in der Zeichnung die einzelnen Schritte berücksichtigt sein müssen, die zur vollständigen Fertigung notwendig sind. Aus diesem Grunde ist es besonders wichtig, die verschiedenen Fertigungsverfahren, ihre Möglichkeiten und Grenzen genau zu kennen. Das Wissen um die verschiedenen Fertigungsverfahren kann wegen seines Umfangs hier natürlich nicht vermittelt werden, hierzu sei auf spezielle Fachliteratur verwiesen. Es soll vielmehr ein Einblick gegeben werden, welche Regeln bei der Bemaßung befolgt werden sollten.

Der Übersichtlichkeit halber seien im folgenden die *Fertigungsverfahren* entsprechend ihren nach DIN 8580 festgelegten *Hauptgruppen* wiedergegeben:

- Urformen (z.B. Gießen, Sintern)

- Umformen (z.B. Schmieden, Ziehen, Biegen)

- Trennen (z.B. Drehen, Bohren, Fräsen, Schneiden, Stanzen)

- Fügen (z.B. Schweißen, Löten, Kleben)

- Beschichten (z.B. Lackieren, Hartverchromen)

- Stoffeigenschaftändern (z.B. Härten, Magnetisieren)

Die unterschiedlichen zeichnerischen Dokumentationen tragen den unterschiedlichen Anforderungen der Fertigungsverfahren Rechnung. Diese Dokumentationen sind meistens jedoch weniger geometrische Festlegungen (Bemaßungen), sondern mehr genaue Vorgaben zum Fertigungsverfahren[18]. Auf die mehr fertigungsbezogenen Vorgaben wird an geeigneter Stelle wieder eingegangen. In diesem Abschnitt soll die Hauptgruppe Trennen im Vordergrund stehen, da hier die Bemaßung besonders wichtig ist, was in der starken Änderung der Geometrie der Bauteile während der Fertigung begründet liegt. Die Bemaßung ist dann fertigungsgerecht, wenn die Vorgehensweise bei der Bearbeitung berücksichtigt ist, d.h. in der Werkstatt keine Neuberechnung von Maßen erfolgen muß. Um die konkreten Anforderungen an eine fertigungsgerechte Bemaßung zu spezifizieren, soll kurz auf die wichtigsten spanenden Fertigungsverfahren (Drehen, Fräsen und Bohren) eingegangen werden.

Kennzeichnend für das Fertigungsverfahren *Drehen* ist die spanende Bearbeitung eines sich um eine Achse drehenden Werkstücks durch ein geeignetes Werkzeug. Dafür wird das Werkstück auf einer Seite in das sogenannte Futter eingespannt und gegebenenfalls (besonders wichtig bei langen Werkstücken) auf der anderen Seite unterstützt. Das zerspante Volumen wird durch die Vorschubbewegung und die Zustellbewegung definiert. Beim Runddrehen, Bild 5-10 a), erfolgt z.B. die Vorschubbewegung parallel zur Drehachse und die Zustellbewegung senkrecht dazu.

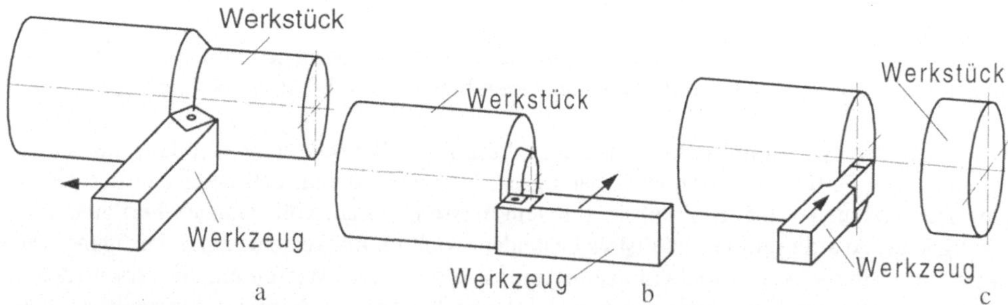

Bild 5-10 Drehverfahren; a) Runddrehen, b) Plandrehen, c) Abstechdrehen (Einstechdrehen)

Der typische Ablauf bei der Drehbearbeitung soll an einem einfachen Beispiel näher betrachtet werden, Bild 5-11 a) bis i). Es werden zunächst die einzelnen Bearbeitungsschritte[19] beschrieben, um anschließend die sich daraus ergebenden Konsequenzen für die Bemaßung herzuleiten.

---

[18] Solche Vorgaben müssen nicht notwendigerweise zeichnerische Darstellungen sein. Bei der Hauptgruppe Stoffeigenschaftenändern z.B. ist eine textuelle Verfahrensanweisung sinnvoll.

[19] Bei diesen grundlegenden Betrachtungen soll nicht auf die einzelnen Bearbeitungsgänge „Schruppen" (Grobbearbeitung) und „Schlichten" (Feinbearbeitung) eingegangen werden.

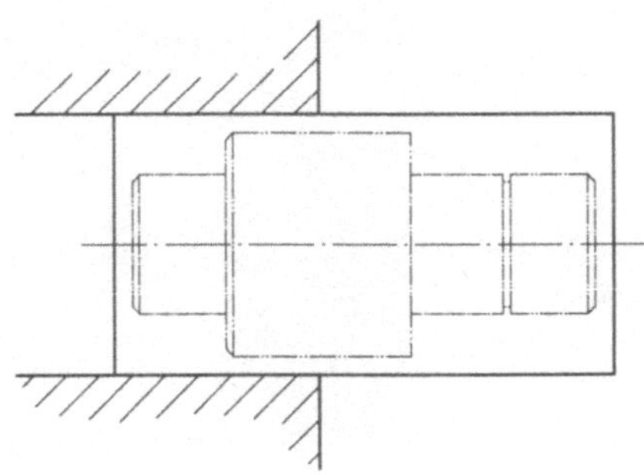

Bild 5-11 a Das ausgewählte Rohteil muß in den Abmessungen so beschaffen sein, daß das Fertigteil „hinein-paßt", also sowohl in der Länge als auch im Durchmesser um 1 bis 2 mm größer sein. Zuerst wird das Werkstück eingespannt. Dies erfolgt bei dem hier ausgewählten Beispiel so, daß der längere Absatz fertig bearbeitet werden kann.

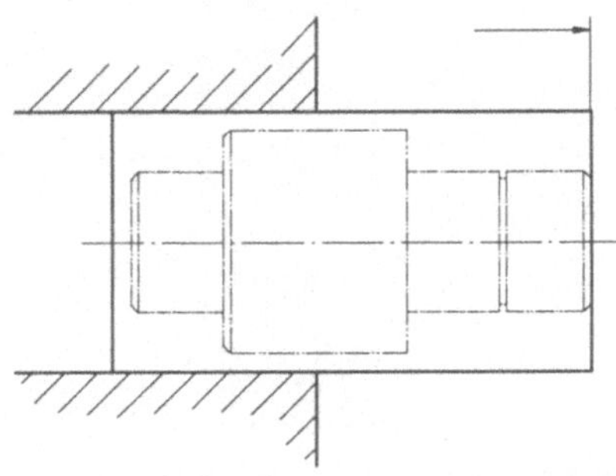

Bild 5-11 b Als erster Bearbeitungsschritt wird eine Stirnseite plangedreht und dadurch eine Bezugsebene geschaffen. Wird an der Drehbank das Maß dieser Bezugsebene zu Null gesetzt, so können alle weiteren Maße in axialer Richtung an der Maschine direkt abgelesen werden.

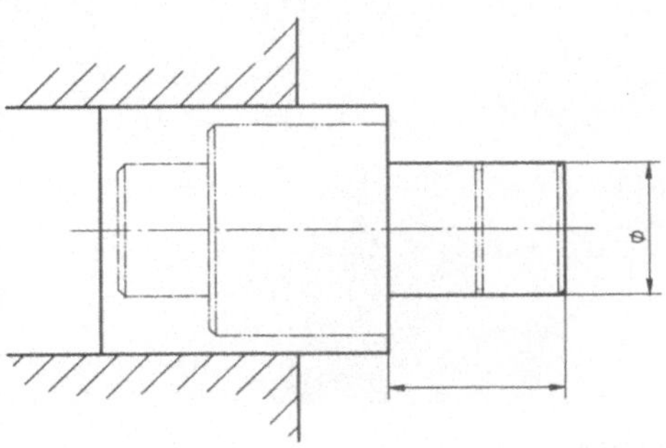

Bild 5-11 c Danach wird der Absatz in mehreren Schritten auf den vorgegebenen Durchmesser abgedreht. In axialer Richtung wird dabei das Maß immer von der Bezugsebene aus gemessen.

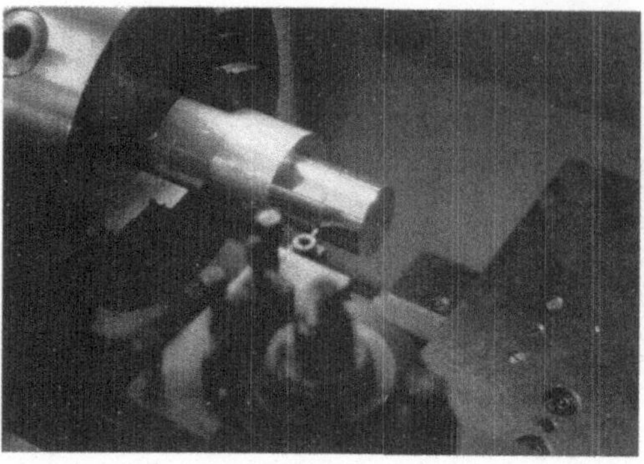 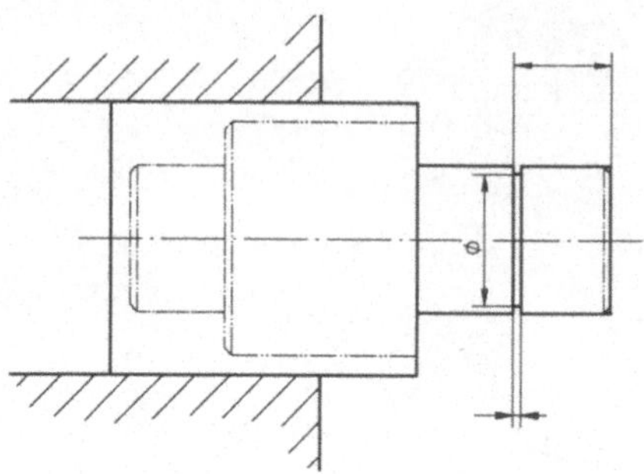

Bild 5-11 d Zum Einstechen der Nut wird im allgemeinen ein Drehmeißel benutzt, der bereits das als Nutbreite vorgeschriebene Maß aufweist. Ist die Nut breiter als das vorhandene Werkzeug, so muß entsprechend mehrfach nebeneinander eingestochen werden. Die Einstechtiefe kann auf der Drehbank als Durchmesser abgelesen werden. Das axiale Maß wird wieder von der Bezugsebene aus genommen.

 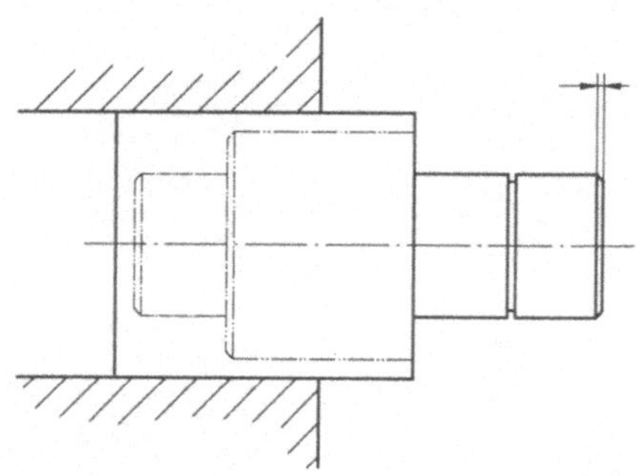

Bild 5-11 e Beim letzten Bearbeitungsgang auf dieser Einspannseite werden die Kanten gebrochen. Diese gebrochenen Kanten werden Fasen genannt. Auch zum Fertigen dieser Fasen wird ein spezieller Drehmeißel benötigt.

 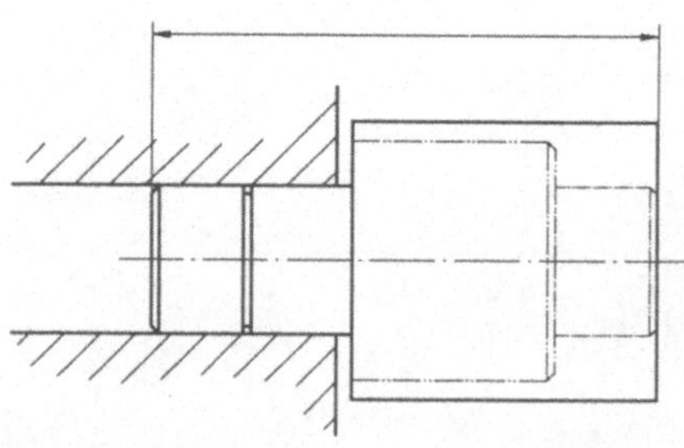

Bild 5-11 f Nach dem Umspannen des Werkstück wird die Stirnseite plangedreht. Danach kann die vorhandene Gesamtlänge ermittelt werden, dazu muß natürlich das Werkstück wieder ausgespannt werden. Diese Messung zeigt auf, wieviel zur Realisierung der geforderten Gesamtlänge noch abgedreht werden muß. Diese plane Fläche stellt die neue Bezugsebene dar.

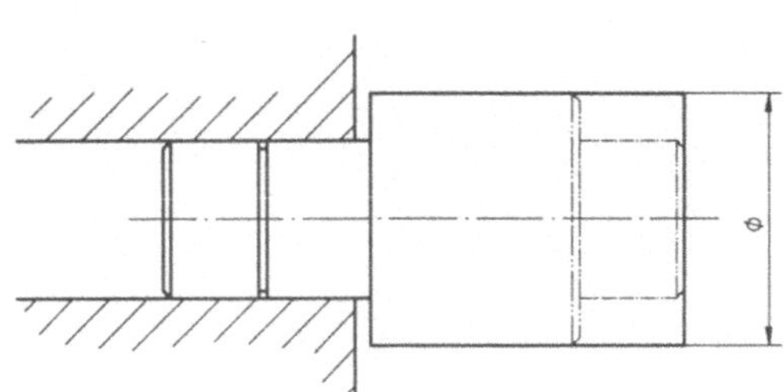

Bild 5-11 g Runddrehen des großen Durchmessers.

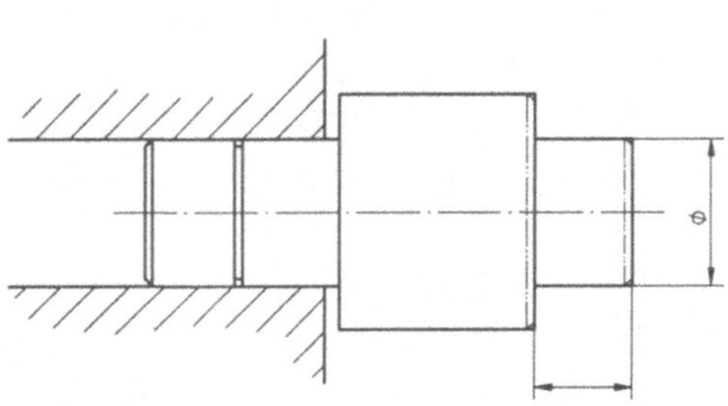

Bild 5-11 h Anschließend wird der kleinere Absatz fertig bearbeitet.

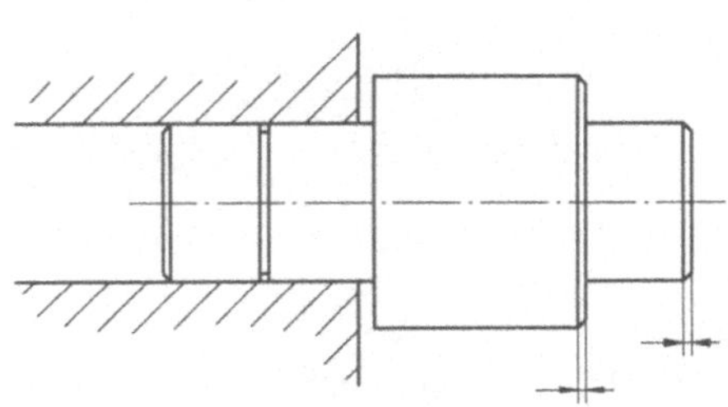

Bild 5-11 i Als letzter Bearbeitungsschritt erfolgt das Fasen.

Hieraus ist recht gut zu erkennen, daß die Bemaßung den im folgenden genannten Gesichtspunkten genügen soll:

- Bemaßung in axialer Richtung (hier Vorschubrichtung) vorzugsweise von einer Bezugsebene aus. Muß das Werkstück umgespannt werden, sind zwei Bezugsebenen notwendig.

- Maße in radialer Richtung (hier Zustellrichtung) sind als Durchmesser anzugeben.

- Fasen, Radien, Eindrehungen o.ä. sind separat anzugeben, gegebenenfalls ergänzt durch ihre Position (von der Bezugsebene aus).

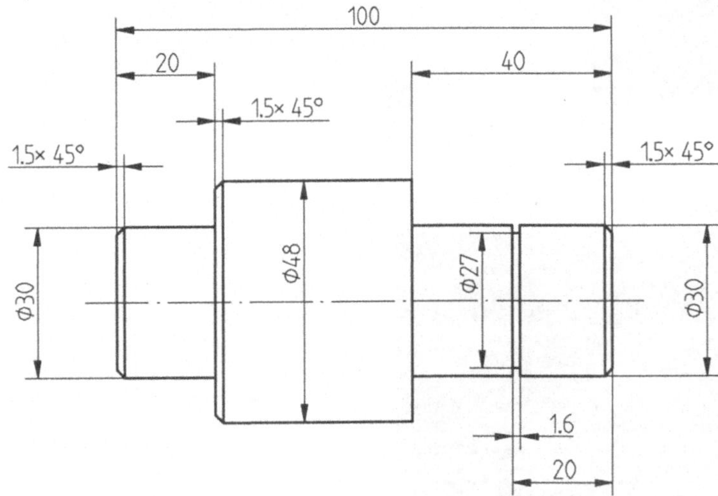

Bild 5-12 Fertigungsgerechte Bemaßung entsprechend den in Bild 5-11 dargestellten Fertigungsschritten

Kennzeichnend für das Fertigungsverfahren *Fräsen* ist die spanende Bearbeitung durch eine kreisförmige Schnittbewegung des Werkzeugs. Je nach Anordnung der Schneiden am Werkzeug wird zwischen Stirn- und Umfangsfräsen unterschieden, Bild 5-13. Die Vorschubbewegung kann sowohl durch das Werkzeug als auch durch das Werkstück erfolgen.

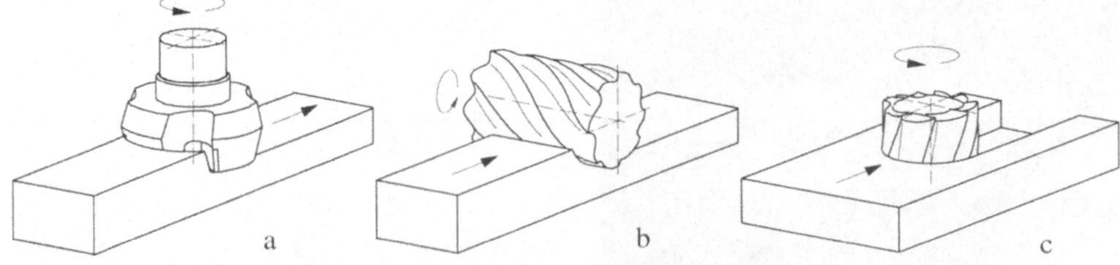

Bild 5-13 Fräsverfahren; a) Stirnfräsen, b) Umfangsfräsen, c) Umfangs-Stirnfräsen

Auch für die Fräsbearbeitung soll der typische Ablauf an einem einfachen Beispiel näher betrachtet werden. Im folgenden sollen wieder zunächst die einzelnen Bearbeitungsschritte beschrieben werden, um hieraus die sich ergebenden Konsequenzen für die Bemaßung herzuleiten.

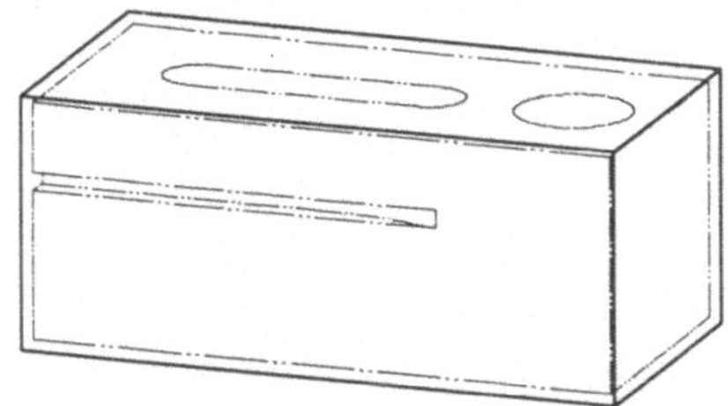

Bild 5-14 a Der erste Schritt bei der Fräsbearbeitung eines Rohteiles ist das Planfräsen aller sechs Seiten, da bei einem Rohteil eine Winkligkeit (bzw. Parallelität) und Ebenheit der Seiten nicht vorausgesetzt werden kann. Diese Eigenschaften des Werkstücks sind für die weitere Bearbeitung wichtig, damit alle Spannmittel verwendet werden können. Auch werden die bereits bearbeiteten Seiten als Bezugsflächen verwendet, von denen aus Maße abgegriffen werden. Diese Bearbeitung erfordert ein Aufmaß bei allen Seiten.

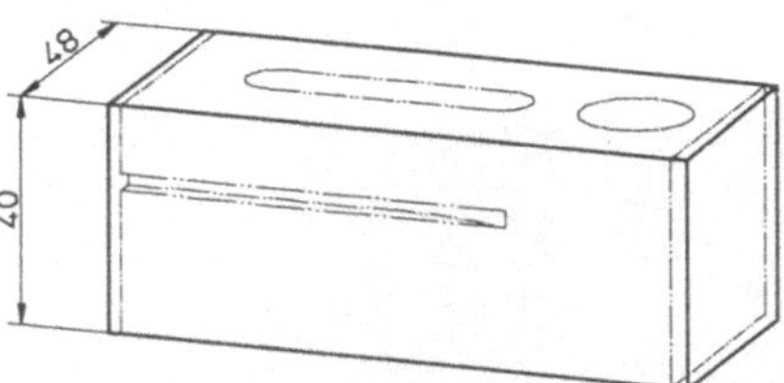

Bild 5-14 b Zunächst wird eine (beliebige) Seite plangefräst. Zum Planfräsen größerer Flächen werden im allgemeinen Stirnfräser benutzt. Danach wird das Werkstück so gedreht, daß die zuvor bearbeitete Seite unten liegt. Mit speziellen Spannmitteln (Niederspannzangen) wird die zuvor bearbeitete Fläche an eine Bezugsfläche gedrückt, so daß die zu dem Zeitpunkt oben liegende Seite bearbeitet werden kann und dann parallel zur ersten ist. Wird das Werkstück mit den bearbeiteten, parallelen Flächen in parallele Spannbacken eingespannt, ist die Einhaltung des rechten Winkels für die weitere Bearbeitung gewährleistet[20].

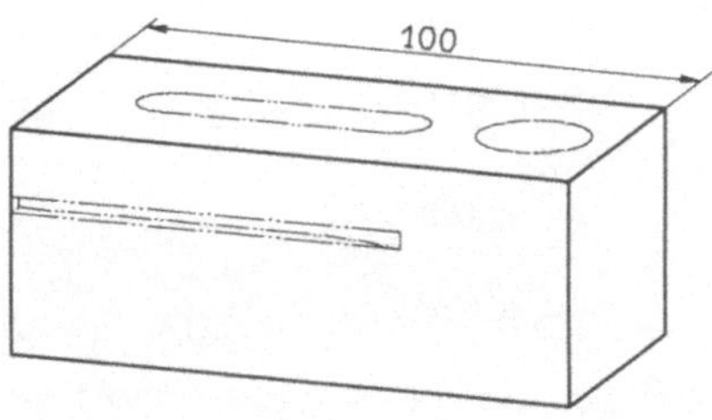

Bild 5-14 c Nach dieser Bearbeitung werden die Stirnseiten plangefräst. Wird – wie in diesem Fall – das Werkzeug gewechselt, ist es nicht notwendig, das Werkstück umzuspannen. Dies ist günstiger, denn durch die besondere Werkzeugaufnahme kann die Einhaltung des rechten Winkels am Werkstück besser gewährleistet werden als durch das Umspannen.

---

[20] Voraussetzung ist hierfür allerdings, daß die eingespannte Fläche groß genug ist, um eine Führung zu gewährleisten.

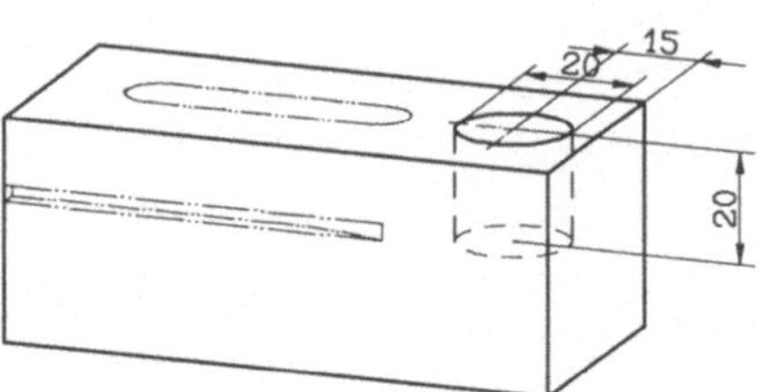

Bild 5-14 d Für die weitere Bearbeitung muß in der Regel das Werkzeug gewechselt werden. Hier wird zur Fertigung der oben liegenden Tasche wiederum ein Schaftfräser benötigt. Die Fertigung der Tasche kann auf zwei Arten erfolgen: entweder es wird ein Schaftfräser mit dem gleichen oder mit einem kleineren Durchmesser benutzt als für die Tasche vorgeschrieben. Ist der Durchmesser des Fräsers identisch mit dem der Tasche, so muß das rotierende Werkzeug nur auf die vorgeschriebene Tiefe gesenkt werden; ist der Durchmesser des Werkzeugs kleiner, so muß das Werkzeug zusätzlich eine Rotationsbewegung beschreiben, die den vorgeschriebenen Durchmesser erzeugt (Innen-Rundfräsen).

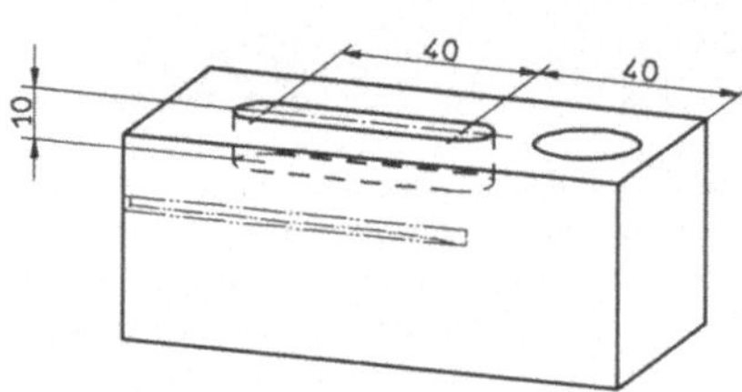

Bild 5-14 e Die benachbarte Nut kann ebenfalls mit einem Schaftfräser gefertigt werden, wenn der Durchmesser des Werkzeugs gleich oder kleiner der Breite der Nut ist. Sind der Durchmesser und die Breite der Nut identisch, so wird der Fräser nur positioniert, auf die verlangte Tiefe zugestellt und die verlangte Nutenlänge abgefahren. Ist der Durchmesser des Schaftfräsers kleiner als die vorgeschriebene Breite der Nut, so wird der Fräser so geführt, daß sich die verlangte Nutenform ergibt. Bei CNC-Fräsmaschinen kann dafür ein spezieller Nutenfräszyklus genutzt werden.

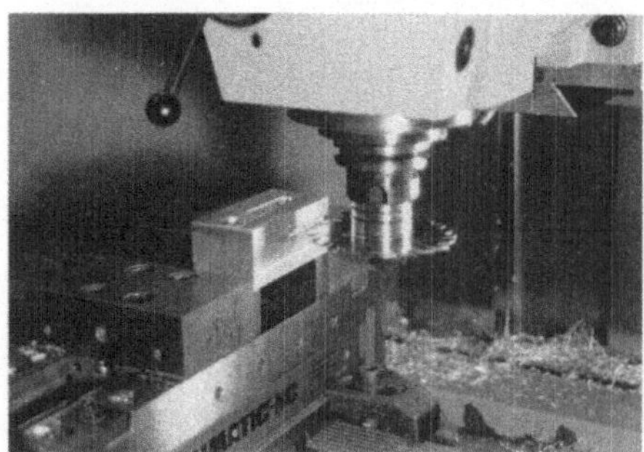
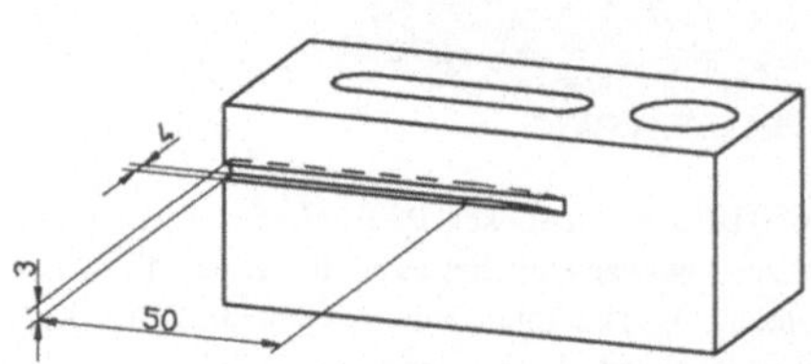

Bild 5-14 f Für die seitlich liegenden Nuten wird ein Schlitz- oder Scheibenfräser (zum Umfangsfräsen) genutzt. Zum Anfertigen der Seitennuten muß bei dem vorliegenden Beispiel das Werkstück nicht umgespannt werden. Der Fräser, dessen Breite der vorgeschriebenen Breite der Nut entspricht, wird an die entsprechende Position gefahren, die verlangte Tiefe wird zugestellt und die vorgeschriebene Länge abgefahren. Der Radius des Werkzeugauslaufes ist von dem Fräserdurchmesser abhängig.

Aus den Bearbeitungsschritten ist recht gut zu erkennen, daß die Bemaßung den im folgenden genannten Gesichtspunkten genügen soll:

- Für die Bemaßung kann jede Seite als Bezugsebene dienen, da alle Seiten eben und winklig (bzw. parallel) sind. Die Anzahl der Bezugsebenen richtet sich nach der durchzuführenden Bearbeitung. Nach Möglichkeit ist in der Zeichnung die Anzahl der Bezugsebenen gering zu halten. Es ist zu beachten, daß unter Umständen die Seiten, die für die jeweilige Bearbeitung eingespannt sind, nicht gleichzeitig als Bezugsebenen dienen können.

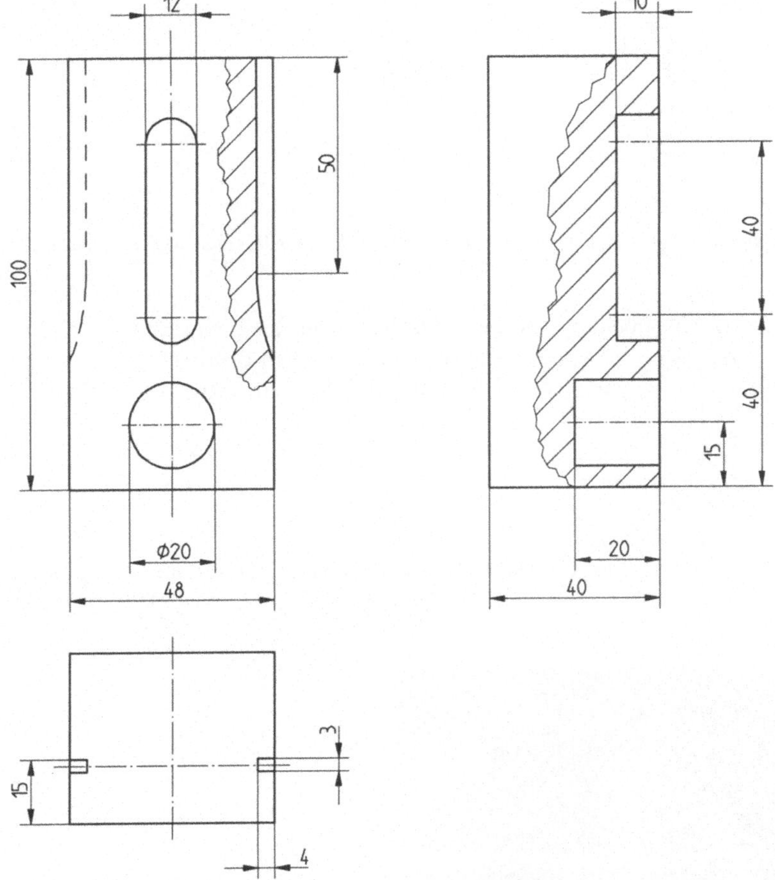

Bild 5-15 Fertigungsgerechte Bemaßung entsprechend den in Bild 5-14 dargestellten Fertigungsschritten

- Die Maße sind so anzugeben, daß der Weg des Fräsers hieraus abgelesen werden kann.

- Die Lage von zentrisch (mittig) liegenden Nuten muß nicht explizit angegeben werden.

- Ergibt sich eine Fläche nur aufgrund eines Werkzeugauslaufes, wird ihre Geometrie also nicht konkret vorgeschrieben, so muß diese auch nicht bemaßt werden.

Kennzeichnend für das Fertigungsverfahren *Bohren* ist die spanende Bearbeitung mit drehender Schnittbewegung. Das Werkzeug (der Bohrer) führt eine Vorschubbewegung in Richtung der Drehachse aus.

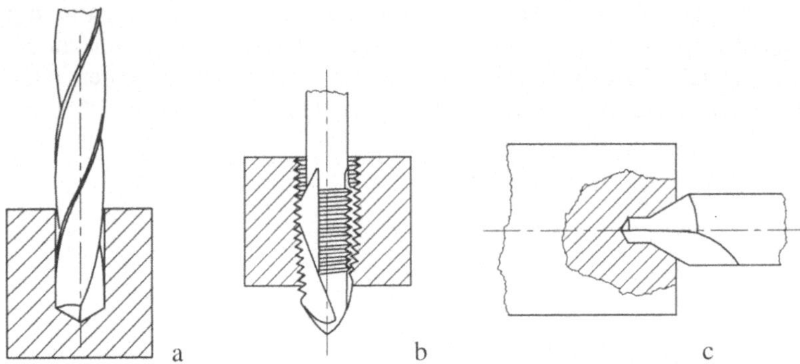

Bild 5-16 Bohrverfahren; a) Einbohren (Bohren ins Volle), b) Gewindebohren, c) Zentrierbohren

Auch für die Bohrbearbeitung soll der typische Ablauf an einem Beispiel näher betrachtet werden. Im folgenden sollen wieder zunächst die einzelnen Bearbeitungsschritte beschrieben werden, Bild 5-17, um hieraus die sich ergebenden Konsequenzen für die Bemaßung herzuleiten.

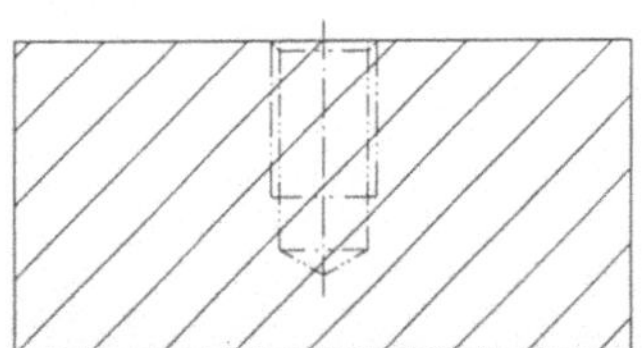

Bild 5-17 a Voraussetzung für die Anfertigung einer Bohrung ist, daß die Ansatzfläche für den Bohrer plan ist und senkrecht zur Drehachse steht.

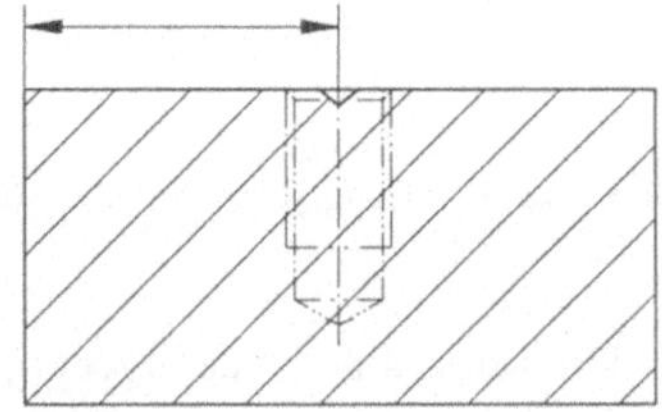

Bild 5-17 b Die Vorbereitung für das Bohren ist das Anreißen des Bohrmittelpunktes. Vor dem Anreißen kann die helle Metallfläche mit einem Filzstift geschwärzt werden, um den Anriß besser sichtbar zu machen. Anschließend wird die betreffende Stelle gekörnt. Diese Präparation hilft, den Bohrer in der Senkung zu zentrieren und dadurch nicht verlaufen zu lassen.

 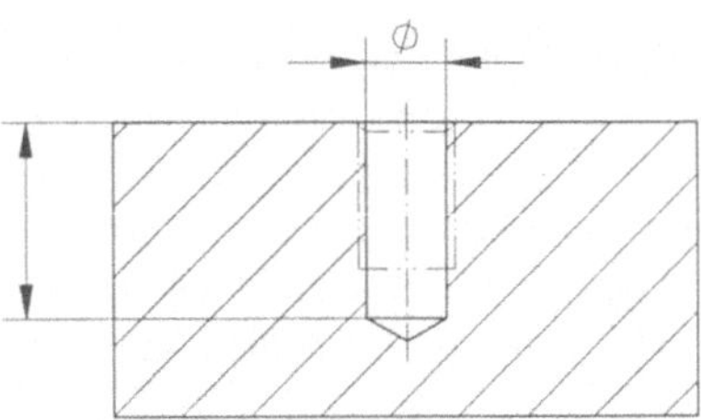

Bild 5-17 c Es wird das Kernloch mit einem Spiralbohrer mit definiertem Durchmesser auf die angegebene Tiefe gebohrt. Beim Bohren ergibt sich stets ein Bohrerauslauf (Spitze). Dieser Bohrerauslauf hat im Normalfall (Bohren in Stahl) einen Winkel von 120°, für andere Materialien können allerdings andere Winkel (bedingt durch andere Bohrer) auftreten.

 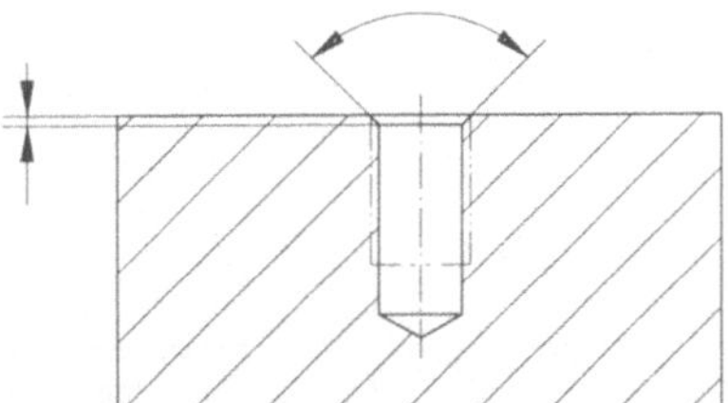

Bild 5-17 d Im Anschluß daran wird die Bohrung angesenkt. Hierfür stehen verschiedene Senker mit verschiedenen Winkeln zur Verfügung. Diese Senkung erleichtert später das Eindrehen des Außengewindes (Schraube).

 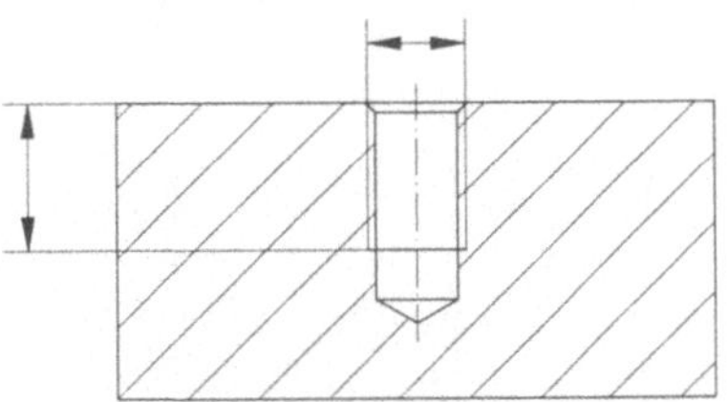

Bild 5-17 e Danach kann das Innengewinde mit einem Gewindebohrer gefertigt werden. Allerdings muß, um ein bestimmtes Gewinde-Nennmaß fertigen zu können, der vorher gebohrte Kerndurchmesser ein passendes Maß aufweisen. Es wird auf die vorgeschriebene Tiefe gewindegebohrt.

Aus den Bearbeitungsschritten ist recht gut zu erkennen, daß die Bemaßung den im folgenden genannten Gesichtspunkten genügen soll:

- Bei einer Gewindebohrung wird nur das Gewinde-Nennmaß bemaßt. Da für eine Gewindebohrung der Kerndurchmesser genau vorgeschrieben ist (DIN 13), wird das Maß des Kerndurchmessers nicht in der Zeichnung benötigt.

- Sowohl die Tiefe der Kernlochbohrung als auch die der Gewindebohrung müssen angegeben werden. Bei der Gewindebohrung wird die nutzbare Gewindelänge angegeben. Diese Maße werden von einer Bezugsfläche gegeben.

- Um bei mehreren Bohrungen Verwechselungen zu vermeiden, sind die Maße für Durchmesser und Tiefe der Bohrung in einer Ansicht zu geben. Nach Möglichkeit ist auch die Positionierung der Bohrung in dieser Ansicht zu geben.

- Der Bohrerauslauf (Spitze) wird nicht bemaßt, muß in der Zeichnung aber stets mit korrektem Winkel dargestellt sein.

- Auf die Bemaßung der sich durch das Senken ergebenden Fase wird später eingegangen. An dieser Stelle sei lediglich angemerkt, daß es mehrere Möglichkeiten gibt, diese zu bemaßen.

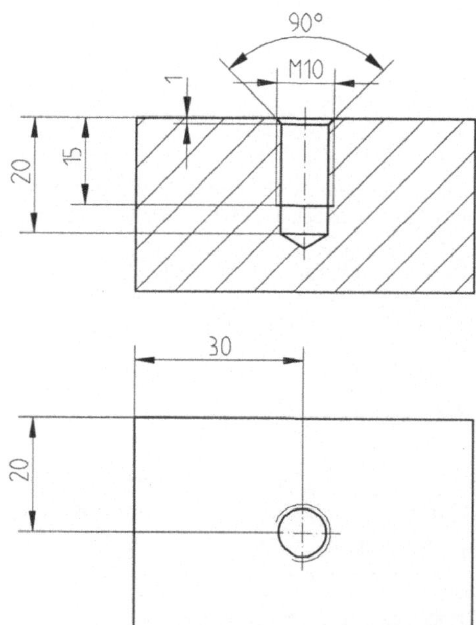

Bild 5-18 Fertigungsgerechte Bemaßung entsprechend den in Bild 5-17 dargestellten Fertigungsschritten

5.2.3 Sonderzeichen

Bislang wurde die Bemaßung nicht vollständig gegeben, eher angedeutet. Dies ist mit Absicht geschehen, da zu der Maßzahl meistens noch Sonderzeichen hinzugefügt werden, deren Bedeutung erst hier im einzelnen erläutert werden soll. Die im folgenden angesprochenen Sonderzeichen sind in DIN 406 Teil 10 als Kennzeichen der Maßeintragung genormt. Die Linienbreite dieser Sonderzeichen entspricht stets der Linienbreite der Maßzahl. Die Norm, in der die Festlegung über Form und Größe der Sonderzeichen definiert ist, wird in Klammern mit angegeben.

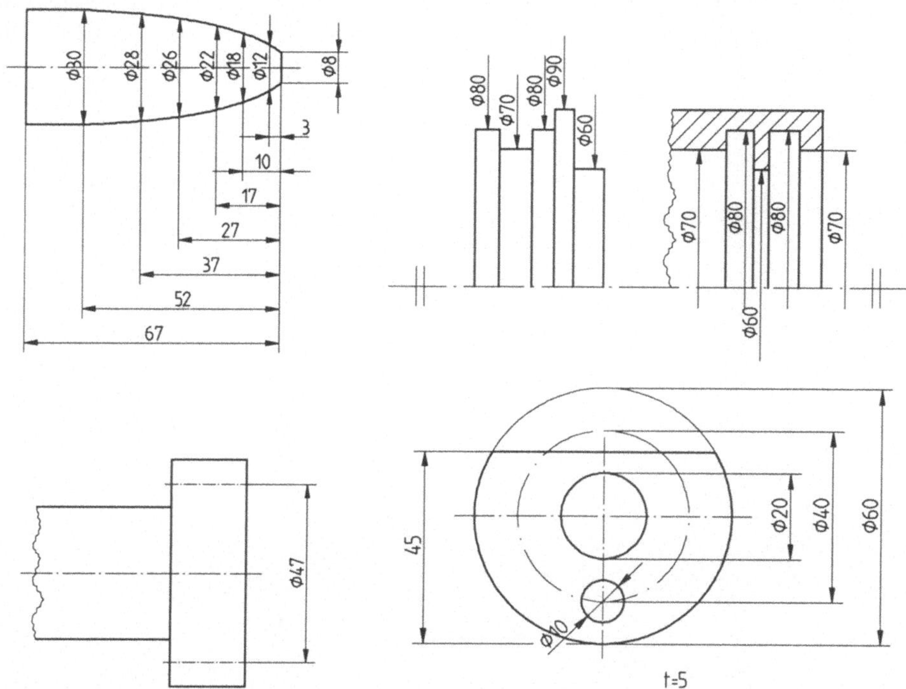

Bild 5-19 Beispiele für die Durchmesserbemaßung

Mit einem *Kreis mit Schrägstrich* Ø (DIN 6776 Teil 1) wird die Kreisform (der *Durchmesser*) zylindrischer Formen gekennzeichnet[21]. Nach DIN 406 Teil 11 vom Dezember 1992 wird das Durchmesserzeichen in jedem Fall vor die Maßzahl gesetzt, also auch dann, wenn in der betreffenden Ansicht die Geometrie als rund/zylindrisch zu erkennen ist. Dabei dürfen Durchmessermaße bei Platzmangel auch von außen angetragen werden. Um Mißverständnisse zu vermeiden, wird in solchen Fällen die Maßzahl in Höhe der (abgebrochenen, mit nur einer Maßlinienbegrenzung versehenen) Maßlinie geschrieben. Bild 5-19 zeigt einige Beispiele für die Bemaßung von Durchmessern.

---

[21]   Das Symbol wird in der Regel auch *Durchmesserzeichen* genannt.

Zur Kennzeichnung von *Radien* wird der *Großbuchstabe* R (DIN 6776 Teil 1) vor die Maßzahl gesetzt. Die dazugehörigen Maßlinien sind durch den Radienmittelpunkt oder aus dessen Richtung zu zeichnen und nur am Kreisbogen mit einem Maßpfeil zu begrenzen. Dabei
kann der Maßpfeil innerhalb oder außerhalb der Darstellung angebracht werden. Maßlinien
für mehrere Radien gleicher Größe dürfen zusammengefaßt werden. Der Mittelpunkt des Radius ist nur dann zu kennzeichnen, gegebenenfalls auch zu bemaßen, wenn es aus Funktionsoder Fertigungsgründen wesentlich ist, daß seine Lage genau definiert ist. Die Kennzeichnung kann durch einen kurzen Querstrich auf einer Mittellinie, einen sehr kleinen Kreis
(Durchmesser etwa 1 mm) oder ein kleines Achsenkreuz (schmale Vollinie) erfolgen. Ist es
aus Platzgründen nicht möglich, große Radien einzuzeichnen, wobei trotzdem die Lage des
Mittelpunktes festgelegt werden soll, so darf die Maßlinie bei manuell erstellten Zeichnungen rechtwinklig abgeknickt und verkürzt gezeichnet werden. Die Maßlinie mit dem Maßpfeil muß jedoch auf den geometrischen Mittelpunkt gerichtet sein.

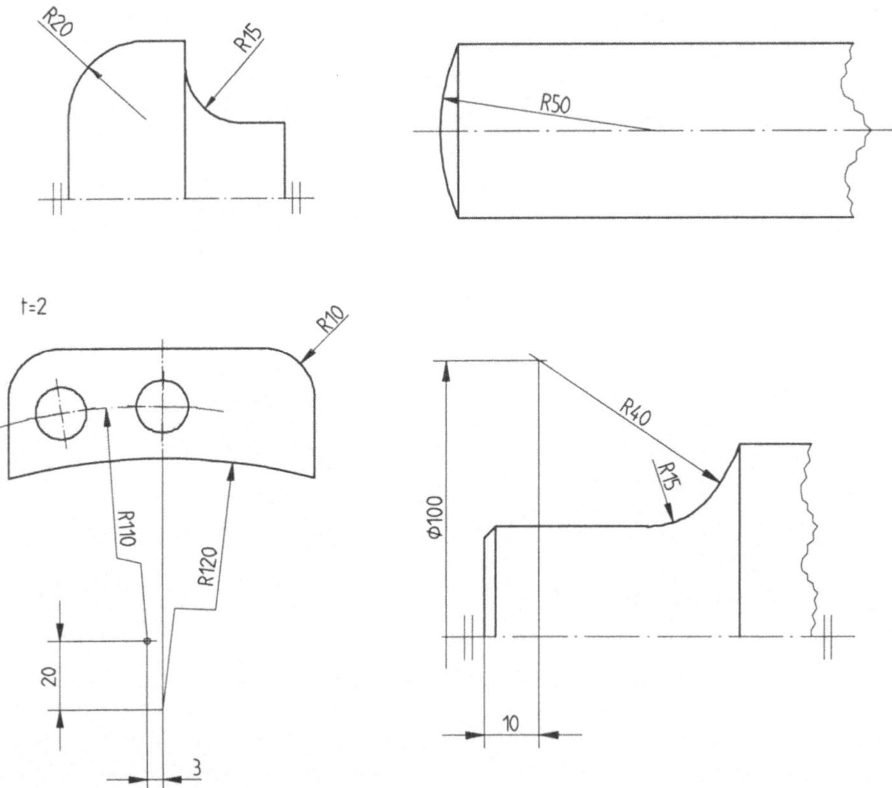

Bild 5-20 Beispiele für die Radiusbemaßung

Haben an einem Werkstück mehrere Rundungen den gleichen Radius, braucht man sie nicht
alle zu bemaßen, wenn man neben das Schriftfeld einen Vermerk schreibt wie z.B. „nicht
bemaßte Radien R = 3". Bild 5-20 zeigt einige Beispiele für die Bemaßung von Radien.

Bei der Festlegung der Maße von Rundungsradien dürfen die Werte nicht beliebig verwendet werden, da zur Fertigung von Radien spezielle Werkzeuge benötigt werden. Auch sind die Möglichkeiten, einen Radius zu messen, begrenzt. Bevorzugt verwendet werden sollten die nach DIN 250 gegebenen Rundungsradien. Die Vorzugsreihe ist in Tabelle 5-2 fett gedruckt wiedergegeben.

Tabelle 5-2 Rundungsradien; Auszug aus DIN 250; Vorzugsreihe fett gedruckt

			0,2		0,3	**0,4**	0,5	**0,6**	0,8
1	1,2	**1,6**	2	**2,5**	3	**4**	5	**6**	8
10	12	**16**	**20**	25	32	**40**	50	**63**	80
100	125	**160**	**200**						

Maßzahlen von kugelförmigen Geometrien werden durch einen vorangestellten *Großbuchstaben* S – für *Sphere* (englisch: Kugel) – gekennzeichnet (DIN 6776 Teil 1), da im allgemeinen aus der Ansicht nicht deutlich wird, ob es sich bei der betreffenden um eine zylindrische oder kugelige Form handelt. Ist der Kugelmittelpunkt angegeben, so wird stets der Kugeldurchmesser bemaßt (S Ø ...), ansonsten der Kugelradius (S R ...). Die Bemaßung des Durchmessers bzw. des Radius erfolgt wie oben beschrieben. Der Großbuchsabe S wird in jedem Fall vor das Durchmesser- bzw. Radiuszeichen gesetzt, also auch dann, wenn aus der Zeichnung ersichtlich ist, daß es sich um eine kugelförmige Geometrie handelt. Bild 5-21 zeigt einige Beispiele für die Bemaßung von Kugelformen.

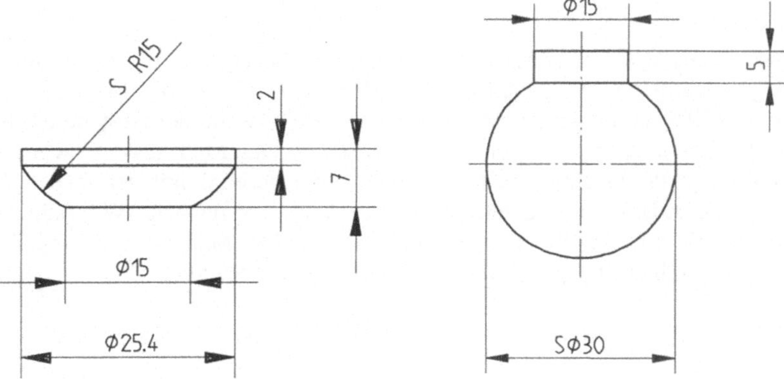

Bild 5-21 Beispiele für die Bemaßung von Kugelformen

Gewinde werden nach DIN ISO 6410 in technischen Zeichnungen vereinfacht dargestellt. Zur Bemaßung des Gewindes genügt das Nennmaß mit dem vorangestellten Gewindezeichen. Dieses Gewindezeichen gibt darüber Auskunft, welche genaue Form das Gewinde aufweist. Im deutschsprachigen Raum wird nahezu ausschließlich das *metrische ISO-Gewinde* nach DIN 13 verwendet; es wird durch den vorangestellten *Großbuchstaben* M (DIN 6776 Teil 1) gekennzeichnet. Werden besondere Forderungen nach Beweglichkeit oder Dichtigkeit gestellt, so werden auch andere Gewindeformen verwendet und durch besondere Gewindezeichen gekennzeichnet. In DIN 202 ist die Übersicht über die verschiedenen Gewindeprofile, die zugehörigen Normen und Anwendungen gegeben. Als Beispiele für andere Gewindezeichen seien Tr für das *metrische ISO-Trapezgewinde* (DIN 103 Teil 2) oder W für das *Withworth-Gewinde* (DIN 477 Teil 1) genannt. Die Durchmesser der Gewinde können nicht frei gewählt werden, sie sind in den jeweiligen Normen festgelegt. Bild 5-22 zeigt einige Beispiele für die Bemaßung von Gewinden.

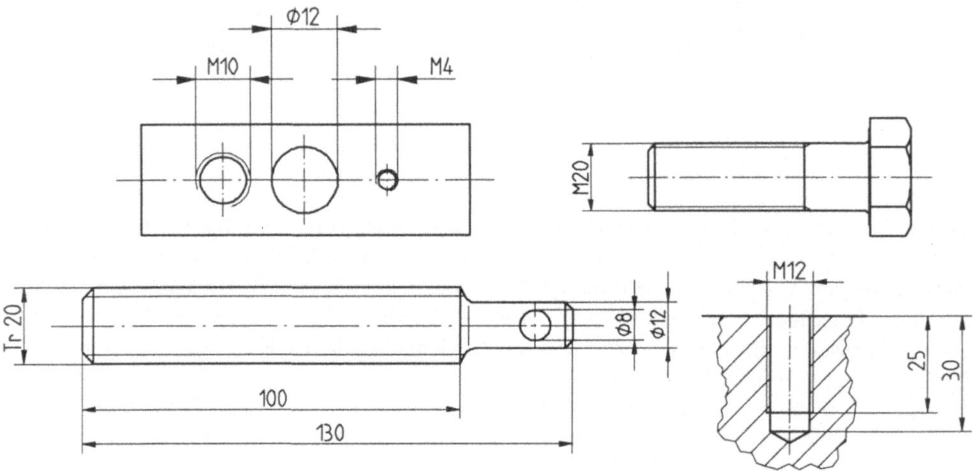

Bild 5-22 Beispiele für die Bemaßung von Gewinden

Zur Kennzeichnung des Abstandes zweier paralleler Flächen, die am Bauteil einander gegenüber liegen, werden die *Großbuchstaben* SW (DIN 6776 Teil 1) verwendet. Das *Schlüsselweitezeichen* SW wird dann der Maßzahl vorangestellt, wenn der Abstand der Schlüsselflächen in der Darstellung nicht bemaßt werden kann. Das Maß „SW ...“ wird mit einer Hinweislinie (schmale Vollinie, im allgemeinen schräggesetzt) mit der in der Zeichnung sichtbaren Fläche in Beziehung gesetzt, Bild 5-23. Das Kennzeichen SW entfällt, wenn die Schlüsselweite mit einer Maßlinie angegeben wird. Darüber hinaus werden die Flächen oft zusätzlich noch durch das Diagonalkreuz als Ebenen gekennzeichnet.

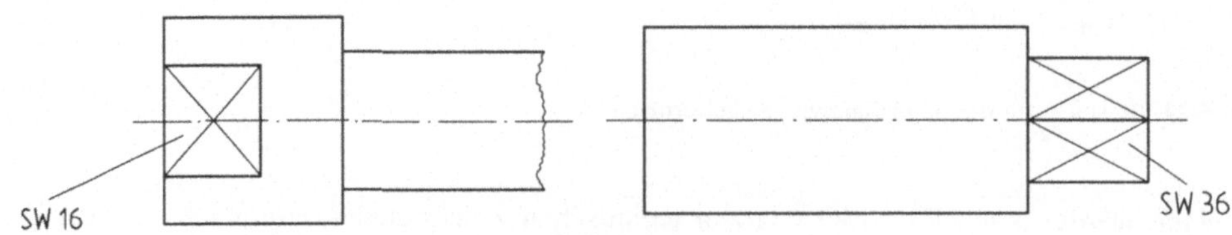

Bild 5-23 Beispiele für die Verwendung des Schlüsselweitezeichens SW

Handelt es sich bei der zu bemaßenden Geometrie um eine quadratische Form, so wird das *graphische Symbol* □ (DIN 6776 Teil 1) der Maßzahl vorangestellt. Es wird nur eine Seitenlänge des Quadrates bemaßt. Bei quadratischen Formen wird das *Quadratzeichen* □ in jedem Fall vor die Maßzahl gesetzt und es wird vorzugsweise in der Ansicht bemaßt, in der die quadratische Form erkennbar ist.

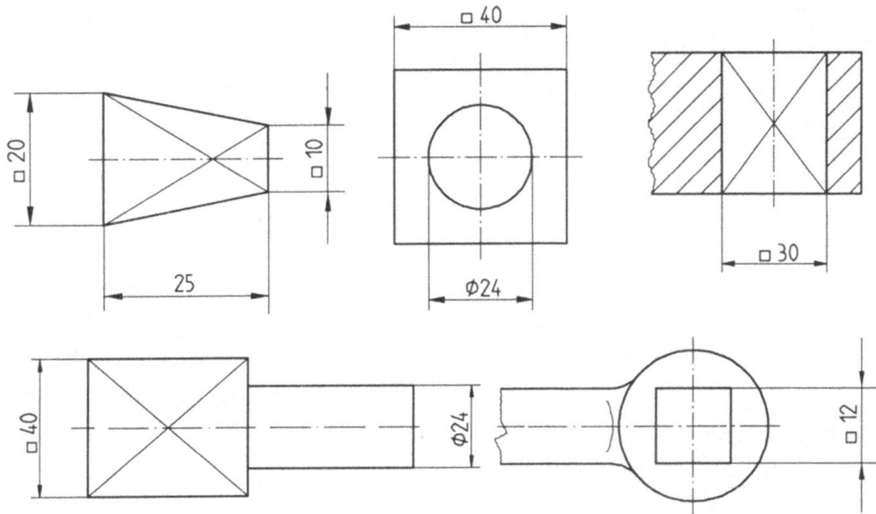

Bild 5-24 Beispiele für die Verwendung des Quadratzeichens □

Soll eine *Bogenlänge* bemaßt werden, so wird ein *Halbkreis* ⌒ (DIN 406 Teil 10 und DIN ISO 7083) mit der Öffnung nach unten und einem Durchmesser von 14 × Linienbreite der Schrift vor die Maßzahl gesetzt. Bei einer Schrifthöhe von 3,5 mm ergibt sich also ein Durchmesser von 4,9 mm (≈ 5 mm), bei einer Schrifthöhe von 5 mm ergibt sich ein Durchmesser von 7 mm. Bei manueller Erstellung der Beschriftung darf ein Bogenzeichen in abgewandelter Form über die Maßzahl gesetzt werden. Solch ein Bogenzeichen ist dann kein Halbkreis mehr, sondern mehr ein Bogen, der die Maßzahl von oben wie eine Klammer umschließt.

Bei Bogenmaßen, die kleinere Winkel betreffen (bis 90°) werden die Maßhilfslinien parallel zur Winkelhalbierenden gezeichnet. Dies bedeutet, daß trotz sich aneinander anschließender Bogenmaße oder sich an Bogenmaße anschließender Längen- oder Winkelmaße jedes Maß stets die eigenen Maßhilfslinien erhält. Bei Bogenmaßen, die größere Winkel betreffen (über 90°), werden die Maßhilfslinien in Richtung zum Bogenmittelpunkt eingezeichnet. So können sich aneinander anschließende Bogenmaße oder sich an Bogenmaße anschließende Längen- oder Winkelmaße an einer Maßhilfslinie angetragen werden. Ist unklar, auf welche Linie sich das Bogenmaß bezieht, wird mittels einer Linie mit Pfeil und Punkt ein Bezug zwischen der Maßlinie und der bemaßten Bogenlänge hergestellt. Diese Linie ist in unmittelbare Nähe der Maßzahl zu positionieren.

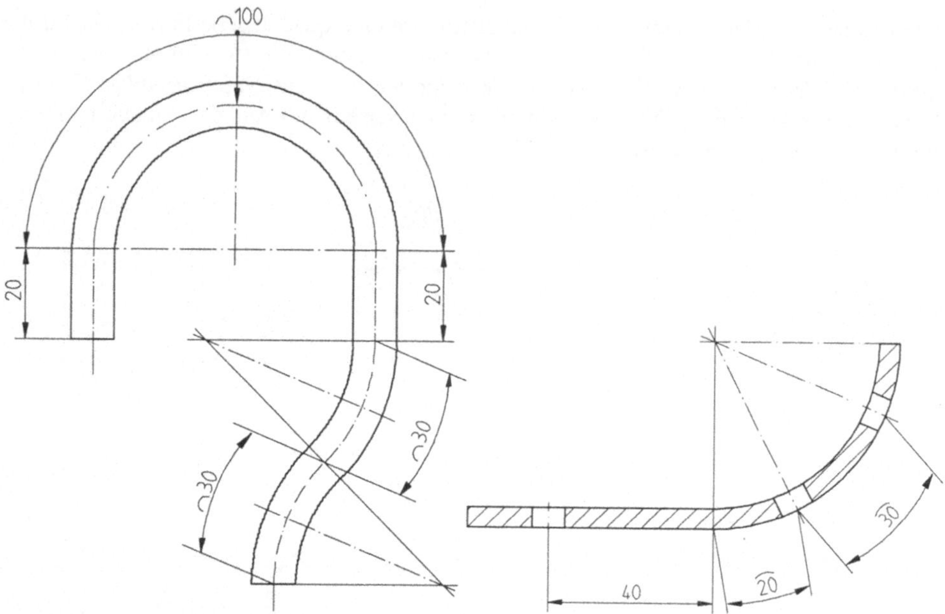

Bild 5-25 Beispiele für die Angabe von Bogenmaßen

In *runde Klammern* (...) (DIN 6776 Teil 1) werden Maßzahlen (und gegebenenfalls Symbole) gesetzt, wenn es sich bei den betreffenden Maßzahlen (Symbolen) um *Hilfsmaße* oder Zusatzangaben handelt. Hilfsmaße sind Maße, die zur größenmäßigen Festlegung des dargestellten Bauteiles nicht unbedingt benötigt werden, weil sich die betreffende Abmessung beispielsweise schon aus der übrigen Bemaßung ergibt. Dennoch kann es in bestimmten Fällen sinnvoll sein, Hilfsmaße zusätzlich anzugeben, die dann entsprechend in runde Klammern zu setzen sind.

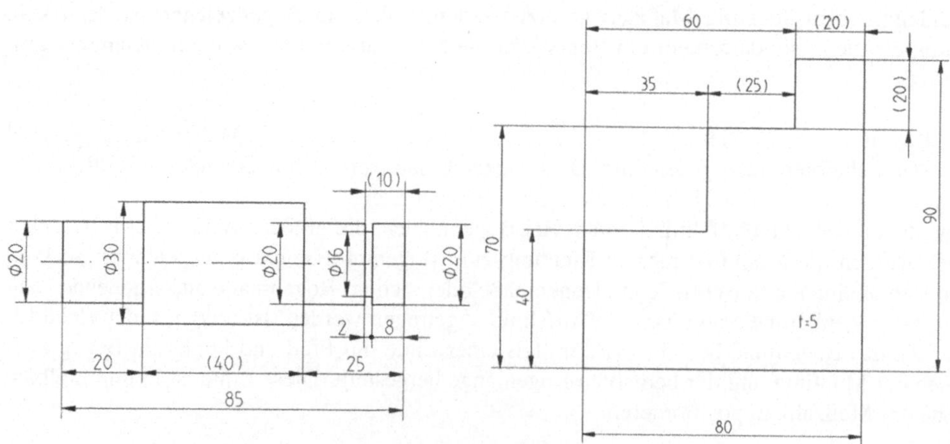

Bild 5-26 Angabe von Hilfsmaßen in runden Klammern

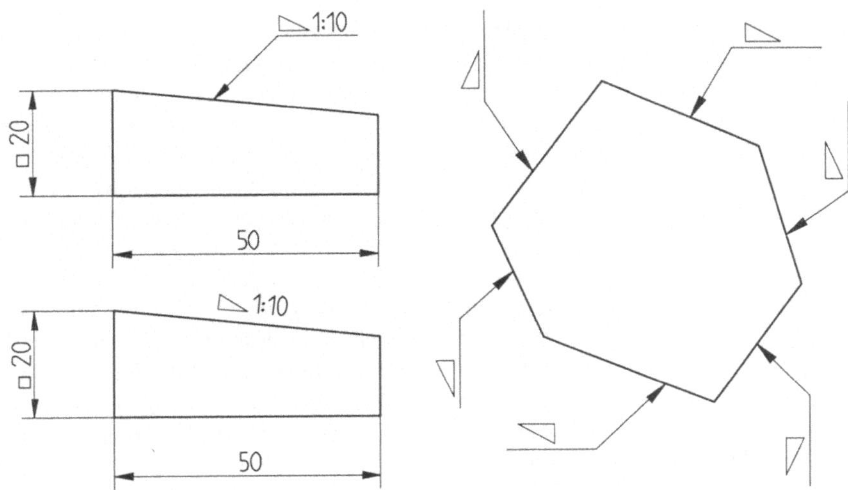

Bild 5-27 Beispiele für das Bemaßen von Neigungen

Das *rechtwinklige Dreieck* ▷ (DIN 406 Teil 10) ist ein graphisches Symbol zur Kennzeichnung von *Neigungen von Flächen* z.B. gegenüber einer Bezugsfläche oder von Symmetrielinien. Die horizontale Länge des Dreieckes ist in der DIN 202 Teil 10 mit 16 × Linienbreite der Schrift angegeben, das Verhältnis der kurzen zur langen Kathete wird mit 1:2 verlangt. Das *Neigungszeichen* wird so angeordnet, wie es der Richtung der geneigten Fläche entspricht, d.h. es kann nicht nur gedreht, sondern auch gespiegelt werden. Das Symbol wird vor den Zahlenwert der Neigung gesetzt. Die Maßzahl der Neigung kann als Verhältnis (z.B. 1:10) oder in Prozent (10%) angegeben werden. Die Angabe ist vorzugsweise auf einer abgeknickten Hinweislinie einzutragen. Es ist aber auch zulässig, die Eintragung an der Linie der geneigten Fläche oder in waagerechter Richtung vorzunehmen. Für die Fertigung ist es oft hilfreich, wenn der Neigungswinkel als Hilfsmaß zusätzlich angegeben wird.

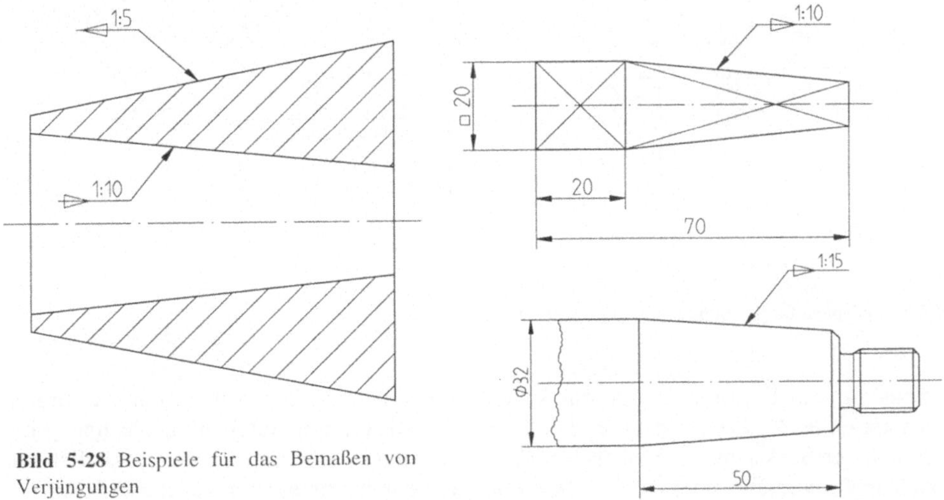

Bild 5-28 Beispiele für das Bemaßen von Verjüngungen

Das *gleichschenklige Dreieck* ▷— (DIN 406 Teil 10 und DIN ISO 3040) ist ein graphisches Symbol zur Kennzeichnung von *Verjüngungen von Flächen*. Die Höhe des Dreieckes ist in der DIN 202 Teil 10 mit 16 × Linienbreite der Schrift angegeben, das Verhältnis der Höhe des Dreiecks zu der Länge der Grundlinie wird mit 1:2 verlangt. Das *Verjüngungszeichen* läßt sich vorteilhaft zur Kennzeichnung von zweiseitigen, symmetrischen Verjüngungen einsetzen, also nicht nur bei rotationssymmetrischen, kegeligen Bauteilen, sondern auch bei pyramidenförmigen Bauteilen oder Übergängen. Es ist ansonsten analog dem Neigungszeichen anzuwenden.

Für die Bemaßung von *kegelförmigen Bauteilen oder Übergängen*, bei denen keine besonderen Genauigkeitsanforderungen gestellt werden, steht kein besonderes Zeichen zur Verfügung. Ein Kegel wird hier durch die Angabe zweier Durchmesser und des Längenmaßes zwischen den beiden Durchmessern festgelegt. Mit Blick auf die Fertigung (insbesondere bei Drehteilen) kann der halbe Kegelwinkel (Einstellwinkel an der Werkzeugmaschine) als Hilfsmaß zusätzlich angegeben werden.

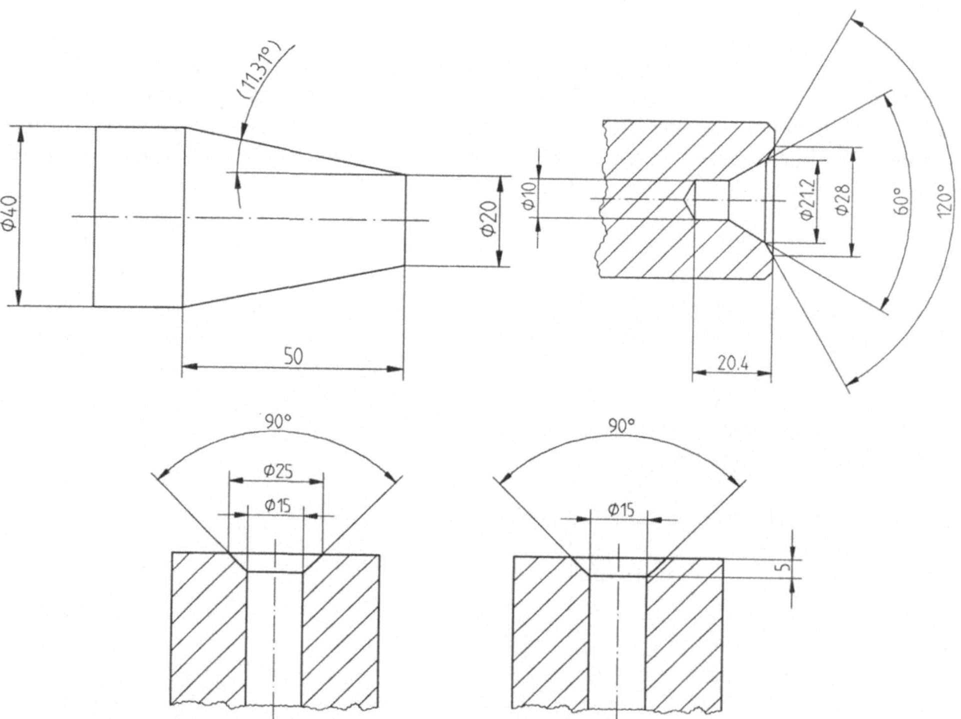

Bild 5-29 Beispiele für die Bemaßung von Kegeln und Senkungen

Zur Senkung von Bohrungen, also zur kegeligen Bearbeitung von Kanten einer Bohrung, werden spezielle Werkzeuge benutzt. Die Bemaßung trägt dieser Bearbeitung Rechnung dadurch, daß der Senkwinkel (Winkel des Werkzeugs) direkt angegeben wird. Zusätzlich zur Winkelangabe wird entweder die Senktiefe oder der Senkdurchmesser angegeben.

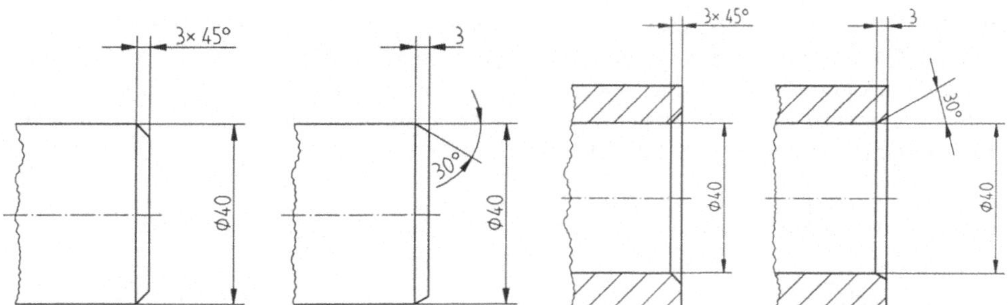

Bild 5-30 Beispiele für die Bemaßung von Fasen

Im allgemeinen Fall werden *Fasen an Bauteilen* durch eine Längen- und eine Winkelangabe
bemaßt. Die Fasenlänge ist stets in die Bauteillänge einzubeziehen. In dem (am häufigsten
vorkommenden) Sonderfall der 45°-Fase können Fasenlänge und -winkel zu einer vereinfachenden Maßangabe zusammengezogen werden, z.B. „2 × 45°" für Fasenbreite 2 mm und
Fasenwinkel 45°.

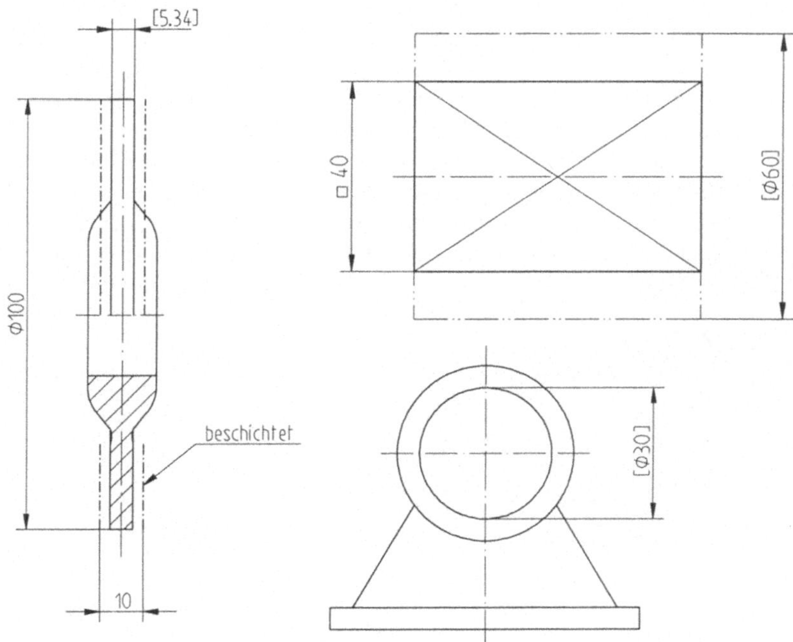

Bild 5-31 Beispiele für die Benutzung von eckigen Klammern

Eckige Klammern [...] (DIN 6776 Teil 1) werden zur Kennzeichnung von *Roh-* und *Vorbe-*
arbeitungsmaßen in Fertigteilzeichnungen benutzt. Eine Rohteilkontur wird ja – wie bereits
angedeutet – mit einer Strich-Zweipunktlinie in die Fertigteilzeichnung eingezeichnet. Soll

diese Rohteilkontur auch bemaßt werden, so sind die sich auf das Rohteil beziehenden Maße in eckige Klammern zu setzen. In eckige Klammern werden aber auch Maße von Bauteilen gesetzt, die als Fertigmaße in einer höheren Strukturstufe erhalten bleiben sollen, z.B. Innendurchmesser einer fertig bearbeiteten Buchse in einer Schweißkonstruktion. Die Bedeutung der Klammern wird über dem Schriftfeld erklärt.

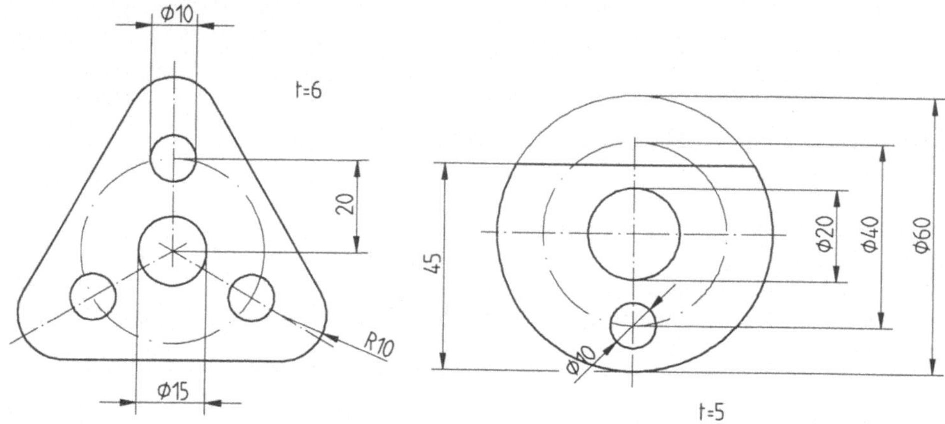

Bild 5-32 Beispiele für die Dickenangabe durch den Buchstaben t

Damit man für Flachteile mit konstanter Dicke (z.B. flache Blechteile) keine separate Ansicht nur zur Dickenbemaßung anfertigen muß, kann die Dicke des Teiles mit Hilfe des *Kleinbuchstabens* t (DIN 6776 Teil 1) durch die Angabe „t = ..." (Bezeichnung aus dem Englischen: t – thickness) in die Vorderansicht eingetragen werden. Weitere *Maßbuchstaben* und ihre Bedeutung sind nach ISO 3898 festgelegt, nämlich b = Breite, h = Höhe oder Tiefe, l (großes i) = Länge.

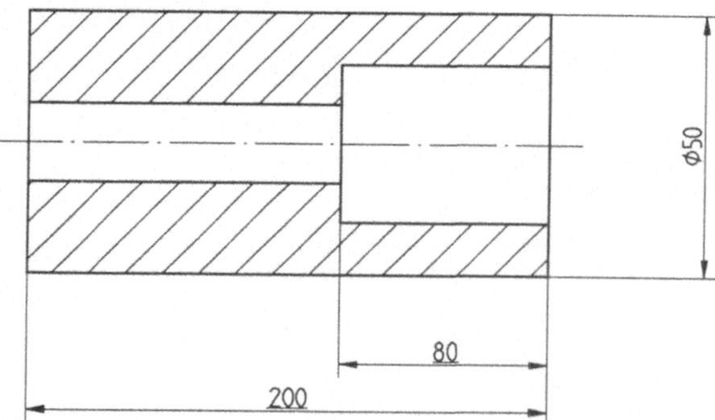

Bild 5-33 Beispiele für die Bemaßung nicht maßstäblich gezeichneter Abmessungen

Die *Unterstreichung der Maßzahl* in gerader schmaler Vollinie wird als Kennzeichnung dafür genommen, daß die entsprechende Abmessung in der Zeichnung nicht maßstäblich wiedergegeben ist. Um Zeichenarbeit einzusparen, fertigt man bei nur in einzelnen Abmessungen voneinander abweichenden Bauteilvarianten gelegentlich gar keine eigene Zeichnung für jede Varainte an, sondern benutzt immer die gleiche Zeichnung mit jeweils veränderten Maßangaben. In einem solchen Fall stimmen Zeichnung und Bemaßung nicht überein. Gültigkeit für die Herstellung des betreffenden Bauteiles hat stets die Bemaßung, allerdings müssen alle Maße, welche die Zeichnung nicht maßstäblich wiedergibt, durch Unterstreichung gekennzeichnet sein. Diese Kennzeichnung ist bei rechnerunterstützter Anfertigung der Zeichnung allerdings nicht gestattet.

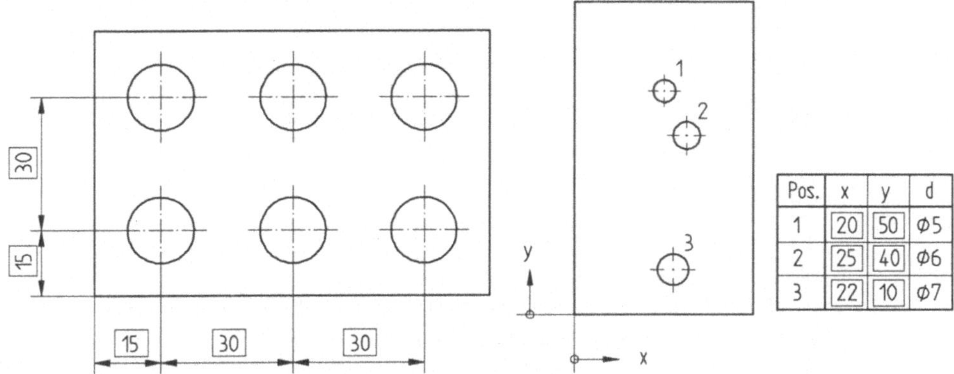

Bild 5-34 Beispiele für die Angabe theoretisch genauer Maße

Die *Umrahmung einer Maßzahl* soll einen besonderen Status der betreffenden Maßzahl hervorheben. Die Umrahmung der Maßzahl mit schmaler Vollinie durch *einen rechteckigen Rahmen* (DIN ISO 7083) deutet an, daß es sich um ein *theoretisch genaues Maß* handelt. In bestimmten Fällen ist es nämlich erforderlich, ein theoretisch genaues Maß anzugeben, d.h. ein Maß ohne Toleranzbereich (siehe Kapitel 9). Insbesondere trifft dies zu, wenn das betreffende Maß die Bezugsbasis für Positionstoleranzen ist. Dies gilt auch, wenn die theoretisch genauen Maße in einer Tabelle gegeben werden.

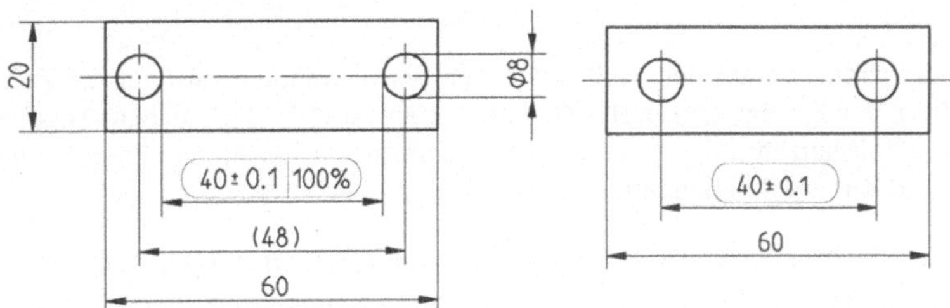

Bild 5-35 Beispiele für die Angabe von Prüfmaßen

Die Umrahmung der Maßzahl mit schmaler Vollinie durch *einen gerundeten Rahmen (Rahmen mit zwei Halbkreisen)* (DIN 406 Teil 10) deutet an, daß es sich um ein *Prüfmaß* handelt. Solche Maße werden im Rahmen der Qualitätssicherung überprüft. In der Regel ist der Maßzahl dann eine Toleranzangabe hinzuzufügen (siehe Kapitel 8). Weitere Zusätze können die

Art bzw. den Umfang der durchzuführenden Prüfung betreffen (z.B. „100%"). Bei Bedarf wird der Rahmen durch senkrechte Striche in schmaler Vollinie unterteilt. Gegebenenfalls ist in der Nähe des Schriftfeldes die Bedeutung und der Prüfumfang zu erklären.

Zur Angabe der Abwicklung eines umgeformten oder aufgerollten Werkstücks wird das Zeichen für die *gestreckte Länge* ⟱ (DIN 406 Teil 10) vor die Maßzahl gesetzt. Der Kreis hat einen Durchmesser von 10 × Linienbreite der Schrift. Die Länge der Pfeillinie entspricht dem 1,5fachen Durchmesser des Kreises.

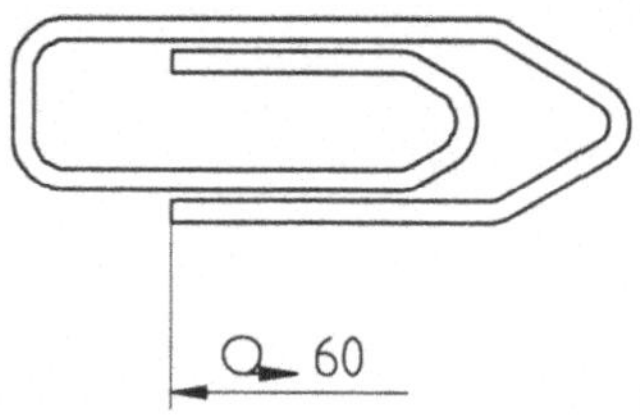

Bild 5-36 Beispiele für die Angabe der gestreckten Länge

Um die *Lage von Meßstellen* zu kennzeichnen, wird das Symbol ▽ (DIN 406 Teil 10) verwendet. Es wird mit den betreffenden Maßen kombiniert, Bild 5-37.

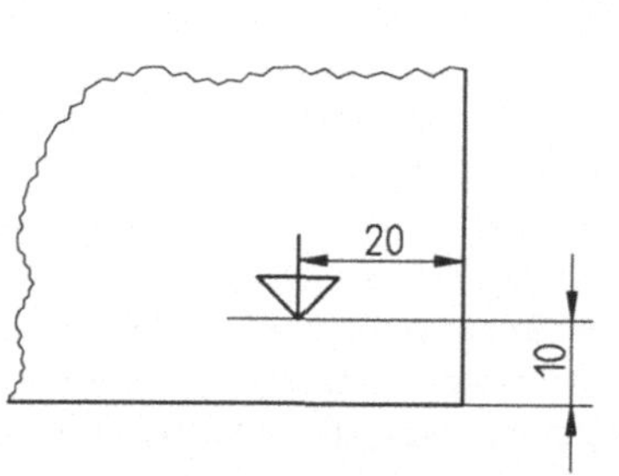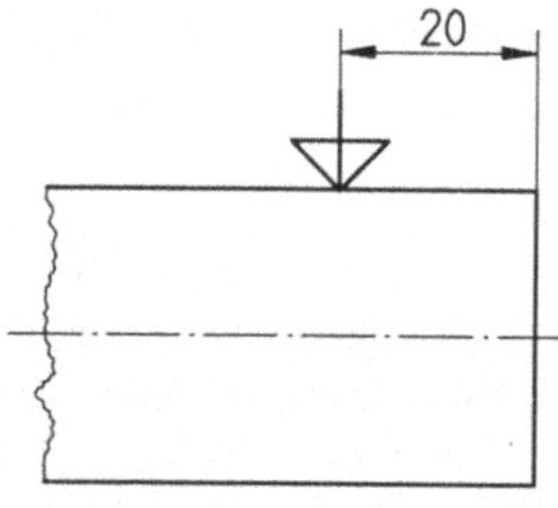

Bild 5-37 Beispiele für die Angabe der Lage von Meßstellen

Wie bereits erwähnt, können der Maßzahl neben den erwähnten besonderen Zeichen auch bestimmte Zusätze angefügt sein, z.B. „40 ± 0,1" oder „6 P9". Bei solchen Angaben handelt es sich um Maßtoleranzen. Diese werden – gemeinsam mit der allgemeinen Systematik der Toleranzen – im Kapitel 8 behandelt.

Der Vollständigkeit halber seien noch die Sonderzeichen für die Maximum-Material-Bedingung Ⓜ und die Hüllbedingung Ⓔ genannt. Diese Symbole werden im Zusammenhang mit Toleranzangaben verwendet und definieren den Tolerierungsgrundsatz. Die Benutzung und Bedeutung dieser Symbole wird erst im Kapitel 8 ausführlich angesprochen.

5.2.4 Vereinfachungen bei der Bemaßung

Zur grundsätzlichen Anordnung von Maßeintragungen in Zeichnungen wurden oben schon einige Regeln genannt (z.B. keine Doppelangabe von Maßen, Vollständigkeit der Bemaßung in Einzelteilzeichnungen). Auch wurden die bei der Zeichnungseintragung üblichen Sonderzeichen ausführlich besprochen. Für bestimmte, häufig vorkommende Formelemente ist zur Vereinfachung der Zeichenarbeit eine besondere Bemaßungen möglich. Es werden hierzu im allgemeinen zwar keine Sonderzeichen genutzt, es herrschen jedoch bestimmte Konventionen, die es einzuhalten gilt, soll die Zeichnung später richtig interpretiert werden. Die vereinfachte Bemaßung dieser Formelemente soll in diesem Abschnitt angesprochen werden.

Es wurde bereits darauf eingegangen, daß bei Auftreten von Bauteilvarianten mit nur einzelnen voneinander abweichenden Abmessungen keine separaten Zeichnungen erstellt werden müssen. In dem oben genannten Zusammenhang wurde auf die Möglichkeit eingegangen, nicht maßstäblich gezeichnete Abmessung durch Unterstreichen zu kennzeichnen. Eine andere Möglichkeit, die unterschiedlichen Bauteilabmessungen in der Zeichnung wiederzugeben, ist die Einführung einer Tabelle. Die Bauteile werden dazu mit Kleinbuchstaben (*Maßbuchstaben*) bemaßt, denen über die Tabelle die zugehörige Maßzahl zugewiesen wird. Die Maßbuchstaben werden in der Schriftgröße der Maßzahlen geschrieben. Sonderzeichen, wie z.B. ∅ für Durchmesser, ∩ für Bogenlänge oder M für metrisches Gewinde, werden nicht den Maßbuchstaben, sondern den Maßzahlen in der Tabelle vorangestellt. Buchstaben mit allgemein üblicher oder festgelegter Bedeutung, wie m = Modul oder z = Zähnezahl, dürfen natürlich mit anderer Bedeutung in ein und derselben Zeichnung nicht nochmals verwendet werden. Ist dies unumgänglich, sollen zusätzlich Indices verwendet werden. Großbuchstaben sowie der Buchstabe „o" sollen nicht als Maßbuchstaben benutzt werden, Bild 5-38.

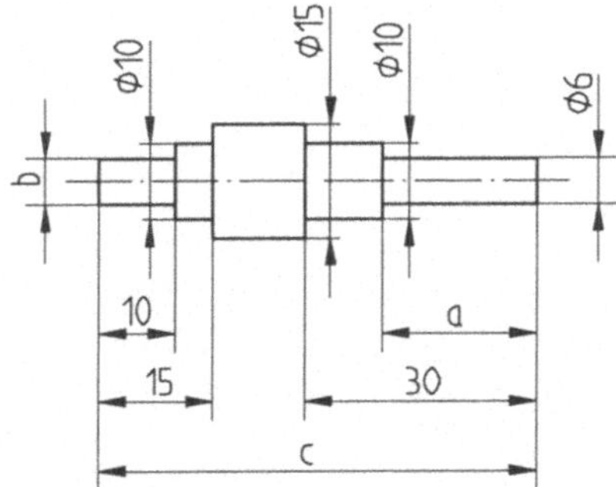

Bild 5-38 Tabelle mit Maßbuchstaben

Teilungen sind nach DIN 406 Teil 2 als eine Aufeinanderfolge mehrerer Abstände definiert, die auf einer Geraden oder auf einem Kreis(-bogen) liegen. Bei der Bemaßung von Teilungen sind gewisse Vereinfachungen zulässig. Der am häufigsten vorkommende Fall sind gleiche Elemente, die in gleichen Abständen auf einem Kreis(-bogen) angeordnet sind (z.B. Flanschbohrungen). Es genügt in solchen Fällen, für das erste Element Größe und Lage anzugeben, den Abstand zum zweiten Element zu bemaßen und die Teilungen zwischen dem ersten und dem letzten Element in Form „Anzahl der Teilungen × Teilungsmaß" mit in Klammern angegebenem Gesamtmaß zusammenzufassen, z.B. „6 × 25° (=150°)". Bei großen Gesamtwinkeln darf hierbei die Maßlinie einseitig abgebrochen werden. Auch ist es zulässig, kreisförmige Elemente zwischen dem ersten und dem letzten Element allein durch ihre Mittelkreuze zu symbolisieren oder sogar diese noch teilweise fortzulassen.

Im Sonderfall von zwei oder vier Löchern, die gleichmäßig auf einem Lochkreis verteilt sind, kann in der Ansicht die Angabe des Teilungswinkels ganz entfallen. In diesen Fällen kann man sogar den Teilungsdurchmesser, die Anzahl der Löcher und den Lochdurchmesser in der Seitenansicht zu einem Maßangabe zusammenfassen. Bild 5-39 zeigt einige Beispiele für die Bemaßung von Teilungen.

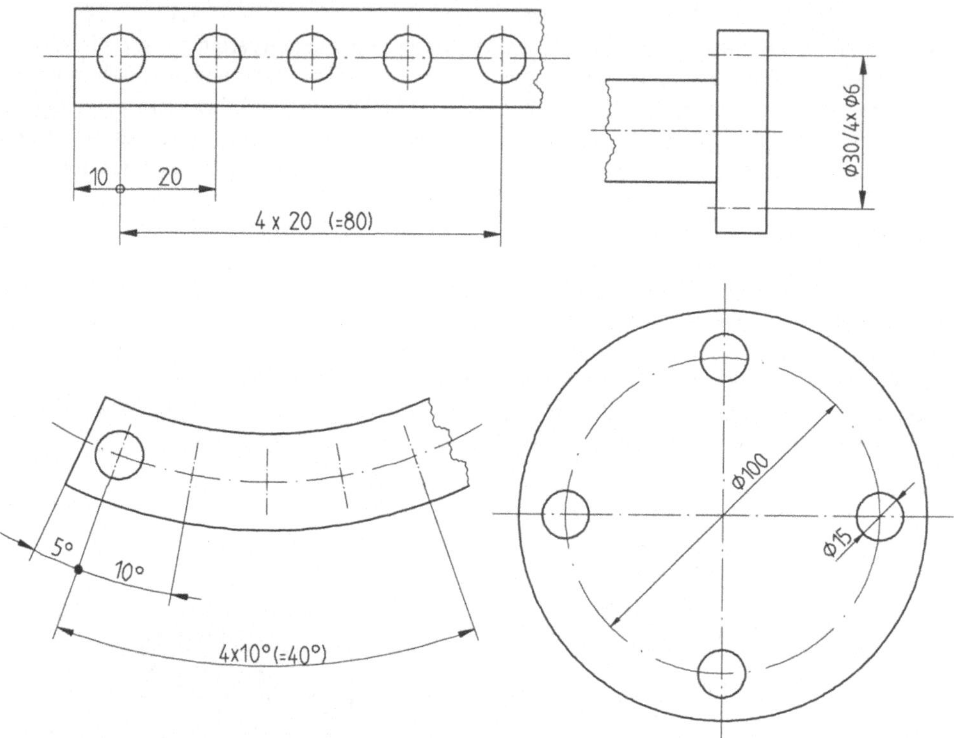

Bild 5-39 Bemaßung von Teilungen (Beispiele)

Die Maße der häufig vorkommenden Formelemente dürfen auch mit einer *Hinweislinie* angetragen werden. Zu diesen Formelementen gehören z.B. Fasen, Bohrungen und Rechtecke. Bild 5-40 zeigt einige Beispiele für das Antragen von Maßen mit Hinweislinien.

Bei Rechtecken zeigt die abgewinkelte Hinweislinie auf eine Körperfläche. Dadurch kann in der Regel unterschieden werden, ob es sich um einen Hohlkörper (Hinweislinie von innen) oder um einen Vollkörper (Hinweisline von außen) handelt. Das Maß der Seitenlänge, an der die Hinweislinie angetragen wird, steht an erster Stelle. An zweiter Stelle steht die zweite Seitenlänge, die von der Maßzahl für die Dicke oder Tiefe gefolgt sein kann. Ist die dritte Maßzahl gegeben, so muß – um Verwechselungen auszuschließen – durch eine Seitenansicht oder einen Schnitt explizit darüber informiert werden, ob es sich um einen Voll- oder Hohlkörper handelt.

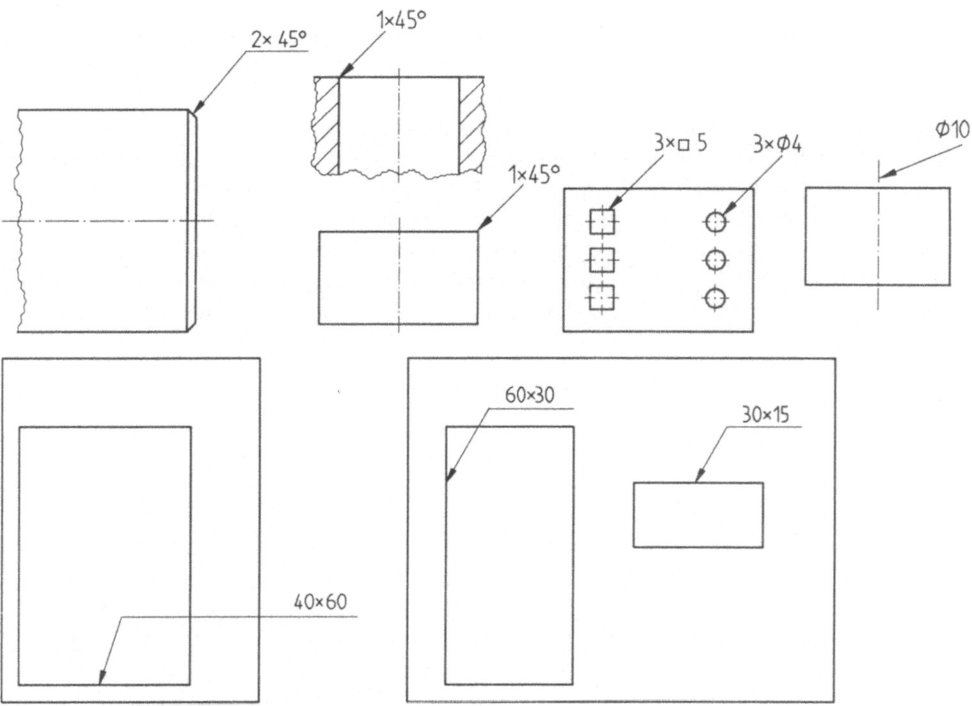

Bild 5-40 Bemaßung mit Hilfe von Hinweislinien (Beispiele)

5.2.5 Weitere Arten der Bemaßung

Alle Bemaßungen wurden bislang als sogenannte Parallelbemaßung angegeben. Daneben sind allerdings auch andere Bemaßungsarten möglich. Dies sind die steigende Bemaßung und die Koordinatenbemaßung.

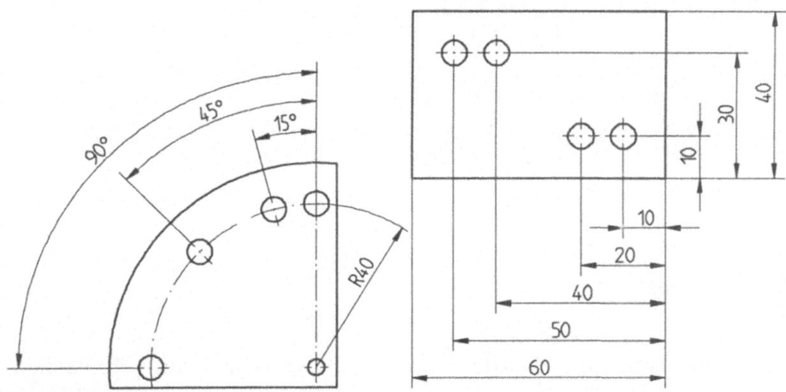

Bild 5-41 Parallelbemaßung

Bei der *Parallelbemaßung* werden die Maßlinien parallel in einer bzw. in zwei oder drei senkrecht aufeinander stehenden Richtungen oder konzentrisch zueinander eingetragen.

Bei der *steigenden Bemaßung* werden ausgehend vom Ursprung in jeder der drei möglichen und senkrecht aufeinander stehenden Richtungen in der Regel nur eine Maßlinie eingetragen und an den Maßhilfslinien jeweils mit einer Maßlinienbegrenzung in einer Richtung abgeschlossen. Der *Ursprung* wird mit einer 0 gekennzeichnet. Sollten Maße, ausgehend vom Ursprung, in zwei Richtungen notwendig werden, so sind die Werte in einer der Richtungen als negative Werte mit Minuszeichen einzutragen. Bei der steigenden Bemaßung ist es des weiteren zulässig, innerhalb einer Zeichnung für eine besondere Form einen neuen Ursprung zu definieren.

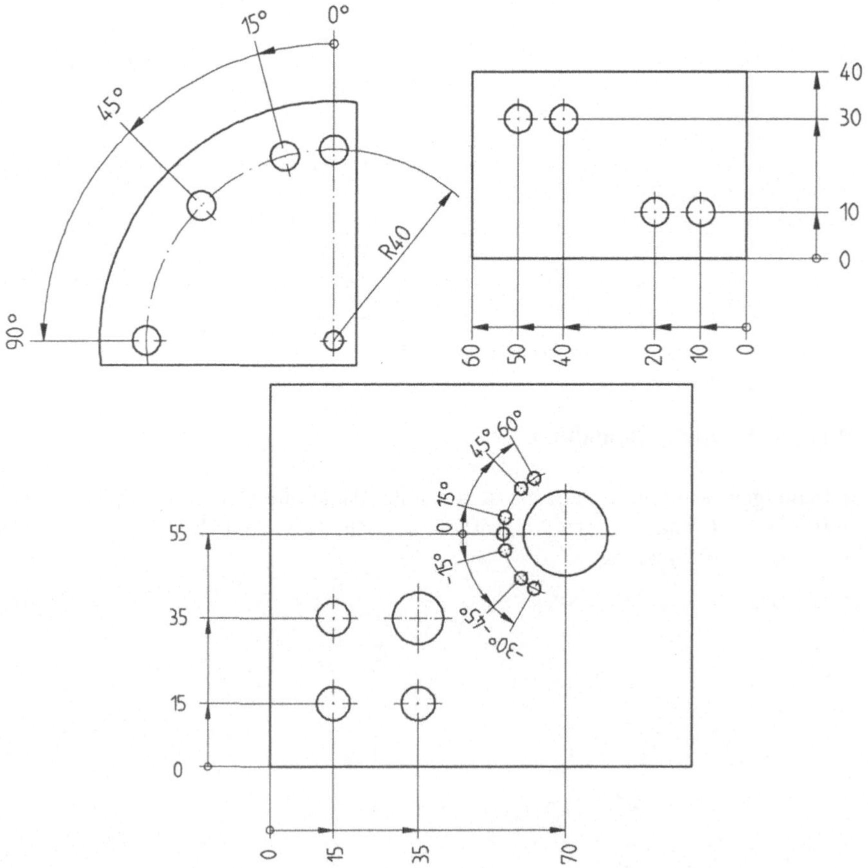

Bild 5-42 Steigende Bemaßung

Als dritte Bemaßungsart ist die *Koordinatenbemaßung* zu nennen, die sehr ähnlich der steigenden Bemaßung ist. Der Unterschied der beiden Bemaßungsarten ist, daß bei der Koordinatenbemaßung die Maßzahlen nicht an die Maßlinien angetragen, sondern durch ihre Koordinaten angegeben werden. Diese Bemaßungsart vereinfacht das manuelle Programmieren von numerisch gesteuerten Werkzeugmaschinen[22]. Die Angabe der Koordinaten kann in zwei unterschiedlichen Koordinatensystemen erfolgen: dem kartesischen Koordinatensystem und dem Polarkoordinatensystem.

Die *kartesischen (rechtwinklige) Koordinaten* werden durch Längenmaße in den Richtungen x, y und gegebenenfalls z, die von einem definierten Ursprung aus abgegriffen werden, angegeben. Diese Richtungen können frei festgelegt werden, wobei der zwischen ihnen eingeschlossene Winkel stets 90° beträgt und die Koordinatenachsen ein Rechtssystem bilden. Die Koordinaten sind in der Nähe der zu bemaßenden Form oder in Tabellen anzugeben. Es können sowohl positive als auch negative Werte auftreten. Maßlinien und Maßhilfslinien werden nicht eingetragen.

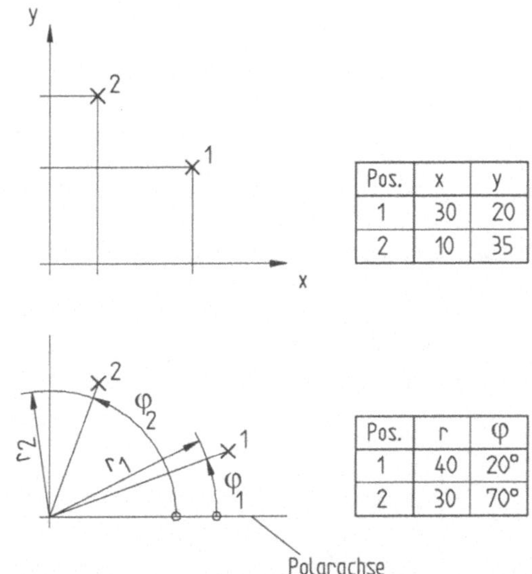

Pos.	x	y
1	30	20
2	10	35

Pos.	r	φ
1	40	20°
2	30	70°

Die *Polarkoordinaten* werden ebenfalls von einem Ursprung aus abgetragen, allerdings werden diese durch einen Radius r und einen Winkel φ festgelegt. Die Werte für den Radius und den Polarwinkel sind stets positiv. Der Polarwinkel wird von der Polarachse gegen den Uhrzeigersinn angegeben. Die Koordinatenwerte werden in Tabellen eingetragen. Maßlinien und Maßhilfslinien werden nicht eingetragen.

Bild 5-43 Koordinatensysteme

Zur Bemaßung mit Hilfe der Koordinatenangabe ist zunächst der Ursprung zu definieren. Dieser kann an eine Körperkante gebunden sein, aber auch außerhalb der Darstellung liegen. An diesen Koordinatenursprung werden die verwendeten Koordinaten (kartesische bzw. Polarkoordinaten) angetragen. Der Nullpunkt wird durch eine 0 gekennzeichnet. Sollten die Koordinatenachsen mit Körperkanten zusammenfallen, so kann trotzdem der Koordinatenursprung an der Körperkante liegen, muß dann aber mit Hilfslinien herausgezogen werden. Der jeweilige Beginn der Koordinatenachse wird dann durch einen kleinen Kreis markiert. Die Bemaßung der betreffenden Koordinatenpunkte kann dann durch Angabe einer Positionsnummer und Wiedergabe der jeweiligen Koordinaten in einer Tabelle oder durch Angabe der Koordinaten an der jeweiligen Stelle direkt erfolgen. Zusätzliche Angaben zu den Einzelheiten eines Koordinatenpunktes, z.B. der Bohrungsdurchmesser, dürfen entweder in der Darstellung oder in der Tabelle angegeben werden. Zulässige Maßabweichung oder ähnliches dürfen ebenfalls in zusätzliche Spalten der Tabelle eingetragen werden.

---

[22]   Numerisch gesteuerte Werkzeugmaschinen sind solche, bei denen Vorschub, Geschwindigkeit der Werkzeuge u.ä. programmiert gesteuert werden.

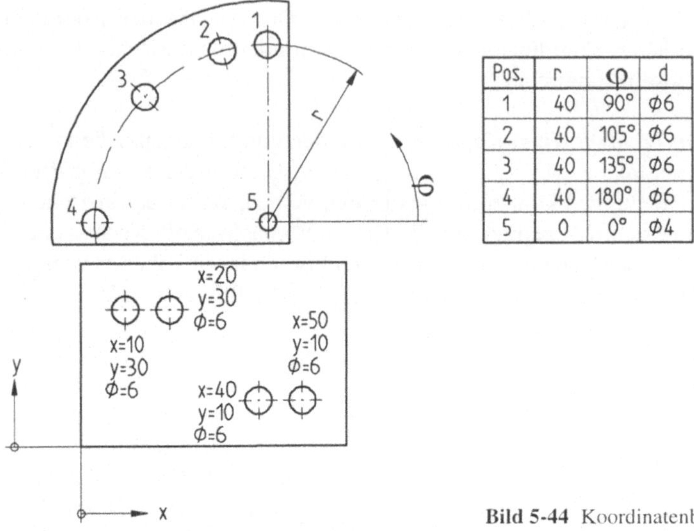

Pos.	r	φ	d
1	40	90°	⌀6
2	40	105°	⌀6
3	40	135°	⌀6
4	40	180°	⌀6
5	0	0°	⌀4

Bild 5-44 Koordinatenbemaßung

An einem Werkstück können auch mehrere Koordinatensysteme auftreten, wenn z.B. verschiedene Spannvorgänge zur Fertigung des Werkstücks das erfordern. In bezug auf die Bemaßung muß dann entschieden werden, ob die Koordinatensysteme voneinander abhängig sind, weil schließlich doch nur ein Koordinatennullpunkt maßgebend ist (*Hauptsystem mit Nebensystemen*) oder ob die Systeme unabhängig nebeneinander bestehen (*mehrere Hauptsysteme*).

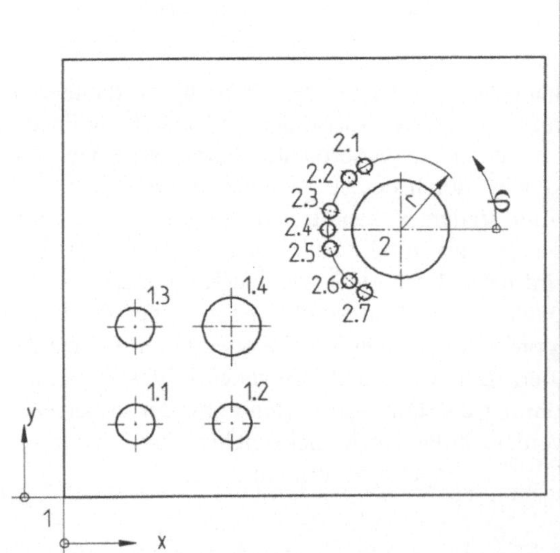

Koordi-natenursprung	Pos.	Masse in mm				
		Koordinaten				
		x	y	r	φ	d
1	1	0	0			–
1	1.1	15	15			⌀6
1	1.2	35	15			⌀6
1	1.3	15	35			⌀6
1	1.4	35	35			⌀12
1	2	70	55			⌀20
2	2.1			15	120°	⌀3
2	2.2			15	135°	⌀3
2	2.3			15	165°	⌀3
2	2.4			15	180°	⌀3
2	2.5			15	195°	⌀3
2	2.6			15	225°	⌀3
2	2.7			15	240°	⌀3

Bild 5-45 Koordinatenbemaßung mit einem Koordinaten-Hauptsystem und zwei Nebensystemen

5.3 Schriftfelder und Stücklisten

Technische Zeichnungen werden in der Regel mit einem Schriftfeld versehen. Zu einer Gesamtzeichnung gehört darüber hinaus eine Stückliste. Aufgabe des Schriftfeldes ist es, alle notwendigen und globalen Informationen zu liefern, die die vorliegende Zeichnung oder auch die dazugehörige Zeichnungsgruppe betreffen. Das Schriftfeld gibt Auskunft zum Beispiel über die Benennung des vorliegenden Werkstücks oder der vorliegenden Baugruppe. Es informiert auch darüber, wer die Zeichnung erstellt hat und wann, ebenso wer sie wann geprüft und freigegeben hat. Einem Schriftfeld sind auch die am Werkstück oder an der Baugruppe vorgenommenen Änderungen zu entnehmen. Doch dazu erst später. Wichtig ist, daß der Aufbau des Schriftfeldes streng reglementiert (genormt) ist und deshalb auf einen Blick die gewünschte Information ermittelt werden kann.

Schriftfelder und Stücklisten sind nach DIN 6771 genormt und stehen stets in der unteren rechten Ecke des Zeichenblattes. Dieses gilt sowohl bei Hoch- als auch bei Querlage des Blattes. Das Schriftfeld ist mit gutem Grund in der unteren rechten Ecke angebracht: Nach dem Falten der Zeichnung auf das Format A4 ist das Schriftfeld obenaufliegend, also sofort sichtbar, die wichtigen Informationen sind entnehmbar. Wichtig ist ebenfalls, daß für alle Blattgrößen das Schriftfeld grundsätzlich in der gleichen Größe verwendet wird[23]. Vorteilhaft ist auch hier die Verwendung von Zeichnungsvordrucken, da man sich so viele lästige Arbeiten ersparen kann und auch Fehlermöglichkeiten umgeht.

Die DIN 6771 Teil 1 unterscheidet verschiedene, im folgenden genannte Schriftfelder:

- *Grundschriftfeld für Zeichnungen*: In dieses Schriftfeld können alle grundlegenden Angaben eingetragen werden. Es kann auch für Pläne und Listen verwendet werden.

- *Grundschriftfeld für Zeichnungen mit Zusatzfeldern*: Oberhalb des genannten Grundschriftfeldes können ein oder mehrere Zeilen als Zusatzfelder angeschlossen werden. In diese Felder werden weitere mögliche Benutzer der Zeichnung und gegebenenfalls die zugehörige Zeichnungsnummer eingetragen.

- Ein *erweitertes Grundschriftfeld für Zeichnungen* ermöglicht es, Angaben des Auftraggebers und zugehörige Prüfvermerke zu machen.

- In *Schriftfeldern für Pläne und Listen (gegebenenfalls mit Zusatzfeldern)* sind zeichnungsspezifische Angaben wie Werkstoff, Oberflächenangaben, Maßstab oder Gewicht nicht erforderlich. Das Grundschriftfeld für Pläne und Listen ist entsprechend anders; es fehlt die oberste Zeile mit den Feldern, in denen die genannten Angaben eingetragen werden.

---

[23] Mit Rücksicht auf die Mikroverfilmung sind für die Formate A1 und A0 auch vergrößerte Schriftfelder zulässig.

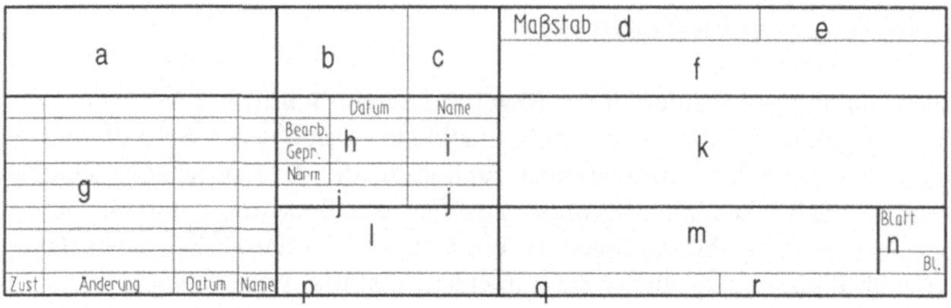

Bild 5-46 Grundschriftfeld für Zeichnungen im Format A4 bis A0

Bild 5-46 zeigt das Grundschriftfeld für Zeichnungen für das Format A4 und größer. Die in die einzelnen mit Buchstaben bezeichneten Felder des genormten Schriftfeldes einzutragenden Angaben sind nach DIN 6771 Teil 1 festgelegt. Es ist allerdings üblich, daß viele Firmen ihr eigenes, ihren betrieblichen Verhältnissen angepaßtes Schriftfeld verwenden. Die Angaben zur Belegung der Schriftfelder – auch die in DIN 6771 Teil 1 genannten – sind also nur Vorschläge und können durchaus geändert werden. Im folgenden sind die allgemein üblichen Angaben wiedergegeben, durch Beispiele (in Klammern stehend) ergänzt.

a) Verwendungsbereich des Dargestellten (z.B. Entwicklung, Prüfung); in der Zeichnung eingehaltener Tolerierungsgrundsatz (z.B. „Tolerierung ISO 8015"); Angabe der gegebenenfalls getrennten Stückliste

b) zulässige Abweichungen für Maße ohne explizite Toleranzangabe (z.B. „Allgemeintoleranzen ISO 2768–mK")

c) bei Darstellung des Kantenzustandes durch Symbole: Hinweis auf die genutzte Norm (z.B. „Werkstückkanten DIN 6784")

d) Eintragungen des Zeichnungsmaßstabes (z.B. „Maßstab 1:1")

e) Gewicht (z.B. „5 kg")

f) Werkstoff (z.B. „GG 20"); Halbzeug (z.B. „∅ 80×15"); Rohteil-Nr.; Modell-Nr.; Gesenk-Nr.

g) Änderungsvermerke (z.B. „Zust.: a; Änderung: Sicherungsscheiben vorgesehen")

h), i) Namen der Ersteller und Prüfer der Zeichnung und das jeweilige Datum

j) Sondervermerke des Zeichnungsherstellers; interne Vermerke (z.B. „Abt. GSV5")

k) Benennung, gegebenenfalls ergänzt durch Bauart oder Auftragsnummer (z.B. „Freistromventil 1"") l)	Kennzeichnung der Firma oder Behörde, die die Zeichnung erstellt hat – auch durch Angabe des Logos möglich (z.B. Technische Betriebsdirektion; Lehrstuhl für Konstruktionstechnik/CAD)

m)	Zeichnungsnummer des Erstellers zur Eintragung der Zeichnungsnummer der in l) vermerkten Firma oder Behörde, so daß die Firma oder Behörde und zugehörige Zeichnungsnummer nebeneinander stehen (z.B. 1401.00)

n)	Blatt-Nummer; sind zur gleichen Zeichnungsnummer mehrere Blätter erforderlich, so sind hier sowohl die Blattnummern als auch die Gesamtanzahl der Blätter einzutragen

p)	Zeichnungsnummer der Ursprungszeichnung, falls die vorliegende Zeichnung aus einer anderen Zeichnung entstanden ist (z.B. „Urspr. 1400.00")

q)	Zeichnungsnummer der mit der vorliegenden Zeichnung ungültig gewordenen Zeichnung (z.B. „Ers. f.: 1399.75")

r)	Zeichnungsnummer der Zeichnung, durch die die vorliegende Zeichnung ersetzt wird (z.B. „Ers. d.: 1500.99")

Tabelle 5.3 Größe der Schriftfelder für Formate A4 bis A0 (Angaben in mm)

	Rastermaße		Größe des Grundschriftfeldes	
	Höhe a	Breite b	Gesamthöhe	Gesamtbreite
Zeilenhöhe beim Schnelldrucker (6 Zeilen/Zoll)	4,23	2,54	13xa = 54,99	72xb = 182,88
für Schreibmaschinen (Grundzeilenabstand nach DIN 2107)	4,25	2,6	13xa = 55,25	72xb = 187,2

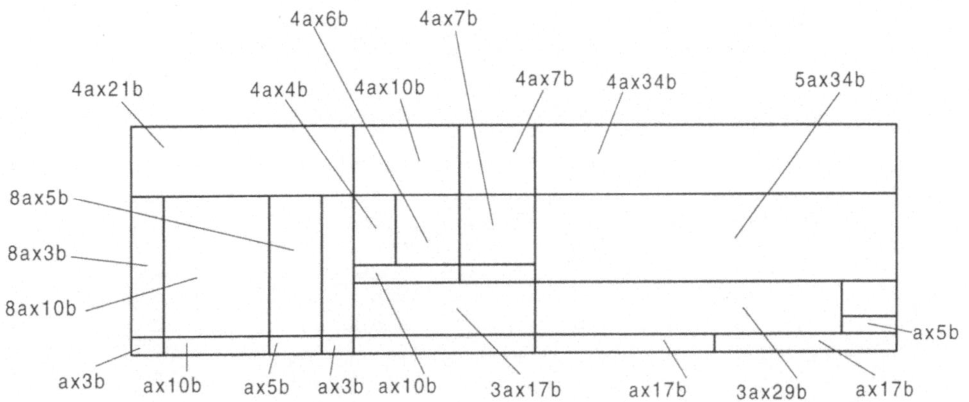

Bild 5-47 Raster des Grundschriftfeldes; Vertikalmaß a, Horizontalmaß b

Die einzelnen Felder des Schriftfeldes sind so bemessen, daß ein maschinelles Beschriften möglich ist. Tabelle 5.3 gibt Auskunft über die jeweilige Größe der Schriftfelder durch die Angabe der Rastermaße. Die durch die verschiedenen Zeilenhöhen und Schreibschritte der Schreibmaschinen, Schnelldrucker usw. erforderlichen Abmessungen sind der Tabelle 5.3 und dem Bild 5-47 zu entnehmen. Da der Bezug der Maße das Zoll ist, ergeben sich in Millimetern „krumme" Werte. Hieraus ist aber ebenfalls recht gut erkennbar, daß das selbständige Erstellen der Schriftfelder recht mühsam ist und gerne auf die Vordrucke zurückgegriffen wird. Als Vordrucke sind auch die anderen Formen der Schriftfelder erhältlich, auf die hier im einzelnen nicht eingegangen wurde.

Zu einer Gesamtzeichnung gehört in jedem Fall auch eine *Stückliste*. Sie ist das Verzeichnis der Einzelteile, auch der Normteile einer Baugruppe oder eines ganzen Erzeugnisses. Sie dient zum Austausch von technischen Informationen innerhalb und außerhalb eines Betriebes. In der DIN 6771 Teil 2 sind die Vordrucke der Stücklisten genormt. Dabei werden zwei Stücklistenformen unterschieden: Form A und Form B.

In die Stücklisten werden alle zu einer Baueinheit gehörenden Werkstücke nach Fertigungsgruppen geordnet aufgeführt. Sie werden entweder auf das Schriftfeld aufgesetzt und von unten nach oben gefüllt oder auf einem oder mehreren Blättern mit dem Format A4 untergebracht und von oben nach unten gefüllt. Das zweite Verfahren der „losen Stückliste" hat sich wegen der Datenverarbeitung von Stücklisten zunehmend durchgesetzt. Innerhalb des Listenfeldes ist bei losen Stücklisten am oberen Rand, bei Stücklisten auf Zeichnungen am unteren Rand, jeweils eine Zeile mit den Überschriften für die einzelnen Spalten angeordnet. Mit den Eintragungen ist unmittelbar unter- bzw. oberhalb der Überschriftenzeile zu beginnen.

Die Stückliste Form A besteht aus dem Schriftfeld für Pläne und Listen und einem Stücklistenfeld (numeriert) mit den Spalten Pos. (1), Menge (2), Einheit (3), Benennung (4), Sachnummer (5) und Bemerkung (6). Diese Stückliste hat das Format A4 hoch (nach DIN 476). Einen Ausschnitt zeigt Bild 5-48.

1	2	3	4	5	6
Pos.	Menge	Ein-heit	Benennung	Sachnummer/Norm-Kurzbezeichnung	Bemerkung

Bild 5-48 Vordruck der Stückliste Form A nach DIN 6771 Teil 2

1	2	3	4	5	6	7	8
Pos.	Menge	Ein-heit	Benennung	Sachnummer/Norm-Kurzbezeichnung	Werkstoff	Gewicht kg/Einheit	Bemerkung

Bild 5-49 Vordruck der Stückliste Form B nach DIN 6771 Teil 2

Die Stückliste Form B besteht ebenfalls aus dem Schriftfeld für Pläne und Listen nach DIN 6771 Teil 1 und einem Stücklistenfeld, Ausschnitt in Bild 5-49, welches gegenüber der Stückliste Form A um die Spalten Werkstoff (6) und Gewicht kg/Einheit (7) erweitert ist. Die Spalte Bemerkung ist als Spalte 8 angeordnet. Des weiteren ist die Spalte für die Menge in 4 Einzelspalten für eventuelle Varianten eingeteilt. Diese Variantenspalten werden von rechts nach links ausgefüllt. Die Stückliste Form B hat als lose Stückliste das Format A4 quer (nach DIN 476). Der Heftrand beträgt mindestens 15 mm.

Zwecks Einteilung sind die einzelnen Spalten und Zeilen zweckmäßigerweise durch Linien zu trennen. Für jede Position ist eine Zeile mit der Teilung 2×a vorgesehen, die doppelreihig beschrieben werden darf. Die Trennlinien können entfallen, wenn durch entsprechende programmierte Schreibweise ein klares, eindeutiges Bild gewährleistet wird.

Das Kurzzeichen für die Bezeichnung des Vordrucks einer Stückliste setzt sich aus dem Kennbuchstaben für die Stücklistenform und einer Kennziffer für das Rastermaß zusammen. Die Bezeichnung eines Stücklistenvordrucks der Form A mit dem Rastermaß 4,23×2,54 (Kennziffer 1) lautet entsprechend: Stückliste DIN 6771 – A1

5.4 Zeichnungsänderungen

Wenn die Änderung eines Werkstücks beschlossen wurde, hat das natürlich auch eine Änderung der technischen Zeichnung zur Folge. Für den Fall, daß die betreffende Zeichnung das Konstruktionsbüro noch nicht verlassen hat, braucht nur die Zeichnung selbst geändert zu werden. Befindet sich das Bauteil allerdings bereits in der Fertigung, müssen natürlich weitergehende Maßnahmen getroffen werden, die von der jeweiligen Betriebsorganisation abhängen und daher nicht genormt sind. Die üblichen Änderungsmaßnahmen von Zeichnungen sind nachstehend beschrieben.

Größere Änderungen sind meist von erheblicher Bedeutung und bedingen gegebenenfalls eine komplett neue Zeichnung. In einem solchen Fall erhält das Schriftfeld der alten Zeichnung einen Vermerk, wie etwa „Ers. d.: 30005/1". Dies bedeutet, daß die vorliegende Zeichnung durch die Zeichnung mit der Zeichnungsnummer 30005/1 ersetzt wurde. Konsequenterweise wird in das Schriftfeld der neuen Zeichnung „Ers. f.: 30005" eingetragen, siehe auch Abschnitt 5.3. Im Falle einer losen Stückliste muß auch diese berücksichtigt werden, weil sie sonst auf die nunmehr ersetzte Baugruppe verweist.

Bei kleineren Änderungen wird keine komplett neue Zeichnung verlangt, sondern die Änderungen werden unmittelbar auf der Zeichnung vorgenommen. Soll z.B. eine Maßzahl abgeändert werden, streicht man die bisherige durch oder radiert sie aus und schreibt die neue Zahl ein. Die vorgenommene Änderung wird durch einen kleinen, in einen Kreis gesetzten Buchstaben gekennzeichnet, Bild 5-50. Der Buchstabe wird mit dem Änderungsvermerk in die hierfür vorgesehene Spalte des Schriftfeldes geschrieben, Bild 5-50. Der Änderungsvermerk soll den Zustand vor und nach der Änderung erkennen lassen. Es heißt also z.B. „45 statt 35" und nicht etwa „neues Maß 45". Es ist ebenso zu beachten, daß die neue Maßzahl außerdem durch Unterstreichen zu kennzeichnen ist, wenn die zeichnerische Darstellung, also die zeichnerischen Abmessungen, selbst nicht geändert worden sind.

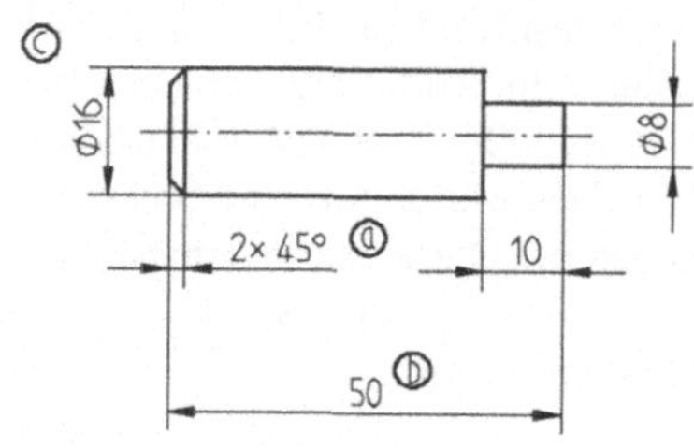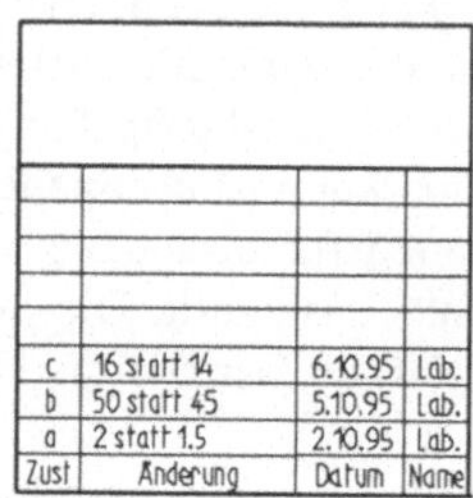

Bild 5-50 Änderung von Zeichnungen

Eine weitere Möglichkeit, die Position der vorgenommenen Änderungen zu dokumentieren, ist die Nutzung der Feldeinteilungen auf dem Zeichenbogen. Dafür wird in der Spalte Änderungen die Nummer der Mitteilung der Änderung (z.B. „290/68") sowie die Bezeichnung des Feldes (z.B. „B 8") eingesetzt, in welchem die Änderung vorgenommen wurde. In die Spalte Zustand sind fortlaufende Nummern einzutragen. Diese geben die Reihenfolge der Änderungszustände an. Falls notwendig, können mehrere Zeilen für eine Änderung benutzt werden.

Aus organisatorischen Gründen ist es üblich, die geänderten Zeichnungen mit besonderen Änderungsmitteilungen gemeinsam auszugeben. Diese enthalten dann weitere spezielle Anweisungen, welche Maßnahmen zur Sicherstellung der Änderungen zu treffen sind. Solche Anweisungen sollen gewährleisten, daß etwa bereits ausgegebene Lichtpausen wieder eingezogen und eine bereits begonnene Fertigung der Teile eingestellt wird.

5.5 Übungen

1. Aufgabe

Beantworten Sie folgende Fragen:

- Wieviele Maße müssen in einer Zeichnung eingetragen werden?

- In welcher Einheit wird grundsätzlich die Maßangabe gemacht?

- Auf welchen Fertigungszustand beziehen sich die Maßangaben?

- Wie häufig dürfen Maße wiederholt werden, z.B. in anderen Ansichten?

2. Aufgabe

Beantworten Sie folgende Fragen zu den in technischen Zeichnungen gebräuchlichen Sonderzeichen:

- Was bedeutet es, wenn in einer Zeichnung eine Maßangabe unterstrichen ist?

- Was bedeutet ein in runde bzw. eckige Klammern gesetztes Maß?

- Was deutet ein in einen rechteckigen Rahmen gesetztes Maß?

- Was bedeutet ein in einen Rahmen mit runden Ecken gesetztes Maß?

- Was bedeuten die einer Maßzahl vorangestellten Zeichen Ø, M, Tr, W, R, Ø S, Ø R, ⌒, ☐, ◁, ▷, ↻ ?

- Was bedeutet eine Angabe mit dem Kleinbuchstaben t?

- Was bedeutet das Zeichen Ⓜ bzw. Ⓔ in einer Zeichnung?

3. Aufgabe

Tragen Sie in ein Schriftfeld die folgenden Angaben an die entsprechenden Stellen ein:

- Tolerierung erfolgt entsprechend der DIN ISO 8015

- Allgemeintoleranzen entsprechend DIN ISO 2768; Maß-, Form- und Lagetoleranzen mittel

- Werkstückkanten entsprechend DIN 6784

- Zeichnungsmaßstab 1:1

- Gewicht des dargestellten Bauteiles beträgt 300 g

- als Werkstoff wird GG 20 verwendet

- Zeichnungsnummer der vorliegenden Zeichnung: 311.234

- Namen desjenigen, der die Zeichnung erstellt hat

4. Aufgabe

Bemaßen Sie die im folgenden dargestellte Welle fertigungsgerecht.

Zeichnen Sie hierzu die Welle auf ein separates Blatt. Zeichnen Sie die Ansichten so, daß auch alle Einzelheiten der Welle gut bemaßt werden können. Die Abmessungen können geschätzt oder frei gewählt werden.

Zur fertigungsgerechten Bemaßung ist zu erwähnen, daß die Welle spanend bearbeitet wird. Die runde Form der Welle wird durch Drehen (Runddrehen, Plandrehen, Einstechdrehen, Fasen) erzeugt; die Nuten werden gefräst (Umfangs-Stirnfräsen); die kleine Einsenkung an der Seite der Welle wird durch Bohren (Senken) erzeugt.

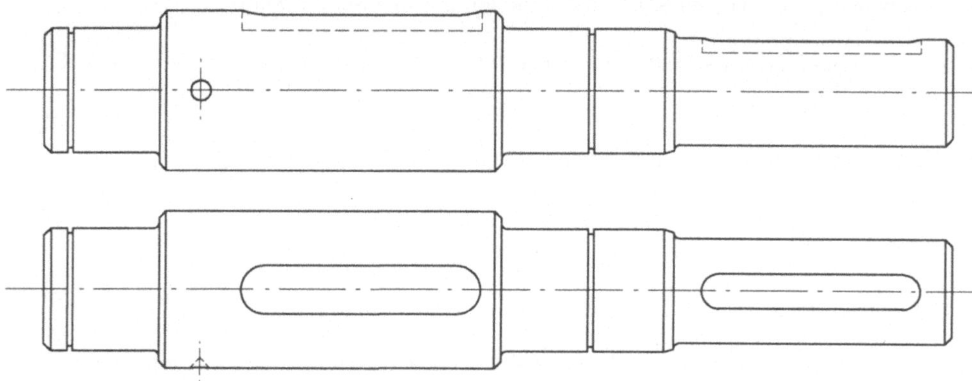

5. Aufgabe

Bemaßen Sie die in Aufgabe 4 vorgegebene Welle auch mit Hilfe der steigenden Bemaßung oder der Koordinatenbemaßung. Berücksichtigen Sie auch bei diesen Bemaßungsarten die verschiedenen Fertigungsschritte.

6. Aufgabe

Erstellen Sie zu der in Kapitel 4 Aufgabe 10 (Seite 108) gegebenen Baugruppe (Druckgeber) die Stückliste.

Was muß berücksichtigt werden bei einer „losen" Stückliste im Gegensatz zu einer, die in der technischen Zeichnung mitangegeben wird?

7. Aufgabe

Bemaßen Sie die im folgenden in drei Ansichten dargestellten Bauteile fertigungs- und normgerecht. Die Fertigungsschritte bei der Kurbelwelle sind: Urformen (Gießen), Umformen (Schmieden) und spanende Bearbeitung (Drehen). Die Herstellung der Keilriemenscheibe erfolgt durch Urformen (Gießen) und anschließendes spanendes Bearbeiten (Drehen).

Zeichnen Sie zum Bemaßen das jeweilige Bauteil auf ein separates Blatt. Wählen Sie dabei die Ansichten unabhängig von der hier gewählten Dreitafelprojektion. Die Abmessungen können geschätzt oder frei gewählt werden.

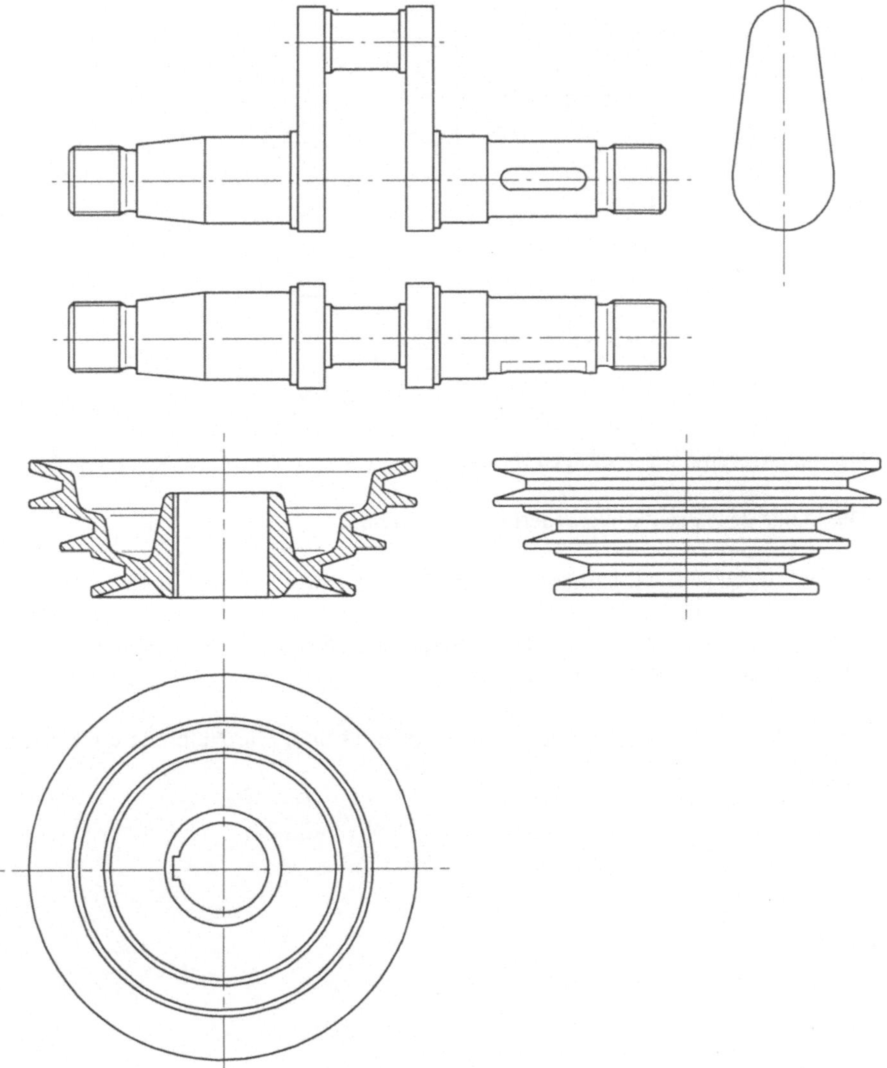

8. Aufgabe

An der im folgenden dargestellten Welle sind konstruktive Änderungen vorgenommen worden, die in der technischen Zeichnung dokumentiert werden müssen.

Erstellen Sie die neue technische Zeichnung (inklusive Bemaßung), in der die Änderungen berücksichtigt und vermerkt sind.

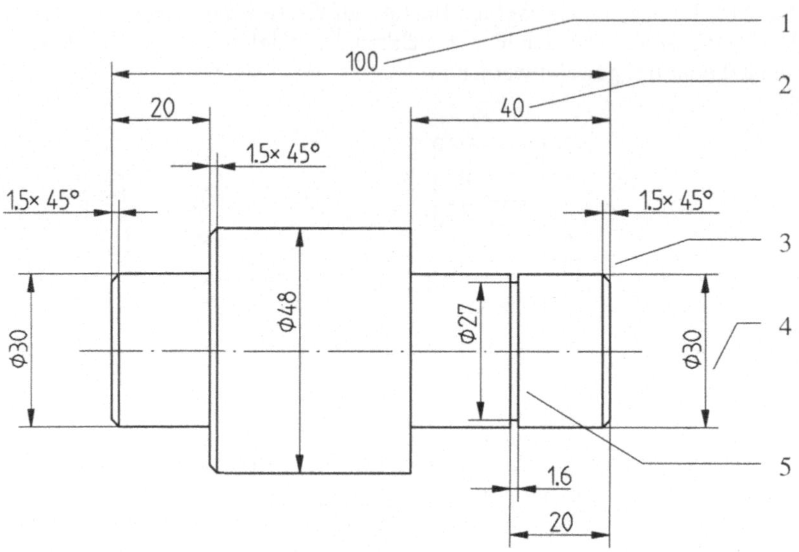

zu 1:   Die neue Gesamtlänge beträgt 110 mm.

zu 2:   Die Länge des Absatzes verändert sich auf 50 mm.

zu 3:   Die Breite der Fase wird erhöht auf 3 mm, der Fasenwinkel wird auf 30° verringert.

zu 4:   Das Durchmessermaß des Absatzes beträgt jetzt 36 mm. Hieraus ergeben sich neue Abmessungen für die Einstechnut.

zu 5:   Der Durchmesser der Einstechnut beträgt jetzt 34 mm. Die Nutbreite ergibt sich zu 1,75 mm.

6 Werkstoffe und ihre Bezeichnungen

Ein Material wird Werkstoff genannt, wenn sein fester Aggregatzustand technisch verwertbare Eigenschaften besitzt [Grä91]. Diese Bedingung ist Voraussetzung für die Anwendung der Werkstoffe in vielen Anwendungsgebieten wie z.B. Maschinen-, Geräte-, Fahrzeug-, Apparate- und Anlagenbau. Von dieser Bedingung wird im folgenden ausgegangen, auf sogenannte Hilfsstoffe wie Kühl-, Schmier- oder Reinigungsstoffe wird also nicht eingegangen.

Im Zusammenhang mit dem technischen Zeichnen ist es eigentlich ausreichend zu wissen, an welche Stelle in der Zeichnung die betreffende Werkstoffbezeichnung hingehört. Diese Frage ist aber bereits im Abschnitt 5.3 beantwortet worden. Dieses Kapitel geht weiter und nennt die im technischen Bereich häufiger verwendeten Werkstoffe, gibt ihre charakteristischen Eigenschaften und normgerechten Bezeichnungen. Dabei können natürlich nicht alle Werkstoffe explizit genannt werden, es gilt vielmehr, einen Überblick über die verschiedenen Werkstoffgruppen zu geben und die Systematik ihrer Benennung vorzustellen. Weitere Informationen sind den genannten Normen zu entnehmen. Für die darüber hinausgehende Frage, welcher Werkstoff bei einem ganz bestimmten Anwendungsfall zu nehmen sei, muß ohnehin die Spezialliteratur zu Rate gezogen werden.

6.1 Einleitung

Im technischen Bereich werden Werkstoffe in die Gruppen *Eisenwerkstoffe, Nicht-Eisenmetalle* und *nicht-metallische Werkstoffe* eingeteilt.

- Die Eisenwerkstoffe, insbesondere Stahl und Gußeisen, sind für den Bereich Maschinenbau/Maschinenelemente nach wie vor die bei weitem wichtigsten Materialien.

- Die Nicht-Eisenmetalle werden weiter unterschieden in *Schwermetalle* einerseits, z.B. Kupfer, Zinn, Zink, Blei, sowie *Leichtmetalle* andererseits, z.B. Aluminium, Magnesium, Titan. Nicht-Eisenmetalle haben aufgrund ihrer besonderen Eigenschaften in der Regel besondere Anwendungsgebiete. Die Auflistung der Bezeichnungen für Nicht-Eisenmetalle würde hier zu weit führen. Auf Nicht-Eisenmetalle wird lediglich als Legierungs- und Begleitelemente im Stahl bzw. Gußeisen eingegangen.

- Zu den nicht-metallischen Werkstoffen zählen Keramik, Kunststoff, Glas, Holz und Beton. Von diesen sind im technischen Bereich die Kunststoffe und die keramischen Werkstoffe die wichtigsten (letztere mit wachsender Bedeutung). Auch Glas (sogenanntes technisches Glas) spielt in bestimmten Anwendungsgebieten eine Rolle. Kautschukprodukte (Gummi) werden üblicherweise der Gruppe der Kunststoffe zugerechnet.

6.2 Eisenwerkstoffe (Stahl und Gußeisen)

Bei der Stahlherstellung werden Roheisen, Eisenschrott und Kohle (Koks) zu Rohstahl erschmolzen, welcher dann im Strang- oder auch Blockgußverfahren vergossen und gegebenenfalls noch auf die gewünschten Endabmessungen umgeformt wird. Früher wurden Stähle nach ihrem Erzeugnisverfahren eingeteilt. Da aber heute nur noch wenige Herstellungsverfahren angewendet werden, hat eine solche Kennzeichnung keine technische Bedeutung mehr. Ausführlich wird auf die verschiedenen Herstellungs- und Veredelungsverfahren im Zusammenhang mit den Angaben zur Wärmebehandlung im Abschnitt 7.3 eingegangen.

Da die Frage nach dem Herstellungsverfahren nicht mehr besonders relevant ist, hängen die Eigenschaften der Eisenwerkstoffe maßgeblich von den Beimischungen (Legierungselementen) ab. Ihr Einfluß kann entscheidend sein, so daß die wesentlichen Legierungselemente bei der Bezeichnung eines Eisenwerkstoffes genannt werden müssen.

6.2.1 Legierungs- und Begleitelemente

Eisenwerkstoffe sind als Metallegierungen definiert, in denen das Element Eisen (Fe) den größten Gewichtsanteil hat. Die Eisenwerkstoffe werden weiter unterschieden in Stahl und Gußeisen. Im allgemeinen enthält Stahl weniger als 2% Kohlenstoff[24]. Dieser Wert wird als Grenzwert für die Unterscheidung zwischen Stahl und Gußeisen herangezogen.

Kohlenstoff (C) ist das wichtigste Legierungselement aller Eisenwerkstoffe. Neben diesem tritt in den meisten Eisenwerkstoffen noch eine Reihe weiterer Legierungselemente auf, beispielsweise Nickel (Ni), Chrom (Cr), Molybdän (Mo), Vanadium (V), Wolfram (W), Kobalt (Co) und Mangan (Mn). Die Legierungselemente werden dem Stahl bzw. dem Gußeisen zugesetzt, um ihm bestimmte Eigenschaften zu verleihen.

Außer den Legierungselementen, die bewußt zugesetzt werden, enthalten Stahl und Gußeisen im allgemeinen noch weitere Elemente, die beim Verhüttungsprozeß in das Material gelangen (aus den Erzen und/oder aus dem zugegebenen Schrott, aus dem zur Verhüttung verwendeten Koks und der Verbrennungsluft, aus der Ofenausmauerung) und die eigentlich unerwünscht sind. Diese unerwünschten Elemente werden „Begleitelemente", verschiedentlich auch „Eisenbegleiter" genannt. Die wichtigsten Begleitelemente sind Mangan (Mn), Aluminium (Al), Silizium (Si), Phosphor (P), Schwefel (S), Sauerstoff (O), Stickstoff (N) und Wasserstoff (H). Auch Kohlenstoff (C) kann Begleitelement sein, wenn sich aus dem Verhüttungsprozeß unerwünscht große Kohlenstoffgehalte ergeben. Die (mechanischen, technologischen, physikalischen oder anderen) Eigenschaften eines Stahles bzw. einer Gußeisensorte hängen in nicht unerheblichem Maße auch von den Begleitelementen ab.

Verschiedene Elemente können – je nach der betrachteten Stahl- bzw. Gußeisensorte – einmal die Rolle des bewußt zugesetzten Legierungselementes und ein andermal die Rolle des „unerwünschten" Begleitelementes spielen (z.B. neben Kohlenstoff (C) auch etwa Mangan (Mn), Aluminium (Al), Silizium (Si), Phosphor (P) und Schwefel (S) sowie möglicherweise vorhandene weitere Schrottbestandteile).

Je nach dem Anteil der Legierungselemente wird bei Stählen unterschieden zwischen unlegierten und legierten Stählen, wobei sich die zweite Gruppe weiter unterteilt in niedriglegierte und in hochlegierte Stähle. Im folgenden soll kurz auf die einzelnen Stähle eingegangen werden.

---

[24]   Hinweis: Alle hier verwendeten %-Angaben sind Gewichtsanteile.

Tabelle 6-1 Gegenüberstellung von Stählen

unlegierte Stähle	niedriglegierte Stähle	hochlegierte Stähle
• bestimmte Anteile an Legierungselementen werden nicht überschritten[25] • es werden keine weiteren Legierungselemente bewußt zugesetzt • der Kohlenstoffgehalt liegt unterhalb von 0,5%	• eines oder mehrere Legierungselemente überschreiten die Maximalanteile für unlegierte Stähle • es können weitere Legierungselemente zugesetzt werden • der Gesamtgehalt aller Legierungselemente (außer Kohlenstoff) liegt unterhalb von 5%	• der Gesamtgehalt der Legierungselemente (außer Kohlenstoff) liegt über 5%

Nach DIN EN 10 020 werden die Stahlsorten in die Hauptgüteklassen Grund-, Qualitäts- und Edelstähle eingeteilt. Diese Einteilung erfolgt entsprechend den Verwendungsmöglichkeiten der betreffenden Stahlsorten.

- *Grundstähle* sind unlegierte Stähle mit Güteanforderungen, deren Erfüllung keine besonderen Maßnahmen erfordert. Stähle dieser Güteklasse sind nicht für eine weitere Wärmebehandlung vorgesehen.

- *Qualitätsstähle* können sowohl unlegierte als auch legierte Stähle sein. An ihre Herstellung werden besondere Anforderungen gestellt, damit sie die Beanspruchungen, denen sie ausgesetzt werden, ertragen.

- *Edelstähle* können ebenfalls unlegierte oder legierte Stähle sein. Es werden besondere Anforderungen an die Herstellung im Hinblick auf nichtmetallische Einschlüsse gestellt. Stähle dieser Güteklasse sind in der Regel für eine Vergütung oder eine Oberflächenhärtung vorgesehen.

6.2.2 Kurzbezeichnungen

Zur kurzgefaßten Identifizierung von Stählen legt DIN EN 10 027 Teil 1 (EN 10 027-1) die Regeln für die Bezeichnung der Stähle mittels Kennbuchstaben und -zahlen fest. Diese sogenannten *Kurznamen* (zusammengesetzt aus Kennbuchstaben und -zahlen) geben Hinweise auf wesentliche Merkmale, z.B. auf das Hauptanwendungsgebiet, auf mechanische oder physikalische Eigenschaften oder die chemische Zusammensetzung. Im Teil 2 der DIN EN 10 027 (EN 10 027-2) ist eine Bezeichnungsmöglichkeit von Stahlsorten mit Hilfe von *Werkstoffnummern* gegeben. Die Bezeichnungen nach Kurznamen und Werkstoffnummern nach DIN EN 10 027 können gleichberechtigt verwendet werden.

---

[25] Die Grenzgehalte bestimmter Elemente, die für die Einteilung in unlegierte und legierte Stähle herangezogen werden, sind in DIN EN 10 020 genau festgelegt. Auf ihre Wiedergabe wird hier jedoch verzichtet.

In Tabelle 6-13 sind die Kurznamen und Werkstoffnummern den Kurzbezeichnungen nach DIN 17 006 und einer älteren Bezeichnung gegenübergestellt. DIN 17 006 ist nämlich zu großen Teilen und bereits seit längerer Zeit zurückgezogen, die darin enthaltenen Bezeichnungen sind jedoch nach wie vor in Gebrauch. Irreführenderweise ist in der Vornorm DIN V 17 006 Teil 100 in der Ausgabe vom November 1993 eine Ergänzung der DIN EN 10 027 Teil 1 gegeben worden.

DIN EN 10 027 Teil 1 und DIN V 17 006 Teil 100 geben den Aufbau der Kurznamen wieder. Im Kurznamen kann das Hauptanwendungsgebiet des Stahles genannt sein. Es werden unterschieden: Stähle für den Stahlbau, Stähle für Druckbehälter, Stähle für Leitungsrohre, Maschinenbaustähle, Betonstähle, Spannstähle, Stähle für Schienen, kaltgewalzte Flacherzeugnisse aus höherfesten Stählen zum Kaltumformen, Verpackungsblech und -band, und Elektroblech und -band. Des weiteren gibt es Stähle, die nach ihrer chemischen Zusammensetzung bezeichnet werden. Der Aufbau des Kurznamens besteht aber immer aus dem Hauptsymbol, welches aus Kennbuchstaben und einer Zahlenangabe besteht. Das Hauptsymbol gibt entweder die mechanischen oder physikalischen Eigenschaften oder die chemische Zusammensetzung wieder und kann durch Zusatzsymbole ergänzt werden, Tabelle 6-2.

Im folgenden wird am Beispiel der *Stähle für den Stahlbau* der Aufbau der Kurznamen nach DIN EN 10 027 und DIN V 17 006 Teil 100 ausführlich vorgestellt, um anschließend zu zeigen, wie die Hauptsymbole für die anderen Stahlsorten gebildet werden.

Tabelle 6-2 Aufbau des Kurznamens der Stähle für den Stahlbau nach DIN V 17 006 Teil 100 („n" = Ziffer; „a" = Buchstabe; „an" = alphanumerisches Zeichen)

Hauptsymbole			Zusatzsymbole für Stähle	Zusatzsymbole für Stahlerzeugnisse
1	2	3	4	5
(G)	S	nnn	an	+an+an...

Der Kurzname setzt sich aus 5 Stellen zusammen, auf die im folgenden eingegangen wird. Die Stellen 1 bis 3 bilden dabei das Hauptsymbol, die Stellen 4 und 5 die Zusatzsymbole. Der Buchstabe „n" steht dabei als Platzhalter für eine Ziffer, „a" für einen beliebigen Buchstaben und „an" für ein alphanumerisches Zeichen. Alle anderen Zeichen und Symbole (G, S, +) sind als solche auch vorgesehen. Die einzelnen Zeichen (Buchstaben, Zahlen und Symbole) werden ohne Leerstellen aneinandergehängt.

Die erste Stelle (hier Buchstabe „G") ist dem Kurznamen nur dann voranzustellen, wenn es sich um ein durch Guß hergestelltes Bauteil handelt, es steht deshalb in Klammern.

Die zweite Stelle (hier Buchstabe „S") zeigt, daß es sich bei dem betreffenden Stahl um einen Stahl für den Stahlbau handelt. Andere Stähle haben andere, besonders definierte Buchstaben, siehe Tabelle 6-8 und Tabelle 6-9.

Die dritte Stelle besteht aus drei Zahlen („n" steht hier jeweils als Platzhalter für eine Ziffer), die zusammen die Mindeststreckgrenze in N/mm² für die geringste Erzeugnisdicke wiedergibt.

Die vierte Stelle besteht aus einer Buchstaben-Zahlen-Kombination (stellvertretend steht hier „an"), die die Kerbschlagarbeit in Joule bei einer bestimmten Prüftemperatur angibt. Diese Buchstaben-Zahlen-Kombination ist Tabelle 6-3 zu entnehmen. Zusätzlich zu der Angabe der Kerbschlagarbeit können auch folgende Buchstaben benutzt werden: „M" = thermomechanisch gewalzt; „N" = normalgeglüht oder normalisierend gewalzt; „Q" = vergütet; „G" = andere Merkmale, wenn erforderlich mit ein oder zwei Ziffern, die durch den Hersteller bestimmt werden können (z.B. „G1" = unberuhigte Stahlsorte; „G2" = beruhigte Stahlsorte; „G3" oder „G4" = besondere Lieferbedingungen).

Kerbschlagarbeit in Joule			Prüf-temp.
27 J	40 J	60 J	°C
JR	KR	LR	+ 20
JO	KO	LO	0
J2	K2	L2	- 20
J3	K3	L3	- 30
J4	K4	L4	- 40
J5	K5	L5	- 50
J6	K6	L6	- 60

Des weiteren können Buchstaben nach Tabelle 6-4 angehängt werden.

Tabelle 6-3 Kennzahlen zur Angabe der Kerbschlagarbeit und der Prüftemperatur nach DIN V 17 006 Teil 100

Tabelle 6-4 Zusatzsymbole für Stähle (Auswahl nach DIN V 17 006 Teil 100)

Symbol	Bedeutung	Symbol	Bedeutung
C =	mit besonderer Kaltumformbarkeit	D =	für Schmelztauchüberzüge
E =	für Emaillierung	F =	zum Schmieden
H =	Hohlprofile	L =	für tiefere Temperaturen
M =	thermomechanisch gewalzt	N =	normalgeglüht; normalisierend gewalzt
O =	für Offshore	P =	Spundwandstahl
Q =	vergütet	S =	für Schiffsbau
T =	für Rohre	W =	wetterfest

In der fünften Stelle werden durch ein Zusatzsymbol als alphanumerisches Zeichen besondere Anforderungen, die Art des Überzuges und/oder der Behandlungszustand für Stahlerzeugnisse angegeben. Diese Symbole sind immer von den vorhergegangenen durch ein Pluszeichen „+" zu trennen. In den folgenden drei Tabellen sind Beispiele für diese Symbole genannt, die bei Bedarf hintereinander geschrieben werden.

Tabelle 6-5 Beispiele für Symbole für besondere Anforderungen nach DIN V 17 006 Teil 100

Symbol	Bedeutung
+C	Grobkornstahl
+F	Feinkornstahl
+H	mit besonderer Härtbarkeit
+Z15	Mindest-Brucheinschnürung senkrecht zur Oberfläche 15%
+Z25	Mindest-Brucheinschnürung senkrecht zur Oberfläche 25%
+Z35	Mindest-Brucheinschnürung senkrecht zur Oberfläche 35%

Tabelle 6-6 Beispiele für Symbole[26] für die Art des Überzuges (Auswahl nach DIN V 17 006 Teil 100)

Symbol	Bedeutung
+A	feueraluminiert
+AR	aluminium-walzplattiert
+AS	mit einer Al-Si-Legierung überzogen
+AZ	mit einer Al-Zn-Legierung überzogen (> 50% Al)
+CE	elektrolytisch spezialverchromt (ECCS)
+CU	Kupferüberzug
+IC	anorganische Beschichtung
+T	schmelztauchveredelt mit einer Blei-Zinn-Legierung (Terne)
+ZF	diffusionsgeglühte Zinküberzüge (galvannealed, mit diffundierten Fe)

---

[26] Um Verwechslungen mit anderen Symbolen zu vermeiden, kann bei diesen Zusatzsymbolen der Buchstabe „S" vorangestellt werden, z.B. „+SA" statt „+A".

Tabelle 6-7 Beispiele für Symbole[27] für den Behandlungszustand (Auswahl nach DIN V 17 006 Teil 100)

Symbol	Bedeutung
+A	weichgeglüht
+AC	geglüht zur Erzielung kugeliger Karbide
+C	kaltverfestigt (z.B. durch Walzen oder Ziehen)
+LC	leicht kalt nachgezogen bzw. leicht kalt nachgewalzt (Skin passed)
+S	behandelt auf Kaltscherbarkeit

Bislang ist auf den Aufbau der Kurznamen für Stähle für den Stahlbau eingegangen worden, da diese recht häufig verwendet werden. Um auch die Bezeichnungen der anderen Stahlsorten interpretieren zu können, wird im folgenden ergänzend dazu der Aufbau der Hauptsymbole weiterer Stahlsorten gegeben. Auf die Wiedergabe der Zusatzsymbole für die übrigen Stähle wird verzichtet; die Einzelheiten sind der DIN V 17 006 Teil 100 zu entnehmen.

Die Hauptsymbole beginnen – wie bereits angemerkt – mit einem Kennbuchstaben. Mit diesem Kennbuchstaben wird das Hauptanwendungsgebiet oder die chemische Zusammensetzung der Stahlsorte bezeichnet. Den Kennbuchstaben folgen Ziffern, mit denen – bis auf wenige Ausnahmen – die Streckgrenze oder die Zugfestigkeit quantifiziert wird.

Diese mechanischen Eigenschaften werden in einem sogenannten Zugversuch bestimmt, der das wichtigste Prüfverfahren für metallische Werkstoffe darstellt. Beim Zugversuch werden Werkstoffproben mit definierter Geometrie bestimmten Belastungen ausgesetzt, wobei ihr Verformungsverhalten aufgezeichnet wird. Dieses Verformungsverhalten besitzt – als Belastungs-Verformungs-Diagramm aufgetragen – für jeden Werkstoff einen charakteristischen Verlauf. Dabei bezeichnet die *Streckgrenze* denjenigen Belastungszustand, bei dem bei steigender Verformung der Probe (im allgemeinen: Dehnung) die Belastung (im allgemeinen: Kraft oder Spannung) erstmalig konstant bleibt oder abfällt. Als *Zugfestigkeit* wird derjenige Punkt der Spannungs-Dehnungs-Kurve bezeichnet, ab dem bei fortschreitender Dehnung die Kraft (oder Spannung) bleibend abfällt bzw. die Werkstoffprobe bricht.

In den folgenden zwei Tabellen sind die verschiedenen Kennbuchstaben und die Bedeutung der dazugehörenden Ziffern für Werkstoffe, die nach ihrem Hauptanwendungsgebiet und ihrer chemischen Zusammensetzung bezeichnet werden, gegeben.

Der Kennbuchstabe „G" wird Kurznamen nur dann vorangestellt, wenn es sich um Gußwerkstoffe handelt. In den folgenden Tabellen ist er deshalb in Klammern gesetzt.

---

[27] Um Verwechslungen mit anderen Symbolen zu vermeiden, kann bei diesen Zusatzsymbolen der Buchstabe „T" vorangestellt werden, z.B. „+TA" statt „+A".

Tabelle 6-8 Aufbau des Hauptsymboles zur Kennzeichnung der Stähle mit einer Bezeichnung nach dem Verwendungszweck und mechanischen oder physikalischen Eigenschaften nach DIN V 17 006 Teil 100; Streckgrenze und Zugfestigkeit in N/mm²; Ummagnetisierungsverlust in W/kg; Nenndicke in mm („n" = Ziffer)

Hauptsymbol		Hauptanwendungsgebiet (Beispiel)
Buchstabe	mechanische oder physikalische Eigenschaften	
(G) S	nnn = Mindeststreckgrenze	Stähle für den Stahlbau (Bsp.: S185)
(G) P	nnn = Mindeststreckgrenze	Stähle für Druckbehälter (Bsp.: P265)
L	nnn = Mindeststreckgrenze	Stähle für Leitungsrohre (Bsp.: L360)
E	nnn = Mindeststreckgrenze	Maschinenbaustähle (Bsp.: E295)
B	nnn = charakteristische Streckgrenze	Betonstähle (Bsp.: B500)
Y	nnnn = Nennwert für Zugfestigkeit (gegebenenfalls erste Stelle 0)	Spannstähle (Bsp.: Y1770)
R	nnnn = Mindestzugfestigkeit (gegebenenfalls erste Stelle 0)	Stähle für Schienen (Bsp.: R0900)
H	nnn = Mindeststreckgrenze	Kaltgewalzte Flacherzeugnisse aus höherfesten Stählen zum Kaltumformen (Bsp.: H420)
HT	nnn = Mindestzugfestigkeit	Kaltgewalzte Flacherzeugnisse aus höherfesten Stählen zum Kaltumformen (Bsp.: HT900)
DC	nn = Kennzahl	Flacherzeugnisse zum Kaltumformen, kaltgewalzt (Bsp.: DC04)
DD	nn = Kennzahl	Flacherzeugnisse zum Kaltumformen, warmgewalzt, bestimmt für unmittelbare Kaltumformung
DX	nn = Kennzahl	Flacherzeugnisse zum Kaltumformen, Art des Walzens (kalt oder warm) nicht vorgeschrieben (Bsp.: DX51)
TH	nn = vorgeschriebener mittlerer Härtewert für einfach reduzierte Erzeugnisse	Verpackungsblech und -band (Bsp.: TH52)
T	nnn = Nennstreckgrenze für doppelt reduzierte Erzeugnisse	Verpackungsblech und -band (Bsp.: T660)
M	nnnn-nn = 100 × höchstzulässiger Ummagnetisierungsverlust – 100 × Nenndicke (durch Bindestrich getrennt)	Elektroblech und -band (Bsp.: M1050-50)

Tabelle 6-9 Aufbau des Hauptsymboles zur Kennzeichnung der Stähle mit einer Bezeichnung nach der chemischen Zusammensetzung nach DIN V 17 006 Teil 100 („n" = Ziffer; „a" = gegebenenfalls mehrere Buchstaben)

Hauptsymbol		chemische Zusammensetzung (Beispiel)
Buchstabe	Kohlenstoffgehalt	
(G) C	nnn = 100 × mittlerer C-Gehalt des vorgeschriebenen Bereiches	unlegierte Stähle mit mittlerem Mn-Gehalt < 1%, ausgenommen Automatenstähle (Bsp.: C35)
(G)	nnn = 100 × mittlerer C-Gehalt des vorgeschriebenen Bereiches a = chemische Bezeichnung für charakterisierende Legierungselemente n-n = mittlerer Gehalt der Elemente (mit Faktoren multipliziert)	unlegierte Stähle mit ≥ 1% Mn, unlegierte Automatenstähle sowie legierte Stähle (ausgenommen Schnellarbeitsstähle), sofern der mittlere Gehalt der einzelnen Legierungselemente unter 5% liegt (Bsp.: 28Mn6)
(G) X	nnn = 100 × mittlerer C-Gehalt des vorgeschriebenen Bereiches a = chemische Bezeichnung für charakterisierende Legierungselemente n-n = mittlerer Gehalt der Elemente (auf die nächste ganze Zahl gerundet)	legierte Stähle (ausgenommen Schnellarbeitsstähle), sofern der Gehalt mindestens eines Legierungselementes ≥ 5% beträgt (Bsp.: X5CrNi18-10)
HS	n-n-n-n = prozentualer Anteil der Legierungselemente W, Mo, V und Co	Schnellarbeitsstähle (Bsp.: HS2-9-1-8)

DIN EN 10 027 Teil 2 gibt ein Nummernsystem für die Bezeichnung von Stahlsorten vor. Es wird auch als Werkstoffnummernsystem bezeichnet. Die Werkstoffnummer besteht aus insgesamt sieben Stellen, wobei zur Zeit nur fünf genutzt werden. Durch diese festgelegte Stellenzahl sind die Werkstoffnummern für die Datenverarbeitung besser geeignet als die Kurznamen. Über die Bedeutung der Ziffern gibt Tabelle 6-10 Auskunft. Sie werden ohne Leerstellen aneinandergesetzt.

Werkstoffnummern können nicht frei vergeben werden, sie werden durch die Europäische Stahlregistratur entsprechend dem im Anschluß gegebenen Schlüssel bestimmt.

Tabelle 6-10 Aufbau der Werkstoffnummer („n" = Ziffer)

1.	Werkstoffhauptgruppennummer; 1 = Stahl, die Ziffern 2 bis 9 sind anderen Werkstoffgruppen zugeordnet; die Werkstoffhauptgruppennummer wird durch einen Punkt von den nachfolgenden Ziffern getrennt.
nn	Stahlgruppennummer
nn (nn)	Zählnummer; zur Zeit sind für die Zählnummer nur zwei Stellen vorgesehen, die hier in Klammern wiedergegebenen Stellen sind für den zukünftigen Bedarf bestimmt.

Tabelle 6-11 Stahlgruppennummern 00 bis 09 (Grund- und Qualitätsstähle) nach DIN EN 10 027-2

Nr.	Stahlsorte
00	Grundstähle
01	Allgemeine Baustähle mit R_m < 500 N/mm²
02	Sonstige, nicht für eine Wärmebehandlung bestimmte Baustähle mit R_m < 500 N/mm²
03	Stähle mit mittlerem C-Gehalt < 0,12% oder R_m < 400 N/mm²
04	Stähle mit einem mittleren C-Gehalt zwischen 0,12 und 0,25% oder R_m zwischen 400 und 500 N/mm²
05	Stähle mit einem mittleren C-Gehalt zwischen 0,25 und 0,55% oder R_m zwischen 500 und 700 N/mm²
06	Stähle mit mittlerem C-Gehalt > 0,55% oder R_m > 700 N/mm²
07	Stähle mit höherem P- oder S-Gehalt
08	Stähle mit besonderen physikalischen Eigenschaften
09	Stähle für verschiedene Anwendungsgebiete

Tabelle 6-12 Stahlgruppennummern 10 bis 19 (unlegierte Edelstähle) nach DIN EN 10 027-2

Nr.	Stahlsorte
10	Stähle mit besonderen physikalischen Eigenschaften
11	Bau-, Maschinenbau, Behälterstähle mit einem C-Gehalt < 0,5%
12	Maschinenbaustähle mit einem C-Gehalt ≥ 0,5%
13	Bau-, Maschinenbau- und Behälterstähle mit besonderen Anforderungen
14	–
15	Werkzeugstähle
16	Werkzeugstähle
17	Werkzeugstähle
18	Werkzeugstähle
19	–

Die Tabelle 6-11 und Tabelle 6-12 geben Auskunft über die ersten zwanzig der in der DIN EN 10 027 Teil 2 festgelegten Stahlgruppennummern (Grund-, Qualitäts- und unlegierten Edelstähle). Für die danach folgenden Stahlgruppennummern gilt folgender Schlüssel: 20 bis 29: Werkzeugstähle; 30 bis 39: verschiedene Stähle; 40 bis 49: chemisch beständige Stähle; 50 bis 89: Bau-, Maschinenbau- und Behälterstähle. In DIN EN 10 027 Teil 2 sind auch diese Stahlgruppennummern ausführlich aufgeschlüsselt.

Die folgende Tabelle gibt abschließend eine Übersicht über die verschiedenen Bezeichnungen für unlegierte Baustähle. DIN 17 100 ist zwar schon längere Zeit zurückgezogen, und die Bezeichnung nach DIN 17 100 somit nicht mehr zulässig, da sie aber zur Zeit noch vielfach in Gebrauch ist, ist sie den anderen Bezeichnungen gegenübergestellt. Der Vollständigkeit halber ist auch die Bezeichnung nach EU 25 wiedergegeben, obwohl auf diese sonst nicht eingegangen wird.

Tabelle 6-13 Gegenüberstellung der Bezeichnungen für unlegierte Baustähle

Bezeichnung nach DIN 17 100	Bezeichnung nach EU 25	Bezeichnung nach DIN EN 10 025	Werkstoffnummer nach DIN EN 10 027-2
St 33	Fe 310-0	S185	1.0035
St 37-2	Fe 360 B	S235JR	1.0037
USt 37-2	Fe 360 BFU	S235JRG1	1.0036
UQSt 37-2	Fe 360 BFUKQ	S235JRG1C	1.0121
RSt 37-2	Fe 360 BFN	S235JRG2	1.0038
RQSt 37-2	Fe 360 BFNKQ	S235JRG2C	1.0122
St 37-3 U	Fe 360 C	S235J0	1.0114
QSt 37-3 U	Fe 360 CKQ	S235J0C	1.0115
St 37-3 N	Fe 360 D1	S235J2G3	1.0116
–	Fe 360 D2	S235J2G4	1.0117
QSt 37-3 N	Fe 360 D1KQ	S235J2G3C	1.0118
St 44-2	Fe 430 B	S275JR	1.0044
QSt 44-2	Fe 430 BKQ	S275JRC	1.0128
St 44-3 U	Fe 430 C	S275J0	1.0143
QSt 44-3 U	Fe 430 CKQ	S275J0C	1.0140
St 44-3 N	Fe 430 D1	S275J2G3	1.0144
–	Fe 430 D2	S275J2G4	1.0145
QSt 44-3 N	Fe 430 D1KQ	S275J2G3C	1.0141
–	Fe 510 B	S355JR	1.0045
St 52-3 U	Fe 510 C	S355J0	1.0553
QSt 52-3 U	Fe 510 CKQ	S355J0C	1.0554
St 52-3 N	Fe 510 D1	S355J2G3	1.0570
–	Fe 510 D2	S355J2G4	1.0577
QSt 52-3 N	Fe 510 D1KQ	S355J2G3C	1.0569
–	Fe 510 DD1	S355K2G3	1.0595
–	Fe 510 DD2	S355K2G4	1.0596
St 50-2	Fe 490-2	E295	1.0050
St 60-2	Fe 590-2	E335	1.0060
St 70-2	Fe 690-2	E360	1.0070

Die Benennung von Gußeisen erfolgt entsprechend der (nach wie vor gültigen) DIN 17 006 Blatt 4 in der Ausgabe vom Oktober 1949. Wie auch bei den vorangegangenen Kurznamen erfolgt die Benennung durch Kennbuchstaben, die von mechanischen Eigenschaften (Zugfestigkeit in N/mm², gegebenenfalls ergänzt um die prozentuale Mindestbruchdehnung) gefolgt werden, Tabelle 6-14.

Tabelle 6-14 Systematische Benennung für Stahlguß, Grauguß und Temperguß nach DIN 17 006 Blatt 4

Kurz-name	mechanische Eigenschaft	Hinweise
GS-	nn = Zugfestigkeit in N/mm² dividiert durch 10	veraltete Bezeichnung für Stahlguß; nach DIN EN 10 027 Teil 1 gilt die Bezeichnung mit den Kennbuchstaben GE gefolgt von der Mindeststreckgrenze
GG-	nn = Zugfestigkeit in N/mm² dividiert durch 10	Grauguß mit Lamellengraphit; Beispiel: GG-20 für Grauguß mit einer Zugfestigkeit von 200 N/mm²
GTS-	nn = Zugfestigkeit in N/mm² dividiert durch 10 -nn = Bruchdehnung in %	nicht entkohlend geglühter (schwarzer) Temperguß; Beispiel: GTS-65-02 für schwarzen Temperguß mit einer Zugfestigkeit von 650 N/mm² und 2% Bruchdehnung
GTW-	nn = Zugfestigkeit in N/mm² dividiert durch 10 -nn = Bruchdehnung in %	entkohlend geglühter (weißer) Temperguß; Beispiel: GTW-45-07 für weißen Temperguß mit einer Zugfestigkeit von 450 N/mm² und 7% Bruchdehnung

6.3 Nicht-metallische Werkstoffe

6.3.1 Kunststoffe

Kunststoffe sind organische, hochmolekulare Werkstoffe, die überwiegend synthetisch hergestellt werden. Die vielseitigen Variationsmöglichkeiten bei der Herstellung der Kunststoffe ergeben eine große Vielfalt. Grundsätzlich werden Thermoplaste, fluorhaltige Kunststoffe, Duroplaste, Kunststoffschäume und Elastomere unterschieden. Die Bezeichnung der Kunststoffe erfolgt nach DIN 7728 bzw. nach ISO 1043. Durch die in den Normen enthaltene Vereinbarung kann die chemische Bezeichnung des Grundwerkstoffes durch ein Kurzzeichen wiedergegeben werden. Im folgenden sind Beispiele für Benennungen – durch ihre wichtigsten Eigenschaften ergänzt – in Tabellen gegeben.

Die üblichen Handelsnamen[28] für die verschiedenen Kunststoffe werden nur für die bekannteren Fälle genannt (kursiv gedruckt). Die Tabellen 6-15 und 6-16 gehen zunächst auf die Thermoplaste bzw. auf die flourhaltigen Kunststoffe und die Duroplaste ein.

---

[28] Jede kunststofferzeugende oder -verarbeitende Firma hat die Möglichkeit, einem Werkstoff einen eigenen Namen – eben den Handelsnamen – zu geben.

Tabelle 6-15 Bezeichnung von Thermoplasten (Auswahl)

Benennung	Kurzzeichen DIN 7728 (ISO 1043.1)	Bemerkung
Polyamide	PA	DIN 16773, VDI-Richtlinie 2479; Kurzzeichen gegebenenfalls ergänzt durch Zahlen, welche das Ausgangsprodukt charakterisieren (PA 6 wird z.B. aus ε-Amino-carbonsäure hergestellt, welches 6 Kohlenstoffe besitzt), weitere Beispiele: PA 66, PA 11, PA 12; in der Regel unter dem Handelsnamen *Nylon* bekannt
Polyoxymethylen	POM	DIN 16781; weitere Namen: Polyacetat(-harz), Polyformaldehyd; sehr gute Chemikalienbeständigkeit
Polycarbonate	PC	DIN 7744; gehört zu der Gruppe der Polyester; sehr gute elektrische Isoliereigenschaften, hohe Festigkeit
Polyacrylate, Polymethymethacrylat	PMMA	DIN 7745; in der Regel unter dem Handelsnamen Plexiglas bekannt; sehr gute optische Eigenschaften
Polystyrol	PS	DIN 7741; steif, hart und sehr spröde, sehr gute elektrische Isoliereigenschaften
Acrylnitril-Butadien-Styrol	ABS	DIN 16772; Copolymerisat des Polystyrols (PS); gute mechanische Eigenschaften
Polypropylen	PP	DIN 16774; gehört zur Gruppe der Polyolefine; günstige thermische und mechanische Eigenschaften; PP-Fasern erzielen sehr hohe Festigkeiten
Polyvinylchlorid	PVC	DIN 7748, DIN 7749; man unterscheidet weichmacherfreies Hart-PVC (PVC-U) und weichmacherhaltiges Weich-PVC (PVC-P); gute Festigkeit und chemische Widerstandsfähigkeit

Als Elastomere werden in Tabelle 6-17 alle vernetzten Hochpolymere genannt, die gummielastische Eigenschaften aufweisen. Gummi (gelegentlich auch Vulkanisat genannt) wird aus natürlichem oder synthetischem Kautschuk und vielen Zusatzstoffen hergestellt. Die Vernetzung der viskosen Stoffe, die dem Gummi die Steifigkeit verleiht, erfolgt durch eine Vulkanisation mit Schwefel oder anderen Vernetzungsmitteln bei Temperaturen um 140°C und unter Preßdruck. Dabei bestimmt der Kautschuk die mechanischen Eigenschaften und die chemische Widerstandsfähigkeit der Gummiqualität. Die Menge des Vulkanisationsmittels bestimmt den Vernetzungsgrad und dadurch die Festigkeitseigenschaften. Füllstoffe verbessern die Festigkeit und den Abriebwiderstand der Vulkanisate. Verstärkende Füllstoffe sind bei schwarzen Gummisorten Gasruß und bei hellen Gummisorten Kieselsäure, Magnesiumcarbonat und Kaolin. Weitere Füllstoffe wie Kreide, Kieselgur oder Talkum helfen, die Materialkosten zu senken.

Tabelle 6-16 Bezeichnung von flourhaltigen Kunststoffen und Duroplasten (Auswahl)

Benennung	Kurzzeichen DIN 7728 (ISO 1043.1)	Bemerkung
Polytetrafluorethylen	PTFE	Flourhaltiger Kunststoff; geringe Festigkeit, sehr gute Temperaturbeständigkeit, stark antiadhäsiv bzw. reibungsarm, sehr gute elektrische Isoliereigenschaften, höchste chemische Widerstandsfähigkeit; in der Regel unter dem Handelsnamen *Teflon* bekannt
Phenolharze	PF	DIN 16916, DIN 7708; Duroplast; Eigenschaften stark von Art und Menge des Füll- bzw. Verstärkungsstoffs abhängig, meist relativ spröde bei hoher Festigkeit und Steifigkeit; bekanntester Handelsname *Bakelite*
Epoxidharze	EP	DIN 16913, DIN 16945; Duroplast; meist mit sehr hochwertigen Verstärkungsstoffen (Kohlenstoff- und Aramidfasern) verarbeitet; bekanntester Handelsname *Araldit*

Im folgenden sind einige wichtige Elastomere mit ihren üblichen Kurzzeichen tabellarisch gegeben. Im Gegensatz zu den oben genannten Kunststoffen bestimmt nicht der Grundwerkstoff allein die mechanischen Eigenschaften, sondern die Art und Menge der Zusätze. Da aber nicht immer alle Zusätze genannt werden können, wird dem Kurzzeichen in der Regel eine Angabe über die (geforderte) Härte des Elastomeres als Zahlenwert hinzugefügt. In der Praxis wird gern die Shore-A-Härte nach DIN 53 505 – kurz „shA" oder „sh(A)" – benutzt, z.B. 72 NBR. Die Prüfung der Härte nach Shore-A ist eine mögliche Prüfvorschrift. In Zweifelsfällen ist die Prüfvorschrift mit anzugeben. Von manchen Firmen wird die Härte-Kurzzeichen-Kombination noch um eine weitere interne Kennzeichnung ergänzt.

Tabelle 6-17 Bezeichnung von Elastomeren (Auswahl)

Benennung	Kurzzeichen ISO 1629	Bemerkung
Naturkautschuke	NR	von „natural rubber" (englisch: natürlicher Gummi); hohe dynamische Festigkeit und Elastizität, guter Abriebwiderstand
Acrylnitril-Butadien-Kautschuke	NBR	gute Abriebfestigkeit, besonders beständig gegen Öle
Acrylatkautschuke	ACM	hohe Wärme- und chemische Beständigkeit
Ethylen-Propylen-Copolymere	EPM	gute Witterungs- und Ozonbeständigkeit, gute elektrische Isoliereigenschaften, sehr gute Beständigkeit gegen heiße Waschlaugen
Polyurethanelastomere (preß- und gießbar)	PUR	hohe mechanische Festigkeit, sehr hohe Verschleißfestigkeit, starke Dämpfung

6.3.2 Keramische Werkstoffe

Unter dem Begriff Keramik wird heute nicht mehr nur das bekannte klassische Porzellan oder Steinzeug (Mischungen aus Kaolin, Feldspat und Quarz) verstanden, sondern ebenso eine breite Palette moderner Entwicklungen, die vorwiegend im technischen Bereich Verwendung finden. Die offizielle von der Deutschen Keramischen Gesellschaft (DKG) gegebene Definition für einen (gebrannten) Körper lautet [Wil85]: „Keramische Werkstoffe sind anorganisch, nichtmetallisch, in Wasser schwer löslich und zu wenigstens 30% kristallin." Die wichtigsten und gebräuchlichsten keramischen Werkstoffe sind ihrer Zusammensetzung entsprechend in Tabelle 6-18 aufgeführt [Hau86].

Tabelle 6-18 Unterteilung der technischen keramischen Werkstoffe mit Beispielen

Silikatkeramik	Oxidkeramik	Nichtoxidkeramik
Cordierit Glaskeramik Porzellan Steatit Steinzeug	Aluminiumoxid (Al_2O_3) Aluminiumtitanat (Al_2TiO_5) Berylliumoxid (BeO) Ferrit Magnesiumoxid (MgO) Titanat Titanoxid (TiO) Uranoxid Zirkonoxid (ZrO_2)	Borcarbid (B_4C) Bornitrid Graphit Kohlenstoff Molybdändisilizid ($MoSi_2$) Siliciumcarbid (SiC) Siliciumnitrid (Si_3N_4) Titanborid

In manchen Literaturstellen wird die oben gegebene Unterteilung in Oxid- und Nichtoxidkeramik ergänzt um die Begriffe Ingenieur-, Sonder- und Feinkeramik. Die letztgenannten Begriffe stellen eine Zusammenfassung der Oxid- und Nichtoxidkeramik dar. Der Begriff Ingenieurkeramik, oder auch Industrie- bzw. Strukturkeramik, wird in den Anwendungsgebieten Maschinen- und Apparatebau genutzt. Kennzeichen der *Ingenieurkeramik* ist die hohe Reinheit und mechanische Festigkeit. Der Begriff *Sonderkeramik* ist historisch und versucht, die technisch genutzte Keramik von dem Haushaltsporzellan oder dem Steinzeug abzugrenzen. Der Begriff Fein- bzw. Grobkeramik bezieht sich auf den Kornaufbau. Bei einer Korngröße kleiner als 0,1 oder 0,2 mm wird von *Feinkeramik* gesprochen. Entsprechend wird beim Bruch eines Scherbens im Falle der Feinkeramik die Bruchfläche als homogen empfunden.

Der zusammenhängende Gefügeverband, der der Keramik ihre Steifigkeit und Härte verleiht, entsteht erst durch die als Sinterung bezeichnete Wärmebehandlung. Der bei der Formgebung zustande gekommene lose Teilchenverbund geht dann in einen polykristallinen Festkörper über. Die Werkstoffauswahl für keramische Güter richtet sich nach dem Bedarf des herzustellenden Erzeugnisses. Eine Hilfe bietet die Einteilung der Keramik entsprechend ihren Materialeigenschaften und Verwendungsmöglichkeiten, die in vielen Veröffentlichungen gegeben ist [Hau86, Hen88, NN86, Wil85].

In der Regel erfolgt die Bezeichnung einer Keramik aber nicht nach ihren mechanischen Eigenschaften oder dem Herstellungsverfahren, sondern nach der Zusammensetzung des Rohstoffes (gegebenenfalls des Hauptbestandteiles), z.B. Aluminiumoxid, Zirkonoxid.

6.4 Übungen

Ergänzen Sie die folgende Tabelle nach gegebenem Beispiel:

Werkstoff-bezeichnung	Beschreibung
S235JR	Stahl für den Stahlbau; Mindeststreckgrenze: 235 N/mm²; Kerbschlagarbeit: 27 Joule bei 20°C
E360	
	Stahl für den Stahlbau; Mindeststreckgrenze: 355 N/mm²; Kerbschlagarbeit: 27 Joule bei -20°C; unberuhigte Stahlsorte; wetterfest
S460Q	
	Stahl für Druckbehälter; Mindeststreckgrenze: 265 N/mm²; für Gasflaschen (Zusatzsymbol für Stähle für Gasflaschen: B)
C35	
	unlegierter Stahl mit ≥ 1% Mn; mittlerer C-Gehalt: 0,28%; Mn-Gehalt: 1,5% (der Mn-Gehalt wird mit dem Faktor 4 multipliziert angegeben)
X5CrNi18-10	
	Schnellarbeitsstahl; W-Gehalt: 2%; Mo-Gehalt: 9%; V-Gehalt: 1%; Co-Gehalt: 8%
GTW-35-04	
	Polyvinylchlorid
72 NBR	
	Aluminiumoxid
PTFE	
1.0117	

7 Angaben zur Oberflächenbeschaffenheit

7.1 Einführung

Es wurde bereits festgestellt, daß die technische Zeichnung ein gegenüber der Realität abstrahiertes Abbild des dargestellten Bauteiles bzw. der dargestellten Baugruppe ist. Zu den Abstraktionen zählt auch, daß für jedes Bauteil stets von der Ideal-Geometrie und der Ideal-Oberfläche ausgegangen wird. Ideale Formen, Abmessungen und Oberflächengüten lassen sich aber in der Realität nicht herstellen, es ist vielmehr mit *Gestaltabweichungen* vielfältigster Art zu rechnen. Diese müssen bereits während der Konstruktion bedacht werden, und die Angaben hierüber müssen in der technischen Zeichnung auch eindeutig vermerkt sein. Welche Gestaltabweichungen ein Werkstück aufweisen darf, muß unter Berücksichtigung der Funktionserfüllung (Verschleißverhalten, Reibungs- und Gleiteigenschaften, Schmierfähigkeit, Ermüdungsfestigkeit, Korrosionsanfälligkeit), wirtschaftlichen Fertigung und gegebenenfalls ästhetischen (optischen) Gesichtspunkten entschieden werden. Im folgenden hierzu einige Beispiele:

- Die Innenfläche eines Hydraulikzylinders erfordert eine hohe Oberflächenqualität, damit die darauf laufende Kolbendichtung im Betrieb nicht zerstört wird.

- Im Bereich der Lauffläche von Radialwellendichtringen dürfen Wellen weder zu glatt noch zu rauh sein, um einerseits eine ausreichende Schmiermittelversorgung der Dichtlippe sicherzustellen und andererseits den Dichtlippenverschleiß gering zu halten.

- Wälzlager dürfen auf der Welle einerseits nicht zu lose sitzen, müssen andererseits aber noch montiert werden können. Dabei ist zu berücksichtigen, daß sich weder bei der Montage noch während des Gebrauchs diese Abmessungen aufgrund von Setzvorgängen ändern dürfen.

- Zwei miteinander verschraubte Kupplungsflansche müssen eben sein und sowohl zentrisch als auch senkrecht zur Wellenachse liegen, um Überbeanspruchungen der Bauteile und Unwuchten zu vermeiden.

- Bei der Vorgabe von Oberflächenbeschaffenheiten muß man berücksichtigen, mit welchen Fertigungsverfahren und Fertigungsmitteln (Werkzeugmaschinen, Werkzeugen, Vorrichtungen) die geforderten Qualitäten bzw. Genauigkeiten überhaupt erreicht werden können. In Extremfällen können hochgesteckte Oberflächenanforderungen dazu führen, daß für ein Bauteil ein anderes Fertigungsverfahren als bisher gewählt werden muß und deswegen gravierende Konstruktionsänderungen vorgenommen werden müssen. Auch kommt es vor, daß Bauteile aufgrund der vorgegebenen Oberflächenqualitäten nicht mehr (vollständig) im eigenen Unternehmen hergestellt werden können, was sofort organisatorische, terminliche und kostenmäßige Konsequenzen nach sich zieht.

- Medizinische Instrumente müssen teilweise aus hygienischen, teilweise aber auch aus rein ästhetischen Gründen besonders hochwertige (saubere) Oberflächen aufweisen (z.B. poliert, verchromt sein).

- Vor allem bei Großserienprodukten wie etwa Kraftfahrzeugen geht man heute wie selbstverständlich davon aus, daß „von der Stange" gekaufte Ersatzteile auf Anhieb passen.

- Im Kraftfahrzeugbau vermitteln durch enge Toleranzen erzwungene möglichst gleichmäßige Türen- und Haubenspalte dem Kunden einen besonderen Qualitätseindruck, obwohl diese Forderung nahezu keinen Einfluß auf die Funktion hat.

Nach DIN 4760 stellt die *Gestaltabweichung* die Gesamtheit aller Abweichungen der Istoberfläche von der geometrischen Oberfläche dar. Die *Istoberfläche* ist das meßtechnisch erfaßbare, angenäherte Abbild der wirklichen Oberfläche. (Hinweis: Die Istoberfläche hängt damit unter anderem vom Meßverfahren ab!) Die *geometrische Oberfläche* ist die ideale Oberfläche, wie sie durch die technische Zeichnung oder andere technische Unterlagen definiert wird. Des weiteren definiert DIN 4760 die *wirkliche Oberfläche* als die Oberfläche, die ein Bauteil von dem es umgebenden Medium trennt („Grenzfläche").

Tabelle 7-1 Ordnungssystem für Gestaltabweichungen nach DIN 4760

Gestaltabweichung (als Profilschnitt überhöht dargestellt)	Beispiele für die Art der Abweichung
1. Ordnung: Formabweichungen	Geradheits-, Ebenheits-, Rundheits- Abweichung
2. Ordnung: Welligkeit	Wellen
3. Ordnung: Rauheit	Rillen
4. Ordnung: Rauheit	Riefen, Schuppen, Kuppen
5. Ordnung: Rauheit Nicht mehr in einfacher Weise bildlich darstellbar	Gefügestruktur
6. Ordnung: Nicht mehr in einfacher Weise bildlich darstellbar	Gitteraufbau des Werkstoffes
Die Gestaltabweichungen 1. bis 4. Ordnung überlagern sich zur Istoberfläche	

Sortiert nach ihrer Größe werden in DIN 4760 Gestaltabweichungen erster bis sechster Ordnung unterschieden (Tabelle 7-1). Die Gestaltabweichungen erster Ordnung sind sogenannte *Formabweichungen*, die sich nur durch Betrachtung der gesamten Istoberfläche feststellen lassen. Sie betreffen die Grobgestalt des untersuchten Bauteiles. Wie die Formabweichungen toleriert werden, wird ausführlich im Kapitel 8 erklärt. Die Gestaltabweichungen zweiter bis sechster Ordnung sind dagegen schon an Ausschnitten der Istoberfläche feststellbar, siehe auch Bild 7-1. Sie betreffen die Feingestalt des Bauteiles. Dabei spielen die Gestaltabweichungen fünfter und sechster Ordnung, die von der Gefügestruktur und dem Gitteraufbau des Materials abhängen, in der Praxis eine untergeordnete Rolle, da sie nur für wenige Anwendungen von Bedeutung sind und ohnehin nur mit viel Aufwand ermittelt werden können. Die Gestaltabweichungen zweiter Ordnung werden als *Welligkeit* bezeichnet. Die Gestaltabweichungen dritter bis fünfter Ordnung werden unter dem Begriff *Rauheit* zusammengefaßt[29].

Nachfolgend wird sich der Abschnitt 7.2 zunächst mit den Oberflächenrauheiten von Bauteilen (Gestaltabweichungen dritter bis fünfter Ordnung) und den zugehörigen Angaben in technischen Zeichnungen beschäftigen. Weitere Themen des Kapitels sind die Angaben zur Wärmebehandlung und Beschichtung von Bauteilen (Abschnitt 7.3) und zum Zustand von Bauteilkanten (Abschnitt 7.4).

7.2 Kennwerte technischer Oberflächen

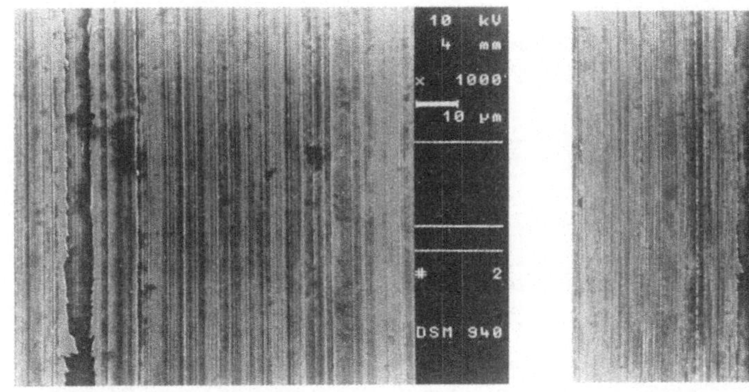

10 µm   20 µm

Bild 7-1 Rasterelektonenmikroskopische Aufnahmen von Oberflächen einer durch Planfräsen bearbeiteten stählernen Werkstücks (15 Mn Cr 5) bei unterschiedlichen Vergrößerungen

---

[29] Als Abgrenzungskriterium der Welligkeit gegenüber der Rauheit nennt DIN 4760: Bei einem Verhältnis Wellenabstände zu Wellentiefe größer als 100:1 *Welligkeit*; Verhältnis 100:1 oder kleiner (bis etwa 5:1) *Rauheit*.

Wie bereits angesprochen, zeigen sich Oberflächen bei genauerer Betrachtung nicht mehr als so glatt, wie mit dem bloßen Auge erkennbar. Durch rasterelektronenmikroskopische Aufnahmen von Oberflächen wird das Relief sichtbar, das bei der Bearbeitung der Fläche erzeugt wurde. Die Gestalt dieses Reliefs ist sowohl von dem gewählten Bearbeitungsverfahren (Fräsen, Drehen, Schleifen, Honen, ...) als auch von dem verwendeten Material (Stahl, Messing, Aluminium, ...) abhängig. In Bild 7-1 sind am Beispiel einer durch Fräsen spanend hergestellten Oberfläche solche Aufnahmen wiedergegeben.

7.2.1 Grundlagen

Um ein Maß für die Rauheit[30] technischer Oberflächen zu finden und sie dadurch charakterisieren zu können, werden verschiedene *Rauheitsmeßgrößen* definiert. In der Regel wird von den in DIN 4768 genormten Rauheitsmeßgrößen ausgegangen. Sie basieren auf den in DIN 4762 vorgegebenen Grundbegriffen, die im folgenden erläutert werden.

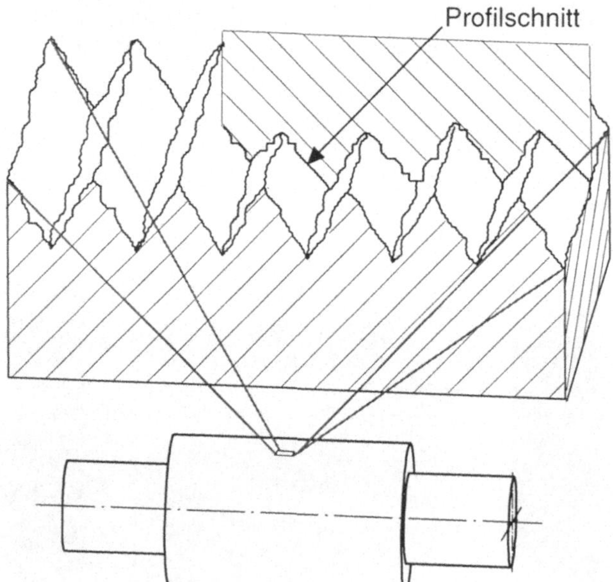

Bild 7-2 Bildung des Profilschnittes

Die Grundvorstellung besteht darin, daß man eine Oberfläche mit einer Ebene zum Schnitt bringt. Die Schnittlinie (Profilschnitt) entspricht dem wirklichen Profil der zu vermessenden Oberfläche. Entlang dieser Linie wird das *Istprofil* gemessen. Die Messung erstreckt sich dabei auf eine bestimmte *Auswertelänge* l_n (gegebenenfalls weiter unterteilt in verschiedene *Bezugsstrecken* l_i). Als *Bezugsstrecke* wird die Länge der Bezugslinie bezeichnet, die zum Ermitteln der die Oberflächenrauheiten kennzeichnenden Größen dient. Solch ein Profilschnitt wird in der Praxis stets senkrecht zur Oberfläche durchgeführt, und zwar in der

---

[30] Beim Messen werden sowohl die Welligkeit als auch die Rauheit aufgenommen, diese können aber durch geeignete Filter voneinander getrennt werden. So ist es hier möglich, die Rauheit getrennt zu betrachten.

Richtung, in der die größten Abweichungen von der geometrischen (idealen) Oberfläche zu erwarten sind. Im allgemeinen stellen sich die größten Abweichungen quer zur Bearbeitungsrichtung ein. Aus dem Profilschnitt können dann Werte bestimmt werden, mit denen sich die Rauheit von Oberflächen beschreiben läßt.

Aus dieser Vorstellung heraus werden nun weitere Definitionen abgeleitet: Es wird eine *Regressionslinie m* definiert, die als Bezugslinie das Profil so durchschneidet, daß die Quadratsumme der Profilabweichungen von dieser Linie ein Minimum annimmt. Diese Regressionslinie m wird für jede Bezugsstrecke neu gebildet und nähert sich damit der Form des geometrischen Profils an. Eine dem Verlauf der Regressionslinie angepaßte gedachte Linie, die das Istprofil am höchsten Punkt berührt, ist die *obere Berührlinie*. Parallel hierzu, das Istprofil jedoch im tiefsten Punkt berührend, verläuft die *untere Berührlinie*. Die auf diesen Definitionen basierenden Rauheitsmeßgrößen nach DIN 4768 sind im folgenden aufgeführt.

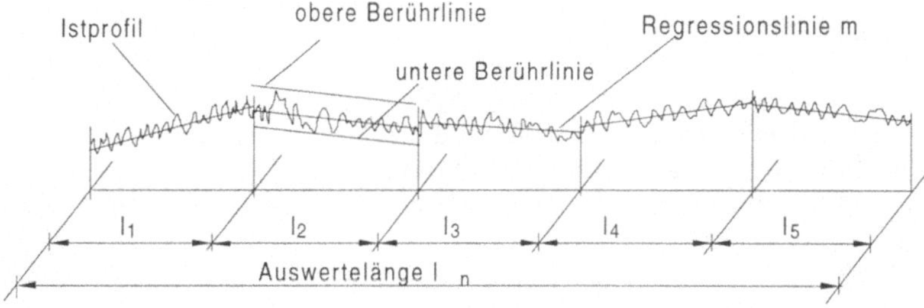

Bild 7-3 Oberflächenprofile nach DIN 4762

Als *arithmetischer Mittenrauhwert* R_a wird der arithmetische Mittelwert der absoluten Werte aller Abweichungen des Istprofiles[31] vom mittleren Profil (Regressionslinie) innerhalb der Bezugsstrecke definiert. Anschaulich entspricht dies der Höhe eines Rechteckes, dessen Länge die Länge der Meßstrecke ist und das den gleichen Flächeninhalt hat wie die Summe der zwischen Istprofil und Regressionslinie m eingeschlossenen Teilflächen. In der Praxis werden die Werte für den arithmetischen Mittenrauhwert innerhalb der Auswertelänge l_n ermittelt.

$$R_a = \frac{1}{l} \int_{x=0}^{x=l} |y|\, dx$$

Bild 7-4 Arithmetischer Mittenrauhwert R_a nach DIN 4768

---

[31] Streng nach DIN 4768 hätte hier der Begriff *Rauheitsprofil* zu stehen. Das Rauheitsprofil ergibt sich aus dem Istprofil durch Filterung der Meßsignale.

Die *maximale Profilhöhe* R_y ist nach DIN 4762 als der Abstand zwischen der oberen Berührlinie und der unteren Berührlinie innerhalb der Bezugsstrecke definiert, Bild 7-5. Der frühere Begriff Rauhtiefe R_t (als Differenz zwischen der höchsten Erhebung und der tiefsten Vertiefung innerhalb der Auswertelänge) soll wegen unklarer meßtechnischer Auslegungen nicht mehr verwendet werden. Die Kenngröße R_y entspricht R_{max} nach DIN 4768.

$$R_y = y_{max} - y_{min}$$

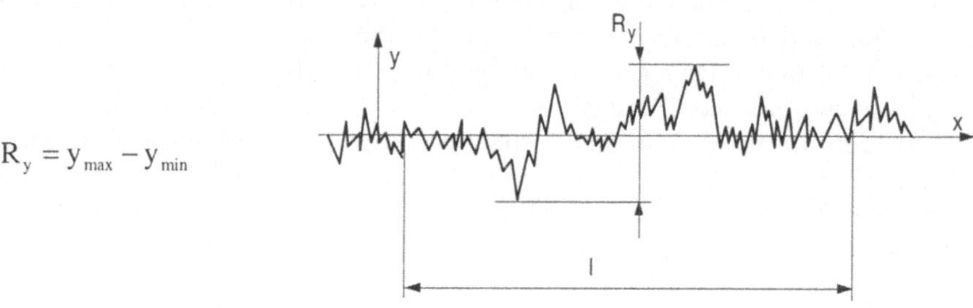

Bild 7-5 Maximale Profilhöhe R_y

Zur Ermittlung der *gemittelten Rauhtiefe* R_z wird die Auswertelänge l_n in fünf gleich große Einzelmeßstrecken $l_e = l_n/5$ zerlegt. Auf jeder Einzelmeßstrecke wird die maximale Rauhtiefe Z_i bestimmt. Das arithmetische Mittel aller fünf Z_i ist die gemittelte Rauhtiefe R_z.

Als *maximale Einzel-Rauhtiefe* R_{max} gilt die größte auf der Auswertelänge vorkommende Einzelrauhtiefe (Maximalwert der fünf Z_i).

$$R_z = \frac{1}{5}\left(Z_1 + Z_2 + Z_3 + Z_4 + Z_5\right)$$

$$R_{max} = max\left(Z_1, Z_2, Z_3, Z_4, Z_5\right)$$

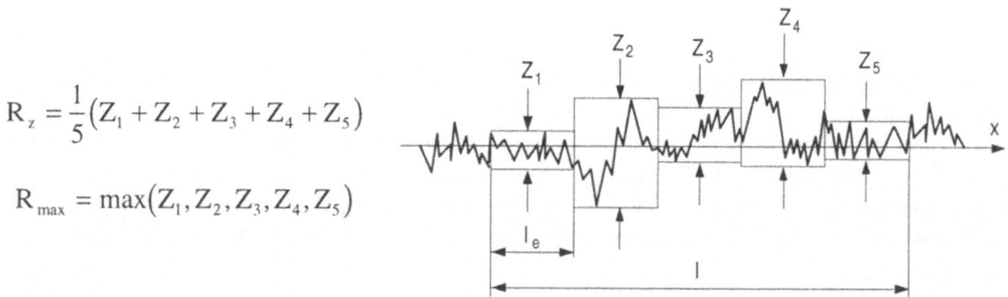

Bild 7-6 gemittelte Rauhtiefe R_z und maximale Einzel-Rauhtiefe R_{max} nach DIN 4768

Die Rauheit von technischen Oberflächen kann mit Hilfe der genannten Größen[32] beschrieben und quantifiziert werden. Die verschiedenen Kennwerte haben jedoch unterschiedliche Aussagekraft und sollten deshalb dieser entsprechend verwendet werden.

Durch die Flächenintegration bei der Bildung des Wertes R_a werden einzelne Profilausreißer wenig berücksichtigt. Dadurch bleibt der R_a-Wert auch bei mehrfacher Abtastung an ver-

---

[32] Daneben existieren noch weitere Oberflächen-Kennwerte, die zum Teil als Werksnorm formuliert wurden oder durch die Meßtechnik bedingt sind.

schiedenen Flächenausschnitten eines Werkstücks im Gegensatz zu R_{max} oder R_z weitgehend konstant – was ein Vorteil oder auch ein Nachteil sein kann. Die Aussage des arithmetischen Mittenrauhwertes R_a ist allerdings praktisch wenig gut interpretierbar und wegen der Flächenintegration auch schlecht vorstellbar. Dennoch ist dieser Kennwert neben der gemittelten Rauhtiefe R_z in der Bundesrepublik Deutschland, USA, England und Schweiz weit verbreitet. Der Grund hierfür ist, daß einzelne Profilausreißer die Funktion eines Bauteils in der Regel nicht beeinflussen und deswegen auch vernachlässigt werden können.

Die Rauhtiefe R_t wird weitgehend durch einzelne Profilausreißer geprägt. Aus diesem Grund ist besonders bei inhomogenen Profilen der R_t-Wert nicht aussagefähig. Des weiteren liegen zur Erhebung der Rauhtiefe R_t keine genormten Meßbedingungen vor, so daß – wie bereits angedeutet – von der Verwendung dieses Wertes abgesehen werden sollte. Um die Wertangabe mit R_t zu vermeiden, ohne zusätzlich messen zu müssen, wird in der einschlägigen Literatur [San93] empfohlen, statt dessen wertgleich den genormten Kennwert R_z zu verwenden.

Da der Wert für R_{max} oder R_y innerhalb einem Fünftel der Auswertelänge l_n ermittelt wird, können sich Wellenanteile, die noch im Rauheitsprofil vorhanden sein können, weniger auswirken als bei der Rauhtiefe R_t, deren Wert dem maximalen Abstand von höchster Profilerhebung bis zum tiefsten Profiltal entspricht. Der neu eingeführte Kennwert R_y als maximale Profilhöhe ersetzt die Kennwerte R_{max} und R_t. Bei der gemittelten Rauhtiefe R_z werden einzelne Ausreißer nur zum Teil berücksichtigt. Befindet sich z.B. innerhalb der Auswertelänge l_n nur ein einzelner Ausreißer, so geht er nur noch zu 20% in den Wert R_z ein.

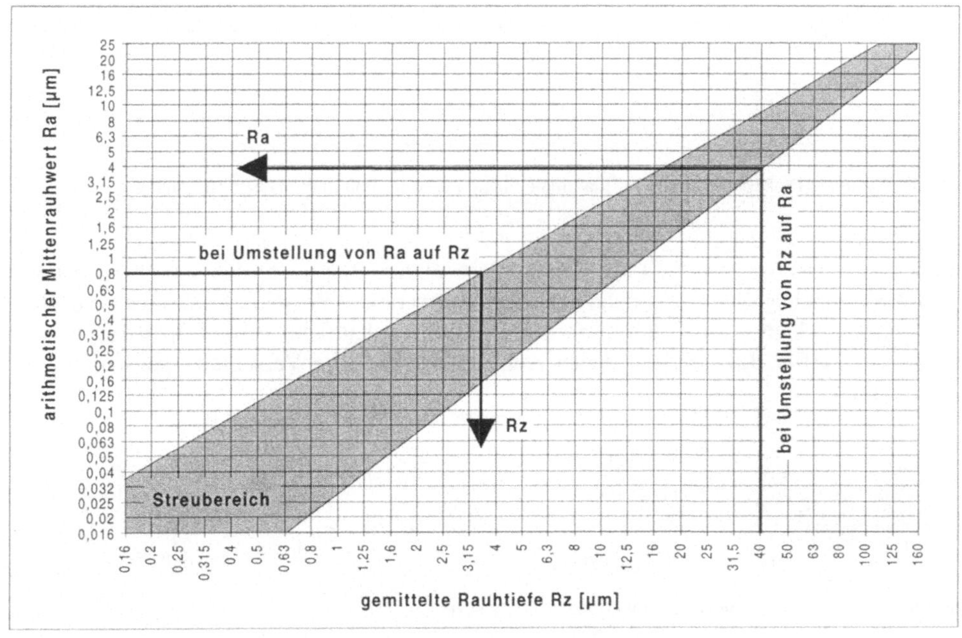

Bild 7-7 Umrechnung R_a/R_z für spanend hergestellte Oberflächen (DIN 4768)

In DIN 4768 Teil 1 werden im Beiblatt 1 Angaben gemacht, wie man für spanend hergestellte Oberflächen unter Berücksichtigung eines bestimmten Streubereiches den arithmetischen Mittenrauhwert R_a und die gemittelte Rauhtiefe R_z näherungsweise ineinander umrechnen kann, Bild 7-7.

Allen diesen Werten R_a, R_{max}, R_t, R_y oder R_z ist jedoch gemeinsam, daß mit ihrer Hilfe nichts über die Oberflächen-Profilform ausgesagt werden kann, da in ihnen keine Informationen über das zu erwartende Gebrauchsverhalten enthalten sind. Kennwerte, die die Oberflächen-Profilform besser berücksichtigen sind die maximale Profilkuppenhöhe R_p (früher Glättungstiefe R_p und mittlere Glättungstiefe R_{pm}) und die maximale Profiltaltiefe R_m. Auf diese Werte soll im folgenden kurz eingegannen werden.

Die *maximale Profilkuppenhöhe (Glättungstiefe)* R_p entspricht dem maximalen Abstand der höchsten Profilerhebung zur Mittellinie m, Bild 7-3. Dies bedeutet, daß der Wert von R_p von vereinzelten Profilspitzen abhängig ist, womit die Aussagefähigkeit dieser Größe eingeschränkt wird. Es kann aber auch in Anlehnung an DIN 4768 ein Mittelwert aus den Profilkuppenhöhen von 5 aufeinanderfolgenden Einzelmeßstrecken l_e definiert werden. Durch die Bildung eines solchen Mittelwertes hätten einzelne Profilspitzen weniger Einfluß auf den Endwert. Als *maximale Profiltaltiefe* R_m ist der Abstand von der unteren Berührlinie zur Regressionslinie definiert.

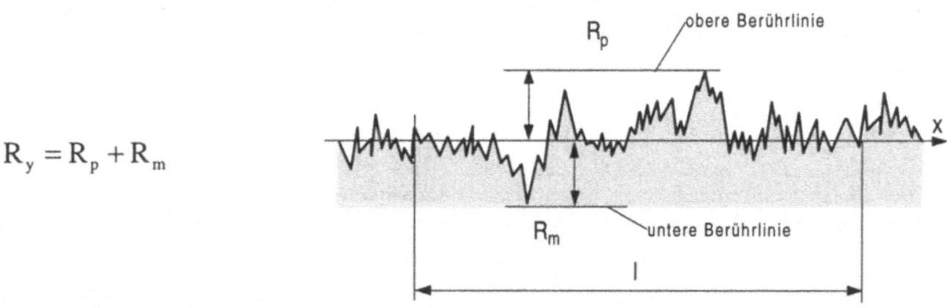

$$R_y = R_p + R_m$$

Bild 7-8 Maximale Profilkuppenhöhe R_p, maximale Profiltaltiefe R_m und maximale Profilhöhe R_y

Wie bereits erwähnt, ermöglicht die Kenntnis des Wertes R_p im Gegensatz zu den eingangs genannten Rauheitsgrößen, Aussagen über das zu erwartende Verschleißverhalten zu treffen. Im folgenden soll dies an einem einfachen Beispiel verdeutlicht werden. In Bild 7-9 sind hierzu zwei Profile skizziert, bei denen recht unterschiedliche Verschleißeigenschaften erwartet werden.

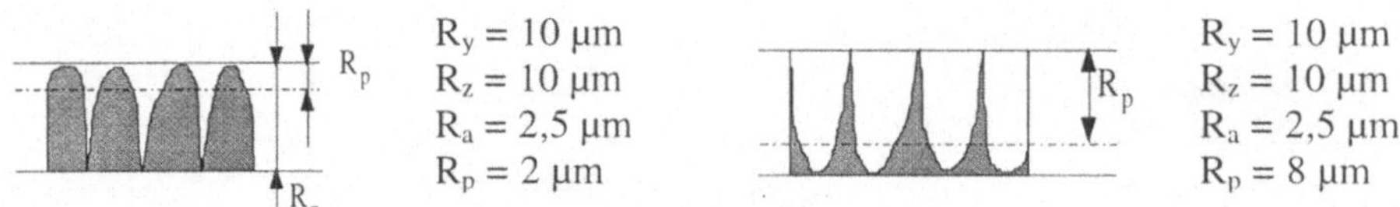

Bild 7-9 Vergleich der Rauheits- und Oberflächen-Kennwerte

Zur Beurteilung der Profile wird der Quotient aus der mittleren Glättungstiefe und der gemittelten Rauhtiefe R_{pm}/R_z herangezogen. Weist dieser Quotient einen Wert kleiner als 0,5 auf, so wird ein rundkämmiges Profil erwartet. Auf der linken Seite in Bild 7-9 ist ein solches rundkämmiges Profil dargestellt, der genannte Quotient beträgt hier $R_p/R_z = 0,2$. Ist der Wert größer als 0,5, so liegt ein sogenanntes spitzkämmiges Profil vor. Auf der rechten Seite von Bild 7-9 ist ein spitzkämmiges Profil mit $R_p/R_z = 0,8$ µm dargestellt. Tatsächlich gibt man in der Praxis nie den Wert für die (mittlere) Glättungstiefe alleine an, sondern stets mit einer Rauheitsgröße kombiniert – vorzugsweise der gemittelten Rauhtiefe –, so daß der Quotient ermittelt werden kann. Wichtig ist die (mittlere) Glättungstiefe bzw. der Quotient aus (mittlerer) Glättungstiefe und gemittelter Rauhtiefe bei Lager- und Gleitflächen, er beeinflußt aber auch z.B. die Schrumpffähigkeit von Schrumpfsitzen und die Lackierfähigkeit.

7.2.2 Angabe der Oberflächenbeschaffenheit

Die seitens der Konstruktion verlangten Beschaffenheiten von Bauteiloberflächen werden in technischen Zeichnungen nach DIN ISO 1302 angegeben. Jede Angabe setzt sich zusammen aus

- dem allgemeinen Oberflächensymbol (Bild 7-10),

- aus hinzugefügten Rauheitsmaßen (in der Regel wird der arithmetische Mittenrauhwert R_a oder die gemittelte Rauhtiefe R_z angegeben)

- sowie bei Bedarf aus weiteren Hinweisen auf das Fertigungsverfahren, Oberflächenbehandlung/-überzug, die Richtung von Rillen, die Bezugsstrecke zur Prüfung der Rauheit oder Bearbeitungszugaben (Bild 7-11).

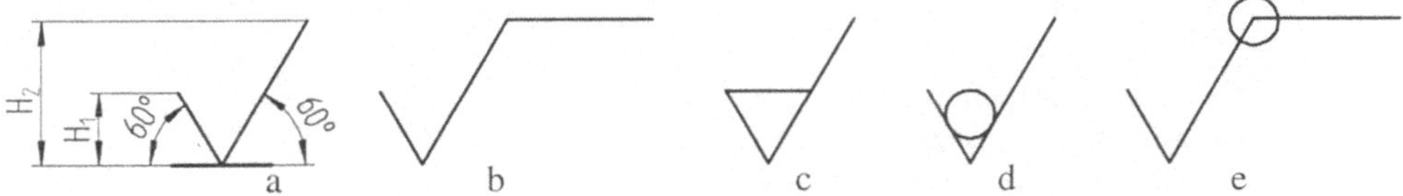

Bild 7-10 Symbol zur Kennzeichnung der Oberflächenbeschaffenheit nach DIN ISO 1302; Erläuterungen siehe Text

Das Grundsymbol für die Kennzeichnung von Oberflächen nach DIN ISO 1302 besteht aus zwei um 60° gegenüber der Grundlinie geneigten, ungleich langen Linien (Bild 7-10 a). Die Breite dieser Linien ist identisch mit der Linienbreite der Beschriftung. Für die Schriftgröße 3,5 mm beträgt die vertikale Höhe des kurzen Schenkels $H_1 = 5$ mm und die des langen Schenkels $H_2 = 11$ mm. Für die Schriftgröße 5 mm betragen $H_1 = 7$ mm und $H_2 = 15$ mm. Bei der Schriftgröße 7 mm betragen diese Höhen $H_1 = 10$ mm und $H_2 = 21$ mm.

Dieses Symbol kann gegebenenfalls um eine Parallele zur Grundlinie am langen Schenkel ergänzt werden (Bild 7-10 b). Diese Ergänzung wird immer dann eingezeichnet, wenn auf der rechten Seite des Grundsymbols eine Eintragung zu machen ist. Dieses Grundsymbol kennzeichnet eine Werkstückfläche als eine Oberfläche, die behandelt ist, und ist damit allein wenig aussagefähig. Eine sinnvolle Angabe über die Beschaffenheit einer Oberfläche ist nur in Verbindung mit zusätzlichen zahlenmäßigen Rauheitsangaben (z.B. für R_a) und/oder zusätzlichen Textangaben (z.B. „roh") möglich. Fügt man dem Grundsymbol am kurzen Schenkel eine zur Grundlinie parallele Linie hinzu, so wird dadurch eine trennende (meist spanabhebende) Bearbeitung der gekennzeichneten Oberfläche angezeigt (Bild 7-10 c). Ein Kreis zwischen den beiden Schenkeln zeigt demgegenüber an, daß eine trennende Bearbeitung nicht zugelassen ist (Bild 7-10 d), was im allgemeinen eine Belassung der Oberfläche im angelieferten Zustand bedeutet (z.B. Belassung des durch Ur- oder Umformen erreichten Rohzustandes; Beibehaltung des durch eine vorangegangene Oberflächenbehandlung/-veredelung erzielten Zustandes). Enthält dieses Symbol Zusatzangaben, so ist die geforderte Oberflächenbeschaffenheit ohne materialabtrennende Verfahren zu realisieren (z.B. durch Beschichtung). Eine Ergänzung des Grundsymbols um einen Kreis zwischen langem Schenkel und der Parallelen zur Grundlinie deutet an, daß die vorgegebene Oberflächenbeschaffenheit auf allen Oberflächen des Werkstückes zu gelten hat, Bild 7-10 e).

An welchen Positionen dem Symbol zur Kennzeichnung der Oberflächenbeschaffenheit nach DIN ISO 1302 die weiteren Angaben (Rauheitsmaße, Fertigungsverfahren, Oberflächenbehandlung/-überzug usw.) hinzugefügt werden, zeigt Bild 7-11. Bei gleichzeitiger Angabe der Positionen c und f sind diese durch einen Schrägstrich voneinander zu trennen. Ist mehr als eine Rauheitsmeßgröße anzugeben, so wird diese von den anderen durch Komma getrennt.

a = Mittenrauhwert R_a [µm] hinter dem Kurzzeichen R_a oder andere Rauheitswerte hinter dem entsprechenden Kurzzeichen

b = Fertigungsverfahren, Oberflächenbehandlung, Überzug oder sonstige textuellen Angaben

c = Welligkeit [µm] hinter dem betreffenden
Kurzzeichen oder Bezugsstrecke [mm]
(entfällt bei Angabe von R_a und R_z)

d = Rillenrichtung (wird nur in Sonderfällen
angegeben)

e = Bearbeitungszugabe [mm]

f = andere Rauheitswerte als R_a [µm] hinter
dem entsprechenden Kurzzeichen

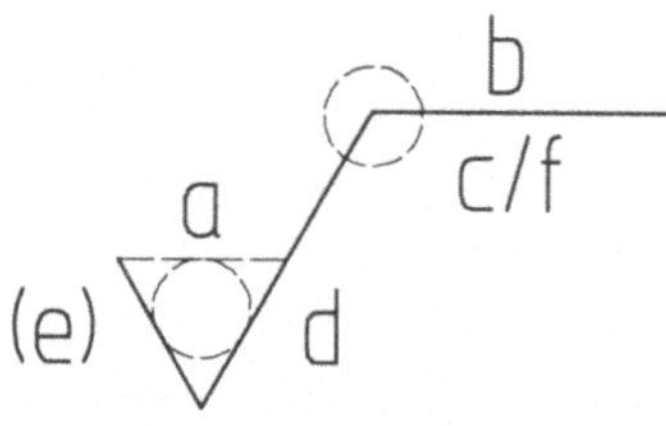

Bild 7-11 Mögliche Angaben am Symbol nach DIN ISO 1302

Bisher durfte bei Angabe des arithmetischen Mittenrauhwertes R_a allein der Zahlenwert an der entsprechenden Position des Oberflächenzeichens nach DIN ISO 1302 stehen. Mit der Neufassung der DIN ISO 1302 vom Dezember 1993 sollen die Zahlenwerte stets hinter dem entsprechenden Kurzzeichen stehen, wobei das a vom arithmetischen Mittenrauhwert R_a und das z von der gemittelten Rauhtiefe R_z nicht als Index geschrieben werden (z.B. „Ra 3,2" oder „Rz 6,3").

Derzeit ist es erlaubt, die Angabe der Rauheitsgrößen (mit Ausnahme des arithmetischen Mittenrauhwertes R_a) entweder an der Position a oder f zu setzen. In Zukunft ist es vorgesehen, alle Rauheitsangaben nur noch an der Position a des Oberflächenzeichens nach DIN ISO 1302 zu schreiben, wobei stets die entsprechende Rauheitskenngröße vorangestellt wird.

Ra 3,2 ∕   ∕ Rz 4   ∕ 0,8 / Rz 1   Ra 6,3 / Ra 3,2 ∕   ∕ Rz 4   Ra 25 ∕   Rz 25 ∕   ∕ Rz 4, Rp 1,5

Bild 7-12 Angabe der Oberflächenrauheit (Beispiele)

Der hinter dem Kurzzeichen angegebene Zahlenwert stellt den höchstzulässigen Rauheitswert dar. Besteht die Notwendigkeit, für die Rauheit eine obere und untere Grenze festzulegen, so sind die betreffenden Werte übereinander anzugeben. Dabei wird der größere Wert über den kleineren geschrieben, Bild 7-12.

Tabelle 7-2 Stufung des arithmetischen Mittenrauhwertes R_a nach DIN 4763; Zahlenwerte in µm

									0,008
0,01	0,012	0,016	0,02	0,025	0,032	0,04	0,05	0,063	0,08
0,1	0,125	0,16	0,2	0,25	0,32	0,4	0,5	0,63	0,8
1	1,25	1,6	2	2,5	3,2	4	5	6,3	8
10	12,5	16	20	25	32	40	50	63	80
100	125	160	200	250	320	400			

Tabelle 7-3 Stufung der gemittelten Rauhtiefe R_z bzw. der maximalen Rauhtiefe R_{max} nach DIN 4763; Zahlenwerte in µm

				0,025	0,032	0,04	0,05	0,06	0,08
0,1	0,125	0,16	0,26	0,25	0,32	0,4	0,5	0,63	0,8
1,0	1,25	1,6	2,0	2,5	3,2	4,0	5,0	6,3	8,0
10	12,5	16	20	25	32	40	50	63	80
100	125	160	200	250	320	400	500	630	800
1000	1250	1600							

Die Eintragung der Rauheitsanforderungen erfolgt unter Angabe der oben definierten Rauheitsmeßgrößen in µm (Mikrometer). Dabei ist zu berücksichtigen, daß nicht beliebige Werte eingetragen werden dürfen, sondern daß für die wichtigsten Rauheitsmeßgrößen eine Stufung der Zahlenwerte nach DIN 4763 festgelegt ist. Tabelle 7-2 zeigt als Ausschnitt dieser Norm die Stufung der Zahlenwerte für den arithmetischen Mittenrauhwert R_a. In Tabelle 7-3 ist die Stufung der gemittelten Rauhtiefe R_z bzw. der maximalen Rauhtiefe R_{max} wiedergegeben.

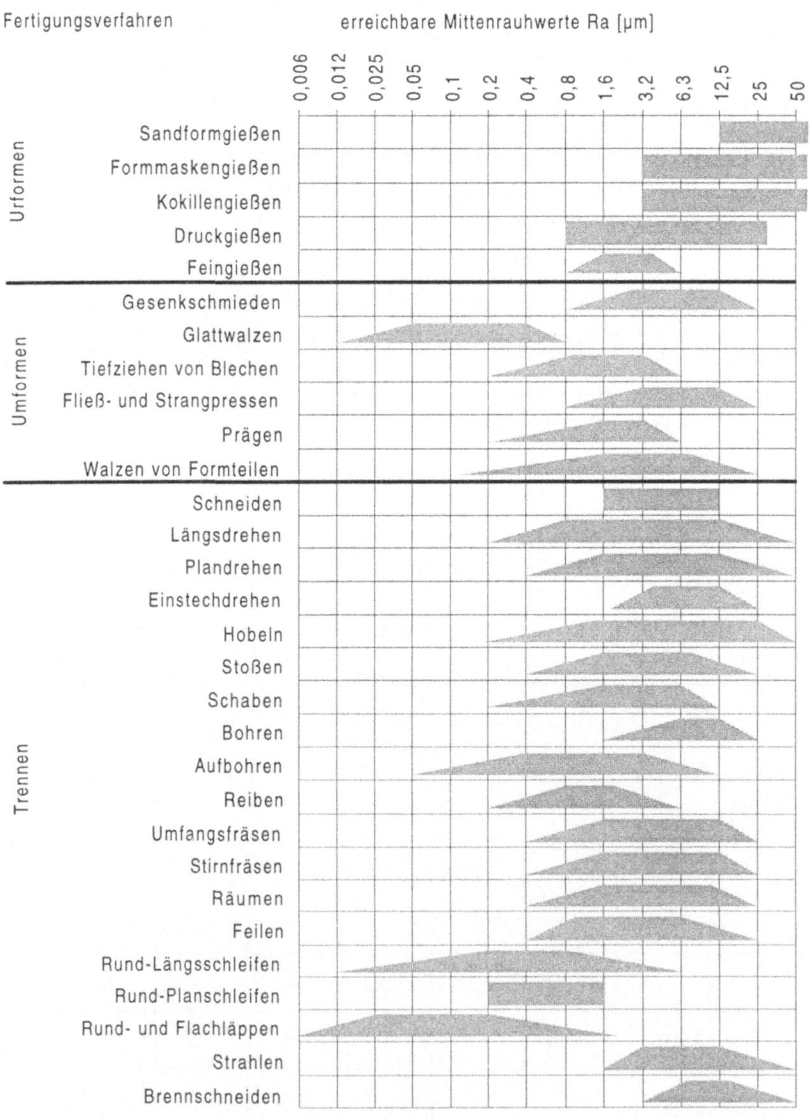

Bild 7-13 Erreichbare Oberflächenrauheit (R_a) für verschiedene Fertigungsverfahren nach DIN 4766 Teil 2

Wie bereits angemerkt, hängt die erreichbare Oberflächenrauheit wesentlich vom Fertigungsverfahren ab. Hierüber vermittelt DIN 4766 Anhaltswerte. Bild 7-13 zeigt die Zuordnung des Fertigungsverfahrens zum arithmetischen Mittenrauhwert R_a (DIN 4766 Teil 2).

Wie aus Bild 7-11 hervorgeht, können mit dem Symbol zur Kennzeichnung der Oberflächenbeschaffenheit nach DIN ISO 1302 noch Vorgaben über die Rillenrichtung gemacht werden (Position d in Bild 7-11). Die für die Rillenrichtung maßgeblichen Zusatzsymbole gibt Tabelle 7-4 an. Dabei entsprechen die Symbole X, M, C, R und P den Buchstaben nach DIN ISO 3098, Schriftform B, vertikal.

Tabelle 7-4 Zusatzsymbole zur Angabe der Rillenrichtung nach DIN ISO 1302 (Position d nach Bild 7-11)

Symbol	zu befolgende Rillenrichtung
=	parallel zur Projektionsebene der Ansicht, in der das Symbol angewendet wird
⊥	senkrecht zu der Projektionsebene der Ansicht, in der das Symbol angewendet wird
X	gekreuzt in zwei schrägen Richtungen zur Projektionsebene, in der Ansicht, in der das Symbol angewendet wird
M	in mehreren Richtungen verlaufend
C	annähernd zentrisch zum Mittelpunkt der Oberfläche, zu der das Symbol gehört
R	annähernd radial zum Mittelpunkt der Oberfläche, zu der das Symbol gehört
P	nichtrillige Oberfläche; ungerichtete oder muldige Rillen

Tabelle 7-5 Zuordnung des Rauheitsgrades zum arithmetischen Mittenrauhwert R_a und der gemittelten Rauhtiefe R_z nach DIN 4763

Nr.	N 1	N 2	N 3	N 4	N 5	N 6	N 7	N 8	N 9	N 10	N 11	N 12
R_a [µm]	0,025	0,05	0,1	0,2	0,4	0,8	1,6	3,2	6,3	12,5	25	50
R_z [µm]	0,25 0,4	0,63	1	1,6	2,5	4 6,3	10	16 25	40	63	100	160

Da die Rauheitsmeßgrößen als Zahlenwerte ohne Einheit angegeben werden, konnte es bei unterschiedlichen Einheiten (z.B. Inch statt Meter) bei international gebräuchlichen Zeichnungen zu Mißverständnissen kommen. Um eine Umrechnung zu vermeiden, sah die internationale Normung (DIN ISO 1302 in der Ausgabe 06.80) vor, anstelle der Zahlenwerte für die Rauheitsmeßgrößen nach DIN 4763 die Angabe in Rauheitsklassen vorzunehmen (Rauheitsgrade N1 für fein bis N12 für grob). Seitdem jedoch die Angabe der Rauheitsgrößen allgemein in Mikrometern zu erfolgen hat, ist die Angabe in Rauheitsklassen nicht mehr notwendig und sollte sogar vermieden werden. Dennoch sind diese Angaben in Zeichnungen noch häufig zu finden. In Tabelle 7-5 sind diesen Rauheitsgraden die verschiedenen arithmetischen Mittenrauhwerte R_a zugeordnet.

In der Bundesrepublik Deutschland war bis vor einigen Jahren anstelle der Symbolik nach DIN ISO 1302 eine andere, in DIN 3141 genormte Symbolik üblich. Obwohl die DIN 3141 mittlerweile zurückgezogen ist und nicht mehr angewendet werden sollte, existieren in der Praxis noch zahlreiche Zeichnungsunterlagen mit Oberflächenzeichen nach DIN 3141. Aus diesem Grunde zeigt Tabelle 7-6 einen Vorschlag zur Umschlüsselung der alten auf die neue Symbolik (wiederum bezogen auf den arithmetischen Mittenrauhwert R_a und die gemittelte Rauhtiefe R_z).

Tabelle 7-6 Gegenüberstellung der Oberflächenangaben nach DIN 3141 und nach DIN ISO 1302 (R_a)

	Oberflächenzeichen nach DIN 3141	arithmetischer Mittenrauhwert R_a [µm]			
		DIN 3141 Reihe 1	DIN 3141 Reihe 2	DIN 3141 Reihe 3	DIN 3141 Reihe 4
Schruppbearbeitung	∇	25	12,5	6,3	3,2
Schlichtbearbeitung	∇∇	6,3	3,2	1,6	0,8
Feinschlichtbearbeitung	∇∇∇	1,6	0,8	0,4	0,2
Feinstbearbeitung	∇∇∇∇	–	0,1	0,1	0,002

Tabelle 7-7 Gegenüberstellung der Oberflächenangaben nach DIN 3141 und nach DIN ISO 1302 (R_z)

	Oberflächenzeichen nach DIN 3141	arithmetischer Mittenrauhwert R_z [µm]			
		DIN 3141 Reihe 1	DIN 3141 Reihe 2	DIN 3141 Reihe 3	DIN 3141 Reihe 4
Schruppbearbeitung	∇	160	100	63	25
Schlichtbearbeitung	∇∇	40	25	16	10
Feinschlichtbearbeitung	∇∇∇	16	6,3	4	2,5
Feinstbearbeitung	∇∇∇∇	–	1	1	0,4

Auch nach DIN 3141 wurde nur dann ein Oberflächenzeichen an eine Werkstückoberfläche gesetzt, an der – gegebenenfalls durch besondere Fertigungsverfahren – eine besondere Oberflächenbeschaffenheit sicherzustellen war. In DIN 3141 sind fünf verschiedene Oberflächenzeichen definiert: $\sim$, ∇, $\nabla\nabla$, $\nabla\nabla\nabla$ und $\nabla\nabla\nabla\nabla$. Das Oberflächenzeichen $\sim$ verlangt eine gleichmäßige Oberfläche bei beliebiger Rauhtiefe. Die anderen Oberflächenzeichen definieren eine besondere Rauhtiefe, wobei mit steigender Anzahl der Dreicke die Rauheit sinkt. Zur Erläuterung muß gesagt werden, daß in DIN 3141 zu jedem der Dreiecks-Oberflächenzeichen vier Untergruppen (Reihe 1 bis 4) für die zulässige größte Rauhtiefe R_t vorgesehen waren. Da die DIN ISO 1302 derartige Unterscheidungen nicht kennt, sondern eine in allen Fällen einheitliche Kennzeichnung vorsieht, müssen diese Angaben nunmehr in verschiedene Zahlenwerte für den zulässigen arithmetischen Mittenrauwert R_a bzw. die gemittelte Rauhtiefe R_z umgesetzt werden. In Tabelle 7-6 und Tabelle 7-7 sind den Oberflächenangaben nach DIN 3141 die heute gültigen Rauheitswerte R_a und R_z zugeordnet.

7.2.3 Oberflächenbeschaffenheiten in technischen Zeichnungen

In einer technischen Zeichnung muß eine Angabe über die Rauheit, das Herstellungsverfahren oder die Bearbeitungszugabe nur dann gemacht werden, wenn sie für die Funktionstauglichkeit des betreffenden Bauteiles erforderlich ist. Angaben zur Oberflächenbeschaffenheit werden also in der Regel nur an den Funktionsflächen gemacht. Nicht notwendig ist die Angabe der Oberflächenbeschaffenheit dann, wenn bereits die üblichen Fertigungsverfahren einen ausreichenden Endzustand der Oberfläche sicherstellen. Die wichtigsten Regeln für die Eintragung von Oberflächenangaben in Zeichnungen sind nach DIN ISO 1302 gegeben. Im folgenden soll auf diese Regeln anhand von Beispielen eingegangen werden.

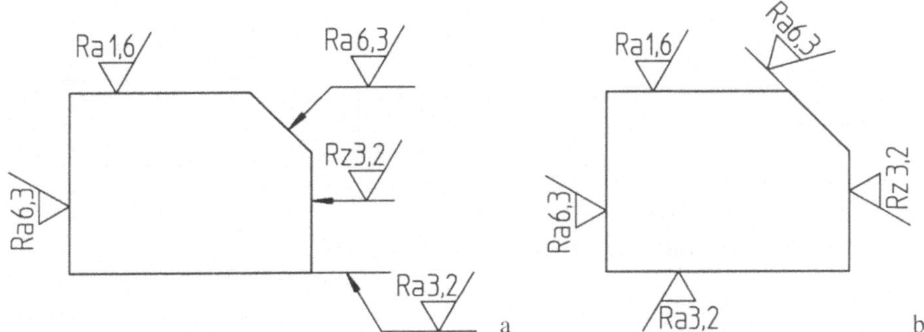

Bild 7-14 Eintragung der Oberflächenangaben

Das Symbol nach DIN ISO 1302 ist normalerweise so einzutragen, daß Zusatzangaben[33] – wie ja auch die Bemaßung – von unten bzw. von rechts gelesen werden können. Damit

---

[33] Wortangaben ohne oder in Verbindung mit Oberflächenzeichen dienen der Kennzeichnung sonderbearbeiteter und sonderbehandelter Oberflächen. Solche Sonderbearbeitungen sind z.B. Schaben, Polieren, Einschleifen, Läppen, Honen. Sonderbehandlungen erfolgen zur Änderung der Werkstoffeigenschaften durch Glühen, Härten sowie zum Schutz und Verschönern der Oberflächen durch Vernickeln, Verzinken, An-

diese Regel eingehalten werden kann, können die Symbole mit Hilfe von Hinweislinien mit Hinweislinienbegrenzung (Pfeil) mit der entsprechenden Oberfläche verbunden werden. Symbol oder Pfeil zeigen dabei stets von außen auf die Körperkante oder auf eine Maßhilfslinie als Verlängerung der Körperkante, Bild 7-14 a). Ausgenommen von dieser Regel ist nur der Fall, daß die Oberflächenangabe als einziges den arithmetischen Mittenrauhwert R_a nennt: In diesem Fall kann das Symbol in beliebiger Lage gezeichnet werden – allerdings mit stets von unten bzw. von rechts lesbarer Schrift, Bild 7-14 b). Bei mehreren Ansichten bzw. Schnitten sollte die Oberflächenangabe in diejenige Darstellung eingetragen werden, in der die betreffende Fläche bemaßt ist.

Eine Oberflächenangabe erfolgt nur einmal pro Oberfläche, d.h. auch bei Rotationsflächen nur an einer Mantellinie. In der Regel bemüht man sich sogar darum, die Anzahl der Oberflächenzeichen zu reduzieren, um die Zeichnung übersichtlich zu gestalten. Dies wird dadurch erreicht, daß ein Oberflächenzeichen für mehrere Flächen benutzt wird.

Wird z.B. durch eine Mittellinie angedeutet, daß ein Bauteil symmetrisch ist, so ist das an einer Seite angegebene Oberflächenzeichen für beide Seiten gültig, Bild 7-15 a). Die Oberflächenbeschaffenheit wiederkehrender Formen ist ebenfalls nur einmal an der bemaßten Form einzutragen, Bild 7-15 b). Soll sich eine Oberflächenangabe auf mehrere Flächen eines Bauteiles beziehen, so kann dies durch entsprechende Hinweislinien mit Pfeilen kenntlich gemacht werden, Bild 7-15 c).

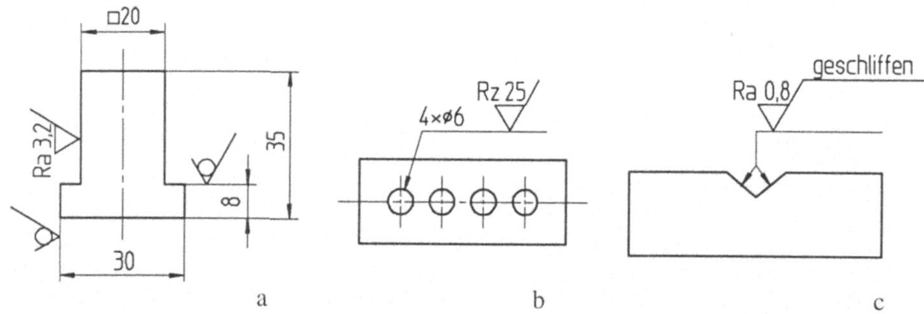

Bild 7-15 Oberflächenkennzeichnung mehrerer Flächen

Treten verschiedene Oberflächenbeschaffenheiten auf, so kann man die überwiegend auftretende ebenfalls in der Nähe der Bauteildarstellung, in der Nähe der Positionsnummer oder über dem Schriftfeld angeben. Alle in der Bauteildarstellung nicht näher gekennzeichneten Oberflächen müssen dann entsprechend dieser Angabe bearbeitet werden (Bild 7-16 a). Oberflächen mit einer anderen als der überwiegenden Beschaffenheit sind einerseits in der Bauteildarstellung entsprechend zu kennzeichnen, andererseits müssen alle in der Zeichnung verwendeten Oberflächenzeichen („Ausnahmen") in Klammern hinter dem überwiegenden Zeichen aufgeführt werden, Bild 7-16 b).

Fortsetzung Anm. 33

    streichen, Ätzen. Angegeben wird stets der Zustand der fertigen Oberfläche, also z.B. „geläppt", „gehont", „geschliffen".

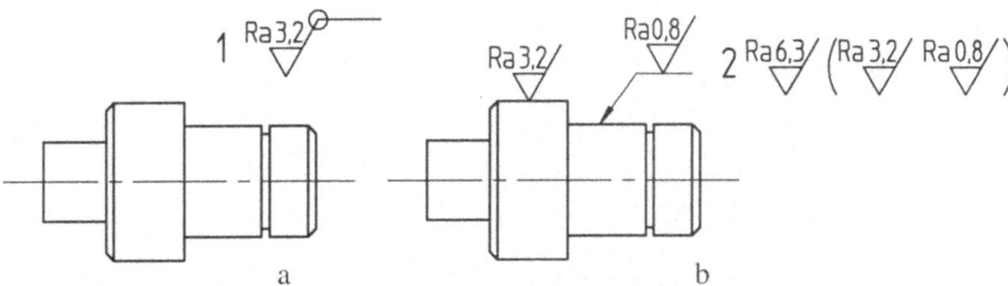

Bild 7-16 Kennzeichnung von überwiegend auftretenden Oberflächenbeschaffenheiten

Eine weitere Vereinfachung der Oberflächenangabe ist durch Anwendung des Grundsymbols nach DIN ISO 1302 (siehe Bild 7-17) in Kombination mit einem (Klein-)Buchstaben (vorzugsweise x, y und z) möglich. Die Bedeutung der verwendeten vereinfachten Angaben muß dann in der Nähe der Bauteildarstellung oder über dem Schriftfeld erklärt werden. Diese Vereinfachung bietet sich vor allem dann an, wenn auf kleinem Raum mehrere Oberflächenbeschaffenheiten mit Zusatzangaben gekennzeichnet werden müssen. Für den Fall, daß nur ein Symbol in der vereinfachten Form wiedergegeben werden soll, kann auf die Unterscheidung mittels Buchstaben verzichtet werden. Hier sollten allerdings nur die Symbole nach Bild 7-10 a, c oder d zur Anwendung kommen. Die Bedeutung des Symbols muß weiterhin gesondert auf der Zeichnung erklärt werden.

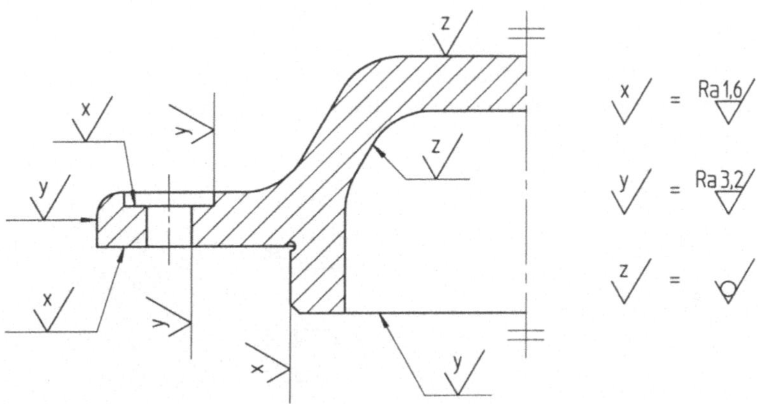

Bild 7-17 Vereinfachte Oberflächenangabe

In der Regel müssen Rundungen oder Fasen nicht gesondert mit einem Oberflächenzeichen versehen werden, für sie gilt die Oberflächenbeschaffenheit einer angrenzenden Fläche, gegebenenfalls die höhere Oberflächengüte, Bild 7-18 a). Gesonderte Oberflächenangaben für Außen- und Innenradien sind auf die Maßlinie des Halbmessers, für Schrägungen dagegen auf eine Hilfslinie zu setzen, Bild 7-18 b). Bei Rundungen mit gleicher Oberflächenbeschaffenheit kann man anstatt der Einzelangabe einen Hinweis mit entsprechendem Symbol in der Nähe der Werkstückdarstellung oder des Schriftfeldes aufnehmen, Bild 7-18 c). Tritt eine Oberflächenbeschaffenheit der Rundungen dagegen seltener auf, fügt man diese Ausnahme in Klammern an und gibt sie in der Darstellung an, Bild 7-18 d).

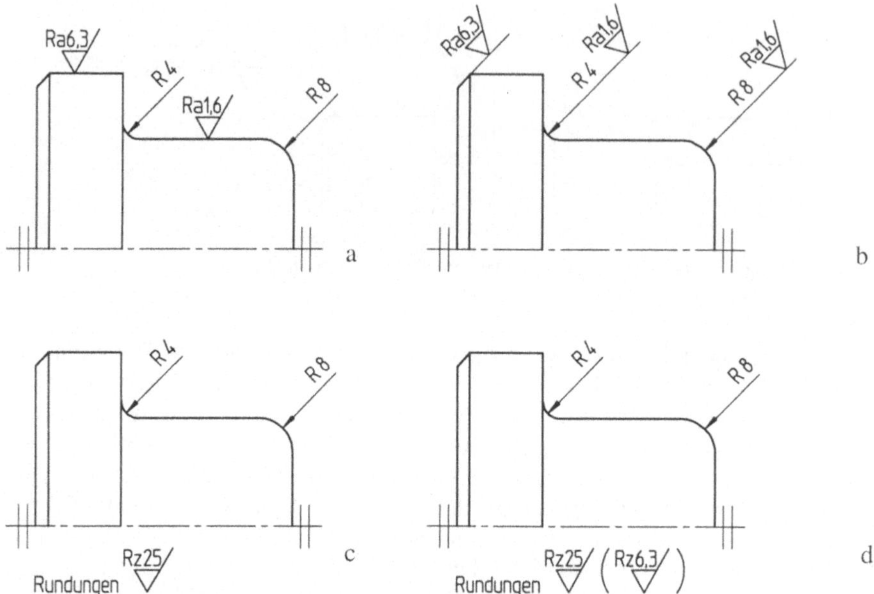

Bild 7-18 Oberflächenangaben bei Radien und Fasen

Bezieht sich eine bestimmte Oberflächenbeschaffenheit nur auf einen Teil der Oberfläche, so legt man den Geltungsbereich durch ein Maß fest, Bild 7-19. Bei zusammengehörenden Paß- und Gleitflächen mit gleicher Oberflächenbeschaffenheit kann man die Oberflächenangaben nach Bild 7-20 eintragen.

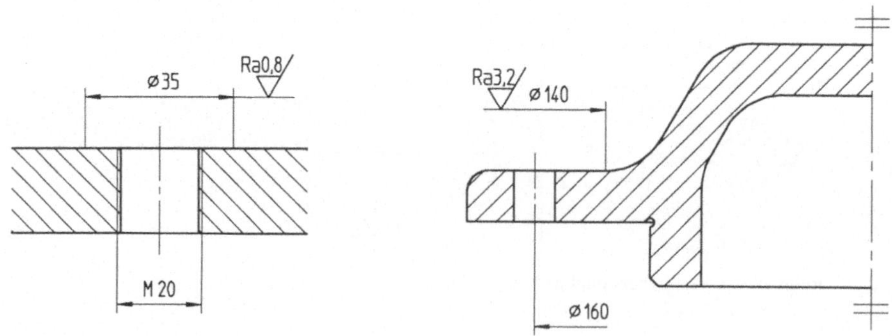

Bild 7-19 Begrenzter Bereich der Oberflächengüte

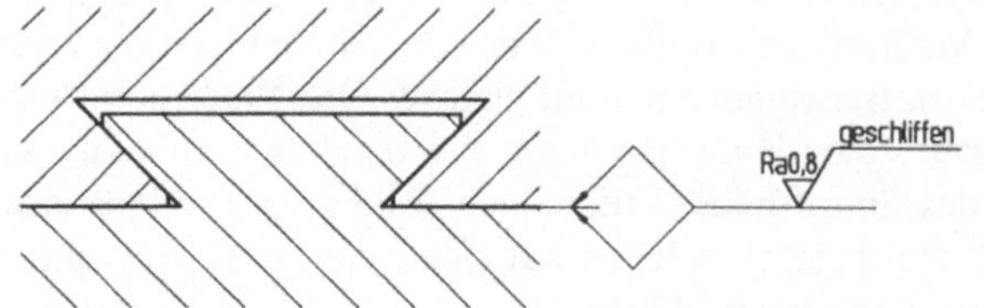

Bild 7-20 Zusammengesetzt gezeichnete
Teile gleicher Oberflächenbeschaffenheit

7.3 Wärmebehandlung und Beschichtung

7.3.1 Angaben zur Wärmebehandlung

Die Wärmebehandlung ist nach DIN 17 014 Teil 1 ein Vorgang, in dessen Verlauf ein Werkstück oder ein Bereich eines Werkstücks absichtlich Temperatur-Zeitfolgen und gegebenenfalls zusätzlich anderen physikalischen und/oder chemischen Einwirkungen unterworfen wird, um ihm Eigenschaften zu verleihen, die für seine Weiterverarbeitung oder Verwendung erforderlich sind. Die Teile 2 bis 5 der DIN 6773 legen die für die unterschiedlichen Wärmebehandlungsverfahren erforderlichen Zeichnungsangaben fest. Dementsprechend geben die Zeichnungen den Zielzustand der Werkstücke an und machen keine Angaben darüber, wie dieser Zustand erreicht wird. Solche Informationen sind fertigungstechnischen Unterlagen wie der Wärmebehandlungsanweisung oder dem Wärmebehandlungsplan zu entnehmen.

Angaben zur Wärmebehandlung sind zweckmäßigerweise in der Nähe des Schriftfeldes einzutragen. Der gewünschte Zustand nach der Behandlung ist durch die Wortangabe „gehärtet", „einsatzgehärtet", „nitriert", „vergütet" o. ä. und die Einzelangaben festzulegen, welche diesen Zustand bestimmen. Damit diese Angaben nicht allzu fremd bleiben, ist im folgenden eine kurze Erklärung dieser Begriffe gegeben.

Anlassen: Erwärmen eines gehärteten Werkstücks auf eine Temperatur zwischen Raum- und der jeweiligen Anlaßtemperatur und Halten dieser Temperatur mit nachfolgendem zielgerichtetem Abkühlen.

Aufkohlen: Anreichern der Randschicht mit Kohlenstoff durch thermochemische Behandlung. Es wird zwischen Gas-, Salzbad-, Pulver- und Pastenaufkohlen unterschieden.

Einsatzhärten: Aufkohlen oder Carbonitrieren jeweils mit darauffolgender, zur Härtung führender Wärmebehandlung.

Glühen: Behandlung eines Werkstückes bei einer bestimmten Temperatur mit einer bestimmten Haltedauer und nachfolgendem, zur Erzielung der angestrebten Werkstoffeigenschaften angepaßtem Abkühlen. Der Ausdruck „Glühen" muß durch nähere Bezeichnung der Glühart ergänzt werden.

Härtbarkeit: Ein Begriff, der die Aufhärtbarkeit und die Einhärtbarkeit zusammenfaßt.

Härten: Austenitisieren und Abkühlen mit solcher Geschwindigkeit, daß in mehr oder weniger großen Bereichen des Querschnitts eines Werkstückes eine erhebliche Härtesteigerung durch Martensitbildung eintritt.

Härtetiefe: Senkrechter Abstand von der Oberfläche eines wärmebehandelten Werkstückes bis zu dem Punkt, an dem die Härte einem zweckentsprechend festgelegten Grenzwert entspricht. Es sind zu unterscheiden die Einhärtungstiefe (Abkürzung **Rht**), Einsatzhärtetiefe (**Eht**) und Nitrierhärtetiefe (**Nht**). Diese Maße werden stets in Millimetern zuzüglich einer größtmöglichen, jedoch funktionsgerechten Plus-Toleranz angegeben.

Nitrieren: „Aufsticken", Anreichern der Randschicht eines Werkstückes mit Stickstoff durch thermochemische Behandlung.

Randschichthärten: Auf die Randschicht eines Werkstückes beschränktes Härten.

Spannungsarmglühen: Glühen bei einer hinreichend hohen Temperatur mit anschließendem langsamen Abkühlen, so daß innere Spannungen ohne wesentliche Änderung der anderen Eigenschaften abgebaut werden.

Tempern: Glühen von ledeburitischem Gußeisen, um Zerfall des Zementits zu erreichen.

Vergüten: Härten und danach Anlassen im oberen möglichen Temperaturbereich zum Erzielen guter Zähigkeit bei gegebener Zugfestigkeit.

Ziel einer Wärmebehandlung ist es, die Härte eines Stahls zu erhöhen. Die Härte ist dabei der Widerstand, den ein Körper dem Eindringen eines anderen entgegensetzt. Die Härte einer Oberfläche wird als Rockwellhärte[34] **HRC** (siehe DIN 50 103 Teil 1, Teil 2), als Vickershärte **HV** (siehe DIN 50 133 Teil 1, Teil 2) oder als Brinellhärte **HB** (siehe DIN 50 351) gemessen. Der geforderte Wert unter Angabe des Meßverfahrens ist in der Zeichnung zu vermerken und – wenn es erforderlich ist – auch die Meßstelle durch ein Symbol entsprechend Bild 7-21 einzutragen. Da der angegebene Härtewert nie exakt erzielt werden kann, muß eine Toleranz angegeben sein. Diese gibt die zulässige Abweichung nach oben hin an.

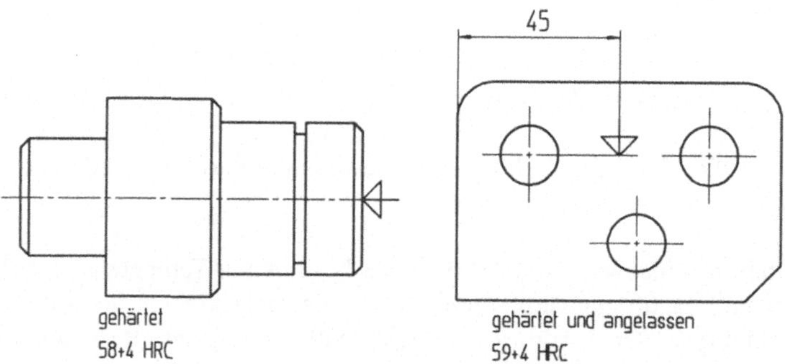

Bild 7-21 Härteangabe

Bei örtlich begrenzter Wärmebehandlung sind in der zeichnerischen Darstellung diejenigen Bereiche eines Teiles, welche wärmebehandelt sein müssen, durch eine breite Strichpunktlinie außerhalb der Körperkanten zu kennzeichnen, Bild 7-22. Soll ein Teil in einzelnen Bereichen unterschiedliche Härtewerte aufweisen und die Wärmebehandlung entsprechend einer

---

[34] Bei der Prüfung der Rockwellhärte können 6 verschiedene Verfahren unterschieden werden, die sich durch die Form des Testkörpers unterscheidet und durch die Buchstaben C, A, B, F, N und T gekennzeichnet sind. Die Angabe HRC bedeutet dementsprechend, daß die Härteprüfung nach Rockwell mit einem Konus (englisch cone) durchgeführt wurde.

Wärmebehandlungsanweisung (WBA) durchgeführt werden, sind die Bereiche unterschiedlicher Härte zu kennzeichnen und gegebenenfalls zu bemaßen. Es ist auf die WBA hinzuweisen. Allen Härtewerten ist eine größtmögliche, jedoch funktionsgerechte Plus-Toleranz zuzuordnen.

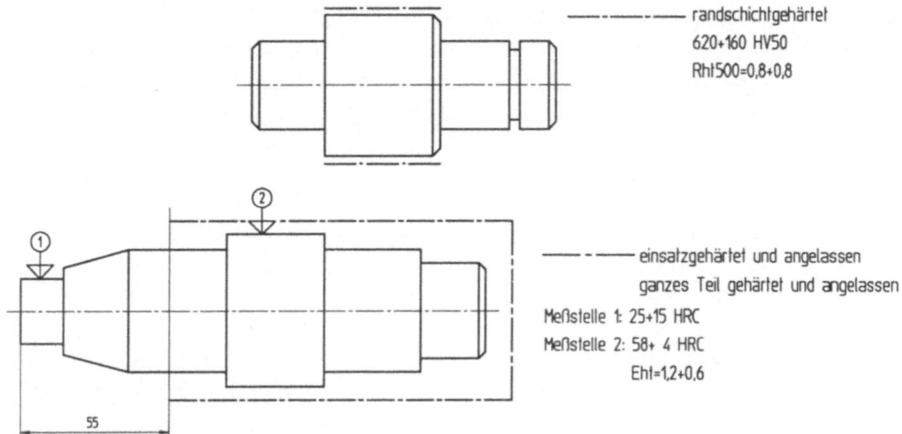

Bild 7-22 Örtlich begrenzte Wärmebehandlung

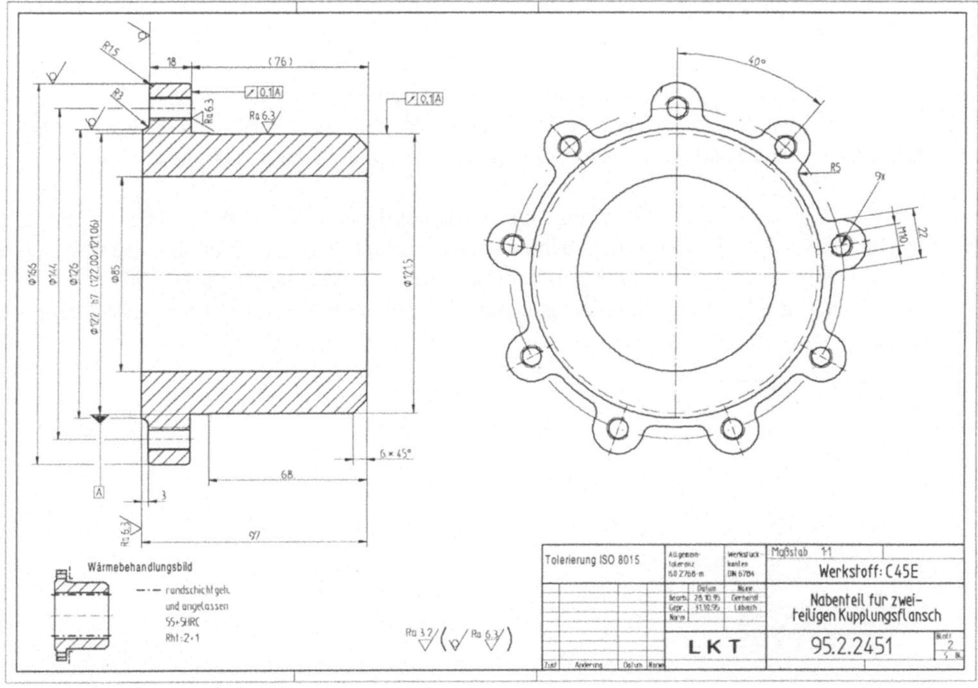

Bild 7-23 Wärmebehandlungsbild in einer technischen Zeichnung

Wird die Darstellung des Teils durch die Angaben zur Wärmebehandlung unübersichtlich, oder ist eine Verwechslung mit anderen Behandlungsverfahren möglich, so sollte ein Wärmebehandlungsbild nach Bild 7-23 hinzugefügt werden.

In einem Wärmebehandlungsbild, das auch ein Teilbild sein kann, wird auf die für die Wärmebehandlung nicht notwendigen zeichnerischen Einzelheiten verzichtet. Eine maßstabgetreue Darstellung ist nicht erforderlich. Es soll in der Nähe des Schriftfeldes angeordnet sein. Es erhält die Kennzeichnung „Wärmebehandlungsbild" und ist mit allen für die Kennzeichnung des wärmebehandelten Zustands notwendigen Angaben versehen.

7.3.2 Angaben zur Beschichtung

Ganz ähnliche Regeln wie für die Kennzeichnung von Wärmebehandlungen gelten auch für die Kennzeichnung von Oberflächenbehandlungen, wie galvanischen Überzügen, Emaillierungen oder Kunststoff-Beschichtungen.

Emaillierungen: Emaille ist ein gläserner Überzug auf Metallen, vor allem auf Stahlblech und Gußeisen. Man bringt ihn aus korrosionstechnischen und hygienischen Gründen auf.

Beschichtung: Als Beschichtungs-Werkstoffe werden vorwiegend warmhärtende kunststoffgebundene Beschichtungsmassen verwendet. Diese schützen vor Korrosionsangriffen. Die Konstruktion der Bauteile muß für die Beschichtung geeignet sein. Regeln für die Gestaltung enthält die VDI Richtlinie 2532 „Gestaltung und Ausführung zu schützender metallischer Konstruktionen".

Auskleidung: Auskleidungen bestehen allgemein aus natürlichem oder synthetischem Kautschuk. Sie sind fest mit dem Stahl verbunden und dienen als Oberflächenschutz. Im Bedarfsfalle sind hier die Festlegungen der VDI-Richtlinie 2532 zu Rate zu ziehen.

Galvanische Überzüge (DIN 50 960 Teil 2): Elektrochemische oder chemische Beschichtung mit Metallüberzügen oder oxidischen Schutzschichten. Galvanische Überzüge werden verwendet, um bestimmte Oberflächeneigenschaften sicherzustellen (korrosionsschützende oder dekorative Überzüge, Verbesserung der mechanischen, elektrischen oder thermischen Eigenschaften).

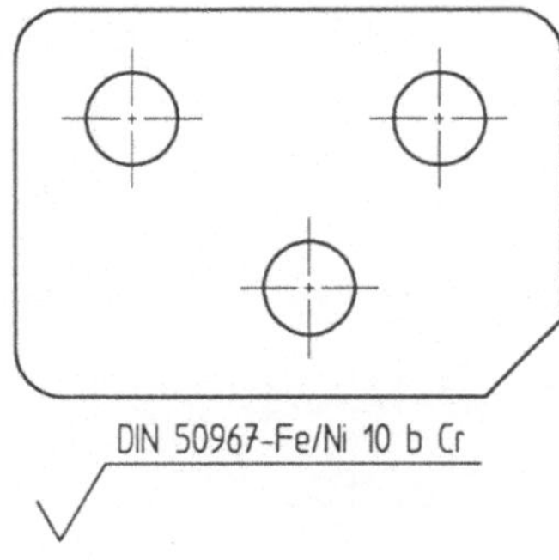

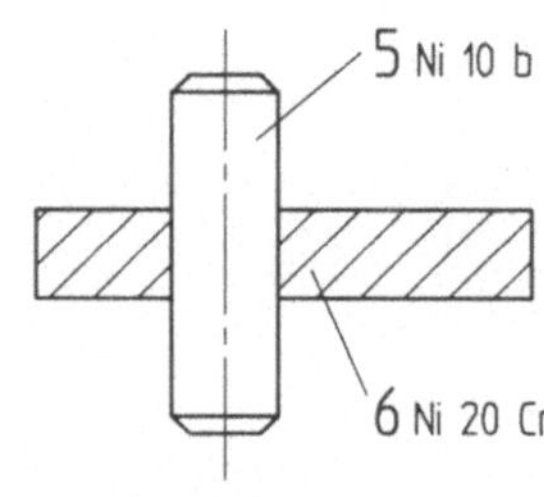

Bild 7-24 Kennzeichnung eines Überzuges

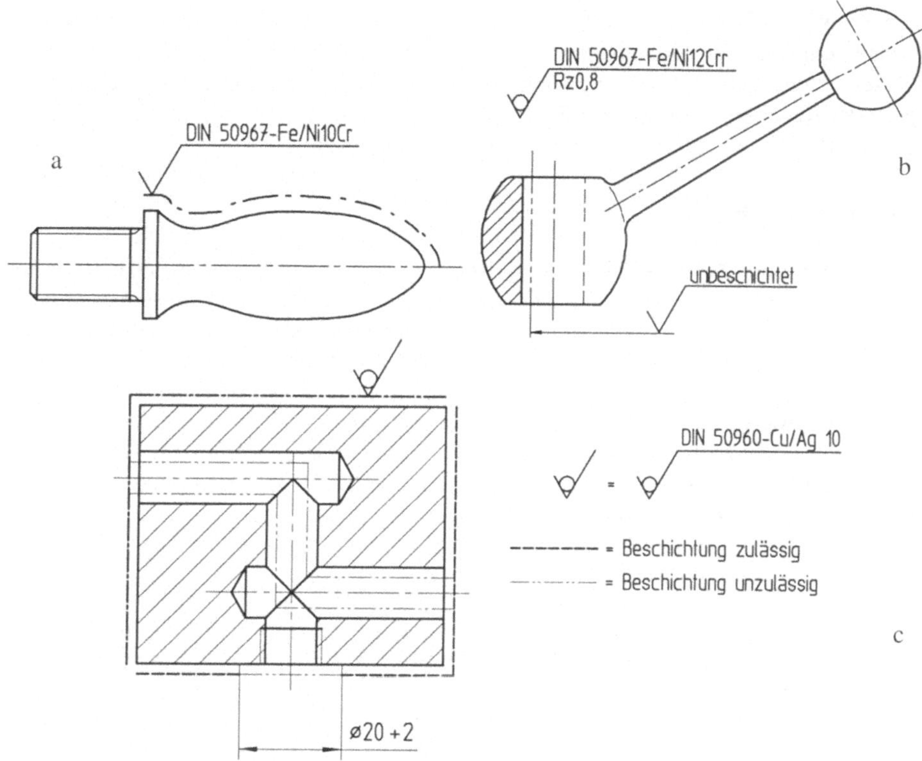

Bild 7-25 Kennzeichnung eines beschichteten Bereiches

Sind Werkstücke komplett mit einer Beschichtung zu überziehen, so wird dies durch ein Symbol (Oberflächenzeichen) in der Nähe der Positionsnummer oder des Schriftfeldes angezeigt. In der Regel erhält das Symbol die Angabe der Norm, nach welcher beschichtet wird, und ein Kurzzeichen, welches den Beschichtungswerkstoff und die Schichtdicke angibt. In Einzelteilzeichnungen wird das Kurzzeichen an die Darstellung gesetzt, Bild 7-24 a). In Gruppenzeichnungen setzt man es hinter die Positionsnummer, Bild 7-24 b).

Das Kurzzeichen gibt den Werkstoff durch das chemische Zeichen an, also z.B. *Ag* für Silber, *Au* für Gold, *Cr* für Chrom, *Cu* für Kupfer, *Fe* für Eisen, *Ni* für Nickel, *Zn* für Zink. Es wird in der Regel ergänzt um die Angabe der Schichtdicke in Mikrometern (µm). Sind mehrere Überzüge auf dem gleichen Teil vorgesehen, werden die Werkstoffe in der Reihenfolge der Aufbringung eingetragen. Diese Angabe entfällt, wenn es sich eine einheitlich standardisierte Schichtdicke handelt. Es können Zusatzangaben mit Hilfe von Kennbuchstaben gegeben werden, so steht z.B. bei besonderen Eigenschaften *b* für Glanznickel, *s* für Matt- oder Halbglanznickel, *sw* für Schwarzchrom, *r* für Glanzchrom oder bei Nachbehandlungen *e* für Einfärben, *f* für Fetten oder Ölen, *w* für Wachsen. Näheres ist DIN 50 960 zu entnehmen.

Ist der Überzug nur teilweise erforderlich, umrandet man die betreffende Stelle mit einer breiten Strichpunktlinie und setzt darauf die Beschichtungsangabe, Bild 7-25 a. Gilt es, Bereiche auszuweisen, bei denen eine Beschichtung unzulässig ist, so kann man diese Bereiche durch eine schmale Strich-Zweipunktlinie kennzeichnen, Bild 7-25 b. Bereiche, bei denen eine Beschichtung geduldet werden kann, können ebenfalls gekennzeichnet werden. Dies erfolgt in der Regel durch eine breite Strichlinie, Bild 7-25 c. Bei Verwendung solcher Linien muß ihre Bedeutung in der Zeichnung eindeutig geklärt sein.

7.4 Kantenzustand

Bei der Durchführung der verschiedenen Fertigungsverfahren entstehen zwangsläufig unterschiedliche gratige oder ähnlich geformte Kantenzustände, die aus verschiedenen Gründen entfernt werden müssen oder manchmal aus funktionellen Gründen sogar bestehen bleiben sollen. Hier stellt die DIN 6784 Symbole zur Verfügung, mit deren Hilfe der Konstrukteur in der technischen Zeichnung vermerken kann, wie die Kanten des von ihm entworfenen Bauteiles bearbeitet werden sollen. Es ist zu beachten, daß es in diesem Zusammenhang nur um Kanten unbestimmter Form geht. Soll eine Kante eine besondere (bestimmte) Form besitzen (z.B. Fase, Rundung), so muß diese detailliert bemaßt werden (z.B. Fasenbreite und -winkel, Rundungsradius nach DIN 406 Teil 2).

Kantenzustand		Symbolelement DIN 6784
bei Außenkanten	bei Innenkanten	
gratig (mit Überhang)	mit Übergang	+
gratfrei (Abtragung)	mit Abtragung	−
scharfkantig (gratig oder gratfrei)	scharfkantig (mit Übergang oder Abtragung)	±

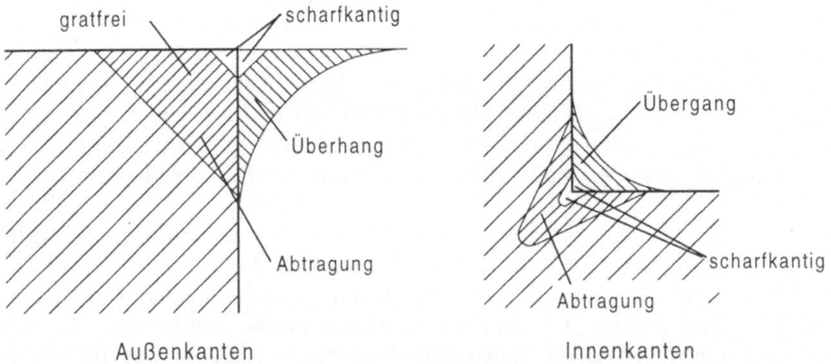

Bild 7-26 Außen- und Innenkanten, jeweils mögliche Kantenzustände und zugeordnete Symbolelemente

Grundsätzlich ist zu unterscheiden zwischen Außen- und Innenkanten. In beiden Fällen ist weiter zu unterscheiden, ob Material in den Kantenbereich hineinragen darf (*Überhang* oder *Grat* bei Außenkanten, *Übergang* bei Innenkanten), ob die Kante mit Sicherheit gratfrei sein soll (*Abtragung*) oder ob die Kante möglichst genau scharfkantig herzustellen ist. Jedem der für Außen- und Innenkanten möglichen drei Fälle ordnet DIN 6784 ein bestimmtes Symbolelement zu (+, −, ±). Bild 7-26 faßt die Verhältnisse zusammen.

Die Größe des (positiven oder negativen) Grates bei Außenkanten bzw. die Größe des Überganges oder der Abtragung bei Innenkanten läßt sich entsprechend den Skizzen in Bild 7-27 messen. Werden derartige Maße in Zeichnungen angegeben (sogenannte *Kantenmaße*, im allgemeinen mit „a" bezeichnet), so sollten hierfür nach Möglichkeit nur die ebenfalls in Bild 7-27 genannten Werte verwendet werden. Aus diesen Zahlenangaben geht gleichzeitig hervor, wann eine Kante im technischen Sinne als scharfkantig gelten kann.

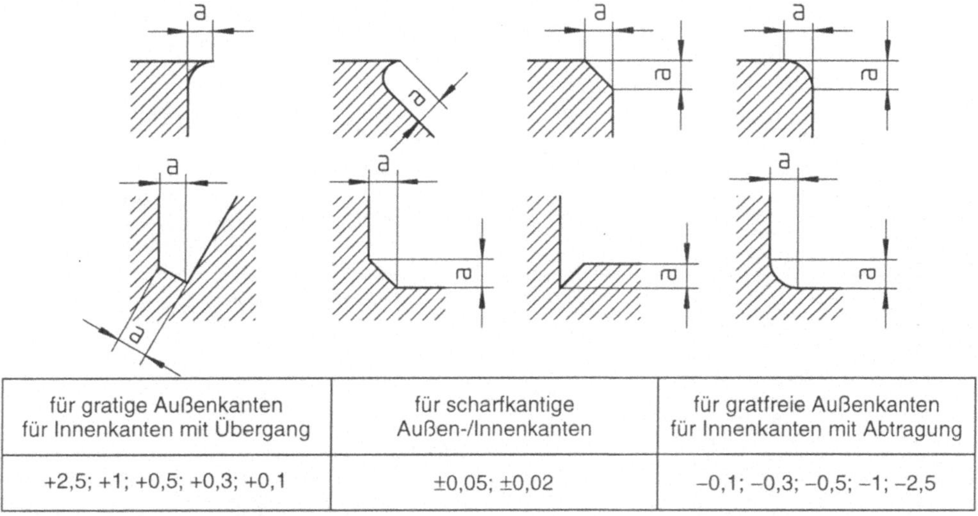

für gratige Außenkanten für Innenkanten mit Übergang	für scharfkantige Außen-/Innenkanten	für gratfreie Außenkanten für Innenkanten mit Abtragung
+2,5; +1; +0,5; +0,3; +0,1	±0,05; ±0,02	−0,1; −0,3; −0,5; −1; −2,5

Bild 7-27 Kantenmaße a bei Außen- und Innenkanten mit empfohlenen Werten für a (Angabe in mm)

Zur „Bemaßung" von Bauteilkanten wird nun das in Bild 7-28 dargestellte Grundsymbol nach DIN 6784 verwendet, dessen Pfeilspitze auf die jeweilige Bauteilkante hinweist. Die Höhe bzw. Länge H der nach oben bzw. zur Seite hin gerichteten Schenkel ist dabei abhängig von der Schrifthöhe h. Es gilt: H = 14/10·h, bei der Schrifthöhe 3,5 mm sind die Schenkel also 5 mm lang. Bei der Schrifthöhe h = 5 mm beträgt H = 7 mm usw. Die Länge der auf die Bauteilkante gerichteten Pfeillinie beträgt mindestens das Eineinhalbfache der Schrifthöhe h. Diese Pfeillinie weist einen Winkel von 45° zur Horizontalen auf. Die Länge der Pfeilspitze selbst sollte 8/10 der Schrifthöhe h betragen.

Das Grundsymbol ist um das jeweils gewünschte Symbolelement für den Kantenzustand (+, − oder ±), gegebenenfalls auch um das vorgeschriebene Kantenmaß zu erweitern. Ist die Richtung des Grates bzw. der Abtragung beliebig, so werden die entsprechenden Angaben zwischen die Schenkel des Grundsymbols geschrieben, Beispiel in Bild 7-28 b. Wird dagegen eine bestimmte Grat- oder Abtragungsrichtung vorgeschrieben, so steht die entsprechende Angabe in der Verlängerung eines der Schenkel des Grundsymboles, Beispiel in Bild 7-28 c). Anstatt eines einzelnen Zahlenwertes für das Kantenmaß (Größtmaß) können auch zwei

Tabelle 7-8 Beispiele für die Kennzeichnung von Kantenzuständen nach DIN 6784

Nr.	Beispiel	Bedeutung	Erklärung
1	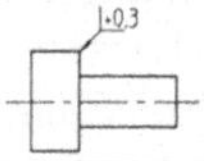		Außenkante gratig bis 0,3 mm; Gratrichtung beliebig
2	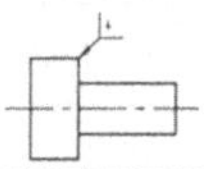		Außenkante gratig; keine Vorgabe des Kantenmaßes; Gratrichtung beliebig
3	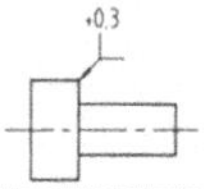		Außenkante gratig bis 0,3 mm; Gratrichtung vorgegeben
4	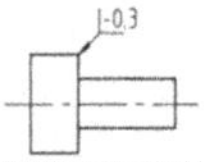	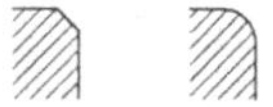	Außenkante gratfrei bis 0,3 mm; Form der Abtragung beliebig
5	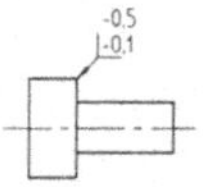	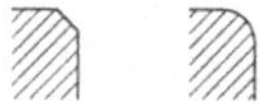	Außenkante gratfrei im Bereich von 0,1 bis 0,5 mm; Form der Abtragung beliebig
6	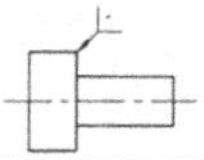		Außenkante gratfrei; Form der Abtragung beliebig
7	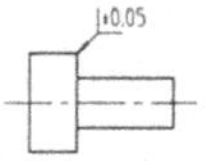		Außenkante wahlweise gratig oder gratfrei bis jeweils 0,05 mm; Gratrichtung beliebig
8	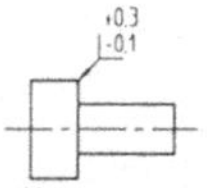		Außenkante wahlweise gratig bis 0,3 mm oder gratfrei bis 0,1 mm; Gratrichtung beliebig
9	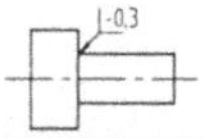		Innenkante mit Abtragung bis 0,3 mm; Abtragungsrichtung beliebig
10	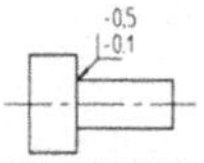		Innenkante mit Abtragung im Bereich von 0,1 bis 0,5 mm; Abtragungsrichtung beliebig
11	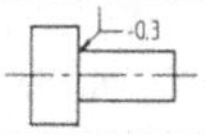		Innenkante mit Abtragung bis 0,3 mm; Abtragungsrichtung vorgegeben
12	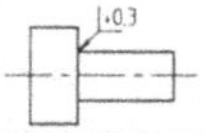		Innenkante mit Übergang bis 0,3 mm; Form des Übergangs beliebig
13	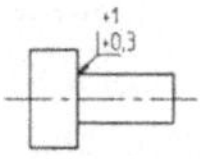		Innenkante mit Übergang im Bereich von 0,3 bis 1 mm; Form des Übergangs beliebig
14	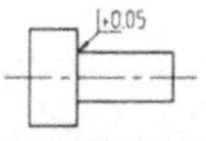		Innenkante wahlweise mit Abtragung oder Übergang bis jeweils 0,05 mm; Form von Abtragung/Übergang beliebig
15	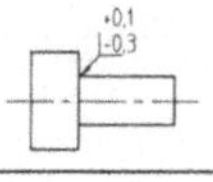		Innenkante wahlweise mit Übergang bis 0,1 mm oder Abtragung bis 0,3 mm; Abtragungsrichtung beliebig

Zahlenwerte genannt werden, die dann eine obere und eine untere Grenze festlegen. Tabelle 7-8 zeigt einige nach diesen Regeln gebildete Symbole für den Kantenzustand nach DIN 6784, Bild 7-29 verdeutlicht durch Beispiele die Anordnung der Symbole auf der Zeichnung.

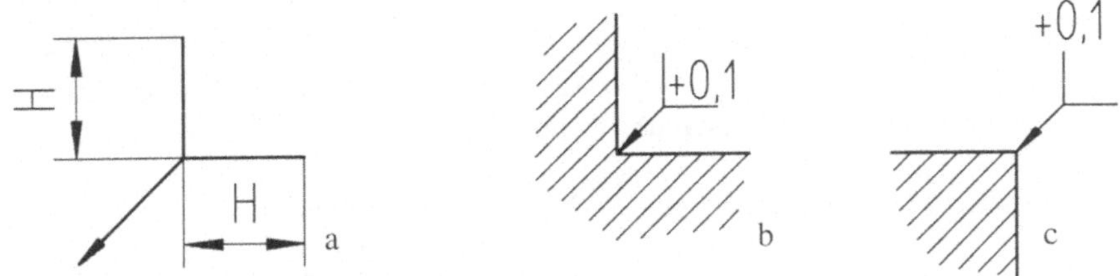

Bild 7-28 Kennzeichnung von Werkstück-Kanten

Werden in einer Zeichnung die Kantenzustände nach DIN 6784 gekennzeichnet, so muß in das Schriftfeld der Zeichnung (und zwar in das Feld c, siehe Bild 5-47) der Hinweis „Werkstückkanten DIN 6784" eingetragen werden. Wird dann für die meisten oder sogar alle Kanten eines Bauteiles der gleiche Kantenzustand gefordert, so wird das entsprechende Kantensymbol in die Nähe der Bauteildarstellung oder des Zeichnungsschriftfeldes gesetzt. Unter Umständen muß man dabei noch nach Außen- und Innenkanten unterscheiden, wozu den Kantensymbolen entsprechend angedeutete Kanten hinzugesetzt werden. Weitere Symbole für Kantenzustände, die in der Zeichnung vorkommen, werden hinter dieser „Normalfall"-Angabe in Klammern vermerkt, Bild 7-29. Kommen viele unterschiedliche Symbole vor, so genügt ein in Klammern gesetztes Grundsymbol ohne weitere Zahlenangabe.

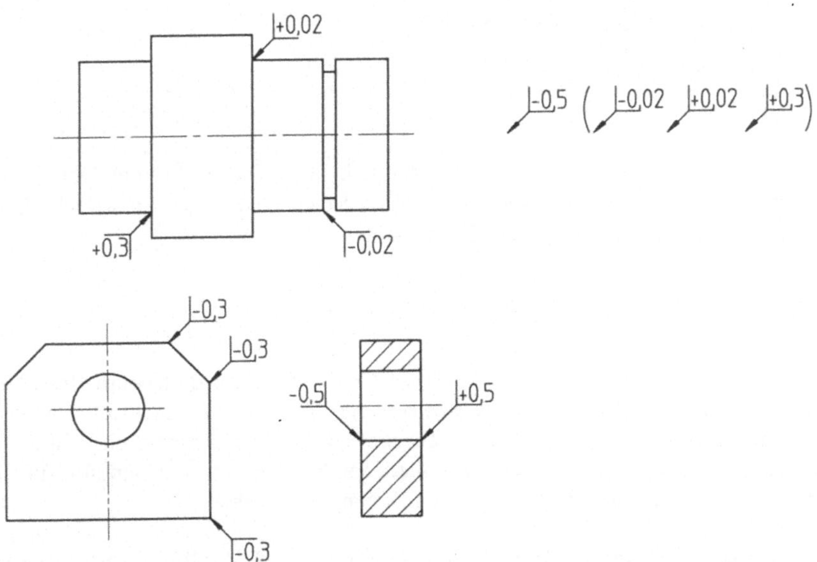

Bild 7-29 Zeichnungsbeispiel

7.5 Übungen

1. Aufgabe

Beantworten Sie folgende allgemeine Fragen:

- Was versteht man unter einer Gestaltabweichung?

- Welche Gestaltabweichungen kennen Sie? Nennen Sie Beispiele.

- Was wird mit den Begriffen Istoberfläche, geometrische Oberfläche oder wirkliche Oberfläche bezeichnet?

- Welche Rauheitsmeßgrößen sind nach DIN 4768 definiert? Beschreiben Sie diese.

- Welche Rauheitsmeßgrößen werden bevorzugt verwendet und warum?

2. Aufgabe

Bestimmen Sie für die vorgegebenen Werte des arithmetischen Mittenrauhwertes R_a die entsprechenden Werte für die gemittelte Rauhtiefe R_z und umgekehrt.

- arithmetischer Mittenrauhwert R_a: 0,04 – 0,63 – 12,5 – 25

- gemittelte Rauhtiefe R_z: 1 – 2,5 – 6,3 – 25 – 100

3. Aufgabe

Wie macht man in einer technischen Zeichnung deutlich, daß eine bestimmte Oberfläche eine bestimmte Beschaffenheit aufzuweisen hat? Welche Eigenschaften der Oberfläche können so gefordert werden? Skizzieren Sie die Möglichkeiten.

4. Aufgabe

In der folgenden Zeichnung ist der Gußrohling eines Gehäusedeckels dargestellt. In dieser Darstellung ist die sich nach der spanenden Bearbeitung ergebende Geometrie in Strich-Zweipunktlinie eingezeichnet. Der fertige Gehäusedeckel wird dann mit mehreren Schrauben am Gehäuse befestigt (Einbauzustand). Den verschiedenen bearbeiteten Flächen sind in der nachfolgenden Auflistung die Anforderungen an die Rauheit zugeordnet.

zu 1:   Diese Fläche dient als Auflagefläche für die Schraubenköpfe der Befestigungsschrauben. Aus diesem Grund wird eine gute Oberflächenbeschaffenheit gefordert (z.B. als arithmetischer Mittenrauhwert R_a = 1,6 µm).

zu 2:   Diese Fläche entsteht lediglich durch Abtragung bei der Erzeugung der mit 1 bezeichneten Fläche. Diese Fläche wird nicht weiter genutzt und erhält daher eine grobe Oberflächentoleranz.

zu 3:   Die mit 3 bezeichnete Bohrung dient der Aufnahme von Schrauben, die den vorliegenden Deckel mit dem Gehäuse verbinden. Da über diese Fläche die Lage des Deckels in bezug auf das Gehäuse nicht bestimmt wird und eigentlich die Befestigungsschrauben an keiner Stelle die Durchgangsbohrung berühren sollten, kann die mit 3 bezeichnete Fläche ebenfalls grob toleriert werden.

zu 4:   Diese Fläche ist die Auflagefläche zwischen Deckel und Gehäuse. Entsprechend muß diese eine gute Oberflächenbeschaffenheit aufweisen.

zu 5:   Die mit 5 bezeichnete Fläche dient der Zentrierung (Lagedefinition) zwischen Deckel und Gehäuse. Diese Fläche muß aus diesem Grunde ebenfalls eine gute Oberflächenbeschaffenheit aufweisen.

zu 6/7: Diese Flächen berühren im Einbauzustand keine weiteren Flächen, es sind also keine Funktionsflächen. Ihre Oberflächenbeschaffenheit ist entsprechend grob zu definieren.

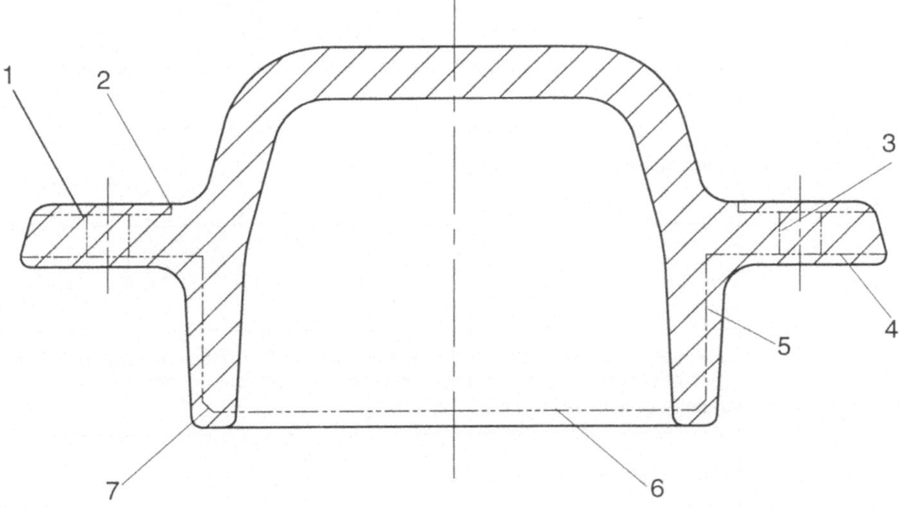

Zeichnen Sie den Gehäusedeckel auf ein separates Blatt auf und fügen Sie die geforderten Oberflächenbeschaffenheiten den Angaben entsprechend normgerecht in diese Zeichnung ein.

5. Aufgabe

Ergänzen Sie die nachstehende Tabelle entweder durch Angabe des entsprechenden Symbols
bzw. durch Wiedergabe seiner Bedeutung.

Symbol	Bedeutung
	Oberflächenangabe: spanlos hergestellte Oberfläche mit gemittelter Rauhtiefe $R_z = 2,5$ µm bis $4,5$ µm
Ra 6,3 Ra 3,2	
	Oberflächenangabe: beliebig hergestellte (spanlos oder spanend), verzinkte Oberfläche mit einem Mittenrauhwert $R_a \leq 25$ µm
unbeschichtet	
	Oberflächenangabe: Oberfläche mit einem galvanischen Nickel-Chrom-Überzug versehen; gemittelte Rauhtiefe $R_z \leq 25$ µm
z	Oberflächensymbol, welches an einer anderen Stelle auf der Zeichnung definiert ist
	Oberfläche mit einem Farbanstrich (Farbe: RAL 1073) versehen
+	
	Oberfläche mit einer Beschichtung nach DIN 50967; Beschichtung mit Nickel (Schichtdicke: 12 µm) und anschließend Glanzchrom; bei der Beschichtung erzielte gemittelte Rauhtiefe Rz $\leq 0,8$ µm
+0,02 -0,5	
	Kantenzustand: Außenkante gratfrei im Bereich von 0,1 bis 0,5 mm; Gratrichtung vorgegeben
DIN 50960-Cu/Ag 10	

8 Toleranzen und Passungen

8.1 Tolerierungsgrundsätze

Nachdem im vorangegangenen Kapitel auf die die Feingestalt eines Bauteiles betreffenden Gestaltabweichungen (Rauheiten) eingegangen wurde, beschäftigt sich das vorliegende Kapitel mit den die Grobgestalt betreffenden Gestaltabweichungen. Im einzelnen sind dies Maß-, Form- und Lageabweichungen, die das reale Bauteil gegenüber der idealen Geometrie aufweist. Grundsätzlich gilt auch hier, daß bereits in der Konstruktion geklärt werden muß, bis zu welchem Umfang derartige Abweichungen akzeptiert werden können. Die Antwort auf diese Frage hängt natürlich von der Funktion und von den Einsatzbedingungen eines Bauteiles oder einer Baugruppe ab.

Der Umfang der im Einzelfall akzeptablen Maß-, Form- und Lageabweichungen wird in der technischen Zeichnung durch die sogenannten Toleranzangaben vermerkt. Man unterscheidet entsprechend zwischen *Maß-, Form- und Lagetoleranzen*. Wie bereits zu Beginn des letzten Kapitels angemerkt, steht der Konstrukteur bei der Festlegung von Toleranzen stets in dem Zwiespalt zwischen der korrekten Funktionserfüllung, die durch kleine Toleranzen erleichtert wird, und der Forderung nach einer möglichst kostengünstigen Herstellung, die kleinen Toleranzen entgegensteht.

Es muß an dieser Stelle darauf hingewiesen werden, daß die gegenseitige Abgrenzung der auf die Grobgestalt eines Bauteiles bezogenen Begriffe *Maßtoleranz, Formtoleranz* und *Lagetoleranz* außerordentlich schwierig ist. Diese Frage hat in den letzten Jahren bei der Aufstellung internationaler Normen zu erheblichen Diskussionen geführt, weil in unterschiedlichen Ländern hierzu stark voneinander abweichende Auffassungen existierten.

Wie es die im Jahre 1986 eingeführte internationale DIN ISO 8015 dokumentiert, sollte nun auch in der Bundesrepublik Deutschland im Regelfall auf das sogenannte *Unabhängigkeitsprinzip* (auch als *neuer Tolerierungsgrundsatz* bezeichnet) übergegangen werden.

Das Unabhängigkeitsprinzip besagt, daß alle in einer Zeichnung angegebenen Maß-, Form- und Lagetoleranzen unabhängig voneinander eingehalten werden müssen, sofern nicht besondere Angaben etwas anderes fordern. Dieses Prinzip unterscheidet sich erheblich von der hierzulande früher ausschließlich geltenden *Hüllbedingung* (*alter Tolerierungsgrundsatz*, DIN 7167), was ein Beispiel verdeutlichen möge:

Für ein einfaches zylindrisches Bauteil, das sowohl in bezug auf das Durchmessermaß als auch in bezug auf die Geradheit als auch in bezug auf die Rundheit innerhalb bestimmter Grenzen liegen soll, müssen nach dem Unabhängigkeitsprinzip drei entsprechende Toleranzangaben (eine Maßtoleranz, zwei Formtoleranzen) einzeln in der Zeichnung aufgeführt werden. Alle Toleranzen sind unabhängig voneinander einzuhalten. Bild 8-1 zeigt für einen Nenndurchmesser von 150 mm und für willkürlich angenommene Einzeltoleranzen dasjenige Bauteil, das bei größtem zulässigen Durchmessermaß die größten zulässigen Formabweichungen gerade ausschöpft.

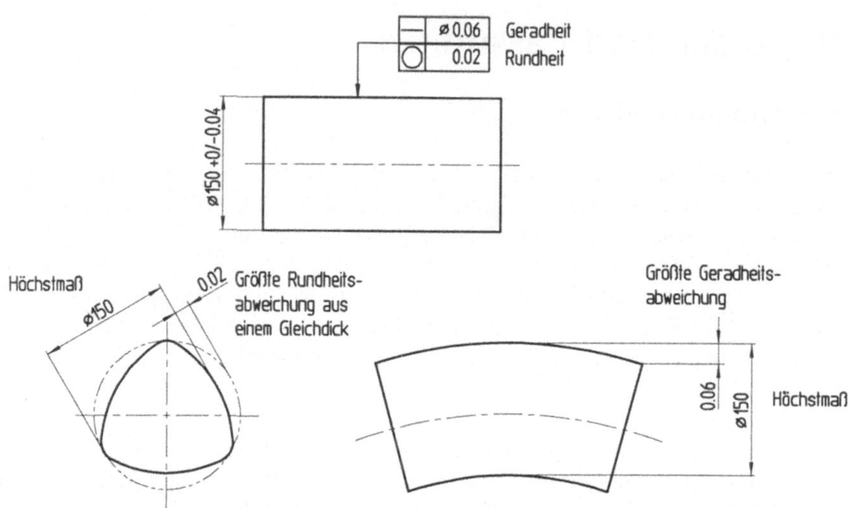

Bild 8-1 Tolerierungsgrundsatz *Unabhängigkeitsprinzip*; alle in einer Zeichnung angegebenen Maß-, Form- und Lagetoleranzen müssen unabhängig voneinander eingehalten werden, sofern nicht besondere Angaben etwas anderes fordern (*neuer Tolerierungsgrundsatz*, Normalfall nach DIN ISO 8015)

Die früher geltende Hüllbedingung hätte demgegenüber verlangt, daß alle Form- und Lageabweichungen innerhalb der Maßtoleranz liegen müssen. Prüfstein ist das sogenannte *Maximum-Material-Maß*, das als derjenige Grenzwert eines tolerierten Maßes definiert ist, der das Bauteil mit dem meisten Material ergibt. Bei Innenteilen (z.B. Wellen) ist dies das Höchstmaß, bei Außenteilen (z.B. Bohrungen) dagegen das Mindestmaß innerhalb des durch die Maßtoleranz abgedeckten Spielraumes[35]. Bei Zugrundelegung der Hüllbedingung müssen auch alle Form- und Lageabweichungen innerhalb der durch das Maximum-Material-Maß vorgegebenen geometrisch idealen Hülle liegen.

Für unser Beispiel bedeutet dies, daß im Prinzip nur noch eine einzige Toleranz, nämlich die Maßtoleranz für den Nenndurchmesser, angegeben werden muß. Die durch die obere Toleranzgrenze (Maximum-Material-Maß) vorgegebene „Hülle" darf von der Zylinderfläche in ihrer tatsächlichen Ausprägung an keiner Stelle durchbrochen werden. Man sieht sehr leicht ein, daß Maß-, Form- und Lagetoleranzen unter dieser Prämisse nicht mehr unabhängig voneinander sind (Bild 8-2): Beispielsweise dürfte nach der Hüllbedingung ein Bauteil, welches bereits das größte zulässige Durchmessermaß besitzt, überhaupt keine Formabweichungen mehr haben. Im Falle kleinerer Durchmessermaße wäre undefiniert, in welchem Verhältnis der verbleibende Toleranzraum auf die Formabweichungen „Ungeradheit" und „Unrundheit" aufgeteilt werden dürfte.

---

[35] Ein *Innenteil* ist ein Bauteil, das von einem anderen umschlossen wird. Ein *Außenteil* ist ein Bauteil, das ein anderes umschließt. Die Begriffe „Innenteil" und „Außenteil" sind streng genommen nur paarweise anwendbar, da mit jeweils anderem Paarungsbezug ein Teil gleichzeitig ein anderes umschließen und von einem dritten umschlossen werden kann.

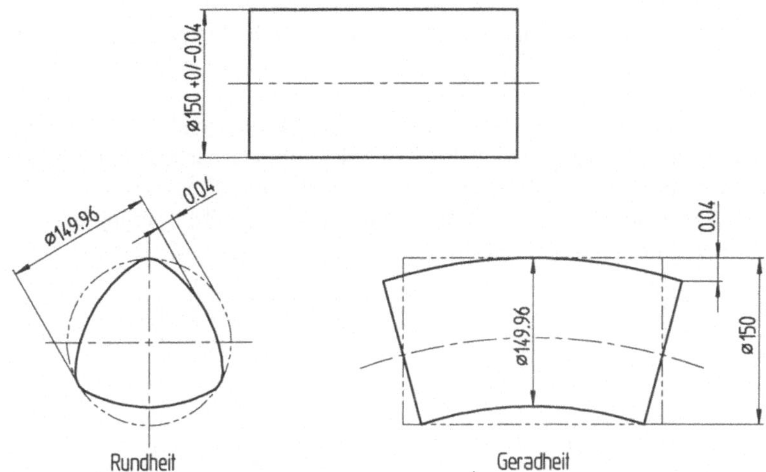

Bild 8-2 Tolerierungsgrundsatz *Hüllbedingung*; alle Form- und Lageabweichungen müssen innerhalb der durch das Maximum-Material-Maß vorgegebenen geometrisch idealen Hülle liegen; das Maximum-Material-Maß ist derjenige Grenzwert eines tolerierten Maßes, der das Bauteil mit dem meisten Material ergibt (*alter Tolerierungsgrundsatz* nach DIN 7167, Sonderfall Ⓔ nach DIN ISO 8015)

Als problematisch erweist es sich auch, daß die Einhaltung der Hüllbedingung für eine bestimmte Maßtoleranz zu wesentlich schärferen Genauigkeitsanforderungen führt als die Beachtung des Unabhängigkeitsprinzips bei der gleichen Maßtoleranz (man vergleiche dazu Bild 8-1 und Bild 8-2). Dieser Umstand läßt sich auch nicht dadurch beseitigen, daß man im Falle der Hüllbedingung größere Maßtoleranzen angibt als im Falle des Unabhängigkeitsprinzips, weil ja dann der größere Toleranzraum auch alleine für die Maßtoleranz ausgeschöpft werden dürfte (Form- und Lageabweichungen gleich Null), was wiederum die Funktion des Bauteiles in Gefahr brächte. Statistische Erhebungen haben ergeben, daß die aus der Hüllbedingung resultierende höhere Herstellungsgenauigkeit nur in wenigen Fällen sachlich gerechtfertigt ist, so daß die Ablösung der Hüllbedingung durch das Unabhängigkeitsprinzip nicht zuletzt auch Kosteneinsparungen ermöglicht.

Auch nach der DIN ISO 8015 ist eine Tolerierung nach der Hüllbedingung möglich. Allerdings müssen die Paßmaße, für die die Hüllbedingung gelten soll, dann speziell durch das Symbol Ⓔ gekennzeichnet werden. Das Symbol ist ein Kreis mit einbeschriebenem Buchstaben E („envelope") hinter der Maßzahl und der zugehörigen Toleranzangabe.

Schließlich ist noch anzumerken, daß die DIN ISO 8015 neben dem Unabhängigkeitsprinzip (Normalfall) und der Hüllbedingung noch das sogenannte *Maximum-Material-Prinzip* als dritten möglichen Tolerierungsgrundsatz vorsieht. Das Maximum-Material-Prinzip besagt, daß Maßtoleranzen, die nicht vollständig ausgeschöpft worden sind, bis zur Grenze des Maximum-Material-Maßes von Form- und Lagetoleranzen zusätzlich in Anspruch genommen werden dürfen. Das Maximum-Material-Prinzip sollte aus diesem Grunde nicht bei Werkstücken angewendet werden, bei denen die Fuktion durch eine Vergrößerung der Toleranz gefährdet werden kann. Dieser Tolerierungsgrundsatz ist vorteilhaft dort, wo mehrere Teile gleichzeitig gepaart werden sollen (z.B. Steckverbindungen). Bei solchen Verbindungen ist es unvorteilhaft einzelne Maße oder Formtoleranzen nachzuprüfen. Viel geschickter ist es hier, die Funktionstauglichkeit mit besonderen Lehren (z.B. Lochbildern, Bolzenlehren) sicherzustellen.

Um die Gültigkeit des Maximum-Material-Prinzips zu kennzeichnen, sind die entsprechenden Form- und Lagetoleranzen durch das Symbol Ⓜ (einen nachgestellten Kreis mit dem einbeschriebenem Buchstaben M) speziell zu kennzeichnen. Eine solche Tolerierung nach dem Maximum-Material-Prinzip gilt dann – ähnlich wie eine Tolerierung nach der Hüllbedingung – nur für diese spezielle Einzeltoleranz.

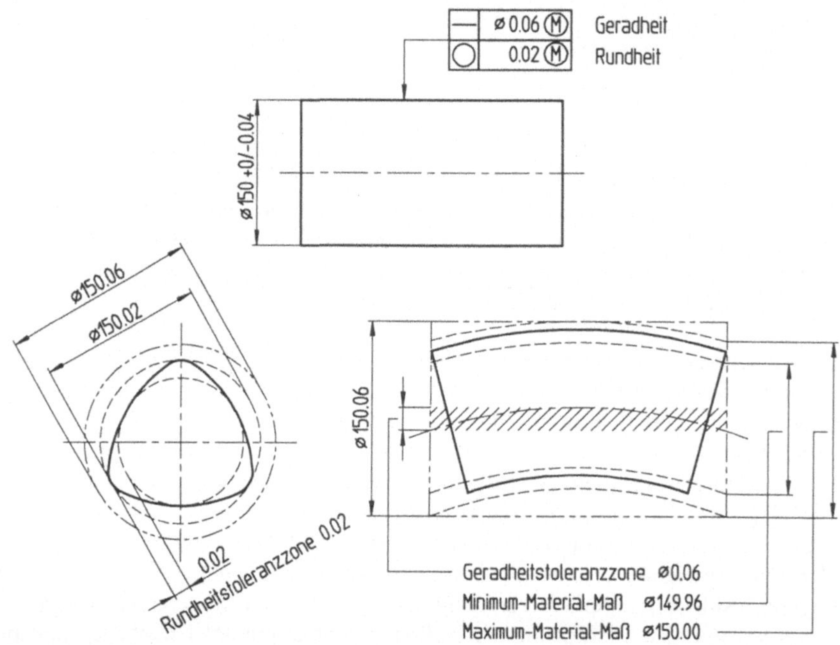

Bild 8-3 Tolerierungsgrundsatz „Maximum-Material-Prinzip"; Maßtoleranzen, die nicht vollständig ausgeschöpft worden sind, dürfen bis zur Grenze des Maximum-Material-Maßes von Form- und Lagetoleranzen zusätzlich in Anspruch genommen werden (Sonderfall Ⓜ nach DIN ISO 8015)

Zusammenfassend ist es heute allgemein zu empfehlen, die Tolerierung nach DIN ISO 8015 vorzunehmen (*neuer Tolerierungsgrundsatz*). Für alle angegebenen Toleranzen gilt dann zunächst das Unabhängigkeitsprinzip. Ausgenommen sind diejenigen Toleranzangaben, die durch die oben genannten Zusätze explizit der Hüllbedingung oder dem Maximum-Material-Prinzip unterworfen werden.

Um Mißverständnisse zu vermeiden, ist bei einer Tolerierung nach DIN ISO 8015 im Schriftfeld einer technischen Zeichnung (siehe auch Bild 5-47) der Hinweis „Tolerierung ISO 8015" zwingend erforderlich. Fehlt diese Angabe, so gilt nach der derzeit im Übergang befindlichen Normenlage in der Bundesrepublik Deutschland automatisch, daß nach DIN 7167 toleriert wird. Unter anderem bedeutet dies, daß die angegebenen Toleranzen nach der Hüllbedingung (also *alter Tolerierungsgrundsatz*) interpretiert werden müssen. Sie führen damit zu anderen Ergebnissen als gleiche Angaben nach DIN ISO 8015. Zu bedenken ist auch, daß im Rahmen der DIN 7167 keine Möglichkeit besteht, von der Hüllbedingung abzuweichen und zumindest für spezielle Fälle andere Tolerierungsgrundsätze zur Anwendung zu bringen, wodurch die Möglichkeiten der Tolerierung nach DIN 7167 gegenüber denen nach DIN ISO 8015 eingeschränkt sind.

8.2 Maßtoleranzen

Jedes in der technischen Zeichnung eingetragene Maß (sogenanntes *Nennmaß*, im folgenden mit „N" bezeichnet) kann im Herstellungsprozeß nicht exakt eingehalten werden. Vielmehr wird das nach der Herstellung meßbare Istmaß etwas größer oder kleiner ausfallen. Die Maßtoleranz[36] gibt vor, um wieviel größer und um wieviel kleiner als das Nennmaß das Istmaß sein darf. Die Grundbegriffe für Maßtoleranzen regelt DIN ISO 286[37] (früher: DIN 7182). Bild 8-4 zeigt die wesentlichen Größen in der graphischen Übersicht.

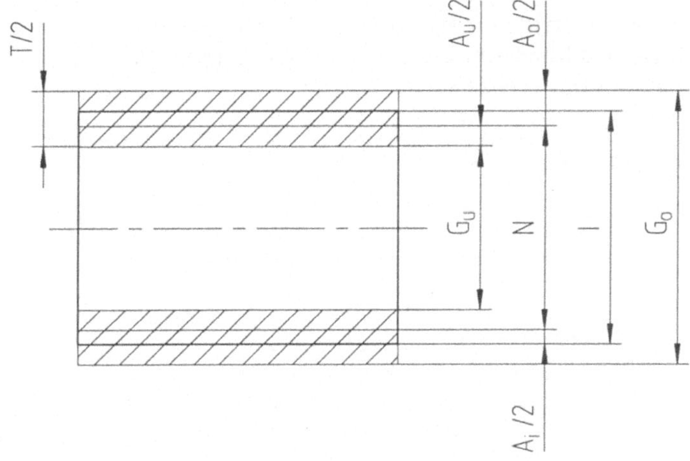

Bild 8-4 Maßtoleranzen, Erläuterung der Grundbegriffe

Danach gehören zu jedem Nennmaß in der Regel zwei Grenzmaße, nämlich das obere und untere Grenzmaß (im folgenden mit „G_O" bzw. „G_U" bezeichnet). Das obere Grenzmaß (G_O) wird *Höchstmaß* und das untere Grenzmaß (G_U) *Mindestmaß* genannt. (In älteren Fassungen des deutschen Normenwerkes finden sich hierfür auch die Bezeichnungen *Größtmaß* und *Kleinstmaß*.) Die *Maßtoleranz* (T) ist die Differenz zwischen dem Höchst- und dem Mindestmaß. (Der Bereich zwischen dem Höchst- und dem Mindestmaß wird älteren Gewohnheiten folgend häufig auch noch als *Toleranzfeld* bezeichnet, obwohl die Verwendung dieses

---

[36] Maßtoleranzen werden häufig verkürzt nur als Toleranzen bezeichnet, obwohl dies eigentlich der sowohl Maß- als auch Form- als auch Lagetoleranzen einschließende Oberbegriff ist.

[37] Die internationale DIN ISO 286 ist im November 1990 erschienen und faßt die bisher in der Bundesrepublik Deutschland maßgeblichen Normen DIN 7150, DIN 7151, DIN 7152, DIN 7160, DIN 7161, DIN 7172 und DIN 7182 zusammen. Inhaltlich bestehen praktisch keine Unterschiede zwischen der „neuen" ISO-Norm und den „alten" DIN-Normen, es tragen nur einige wenige Größen andere Bezeichnungen.

Begriffes nach DIN ISO 286 eigentlich nur noch für die graphische Darstellung der Maßtoleranz zulässig ist.) Das *Istmaß* (I) muß kleiner/gleich dem Höchstmaß und größer/gleich dem Mindestmaß sein. Ist dies nicht der Fall, so darf das betreffende Bauteil in der Regel nicht verwendet werden.

Die Differenz zwischen dem Höchstmaß und dem Nennmaß wird als *oberes Abmaß* (A_O) bezeichnet, die Differenz zwischen dem Mindestmaß und dem Nennmaß heißt *unteres Abmaß* (A_U)[38]. Oberes und unteres Abmaß sind die sogenannten Grenzabmaße des jeweiligen Nennmaßes. Die Differenz zwischen dem Istmaß und dem Nennmaß ist das *Istabmaß* (A_i).

An den vorstehenden Definitionen erkennt man, daß Abmaße vorzeichenbehaftet sind, wobei die Nullinie durch das Nennmaß vorgegeben wird. In vielen Fällen hat das obere Abmaß ein positives und das untere Abmaß ein negatives Vorzeichen. Das Istabmaß kann beide Vorzeichen besitzen.

Die vorgestellten Grundbegriffe für Maßtoleranzen können mit den Grundgrößen Nennmaß N, Istmaß I, Höchst- und Mindestmaß G_O, G_U zusammenfassend auch durch mathematische Formeln dargestellt werden, Tabelle 8-1.

Tabelle 8-1 Grundbegriffe für Maßtoleranzen

Benennung	Bestimmung
oberes Abmaß	$A_O = G_O - N$
unteres Abmaß	$A_U = G_U - N$
Istabmaß	$A_i = I - N$
Maßtoleranz	$T = G_O - G_U = A_O - A_U$

Die Angabe von Maßtoleranzen in technischen Zeichnungen erfolgt am einfachsten dadurch, daß man der Maßzahl, die stets das Nennmaß angibt, das untere und das obere Abmaß hinzufügt. Früher wurden die Grenzabmaße grundsätzlich eine Schriftgröße kleiner als die Maßzahl geschrieben, so daß oberes und unteres Abmaß platzsparend übereinander geschrieben werden konnten; dabei wurde das untere Abmaß gegenüber dem Nennmaß leicht nach unten und das obere Abmaß leicht nach oben versetzt geschrieben. Diese Schreibweise wird noch häufig angetroffen.

---

[38] In DIN ISO 286 werden für oberes bzw. unteres Abmaß die Bezeichnungen ES/es und EI/ei eingeführt („écart supérieur", „écart inférieur"). Durch die Groß- bzw. Kleinschreibung wird dabei verdeutlicht, ob es sich um Grenzabmaße für ein Innenmaß (z.B. eine Bohrung) oder um Grenzabmaße für ein Außenmaß (z.B. eine Welle) handelt. Zur Vereinfachung und Veranschaulichung werden hier abweichend von DIN ISO 286 die älteren deutschen Bezeichnungen „A_O" und „A_U" ohne Unterscheidung nach Innen- und Außenmaßen beibehalten.

Nach der neuesten Regelung allerdings sollen die Abmaße bevorzugt in gleicher Schriftgröße hinter das Nennmaß geschrieben werden. Hierbei können die Abmaße nach wie vor übereinander oder aber hintereinander geschrieben werden. Werden die Abmaße übereinander geschrieben, so ist das untere Abmaß auf die gleiche Höhe wie das Nennmaß zu schreiben und das obere Abmaß darüber zu setzen. Beim Hintereinanderschreiben der Abmaße werden sie durch das Zeichen „/" getrennt. Sollen Grenzmaße durch das Höchst- und Mindestmaß angegeben werden, so trägt man das obere Grenzmaß über bzw. vor das untere Grenzmaß ein.

Nach wie vor, gehört zu jedem Grenzabmaß das entsprechende Vorzeichen. Unabhängig vom jeweiligen Vorzeichen steht das obere Abmaß über bzw. vor dem unteren Abmaß. Einziger Sonderfall ist ein nach unten und nach oben betragsmäßig gleich großes Grenzabmaß, welches nur einmal angegeben und mit der Vorzeichenangabe „±" versehen wird.

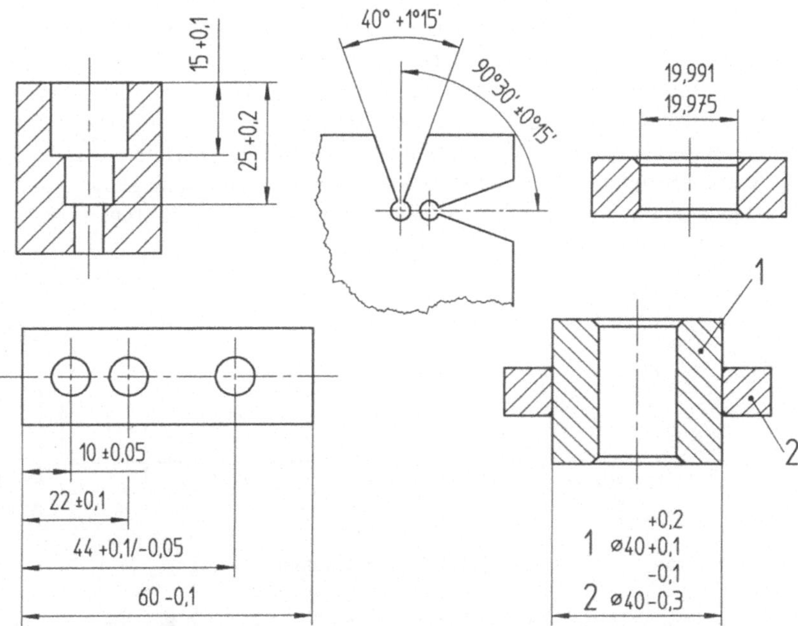

Bild 8-5 Angabe von Maßtoleranzen durch oberes und unteres Abmaß bzw. Höchst- und Mindestmaß

Um Mißverständnisse auszuschließen, sollte auch ein oberes oder unteres Abmaß der Größe Null aufgeführt werden. Bei Innenmaßen wird in der Regel aber nur das obere Abmaß angegeben, bei Außenmaßen nur das untere. Die kombinierte Angabe „Nennmaß plus oberes und unteres Abmaß" wird auch als *Paßmaß* bezeichnet. Das Bild 8-5 zeigt einige den vorgestellten Regeln folgende Beispiele für die Angabe von Maßtoleranzen in technischen Zeichnungen.

Die DIN ISO 286 prägt die Begriffe „Maximum-Material-Grenze" (abgekürzt MML – maximum material limit) und „Minimum-Material-Grenze" (abgekürzt LML – least material limit). Aus Gründen der Anschaulichkeit werden hier jedoch die im deutschen Sprachraum eingeführten Begriffe „Gutmaß" bzw. „Ausschußmaß" benutzt.

Diese beiden Grenzmaße G_O und G_U (Höchst-, Mindestmaß) werden aus dem fertigungs-
technischen Blickwinkel auch oft als *Gutmaß* und *Ausschußmaß* bezeichnet. Mit dem Begriff
Gutmaß ist dasjenige Grenzmaß gemeint, das beim Materialabtragen zuerst erreicht wird.
Das Gutmaß ist damit identisch mit dem einführend definierten Maximum-Material-Maß.
Ausgehend vom Gutmaß kann man durch weiteres Materialabtragen das Istmaß näher an das
Nennmaß heranbringen (die Maßgenauigkeit verbessern). Das jeweils andere Grenzmaß ist
das Ausschußmaß. Wenn man also ausgehend vom Ausschußmaß weiter Material abträgt,
wird die Maßtoleranz endgültig verlassen, es entsteht Ausschuß. Aus diesen Definitionen ergibt sich, daß bei Innenteilen (z.B. Wellen) das Gutmaß dem Höchstmaß und das Ausschußmaß dem Mindestmaß entspricht. Bei Außenteilen (z.B. Bohrungen) ist umgekehrt das Gutmaß identisch mit dem Mindestmaß und das Ausschußmaß identisch mit dem Höchstmaß.

Zur Erläuterung zeigt Bild 8-6 eine sogenannte Grenzrachenlehre, die zur Prüfung von In-
nenteilen (z.B. Wellen) dient. Eine Grenzrachenlehre gilt für ein bestimmtes Paßmaß, d.h.
für eine bestimmte Kombination aus Nennmaß und Grenzabmaßen. Ein hiermit zu prüfendes
Bauteil hat das Gutmaß erreicht, wenn es zwischen den Backen der Gutseite hindurchpaßt.
Es liegt innerhalb der Maßtoleranz, wenn diese Bedingung erfüllt ist, gleichzeitig aber die
Grenzrachenlehre mit der Ausschußseite nicht über das Bauteil geschoben werden kann. Das
Teil ist als Ausschuß zu betrachten, sobald es durch die Ausschußseite gleiten kann. Bild 8-7
zeigt einen sogenannten Grenzlehrdorn, der in analoger Weise zur Prüfung von Außenteilen
(z.B. Bohrungen) verwendet wird.

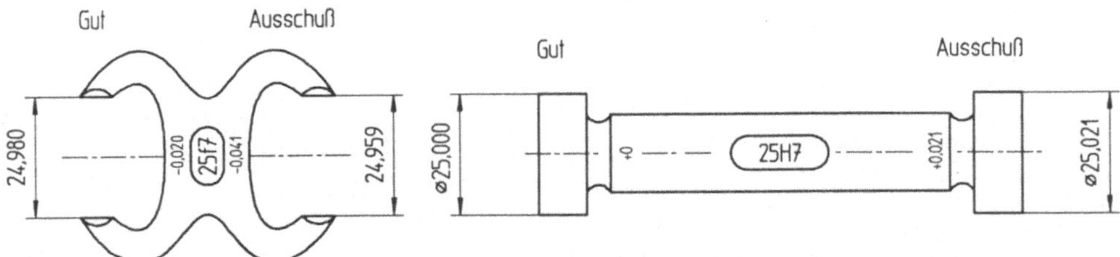

Bild 8-6 Grenzrachenlehre   **Bild 8-7** Grenzlehrdorn

Ein ganz anderer Weg, Maßtoleranzen in technische Zeichnungen einzutragen, ist die Verwendung der ebenfalls in DIN ISO 286 beschriebenen *ISO-Toleranzklassen*, die sich aus
dem *ISO-Toleranzsystem* ergeben (frühere Grundnorm hierzu: DIN 7150). Das ISO-Toleranzsystem geht von der Grundüberlegung aus, daß die erzielbare Herstellungsgenauigkeit
unter anderem auch von der Absolutgröße des jeweiligen Bauteiles abhängt. Überspitzt gesagt: Die gleiche Herstellungs-„Qualität" ergibt bei größeren Bauteilen absolut gesehen größere Ungenauigkeiten als bei kleineren. Dementsprechend gibt das ISO-Toleranzsystem verschiedene Nennmaßbereiche vor, in denen für die gleiche Toleranzklasse (für die gleiche
„Qualität") jeweils andere Grenzabmaße gelten. Zu beachten ist außerdem, daß eine ISO-
Toleranzklasse gleichzeitig das obere und das untere Abmaß vorgibt.

Die Grenzabmaße, die sich abhängig vom Nennmaßbereich und von der Toleranzklasse in
jedem Einzelfall ergeben, lassen sich nach in DIN ISO 286 (früher: in DIN 7150) gegebenen
Beziehungen rechnerisch ermitteln. Dies wird nachfolgend allerdings nicht im einzelnen er-

läutert. Wie es auch in der Praxis meistens geschieht, soll vielmehr auf fertig ausgewertete Tabellen zurückgegriffen werden.

Vor der weiteren Vertiefung des Themas sei noch auf einen weit verbreiteten Irrtum hingewiesen: Vielfach wird angenommen, das ISO-Toleranzsystem sei nur für die Herstellung definierter Passungen bei der Paarung zweier tolerierter Bauteile anwendbar (siehe Abschnitt 8.4). Tatsache ist jedoch, daß in sehr vielen Fällen die Angabe der ISO-Toleranzklasse eine gleichrangige, an keine weiteren Bedingungen geknüpfte Alternative zu der oben erläuterten Toleranzangabe über oberes und unteres Abmaß ist. In vielen Fällen ist sogar eine Toleranzangabe auf der Basis des ISO-Toleranzsystems zu bevorzugen, weil nämlich zahlreiche Werkzeuge und Prüfvorrichtungen (Lehren) hierauf abgestimmt sind. Das bevorzugte Anwendungsgebiet des ISO-Toleranzsystems sind zweifellos die Durchmessermaße, was aus den Darstellungen der Paßsysteme für Wellen und Bohrungen im Abschnitt 8.4 noch deutlicher ersichtlich sein wird.

Jede ISO-Toleranzklasse besteht aus einem *(Kenn-)Buchstaben* und einer *(Kenn-)Zahl.* Während heute das ISO-Toleranzsystem durchgängig in DIN ISO 286 beschrieben ist, waren im früheren deutschen Normenwerk die beiden Bestandteile (Buchstaben, Zahlen) – bei ansonsten identischem Inhalt – in DIN 7152 bzw. DIN 7151 getrennt genormt. Allgemein gilt:

1. Innerhalb einer ISO-Toleranzklasse gibt der Buchstabe die *Lage des jeweiligen Toleranzfeldes* relativ zur Nullinie (relativ zum Nennmaß) an.

2. Innerhalb einer ISO-Toleranzklasse gibt die Zahl den sogenannten *Toleranzgrad,* d.h. die *Größe des Toleranzfeldes* an. (Die Zahl wird deshalb verschiedentlich auch „Qualitätszahl" genannt.)

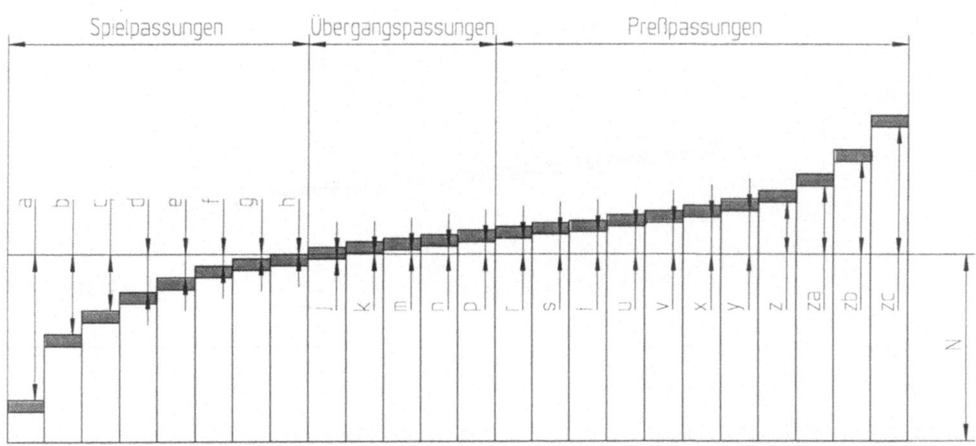

Bild 8-8 Toleranzfeldlage für Innenteile nach DIN ISO 286 (früher: nach DIN 7152)

Zur Kennzeichnung einer ISO-Toleranzklasse für Innenteile (z.B. Wellen) werden *Kleinbuchstaben* a bis z verwendet, zur Kennzeichnung einer ISO-Toleranzklasse für Außenteile (z.B. Bohrungen) dagegen *Großbuchstaben* A bis Z. Um Verwechselungen zu vermeiden, wurde bei der Normierung auf die Verwendung der Buchstaben i, l, o, q und w (für Innenteile) sowie I, L, O, Q, W (für Außenteile) verzichtet. Zusätzliche Toleranzklassen werden durch Buchstabenkombinationen, wie z.B. cd, ef, fg, js, za, zb, zc (für Innenteile) und CD, EF, FG, JS, ZA, ZB, ZC (für Außenteile), gekennzeichnet. Bild 8-8 und Bild 8-9 sollen die zu den einzelnen Buchstaben gehörenden grundsätzlichen Toleranzfeldlagen für Innen- bzw. Außenteile verdeutlichen.

Die Buchstaben j (bei Innenteilen) bzw. J (bei Außenteilen) kennzeichnen eine Toleranzfeldlage um die Nullinie (das Nennmaß) herum. Die hierzu gehörenden Toleranzklassen besitzen demzufolge ein positives oberes Abmaß und ein negatives unteres Abmaß. Der im Alphabet davor stehende Buchstabe h bzw. H kennzeichnet einen besonderen Fall, in dem es sich um eine Toleranzfeldlage handelt, bei der das obere Abmaß (bei Innenteilen) bzw. das untere Abmaß (bei Außenteilen) gerade gleich Null ist. Aufgrund dessen spielen die Toleranzfeldlagen h bzw. H bei der Passung von Wellen und Bohrungen eine wichtige Rolle (Paßsysteme Einheitswelle bzw. Einheitsbohrung), wie Abschnitt 8.4 näher erläutern wird. Die im Alphabet weiter vorn stehenden Buchstaben a bis g bzw. A bis G kennzeichnen Toleranzfeldlagen, bei denen in jedem Fall über die Nullinie hinaus Material abgetragen wird. Daraus ergeben sich bei Innenteilen ausschließlich negative und bei Außenteilen ausschließlich positive Grenzabmaße. Die im Alphabet auf j bzw. J folgenden Buchstaben (k bzw. K) stehen dementsprechend für einen nicht bis zur Nullinie reichenden Materialabtrag (ausschließlich positive Grenzabmaße bei Innenteilen, ausschließlich negative Grenzabmaße bei Außenteilen).

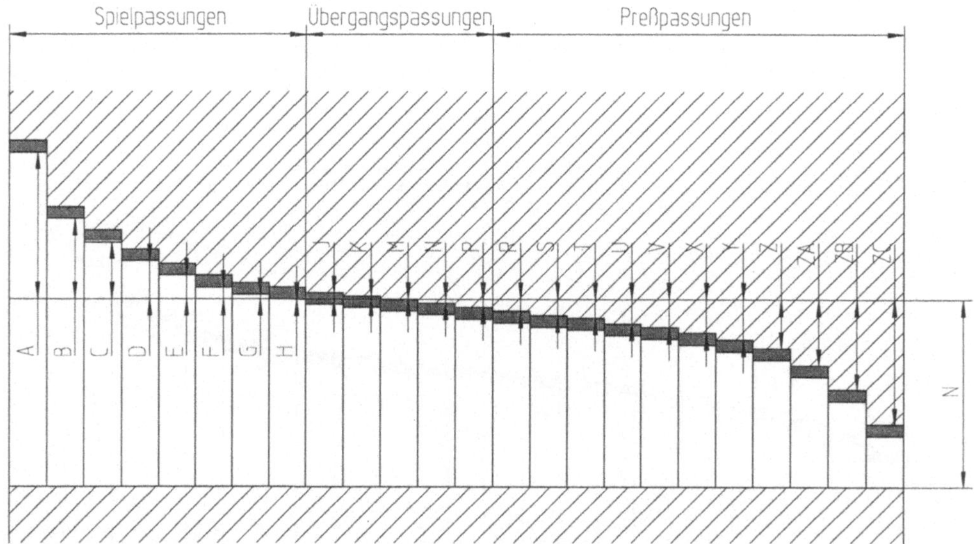

Bild 8-9 Toleranzfeldlage für Außenteile nach DIN ISO 286 (früher: DIN 7152)

Wie bereits angemerkt, macht die Zahlenangabe innerhalb einer ISO-Toleranzklassen in verschlüsselter Form eine Aussage über die Größe des jeweiligen Toleranzfeldes. Als Zahlenangaben stehen nach DIN ISO 286 (bzw. früher nach DIN 7151) insgesamt 20 sogenannte Toleranzgrade zur Verfügung.

Die Toleranzgrade[39] des ISO-Toleranzsystems beginnen mit 01, 0, 1, 2 und gehen bis 17, 18. Dabei stehen gleiche Zahlen für gleiche „Qualitäten", woraus sich entsprechend dem Grundgedanken des ISO-Toleranzsystems in Abhängigkeit vom Nennmaßbereich unterschiedlich große absolute Toleranzen (Differenzen der Grenzabmaße) ergeben.

Grundsätzlich gilt, daß kleine Zahlenwerte für enge Toleranzen stehen und daß große Zahlenwerte große Toleranzen kennzeichnen. So fordern die Toleranzgrade 01 bis 5 eine sehr große Herstellungsgenauigkeit und werden in der Regel allenfalls für die Lehrenherstellung benötigt. Für „normale" spanabhebende Fertigungsverfahren kommen vorwiegend die „Qualitäten" 5 bis 13 zum Einsatz. Die Toleranzgrade 14 bis 18 entsprechen ungefähr den mit spanlosen Fertigungsverfahren (z.B. Schmieden, Stanzen, Gießen, Walzen, Ziehen) erreichbaren Genauigkeiten. Tabelle 8-2 gibt eine grobe Übersicht über den Zusammenhang zwischen ISO-Toleranzgraden, Anwendungsgebieten und Herstellungsverfahren.

Tabelle 8-2 Anwendungsgebiete der ISO-Toleranzgrade und zugehörige Herstellungsverfahren

	Kleine Toleranzen		Mittlere Toleranzen	Große Toleranzen
Grundtoleranzgrade	01 0 1 2 3 4		5 6 7 8 9 10 11	12 13 14 15 16 17 18
Anwendungsgebiete	Prüflehren		Bearbeitete Werkstücke	Nicht für Paßmaße
		Arbeitslehren	Maschinenbau	Gezogene, gewalzte Teile / Gegossene, geschmiedete Teile
Fertigungsverfahren	Läppen, Honen		Schleifen, Reiben, Fräsen, Drehen	Walzen, Schmieden, Pressen

Das Zusammenwirken von Toleranzbuchstabe und Toleranzgrad sieht zusammenfassend so aus, daß zunächst jeder Toleranzbuchstabe unabhängig vom Toleranzgrad das näher an der Nullinie liegende Grenzabmaß fest vorgibt und daß sodann der Toleranzgrad die (mit dem Nennmaßbereich variable) Größe des Toleranzfeldes und damit das zweite Grenzabmaß festlegt.

Um zu einer noch weitergehenden Standardisierung zu kommen, sind in DIN 7157 bestimmte Toleranzklassen besonders hervorgehoben, die für die meisten Zwecke ausreichen und vorzugsweise verwendet werden sollten. Innerhalb dieser Vorzugsliste ist Reihe 1 wiederum gegenüber Reihe 2 zu bevorzugen. Tabelle 8-3 gibt für die ausgewählten (Vorzugs-)Toleranzklassen nach DIN 7157 die sich für jeden Nennmaßbereich ergebenden Grenzabmaße wieder.

---

[39] Die Toleranzgrade des ISO-Toleranzsystems werden verschiedentlich auch als „IT01", „IT0", „IT1" usw. bezeichnet, wobei „IT" für *internationale Toleranz* steht.

Tabelle 8-3 Grenzabmaße [μm] für ausgewählte Toleranzklassen (DIN 7157)

Nennmaß [mm]	Innenteile						Außenteile					
	s6	r6	k6	j6	h6	h11	H7	H8	H11	G7	F8	E9
1 bis 3	+20 +14	+16 +10	+6 0	+4 −2	0 −6	0 −60	+10 0	+14 0	+60 0	+12 +2	+20 +6	+39 +14
> 3 bis 6	+27 +19	+23 +15	+9 +1	+6 −2	0 −8	0 −75	+12 0	+18 0	+75 0	+16 4	+28 +10	+50 +20
> 6 bis 10	+32 +23	+28 +19	+10 +1	+7 −2	0 −9	0 −90	+15 0	+22 0	+90 0	+20 +5	+35 +13	+61 +25
> 10 bis 18	+39 +28	+34 +23	+12 +1	+8 −3	0 −11	0 −110	+18 0	+27 0	+110 0	+24 +6	+43 +16	+75 +32
> 18 bis 30	+48 +35	+41 +28	+15 +2	+9 −4	0 −13	0 −130	+21 0	+33 0	+130 0	+28 +7	+53 +20	+92 +40
> 30 bis 50	+59 +43	+50 +34	+18 +2	+11 −5	0 −16	0 −160	+25 0	+39 0	+160 0	+34 +9	+64 +25	+112 +50
> 50 bis 65	+72 +53	+60 +41	+21 +2	+12 −7	0 −19	0 −190	+30 0	+46 0	+190 0	+40 +10	+76 +30	+134 +60
> 65 bis 80	+78 +59	+62 +43										
> 80 bis 100	+93 +71	+73 +51	+25 +3	+13 −9	0 −22	0 −220	+35 0	+54 0	+200 0	+47 +12	+90 +36	+159 +72
>100 bis 120	+101 +79	+76 +54										
>120 bis 140	+117 +92	+88 +63	+28 +3	+14 −11	0 −25	0 −250	+40 0	+63 0	+250 0	+54 +14	+106 +43	+185 +85
>140 bis 160	+125 +100	+90 +65										
>160 bis 180	+133 +108	+93 +68										
>180 bis 200	+151 122	+106 +77	+33 +4	+16 −13	0 −29	0 −290	+46 0	+72 0	+290 0	+61 +15	+122 +50	+215 +100
>200 bis 225	+159 +130	+109 +80										
>225 bis 250	+169 +140	+113 +84										
>250 bis 280	+190 +158	+126 +94	+36 +4	+16 −16	0 −32	0 −320	+52 0	+81 0	+320 0	+69 +17	+137 +56	+240 +110
>280 bis 315	+202 +170	+130 +98										
>315 bis 355	+226 +190	+144 +108	+40 +4	+18 −18	0 −36	0 −360	+57 0	+89 0	+360 0	+75 +18	+151 +62	+265 +125
>355 bis 400	+244 +208	+150 +114										
>400 bis 450	+272 +232	+166 +126	+45 +5	+20 −20	0 −40	0 −400	+63 0	+97 0	+400 0	+83 +20	+165 +68	+290 +135
>450 bis 500	+292 +252	+172 +132										

Wird für die Angabe von Maßtoleranzen in technischen Zeichnungen das soeben erläuterte ISO-Toleranzsystem verwendet, so wird der betreffenden Maßzahl einfach die ausgewählte Toleranzklasse hinzugesetzt, Bild 8-10. Zu beachten ist lediglich, daß das Toleranzkurzzeichen bei Außenteilen (großer Toleranzbuchstabe) über oder vor dem der Innenteile (kleiner Toleranzbuchstabe) geschrieben wird. Werden die Kurzzeichen hintereinander geschrieben, so sind sie durch „/" zu trennen (z.B. „H7/r6"). Auf diese Weise ist es möglich, für zwei ineinandergefügte Bauteile (beispielsweise im Rahmen einer Gesamtzeichnung) zu dem identischen Nennmaß gleichzeitig die Toleranz für das Innen- und das Außenteil anzugeben, Bild 8-11. Gelegentlich tritt der Fall auf, daß ein Maß in bestimmten Bereichen eines Formelementes enger toleriert werden muß als in den übrigen Bereichen. Es ist dann erforderlich, die entsprechenden Bereiche zu bemaßen, Bild 8-12.

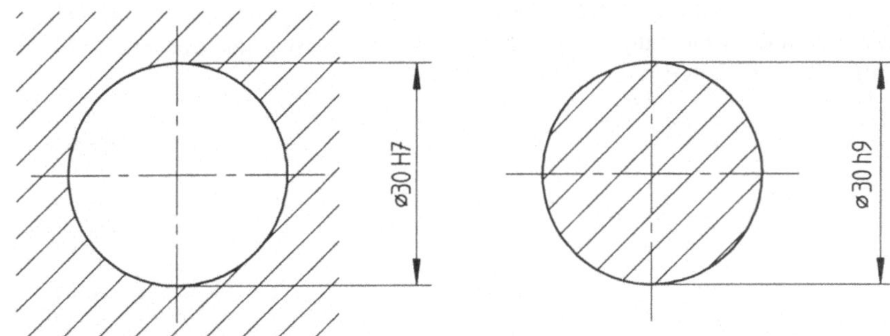

Bild 8-10 Angabe von Maßtoleranzen durch ISO-Toleranzkurzzeichen (Beispiele 1)

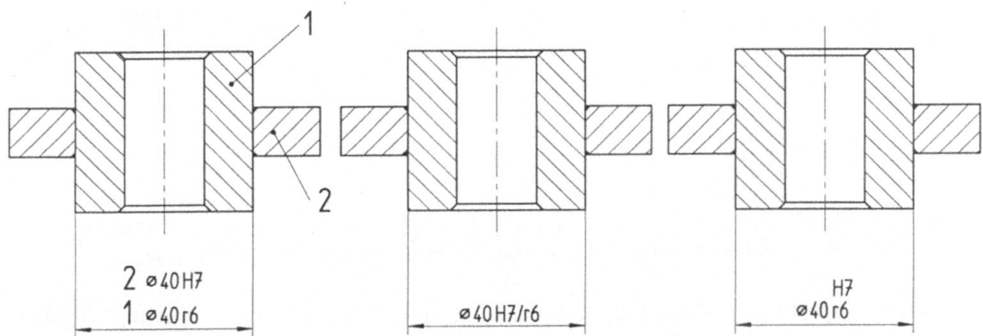

Bild 8-11 Angabe von Maßtoleranzen durch ISO-Toleranzkurzzeichen (Beispiele 2)

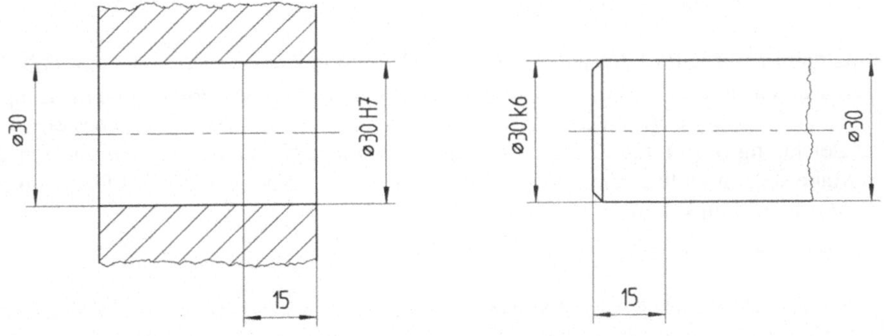

Bild 8-12 Angabe von Maßtoleranzen durch ISO-Toleranzkurzzeichen (Beispiele 3)

Damit man bei der Herstellung von Bauteilen, deren Maßtoleranzen in der technischen
Zeichnung mit Hilfe der ISO-Toleranzklassen gekennzeichnet sind, die jeweils dahinter stek-
kenden Grenzabmaße nicht in Tabellen nachschlagen oder berechnen muß, werden diese in
der Regel auf der Zeichnung mit angegeben. In selteneren Fällen geschieht dies dadurch, daß
man die Grenzabmaße in Klammern direkt hinter das Paßmaß setzt, Bild 8-13 oben.

Übersichtlicher ist es, eine separate Tabelle in der Nähe des Zeichnungsschriftfeldes aufzu-
führen, die alle in der Zeichnung vorkommenden Paßmaße mit den zugehörigen Grenzabmaßen enthält, Bild 8-13 unten.

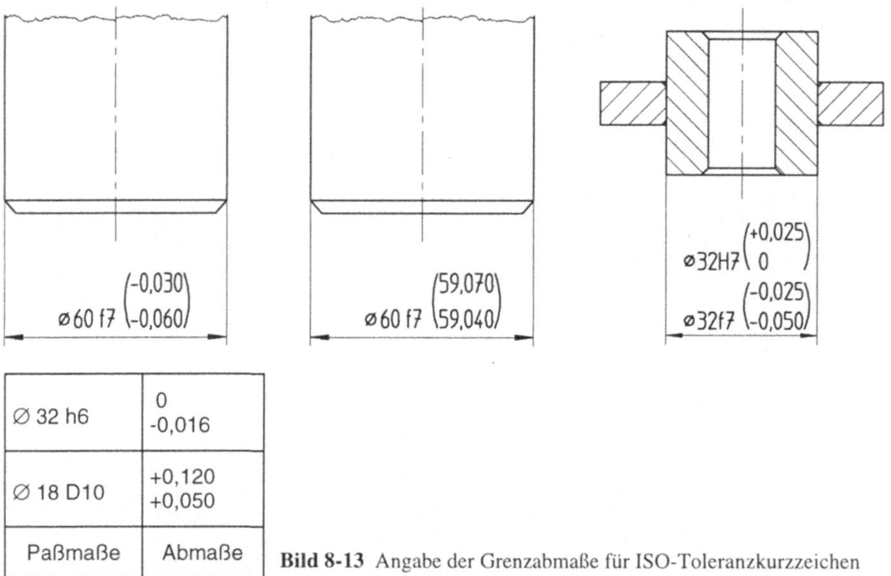

⌀ 32 h6	0 −0,016
⌀ 18 D10	+0,120 +0,050
Paßmaße	Abmaße

Bild 8-13 Angabe der Grenzabmaße für ISO-Toleranzkurzzeichen

Einleitend wurde bereits festgestellt, daß ein in einer technischen Zeichnung eingetragenes
Maß niemals exakt hergestellt werden kann. Aufgrund dessen muß man Maßtoleranzen angeben, welche die im Einzelfall zulässigen Maßabweichungen festlegen. Bei strenger Ausle-
gung ist aus diesem Sachverhalt zu schließen, daß eine Maßangabe ohne gleichzeitige Toleranzangabe grundsätzlich unvollständig ist.

Damit man nun nicht jedes einzelne angegebene Maß separat tolerieren muß, sieht DIN ISO
2768 Teil 1 ergänzend zu dem bisher Gesagten sogenannte *Allgemeintoleranzen für Längen-
und Winkelmaße* (frühere Bezeichnung: *Freimaßtoleranzen*) vor[40]. Das Prinzip besteht darin,
für eine Zeichnung bestimmte zulässige Maßabweichungen global vorzugeben und nur diejenigen Maße separat zu tolerieren, die davon abweichende (meist gesteigerte) Genauigkeitsanforderungen erfüllen sollen.

---

[40] Die internationale Norm DIN ISO 2768 ist im April 1991 erschienen und löst die in der Bundesrepublik
Deutschland bisher gebräuchliche DIN 7168 ab. Wegen der großen Verbreitung der DIN 7168 in der
Praxis ist allerdings mit einer schnellen Umstellung kaum zu rechnen, sie soll aber nicht mehr für Neu-
konstruktionen verwendet werden.

Zu diesem Zweck unterscheidet DIN ISO 2768 Teil 1 die vier Toleranzklassen f (fein, „fine"), m (mittel, „mean"), c (grob, „coarse") und v (sehr grob, „very coarse"). Ähnlich wie bei dem zuvor erläuterten ISO-Toleranzsystem wird auch bei den Allgemeintoleranzen nach DIN ISO 2768 Teil 1 davon ausgegangen, daß die erzielbare Herstellungsgenauigkeit von der Absolutgröße des jeweiligen Bauteiles abhängt. Deshalb sind die sich aus den genannten Toleranzklassen f, m, c und v ergebenden Grenzabmaße nach Nennmaßbereichen gegliedert. Im folgenden sind die Grenzabmaße für Längenmaße, für gebrochene Kanten, also Rundungshalbmesser und Fasenhöhen, sowie für Winkelmaße in verschiedenen Tabellen gegeben.

Tabelle 8-4 Grenzabmaße für Längenmaße nach DIN ISO 2768 (Werte in mm)

| Toleranzklasse | | Grenzabmaße für Nennmaßbereiche | | | | | | | |
Kurz-zeichen	Benennung	über 0,5 bis 3	über 3 bis 6	über 6 bis 30	über 30 bis 120	über 120 bis 400	über 400 bis 1000	über 1000 bis 2000	über 2000 bis 4000
f	fein	± 0,05	± 0,05	± 0,1	± 0,15	± 0,2	± 0,3	± 0,5	–
m	mittel	± 0,1	± 0,1	± 0,2	± 0,3	± 0,5	± 0,8	± 1,2	± 2
c	grob	± 0,2	± 0,3	± 0,5	± 0,8	± 1,2	± 2	± 3	± 4
v	sehr grob	–	± 0,5	± 1	± 1,5	± 2,5	± 4	± 6	± 8

Tabelle 8-5 Grenzabmaße für gebrochene Kanten (Rundungshalbmesser und Fasenhöhen) nach DIN ISO 2768 (Werte in mm)

| Toleranzklasse | | Grenzabmaße für Nennmaßbereiche | | |
Kurzzeichen	Benennung	von 0,5 bis 3	über 3 bis 6	über 6
f	fein	± 0,2	± 0,5	± 1
m	mittel	± 0,2	± 0,5	± 1
c	grob	± 0,4	± 1	± 2
v	sehr grob	± 0,4	± 1	± 2

Tabelle 8-6 Grenzabmaße für Winkelmaße nach DIN ISO 2768

| Toleranzklasse | | Grenzabmaße für Längenbereiche in mm für den kürzeren Schenkel des betreffenden Winkels | | | | |
Kurzzeichen	Benennung	bis 10	über 310 bis 50	über 50 bis 120	über 120 bis 400	über 400
f	fein	± 1°	± 0° 30'	± 0° 20'	± 0° 10'	± 0° 5'
m	mittel	± 1°	± 0° 30'	± 0° 20'	± 0° 10'	± 0° 5'
c	grob	± 1° 30'	± 1°	± 0° 30'	± 0° 15'	± 0° 10'
v	sehr grob	± 3°	± 2°	± 1°	± 0° 30'	± 0° 30'

Sollen für alle oder die meisten Abmessungen in einer Zeichnung die Allgemeintoleranzen nach DIN ISO 2768 Teil 1 gelten, so ist dies an der dafür vorgesehenen Stelle des Zeichnungsschriftfeldes zu vermerken (Feld a innerhalb des Zeichnungsschriftfeldes, siehe Bild 5-46). Beispielsweise würde für die Toleranzklasse m (mittel) die entsprechende Eintragung lauten: „Allgemeintoleranz ISO 2768-m" oder kurz „ISO 2768-m". Bei der Festlegung von Allgemeintoleranzen nach DIN ISO 2768 Teil 1 muß man sich darüber im klaren sein, daß diese für in Klammern stehende Hilfsmaße und für rechteckig eingerahmte theoretische Maße grundsätzlich nicht gelten (können).

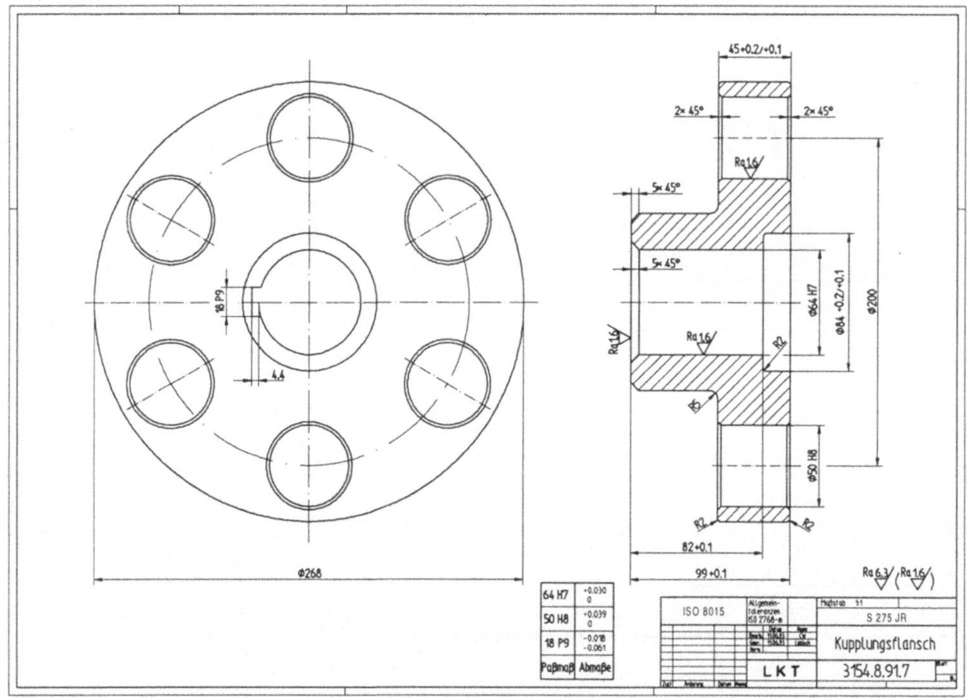

Bild 8-14 Einzelteilzeichnung mit Angabe von Maßtoleranzen

Ein abschließendes Beispiel für die Anwendung von Allgemeintoleranzen nach DIN ISO 2768 Teil 1 mit nur in besonderen Fällen separat tolerierten Einzelmaßen zeigt Bild 8-14.

8.3 Form- und Lagetoleranzen

Form- und Lagetoleranzen legen fest, wie weit bestimmte geometrische Elemente eines Bauteiles (z.B. ein Wellenabsatz, eine Planfläche) von der idealen Form abweichen dürfen (z.B. Zylinderform) und wie weit ihre Lage von der idealen Lage entfernt sein darf (z.B. „parallel zu ..."). Die Angabe von Form- und Lagetoleranzen geschieht dadurch, daß man Zonen definiert, innerhalb derer alle Punkte des jeweils tolerierten Elementes des Bauteiles liegen müssen. Gilt als Tolerierungsgrundsatz das Unabhängigkeitsprinzip (neuer Tolerierungsgrundsatz, DIN ISO 8015), so sind die angegebenen Form- und Lagetoleranzen unabhängig von den Maßtoleranzen einzuhalten. Wichtige Begriffe im Zusammenhang mit Form- und Lagetoleranzen sind:

Formtoleranz: Definition der zulässigen Abweichung eines Elementes von der geometrisch idealen Form durch Angabe einer Zone, in der das Element eine beliebige Form besitzen darf. Ist nicht gleichzeitig eine Lagetoleranz angegeben, so bestehen in der Toleranzzone keine Einschränkungen bezüglich der Lage des Elementes.

Lagetoleranz: Definition der zulässigen Abweichung der Lage eines Elementes relativ zur Lage eines anderen Elementes (sogenanntes *Bezugselement*). Ausgehend vom Bezugselement wird eine Zone angegeben, in der alle Punkte des tolerierten Elementes liegen müssen. Bei den Lagetoleranzen unterscheidet man zusätzlich noch zwischen Richtungs-, Orts- und Lauftoleranzen (siehe unten). Ist nicht gleichzeitig eine Formtoleranz angegeben, so bestehen in der für die Lagetoleranz gültigen Toleranzzone keine Einschränkungen bezüglich der Form des Elementes.

Bezugselement: Ausgangsbasis für die Angabe einer Lagetoleranz. Das Bezugselement sollte so gewählt werden, daß es auch am realen Bauteil eine grundlegende Bezugsfunktion besitzt (siehe auch DIN ISO 5459.) Das Bezugselement selbst muß genügend formgenau sein, um seinen Sinn erfüllen zu können (gegebenenfalls durch eine Formtoleranz eingrenzen!).

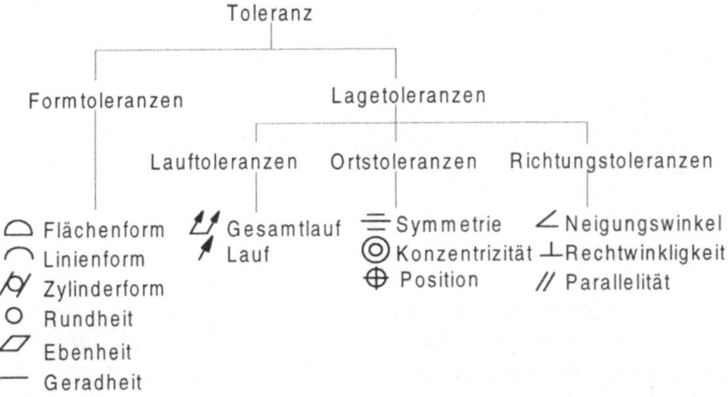

Bild 8-15 Form- und Lagetoleranzen nach DIN ISO 1101

Bild 8-15 gibt zusammenfassend die Hierarchie der in DIN ISO 1101 festgelegten Form- und Lagetoleranzen sowie die zulässigen Symbole wieder.

Die Eintragung von Form- und Lagetoleranzen in technische Zeichnungen ist nach DIN ISO 1101 genormt. Im Falle der Formtoleranz besteht die Angabe aus einem in schmaler Linienbreite umrahmten Kasten (sogenannter Toleranzrahmen), der vertikal in zwei Felder unterteilt ist, Bild 8-16. Im ersten Feld steht das Symbol für die tolerierte Eigenschaft (Geradheit, Ebenheit, Rundheit usw.; siehe im einzelnen Bild 8-15 und Tabelle 8-7), im zweiten Feld steht die Größe der Toleranzzone (sogenannter Toleranzwert). Der Toleranzwert wird in der gleichen Einheit angegeben wie die Bemaßung der Zeichnung insgesamt (im allgemeinen also in mm). Der Toleranzrahmen weist schließlich noch mit einem Bezugspfeil auf dasjenige Element, für das die Formtoleranz gelten soll.

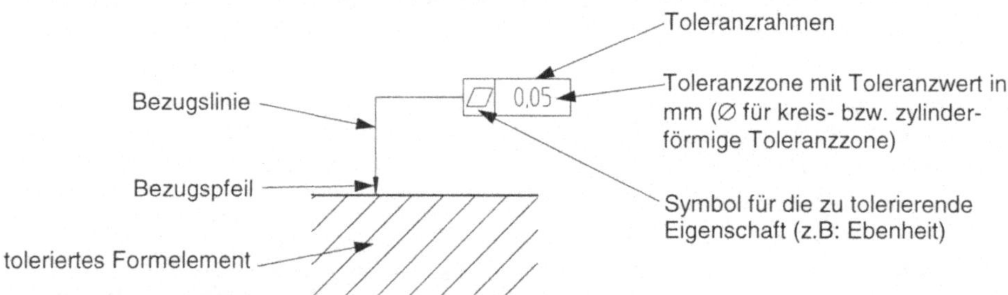

Bild 8-16 Angabe einer Formtoleranz nach DIN ISO 1101 (schematisch)

Für die Angabe einer Lagetoleranz gilt im Prinzip genau das gleiche, allerdings muß zusätzlich noch das Bezugselement definiert werden. Die Kennzeichnung des Bezugselementes erfolgt stets durch ein sogenanntes Bezugsdreieck. Das Bezugsdreieck kann nun entweder direkt mit dem Toleranzrahmen für die zugehörige Lagetoleranz verbunden werden, Bild 8-17 a), oder es wird mit einem schmal eingerahmten Bezugsbuchstaben vorzugsweise A, B usw., Bild 8-17 b) versehen, welcher in dem zugehörigen Toleranzrahmen in einem angefügten dritten Feld vermerkt wird, Bild 8-17 c).

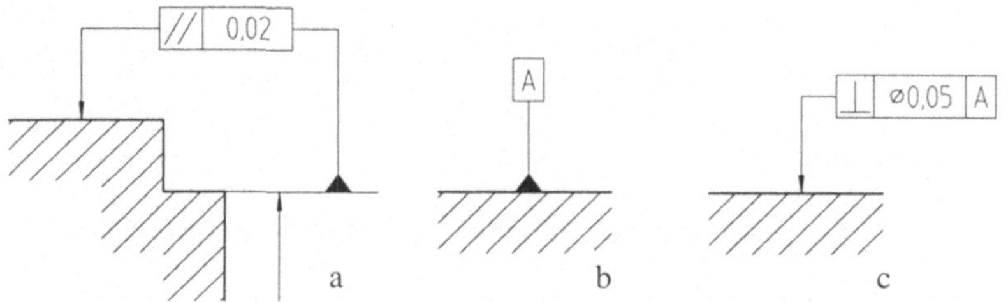

Bild 8-17 Bezugsdreieck und Angabe einer Lagetoleranz nach DIN ISO 1101 (schematisch)

Tabelle 8-7 zeigt nun die verschiedenen Eigenschaften von geometrischen Elementen, die durch die Eintragung der Form- und Lagetoleranzen nach DIN ISO 1101 vorgeschrieben werden können. In der Spalte „Symbol" sind die in das erste Feld des Toleranzrahmens nach Bild 8-16 bzw. Bild 8-17 einzutragenden Kennungen für die jeweils tolerierte Eigenschaft angegeben. Die Spalte „Zeichnungseintragung" gibt zu den einzelnen Fällen gängige Beispiele, die gleichzeitig die Verwendung der zuvor erläuterten Eintragungen (Toleranzrahmen, Bezugspfeil, Kennzeichnung des Bezugselementes) verdeutlichen.

Tabelle 8-7 Form- und Lagetoleranzen nach DIN ISO 1101 (Übersicht, Symbole)

tol. Eigenschaft	Symbol	Anwendungsbeispiele		Erklärung
		Toleranzzone	Zeichnungseintragung	
Gerad-heit	—			Die tolerierte Achse des (äuße-ren) Zylinders muß innerhalb eines Zylinders mit $\varnothing$ 0,03 mm liegen.
				Die tolerierte Kante des Werk-stücks muß zwischen zwei senkrecht zur tolerierten Rich-tung (Pfeilrichtung) liegenden parallelen Ebenen mit 0,5 mm Abstand liegen.
Eben-heit	▱			Die tolerierte Fläche muß zwi-schen zwei parallelen Ebenen mit Abstand 0,02 mm liegen.
Rund-heit (Kreis-form)	○			In jeder achssenkrechten Schnittebene muß die tolerierte Umfangslinie zwischen zwei konzentrischen Kreisen mit 0,05 mm Abstand liegen.
Zylin-derform	⌀			Die tolerierte Mantelfläche muß zwischen zwei koaxialen Zylin-dern liegen, die einen Abstand von 0,1 mm haben.
Linien-form (Profil-form)	⌒			Das tolerierte Profil muß in jedem parallelen Schnitt zur Zeichenebene zwischen zwei Linien liegen, die Kreise mit $\varnothing$ 0,04 mm einhüllen. Die Mittel-punkte dieser Kreise liegen auf der geometrisch idealen Linie.
Flä-chen-form (Profil-form)	⌓			Die tolerierte Fläche muß zwi-schen zwei Flächen liegen, die Kugeln mit S $\varnothing$ 0,1 mm einhül-len und deren Mittelpunkte auf der geometrisch idealen Fläche liegen.
Paral-lelität	∥			Die tolerierte Achse der oberen Bohrung muß innerhalb eines Quaders mit dem Querschnitt $t_1 \cdot t_2 = 0,2$ mm $\cdot$ 0,5 mm lie-gen, die parallel zur Bezugs-achse A ist. t_1 und t_2 erstrecken sich in der zugehörigen Pfeil-richtung.
				Die tolerierte Achse der Boh-rung muß zwischen zwei zur Bezugsfläche parallelen Ebe-nen mit 0,02 mm Abstand lie-gen.

Tabelle 8-7 Fortsetzung: Form- und Lagetoleranzen nach DIN ISO 1101 (Übersicht, Symbole)

tol. Eigenschaft	Symbol	Anwendungsbeispiele		
		Toleranzzone	Zeichnungseintragung	Erklärung
Rechtwinkligkeit	⟂			Die tolerierte Fläche muß zwischen zwei parallelen und zur Bezugsfläche A senkrechten Ebenen mit 0,05 mm Abstand liegen.
Neigung (Winkligkeit)	∠			Die tolerierte Achse der Bohrung muß zwischen zwei parallelen und im geometrisch idealen Winkel von 60° zur Bezugsebene geneigten Ebenen mit 0,05 mm Abstand liegen.
Position	⊕			Jede der tolerierten Markierungslinien muß zwischen zwei parallelen und vom geometrisch idealen Ort gleich weit entfernten Ebenen mit 0,05 mm Abstand liegen.
Konzentrizität und Koaxialität	◎			Die tolerierte Achse des mittleren Zylinders muß innerhalb eines zur Bezugsachse AB koaxialen Zylinders mit $\varnothing$ 0,05 mm liegen.
Symmetrie	≡			Die tolerierte Achse der Bohrung muß zwischen zwei parallelen Ebenen mit 0,05 mm Abstand liegen, die symmetrisch zur Mittelebene der Schlitze A und B angeordnet sind.
Rundlauf	↗			Bei Drehung um die Bezugsachse AB darf die Rundlaufabweichung in jeder achssenkrechten Meßebene 0,2 mm nicht überschreiten.
Planlauf				Bei Drehung um die Bezugsachse D darf die Planlaufabweichung in jedem Meßzylinder 0,2 mm nicht überschreiten.

Zur korrekten Verwendung der Eintragungen sind noch einige ergänzende Bemerkungen und Regeln anzugeben, die im folgenden aufgelistet und durch Beispiele belegt sind:

- Ist das tolerierte Element eine einzelne Fläche oder Linie, so setzt man den Bezugspfeil direkt auf die Fläche oder Linie, bei Platzmangel auch auf eine Maßhilfslinie. Um Unklarheiten zu vermeiden (siehe nächste Regel), darf der Bezugspfeil nicht in der Verlängerung einer Maßlinie stehen. Sinngemäß das gleiche gilt für die Kennzeichnung von Bezugselementen durch Bezugsdreiecke, Bild 8-18 a).

- Ist das tolerierte Element eine Mittellinie oder eine (Symmetrie-)Achse, so setzt man den Bezugspfeil in die Verlängerung der Maßlinie. Bei Platzmangel darf der Bezugspfeil gleichzeitig als Maßlinienbegrenzung benutzt werden. Wiederum gilt sinngemäß das gleiche für die Kennzeichnung von Bezugselementen durch Bezugsdreiecke, Bild 8-18 b).

- Soll die Toleranzangabe für alle Elemente gelten, auf die sich eine Mittellinie oder eine (Symmetrie-)Achse bezieht (beispielsweise auf alle Absätze einer Welle), so setzt man den Bezugspfeil senkrecht an diese Mittellinie oder (Symmetrie-)Achse. Auch hier gilt eine entsprechende Regel für die Kennzeichnung von Bezugselementen durch Bezugsdreiecke, Bild 8-18 c).

- Gilt die Toleranzangabe nur für einen bestimmten Teilbereich eines Elementes, so ist dieser – ähnlich wie bei der in Abschnitt 7.3 erläuterten Kennzeichnung von Wärmebehandlungszonen – durch eine breite Strichpunktlinie zu kennzeichnen und zu bemaßen, Bild 8-18 d).

- Mehrere Angaben zu Form- und Lagetoleranzen, die sich auf das gleiche Element beziehen, werden durch „übereinandergeschichtete" Toleranzrahmen verdeutlicht, Bild 8-18 e).

- Insbesondere bei Positionstoleranzen, aber in ähnlicher Weise auch bei Profil- und Neigungstoleranzen muß in der Regel von den theoretisch genauen Positionsmaßen (bzw. Profil-, Winkelmaßen) ausgegangen werden. (Es wäre beispielsweise sinnlos, die Position des Mittelpunktes einer Bohrung sowohl durch Maßtoleranzen als auch durch eine Positionstoleranz einzugrenzen.) Theoretisch genaue Maße als Bezug einer Positions-, Profil- oder Neigungstoleranz werden in einen rechteckigen Rahmen gesetzt, Bild 5-34. Die betreffenden Istmaße unterliegen in einem solchen Fall stets nur den im Toleranzrahmen angegebenen Toleranzen.

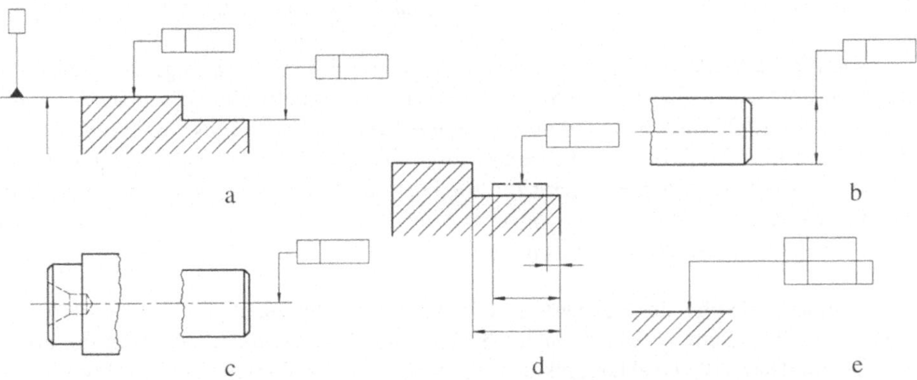

Bild 8-18 Eintragung von Form- und Lagetoleranzen in technische Zeichnungen (Erläuterungen im Text)

Bild 8-19 zeigt abschließend Beispiele zur Eintragung von Form- und Lagetoleranzen in technische Zeichnungen nach DIN ISO 1101.

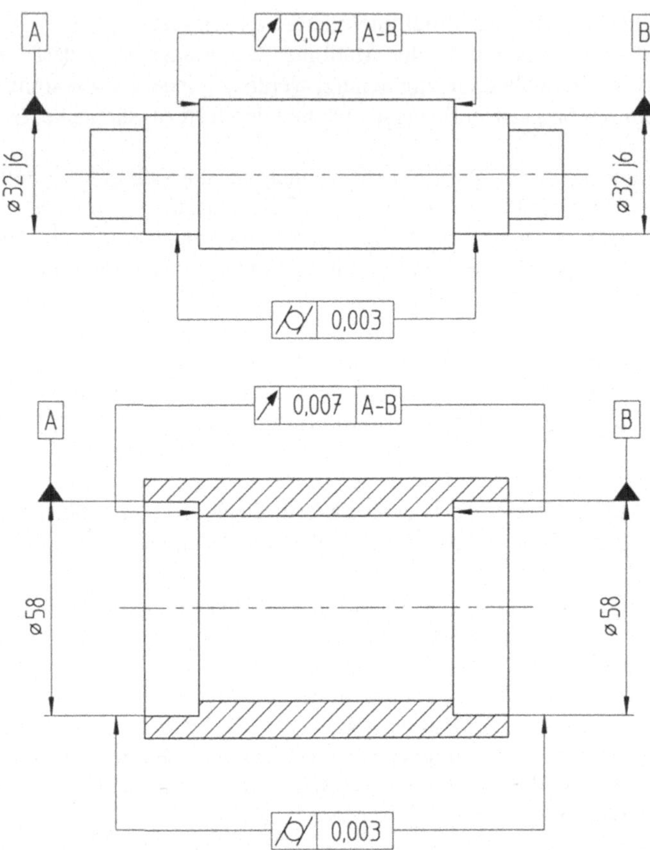

Bild 8-19 Beispiele zur Eintragung von Form- und Lagetoleranzen nach DIN ISO 1101

Genau wie für die Maße von Bauteilen (siehe Ende des Abschnittes 8.2) gibt es auch für die wichtigsten Form- und die Lageeigenschaften einzelner geometrischer Elemente Allgemeintoleranzen. Die *Allgemeintoleranzen für Form und Lage* sind nach DIN ISO 2768 Teil 2 genormt (früher: DIN 7168 Teil 2). Wiederum sollte die Praxis so aussehen, daß man in einer Zeichnung bestimmte Allgemeintoleranzen für Form und Lage vorgibt und nur dort ergänzende Toleranzangaben macht, wo von den Allgemeintoleranzen abweichende (meist gesteigerte) Genauigkeiten erforderlich sind.

Es sei angemerkt, daß bei der Auswertung von Allgemeintoleranzen für Form und Lage nach DIN ISO 2768 Teil 2 streng danach unterschieden werden muß, ob der neue oder der alte Tolerierungsgrundsatz gilt (Unabhängigkeitsprinzip bzw. Hüllbedingung, siehe Abschnitt 8.1). Die nachstehenden Erläuterungen beziehen sich ausschließlich auf eine Tolerierung nach DIN ISO 8015 (Unabhängigkeitsprinzip, neuer Tolerierungsgrundsatz). Dies setzt unter anderem voraus, daß die Zeichnung den Hinweis „Tolerierung ISO 8015" aufweist. Bei Zugrundelegung des alten Tolerierungsgrundsatzes nach DIN 7167 (Hüllbedingung) sind bestimmte Ausnahmen zu beachten, die hier nicht behandelt werden (Einzelheiten siehe in DIN ISO 2768 Teil 2 selbst).

Tabelle 8-8 Allgemeintoleranzen für Geradheit und Ebenheit nach DIN 2768 Teil 2 (Werte in mm)

Tole-ranz-klasse	Allgemeintoleranzen für Nennmaßbereiche					
	bis 10	über 10 bis 30	über 30 bis 100	über 100 bis 300	über 300 bis 1000	über 1000 bis 3000
H	0,02	0,05	0,1	0,2	0,3	0,4
K	0,05	0,1	0,2	0,4	0,6	0,8
L	0,1	0,2	0,4	0,8	1,2	1,6

Tabelle 8-9 Allgemeintoleranzen für Rechtwinkligkeit nach DIN 2768 Teil 2 (Werte in mm)

Tole-ranz-klasse	Allgemeintoleranzen für Nennmaßbereiche für den kürzeren Winkelschenkel			
	bis 100	über 100 bis 300	über 300 bis 1000	über 1000 bis 3000
H	0,2	0,3	0,4	0,5
K	0,4	0,6	0,8	1
L	0,6	1	1,5	2

Tabelle 8-10 Allgemeintoleranzen für Symmetrie nach DIN 2768 Teil 2 (Werte in mm)

Tole-ranz-klasse	Allgemeintoleranzen für Nennmaßbereiche			
	bis 100	über 100 bis 300	über 300 bis 1000	über 1000 bis 3000
H	0,5			
K	0,6		0,8	1
L	0,6	1	1,5	2

Tabelle 8-11 Allgemeintoleranzen für Lauf nach DIN 2768 Teil 2 (Werte in mm)

Toleranzklasse	Lauftoleranzen
H	0,1
K	0,2
L	0,5

Ähnlich wie für die Allgemeintoleranzen für (Längen- und Winkel-)Maße nach DIN ISO 2768 Teil 1 sind für die Allgemeintoleranzen für Form und Lage nach DIN ISO 2768 Teil 2 insgesamt drei Toleranzklassen definiert, die zur sicheren Unterscheidung hier allerdings mit Großbuchstaben bezeichnet werden (H, K, L). Der Buchstabe H („high") steht für die höchste, der Buchstabe L („low") für die geringste Genauigkeit. Auch bei den Allgemeintoleranzen für Form und Lage nach DIN ISO 2768 Teil 2 wird davon ausgegangen, daß die erzielbare Herstellungsgenauigkeit von der Absolutgröße des jeweiligen Bauteiles abhängt. Deshalb sind insbesondere die sich aus den genannten Toleranzklassen H, K, L ergebenden Formtoleranzen wieder nach Nennmaßbereichen gegliedert. Im folgenden sind für die Eigenschaften Geradheit und Ebenheit (Formtoleranzen) in Tabelle 8-8 und für die Eigenschaften Rechtwinkligkeit in Tabelle 8-9, Symmetrie in Tabelle 8-10, (Rund-/Plan-)Lauf (Lagetoleranzen) in Tabelle 8-11 die Allgemeintoleranzen nach DIN ISO 2768 Teil 2 wiedergegeben.

Der Kennbuchstabe für die nach DIN ISO 2768 Teil 2 ausgewählte Toleranzklasse der Allgemeintoleranzen für Form und Lage wird im Schriftfeld der Zeichnung vermerkt, und zwar in Kombination mit der Angabe bezüglich der Allgemeintoleranzen für Maße nach DIN ISO 2768 Teil 1. In dem Fall also, daß für Maße die Toleranzklasse „m" und für Form und Lage die Toleranzklasse „K" gelten soll, würde die kombinierte Angabe lauten „ISO 2768-mK".

8.4 Passungen

Bei der Erläuterung der Maßtoleranzen (Abschnitt 8.2) wurde bereits angedeutet, daß eine Passung durch das Zusammenfügen zweier zusammengehöriger Bauteile (z.B. Welle und Lager) entsteht. Man spricht in diesem Fall auch von der Paarung zweier Paßteile, wobei die Paßteile entsprechende korrespondierende Paßflächen aufweisen. Paßflächen sind im allgemeinen mit Paßmaßen versehen. Sie werden nach Außenpaßflächen (z.B. Außenfläche einer Welle) einerseits und Innenpaßflächen (z.B. Innenfläche einer Bohrung) unterschieden. (Man beachte, daß die Innenpaßfläche am Außenteil und die Außenpaßfläche am Innenteil einer Paarung auftritt!) Es ist vor diesem Hintergrund klar, daß die auf den Zeichnungen der Einzelteile angegebenen Maßtoleranzen die sich im Teileverband einstellenden Passungen bestimmen und daß sie deshalb hauptsächlich mit Blick auf das funktionsgerechte Zusammenspiel der Bauteile auszuwählen sind. Die exakte Definition des Begriffes Passung lautet:

Passung ist die Maßdifferenz von Innen- und Außenpaßfläche vor der Paarung der Paßteile.

Eine Passung (im folgenden mit „P" bezeichnet) ist damit letztlich ein Längenmaß, das – wie sich noch zeigen wird – vorzeichenbehaftet ist.

In Erweiterung der bereits zum Thema Maßtoleranzen vorgestellten Begriffsfestlegungen und in weitgehender Analogie zu diesen (siehe Abschnitt 8.2) definiert DIN ISO 286 (frühere nationale Norm hierfür: DIN 7182) auch die für das Thema Passungen wichtigen Begriffe:

Spiel (P_S) ergibt sich, wenn eine *positive Passung* vorliegt, wenn also das Maß der Innenpaßfläche größer ist als das Maß der Außenpaßfläche.

Analog spricht man von *Übermaß* ($P_Ü$), wenn eine *negative Passung* vorliegt, wenn also das Maß der Innenpaßfläche kleiner ist als das Maß der Außenpaßfläche.

Das *Istspiel* oder das *Istübermaß* (Istpassung P_i) ist die (positive bzw. negative) Differenz zwischen dem Istmaß der Innenpaßfläche und dem Istmaß der Außenpaßfläche.

Grenzpassungen ergeben sich, wenn man annimmt, daß die Maße der korrespondierenden Paßflächen an den Grenzen der jeweils zugehörigen Toleranzbereiche liegen (Paarung bei Vorliegen der Grenzmaße). Zu unterscheiden ist zwischen den in Tabelle 8-12 gegebenen Fällen, siehe auch Bild 8-20.

Tabelle 8-12 Grenzpassungen

Benennung		Definition	Beispiel für zylindrische Paßflächen
Höchstpiel	P_{SO}	bei Vorliegen von Spiel die (positive) Differenz zwischen dem Höchstmaß der Innenpaßfläche und dem Mindestmaß der Außenpaßfläche	größter Bohrungsdurchmesser minus kleinster Wellendurchmesser
Mindestspiel	P_{SU}	bei Vorliegen von Spiel die (positive) Differenz zwischen dem Mindestmaß der Innenpaßfläche und dem Höchstmaß der Außenpaßfläche	kleinster Bohrungsdurchmesser minus größter Wellendurchmesser
Mindestübermaß	$P_{ÜO}$	bei Vorliegen von Übermaß die (negative) Differenz zwischen dem Höchstmaß der Innenpaßfläche und dem Mindestmaß der Außenpaßfläche	größter Bohrungsdurchmesser minus kleinster Wellendurchmesser
Höchstübermaß	$P_{ÜU}$	bei Vorliegen von Übermaß die (negative) Differenz zwischen dem Mindestmaß der Innenpaßfläche und dem Höchstmaß der Außenpaßfläche	kleinster Bohrungsdurchmesser minus größter Wellendurchmesser

Wie aus den Definitionen nach Tabelle 8-12 und aus Bild 8-20 ersichtlich, entspricht der im Fall von Spiel verwendete Begriff *Höchstspiel* dem im Fall von Übermaß verwendeten Begriff *Mindestübermaß*. In älteren Normen (DIN 7182) wurden deswegen beide unter dem auch heute noch gebräuchlichen Begriff *Höchstpassung* (im folgenden mit P_O bezeichnet) zusammengefaßt. Analoges gilt für die Begriffe *Mindestspiel* und *Höchstübermaß*, für die man auch noch die Sammelbezeichnung *Mindestpassung* (im folgenden mit P_U bezeichnet) findet.

Die *Paßtoleranz* (P_T) ist eine aus den soeben definierten Grenzpassungen abgeleitete Größe: In Analogie zur Maßtoleranz, die sich aus der Differenz zwischen Höchst- und Mindestmaß ergibt, ist die Paßtoleranz definiert als die Differenz zwischen der Höchst- und der Mindestpassung. Die (stets positive) Paßtoleranz gibt damit die Größe des „Streubereiches" für die möglichen Maßunterschiede zwischen Innen- und Außenpaßfläche wieder. Mit Hilfe der am Anfang von Abschnitt 8.2 gegebenen Begriffsdefinitionen für Maßtoleranzen läßt sich nachweisen, daß die Paßtoleranz mit der Summe der Maßtoleranzen von Innen- und Außenpaßfläche identisch ist.

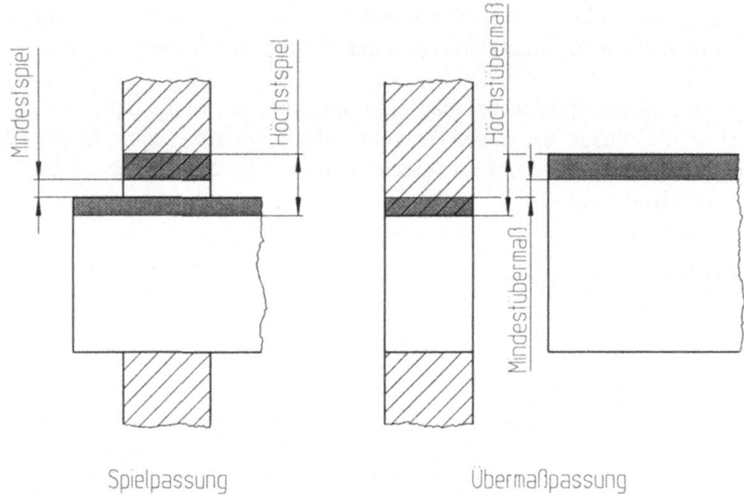

Bild 8-20 Grenzpassungen bei Spiel- und Übermaßpassung

Die vorgestellten Grundbegriffe für Passungen nach DIN ISO 286 Teil 1 können mit den Grundgrößen Höchst- und Mindestmaß G_O, G_U (bzw. oberes und unteres Abmaß A_O, A_U), Istmaß I (bzw. Istabmaß A_i) sowie Maßtoleranz T und mit den zusätzlichen Indices „I" für Innenpaßfläche (Außenteil!) und „A" für Außenpaßfläche (Innenteil!) wie folgt mathematisch formuliert werden:

Höchstpassung: $P_O = G_{OI} - G_{UA} = A_{OI} - A_{UA}$

$P_O > 0 \Rightarrow P_O = P_{SO}$ (Höchstspiel)

$P_O < 0 \Rightarrow P_O = P_{ÜO}$ (Mindestübermaß)

Mindestpassung: $P_U = G_{UI} - G_{OA} = A_{UI} - A_{OA}$

$P_U > 0 \Rightarrow P_U = P_{SU}$ (Mindestspiel)

$P_U < 0 \Rightarrow P_U = P_{ÜU}$ (Höchstübermaß)

Istpassung: $P_i = I_I - I_A = A_{iI} - A_{iA}$

$P_i > 0$:   Istspiel

$P_i < 0$:   Istübermaß

Paßtoleranz: $P_T = P_O - P_U = T_I + T_A$

Höchst- und Mindestpassung (P_O, P_U) spannen ein sogenanntes Paßtoleranzfeld auf, dessen Größe durch die Paßtoleranz P_T erfaßt wird und dessen Lage folgende drei Fälle ergeben kann, Bild 8-21:

Spielpassung (früher *Spieltoleranzfeld* genannt): Höchstpassung $P_O = P_{SO}$ (Höchstspiel) und Mindestpassung $P_U = P_{SU}$ (Mindestspiel) sind beide positiv (Mindestspiel P_{SU} mindestens gleich Null). Die Außenpaßfläche weist also stets ein kleineres Maß auf als die Innenpaßfläche (Spiel). Das Paaren der Paßteile ist in jedem Falle praktisch kraftfrei möglich. Nach dem Paaren ergibt sich ein relativ loser Sitz der Innenpaßfläche auf der Außenpaßfläche.

Übergangspassung (früher *Übergangstoleranzfeld* genannt): Die Höchstpassung $P_O = P_{SO}$ ist positiv (Höchstspiel), die Mindestpassung $P_U = P_{ÜU}$ ist negativ (Höchstübermaß). Je nachdem, wie die Istmaße von Außen- und Innenpaßfläche in ihrer jeweiligen Maßtoleranz liegen, kann das Istmaß der Außenpaßfläche geringfügig kleiner oder größer ausfallen als das der Innenpaßfläche (positive oder negative Passung, Spiel oder Übermaß). Das Paaren der Paßteile ist ganz ohne oder mit sehr geringen Kräften möglich. Nach dem Paaren ergibt sich ein enger, jedoch immer noch beweglicher Sitz der Innenpaßfläche auf der Außenpaßfläche, der gar kein oder nur geringes Spiel aufweist.

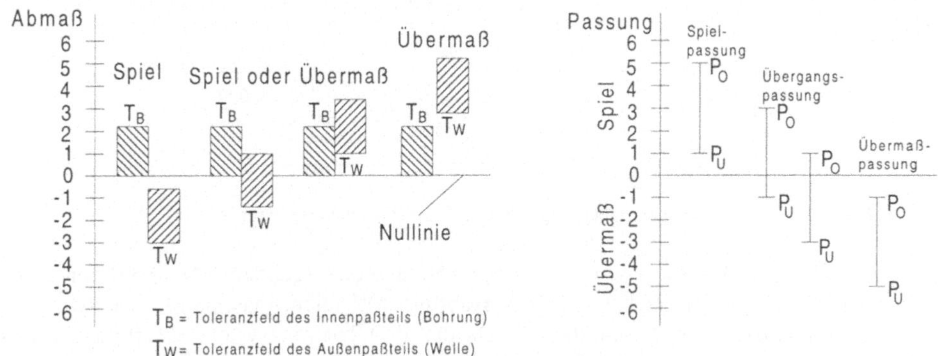

Bild 8-21 Zusammenhang zwischen Maß- und Paßtoleranzen

Übermaßpassung (früher *Übermaßtoleranzfeld* oder anschaulicher *Preßpassung* genannt): Sowohl Höchstpassung $P_O = P_{ÜO}$ (Mindestübermaß) als auch Mindestpassung $P_U = P_{ÜU}$ (Höchstübermaß) sind negativ (Höchstpassung P_O höchstens gleich Null). Die Außenpaßfläche weist also stets ein größeres Maß auf als die Innenpaßfläche (Übermaß). Das Paaren der Paßteile ist nur durch (unter Umständen erhebliche) Krafteinwirkung in Fügerichtung oder durch besondere Fügeverfahren[41] möglich. Nach dem Paaren ergibt sich ein mit Sicherheit spielfreier, fester Sitz der Innenpaßfläche auf der Außenpaßfläche.

Zum besseren Verständnis sollen im folgenden am Beispiel einer Übergangspassung die Maß- und Paßtoleranzen exemplarisch bestimmt werden, Bild 8-22.

---

[41] Am bekanntesten ist hier sicherlich das sogenannte Aufschrumpfen, bei dem die Innenpaßfläche durch Aufheizen so stark aufgeweitet wird, daß die Paßteile kraftfrei gefügt werden können.

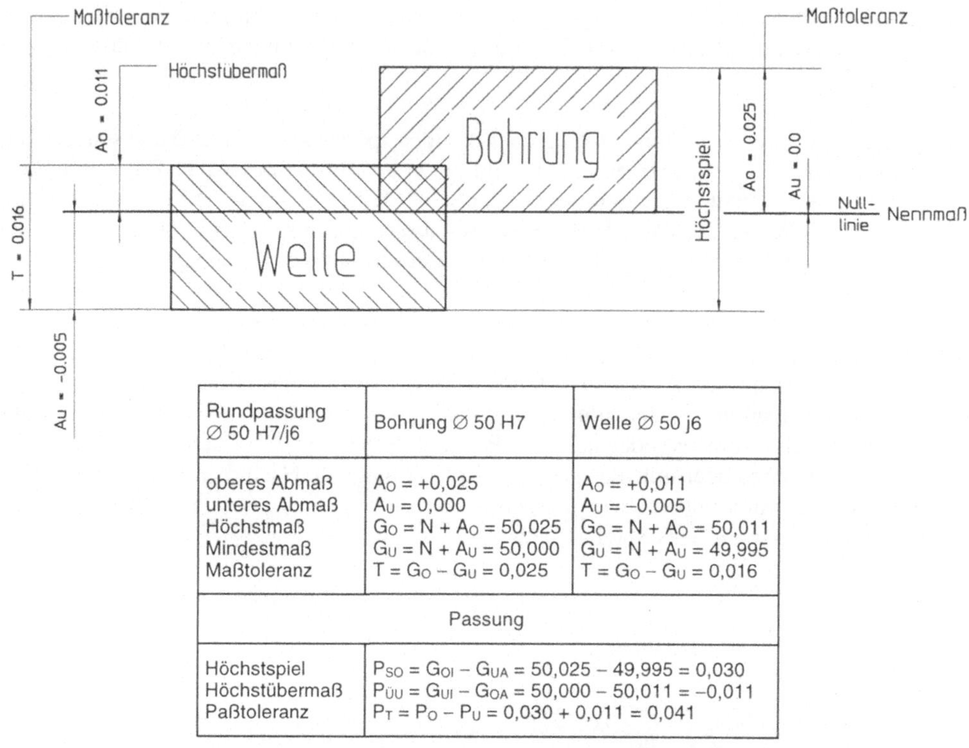

Rundpassung ∅ 50 H7/j6	Bohrung ∅ 50 H7	Welle ∅ 50 j6
oberes Abmaß	$A_O = +0{,}025$	$A_O = +0{,}011$
unteres Abmaß	$A_U = 0{,}000$	$A_U = -0{,}005$
Höchstmaß	$G_O = N + A_O = 50{,}025$	$G_O = N + A_O = 50{,}011$
Mindestmaß	$G_U = N + A_U = 50{,}000$	$G_U = N + A_U = 49{,}995$
Maßtoleranz	$T = G_O - G_U = 0{,}025$	$T = G_O - G_U = 0{,}016$

Passung		
Höchstspiel	$P_{SO} = G_{OI} - G_{UA} = 50{,}025 - 49{,}995 = 0{,}030$	
Höchstübermaß	$P_{\ddot{U}U} = G_{UI} - G_{OA} = 50{,}000 - 50{,}011 = -0{,}011$	
Paßtoleranz	$P_T = P_O - P_U = 0{,}030 + 0{,}011 = 0{,}041$	

Bild 8-22 Maß- und Paßtoleranzen der Übergangspassung ∅ 50 H7/j6 (Werte in mm)

Zur Sicherstellung funktionsgerechter Passungen in Bauteilverbänden, vor allem bei zylindrischen oder kegeligen Paßflächen (Wellen, Bohrungen) bedient man sich in der Regel des ISO-Toleranzsystems (siehe Abschnitt 8.2). Da das ISO-Toleranzsystem aufgrund der verschiedenen Toleranzfeldlagen (Kennbuchstaben) und Toleranzgrade (Kennzahlen zur Festlegung der Größe des Toleranzfeldes) in der (jeweils paarweisen) Kombination zu einer extrem großen Zahl an resultierenden Paßtoleranzen führen würde, wird im Interesse einer größeren Wirtschaftlichkeit die Kombinationsvielfalt durch sogenannte Paßsysteme sinnvoll eingegrenzt. Gebräuchlich sind die beiden ISO-Paßsysteme der Einheitsbohrung (EB) und der Einheitswelle (EW).

Beim *ISO-Paßsystem der Einheitsbohrung (EB)* nach DIN 7154 wird für die Innenpaßfläche (Bohrung) einheitlich die Toleranzfeldlage H verwendet, also gerade diejenige Toleranzfeldlage, deren unteres Abmaß Null beträgt. Das gewünschte Paßtoleranzfeld (Spiel-, Übergangs- oder Übermaßpassung) wird zu dieser *Einheitsbohrung* allein durch die geeignete Wahl der Toleranzfeldlage für die Außenpaßfläche (Welle) festgelegt.

Im Sinne einer möglichst weitgehenden Standardisierung werden beim ISO-Paßsystem der Einheitsbohrung für die Innenpaßflächen (Bohrungen) zur grundsätzlichen Toleranzfeldlage H insgesamt nur 8 ISO-Toleranzklassen zugelassen, nämlich die Toleranzklassen H6 bis

H13. Außerdem wird auch für die Außenpaßflächen (Wellen) die Zahl der möglichen Toleranzfeldlagen und Toleranzgrade noch einmal beschränkt.

Eine noch weitergehende Eingrenzung, die für die meisten praktischen Fälle völlig ausreicht, erhält man, wenn man von den für die Bohrungen zugelassenen Toleranzklassen H6 bis H13 und von denen ihnen zugeordneten Toleranzklassen für die Wellen wiederum diejenigen bevorzugt, die nach DIN 7157 standardisiert sind (siehe Tabelle 8-3 in Abschnitt 8.2).

Tabelle 8-13 ISO-Paßsystem Einheitsbohrung nach DIN 7154 und Passungsauswahl nach DIN 7157

(H6)	H7	H8	(H9...H10)	H11	(H12...H13)
..	(za6)	(zc8)	....	(zc11)	...
..	(z6)	(zb8)	....	(zb11)	...
	(x6)	(za8)		(za11)	
	(u6)	(z8)		(z11)	
	(t6)	**x8**		(x11)	
	s6	**u8**		h9	
	r6	(t8)		h11	
	(p6)	(s8)		d9	
	n6	(h8)		(d11)	
	(m6)	**h9**		c11	
	k6	**f7**		(b11)	
	j6	(f8)		(b12)	
	h6	e8		a11	
	g6	d9		–	
	(f6)	(c9)		–	
	f7	(b9)		–	

Reihe 1 + Reihe 1   Reihe 1 + Reihe 2   Reihe 2 + Reihe 2

Tabelle 8-13 verdeutlicht das beschriebene schrittweise Eingrenzungsverfahren für Passungen nach dem ISO-Paßsystem der Einheitsbohrung nach DIN 7154. Von den grundsätzlich möglichen Toleranzklassen H6 bis H13 der Einheitsbohrung sind nur diejenigen weiter ausgeführt, die zu den Vorzugstoleranzklassen nach DIN 7157 zählen. Dies sind nach Reihe 1 aus DIN 7157 die Toleranzklassen H7 und H8 (fett gedruckt) sowie nach der Reihe 2 die Toleranzklasse H11 (normal gedruckt). Zu jeder Vorzugstoleranzklasse für die Einheitsbohrung sind nun aus Gründen der Vollständigkeit alle nach DIN 7154 zulässigen Toleranzklassen für die Welle aufgeführt. Diejenigen in Klammern decken sich aber nicht mit den Vorzugstoleranzklassen nach DIN 7157 und sollten deswegen in der Praxis nicht eingesetzt werden. Von den nach Tabelle 8-13 aufgeführten ungeklammerten Toleranzklassen für Wellen stehen die fett gedruckten in Reihe 1 nach DIN 7157, die normal gedruckten hingegen in Reihe 2.

Für die Passungsauswahl insgesamt zu bevorzugen sind nunmehr an erster Stelle Toleranzklassenkombinationen, bei denen die Toleranzklasse sowohl für die Einheitsbohrung als auch für die Welle aus der Reihe 1 nach DIN 7157 stammt, in der Darstellung nach Tabelle 8-13 also alle Kombinationen zweier fett gedruckter Toleranzklassen (dunkel grau unterlegt und umrahmt). An zweiter Stelle kommen Kombinationen in Betracht, bei denen je eine Toleranzklasse der Reihe 1 und der Reihe 2 nach DIN 7157 entstammt (in Tabelle 8-13: alle Kombinationen einer fett gedruckten mit einer normal gedruckten Toleranzklasse; grau unterlegt und umrahmt). An dritter und letzter Stelle dürfen schließlich noch zwei Toleranzklassen der Reihe 2 nach DIN 7157 miteinander kombiniert werden (in Tabelle 8-13: Kombinationen zweier normal gedruckter Toleranzklassen; umrahmt). Die Vorzugstoleranzklassenkombinationen werden in der genannten Reihenfolge nach DIN 7157 Teil 2, welche die Passungsauswahl insgesamt regelt, auch als Toleranzklassenkombinationen der Reihen I, II und III bezeichnet.

Die Verhältnisse beim *ISO-Paßsystem der Einheitswelle (EW)* nach DIN 7155 liegen ganz ähnlich wie beim gerade erläuterten ISO-Paßsystem der Einheitsbohrung. Es vertauschen lediglich Innen- und Außenpaßfläche ihre jeweilige Rolle. So wird beim ISO-Paßsystem der Einheitswelle für die Außenpaßfläche (Welle) einheitlich die Toleranzfeldlage h verwendet, also diejenige Toleranzfeldlage, deren oberes Abmaß Null beträgt. Das gewünschte Paßtoleranzfeld (Spiel-, Übergangs- oder Übermaßpassung) wird zu dieser *Einheitswelle* durch die geeignete Wahl der Toleranzfeldlage für die Innenpaßfläche (Bohrung) festgelegt.

Zur Standardisierung werden auch beim ISO-Paßsystem der Einheitswelle insgesamt nur 8 ISO-Toleranzklassen für die Außenpaßflächen (Wellen) zugelassen, nämlich die Toleranzklassen h5, h6 und h8 bis h13. Ebenso sind für die jeweils zugeordneten Innenpaßflächen (Bohrungen) nur bestimmte Toleranzklassen zulässig.

Bevorzugt man von den für die Einheitswelle und für die Bohrungen nach DIN 7155 zulässigen Toleranzklassen wiederum diejenigen, die nach DIN 7157 standardisiert sind (siehe Tabelle 8-3 in Abschnitt 8.2), so ergibt sich zusammenfassend die in Tabelle 8-14 gezeigte Passungsauswahl im ISO-Paßsystem der Einheitswelle. In Tabelle 8-14 sind völlig analog zu Tabelle 8-13 wieder die Toleranzklassen nach Reihe 1 DIN 7157 fett und diejenigen nach Reihe 2 DIN 7157 normal gedruckt. Toleranzklassen, die nach DIN 7157 überhaupt nicht als Vorzugstoleranzklassen ausgewiesen sind, stehen in Klammern und sollten grundsätzlich vermieden werden.

Im Rahmen der Passungsauswahl zu bevorzugen sind an erster Stelle wieder Toleranzklassenkombinationen, bei denen die Toleranzklasse sowohl für die Einheitswelle als auch für die Bohrung aus der (in Tabelle 8-14 fett gedruckten) Reihe 1 nach DIN 7157 stammt (Toleranzklassenkombination der Reihe I nach DIN 7157 Teil 2; dunkel grau unterlegt und umrahmt). Lassen sich damit nicht alle funktional erforderlichen Passungen realisieren, so folgen an zweiter Stelle Toleranzklassenkombinationen mit je einer Toleranzklasse aus Reihe 1 (fett gedruckt) und Reihe 2 (normal gedruckt) nach DIN 7157 (Toleranzklassenkombination der Reihe II nach DIN 7157 Teil 2; grau unterlegt und umrahmt). An dritter und letzter Stelle steht die Kombination zweier (in Tabelle 8-14 normal gedruckter) Toleranzklassen der Reihe 2 nach DIN 7157 (Toleranzklassenkombination der Reihe III nach DIN 7157 Teil 2; umrahmt).

Tabelle 8-14 ISO-Paßsystem Einheitswelle nach DIN 7155 und Passungsauswahl nach DIN 7157

(h5)	h6	(h8)	h9	(h10)	h11	(h12...h13)
..	(ZA7)	..	(ZC9)	...	(ZC11)	...
..	(Z7)	..	(ZB9)	...	(ZB11)	...
	(X7)		(ZA9)		(ZA11)	
	(U7)		(Z9)		(Z11)	
	(T7)		(X9)		(X11)	
	(S7)		(U9)		(H9)	
	(R7)		(T9)		H11	
	(P7)		H8		(D9)	
	(N7)		(H9)		D10	
	(M7)		H11		(D11)	
	(K7)		F8		C11	
	(J7)		E9		(B11)	
	H7		D10		(B12)	
	G7		(C10)		A11	
	(F7)		C11		–	
	F8		(B10)		–	

Reihe 1 + Reihe 1   Reihe 1 + Reihe 2   Reihe 2 + Reihe 2

Hält man sich strikt an die Empfehlungen von DIN 7157 Teil 2 zur Passungsauswahl (Toleranzklassenkombinationen der Reihen I bis III), so bleiben aus beiden ISO-Paßsystemen (EB, EW) die in Tabelle 8-15 aufgelisteten Kombinationen übrig (grau unterlegt). Außerdem ist in Tabelle 8-15 angegeben, bei welchen Toleranzklassenkombinationen sich eine Übermaßpassung eine Übergangspassung und eine Spielpassung ergibt.

Tabelle 8-15 Passungsauswahl nach DIN 7157 Teil 2

Reihe I	System EB	EW	Reihe II	System EB	EW	Reihe III	System EB	EW

Übermaßpassungen:

Reihe I	EB	EW	Reihe II	EB	EW
H8/x8	x		H7/s6	x	
H8/u8	x				
H7/r6	x				

Übergangspassungen:

Reihe I	EB	EW	Reihe II	EB	EW
H7/n6	x		H7/k6	x	
			H7/j6	x	

Spielpassungen:

Reihe I	EB	EW	Reihe II	EB	EW	Reihe III	EB	EW
H7/h6	x	x	H11/h9	x	x	H11/h11	x	x
H8/h9	x	x	G7/h6	x		H11/d9	x	
H7/f7	x		H7/g6	x		H11/c11	x	
F8/h6		x	H8/e8		x	A11/h11		x
H8/f7	x		H8/d9		x	H11/a11		x
F8/h9		x	D10/h11		x			
E9/h9		x	C11/h11		x			
D10/h9		x						
C11/h9		x						

Von den beiden vorgestellten ISO-Paßsystemen wird häufig das Paßsystem der Einheitsbohrung (EB) bevorzugt, da es fertigungstechnisch einfacher und kostengünstiger ist, zu einer einheitlichen Bohrung verschiedene Wellen herzustellen als umgekehrt. Das zeigt sich unter anderem auch daran, daß sich aus den Empfehlungen zur Passungsauswahl nach DIN 7157 Teil 2 mehr Toleranzklassenkombinationen aus dem ISO-Paßsystem der Einheitsbohrung als aus dem ISO-Paßsystem der Einheitswelle ergeben (siehe Tabelle 8-15).

Abschließend zeigt Tabelle 8-16 einige Anwendungsbeispiele für die Passungsauswahl auf.

Tabelle 8-16 a Anwendungsbeispiele für die Passungsauswahl bei Übermaßpassung

DIN 7154 Einheits- bohrung	DIN 7155 Einheits- welle	DIN 7157 Passungs- auswahl	Kennzeichen	Anwendungsbeispiele
H7/s6 H7/r6	R7/h6 S7/h6	H8/x8 H8/u8 H7/r6	Teile unter hohem Druck, durch Erwärmen oder Kühlen fügbar. Zusätzliche Sicherung gegen Verdrehung nicht erforderlich.	Kupplungen auf Wellenenden, Buchsen in Radnaben, festsitzende Zapfen und Bunde, Bronzekränze auf Schneckenradkörpern, Ankerkörper auf Wellen

Tabelle 8-16 b Anwendungsbeispiele für die Passungsauswahl bei Übergangspassung

DIN 7154 Einheits- bohrung	DIN 7155 Einheits- welle	DIN 7157 Passungs- auswahl	Kennzeichen	Anwendungsbeispiele
H7/n6	N7/h6	H7/n6	Festsitzteile unter hohem Druck fügbar. Zusätzliche Sicherung gegen Verdrehung erforderlich.	Zahn- und Schneckenräder, Lagerbuchsen, Winkelhebel, Radkränze auf Radkörpern, Antriebsräder
H7/k6	K7/h6	H7/k6	Haftsitzteile unter geringem Kraftaufwand fügbar. Sicherung gegen Verdrehen bzw. Verschieben ist erforderlich.	Riemenscheiben, Zahnräder und Kupplungen sowie Wälzlagerinnenringe auf Wellen für mittlere Belastungen, Bremsscheiben
H7/j6	J7/h6	H7/j6	Schiebesitzteile bei guter Schmierung von Hand füg- und verschiebbar. Sicherung gegen Verdrehen, Verschieben daher notwendig.	Häufig auszubauende, aber durch Keile gesicherte Scheiben, Räder und Handräder; Buchsen, Lagerschalen, Kolben auf Kolbenstange und Wechselräder

Tabelle 8-16 c Anwendungsbeispiele für die Passungsauswahl bei Spielpassung

DIN 7154 Einheitsbohrung	DIN 7155 Einheitswelle	DIN 7157 Passungs auswahl	Kennzeichen	Anwendungsbeispiele
H7/h6	H7/h6	H7/h6	Gleitsitzteile bei guter Schmierung durch Handdruck verschiebbar.	Pinole im Reitstock, Fräser auf Fräsdornen, Wechselräder, Säulenführungen, Dichtungsringe
H7/g6	H7/h6	H7/g6	Enge Laufsitzteile gestatten Bewegung ohne merkliches Spiel.	Schieberäder in Wechselgetrieben, verschiebbare Kupplungen, Spindellagerungen an Schleifmaschinen und Teilapparaten
H7/f7	F7/h6	H7/f7	Laufsitze gewähren ein leichtes Verschieben der Paßteile und erleichtern einwandfreie Schmierung durch reichliches Spiel.	Meist angewendete Lagerpassung, z.B. Spindellagerung an Werkzeugmaschinen, Kurbel- oder Nockenwellenlagerung, Gleitführungen
H8/f8	F8/h9	F8/h9	Schlichtlaufsitzteile besitzen merkliches bis reichliches Spiel, sind daher gut ineinander beweglich.	Für mehrfach gelagerte Wellen, Kolben in Zylindern, Ventilspindeln in Führungsbuchsen, Lager für Zahnrad- und Kreiselpumpen
H9/d10	D10/h9	D10/h9	Weite Schlichtlaufsitzteile weisen sehr reichliches Spiel auf.	Achsbuchsen für Fuhrwerke und Landmaschinen, Transmissionslager und Losscheiben
H11/h11	H11/h11	H11/h11	Paßteile, die große Toleranzen aufweisen.	Teile, die verstiftet, verschraubt, zusammengesteckt und verschweißt werden, z.B. Kurbeln, Griffe, Hebel
H11/c11	C11/h11	C11/h11	Paßteile, die große Toleranzen und große Spiele aufweisen.	Lager an landwirtschaftlichen und Haushaltsmaschinen
H11/a11	A11/h11	A11/h11	Paßteile, die sehr große Toleranzen und einen sehr lockeren Sitz aufweisen.	Türangeln, Kuppelbolzen, Feder- und Bremsgehänge an Fahrzeugen

8.5 Übungen

1. Aufgabe

Prüfen Sie, ob es sich bei den im folgenden genannten Passungen um Übermaß-, Übergangs- oder Spielpassungen handelt.

H7/r6; H7/n6; H7/h6; H11/h11; F8/h9; H7/j6; H8/x8; J7/h6; H7/k6; S7/h6; A11/h11; H7/f7

Gehören die genannten Passungen zum System Einheitsbohrung oder Einheitswelle?

2. Aufgabe

Was kennzeichnet eine Übermaß-, Übergangs- oder Spielpassung?

3. Aufgabe

Welche Passungen schlagen Sie vor, wenn folgendes gefordert wird:

- nach dem Fügen darf eine zusätzliche Sicherung gegen Verdrehen/Verschieben nicht mehr erforderlich sein

- nach dem Fügen ist eine Sicherung gegen Verdrehen/Verschieben zulässig

- das Fügen soll von Hand möglich sein

4. Aufgabe

Bestimmen Sie für die Passungen H7/r6, H7/j6 und H7/h6 für ein Durchmessermaß von 50 mm jeweils

- das obere und untere Abmaß (A_O und A_U) für Bohrung und Welle

- das Höchst- und Mindestmaß (G_O und G_U) für Bohrung und Welle

- die Maßtoleranz (T) für Bohrung und Welle

- je nach Passung das Höchstübermaß ($P_{\ddot{U}U}$) und Mindestübermaß ($P_{\ddot{U}O}$), Höchstübermaß ($P_{\ddot{U}U}$) und Höchstspiel (P_{SO}), Mindestspiel (P_{SU}) und Höchstspiel (P_{SO})

- die Paßtoleranz P_T

Verdeutlichen Sie sich die Zusammenhänge gegebenenfalls anhand einer Zeichnung.

5. Aufgabe

Wie können Maßtoleranzen in einer technischen Zeichnung angegeben werden?

Wie können Form- und Lagetoleranzen in einer technischen Zeichnung angegeben werden?

6. Aufgabe

Beantworten Sie die folgenden Fragen:

- Was versteht man unter den Begriffen Gutmaß und Ausschußmaß?

- Was versteht man unter dem Begriff Allgemeintoleranzen und wann werden sie verwendet?

- Was ist darunter zu verstehen, wenn im Schriftfeld einer Zeichnung „Tolerierung ISO
  8015" steht? Was wird impliziert, wenn diese Angabe nicht gegeben wird?

7. Aufgabe

In der folgenden Zeichnung sind die zulässigen Abweichungen verbal niedergelegt. Zeichnen
Sie die vorgegebene Zeichnung auf ein separates Blatt; die Abmessungen können Sie wiederum frei wählen. Setzen Sie die gestellten Anforderungen normgerecht in Ihrer Zeichnung
um.

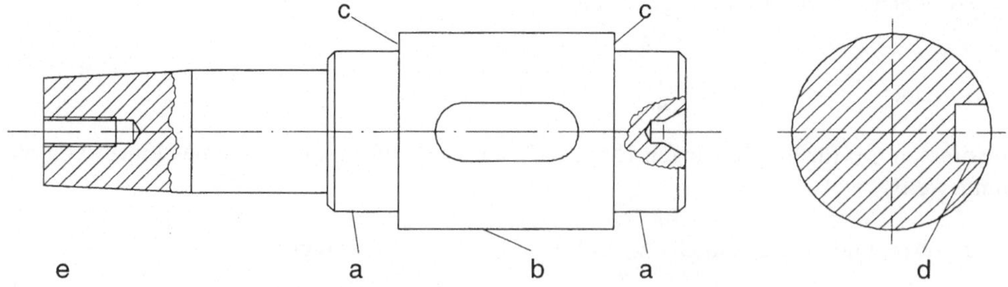

zu a: Maßtoleranz: k6; Zylinderformtoleranz: 3 μm

zu b: Maßtoleranz: n6; Zylinderformtoleranz: 3 μm

zu c: Planlauftoleranz: 7 μm

zu d: Maßtoleranz der Nutbreite: P9

zu e: Maßtoleranz der Gesamtlänge: -0,1 mm

Literatur

[Ges94]   Geschke, Hans Werner; Heller, Wedo; Wehr, Wolfgang: Technisches Zeichnen; B.G. Teubner, Stuttgart und Beuth Verlag, Berlin, 1994

[Grä91]   Gräfen, Hubert (Herausgeber): Lexikon Werkstofftechnik; VDI-Verlag, Düsseldorf, 1991

[Har88]   Hartmann, Erich: Computerunterstützte Darstellende Geometrie; B.G. Teubner, Stuttgart, 1988

[Hau86]   Hausner, H.; Landfermann, H.: Keramische Werkstoffe – Technische Keramik; in: Hausner, H.; Beitz, Wolfgang; Spur, G. (Hrsg.): Neue Werkstoffe – Fachaufsätze zur Materialforschung, Bundesministerium für Forschung und Technologie, Bonn (1986), S. 52-57

[Hen88]   Hennicke, Hans Walter: Werkstoffsystematik keramischer Werkstoffe; Technische Keramik, Vulkan Verlag, Essen (1988), S. 7-10

[Hoi94]   Hoischen, Hans: Technisches Zeichnen; (25. Auflage) Cornelsen Verlag, Berlin, 1994

[NN88]   N.N.: Noch einmal: Zur Klassifizierung der Keramik; Keramische Zeitschrift 38 (1988) 5, S. 260-261

[San93]   Sander, M.: Oberflächenmeßtechnik für den Praktiker; Feinprüf Perthen GmbH, Göttingen, 1993

[Vaj94]   Vajna, Sàndor; Weber, Christian; Schlingensiepen, Jürgen; Schlottmann, Dietrich: CAD/CAM für Ingenieure; Hardware – Software – Strategien. Vieweg-Verlag, Braunschweig-Wiesbaden 1994

[Vog81]   Vogelmann, Josef: Darstellende Geometrie; Vogel-Buchverlag, Würzburg, 1981

[Wil85]   Willmann, G.: Konstruieren mit Keramik – Werkstoffkennwerte; Fachberichte für Metallbearbeitung 62 (1985) 1/2, S. 44-51

Verzeichnis der zitierten Normen

Im folgenden sind die im Text behandelten Normen mit Seitenangabe und Titel aufgelistet. Diese Verweise referieren auf alle Stellen im Buch, an denen die betreffende Norm genannt wurde.

DIN	Seite	Stichworte zum Inhalt
5	33, 35, 83, 103, 104	Technische Zeichnungen; Projektionen; Axonometrische, isometrische und dimetrische Projektionen; Begriffe
6	81, 83, 84, 85, 101, 102	Technische Zeichnungen; Darstellungen in Normalprojektion; Ansichten und besondere Darstellungen; Schnitte
13	130, 134	Metrisches ISO-Gewinde; Regel- und Feingewinde, Übersicht der Gewinde; Auswahlreihen für Schrauben, Bolzen und Muttern, Grenzmaße; Auswahl für Durchmesser und Steigungen; Grundlagen des Toleranzsystems für Gewinde; Grundabmaße und Toleranzen; Grundprofil und Fertigungsprofile; Abmaße; Lehrensystem und Benennungen; Lehrenmaße und Baumerkmale; Lehrung der Werkstücke und Handhabung der Lehren; Kernquerschnitte, Spannungsquerschnitte und Steigungswinkel; Toleranzfeldkombination zur bevorzugten Anwendung für gefurchte Innengewinde; Bolzengewinde mit Übergangstoleranzfeld; Mehrgängiges Gewinde
15	78, 79, 94, 95, 116	Technische Zeichnungen; Linien; Grundlagen; Allgemeine Anwendung
16	113	ersetzt durch DIN ISO 3098
17	113	ersetzt durch DIN ISO 3098
103	134	Metrisches ISO-Trapezgewinde; Gewindeprofile; Gewindereihen; Abmaße und Toleranzen für Trapezgewinde allgemeiner Anwendung; Nennmaße; Grenzmaße für Bolzen- und Mutterngewinde
199	13, 16, 114	Begriffe im Zeichnungs- und Stücklistenwesen; Zeichnungen; Stücklisten; Stücklisten-Verarbeitung; Begriffe in Schlüsselsystemen
201	90	Technische Zeichnungen; Schraffuren; Darstellung von Schnittflächen und Stoffen
202	134, 137, 138	Gewinde; Übersicht
250	133	Rundungshalbmesser
323	117	Normzahlen und Normzahlreihen; Hauptwerte, Genauwerte, Rundwerte; Einführung

DIN	Seite	Stichworte zum Inhalt
406	114, 115, 117, 118, 131, 135, 137, 138, 141, 142, 143, 198	Maßeintragung in Zeichnungen; Arten; Regeln; Bemaßung durch Koordinaten; Allgemeine Grundlagen; Grundlagen der Anwendung; Maßeintragung; Eintragung von Toleranzen für Längen- und Winkelmaße
476	152, 153	Papier-Endformate
477	134	Gasflaschenventile; Bauformen, Baumaße, Anschlüsse, Gewinde; Rückschlagventile; Keglige Gewinde; Lehren; Atemschutzgeräte; Gasflaschenventile; Gewindeverbindungen am Einschraubstutzen; Sonderanschlüsse für medizinische Geräte
823	10	ersetzt durch DIN 6771
2107	151	Büro- und Datentechnik; Schriftfamilien für Maschinen der Textverarbeitung
3141	188, 189	ersetzt durch DIN ISO 1302
4760	176, 177	Gestaltabweichungen; Begriffe, Ordnungssystem
4762	178, 179, 180	Oberflächenrauheit; Begriffe; Oberfläche und ihre Kenngrößen
4763	185, 186, 187	Stufung der Zahlenwerte für Rauheitsmeßgrößen
4766	186, 187	Herstellverfahren der Rauheit von Oberflächen; Erreichbare gemittelte Rauhtiefe R_z nach DIN 4768 Teil 1; Erreichbare Mittenrauhwerte R_a nach DIN 4768 Teil 1
4768	178, 179, 180, 181, 182	Ermittlung der Rauheitskenngrößen R_a, R_z, R_{max} mit elektrischen Tastschrittgeräten; Begriffe, Meßbedingungen; Umrechnung der Meßgröße R_a in R_z und umgekehrt
6771	10, 11, 12, 149, 150, 152, 153	Schriftfelder für Zeichnungen, Pläne und Listen; Vordrucke für technische Unterlagen; Stückliste
6773	193	Wärmebehandlung von Eisenwerkstoffen; Wärmebehandelte Teile, Darstellung und Angaben in Zeichnungen, Härten, Härten und Anlassen, Vergüten; Randschichthärten; Einsatzhärten; Nitrieren
6774	78, 118	Technische Zeichnungen; Ausführungsregeln; Vervielfältigungsgerechte Ausführung; Gezeichnete Vorlagen für Dias und Druckzwecke; Arbeitstransparente und Vorlagen für Arbeitstransparente
6776	78, 112, 113, 114, 118, 131, 132, 133, 134, 135, 136, 139, 140	Technische Zeichnungen; Beschriftung; Schriftzeichen
6778	114	Schrift- und Zeichenschablonen; Maße, Kennzeichnung

DIN	Seite	Stichworte zum Inhalt
6784	150, 198, 199, 200, 201	Werkstückkanten; Begriffe; Zeichnungsangaben
7150	212	ISO-Toleranzen und ISO-Passungen; Prüfung von Werkstück-Elementen mit zylindrischen und parallelen Paßflächen
7151	213, 214	ersetzt durch DIN ISO 286
7152	213, 214	ersetzt durch DIN ISO 286
7154	232, 233, 234, 237, 238	ISO-Passungen für Einheitsbohrung; Toleranzfelder, Abmaße in µm; Paßtoleranzen, Spiele und Übermaße in µm
7155	234, 235, 237, 238	ISO-Passungen für Einheitswelle; Toleranzfelder, Abmaße in µm; Paßtoleranzen, Spiele und Übermaße in µm
7157	215, 216, 233, 234, 235, 236, 237, 238	Passungsauswahl; Toleranzfelder, Abmaße, Paßtoleranzen; Toleranzfelderauswahl
7167	205, 207, 208, 209, 226	Zusammenhang zwischen Maß-, Form- und Parallelitätstoleranzen; Hüllbedingung ohne Zeichnungseintragung
7168	226	Allgemeintoleranzen (Freimaßtoleranzen); Längen- und Winkelmaße; Form- und Lage; Meßprotokoll für werkstattübliche Geradheitsabweichungen
7182	209, 228, 229	ersetzt durch DIN ISO 286
7708	172	Kunststoff-Formmassen Kunststofferzeugnisse; Begriffe; Kunststoff-Formmassetypen; Phenoplast-Formmassen; Aminoplast-Formmassen, Aminoplast/Phenoplast-Formmassen; Kaltpreßmassen
7728	170, 171, 172	Kunststoffe; Kennbuchstaben und Kurzzeichen für Polymere und ihre besonderen Eigenschaften; Kurzzeichen für verstärkte Kunststoffe
7741	171	Kunststoff-Formmassen; Polystyrol(PS)-Formmassen; Einteilung und Bezeichnung; Herstellung von Probekörpern und Bestimmung von Eigenschaften
7744	171	Kunststoff-Formmassen; Polycarbonat(PC)-Formmassen; Einteilung und Bezeichnung; Herstellung von Probekörpern und Bestimmung von Eigenschaften
7745	171	Kunststoff-Formmassen; Polymethylmethacrylat(PMMA)-Formmassen; Einteilung und Bezeichnung; Herstellung von Probekörpern und Bestimmung von Eigenschaften
7748	171	Kunststoff-Formmassen; Weichmacherfreie Polyvinylchlorid (PVC-U)-Formmassen; Einteilung und Bezeichnung; Herstellung von Probekörpern und Bestimmung von Eigenschaften

DIN	Seite	Stichworte zum Inhalt
7749	171	Kunststoff-Formmassen; Weichmacherhaltige Polyvinylchlorhaltige(PVC-P)-Formmassen; Einteilung und Bezeichnung; Herstellung von Probekörpern und Bestimmung von Eigenschaften
8580	119	Fertigungsverfahren; Begriffe, Einteilung
16 772	171	Kunststoff-Formmassen; Acrylnitril-Butadien-Styrol(ABS)-Formmassen; Einteilung und Bezeichnung; Herstellung von Probekörpern und Bestimmung von Eigenschaften
16 773	171	Kunststoff-Formmassen; Polyamid(PA)-Formmassen für Spritzgießen und Extrusion; Homopolymere; Einteilung und Bezeichnung; Herstellung von Probekörpern und Bestimmung von Eigenschaften
16 774	171	Kunststoff-Formmassen; Polypropylen(PP)-Formmassen; Einteilung und Bezeichnung; Herstellung von Probekörpern und Bestimmung von Eigenschaften
16 781	171	Kunststoff-Formmassen; Polyoxymethylen(POM)-Formmassen; Einteilung und Bezeichnung; Herstellung von Probekörpern und Bestimmung von Eigenschaften
16 913	172	Kunststoff-Formmassen; Verstärkte Reaktionsharz-Formmassen; Begriffe, Einteilung, Kurzzeichen; Bestimmung der Eigenschaften an genormten Probekörpern; Polyester-Harzmatten; Typen, Anforderungen
16 916	172	Kunststoffe; Reaktionsharze, Phenolharze; Begriffe, Einteilung
16 945	172	Reaktionsharze; Reaktionsmittel und Reaktionsharzmassen; Prüfverfahren
17 006	162, 163, 164, 165, 166, 167, 170	Eisen und Stahl; Systematische Benennung, Stahlguß, Grauguß, Hartguß, Temperguß
17 014	193	Wärmebehandlung von Eisenwerkstoffen; Kurzangabe von Wärmebehandlungen; Fremdsprachige Übersetzung von Fachausdrücken
17 100	169	Allgemeine Baustähle; Gütenorm
50 103	194	Prüfung metallischer Werkstoffe; Härteprüfung nach Rockwell; Modifizierte Rockwell-Verfahren B für Feinblech aus Stahl
50 133	194	Prüfung metallischer Werkstoffe; Härteprüfung nach Vickers
50 351	194	Prüfung metallischer Werkstoffe; Härteprüfung nach Brinell
50 960	196, 197	Galvanische und chemische Überzüge; Bezeichnungen und Angaben in technischen Unterlagen; Zeichnungsangaben
53 505	172	Prüfung von Kautschuk, Elastomeren und Kunststoffen, Härteprüfung nach Shore A und Shore D

DIN ISO	Seite	Stichworte zum Inhalt
129	114	Technische Zeichnungen; Maßangaben; allgemeine Grundsätze, Definitionen, Ausführungsmethoden und Spezialangaben
286	209, 210, 211, 212, 213, 214, 215, 230	ISO-System für Grenzmaße und Passungen; Grundlagen für Toleranzen, Abmaße und Passungen; Tabellen der Grundtoleranzgrade und Grenzabmaße für Bohrungen und Wellen
1043	170, 171, 172	Kunststoffe; Kurzzeichen; Füllstoffe und Verstärkungsstoffe
1101	221, 222, 223, 224, 225, 226	Technische Zeichnungen; Form- und Lagetolerierung; Form-, Richtungs-, Orts- und Lauftoleranzen; Allgemeines; Definitionen; Symbole; Zeichnungseintragungen
1302	2, 183, 184, 185, 187, 188, 189, 191	Technische Zeichnungen; Angabe der Oberflächenbeschaffenheit in Zeichnungen; Anwendungsbeispiele
2768	218, 219, 220, 226, 227, 228	Allgemeintoleranzen für Form und Lage für spanend gefertigte Teile
3040	138	Technische Zeichnungen; Eintragung von Maßen und Toleranzen für Kegel
3098	113, 114, 187	Technische Zeichnungen; Beschriftung; Griechische Schriftzeichen; Diakritische und besondere Zeichen in Latein-Alphabeten; Kyrillische Schriftzeichen
5455	76, 77	Technische Zeichnungen; Maßstäbe
5459	221	Technische Zeichnungen; Form- und Lagetolerierung; Bezüge und Bezugssysteme für geometrische Toleranzen
6410	133	Technische Zeichnungen; Darstellung von Gewinden und Gewindeteilen; Allgemeines; Gewindeeinsätze
7083	135, 141	Technische Zeichnungen; Symbole für Form- und Lagetolerierung; Verhältnisse und Maße
8015	205, 206, 207, 208, 209, 221, 226	Technische Zeichnungen; Tolerierungsgrundsatz

DIN EN	Seite	Stichworte zum Inhalt
10 020	161	Begriffsbestimmungen für die Einteilung der Stähle
10 025	169	Warmgewalzte Erzeugnisse aus unlegierten Baustählen, Technische Lieferbedingungen
10 027	161, 162, 167, 168, 169, 170	Bezeichnungssysteme für Stähle; Kurznamen; Nummernsystem

Ergebnisse der Übungsaufgaben

Im folgenden sind aus Platzgründen nur Ergebnisse von ausgewählten Übungsaufgaben der Kapitel 2 bis 8 wiedergegeben.

zu Kapitel 2

zu Aufgabe 1

- Nach DIN 6771 Teil 6 ist das DIN-Format A4 nur im Hochformat vorgesehen, alle anderen Formate (A3, A2, A1 und A0) nur im Querformat.

- Die Einzelteilzeichnung ist eine technische Zeichnung, die ein einzelnes Teil ohne räumliche Zuordnung zu anderen Teilen darstellt.

- Zweck der Fertigungs-Zeichnung ist es, alle für die Herstellung/Fertigbearbeitung des betreffenden Bauteiles erforderlichen Informationen wiederzugeben. Das setzt entsprechend vollständige Angaben voraus, d.h. neben der graphischen Darstellung der Bauteilform unter anderem alle Maße, die einzuhaltenden Toleranzen, den Werkstoff, die Oberflächenbeschaffenheit und gegebenenfalls zusätzliche erläuternde Texthinweise, z.B. spezielle Anforderungen an die Fertigung.

- Bei einer Sammel-Zeichnung sollte jedes dargestellte Teil numeriert und mit seiner Benennung in einer Stückliste aufgeführt werden. Format und Blattlage sind beim Aufzeichnen aller Teile, die zu einem Ganzen gehören, möglichst beizubehalten.

- Wenn mehrere Zeichenblätter zur Darstellung eines Teiles erforderlich werden, ist es notwendig, auf der ersten Zeichnung eine Übersicht über den Gesamtinhalt in Form einer Aufzählung der zusammengehörenden Blätter zu geben. Die bei der Aufteilung entstandenen Blätter besitzen die gleiche Benennung und die gleiche Zeichnungsnummer, sollten jedoch durch einen Untertitel in der Benennung kenntlich und unterscheidbar gemacht werden.

- Die Gesamtzeichnung gibt alle Einzelteile eines Erzeugnisses im zusammengebauten Zustand wieder. Wichtig bei der Gesamtzeichnung ist, daß die Anordnung, die gegenseitigen Abhängigkeiten und das Zusammenwirken der Einzelteile der Baugruppe zum Ausdruck kommt.

- In einer Gesamtzeichnung werden lediglich Haupt- und Anschlußmaße eingetragen. Die Hauptmaße werden benötigt, um zu kennzeichnen, welchen Platz das Erzeugnis insgesamt beansprucht, Anschlußmaße werden eingetragen, um zu kennzeichnen, wie die Anschluß- und Befestigungsteile für das betreffende Erzeugnis zu dimensionieren sind.

- Positionsnummern dienen der übersichtlichen Zuordnung von weiterführenden Informationen (Benennung, Bestellungs- bzw. Fertigungsangaben) zu den dargestellten Teilen. Einzelteile werden mit einer Positionsnummer (arabische Ziffer) gekennzeichnet, indem die jeweilige Zahl über oder neben der zeichnerischen Darstellung angebracht ist und eine Bezugslinie in der Linienbreite der Maßhilfslinien von der Zahl zum Einzelteil führt. Die Reihenfolge der Numerierung sollte mit 1 beginnend dem Verlauf des Zusammenbaus möglichst entsprechen. Die Bezugslinien sollen nicht parallel zu anderen Linien gezogen werden, damit sie nicht mit diesen verwechselt werden können.

- CAD – Computer Aided Drafting/Design (Drafting = Zeichnen; Design = Konstruieren). CAM – Computer Aided Manufacturing, rechnerunterstütztes Fertigen.

zu Kapitel 3

zu Aufgabe 1

a)   Kegel, Kugel, Zylinder, Quader

b)   Zylinder, Quader

c)   Zylinder, Kegel

d)   Zylinder, Sechskant-Prisma, Kegel

zu Aufgabe 2

zu Aufgabe 3

V1	V2	V3	V4	V5	V6	V7	V8	V9	V10
S8	S7	S6	S2	S5	S4	S3	S9	S10	S1
D3	D5	D2	D10	D6	D1	D8	D4	D7	D9

zu Aufgabe 4

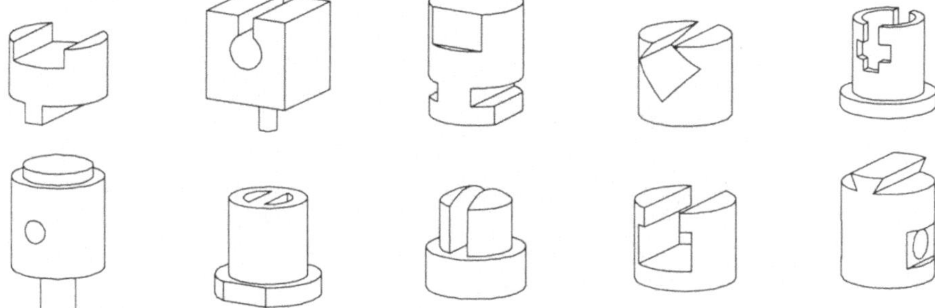

zu Aufgabe 5

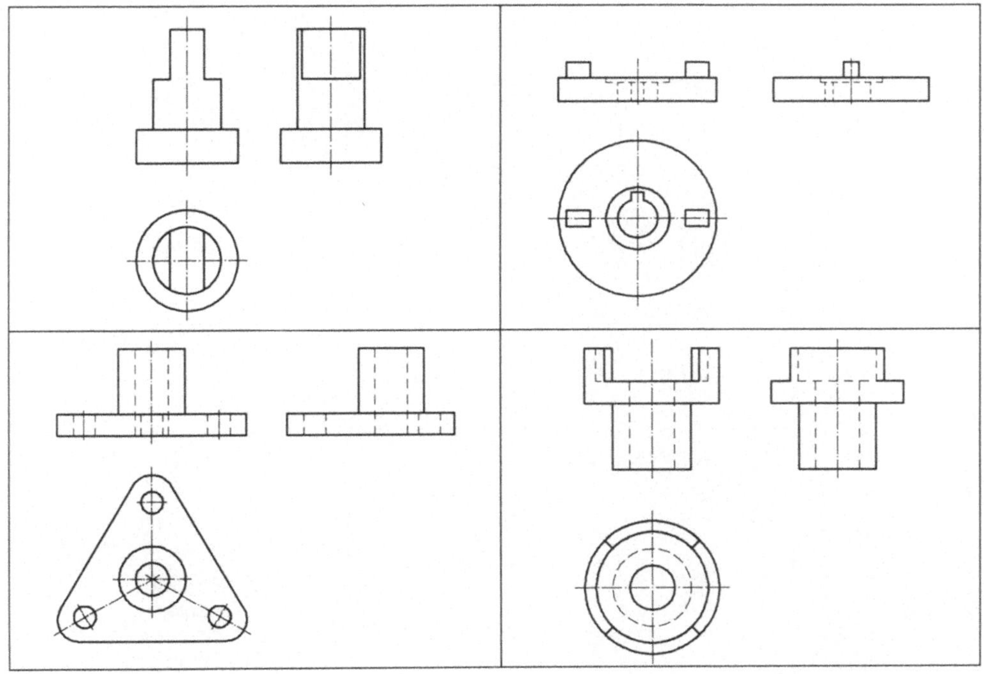

zu Aufgabe 6

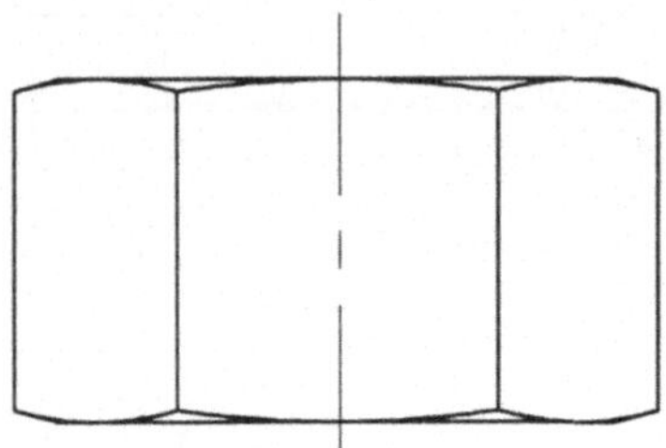

zu Aufgabe 7

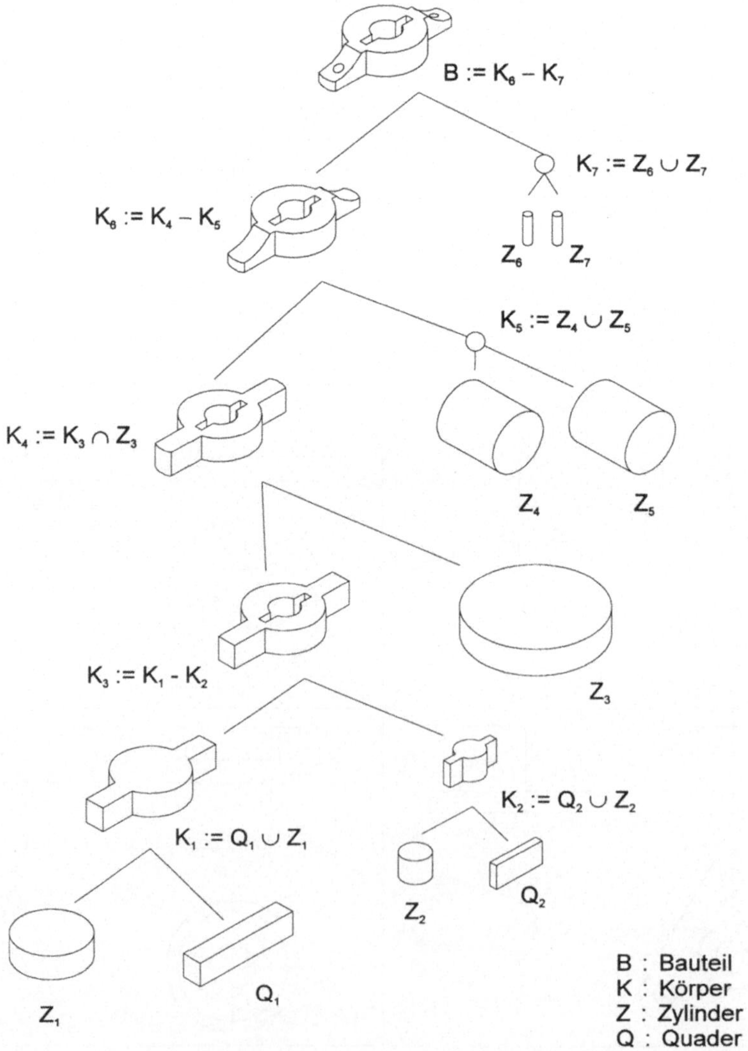

$$B := K_6 - K_7$$

$$K_7 := Z_6 \cup Z_7$$

$$K_6 := K_4 - K_5$$

$$Z_6 \qquad Z_7$$

$$K_5 := Z_4 \cup Z_5$$

$$K_4 := K_3 \cap Z_3$$

$$Z_4 \qquad Z_5$$

$$Z_3$$

$$K_3 := K_1 - K_2$$

$$K_2 := Q_2 \cup Z_2$$

$$K_1 := Q_1 \cup Z_1$$

$$Z_2 \qquad Q_2$$

$$Z_1 \qquad Q_1$$

B : Bauteil
K : Körper
Z : Zylinder
Q : Quader

zu Aufgabe 8

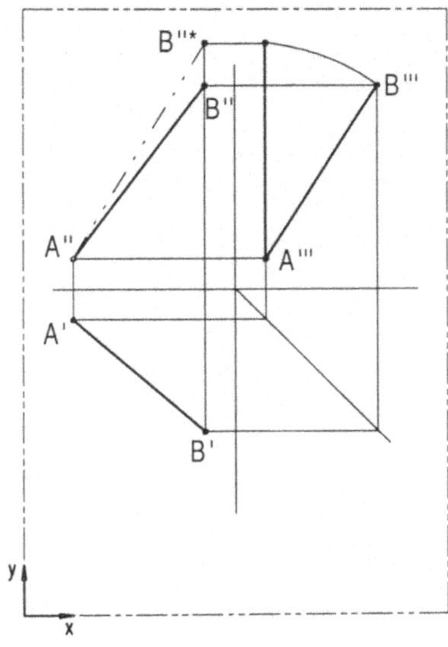

zu Aufgabe 9

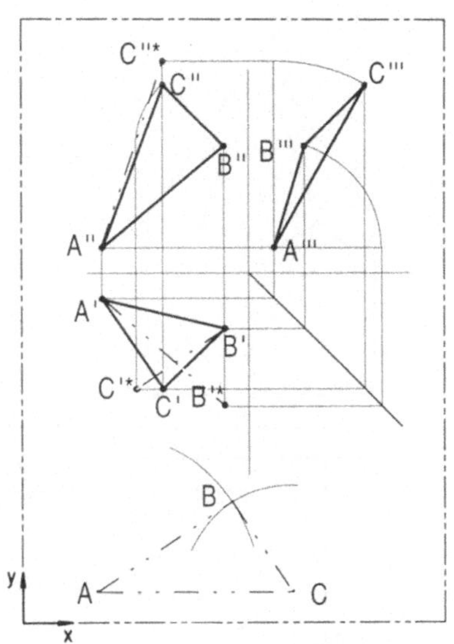

zu Aufgabe 10

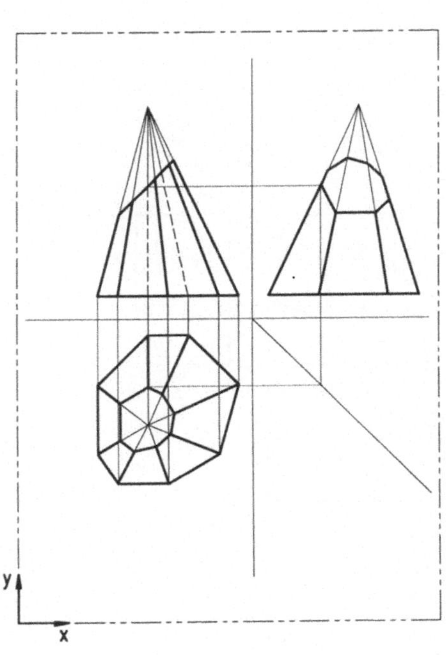

zu Aufgabe 11

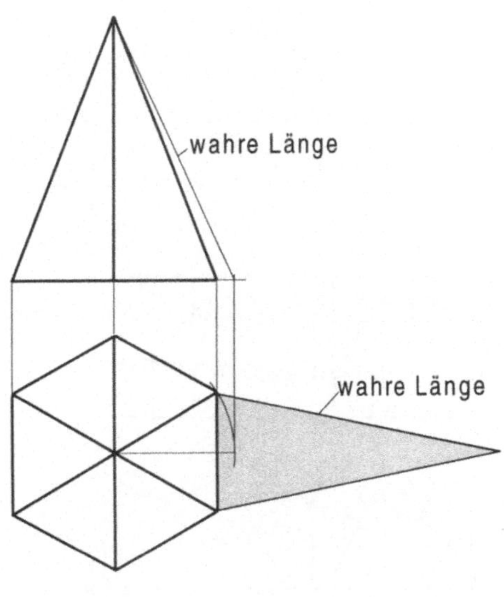

zu Aufgabe 13

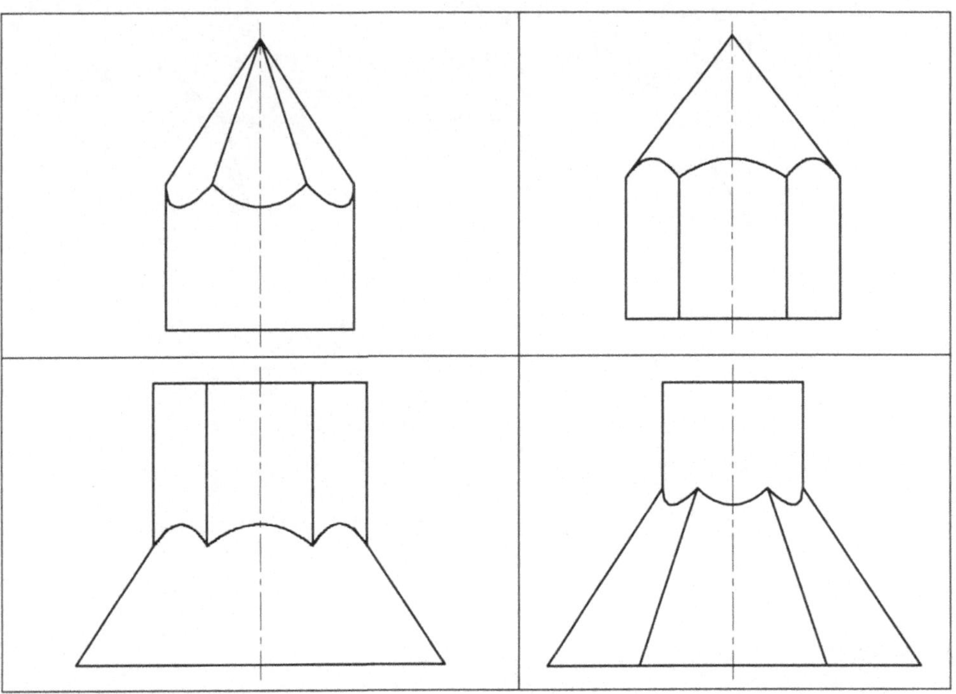

zu Aufgabe 16

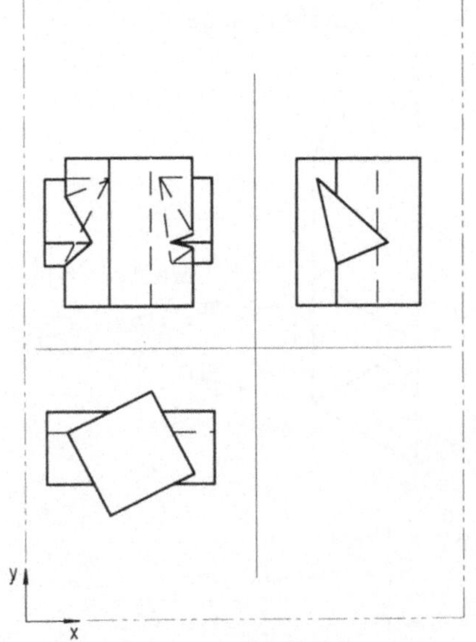

zu Aufgabe 17

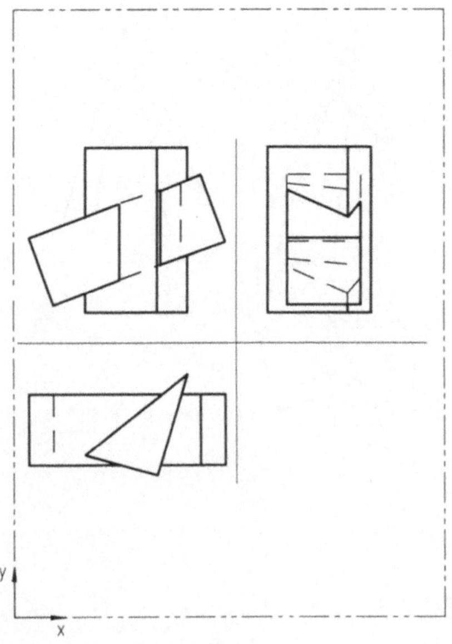

zu Aufgabe 19

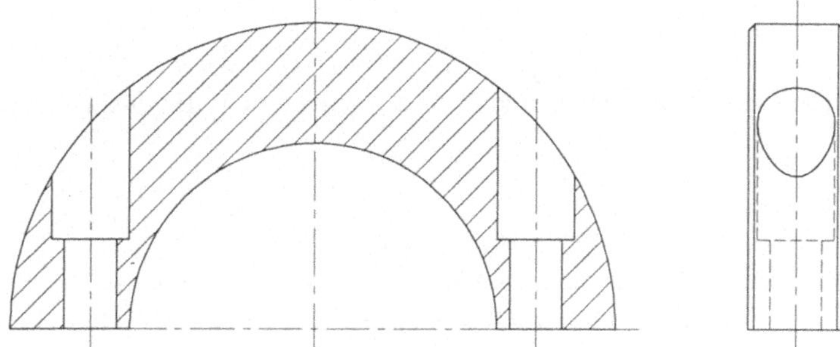

zu Aufgabe 20

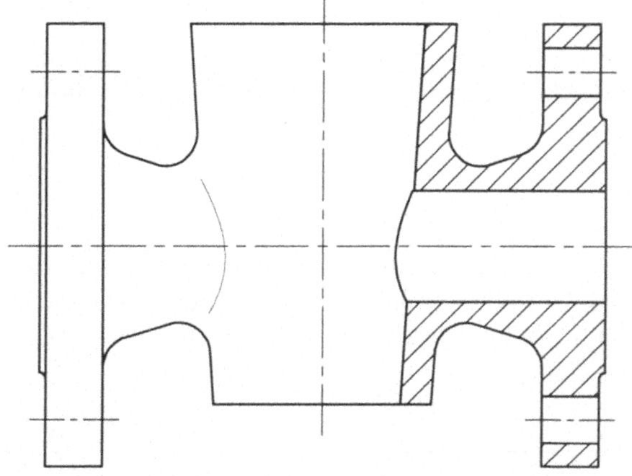

zu Aufgabe 21

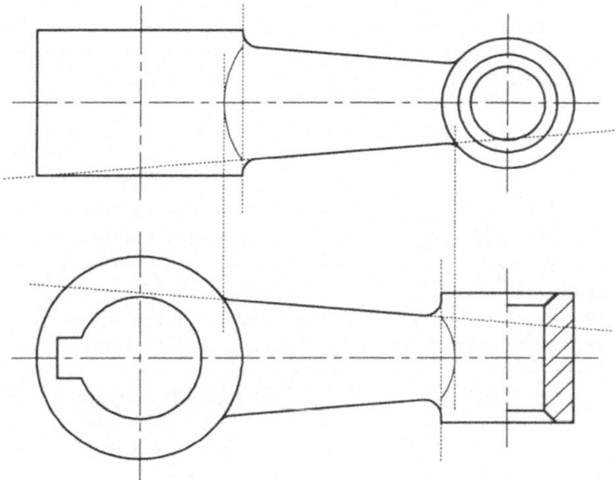

zu Kapitel 4

zu Aufgabe 1

Die Abmessungen in der Zeichnung sind ebenso groß wie in Wirklichkeit. Zeichnungsmaßstab 1:1.

zu Aufgabe 2

Der Maßstab 1:5 ist ein Verkleinerungsmaßstab und bedeutet, daß z.B. ein Millimeter der gezeichneten Länge des Werkstücks 5 mm der tatsächlichen Länge entspricht.

Der Maßstab 5:1 ist ein Vergrößerungsmaßstab und bedeutet, daß das Werkstück fünfmal so groß gezeichnet ist, als es in Wirklichkeit ist.

zu Aufgabe 3

Nein, Maßstäbe dürfen nicht frei gewählt werden. Durch die DIN ISO 5455 sind bestimmte Maßstäbe festgelegt.

zu Aufgabe 4

Der Hauptmaßstab wird in das Schriftfeld der Zeichnung eingetragen. Sind weitere Angaben zum Maßstab notwendig, so sind diese in der Nähe der Positionsnummer, des Kennbuchstabens der Einzelheit oder der Schnittangabe zu positionieren.

zu Aufgabe 5

Umrisse und Kanten, allgemein	breite Vollinie
verdeckte Umrisse und Kanten	schmale Strichlinie
Umrisse eines angrenzenden Werkstücks	schmale Strich-Zweipunktlinie
Lichtkanten	schmale Vollinie
Rohteilgeometrie in einer Fertigteilzeichnung	schmale Strich-Zweipunktlinie
Hinweislinien	schmale Vollinie
abgebrochen dargestelltes Werkstück	schmale Freihand- oder Zickzacklinie
Mittellinie an einem Handgriff	schmale Strichpunktlinie
Wärmebehandlung einer bestimmten Zone	breite Strichpunktlinie
Extremstellungen von beweglichen Teilen	schmale Strich-Zweipunktlinie
Schraffurlinien	schmale Vollinie

zu Aufgabe 6

Unter der Projektionsmethode 1 oder 3 versteht man eine bestimmte Anordnung der verschiedenen Ansichten eines Bauteils. Bei der Projektionsmethode 1 wird die Draufsicht unterhalb, die Untersicht oberhalb der Vorderansicht, die Seitenansicht von links rechts und die Seitenansicht von rechts links neben der Vorderansicht positioniert. Die Projektionsmethode 1 ist die für die Bundesrepublik Deutschland gültige. Jedes Abweichen hiervon muß kenntlich gemacht werden, um Mißverständnisse zu vermeiden. Bei der Projektionsmethode 3 sind Drauf- und Untersicht vertauscht. Ebenso nehmen die Seitenansichten jeweils den anderen Platz ein; die Seitenansicht von links ist also auf der linken Seite und die Seitenansicht von rechts auf der rechten Seite der Vorderansicht positioniert.

zu Aufgabe 8

Ein Abweichen von der Projektionsmethode 1 ist zulässig, sollte jedoch – um Mißverständnisse zu vermeiden – kenntlich gemacht werden. Bei Anwendung der Projektionsmethode 3 kann dies durch das entsprechende Symbol im oder in der Nähe des Schriftfeldes angezeigt werden. Weicht die Anordnung auch von der Projektionsmethode 3 ab, so muß nach der Pfeilmethode verfahren werden: Jede Betrachtungsrichtung wird durch einen Pfeil und einen dazugehörigen Großbuchstaben gekennzeichnet. Die Buchstaben werden unmittelbar oberhalb bzw. rechts von der Pfeillinie und in unmittelbarer Nähe oberhalb der dazugehörigen Ansicht angetragen.

zu Aufgabe 10

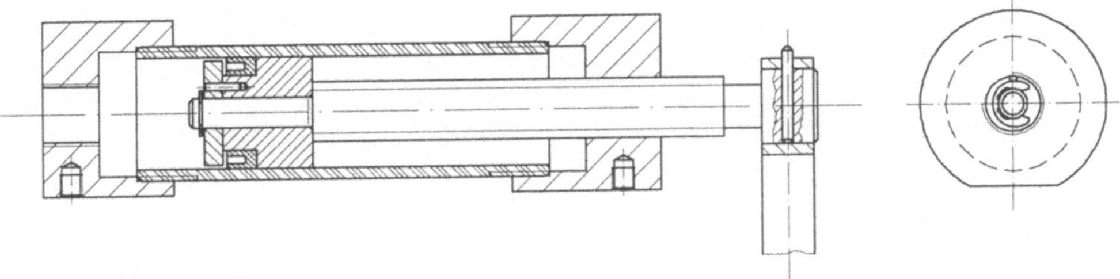

zu Kapitel 5

zu Aufgabe 1

- In Einzelteilzeichnungen muß die Bemaßung vollständig sein, d.h. es darf kein zur Herstellung erforderliches Maß fehlen. Aus Gesamtzeichnungen müssen alle Anschlußmaße entnehmbar sein.

- Die eingetragenen Maße sind grundsätzlich in Millimetern zu verstehen, und zwar ohne daß die Einheit „mm" explizit angegeben wird. Nur andere Einheiten als Millimeter (z.B. „°") werden genannt.

- Die in der Zeichnung angegebenen Maßzahlen beziehen sich stets auf den Endzustand des dargestellten Bauteiles oder der dargestellten Baugruppe.

- Jedes Maß wird in einer Zeichnung nur einmal (und nur in einer Ansicht) angegeben.

zu Aufgabe 2

- Eine Unterstreichung der Maßzahl deutet auf eine Abweichung zwischen Maßzahl und gezeichnetem Maß hin.

- Runde Klammern um ein Maß bedeuten eine zusätzliche Maßangabe (Hilfsmaß). Ein in eckige Klammern gesetztes Maß bedeutet, daß es sich bei dem betreffenden Maß um ein Roh- bzw. Vorbearbeitungsmaß handelt.

- Ein rechteckiger Rahmen um ein Maß bedeutet, daß das betreffende Maß ein theoretisch genaues Maß ist.

- Ein Rahmen mit runden Ecken um ein Maß bedeutet, daß es sich bei dem betreffenden Maß um ein Prüfmaß handelt.

- M = metrisches Gewinde, Tr = Trapezgewinde, W = Whitworthgewinde, R = Rundgewinde,
  $\varnothing$ = Durchmesser, $\square$ = Quadrat,
  $\varnothing$ S = Kugeldurchmesser, $\varnothing$ R = Kugelradius,
  $\cap$ = Bogenmaß, $\curvearrowright$ = gestreckte Länge
  $\diagdown$ = Neigung, $\triangleright$ = Kegelverjüngung

- Der Kleinbuchstabe t steht für die Dicke z.B. eines Bleches.

- ⓂＭ = Maximum-Material-Prinzip; Ⓔ = Hüllprinzip

zu Aufgabe 3

Tolerierung ISO 8015					Allgemein- toleranz ISO 2768-mK	Werkstück- kanten DIN 6784	Maßstab 1:1		Gewicht 300g
							Werkstoff: GG 20		
						Datum	Name		
					Bear.		Gerhardt		
					Gepr.				
					Norm				
							311.234		Blatt
									Bl.
Zus.	Änderung		Datum	Nam.	Urspr.		Ers. für:		Ers. durch:

zu Aufgabe 4

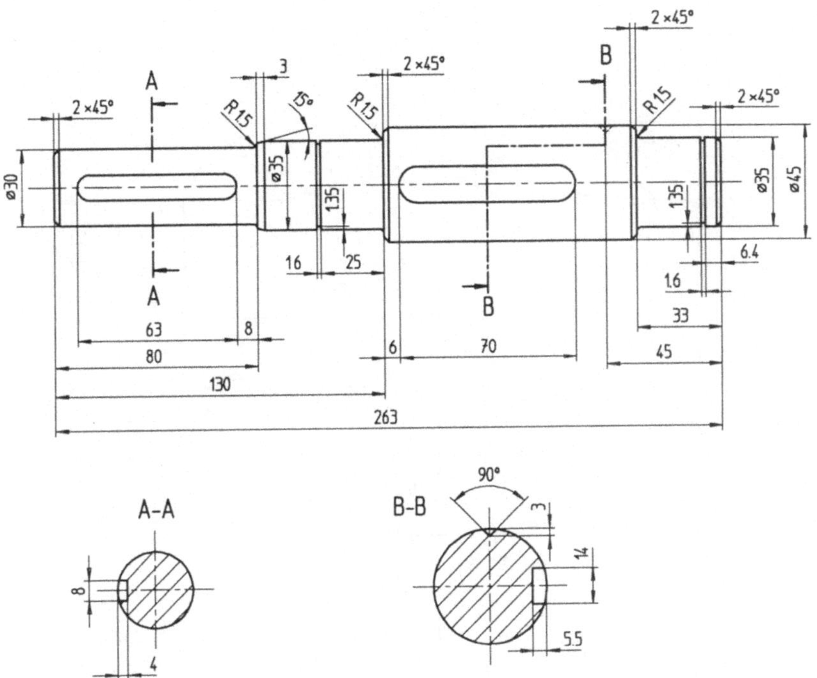

zu Aufgabe 6

Pos	Menge	Einheit	Benennung	Sachnummer / Norm-Kurzbezeichnung	Bemerkung
1	1	Stck	Anschlußstück		S 235 JR
2	1	Stck	Endstück		S 235 JR
3	1	Stck	Kolben		S 235 JR
4	1	Stck	Spindel		S 235 JR
5	1	Stck	Druckstück		S 235 JR
6	1	Stck	Zylinder		Cu Zn39 Pb2
7	1	Stck	Handgriff		S 235 JR
8	1	Stck	Sicherungsscheibe		St
9	1	Stck	Dichtung		Gummi
10	1	Stck	Stift		St
11	1	Stck	Stift		St

Eine „lose" Stückliste wird von oben nach unten ausgefüllt.

zu Aufgabe 7

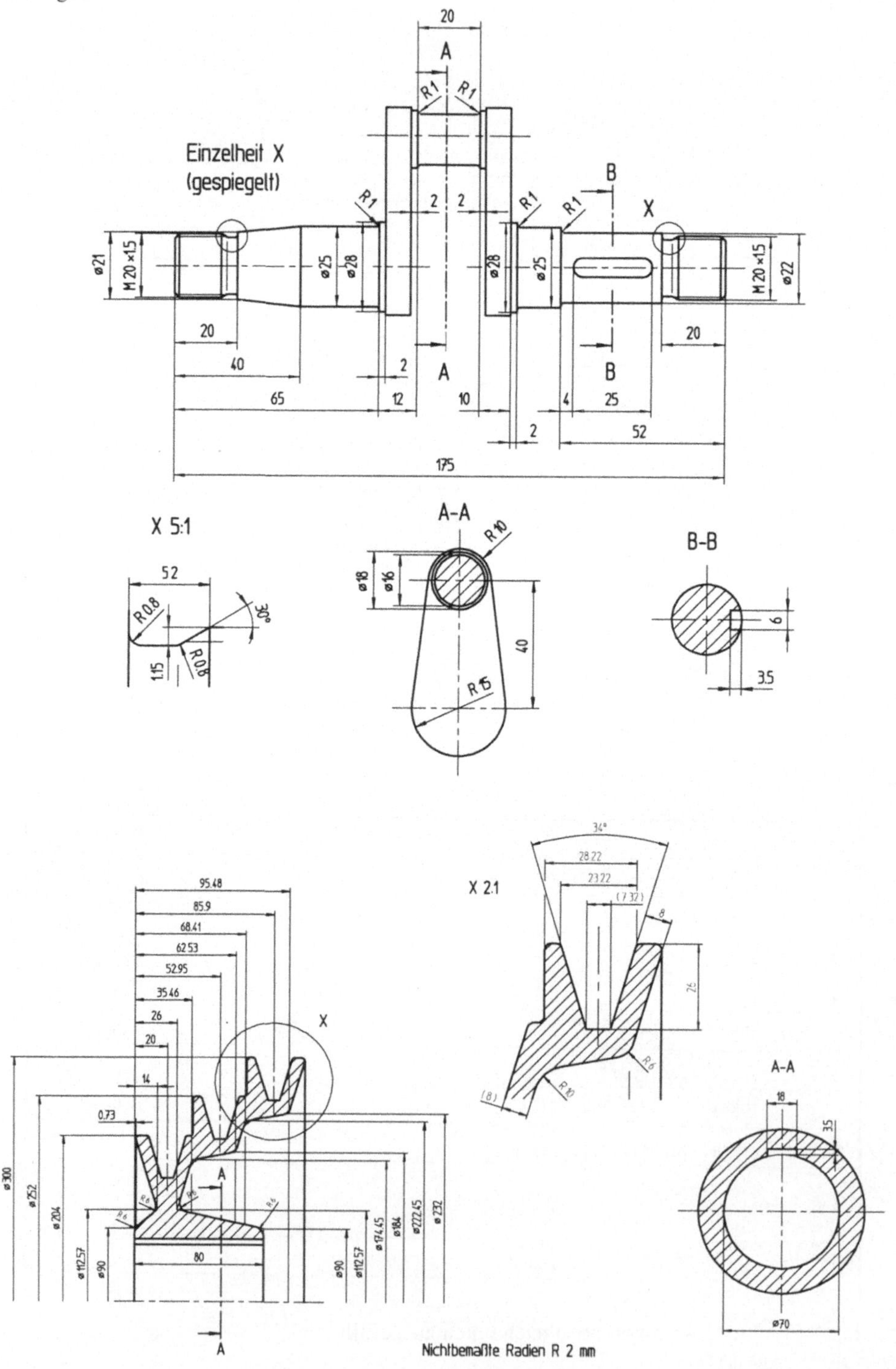

zu Kapitel 6

Werkstoff-bezeichnung	Beschreibung
S235JR	Stahl für den Stahlbau; Mindeststreckgrenze: 235 N/mm²; Kerbschlagarbeit: 27 Joule bei 20°C
E360	Maschinenbaustahl; Mindeststreckgrenze: 360 N/mm²
S355J2G1W	Stahl für den Stahlbau; Mindeststreckgrenze: 355 N/mm²; Kerbschlagarbeit: 27 Joule bei -20°C; unberuhigte Stahlsorte; wetterfest
S460Q	Stahl für den Stahlbau; Mindeststreckgrenze: 460 N/mm²; vergütet
P265B	Stahl für Druckbehälter; Mindeststreckgrenze: 265 N/mm²; für Gasflaschen (Zusatzsymbol für Stähle für Gasflaschen: B)
C35	unlegierter Stahl mit mittlerem Mn-Gehalt < 1%; mittlerer C-Gehalt: 0,35%
28Mn6	unlegierter Stahl mit ≥ 1% Mn; mittlerer C-Gehalt: 0,28%; Mn-Gehalt: 1,5% (der Mn-Gehalt wird mit dem Faktor 4 multipliziert angegeben)
X5CrNi18-10	legierter Stahl bei dem mindestens ein Legierungselement einen Gehalt ≥ 5% aufweist; mittlerer C-Gehalt: 0,05%; mittlerer Cr-Gehalt: 18%; mittlerer Ni-Gehalt: 10%
HS2-9-1-8	Schnellarbeitsstahl; W-Gehalt: 2%; Mo-Gehalt: 9%; V-Gehalt: 1%; Co-Gehalt: 8%
GTW-35-04	weißer Temperguß mit einer Zugfestigkeit von 350 N/mm² und 4% Bruchdehnung
PVC	Polyvinylchlorid
72 NBR	Acrilnitril-Butadien-Kautschuk mit 72 Shore-A-Härte
Al2O3	Aluminiumoxid
PTFE	Polytetrafluorethylen, Teflon
1.0117	Stahl; allgemeiner Baustahl mit R_m < 500 N/mm²; Zählnummer: 17 identisch mit S235J2G4 (Stahl für den Stahlbau; Mindeststreckgrenze: 235 N/mm²; Kerbschlagarbeit: 27 Joule bei -20°C; besondere Lieferbedingungungen)

zu Kapitel 7

zu Aufgabe 1

- Nach DIN 4760 stellt die Gestaltabweichung die Gesamtheit aller Abweichungen der Istoberfläche von der geometrischen Oberfläche dar.

- Gestaltabweichungen können als Formabweichungen, Welligkeit oder Rauheit auftreten. Formabweichungen betreffen dabei die Grobgestalt eines Bauteiles (z.B. Geradheits-, Ebenheits- oder Rundheits-Abweichungen), Welligkeit und Rauheit hingegen die Feingestalt (z.B. Wellen, Rillen, Riefen, Schuppen).

- Die Istoberfläche ist das meßtechnisch erfaßbare, angenäherte Abbild der wirklichen Oberfläche. Die geometrische Oberfläche ist die ideale Oberfläche, wie sie durch die technische Zeichnung oder andere technische Unterlagen definiert wird. Die wirkliche Oberfläche ist definiert als die Oberfläche, die ein Bauteil von dem es umgebenden Medium trennt.

- Es sind unter anderen folgende Rauheitsmeßgrößen definiert: arithmetischer Mittenrauhwert R_a, gemittelte Rauhtiefe R_z, maximale Einzel-Rauhtiefe R_{max}, maximale Profilkuppenhöhe R_p, maximale Profiltaltiefe R_m. Der arithmetische Mittenrauhwert R_a ist als der arithmetische Mittelwert der absoluten Werte aller Abweichungen des Istprofiles vom mittleren Profil innerhalb der Bezugsstrecke definiert. Als gemittelte Rauhtiefe R_z wird das arithmetische Mittel der sich auf den Einzelmeßstrecken ergebenden maximalen Rauhtiefen bezeichnet. Als maximale Einzel-Rauhtiefe R_{max} wird die größte auf der Auswertelänge vorkommende Einzelrauhtiefe bezeichnet. Die maximale Profilkuppenhöhe R_p entspricht dem maximalen Abstand der höchsten Profilerhebung zur Mittellinie. Als maximale Profiltaltiefe R_m ist der maximale Abstand von der tiefsten Profilsenke zur Mittellinie definiert.

zu Aufgabe 2

R_a	0,04	0,63	12,5	25	0,032	0,1	0,315	2	12,5
R_z	0,16	2,5	40	80	1	2,5	6,3	25	100

zu Aufgabe 3

Die seitens der Konstruktion verlangten Beschaffenheiten von Bauteiloberflächen werden in technischen Zeichnungen nach DIN ISO 1302 angegeben. Die Kennzeichnung der Oberfläche erfolgt durch ein Symbol in Verbindung mit einer zahlenmäßigen Rauheitsangabe und/oder einer Textangabe. Als besondere Eigenschaften einer Oberfläche können gefordert werden: Maximal- und Minimalwert einer Rauheitsmeßgröße, Fertigungsverfahren, Oberflächenbehandlung, Rillenrichtung, Bearbeitungszugabe.

zu Aufgabe 4

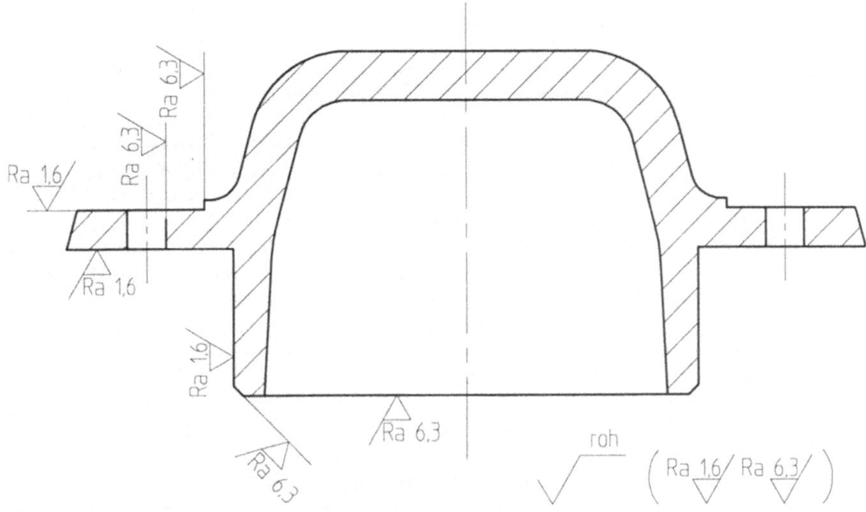

zu Aufgabe 5

Symbol	Bedeutung
Ra 6,3 Ra 3,2	Oberflächenangabe: spanend hergestellte Oberfläche mit Mittenrauhwert Ra = 3,2 bis 6,3 µm
z	Oberflächensymbol, welches an einer anderen Stelle auf der Zeichnung definiert ist
+	Kantenzustand: Außenkante gratig; ohne Vorgabe des Kantenmaßes; Gratrichtung beliebig
DIN 50967-Fe/Ni12Crr Rz0,8	Oberfläche mit einer Beschichtung nach DIN 50967; Beschichtung mit Nickel (Schichtdicke: 12 µm) und anschließend Glanzchrom; bei der Beschichtung erzielte gemittelte Rauhtiefe Rz ≤ 0,8 µm
+0,02 -0,5	Kantenzustand: Außenkante wahlweise gratig bis 0,02 mm oder gratfrei im bis 0,5 mm; Gratrichtung beliebig
-0,5 -0,1	Kantenzustand: Außenkante gratfrei im Bereich von 0,1 bis 0,5 mm; Gratrichtung vorgegeben
DIN 50960-Cu/Ag 10	Oberfläche mit einer Beschichtung nach DIN 50960; Beschichtung mit Kupfer und anschließend Gold (Schichtdicke: 10 µm)

zu Kapitel 8

zu Aufgabe 1

H7/r6	Übermaßpassung	Einheitsbohrung
H7/n6	Übergangspassung	Einheitsbohrung
H7/h6	Spielpassung	Einheitsbohrung
H11/h11	Spielpassung	Einheitsbohrung/Einheitswelle
F8/h9	Spielpassung	Einheitswelle
H7/j6	Übergangspassung	Einheitsbohrung
H8/x8	Übermaßpassung	Einheitsbohrung
J7/h6	Übergangspassung	Einheitswelle
H7/k6	Übergangspassung	Einheitsbohrung
S7/h	Übermaßpassung	Einheitswelle
A11/h11	Spielpassung	Einheitswelle
H7/f7	Spielpassung	Einheitsbohrung

zu Aufgabe 2

Bei einer Übermaßpassung ist sowohl die Höchstpassung $P_O = P_{\ddot{U}O}$ als auch die Mindestpassung $P_U = P_{\ddot{U}U}$ negativ; die Höchstpassung ist dabei höchstens glich Null. Die Außenpaßfläche weist stets ein größeres Maß auf als die Innenpaßfläche. Das Paaren der Paßteile ist nur unter Krafteinwirkung oder nach thermischer Vorbehandlung möglich. Nach dem Paaren ergibt sich ein mit Sicherheit spielfreier, fester Sitz der Innenpaßfläche auf der Außenpaßfläche.

Bei einer Übergangspassung ist die Höchstpassung $P_O = P_{SO}$ positiv, die Mindestpassung $P_U = P_{\ddot{U}U}$ jedoch negativ. In Abhängigkeit von der jeweiligen Lage der Maßtoleranz kann das Istmaß der Außenpaßfläche kleiner oder größer ausfallen als das der Innenpaßfläche, so daß sich Spiel oder Übermaß ergeben können. Das Paaren ist ohne bzw. mit geringem Kraftaufwand möglich. Nach dem Paaren ergibt sich ein enger, jedoch immer noch beweglicher Sitz der Innenpaßfläche auf der Außenpaßfläche.

Bei einer Spielpassung ist sowohl die Höchstpassung $P_O = P_{SO}$ als auch die Mindestpassung $P_U = P_{SU}$ positiv. Die Außenpaßfläche weist also stets ein kleineres Maß auf als die Innenpaßfläche. Das Paaren der Paßteile ist stets kraftfrei möglich. Nach dem Paaren ergibt sich ein relativ loser Sitz der Innenpaßfläche auf der Außenpaßfläche.

zu Aufgabe 3

- Die Bedingung, daß keine zusätzliche Sicherung gegen Verdrehen/Verschieben notwendig werden darf, erfordert eine Übermaßpassung, z.B. H7/r6

- Die Bedingung, daß eine Sicherung gegen Verdrehen/Verschieben zugelassen ist, erlaubt eine Übergangspassung, z.B. H7/k6

- Die Bedingung, daß nach dem Fügen eine Verschiebung von Hand möglich sein soll, erfordert eine Spielpassung, z.B. H7/g6

zu Aufgabe 4

	Bohrung ∅ 50 H7	Welle ∅ 50 r6	Welle ∅ 50 j6	Welle ∅ 50 h6
oberes Abmaß A_O	+0,025	+0,050	+0,011	0,000
unteres Abmaß A_U	0,000	+0,034	-0,005	-0,016
Höchstmaß G_O	50,025	50,050	50,011	50,000
Mindestmaß G_U	50,00	50,034	49,995	49,984
Maßtoleranz T	0,025	0,016	0,016	0,016

Passung	∅ 50 H7/r6	∅ 50 H7/j6	∅ H7/h6
$P_{ÜO}$	-0,009		
$P_{ÜU}$	-0,05	-0,011	
P_{SO}		0,030	0,041
P_{SU}			0,00
P_T	0,041	0,041	0,041

zu Aufgabe 5

Die Angabe von Maßtoleranzen in technischen Zeichnungen erfolgt am einfachsten dadurch, daß man der Maßzahl, die stets das Nennmaß angibt, das untere und das obere Abmaß hinzufügt. Das obere und untere Abmaß kann dabei durch eine Zahlenangabe direkt oder durch eine ISO-Toleranzklasse angegeben werden. Darüber hinaus ist jedes Maß, welches nicht durch die explizite Angabe von Abmaßen toleriert ist, durch die sogenannten Allgemeintoleranzen in seinen zulässigen Abweichungen festgelegt.

Die Angabe von Form- und Lagetoleranzen erfolgt mit Hilfe eines Toleranzrahmens, in den das Symbol für die zu tolerierende Eigenschaft und die Toleranzzone mit Toleranzwert eingetragen wird. Der Toleranzrahmen wird mit dem zu tolerierenden Formelement in Bezug gebracht.

zu Aufgabe 6

- Mit dem Begriff Gutmaß ist dasjenige Grenzmaß gemeint, das beim Materialabtragen zuerst erreicht wird. Ausgehend vom Gutmaß kann man durch weiteres Materialabtragen das Istmaß näher an das zweite Grenzmaß, das Ausschußmaß, heranbringen. Weiteres Materialabtragen führt zu Ausschuß, da die Maßtoleranz endgültig verlassen wird.

- Mit Hilfe von Allgemeintoleranzen können Maßabweichungen global vorgegeben werden, so daß nicht jedes einzelne Maß separat toleriert zu werden braucht.

- Die DIN ISO 8015 besagt, daß alle in einer Zeichnung angegebenen Maß-, Form- und Lagetoleranzen unabhängig voneinander eingehalten werden müssen, sofern nicht explizit andere Angaben etwas anderes fordern. Fehlt die Angabe „Tolerierung ISO 8015", so gilt in der Bundesrepublik Deutschland automatisch, daß nach DIN 7167 toleriert wird. Dies bedeutet auch, daß die angegebenen Toleranzen nach der Hüllbedingung (also dem alten Tolerierungsgrundsatz) interpretiert werden müssen.

zu Aufgabe 7

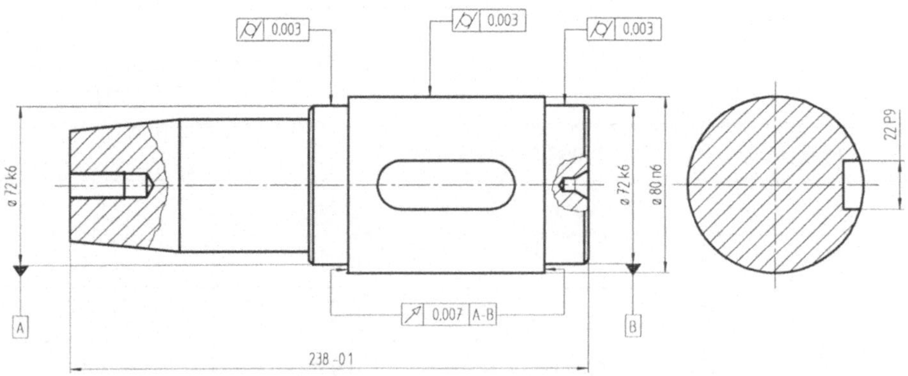

Sachwortverzeichnis

Im folgenden sind die genutzten Sachworte und Fachbegriffe aufgelistet und mit einem Seitenverweis versehen. Diese Verweise referieren aber nicht auf alle Stellen im Text, an denen das betreffende Stichwort benutzt wurde, sondern an diejenige Stelle, an der der entsprechende Fachbegriff definiert bzw. erklärt wird. Im Text sind diese Stichworte kursiv geschrieben.

H.H.F. Lieth   B.A. Markert

Aufstellung und Auswertung ökosystemarer Element-Konzentrations-Kataster

Eine Einführung

Mit 39 Abbildungen

Springer-Verlag
Berlin Heidelberg New York London Paris Tokyo

Professor Dr. Helmut H. F. Lieth
Dr. Bernd A. Markert

Universität Osnabrück
Arbeitsgruppe Systemforschung
Postfach 4469
D-4500 Osnabrück

ISBN-13:978-3-540-18809-4   e-ISBN-13:978-3-642-73366-6
DOI: 10.1007/978-3-642-73366-6

CIP-Titelaufnahme der Deutschen Bibliothek. Lieth, Helmut: Aufstellung und Auswertung ökosystemarer Element-Konzentrations-Kataster : e. Einf. / Helmut H.F. Lieth ; Bernd A. Markert. – Berlin ; Heidelberg ; New York ; London ; Paris ; Tokyo : Springer, 1988
ISBN-13:978-3-540-18809-4
NE: Markert, Bernd.

2131/3130-543210

Vorwort

Von der Arbeitsgruppe Systemforschung an der Universität Osnabrück wird im Auftrag der International Union of Biological Sciences (IUBS) ein Projekt zur Erstellung von sogenannten Element-Konzentrations-Katastern in Ökosystemen (ECCE) entwickelt, das alle großen Ökosysteme der Erde einschließen soll.

Während unserer Pilotstudien in den Jahren 1983-1986 ist es uns mit Hilfe befreundeter Wissenschaftler gelungen, zwischen 60 und 70 der etwa 90 natürlich vorkommenden Elemente zu erfassen. Die in den Arbeiten auftretenden Schwierigkeiten und Fehler, aber auch enormen Möglichkeiten, die sich aus der Aufstellung von ECCEs für die moderne Ökosystemanalyse ergaben, hatten uns dazu ermutigt, unsere bisherige Methodik und Fragestellungen der IUBS für ein internationales Programm anzubieten. Die IUBS hat dieses Angebot angenommen und uns beauftragt, ein internationales Programm zu entwickeln.

Der Wortlaut des Antrages, mit dem dieses Projekt der IUBS General Assembly 1985 in Budapest und 1986 in Syracuse, N.Y., zur Annahme empfohlen wurde, ist im Anhang wiedergegeben. Als wesentliche Gründe für das Projekt sind darin angegeben, daß vollständige Elementaranalysen folgende Vorteile für die Ökosystemforschung bringen werden:

1. Sie werden die Basisinformation für den globalen Kreislauf aller chemischen Elemente liefern.
2. Sie werden Elementbilanzen für die verschiedenen Ökosysteme in den unterschiedlichen klimatischen und edaphischen Bedingungen ermöglichen.
3. Sie können den Einfluß verschiedener Elementkonzentrationen auf die Evolution von Pflanzen- und Tierarten aufzeigen.
4. Sie können den Einfluß der Elementkonzentrationen auf die Vegetations- und Bodenstruktur in den verschiedenen Ökosystemen aufzeigen.
5. Sie können die Verteilungsmuster der einzelnen Elemente in den pflanzlichen und tierischen Organismen des Ökosystems liefern.
6. Sie können weitere Parameter für die Modellierung von Ökosystemen liefern.
7. Sie können die Möglichkeit eröffnen, geeignete Ökosysteme zur Gewinnung heute noch schwer zugänglicher Elemente zu nutzen.
8. Sie können für die Untersuchung von Quellen und Ausbreitungsmuster anthropogen verbreiteter Elemente verwendet werden.

Alle genannten Möglichkeiten sind für die moderne Industriegesellschaft von Bedeutung. Für die Ökologie sind es vor allem die umweltrelevanten Nutzungen der Element-Konzentrations-Kataster.

Durch die gegenwärtige Ausnutzung der Energiereserven und Bodenschätze, besonders in den letzten 200 Jahren, läßt der Mensch einzelne Elemente, die in Jahrmillionen als Resourcen im Boden und im Gestein festgelegt wurden, wieder in den biologischen Kreislauf einfließen. Beispiele sind neben SO_2 und NO_x viele Schwermetalle, die in verschiedenster Weise in biologische Funktionen eingreifen. Bis heute kann uns niemand sagen, welche Auswirkungen etwa der Einbau von Platinkatalysatoren in unsere Automobile, womit ein verstärkter Ausstoß von Platin verbunden sein wird, auf die Organismenwelt haben wird. Schwierigkeiten bereitet die analytische Erfassung der sogenannten "Speciation", der chemischen Umgebung eines Elements, das heißt, in welcher Bindungsform, in welcher Oxidationszahl oder in welcher Wertigkeit ein bestimmtes Element im Boden vorliegt. Damit verbunden ist die Verfügbarkeit einzelner Elemente für die Pflanze. Der Untersuchung solcher Faktoren muß in Zukunft mehr Aufmerksamkeit geschenkt werden. Dazu scheint uns die Untersuchung gesamter Ökosysteme mittels Element-Konzentrations-Kataster als eine erste Basis für weitere Untersuchungen geeignet.

Das vorliegende Buch soll als Anregung zu ähnlichen Arbeiten im europäischen Raum dienen. Wir hoffen, damit Kollegen und Studenten für diese Arbeit zu interessieren.

Dieses Buch wäre nicht in dieser Form erschienen, wenn nicht zahlreiche Leute an seiner Entwicklung mitgearbeitet hätten. Gedankt sei zunächst dem Gesamtverband der Deutschen Ruhrkohle AG in Essen, der uns den finanziellen Rahmen für unsere Untersuchungen gab. Ohne die Unterstützung einer großen Zahl von Analytikern wäre es nicht zur Aufstellung von Element-Konzentrations-Katastern gekommen. Diese waren im einzelnen: M. de Bruin, Delft; M. Buczko, Debrecen; S. Caroli, Rom; E. Damsgaard, Roskilde; D.J. David, Canberra; M. J. Dudas, Edmonton; W. D. Ehmann, Lexington; K. Heydorn, · Roskilde; H. J. Hoffmann, München; J. Kroner, München; S. Ohno, Chiba-shi; S. Parry, London; S. Pawluk, Edmonton; E.E. Pickett, Columbia; P. Potts, Milton Keynes; P. Schramel, München; M. Stoeppler, Jülich; A. Sugimae, Osaka; J. Tian, Lexington; M. Ure, Aberdeen; D.O. Wilson, Experiment; I. Yliruokanen, Helsinki; T.L. Yuan. Für die Unterstützung bei der Erstellung des Manuskriptes möchten wir ganz herzlich den Mitarbeitern der Arbeitsgruppen Systemforschung und Ökologie der Universität Osnabrück danken, insbesondere E. Oetjens, D. Sboron, H. Schnitzler, V. Weckert und Dr. B. Thober.

Wir, hoffen insgesamt, für das weite Gebiet der

anorganischen Umweltanalytik neue Anreize, Impulse und Diskussionsgrundlagen geschaffen zu haben.

Osnabrück, März 1988

H. Lieth   B. Markert

Inhaltsverzeichnis

1 Einleitung

Im vorliegenden Buch wird versucht, ein methodisches Analysensystem vorzustellen, das die Konzentrationen und den Fluß aller chemischen Elemente des periodischen Systems in Ökosystemen quantitativ erfaßbar macht. Dies ist für einen Teil der chemischen Elemente des periodischen Systems bereits möglich, jedoch gab es für etwa 2/3 aller chemischen Elemente lediglich spezielle Laboratorien, die die Konzentrationen in Umweltproben exakt quantitativ erfassen können. Erst seit kurzem sind neue Analysengeräte, wie das ICP-MS, entwickelt worden, mit denen man nahezu alle Elemente in einem Laboratorium quantitativ bestimmen kann. Der Aufwand für eine vollständige Elementaranalyse ist sehr groß. Wenn solche Analysen auf ein Ökosystem angewendet werden, erfordert die Probenahme große Sorgfalt. Nur eine repräsentative Probenahme von notwendiger Präzision und Reinheit rechtfertigt einen analytischen Aufwand, wie er in den nachfolgenden Kapiteln beschrieben wird .

Die Ermittlung eines vollständigen Element-Konzentrations-Katasters stellt eine Erweiterung des bereits bestehenden Arbeitsgebietes "Ökologische Chemie" dar. Die Ergebnisse einer solchen Arbeit werden unser Wissen über ökologische Zusammenhänge vertiefen. In dieser Phase der Erforschung ökochemischer Zusammenhänge ist eine enge Zusammenarbeit zwischen Ökologen und analytisch arbeitenden Chemikern notwendig, um richtige und interpretationsfähige Daten zu erhalten. Dies wird so lange notwendig sein, bis geeignete Analysengeräte für chemische Gesamtanalysen entwickelt worden sind, die eine weitgehende Automation des Laborbetriebs ermöglichen. Das vorliegende Buch soll die einschlägige Industrie dazu anregen, diese Geräte zu entwickeln. Die erhaltenen Daten können mit Hilfe sogenannter Element-Konzentrations-Kataster sinnvoll interpretiert werden. Die Ziele, die mit der Aufstellung von Element-Konzentrations-Katastern im Rahmen des IUBS/ECCE verbunden sind, sind in Tab. 1 kurz aufgelistet.

Bevor auf die Methodik zur Aufstellung von Element-Konzentrations-Katastern eingegangen wird, soll zunächst einiges über die Bedeutung und den Fluß von Elementen auf globaler und ökosystemarer Ebene gesagt werden.

Tab.1: Biologische und analytische Ziele, die sich aus der Aufstellung von Element-Konzentrations-Katastern ergeben

I. <u>Analytische Ziele:</u>

1. Aufstellung eines repräsentativen Probennahmeprogramms für die in Betracht kommenden Ökosysteme.

2. Verfeinerung der Probenaufarbeitungstechniken (insbesondere Waschung, Homogenisierung, Trocknung und Aufschluß der Proben).

3. Bestimmung aller analytisch erfaßbaren Elemente mit Hilfe unterschiedlichster analytischer Techniken, insbesondere AAS, AES-ICP und NAA.

4. Differenzierung der Elemente im Boden in pflanzenverfügbaren Anteil und Totalgehalt des Bodens.

5. Vergleich der erhaltenen Messdaten mit Ergebnissen kooperierender Wissenschaftler, die durch Ringanalysen an der Messung der Proben mitgewirkt haben.

II. <u>Biologische Ziele:</u>

1. Etablierung von Basisdaten für eine ganze Palette von Elementen des periodischen Systems für unterschiedliche Ökosysteme, die für die moderne Ökosystemanalyse neue Perspektiven eröffnet.

2. Schaffung einer grundlegeneden Datenbasis, die erste Informationen über Vorkommen und Verteilung auch seltener Elemente in unterschiedlichen Kompartimenten des Ökosystems geben sollen, an denen Physiologen und Biochemiker neue Fragestellungen aufhängen können.

3. Ermittlung der interelementaren Korrelation für verschiedene Pflanzenteile mit Hilfe der Korrelationsanalyse, die möglicherweise artspezifisch sein könnte.

4. Chemische Charakterisierung unterschiedlicher Pflanzenarten mit Hilfe unterschiedlicher Darstellungsweisen (MARKERT, 1987).

5. Auffindung möglicher chemischer Pflanze - Boden - Beziehungen durch Aufstellung verschiedener Korrelationsmatrices.

6. Ermittlung des Selektionsvermögens verschiedener Pflanzenarten in Bezug auf bestimmte Elemente des periodischen Systems (Auffindung möglicher Akkumulatoreigenschaften)

7. Prognostische Hochrechnung des Gesamtgehalts verschiedener Elemente in der Biosphäre ausgewählter Ökosysteme (Hinweis auf mögliche Elementresourcen).

1.1. Die Bedeutung und Wirkung von Mineralstoffen

Der Begriff Mineralstoff umfaßt sämtliche Elemente des periodischen Systems (s. Tabelle am Ende des Buches). Einige dieser Elemente sind für die Existenz aller Organismen notwendig und werden als Nährstoffe bzw. essentielle Elemente bezeichnet. In der klassischen Pflanzenernährung und Bodenkunde wird in Abhängigkeit der Häufigkeit des Vorkommens der Elemente innerhalb der Organismen differenziert in Makronährstoffe (macro nutrients) und Mikronährstoffe (micro nutrients). Eine große Anzahl weiterer Elemente, deren Wirkung aber im wesentlichen unbekannt ist, sind ebenfalls in Pflanzen- und Tierkörpern enthalten (IYENGAR et al. 1978; IRGOLIC und MARTELL, 1985). Bei einigen Elementen kann man jedoch annehmen, daß die passive Aufnahme in großen Mengen zu Transportschwierigkeiten und zur Beeinflussung der Aufnahme weiterer Stoffe führt. Solche Elemente wirken deshalb indirekt auf die Physiologie von Pflanzen oder Tieren. Tab. 2 gibt eine Aufteilung der Elemente nach den genannten Gesichtspunkten wieder. In der Aufteilung sind außerdem Kategorien aufgenommen worden, die für die Probenahme und die Analyse von Bedeutung sein werden.

Als für alle Organismen in größeren Mengen notwendig (Makronährstoffe) haben sich folgende 10 Elemente erwiesen: C, O, H, N, S, P, K, Ca, Mg und Fe

Tab.2: Einteilung der Mineralstoffe nach Essentialität ud Häufigkeit ihres Vorkommens (nicht natürlich vorkommende Elemente bzw. Isotope wurden bei dieser Übersicht nicht mitberücksichtigt)

MINERALSTOFFE

ESSENTIELLE ELEMENTE		NICHT ESSENTIELLE ELEMENTE	
MAKRONÄHRSTOFFE (macronutrients)	Mikronährstoffe (micronutrients)	IN DER BIOMASSE IN HÖHEREN KONZENTRA-TIONEN VORKOMMEND*	IN DER BIOMASSE IN GERINGEREN KONZENTRA-TIONEN VORKOMMEND
C, O, H, N, P, S,	B, Cl, Co, Cu, Mn,	Al, Ba, Br, Ge, Li,	Ag, As, Au, Be, Bi,
K, Ca, Mg, Fe	Mo, Na, Zn	Ni, Pb, Rb, Sr, Ti	Cd, Ce, Cs, Dy, Er,
			Eu, Ga, Gd, Hf, Hg,
davon häufig auftretende gasförmige Species:	davon häufig auftretende ionogene Formen:	GASFÖRMIG:	Ho, In, Ir, La, Lu,
CO_2, H_2O, O_2, O_3,	$B(OH)_3$, MoO_4^{--}, Cl^-	He, Ne, Ar, Kr, Xe	Nb, Nd, Os, Pd, Pt,
N_2, NH_3, SO_2, NO_x,	Co^{3+}, Cu^{2+}, Mn^{2+},		Pr, Re, Rh, Ru, Sb,
H_2, CH_4, H_2S	MnO_4^-, Na^+, Zn^{2+}		Sc, Sm, Ta, Tb, Te,
davon häufig auftretende ionogene Spec.:	ORGANISMENSPEZI-FISCHE ELEMENTE:		Th, Tl, Tm, U, W, Y,
K^+, Ca^{2+}, Mg^{2+}, Ca^{2+},	Cr, I, F, Se, Si,		Yb, Zr
$Fe^{2+/3+}$, SO_4^{2-}, PO_4^{3-},	Sn, V		
CO_3^{2-}, NO_3^-			

*=meist mehr als 1 ppm pro g Trockensubstanz enthalten

(MENGEL, 1984; ZIEGLER, 1978), von denen die ersten drei Elemente als CO_2 und O_2 aus der Luft und als Wasser aufgenommen werden, während die letzten sieben den Pflanzen als Ionen zugeführt werden müssen (ZIEGLER, 1978; BAUMEISTER und ERNST, 1978). Eisen wird von diesen 10 Elementen in weit geringeren Mengen als die übrigen Elemente benötigt und leitet daher zur Gruppe der Mikronährstoffe oder Spurenelemente über (Mn, Cu, Zn, B, Cl, Mo, Na und Co) (ZIEGLER, 1978). Ferner sind einige chemische Elemente in spezifischen Organismen vorhanden, wo sie eine besondere Stellung im Stoffwechsel einnehmen, ohne daß ihre Notwendigkeit für andere Organismen bisher bewiesen ist. Zu solchen Mineralstoffen gehören Iod, Fluor und Selen bei den Wirbeltieren, Silizium für die Stützstrukturen bei den Kieselalgen, Gräsern und Seggen, Vanadium im Blutfarbstoff der Ascidien und im Amavadin der Fliegenpilze (ERNST und JOOSEE VAN DAMME, 1983). Einige Funktionen von Mikro- bzw. Spurenelementen sowie Folgen eines vollständigen Mangels sind in Tab. 3 wiedergegeben (KIEFER, 1984).

Über die Funktion und die Wirkungsweise vieler Elemente ist noch wenig bzw. nichts bekannt. Für essentielle Elemente lassen sich Dosis-Effekt-Kurven erstellen, deren prinzipieller Verlauf in Abb. 1 wiedergegeben ist. Es wird zunächst davon ausgegangen, daß die Konzentration eines Elements für die Aktivität eines Organismus verantwortlich ist. Bei bestimmten Konzentrationen des Elements hat der Organismus über einen bestimmten Schwankungsbereich seine volle

Tab.3: Einige Funktionen von Mikroelementen
sowie Folgen eines vollständigen Mangels
(aus KIEFER, 1984)

Element	Bestandteil von	Vollständiger Mangel bewirkt u. a.
Chrom	Glucosetoleranzfaktor	Diabetes
Cobalt	Vitamin B_{12} (in 4 Enzymen)	Anämie, Ausbleiben der Nukleinsäuresynthese
Eisen	Cytochrome a, b, c, f $\big\}$ Cytochrom-c-Reduktase $\big]$	$\big\{$ Unterbrechung der Oxidation, Stillstand der Energieproduktion
	Katalase, Peroxidasen	Bildung von Fettperoxiden, Hämolyse
	Hämoglobin, Ferritin u. a.	Unterbrechung der O_2-Verteilung
Iod	Thyroxin (T_4), T_3 (Hormone)	sehr vielfältige Schäden, Kropf
Kupfer	Cytochrom-Oxidase	Blockierung der Oxidation (Atmung)
	Coeruloplasmin = Laccase	Unterbrechung des Kupfertransports
	Uricase	Unterbleiben der Harnsäureoxidation
	Monoaminoxidase	Fehlende Bildung von Neurotransmittern
	Tyrosinase	Ausbleiben der Pigmentbildung (weiße Haare)
	Ascorbinsäureoxidase	Störung der Redoxsysteme
Mangan	Arginase	Stopp der Harnstoffbildung
	Pyruvatcarboxylase	Zitronensäurezyklus unwirksam
	Malatenzym	Blockierung des Zitronensäurezyklus
Molybdän	Aldehydoxidase	Störung der Fettsäurebildung aus Kohlenhydraten
	Xanthinoxidase	Ausbleiben der Purinoxidation
Nickel	Urease	Stillstand der Harnstoffspaltung
Selen	Glutathionperoxidase	Lipidperoxidation, Hämolyse
Zink	Alkalische Phosphatase	Anhäufung von Metaboliten
	Alkoholdehydrogenase	Alkoholvergiftung
	Carboanhydrase	Acidose
	Carboxypeptidase	Ausbleiben der Proteinsynthese
	Glutamatdehydrogenase	Störung der Transaminierungen
	Lactatdehydrogenase	Muskelvergiftung durch Lactat
	Malatdehydrogenase	Stillstand des Zitronensäurezyklus
Zinn	Gastrin	Ausbleiben der Sekretion von Verdauungsenzymen

8

Aktivität (Produktivität) erreicht. Wird diese Konzentration überschritten, kann es zu Vergiftungserscheinungen und letztendlich zum Tode des Lebewesens kommen. Viele Elemente wirken schon bei gering über dem Normalwert liegenden Konzentrationen toxisch (z.B. As, Cd, Pb). Wird die für die Lebensvorgänge notwendige Konzentration des Elements unterschritten, kommt es zunächst zu Mangelerscheinungen und kann ebenfalls bis zum Tod des Organismus führen. Über die toxikologische Wirkung einzelner Mineralstoffe siehe z.B. FRIBERG et al. 1979; HEMPHILL, 1967-1987; HOBBS und STREIT, 1986; JÄGER et al., 1986 LUCKEY et al., 1975; LUCKEY und VENUGOPAL, 1977; KAZMIERCZAK et al. 1985; KALETA, 1984; MERIAN, 1984, VENUGOPAL und LUCKEY, 1978, REEDIJK, 1987.

Die in Abb.1 dargestellten Verhältnisse gelten nur begrenzt. Wie in Kapitel 4.3. dargestellt, ist die Konzentration eines Elements allein nicht ausschlaggebend für seine tatsächliche Wirkung im Organismus. Z.B. kann ein zu hoher Zinkgehalt im Organismus zu Chlorosen im Blatt führen, die sonst hauptsächlich nur bei Eisenmangel auftreten würden. Hier kommt es innerhalb des Stoffwechsels anscheinend zu einer antagonistischen Wirkung zwischen Zink und Eisen.

Außerdem spielt die chemische "Speciation" eines Elementes für seine Wirkung eine entscheidende Rolle (Kapitel 1.2). Z.B. ist Quecksilber als Methylquecksilber

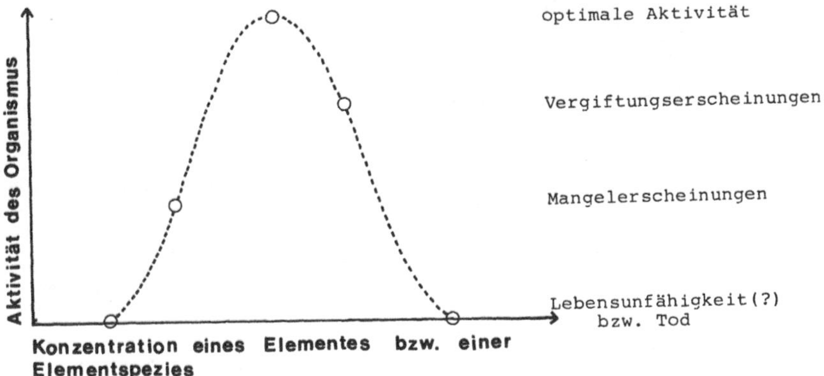

Abb.1: Dosis-Effekt-Kurve für die Aktivität
eines Organismus in Abhängigkeit von
der Konzentration eines Elementes bzw.
einer Elementspezies

für Mensch und Tier erheblich toxischer als das Element
in anorganischer Form, da es in der erstgenannten Form
die Blut-Gehirn-Barriere durchdringt (BEHNE und
IYENGAR 1986).

Die heutigen Forschungsaufgaben in der Systemökologie
verlangen eine weitgehende Kenntnis der stofflichen
Zusammensetzung der Ökosysteme. Im Prinzip scheint es
notwendig, die Zusammensetzung der organischen
Substanz in allen Einzelheiten zu kennen, damit man das
Funktionieren der Organismen in den Ökosystemen
verstehen kann. Über die Bedeutung und prozentuale
Verteilung organischer Stoffklassen in verschiedenen
Ökosystemen hat LIETH (1975) berichtet (Tab. 4). In

10

Tab.4: Häufige Zusammensetzung verschiedener
Organismen (-teile) in % der Trocken-
substanz nach LIETH aus SCHEFFER und
SCHACHTSCHABEL, 1982

	Cellu-lose	Lig-nin	Hemi-cell.	Zuck. Stärke[1]	Ei-weiß[2]	Fette Wachse Harze[3]	Asche	C/N
Nadelhölzer								
Holz	44	30	15	1,1	1,3	7,7	0,3	100 – 400
Zuwachs[4]	44	18	9	16	4,0	5,8	4,2	40 – 80
Laubhölzer								
Holz	47	20	24	0,8	2,5	1,8	0,3	100 – 400
Zuwachs[4]	37	12	14	23	6,4	2,8	4,2	30 – 50
Wurzelholz[5]	33	22	18		1,6	1,3	1,3	190
Feinwurzeln[5]	19	33	10	> 3	5,4	3,1	3,4	55
Wiesen								
Sprosse		31		50	8,7	2,7	7,6	10 – 40
Wurzeln	28	18	27		7,5	8,5		10 – 40
Getreide								
Stroh	39	24	25		2,0	(2)	5,0	50 – 100
Seen								
Phytoplankton		18		50	17	1,5	14	5 – 12
Konsumenten (Beispiele)		Chitin[6]						
Isopoden		9		19	63	3	6	
Insekten		6		23	65	3	3	
Zooplankton		9		16	50	10	15	
Zersetzer (Beispiele)								
Regenwürmer			17		58	6	19	4 – 6
Eisenia rosea			19		61	4	16	4 – 6
Pilzmycel		10		32	25	10	6	10 – 15

[1] und andere nichtstrukturelle Kohlenhydrate
[2] und andere N-haltige Verbindungen
[3] und andere ätherlösliche Verbindungen, z. B. Chlorophyll
[4] vornehmlich Nadeln bzw. Blätter
[5] von Buchen
[6] und ähnliche Gerüststoffe

der modernen Ökosystemanalyse ist eine Beschränkung
auf die klassischen Mineralstoffe nicht mehr ausreichend.
Bereits VINOGRADOV (1950) konnte durch Anwendung
verschiedener analytischer Techniken nachweisen, daß
nahezu alle Elemente des periodischen Systems im Boden
vorhanden sind. BOWEN (1979) gibt für Schachtelhalme,
Farne, Laub- und Nadelbäume und krautige Pflanzen die
Konzentrationen bzw. Konzentrationsbereiche, die er aus
der Literatur zusammengestellt hat, von 71 Elementen an

(Tab. 5). Weitere interessante Zusammenstellungen über fast alle chemischen Elemente in verschiedenen Matrizes findet man in den Arbeiten von BOWEN (1979). MARKERT (1986) konnte in verschiedenen Kompartimenten unterschiedlicher europäischer Ökosysteme (hauptsächlich Boden- und Pflanzenproben) bis zu 65 Elemente quantitativ nachweisen und für weitere 15 Elemente die entsprechenden Nachweisgrenzen der verwendeten analytischen Techniken ermitteln (Tab. 6). Bei diesen Untersuchungen hat sich herausgestellt, daß Elemente wie La und Ce, die bisher in der Pflanzenphysiologie und in der Biochemie kaum Beachtung fanden, in gleichen Konzentrationen vorkamen wie etwa die Elemente Co und Mo, deren stoffwechselphysiologischen Reaktionen eingehend untersucht sind. Jedes Element, jede Stoffklasse kann an einer Stelle des Ökosystems von Bedeutung sein und an anderer Stelle wirkungslos. Dabei ist es gleichgültig, ob die Elemente chemische Verbindungen eingehen oder durch ihre Gegenwart anderen reagierenden Stoffen den Platz wegnehmen (MARKERT, 1986). Wenn man bedenkt, daß viele Elemente, die bisher nicht in unsere Untersuchungen eingeschlossen wurden, möglicherweise bereits in sehr geringen Konzentrationen eine Wirkung zeigen, ist eine eingehende Untersuchung dieser Elemente aus ökochemischer, ökophysiologischer und medizinischer Sicht unbedingt erforderlich.

Tab.5: Elementkonzentrationen für 71 Elemente in unterschiedlichen Pflanzengruppen (aus BOWEN, 1979), Angaben in mg/kg

X	Horsetails (*Equisetum*)	Ferns	Woody gymnosperms	Woody angiosperms	Herbaceous vegetables
Ag	0·05	0·81	0·02–2·3	˙0·01–0·7	0·02–0·6
Al		230	250–530	90–200	0·1–200
As	0·2	1·3	0·2–1·2	2	0·01–1·5
Au	0·04	0·0017	0·001–0·003	0·0014	<0·00001–0·0016
B	110	77	11–52	12–140	8–200
Ba	86	8	110–150	140	1–150
Be				0·037	0·0006
Bi			<0·02	<0·02	0·06
Br			7	15	<0·05–2b
C		450 000	450 000	450 000	450 000
Ca	10 k	3·7 k	4 k–13 k	3 k–14 k	400–50 k
Cd		0·13	0·1–0·9	0·02–2·4	0·05–0·9 ·
Ce	2·9	1–16	0·36	0·25	0·01–0·05
Cl	11 k	6 k	550	700–27 k	200–46 k
Co	0·1	0·66	0·02–0·7	0·005–1	0·01–4·6
Cr	0·45	1·9	0·1–0·5	0·03–10	0·016–14
Cs	0·03–0·1	0·1–0·44	0·03–0·1	0·067	<0·001–0·08
Cu	12	15	5–13	6–14	4–20
Dy	0·43	0·05–0·6	0·11	0·14	
Er	0·38		0·08	0·1	
Eu	0·13		0·028	0·034 Yl	<0·005–0·07
F			0·02–4	0·04–24	3–19
Fe	90–240	320–700	80–230	70–180	2–250
Ga		0·23	0·03	0·01–0·1	0·03
Gd	0·48	0·06–0·5	0·14	0·002	
Ge		1·3	1		2·4
H		55 k	55 k	55 k	55 k
Hg			0·005–0·15		0·013–0·17
Ho	0·11		0·028	0·034	
I	2·7	5·4	0·15–4	2·7–4	0·07–10
In					0·0008
K	34 k	18 k	5 k–20 k	4 k–15 k	1 k–68 k
La	1·7	1·5–15	0·003–0·22	0·25	0·05–2
Li				0·5–3·4	0·8–1·3
Lu				0·03	0·0006–0·06
Mg	3 k	1·8 k	1·9 k–5 k	1·3 k–9 k	700–5·6 k
Mn	50	700	300–650	17–600	0·3–1000
Mo	<1	0·8–2·5	0·2–2·8	0·06–3	0·03–5
N		20 k	32 k	12 k	30 k–75 k
Na	1500	1400	60–110	34–950	2–1400
Nb			0·28	0·4	
Nd		0·3–7			
Ni	1 5	1·5	2·1–5·3	1·4	0·02–4
O		430 k	440 k	410 k	410 k
P	1 7 k	2 k	1 k–3 k	120–2 k	130–10 k
Pb	2·4	2·3	0·9–13	1–8	0·2–20
Pd					
Pr	0·33		0·056	0·075	
Ra				0·19 μ	0·03–1·6 μ Si
Rb	25–50	17–50	2–12	3·4–10	0·5–20 Ha, O
Ru					
S	2500	1000	1100	2000–8700	600–6000
Sb			0·002–0·034	0·024	0·0001–0·2
Sc	0·01	0·13	0·02–0·035	0·012–0·021	0·00001–0·2
Se			0·026	0·029	0·001–0·5
Si	62 000	5500		420	200–8000
Sm	0·35	0·1–0·8	0·14	0·15	0·01–0·1
Sn		2·3	1	0·2	0·2–6·8
Sr	, 60	13	7–83	12–88	3–400
Tb	0·12		0·02	0·034	0·001
Th		0·42	0·033	0·14–1·3	<0·008–0·2
Ti	56	5·3	5–23	1·5–6·4	<0·02–2·6
Tl			0·05		0·03–0·3
Tm	0·07			0·004–0·027	0·004
U	0·03		0·015	0·005 0·038	0·01–0·06
V	<3	0·13	0·5–2 ?	0·44 0·69 ?	0·001–0·5
W					0·0005–0·15
Y		0·77	0·22	0·15	<0·35
Yb	0·03	0·04–0·6	0·065	0·1	0·02
Zn	120	60–400	20–90	34–68	1·4–160
Zr	<10	2·3	0·3–1·6	0·48	<1·4

k, ×1000; μ, ×10⁻⁶,

Die seit kurzem zur Verfügung stehenden analytischen Techniken für alle in Ökosystemen vorkommenden Elemente ermöglichen heute die notwendigen und neuartigen Elementkonzentrationsuntersuchungen im Ökosystem. Es ist heute bereits für die meisten Elemente möglich, zu untersuchen,in welchen Pflanzen sie angereichert werden, welche Elemente aus der unmittelbaren physikalischen Umgebung (Erde, Wasser, Luft, Staub etc.) stammen und welche aus größeren Entfernungen in die Ökosysteme eingeführt werden. Dabei können auch die Schwellenwerte für die einzelnen Elemente in den unterschiedlichen biologischen Systemen ermittelt werden, in denen diese in der für das Ökosystem aktiven Form vorliegen.

Die heutigen Arbeiten über die globalen Kreisläufe von Kohlenstoff, Schwefel und Phosphor, sowie die Arbeiten über die Spurengase in der Atmosphäre zeigen uns, wie wichtig die Kenntnis des globalen Kreislaufes dieser Stoffe zwischen Atmosphäre, Biosphäre, Hydrosphäre und Geosphäre ist. Das gegenwärtige Interesse ist zur Zeit im wesentlichen auf die Elemente gerichtet, die in größeren Konzentrationen in der Biosphäre vorkommen. Sobald es die analytischen Techniken erlauben, sollte das Interesse mit gleicher Aktivität auf Elemente gerichtet sein, die in geringeren Mengen vorkommen, da von diesen Elementen durchaus Einflüsse (positiv oder negativ) auf Pflanze, Tier und Mensch erwartet werden können.

14

Tab.6: Methodenliste und Nachweisgrenzen für
       die Multielementanalyse in ökologischen
       Matrizes (Pflanzen und Böden)
       X = Das Element wurde mit dieser Methode
           quantitativ erfaßt
       < = Nachweisgrenze für die angewandte
           Analysenmethode
       — = Das Element konnte im Rahmen unserer
           Untersuchungen mit der angewandten
           Analysenmethode nicht quantitativ
           erfaßt werden

	AAS	ICP-AES	AES	NAA	MAS	PIXE	EA
Ag		< 2	X		X	< 20	
Al	X	X		< 200		X	
Ar						< 30	
As	X			X		< 5	
Au				X		< 5	
B		X					
Ba		X		< 10		< 20	
Be		< 0.5					
Bi					X	< 5	
Br				X		X	
C							X
Ca	X	X		X		X	
Cd	X	< 0.2		< 0.5		< 20	
Ce		X		< 0.15	< 0.1	< 10	
Cl				X		X	
Co		< 0.5		X		< 2.5	
Cr	X	X		< 0.5		X	
Cs				X		< 20	
Cu	X	X		X		X	
Dy		X			< 0.3	< 20	
Er		X			< 0.3	< 10	
Eu		X		< 0.01	< 0.1	< 25	
F				< 500			
Fe	X	X		X		X	
Ga			< 0.02		X	X	
Gd		X			< 0.3		
Ge			< 1	< 10000	X		
H							X
He						< 5	
Hf				< 0.05	X		

Tab.6: (Fortsetzung)

	AAS	ICP-AES	AES	NAA	MAS	PIXE	EA
Hg	X			X		< 5	
Ho		X			<0.1	< 10	
I						<100	
In			<0.5	< 5		< 30	
Ir						< 5	
K	X	X		X		X	
Kr						< 3	
La		X		< 0.1	<0.1	< 20	
Li						< 10	
Lu		X		< 0.005	<0.1	< 2.5	
Mg	X	X	X	X		X	
Mn	X	X		X		X	
Mo	X	<0.5		< 0.15		< 10	
N							X
Na	X	X		<50		X	
Nb					X	< 5	
Nd		X		< 1	<0.1		
Ne						< 10	
Ni	X	X		<10		X	
O				X			
Os						< 5	
P		X				X	
Pb	X	<2.5				< 5	
Pd						< 10	
Pm						< 10	
Pr		X		< 0.1			
Pt						< 5	
Rb				X		X	
Re						< 10	
Rh						< 10	
Ru				< 0.1		< 10	
S		X					
Sb				X	X	< 40	
Sc				X		< 30	
Se	X			< 0.5		< 0.5	

Tab.6: (Fortsetzung)

	AAS	ICP-AES	AES	NAA	MAS	PIXE	EA
Si		X		X		X	
Sm		X			<0.1	< 10	
Sn		<5	X	<150	X	< 30	
Sr	X	X		< 20		X	
Ta				< 0.1		< 5	
Tb		X			<0.1	< 20	
Tc						< 10	
Te						<200	
Th					X	< 5	
Ti		X		< 0.15		X	
Tl						< 5	
Tm		X			<0.1	< 10	
U				< 0.1	X	< 10	
V		X		X		X	
W				< 0.5	<0.3	< 5	
Xe						< 70	
Y		X			<0.1	< 5	
Yb		X			<0.3	< 5	
Zn	X	X		X			
Zr			X		X	< 5	

1.2. Der Mineralstoffhaushalt im Ökosystem

Die Systemökologie betrachtet als zu untersuchende Einheit ein Ökosystem. Darunter wird ein mehr oder weniger abgegrenzter Lebensraum verstanden. In einem Ökosystem wirken die abiotischen Faktoren wie Energie, Wasser, Nährstoffe und physikalische Kräfte , die alle im Boden, im Wasser und in der Luft in spezifischer Weise vorhanden sind, auf Pflanze, Tier und Mensch ein. Im Untersuchungsansatz über die Element-Konzentrations-Kataster im Ökosystem interessieren uns davon die anorganischen Elemente und dabei auch der Mineralstoffhaushalt. Wir beschränken uns in diesem Buch auf die Behandlung des Mineralstoffhaushalts der Pflanzen.

Die Beschreibung des Mineralstoffhaushaltes eines ganzen Ökosystems eignet sich insofern sehr gut für die Aufstellung von Element-Konzentrations-Katastern (s. Kapitel 4.3.), da hierbei nicht nur einzelne Individuen (z.B. nur ein Baum), sondern mehrere Populationen und deren Wechselwirkungen miteinander und mit der unbelebten Natur betrachtet werden können. Aus der Kenntnis der Wechselwirkungen im System, dessen Produktivität und dessen Besonderheiten lassen sich durch Untersuchung mehrerer solcher Systeme letztendlich Hochrechnungen auf globaler Ebene durchführen, wie LIETH und WHITTAKER (1975) sie bereits für die Nettoprimärproduktion der Erde und damit für den Kohlenstoff aufgestellt haben. In Abb. 2

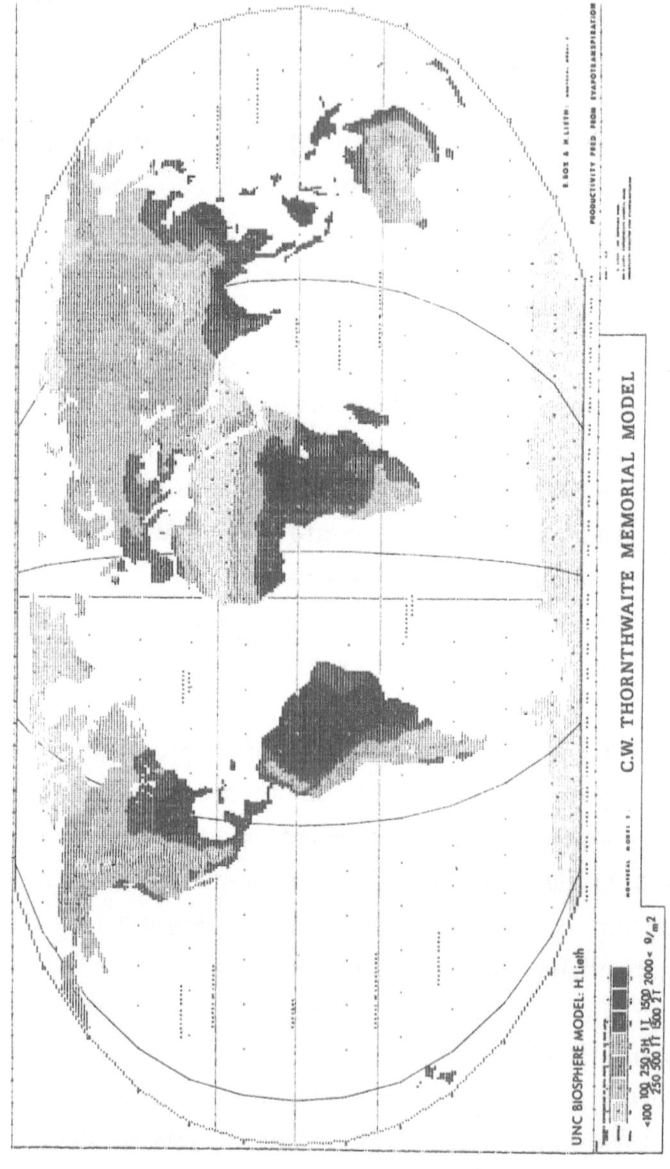

Abb.2: Nettoprimärproduktivität der Biosphäre berechnet aus der Evapotranspiration (LIETH, 1975)

ist die Nettoprimärproduktivität der Biosphäre mit Hilfe
einer Computerkarte wiedergegeben, die als Datenbasis
die Werte der aktuellen Evapotranspiration enthält.

Untersuchungen zum Mineralstoffhaushalt der Pflanzen
sind für einige Elemente bereits in großer Anzahl
vorgelegt worden (siehe z.B. die Arbeiten von
BAZILEVICH und RODIN, 1966 und 1971; DUVIGNEAUD
und DENAEYER-DE SMET, 1962, 1968 und 1973; LIKENS
et al., 1967 und 1977; EHWALD, 1957; LIETH und
WHITTAKER, 1975; WOODWELL und WHITTAKER, 1968;
ELLENBERG et al. 1986 , ALBAN et al., 1978; ARNDT
et al., 1985, BREDOW et al., 1986; FRÄNZLE et al.
1985; GOLLEY und RICHARDSON, 1977; GOLLEY et al.
1980a und b.; JORDAN und KLINE, 1972; KNABE, 1985;
KOVACS, M., 1982; MAYER und ULLRICH, 1974;
NIHLGARD, 1972; REICHLE, 1973; RODIN und
BAZILEVICH, 1967; SCHMIDT et al., 1985; ULLRICH,
1981 etc.).

1.3 Die Makroelementanalyse eines Ökosystems

Als Beispiel für eine Analyse der Flüsse von den Makroelementen Kalium, Kalzium, Magnesium, Stickstoff und Phosphor im Ökosystem können die Arbeiten von DUVIGNEAUD und DENAEYER-DE SMET (1973) dienen, deren jährliche Mineralstoffbilanzierungen in Abb. 3 wiedergegeben sind. Analysiert wurden ein <u>Quercus robur-Fraxinus excelsior</u> Wald (Eichen-Eschenwald) mit Unterwuchs von <u>Corylus avellana</u> (Hasel) und <u>Carpinus betulus</u> (Hainbuche) in Wavreille-Weve, Belgien.

In dieser Studie werden Eintrag und Austrag für das Ökosystem bilanziert. Die jährliche Zunahme an Mineralstoffen in der Biomasse ergibt sich dabei aus folgenden Prozessen:

1. jährlicher Holz- und Rindenzuwachs der Wurzel
2. Bildung der einjährigen oberirdischen Triebe
3. jährlicher Holz- und Rindenzuwachs des Stammes und der Zweige.

Durch folgende Prozesse werden dem Boden aus der Biomasse wieder Elemente zugeführt:

1. durch den jährlichen Bestandesabfall
2. durch den Stammabfluß
3. durch die Auswaschung des Kronendaches

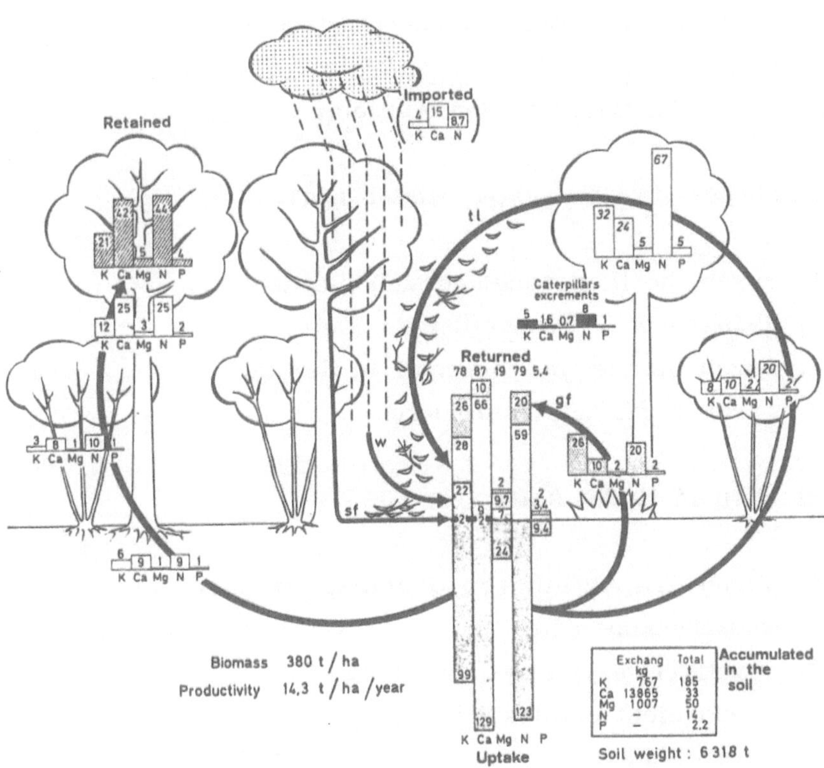

Abb.3: Mineralstoffkreislauf für die Elemente
K, Ca, Mg, N und P in einem <u>Quercus
robur</u> / <u>Fraxinus excelsior</u> Wald (Eichen-
Eschenwald) mit Unterwuchs von Corylus
avellana (Hasel) und <u>Carpinus betulus</u>
(Hainbuche) in Wavreille-Weve, Belgien,
aus DUVIGNEAUD und DENAEYER-DE SMET
(1973). Angaben in mg/kg

4. durch die mineralisierende Tätigkeit der
   Bodenfauna
5. durch Austritt aus den Wurzeln.

Ein Import in das System findet statt:

1. durch die Niederschläge und die darin
   gelösten oder suspendierten Stoffe
2. durch Stäube und Aerosole in der Luft
3. durch nicht ortsfeste Tiere.

Ein Export findet statt:

1. durch den Abfluß von Grundwasser oder
   Oberflächenwasser
2. durch Transport mit dem Wind
3. durch nicht ortsfeste Tiere
4. durch Feuer.

Struktur und Funktion der Ökosysteme können nach
ODUM (1983) durch Austauschvorgänge besser
gekennzeichnet werden als durch die Bestimmung der zu
einem beliebigen Zeitpunkt an einer Stelle vorhandenen
Stoffkonzentration. Diese Gesichtspunkte müssen deshalb
in jedem aufzustellenden repräsentativen Probenahmeplan
für ein Ökosystem berücksichtigt werden.

Mit dieser Fragestellung eng verknüpft ist die Frage
nach der tatsächlichen Verfügbarkeit eines Elementes für
die Pflanze. In Abb. 4 ist dargestellt, welche
Konzentrationen innerhalb eines

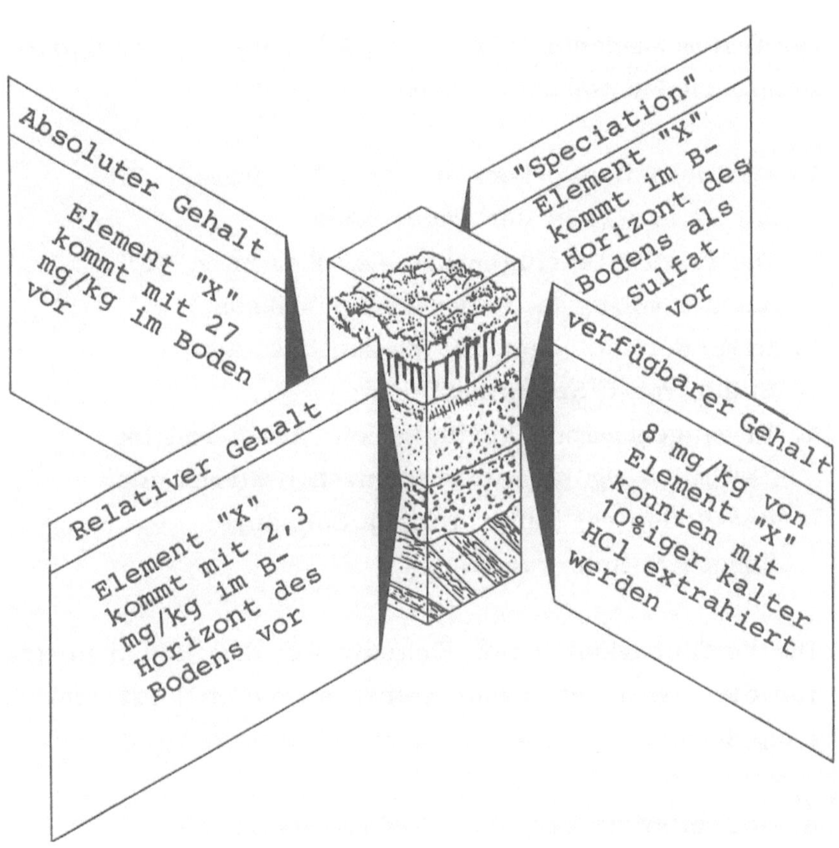

Abb.4: Mögliche Konzentrationsangaben für den tatsächlichen Gehalt des Elements im Boden bzw. deren Verfügbarkeit für die Pflanze (aus FORTESCUE, 1980). Angaben 'in mg/kg

Ökosystemkompartimentes, z.B die Pedosphäre, unterschieden werden können:

1. Das absolute Vorkommen von z.B. Element "X" mit 27 mg/kg in der Pedosphäre
2. Die relative Verfügbarkeit des Elementes "X" mit 2,3 mg/kg im B-Horizont des Bodens
3. Im B-Horizont liegt das Element "X" als Sulfat vor ("Speciation")
4. Die angenommene Verfügbarkeit des Elementes "X" mit 8 mg/kg wurde dadurch bestimmt, daß der Boden mit kalter 10%iger Salzsäure ausgeschüttelt wurde.

Die Verfügbarkeit vieler Elemente aus dem Bodensubstrat für die Pflanze ist neben seiner absoluten Konzentration hauptsächlich von zwei Faktoren abhängig:

a. vom pH-Wert bzw. vom Redoxpotential des Bodens
b. von der chemischen "Speciation" des Elementes.

Die jeweils anzutreffende "Speciation" eines relevanten Elementes im Boden läßt sich eindrucksvoll demonstrieren, wenn man den pH-Wert gegen das Redoxpotential aufträgt. In Abb.5 ist dies für das Element Mangan gemacht worden. Wie aus Abb.5 hervorgeht, ist Mn^{2+}, das im wesentlichen von der Pflanze aufgenommen werden kann, hauptsächlich bei niedrigem pH-Wert und negativem Redoxpotential stabil.

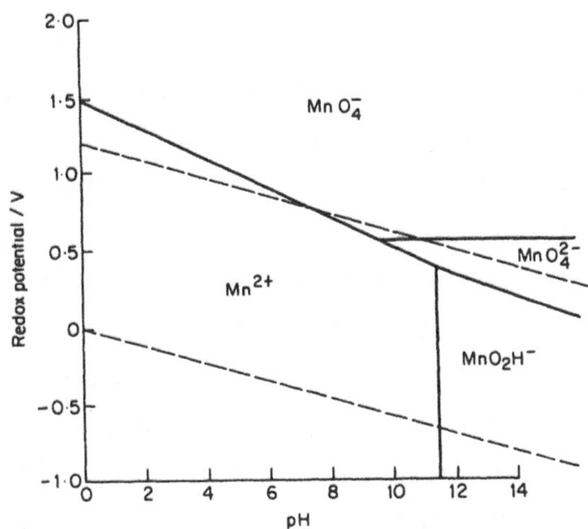

Abb.5: Die Abhängigkeit der "Speciation" des
Mangans vom Redoxpotential und dem
pH-Wert des Mediums (aus BOWEN, 1979)

Das bedeutet, daß Mangan etwa auf Kalkboden für die
Pflanzen schlecht verfügbar ist, eine bekannte Tatsache,
die MARKERT (1987e) auch für die Bergkiefer (Pinus
mugo) auf Rendzinaboden zeigen konnte.

Probleme dieser Art sind sowohl in extrem trockenen als
auch in extrem feuchten Gebieten der Erde anzutreffen.
Es soll hier nur auf die Aluminiumtoxizität in vielen

tropischen Böden, sowie auf die Lateritbildung in tropischen Halbtrockengebieten bzw. in der Nähe von Flüssen dieser Gebiete hingewiesen werden. Die anorganische Chemie der Erdkruste kennt zahlreiche solcher Beispiele. Die Besonderheiten von Erzlagerstätten an der Erdoberfläche hat wegen der besonderen Elementspezies und deren Konzentration zu besonderen Pflanzengesellschaften geführt. Manganophyten, Cobaltophyten, Galmeiflora und Serpentinflora sind bekannte Beispiele. Die bisher bekannten Besonderheiten sind z.B. bei BAUMEISTER und ERNST, 1978, ERNST und JOOSEE VAN DAMME, 1983, THORNTON und ABRAHAMS, 1983 und THORNTON et al. 1987 beschrieben. Bei der globalen, konsequenten Erforschung der Elementkonzentrationen kann man erwarten, daß die meisten Elemente an begrenzten Stellen auf der Erde ähnliche Einflüsse auf die Pflanzen- und Tierwelt haben werden.

Diese nur stichpunktartige Beschreibung des Mineralstoffhaushalts in Ökosystemen soll zeigen, wie komplex die Strukturen angelegt sind und welchen Aufwand es bedeutet , diese Komplexizität zu untersuchen. Im folgenden soll ein bioanalytischer Versuchsplan vorgestellt werden, der es erlaubt, die angesprochenen methodischen Schwierigkeiten weitgehend zu bewältigen.

An vielen Stellen bleiben weiterhin Fragen und Probleme offen. Wir hoffen, durch eine rege Diskussion dieser kritischen Punkte das bisher durchgeführte Verfahren ständig verbessern zu können. Dieses Buch ist geschrieben worden, um Kritik und Anregungen herauszuforden.

1.4 Die Multielementanalyse im Ökosystem

Bislang existierte kein Forschungsansatz, bei dem angestrebt wurde, möglichst sämtliche Elemente des Periodensystems in den verschiedenen Komponenten und Kompartimenten eines Ökosystems quantitativ zu erfassen.
Durch einige Überlegungen soll gezeigt werden, daß ein solcher Ansatz wissenschaftlich sinnvoll ist. Wir wollen die Möglichkeiten der Multielementanalyse zunächst generell betrachten. In Kapitel 5 soll der Wert dann an Hand einiger Beispiele für bisher wenig beachtete Elementgruppen gezeigt werden.

1.4.1 Allgemeine Überlegungen

In einem Ökosystem können Wege und Verbleib der Elemente durch organismische Leistungen in spezifischer Weise beeinflußt werden, z.B. durch eine selektive Elementaufnahme und -anreicherung.

Es müssen aber auch folgende Möglichkeiten in Betracht gezogen werden: Wie können gemeinsam vorkommende Elemente ihren Transport oder ihre Akkumulation in verschiedenen Komponenten und Kompartimenten eines Ökosystems gegenseitig beeinflussen?

- ohne Einfluß

- in synergistischer Weise
- in antagonistischer Weise.

Viele Pflanzen sind in der Lage, größere Mengen bestimmter Elemente aus der Umwelt aufzunehmen. So besitzt z.B. die Preiselbeere in unseren Untersuchungen (neben anderen Ericaceen) ein ausgesprochenes Akkumulationsvermögen für Mn. Gleichzeitig ist das Bedürfnis an anderen Spurenelementen für das Wachstum dieser Pflanze ebenso gedeckt. In diesem Zusammenhang sei darauf hingewiesen, daß wegen unzureichender analytischer Techniken die Bedeutung etlicher Elemente für den Stoffwechsel möglicherweise noch nicht erkannt worden ist.

Tab. 7 zeigt eine Anzahl von Pflanzen, deren Eigenschaften zur Einlagerung von größeren Elementmengen zur Prospektion für Lagerstätten verwendet wird.

Ein antagonistisches Verhalten von Elementen ließe sich mit einer Konkurrenz um dieselben Bindungsstellen in einem Organismus erklären.

Es ist also zu vermuten, daß es Wechselbeziehungen zwischen organismischer Leistung und Flußraten sowie Flußmuster der Elemente durch die verschiedenen Komponenten und Kompartimente eines Ökosystems gibt, die nur bei der analytischen Erfassung möglichst sämtlicher Elemente richtig interpretiert werden können.

**Tab.7: Beispiele für extrem hohe Element-
gehalte in einigen Pflanzenarten
(aus LARCHER, 1985). Angaben in mg/kg**

Pflanze	Vorkommen	Element	Konzentration
Eichhornia crassipes	Tropische Ge-wässer	Fe	14400
Minuartia verna	Deutschland	Cu	
Blätter			1030
Wurzeln			1850
Thlaspi alpestre ssp. calaminare	England	Zn	
Blätter			25000
Wurzeln			11300
Minuartia verna	Jugoslawien	Pb	
Blätter			11400
Wurzeln			26300
Minuartia verna	Deutschland	Cd	
Blätter			348
Wurzeln			382
Jasione montana	England	As	
Blätter			31000
Mechovia grandiflora	Katanga	Mn	
Blätter			7000
Acrocephalus robertii	Katanga	Co	
Blätter			1490
Psychotria donarrei	Neukaledonien	Ni	
Blätter			45000
Wurzeln			92000
Pearsonia metallifera	Rhodesien	Cr	
Blätter			490
Wurzeln			1620

Zweifellos sind Art und Umfang dieser wechselseitigen Beeinflussung für die meisten Elemente und Ökosysteme von abiotischen Faktoren wie z.B. dem Witterungsverlauf abhängig. Folglich variieren in Abhängigkeit von diesen Faktoren Flußraten und Flußmuster.

Dies ist bei einer Interpretation ökochemischer Daten, wie sie bei den Untersuchungen zum ECCE-Projekt anfallen, stets zu beachten: die Ergebnisse einer einzelnen Multielementanalyse sind lediglich charakteristisch für die Faktorenkonstellation, unter der die Probennahme erfolgte. Dabei ist zu beachten, daß auch die Vorgeschichte des Ökosystems in die Beschreibung der Faktorenkonstellation eingehen sollte.

1.4.2. Möglichkeiten und Grenzen für die Auswertung der Total-Element-Analyse

1) Möglichkeiten

Je nachdem, welche Bestandteile eines Ökosystems untersucht werden, wie oft die Probenahmen erfolgen und welche Vergleichsmöglichkeiten zu anderen Ökosystemen des gleichen Typs bestehen, ergeben sich folgende Interpretationsmöglichkeiten für das Datenmaterial:

a) Sofern die untersuchten Komponenten und Kompartimente des untersuchten Ökosystems unmittelbar aufeinanderfolgende Stationen des Stofflusses sind, lassen sich an Hand der Ergebnisse einer einzelnen Multielementanalyse lediglich Aussagen darüber machen,

- in welchen Konzentrationen einzelne Elemente auftreten,
- ob und in welchem Umfang einzelne Elemente in den untersuchten Matrizes korreliert auftreten,
- ob die untersuchten Matrizes ein akkumulatives Verhalten für bestimmte Elemente zeigen oder nicht.

Alle Aussagen sind jedoch gebunden an die Faktorenkonstellation, unter der die Probennahmen erfolgen.

b) Wird je eine Multielementanalyse für eine bestimmte Faktorenkonstellation an Ökosystemen desselben Typs durchgeführt, die einem unterschiedlichen Input an Elementen unterliegen, so ergeben sich bei einem Vergleich der Daten erste Einblicke, wie unterschiedlich vergleichbare Ökosysteme auf einen unterschiedlichen Stoffeintrag reagieren können (Konzentrationsänderungen, Änderungen im akkumulativen Verhalten, Verschiebungen in den Elementkorrelationen). Traditionsgemäß von besonderem Interesse ist dabei die Betrachtung solcher Elemente, deren ökotoxikologische Bedeutung bekannt ist.

c) Erst ein Vergleich der Ergebnisse von Multielementanalysen für eine Faktorenkonstellation, die für ein Ökosystem als typisch erkannt wurde, ergibt bei Untersuchungen über mehr als eine Vegetationsperiode eine relativ zuverlässige Grundlage (eventuell zusammen mit anderen Daten) für eine kausalanalytische Betrachtung.

Der hier skizzierte Versuchsplan hilft aufzuzeigen,

- unter welchen Faktorenkonstellationen und in
  welchem Umfang Konzentrationsänderungen
  zu beobachten sind,
- ob, in welchem Umfang, unter welchen
  Bedingungen sich die Elementkorrelationen in
  den einzelnen Matrizes ändern,
- ob, in welchem Umfang und unter welchen
  Bedingungen Änderungen im akkumulativen
  Verhalten unmittelbar aufeinanderfolgender
  Stationen des Stoffflusses zu beobachten
  sind.

Erst wenn bekannt ist, welchen Schwankungen die Elementgehalte im Jahresverlauf unterliegen, läßt sich ein repräsentatives Muster für eine chemische Charakterisierung eines Ökosystems erstellen. Insbesondere bei Systemen, die einer starken Dynamik unterliegen, so daß Änderungen im Elementgehalt von mehr als einer Zehnerpotenz möglich sind, ist hierfür eine Berücksichtigung der natürlichen Varianzen unerläßlich. Für eine chemische Charakterisierung von

Ökosystemen ist daher die Aufstellung von ECCEs geeignet, da eine Zuordnung der Meßwerte auf Größenklassen - hier umfaßt sie eine Zehnerpotenz - Schwankungen der Meßwerte in gewissen Grenzen von vornherein zuläßt, ohne daß diese in der Darstellung zum Ausdruck kommen.

d) Vergleicht man über einen längeren Zeitraum bei ähnlichen Ökosystemen , die sich nur hinsichtlich des Stoffeintrags in das System unterscheiden, die Ergebnisse der Multielementanalysen, so ergeben sich möglicherweise unter dem Gesichtspunkt des Stofflusses Rückschlüsse auf das Stabilitätsverhalten des Systems.

Probenahmeplätze, bei denen die Probenahme für die Multielementanalysen in sehr kleinen Zeitabständen erfolgen, sind zeitlich sehr aufwendig und daher nicht realistisch. Sie werden deshalb hier nicht diskutiert.

2) Grenzen

Es ist sicherlich ein Mangel, wenn im Rahmen der Multielementanalysen nur die Totalelementgehalte erfaßt werden, da die biologische Wirkung und damit auch die biologische Bedeutung eines Elementes von seiner Bindungsform abhängt. Als typisches Beispiel kann der Schwefel gelten. Dieser kann in einem Ökosystem mindestens in folgenden drei Bindungsformen auftreten:

- org-SH, S^{2-}, $SO_4{}^{2-}$

Außerdem kann er durch den Einfluß des Menschen in bedeutenden Mengen als SO_3^{2-} eingebracht werden.

Während die Sulfhydylgruppen, z.B. als aktive Zentren von Enzymen, eine wichtige Rolle im Stoffwechsel haben, ist das S^{2-} -Ion für viele Organismen ein Schadstoff. Dagegen ist das SO_4^{2-}-Ion in geringen Konzentrationen nicht toxisch, sondern stellt für pflanzliche Organismen die wichtigste Bezugsquelle für den im Stoffwechsel benötigten Schwefel dar. In gasförmiger Form eingebracht, kann jede Schwefelverbindung partiell oder generell toxisch wirken.

Eine Berücksichtigung der chemischen Bindungsform im Rahmen der angestrebten chemischen Totalcharakterisierung von Ökosystemen ist nur in beschränktem Maße vorgesehen. Dazu fehlen für viele Elemente die analytischen Methoden. Unser Versuchsansatz soll zumindest die Konzentrationen der vorhandenen Elemente aufzeigen, auf deren Basis die Menge und Spezies später ermittelt werden kann.

Die Erfahrung muß hier zeigen, wann eine Berücksichtigung der sog. "Speciation" unbedingt notwendig ist, um die Ergebnisse der Multielementuntersuchung eindeutig interpretieren zu können, und wann darauf verzichtet werden kann.

2 Die Ausführung von Multielementanalysen für die Ökosystemforschung

Die Analytik von Ökosystemen umfaßt, wie aus Abb.6 hervorgeht, im wesentlichen folgende Schritte: repräsentative Probenahme, Probenaufbereitung und Analyse mit Datenvergleich. Im folgenden sollen diese Punkte besprochen werden:

2.1. Die repräsentative Probenahme

2.1.1. Allgemeines

Die Probenahme im Ökosystem ist oft deswegen problematisch, weil die gezogenen Proben nicht repräsentativ für das Ökosystem sind. Das läßt sich darauf zurückführen, daß bei der Varianzanalyse (s. Kapitel 6) die Streuung der Elementkonzentrationen im Ökosystem wesentlich größer ist als die Varianzen, die sich durch eine exakte analytische Methode ergeben. Insbesondere wird dies durch eine häufig inhomogene Zusammensetzung des Bodenkörpers bzw. durch hohe Varianzen in pflanzlichen Organismen hervorgerufen. Die auftretenden Varianzen innerhalb des zu untersuchenden Systems machen eine repräsentative Probenahme zwingend, um vergleichbare Meßdaten zu erhalten. Da davon ausgegangen werden kann, daß sich die

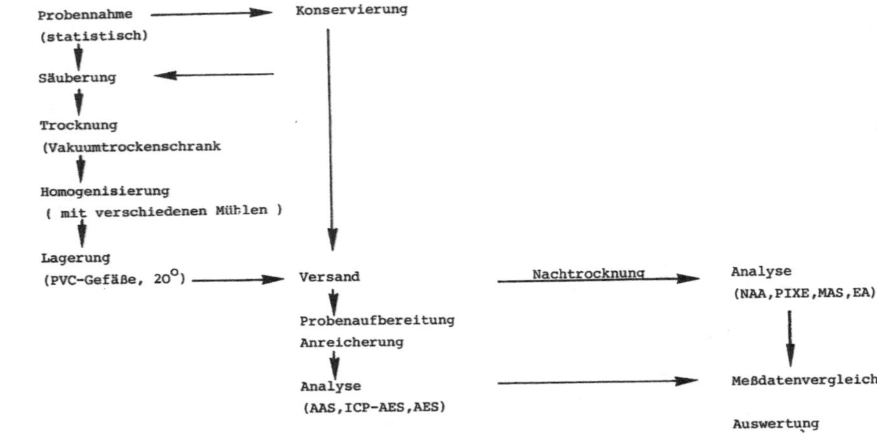

Abb.6: Arbeitsflußdiagramm für die Multielementanalyse. Alle Arbeitsschritte
sind unter Einhaltung strengster Kon-
taminationsfreiheit durchzuführen

Varianzverhältnisse von Element zu Element, von Pflanzenart zu Pflanzenart und von Bodentyp zu Bodentyp ständig ändern, soll hier nur auf eine mögliche Form der Probenahme in Laubwaldregionen der kühlgemäßigten Zone eingegangen werden. Die dabei aufgeführte Probenahmeroutine kann in modifizierter Form auf andere Ökosysteme angewandt werden.
In späteren Analysen können andere Arten aus jeder trophischen Stufe eines Ökosystems analysiert werden. Um Umsatzstudien für alle Elemente durchführen zu können, ist es notwendig, daß die Schlüsseldaten für die. Stoffproduktion in der Zeit und die Stoffvorratsbildung bestimmt werden. Eine repräsentative Probenahme für das ganze Ökosystem ist im nächsten Abschnitt beschrieben.

2.1.2. Das Untersuchungsgebiet

2.1.2.1 Vorarbeiten

Bevor eine Einteilung für die Probenahme vorgenommen werden kann, muß eine pflanzensoziologische Bestandsanalyse des vorgesehenen Areals vorgenommen werden. Diese Analyse hat folgende Aufgaben und Ziele:

1. Herausarbeiten des Gesellschaftsmusters im vorgesehenen Areal,
2. Herausarbeiten des Bodentypenmusters im

Areal,

3. Bestimmung der günstigsten Stelle für die
   Probennahme,
4. Herausarbeiten der Dominanzverhältnisse
   unter den Arten.

Aus diesen Vorarbeiten läßt sich ableiten, welches System für die repräsentative Probenahme angewendet werden soll, welchen Umfang die Probensammlung annehmen wird, welche Werkzeuge für das Sammeln und den Transport notwendig werden, und schließlich, welchen Aufwand die Probenaufbereitung mit sich bringt.

Für eine vollständige Materialflußanalyse in einem Ökosystem ist die Einbeziehung der Tierarten und der Mikroebene notwendig. Die Bestimmung der im Ökosystem vorhandenen Tiere ist wesentlich aufwendiger als die der höheren Pflanzen. Das Herausarbeiten der Mikrobengesellschaften (Pflanzen und Kleintiere) im Bestandsabfall und im Boden ist noch umfangreicher. In einer ersten Studie zum Materialfluß im Ökosystem wird man sich deshalb damit begnügen, Pflanzen, Tiere und Mikroben so auszuwählen, daß sie jeweils

1. einen wesentlichen Anteil am Gesamtumsatz im
   Ökosystem besitzen und
2. im Materialfluß in Beziehung zueinander
   stehen.

Dazu werden entsprechend den später beschriebenen

Richtlinien zunächst dominante Pflanzen ausgewählt, dann die auf solchen Pflanzen oder von ihnen lebenden Tiere bestimmt und von diesen wiederum eine dominierende Art ausgewählt. Ebenso werden das abgefallene Laub und der Boden in die Analysen einbezogen, wobei man von den hier lebenden Mikroorganismen wiederum einen signifikant vorkommenden Vertreter auswählt.

In späteren Analysen können andere Arten aus jeder trophischen Stufe eines Ökosystems analysiert werden. Um Umsatzstudien für alle Elemente durchführen zu können, müssen die Schlüsseldaten für die Stoffproduktion in der Zeit und die Stoffvorratsbildung bestimmt werden. Eine repräsentative Probenahme für das ganze Ökosystem ist nachfolgend beschrieben.

2.1.2.2. Die Auswahl der Probenahmeflächen

Die Untersuchungsfläche sollte entsprechend den in 3.1.2.1. genannten Überlegungen folgende Kriterien erfüllen. Sie sollte :

- in bezug auf Bodenverhältnisse und
  Artenzusammensetzung möglichst homogen (ALLEN
  et al., 1974),
- und vor unmittelbaren anthropogenen
  Einflüssen geschützt sein,
- nicht unter Naturschutz stehen, außer wenn
  eine offizielle Genehmigung zur Probenahme
  vorliegt,

- von den Behörden als offizielles
  Untersuchungsgebiet deklariert und kenntlich
  gemacht werden. (Reserve status oder
  Hauptforschungsraum im Sinne von UNESCO MAB
  Report 18 und FRAENZLE, 1983)

Die gesamte Untersuchungsfläche sollte nach NEWBOULD, 1967 (verändert) in 4 Zonen aufgeteilt werden (Abb.7), siehe hierzu auch UNESCO MAB 18.

Zone 1 sollte eine Mindestgröße von etwa 40 x 40 m² aufweisen. In dieser Zone finden keine Probenahme und keine Veränderung der Vegetationsdecke bzw. der Bodenverhältnisse statt, die das System beeinflussen könnten. Zone 1 ist für Umweltmessungen vorgesehen. Es werden folgende Messungen vorgenommen:

1. Licht
2. Temperatur
3. Niederschläge
4. Wind

Die Meßstelle muß an geeigneter Stelle in Zone 1 eingerichtet werden. Die Messungen müssen entsprechend den Richtlinien des Deutschen Wetterdienstes bzw. anderer Wetterdienste durchgeführt werden.

Zone 2 (Puffer-Zone) dient dazu, einen "Schutzgürtel" um Zone 1 zu bilden und Zone 3 von Zone 1 räumlich abzugrenzen. Mechanische Veränderungen, die in Zone 3

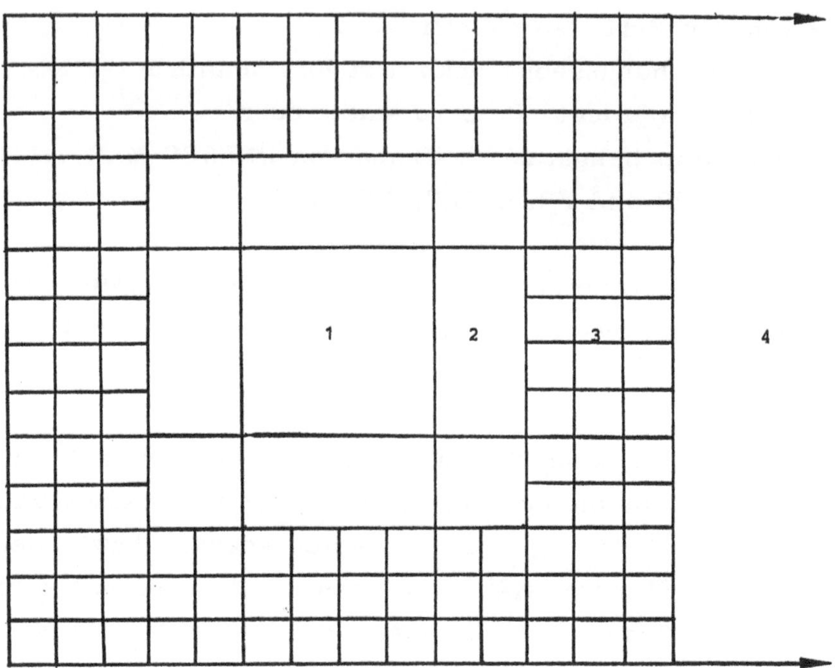

Abb.7: Einteilung des Untersuchungsgebiets

Zone 1: Zentrales Untersuchungsgebiet
Zone 2: Pufferzone
Zone 3: Probenentnahmezone (Boden,
Pflanze, Tier)
Zone 4: Zoologisches Untersuchungsgebiet

vorgenommen werden (etwa das Fällen von Bäumen), dürfen keinen Einfluß auf Zone 1 ausüben, da dies die Meßergebnisse in Zone 1 verfälschen würde. Die Pufferzone muß mindestens eine Breite von 20 Metern haben.

2.1.2.3 Probenentnahmeraster

Aus Zone 3 werden diejenigen Proben entnommen, die für die chemischen und physikalischen Analysen benötigt werden. Bei einer Meßpunktrasterung der Zone 3 von 10 m Abstand untereinander ergeben sich bei einer quadratischen Kantenlänge von 140 m insgesamt 176 Meßpunkte. Eine mögliche Reduzierung der Probenahmepunkte kann durch Zufallsgeneratoren und Stichprobenentnahme erfolgen. Für die ersten Analysen wird man entsprechend den in 2.1.2.1 genannten Richtlinien Pflanzen nahe bei den Rasterpunkten wählen. Zone 4 dient im wesentlichen der Aufnahme des Säugetierbestandes und der ornithologischen Verhältnisse im Untersuchungsgebiet und sollte je nach Fragestellung eine Größe von 1 - 10 km² aufweisen.

2.1.2.4 Entnahme der Bodenproben

Die Bodenproben werden mit Hilfe eines Hart-PVC-Spatens bzw. bei härteren Böden mit Hilfe eines Metallbodenprobenehmers (Kontamination!) an den in Zone 3 eingezeichneten Meßpunkten entnommen. Anschließend werden die Proben im Laboratorium im Vakuumschrank bei etwa 20 Torr und 50°C getrocknet.

44

Um zu grobes, silikatisches Material abzutrennen, werden die Proben mit einem Nylonsieb der Maschenweite von 2mm Durchmesser gesiebt und die Korngröße bestimmt. Die Proben werden in Plastikgefäßen bei Zimmertemperatur bis zur Analyse bzw. bis zum Versand kontaminationsfrei gelagert.

An 10 Meßpunkten in Zone 3 werden Bodenprofilproben mit einem Bodenprobenahmerohr entnommen. Diese Proben werden in 20 cm Segmente aufgeteilt und ebenfalls in Plastikgefäßen aufbewahrt. Weitere interessante Bodenuntersuchungen zum Mineralstoffhaushalt sind u.a. beschrieben bei DAVIES, 1983; DAVIES und WIXSON, 1985; FISCHER, 1987; GLAVAC und KOENIES, 1986; ULLRICH, 1986; VINOGRADOV, 1959; SHAKLETTE und BOERNGEN, 1984; SCHEFFER und SCHACHTSCHABEL, 1982.

2.1.2.5 Entnahme der Pflanzenproben

Der mitteleuropäische Laubwald ist eine vielschichtige Pflanzengemeinschaft. Sie besteht oft aus einer oder zwei Baumschichten, einer Krautschicht und einer Strauchschicht. Eine Bodenschicht aus Moosen fehlt, sie würde von den abfallenden Blättern zugedeckt werden. Moose wachsen daher nur auf über die Bodenoberfläche herausragenden Felsblöcken bzw. Baumstümpfen (WALTER; 1984).

In Abb.8 ist der Aufbau des Laubwaldes und die sich daraus ergebenden Folgerungen für eine repräsentative Probenahme schematisch dargestellt.

Generell können alle höheren Pflanzen nach ihrem Aufbau in Wurzel, Sproß und Blatt gegliedert werden. Insbesondere für verholzte Sproßteile ergeben sich bei der Probenahme besondere Schwierigkeiten. Bei einem mehrere Jahre alten Laubbaum müssen folgende Punkte berücksichtigt werden:

1. Innerhalb der Baumkrone muß häufig in Licht- und Schattenblätter differenziert werden.
2. Der verholzte Stamm ist gegenüber dem Blattwerk sehr hart.
3. Das Wurzelwerk ist häufig stark entwickelt und tief im Boden verankert.
4. Im kühlgemäßigten Klima verändert sich der Elementgehalt innerhalb eines Jahres in Abhängigkeit von der Jahreszeit.
5. Die Bäume erreichen häufig eine Höhe von 30 m.

Daraus ergeben sich für die repräsentative Probenahme Konsequenzen:

Zu 1: Aus der Baumkrone wird eine Mischprobe von mindestens 1000g Blättern gezogen (Frischgewicht).

Zu 2: Der verholzte Stamm und stärkere Äste können nur mit Hilfe einer Metallsäge zerlegt werden. Aufgrund

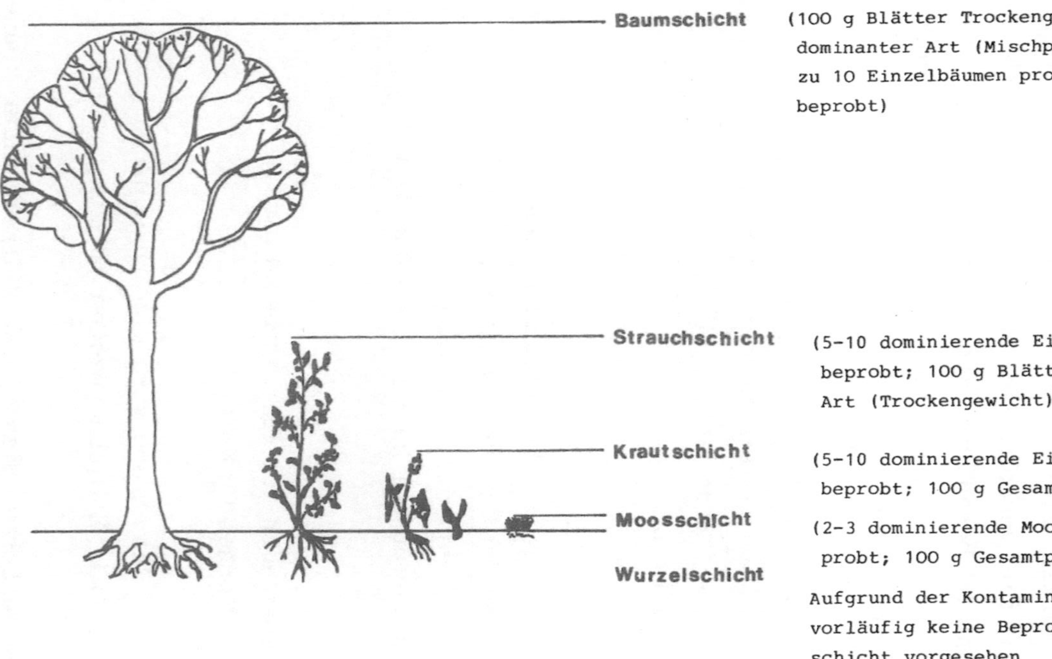

Abb.8: Schichtung eines mitteleuropäischen Laubwaldes und sich daraus ergebende Konsequenzen für eine repräsentative Probenahme

der Kontamination durch Abrieb des Sägematerials können die Holzstämme nicht ohne weiteres für die anschließende Analyse verwendet werden. Die Baumstämme werden mit Hilfe von Metallsägen in 30 cm große Segmente zerlegt. Diese Segmente werden durch Äxte gespalten und nur dasjenige Holz für die weitere Untersuchung verwendet, das nicht mit der Axt in Berührung gekommen ist. Alternativ können kleinere Zweige der Baumkrone manuell zerkleinert werden und deren Elementgehalt mit dem des Holzes stärkerer Stämme verglichen werden. Dieses Verfahren ist nur bei Elementen möglich, die nicht durch Kontamination des Sägematerials in die verholzten Stämme gelangen (etwa S, P, Ca und K). Es wird vermutet, daß der Elementgehalt der Zweige nicht wesentlich von dem Elementgehalt des Stammes abweicht. Falls diese Vermutung stimmt, könnte durch Analyse der leichter zu untersuchenden, kleinen Zweige auf den Elementgehalt des Stammes geschlossen werden.

Eine besondere Schwierigkeit ergibt sich bei der Analyse der Borke, da diese häufig durch Moos- bzw. Algenbewuchs kontaminiert ist. Dieser Bewuchs läßt sich nur sehr schwer von der Borke entfernen, so daß die erhaltenen Analysendaten mit der entsprechenden Vorsicht interpretiert werden müssen.

Zu 3: Die oben in Punkt 2 erwähnten Schwierigkeiten bei der Homogenisierung des verholzten Stammes ergeben sich in gleicher Weise beim Wurzelmaterial der Bäume. Erschwerend kommt hinzu, daß die Wurzelproben durch anhaftendes Bodenmaterial stark kontaminiert sind und dieses Bodenmaterial nur schwer und in den meisten Fällen unvollständig entfernt werden kann. Aus diesem Grunde soll im Rahmen des ECCE-Projektes zunächst auf eine Analyse der Wurzeln verzichtet werden.

Zu 4: Da sich die elementare Zusammensetzung eines Laubblattes im Verlauf des Jahres verändert, soll die Probenahme im kühlgemäßigten Klima dreimal im Jahr erfolgen, im Frühjahr, Sommer und im Herbst.

Zu 5: Da die Probenahme im Laubwald es häufig notwendig macht, Höhenunterschiede von 20 - 30 m zu überwinden, wird die Entnahme der Proben mit Hilfe einer Rebschere durchgeführt, die auf einer Teleskopstange mit ablesbarer Meterzahl angebracht ist (MÜLLER und WAGNER, 1986). Die Schneidflächen der Rebschere sind mit Teflon versiegelt (Kontamination). Mit Hilfe der Rebschere werden aus der Baumkrone kleinere Äste (8-30 cm) abgeschnitten, die auf eine ausgebreitete Kunststoffolie fallen. Anschließend werden die Zweige in Blätter (Nadeln) und Äste getrennt.

Eine weitere Möglichkeit der repräsentativen Probenahme wird nach MÜLLER und WAGNER (1986) in Abb.9 dargestellt. Allerdings wird hierbei die Probe nur aus einer bestimmten Höhe eines Baumes (hier einer Pappel) entnommen, so daß dieses Verfahren für vergleichende Ökosystemanalysen weniger geeignet ist.

Die Entnahme der Blätter aus Randbereichen der

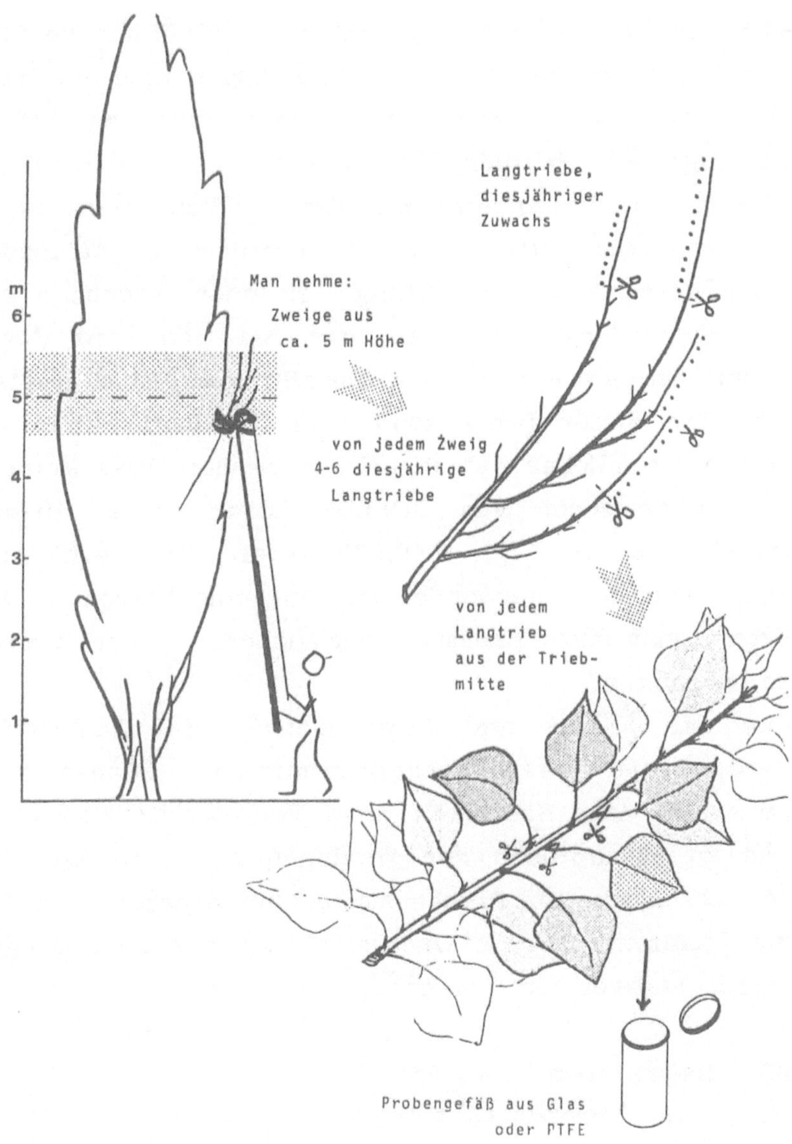

Abb.9: Repräsentatives Probenahmeschema für Pappelblätter nach MÜLLER und WAGNER (1986)

mittleren Kronenräume von Buchen ist mit Hilfe von Pfeil und Bogen möglich. Mit einem Sportbogen wird ein Pfeil, an dessen Ende eine Angelschnur mittlerer Stärke befestigt ist, in den Kronenraum geschossen. Dabei wickelt sich die Angelschnur von der Rolle eines neben dem Schützen mittels eines Rutenhalters im Waldboden befestigten, in Schußrichtung weisenden Angelrute ab. Die Schnur legt sich um einen Ast und wird durch Nachziehen einer reißfesten Modellflugzeugleine ersetzt. Mit Hilfe dieser Leine kann nach GLAVAC (1987) ein etwa daumendicker Ast abgerissen werden.Diese Methode ist früher schon von GOLLEY im tropischen Urwald erprobt worden (vgl. GOLLEY et.al., 1980 a,b). Sie kann auch dazu verwendet werden, eine Person in den Kronenraum eines Baumes hochzuziehen, um dort Proben zu entnehmen.

Aus der Kraut- und Strauchschicht des Laubwaldes werden die jeweils charakteristischen Pflanzenarten (max. 10) nach Häufigkeit ihres Vorkommens ausgewählt und zu Mischproben der jeweiligen Art vereinigt. Bei der beschriebenen Probenahmetechnik ergeben sich für die Pflanzenproben je Ökosystem folgende Probemengen repräsentativer Einzelproben:

```
10   Baumproben    (2 Arten)
10   Strauchproben (5 Arten)
10   Krautproben (5 Arten)
---------------------------------------------------
120  x  3 Jahreszeiten = 360 repräsentative
          Mischproben
```

Die zeitliche Dauer der Probenahme und Probenaufbereitung wird durch den jeweils langsamsten Schritt der Zwischenstufen bestimmt. Während der Probenahme ist es wichtig, möglichst viele Helfer zur Verfügung zu haben. Für die Probenahme bei einer Birke, die durch Kronenlastigkeit oder Entwurzelung leicht zugänglich ist, sind ungefähr 1-2 Manntage notwendig, um 100g Trockenmasse von Birkenblättern zu erhalten. Die Trocknung im Vakuumtrockenschrank verläuft bei einem Vakuum von etwa 20 Torr und 50°C besonders langsam, so daß hier häufig, vorausgesetzt es steht nicht eine unbegrenzte Anzahl von Vakuumtrockenschränken zur Verfügung, ein Arbeitsstau auftritt. Damit richtet sich die Menge des zu sammelnden Probenmaterials nach der Möglichkeit der zur Verfügung stehenden Trocknungsmöglichkeiten. Wenn die Proben getrocknet sind, können die nachfolgenden Schritte (Homogenisierung, Aufschluß und Messung) zeitlich abgestimmt werden.

2.1.2.6 Entnahme der Niederschlagsproben

Die für die Analysen verwendeten Niederschlagsproben müssen in der Zone 3 entnommen werden. Dazu müssen sowohl einige Punkte außerhalb als auch einige Punkte innerhalb der Vegetation zur Probenahme ausgewählt werden. Niederschlagsproben (Regen und Schnee) werden mit Hilfe automatischer Sammelgeräte (KFA Jülich) genommen, die in Abb.10 schematisch dargestellt sind. Sie enthalten einen Polyethylenbehälter P, in den über einen Trichter T der Niederschlag fließt. Dabei werden

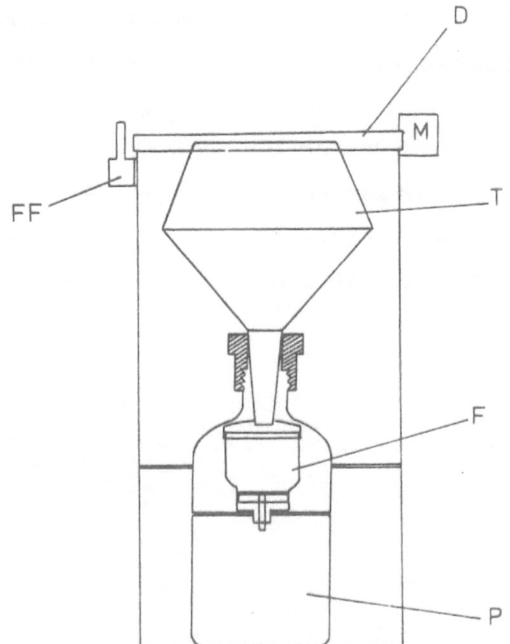

Abb.10: Niederschlagsprobensammler
FF: Feuchtigkeitsfühler, D: Deckel,
M: Elektromotor, T: Trichter,
F: Filtriereinrichtung, P: Proben-
gefäß (nach STOEPPLER und NUERNBERG,
1984)

durch ein am Ende des Polyethylentrichters angebrachtes Filter mit 0.45 μm Porenweite im Niederschlag suspendierte Stoffe abgetrennt. Der Sammler hat einen Feuchtigkeitsfühler FF, der den Elektromotor M, der das Öffnen und Schließen des Sammlers veranlaßt, ein- und ausschaltet. Dadurch wird erreicht, daß der Deckel D sich erst bei einsetzendem Niederschlag automatisch öffnet. Mit Beendigung des Niederschlags endet auch die Befeuchtung des beheizten Feuchtigkeitsfühlers, und der Deckel des Sammlers schließt sich wieder. Hierdurch wird sichergestellt, daß während der niederschlagsfreien Zeit kein Spurenelemente enthaltender Staub in den Sammler gelangt und somit die in den gesammelten Regenwasser- und Schneeproben ermittelten Elementgehalte eindeutig dem Eintrag durch Niederschläge zugeordnet werden können (NUERNBERG et al., 1982). Die Anbringung des Sammlers in 2m Höhe verhindert weitgehend Verfälschungen durch hochgeschleuderte Bodenpartikel bei heftigen Regenfällen.
Die Proben werden in Polyethylenflaschen eingefroren und bis zur Analyse aufbewahrt. Konservierungsmittel wie z.B. Chloroform (Unterbindung von mikrobieller Aktivität) sollten nur zugesetzt werden, wenn gewährleistet ist, daß das eingesetzte Konservierungsmittel ebenfalls auf alle Elemente untersucht werden kann.

Mögliche Techniken zur Entnahme von zoologischen Proben, auf die in diesem Buch nicht näher eingegangen

54

werden sollen, sind beispielsweise beschrieben in ROTH
et al. 1983, ROTH, 1984 und STREIT, 1984.

2.2 Waschen und Trocknen der Proben

Ein Schritt zwischen Probenahme und Trocknung ist die
Reinigung der Proben von kontaminierendem Material.
Die Reinigung der Proben kann entweder mit
Kleenex$^{(R)}$-Tüchern manuell geschehen oder mit Hilfe
von Wasser oder anderen Lösungsmitteln bei konstanten
Temperaturen. Welches Verfahren angewendet werden
soll, kann generell nicht gesagt werden, da die
Waschung ihrerseits möglicherweise zu einer
Auswaschung einzelner Elemente führen kann. Außerdem
dürfte die Kontamination beispielsweise von Blättern
davon abhängen, ob etwa durch einen kurz vor der
Sammlung niedergegangenen Regen der anhaftende
Staub abgewaschen wurde, so daß bei jedem
Probenahmetermin im Protokoll die klimatischen
Bedingungen des Probenahmetages enthalten sein
müssen. Insgesamt liegen bisher wenige wissenschaftliche
Arbeiten über das Problem der Probenwaschung vor, so
daß gerade hier im Rahmen des IUBS/ECCE-Projektes
viel' Pionierarbeit geleistet werden kann. Recht
eindrucksvoll hat ERNST (1978) zeigen können, daß
Blätter mit rauher Oberfläche nach Waschung geringere
Bleigehalte aufweisen als ohne Waschung. Diese
Unterschiede des Pb-Gehalts sind geringer bei Blättern
mit glatter Blattoberfläche (Spitzahorn) (s.Abb.11).

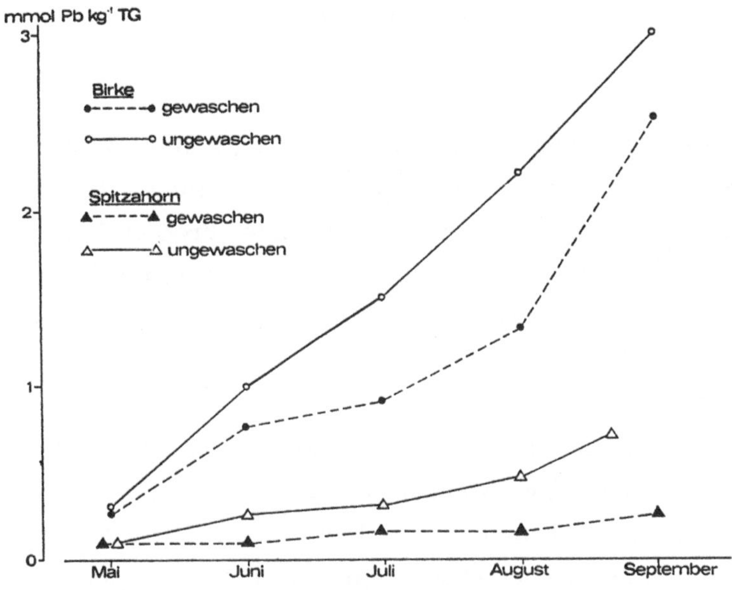

Abb.11: Bleigehalt gewaschener und ungewaschener Blätter von Birken (rauhe Blattoberfläche) und Spitzahorn (glatte Blattoberfläche) während einer Vegetationsperiode (ERNST, 1978)

Die gesammelten Proben werden nach der Probenahme (und Waschung) im Vakuumtrockenschrank bei 40°C und etwa 20 Torr bis zur Gewichtskonstanz getrocknet. Proben, die nicht sofort getrocknet werden können (etwa aus Platzgründen im Trockenschrank), können im Kühlschrank einige Tage bei 4°C aufbewahrt werden. Proben, die im Frischzustand etwa für Bestimmungen des Quecksilbers erhalten werden sollen, werden in Duran Schottgefäße (250ml) mit einem Gramm Thymol jeweils getrennt analysiert.

2.3. Homogenisation und Lagerung der Proben

Die getrockneten Proben können in geeigneten Mühlen homogenisiert werden, bis daraus ein feines Pulver entsteht. Für leicht zu homogenisierende Proben haben sich etwa Planetenschwingmühlen mit Teflon- oder Polyamideinsätzen bewährt. Für härteres Material empfehlen sich Wolframcarbidmühlen, die aber bei geeignetem, großem Volumen aufgrund des hohen Preises des Ausgangsmaterials einen hohen Kostenfaktor ausmachen. Außerdem konnte ROSSBACH (1986) eine Kontamination der Proben durch Elemente wie Hf, W und Zr feststellen. Für hartes Material hat es sich in neuerer Zeit empfohlen, die Proben in flüssigem Stickstoff mit Tefloneinsätzen zu mahlen. Ein Prototyp dieser Mühle wird von der Firma Klöckner-Humbold-Wedag angeboten (Abb.12) und derzeit in der Umweltprobenbank der Kernforschungsanlage Jülich getestet (SCHLADOT et al., 1985). Die Mühle bietet den Vorteil, daß durch Abkühlung des Materials auf etwa 180°C mit Hilfe flüssigen Stickstoffs auch sehr hartes Material durch Versprödung gemahlen werden kann. Die homogenisierten Proben werden bei Zimmertemperatur in Polyethylenflaschen/-tüten aufbewahrt. Alle Aufbewahrungsgefäße wurden vorher mit verdünnter Salpetersäure gereinigt. Ein aufwendigeres Reinigungsverfahren für die Ultraspurenanalyse wird von MOODY und LINSTRÖM (1975) beschrieben.

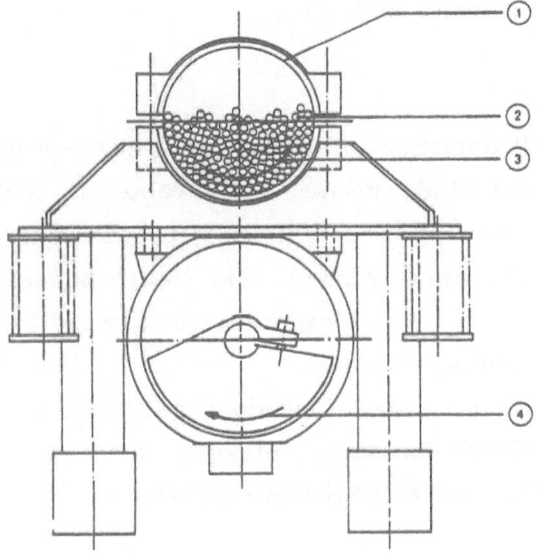

Abb.12: Aufbau und Wirkungsweise einer Schwing-
mühle dargestellt am Beispiel der Cryo-
Palla (Klöckner-Humbold-Wedag)

1 = Mahlrohr, 2 = Mahlkörper,
3 = Drehrichtung Mahlkörper
4 = Drehrichtung Schwingscheibe

(aus SCHLADOT et al., 1985)

58

2.4. Die Probenaufbereitung

Nachdem Probenahme, Trocknung und Homogenisierung abgeschlossen sind, müssen die Proben in Abhängigkeit von der jeweiligen Analysenmethode zur weiteren Analyse vorbereitet werden. Die Neutronenaktivierungs- analyse, die Röntgenfluoreszensanalyse, die Funkenmassenspektroskopie, einige Varianten der Atomabsorptions- und Emissionsspektroskopie erlauben die unmittelbare Messung flüssiger bzw. fester Proben (STOEPPLER und NUERNBERG, 1984).

Ohne vorherigen Aufschluß arbeitet man bei der Aktivierungsanalyse. Die Probe muß hier zunächst in geeigneten Vorrichtungen (Reaktoren, Beschleunigern) bestrahlt werden, wobei die Anzahl der hierzu benötigten Bestrahlungsgefäße entscheidend für eine mögliche Kontamination ist, da sich Wechselwirkungen des Gefäßmaterials mit der Probe ergeben können. Davon abgesehen hat die direkte Probeneingabe in das Meßsystem den Vorteil, daß Kontamination und Verluste meist vernachlässigbar gering sind und das Meßergebnis ohne Zeitverzug vorliegt (STOEPPLER, 1980 und 1984). Ebenfalls aufschlußfrei arbeiten gewisse flammenlose AAS- Verfahren (Feststoffanalyse). Allerdings müssen hier Homogenitätskontrollen und Blindwertüberwachungen verstärkt durchgeführt werden.

Eine vorherige Veraschung ist für die meisten AAS-Verfahren, für die AES-ICP bzw. für die AES/ICP/MS, für die Voltametrie und einige andere Verfahren notwendig. Die Veraschung bringt folgende Schwierigkeiten:

1. Kontamination der Probenmatrix durch die Laborluft bzw. durch verunreinigte Chemikalien und Aufschlußgefäße.
2. Verlust des Elementgehalts durch Verflüchtigung, Wandabsorption, etc.

Tab.8 gibt eine Übersicht über mögliche Aufschlußmethoden für die Spuren- und Ultraspurenanalyse in biologischen und Umweltmaterialien wieder (STOEPPLER und NUERNBERG, 1984).
Eine Aufschlußapparatur, die sich für Pflanzen- und Bodenproben (HNO_3-löslicher Anteil) gut bewährt hat und durch Eigenbau relativ kostengünstig ist, ist in Abb.13 dargestellt. Die Aufschlußapparatur wurde in der Kernforschungsanlage Jülich, Arbeitsgruppe Dr. Stoeppler, entwickelt und besteht aus einer Heizplatte, auf der ein Aluminiumblock mit 24 durchgehenden Löchern montiert ist (MAY und STOEPPLER, 1984). In die Löcher passen Quarzgefäße, die mit Hilfe von 4 Stahlfedern verschlossen werden können. Zwischen O.1 - O.5 g homogenisiertes Probenmaterial werden mit 1O ml Salpetersäure (Suprapur) versetzt und innerhalb von 1 h auf 17O°C erhitzt. Falls ein Siedeverzug eintreten sollte, können 2-3 Glaskugeln zur Unterdrückung des

Tab.8: Übersicht über die wichtigsten Aufschlußmethoden für die Spuren- und Ultraspuren-
analytik in biologischen Umweltmaterialien
(aus STOEPPLER und NUERNBERG, 1984)

Methode	Kontaminationsrisiko	Vollständiger Aufschluß	Kosten	Probendurchsatz	Anmerkungen
Trockenveraschung bei hohen Temperaturen	beträchtlich	ja	gering	hoch	Im allgemeinen nicht für geringe Konzentrationen und hohe Präzision geeignet
Tieftemperaturveraschung im Sauerstoffplasma	gering	ja	hoch	mittel	Aufschlußdauer unter Umständen lange bis zur kompletten Veraschung
Verbrennung im Sauerstoffstrom	gering	meistens	hoch	gering	Nicht für Routineprobleme geeignet, da nur Einzelproben aufgeschlossen werden können. Nicht in allen Fällen komplette Veraschung möglich.
Naßveraschung, offene Systeme, Glas oder Quarz	gering	ja	verschieden je nach System	hoch – sehr hoch	Automatische Systeme mit Preisen bis 20000 DM erlauben hohen Probendurchsatz. Auch Rückfluß möglich. Sehr verschiedenartige Aufschlußmischungen: HNO_3, HNO_3 + H_2O_2, H_2SO_4 + H_2O_2, HNO_3 + $HClO_3$, HNO_3 + $HClO_4$, HNO_3 + $HClO_4$ + H_2SO_4 usw.
Naßveraschung, geschlossene Systeme, Teflon (Druckaufschluß)	sehr gering Ausnahme: Quecksilber	nein	mäßig	hoch	Meist HNO_3, seltener HNO_3 + HF, HNO_3 + HCl, HNO_3 + $HClO_4$ usw. Für nachfolgende voltammetrische Verfahren bei niedrigen Metallkonzentrationen. Nachbehandlung z. B. mit $HClO_4$, H_2O_2, UV-Bestrahlung erforderlich. Temperatur $\leqslant 160\,°C$
Naßveraschung, geschlossenes System, Quarz (Druckaufschluß)	sehr gering auch für Quecksilber	ja	mittel	hoch	Besonders gut geeignet für Quecksilber und Voltammetrie, da Aufschluß bei höheren Temperaturen möglich HNO_3 + $HClO_4$ usw.

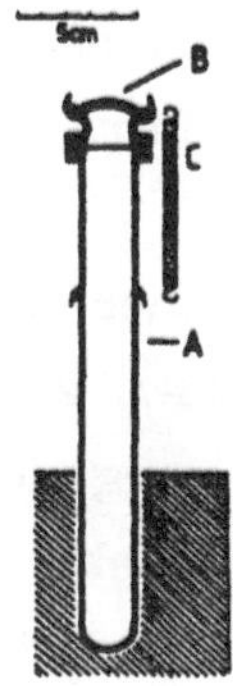

Abb.13: Schnitt durch ein Aufschlußgefäß

A = Quarzglas
B = Deckel
C = Feder

(aus MAY und STOEPPLER, 1984)

Siedeverzugs hinzugegeben werden. Der beim Aufschluß entstehende Druck liegt zwischen 2 und 4 bar. Die Temperatur wird 2 Stunden auf 170°C gehalten und anschließend wird durch Ausschalten der Aufschlußapparatur abgekühlt. Danach werden die Proben auf das gewünschte Endvolumen von beispielsweise 50 ml mit bidestilliertem Wasser aufgefüllt.

Eine geeignete Aufschlußmethode muß letztendlich für jede Fragestellung und jede Matrix neu entwickelt werden. Für pflanzliche Matrizes hat sich der oben beschriebene Säureaufschluß bewährt. Für Bodenmatrizes sollte streng in pflanzenverfügbaren Mineralstoffgehalt und dem Totalgehalt an Mineralstoffen des Bodens differenziert werden. Der Totalgehalt läßt sich hauptsächlich durch Aufschluß der Proben mit Flußsäure bzw. Flußsäuregemischen in Teflondruckbomben oder durch Analyse einer zerstörungsfreien Analysenmethode (z.B. NAA) ermittelt werden. Für den pflanzenverfügbaren Mineralstoffgehalt sollten verschiedene Auszüge mit Hilfe unterschiedlicher Säuren und Säurekonzentrationen, Laktatlösungen (bzw. anderer Extraktionsmittel) oder Heißwasserauszügen vergleichend untersucht werden. Durch mehrfaches Ausziehen der gleichen Bodenmatrix und Analyse der erhaltenen Auszüge läßt sich möglicherweise der Verwitterungsprozeß der Mineralstoffe im Boden nachvollziehen (in Abhängigkeit von der Zeit).

2.5. Die Analyse

Im wesentlichen werden in der Spurenelementanalytik folgende analytische Verfahren angewandt:

AAS = Atomabsorptionsspektrophotometrie (verschiedene Varianten)
AES/ICP = Atomemissionsspektroskopie mit induktiv gekoppeltem Plasma
AES/ICP/MS = Atomemissionsspektroskopie mit induktiv gekoppeltem Plasma und gekoppeltem Massenspektrometer
EA = C,H,N- Elementaranalyse
NAA = Neutronenaktivierungsanalyse mit und ohne radiochemischer Abtrennung
MAS = Massenspektroskopie
RFA = Röntgenfluoreszensanalyse
PIXE = Protoneninduzierte Röntgenfluoreszensanalyse

Nachdem entschieden ist, wann welche Elemente in welchen Matrizes bestimmt werden sollen, stellt sich die Frage, welches Analyseverfahren für die Problemstellung das brauchbarste ist. Folgende Kriterien spielen dabei eine entscheidende Rolle :

1. Nachweisgrenze
2. Richtigkeit
3. Reproduzierbarkeit
4. Probendurchsatz
5. Kosten.

Im Rahmen unserer Untersuchungen zur Aufstellung der Element-Konzentrations-Kataster in den letzten drei Jahren haben wir die oben genannten Techniken auf ihre Brauchbarkeit, d.h. ihre Nachweisgrenze für ökologische Proben, untersucht.

Die Konzentrationen für eine Reihe von Elementen in ökologischen Proben und die durch einzelne Analysenverfahren erreichten Nachweisgrenzen sind in Tab.6 dargestellt.

Aus Tab.6 geht hervor, daß sich für die Elementanalyse insbesondere die AAS, die AES-ICP, die NAA, die MAS und die C,H,N-Elementaranalyse eignen. Jede dieser Methoden ist für betimmte Elemente am besten geeignet (z.B. die Graphitofen-AAS ist für das Element Cd die Methode der Wahl, die NAA z.B. für das Element Au; s. hierzu auch z.B.WELZ, 1983; CAROLI et al.,1982;

KNAPP, 1984). Für die AES/ICP/MS liegen uns zum gegenwärtigen Zeitpunkt aus eigenen Messungen noch wenige Erfahrungswerte vor, allerdings sieht es so aus, als ob es sich hierbei um eine äußerst nachweisstarke Multielementmethode handelt, die sich für ökologische Fragestellungen anbietet.

Die kurzfristige Reproduzierbarkeit (Wiederholbarkeit) liegt für die meisten Methoden um 1%, die längerfristige Reproduzierbarkeit zwischen 5 - 20 %. Die Richtigkeit (Precision) einer Analysenmethode sollte im Idealfall der Wiederholbarkeit entsprechen. Wenn Analysenwerte, die mit wenigstens 2 verschiedenen Analysenmethoden erhalten wurden, übereinstimmen, darf angenommen werden, daß diese Werte richtig sind. Voraussetzung ist aber, daß die Kalibrierung mit Standards erfolgt, deren Werte richtig sind. Ein Vergleich verschiedener Analysentechniken (AES/ICP, AAS und NAA für die Elemente Zn und Cd) in unterschiedlichen ökologischen Matrizes (Torfboden, tonig- lehmiger Boden, sandiger Boden, Kalkboden, Pflanzen) wird in Tab. 9 und 10 dargestellt. Aus diesen Vergleichen wird deutlich , daß sich Zink fast problemlos bestimmen läßt, dagegen Cadmium durch die hohen Variationskoeffizienten in einigen Proben durchaus zu den Problemelementen zu zählen ist. Anscheinend können bei diesem Vergleich Fehler in der Inhomogenität der Probe, bei der Trocknung, beim Aufschluß oder der eigentlichen Analyse aufgetreten sein, die jeweils untersucht werden können. Eine weitere Fehlerquelle liegt in der Kontaminationsgefahr, die mit der Abnahme der

Tab.9: Analysenergebnisse der Zinkbestimmung in unterschiedlichen Boden- und Pflanzenproben mit Hilfe verschiedener Techniken

33, 62, 64: Hochmoorböden
34, 63, 69: Mineralböden
35, 31, 60, 39: Blätter von <u>Vaccinium-vitis-idaea</u>
61, 43: Nadeln von <u>Pinus sylvestris</u>
65, 66: Nadeln von <u>Pinus mugo</u>
47, 28, 29: oberirdische Teile von <u>Molinia coerulea</u>
67, 68: Blätter von <u>Frangula alnus</u>
7, 11: Blätter von <u>Alnus glutinosa</u>
51: Blätter von <u>Malus sylvestris</u>

Zn	AES-ICP	AES-ICP	AAS	NAA	S	X	V %
33	19	11	17	19	3,79	16,5	22,97
62	83	81	78	84	2,65	81,5	3,25
64	98	113	95	92	9,33	99,5	9,38
34	68	55	82	94	16,92	74,75	22,64
63	36	32	35	32	2,06	33,75	6,1
69	13	22	12	20	4,99	16,75	29,79
35	18	23	22	20	2,22	20,75	10,7
31	25	23	27	26	1,71	25,25	6,77
60	48	56	57	50	4,43	52,75	8,4
39	36	35	38	39	1,83	37	4,95
61	82	86	84	76	4,32	82	5,27
43	73	86	72	79	6,45	77,5	8,32
65	46	38	42	44	3,42	42,5	8,05
66	38	41	37	36	2,16	38	5,68
47	63	41	60	74	13,72	59,5	23,06
28	58	57	59	57	0,96	57,75	1,66
29	32	41	34	32	4,27	34,75	12,29
67	22	26	27	28	2,63	25,75	10,21
68	26	29	32	37	4,69	31	15,13
7	96	86	94	90	4,43	91,5	4,84
11	56	32	55	60	12,69	50,75	25
51	23	22	26	27	2,38	24,5	9,71

Tab.10: Analysenergebnisse der Cadmiumbestimmung
in unterschiedlichen Boden- und Pflanzenproben mit Hilfe verschiedener Techniken
(Legende s. Tab.9)

Cd	AES-ICP	AES-ICP	AAS	NAA	s	x	V %
33	<0,2	0,1	0,09	<2,82	0,007	0,095	7,37
62	1	1,2	1,4	<4,66	0,2	1,2	16,67
64	1,3	3,7	1,6	2,87	1,12	2,37	47,31
34	<0,2	0,3	0,1	<9,08	0,14	0,2	70
63	<0,2	0,07	0,03	<3,46	0,028	0,05	56
69	<0,2	(2,2)	0,3	<3,18	-	0,3	-
35	<0,2	0,03	0,06	<0,5	0,021	0,045	46,67
31	<0,2	0,05	0,09	<0,53	0,028	0,07	40
60	<0,2	0,13	0,08	<0,65	0,035	0,10	33,33
39	<0,2	0,05	0,08	<0,54	0,021	0,065	32,31
61	0,5	0,69	0,2	<1,8	0,25	0,46	53,31
43	0,4	0,5	0,2	<1,12	0,15	0,37	41,73
65	<0,2	0,17	0,09	<0,40	0,057	0,13	43,85
66	<0,2	0,1	0,17	<0,41	0,049	0,13	36,30
47	0,9	0,9	0,6	0,77	0,14	0,79	17,92
28	<0,2	0,06	0,075	<0,62	0,011	0,068	16,30
29	<0,2	0,05	0,08	<0,61	0,021	0,065	32,31
67	<0,2	0,07	0,1	<0,61	0,021	0,085	24,71
68	<0,2	0,07	0,08	<0,76	0,007	0,075	9,33
7	<0,2	0,07	0,07	<0,57	-	0,07	-
11	<0,2	0,05	0,06	<0,56	0,007	0,055	12,73
51	<0,2	0,105	0,15	<0,82	0,032	0,13	25,10

Elementkonzentration in der Probe steigt. Hier kann nur
noch einmal darauf hingewiesen werden, daß alle
Prozesse von der Probenahme bis zur eigentlichen
Analyse unter Vermeidung jeglicher Kontamination
ausgeführt werden müssen. Die wenigsten Institute
können sich den Luxus staubfreier Labors leisten, haben
aber durch das Ausweichen auf Reinraumarbeitsplätze,
unter denen die wichtigsten Arbeitsschritte ausgeführt
werden, eine Möglichkeit, die im chemischen Labor
anzutreffende hohe Konzentration verschiedenster
Elemente und die damit verbundene hohe
Kontaminationsgefahr zu verringern.

Letztendlich wird sich jede Untersuchung in Größe und Umfang nach dem für die geplanten Untersuchungen zur Verfügung stehenden Etat richten. Die Kosten nehmen in Abhängigkeit von der zu analysierenden Probenzahl und der Anzahl der zu bestimmenden Elemente exponentiell zu. Auch sollten die Kosten, die durch die entsprechende Anzahl von Hilfskräften bei der repräsentativen Probenahme entstehen, rechtzeitig einkalkuliert und nicht unterschätzt werden. Die Zahl der Proben kann durch repräsentative Probenahme und anschließende Mischung der Einzelproben gleicher Matrix zu einer Gesamtprobe verringert werden, dies geht dann allerdings auf Kosten der in der Ökosystemforschung wichtigen Ermittlung der biologischen Varianz. Das Auftreten und das Auffinden biologischer und analytischer Varianzen soll insbesondere in Kapitel 6 beprochen werden.

2.6. Der Einsatz von Referenzmaterialien in der Ökosystemanalytik

Mit mindestens gleicher Intensität wie die Biologen versuchen die Analytiker, die chemischen Elemente in unterschiedlichen Materialien zu bestimmen (BOWEN, 1967 und 1974, ZEISLER und GREENBERG, 1982). Nur mit Hilfe der Analytiker ist es den Ökologen möglich, weitere Daten über den Elementgehalt, den Elementfluß und die Elementwirkungen in Ökosystemen zu erhalten.

Hauptanliegen der Analytiker ist es, möglichst richtige und reproduzierbare Ergebnisse für unterschiedlichste Stoffe zu erzielen. Eine entscheidende Rolle haben dabei sogenannte Referenzmaterialien erhalten. Unter Referenzmaterialien versteht man bestimmte Matrizes, deren Konzentration an bestimmten Elementen (neben anderen chemischen Verbindungen) genau bekannt ist. Der Gehalt des Referenzstandards an den gesuchten Elementen wird in umfangreichen Zertifizierungsanalysen (certification) von anerkannten Laboratorien in Ringanalysen (intercomparison run, round robin) ermittelt (SANSONI, 1985). Ein Beispiel für ein zertifiziertes Referenzmaterial ist in Abb.14 gegeben. Es handelt sich hierbei um Referenzmaterial von Kiefernnadeln des National Bureaus of Standards (Washington), das für 15 Elemente zertifiziert ist und für weitere 11 Elemente Richtwerte angibt.

ZERTIFIZIERTE WERTE

Element	Gewichtsprozent
Calcium	0.41 ± 0.02
Potassium	0.37 ± 0.02
Phosphorus	0.12 ± 0.02

Element	µg/g		Element	µg/g
Manganese	675 ± 15		Copper	3.0 ± 0.3
Aluminum	545 ± 30		Chromium	2.6 ± 0.2
Iron	200 ± 10		Arsenic	0.21 ± 0.04
Rubidium	11.7 ± 0.1		Mercury	0.15 ± 0.05
Lead	10.8 ± 0.5		Thorium	0.037 ± 0.003
Strontium	4.8 ± 0.2		Uranium	0.020 ± 0.004

NICHTZERTIFIZIERTE WERTE

Element	Gewichtsprozent
Nitrogen	(1.2)

Trace Constituents

Element	µg/g		Element	Content µg/g
Bromine	(9)		Lanthanum	(0.2)
Nickel	(3.5)		Cobalt	(0.1)
Cerium	(0.4)		Thallium	(0.05)
Cadmium	($<$0.5)		Scandium	(0.03)
Antimony	(0.2)		Europium	(0.006)

Abb.14: Zertifizierte Werte des NBS-Standards "Pine needles"

Die Entwicklung bzw. die Anwendung einer neuen, analytischen Technik für bestimmte Elemente und deren Überprüfung auf Richtigkeit und Reproduzierbarkeit setzt die Verfügbarkeit von geeignetem Standard-Referenzmaterial (SRM) voraus. Dabei ist die Notwendigkeit zu beachten, daß die SRMs hinsichtlich der Matrixzusammensetzung und der Konzentration der zu betimmenden Elemente möglichst gut an die zu untersuchenden Proben angeglichen sind, was eine relativ große Anzahl SRMs bedingt (SCHRAMEL et al., 1982).

Ausreichend zertifiziertes Material steht nur von wenigen Institutionen, die in Tab.11 wiedergegeben sind, zur Verfügung. Auch die Anzahl der zur Verfügung stehenden Referenzmaterialien ist sehr begrenzt.

Die Notwendigkeit der Herstellung von Referenzmaterialien ergibt sich für den Analytiker hauptsächlich aus zwei Punkten:

1. Die analytische Reproduzierbarkeit der Ergebnisse kann bei entsprechend hoher Anzahl von Referenzmaterialien für jedes Element, für jede analytische Methode und für jedes Labor geprüft werden.

2. Einflüsse der Matrix des zu untersuchenden Materials können durch Kalibrierung des Gerätes mit Referenzmaterialien weitgehend kompensiert werden.

Tab.11: Hersteller und Lieferfirmen von biologischen Referenzmaterialien (aus
BEHNE und IYENGAR, 1986)

Name (Kurzform)	Name und Anschrift
Bowen	Dr. H. J. M. Bowen Department of Chemistry The University of Reading Whiteknights Reading RG6 2AD Großbritannien
CEC	Commission of the European Communities Community Bureau of Reference, BCR Rue de la Loi 200 B-1049 Brüssel Belgien
Behring	Behring Institut Behringwerke AG Postfach 1140 D-3550 Marburg 1
IAEA	International Atomic Energy Agency Analytical Quality Control Services Laboratory Seibersdorf P.O. Box 100 A-1400 Wien Österreich
NBS	Office of Standard Reference Materials Room B311, Chemistry Building National Bureau of Standards Washington, DC 20234 USA
NIES	National Institute for Environmental Studies Japan Environment Agency P.O. Yatabe Tsukuba Ibaraki 300-21 Japan

Zur Frage, wie wir die Interessen der
Ökosystemanalytiker mit denen der Analytiker im
Zusammenhang mit der Elementuntersuchung vereinen
können, bietet sich an, gewisse Kompartimente des
Ökosystems als Referenzmaterial zu verwenden bzw. aus
gewissen Kompartimenten des Ökosystems
Referenzmaterial herzustellen, sogenanntes ökologisches
Referenzmaterial.

Das soll der schematische Aufbau (Abb.15) eines Waldökosystems verdeutlichen. Im wesentlichen lassen sich folgende Kompartimente im Ökosystem erkennen:

1. Niederschlag mit suspendierten Stoffen.
2. Vegetationsdecke, die in Waldökosystemen aus verschiedenen Schichtungen besteht, die Bodenschicht, die wiederum in verschiedene Horizonte (A,B,C,D) aufgeteilt werden kann, und die Tiere, die in diesem Ökosystem leben.

Aus den einzelnen Kompartimenten müssen in Zukunft Referenzstandards hergestellt werden. Das heißt, daß etwa der B-Horizont des Bodens eines Ökosystems gesammelt, homogenisiert, aliquotiert und analysiert werden muß. Die hierbei zu berücksichtigenden Kriterien sind bei GRIEPINK und MARCHANDISE (1986) beschrieben. Insgesamt ergibt sich bei der Erstellung von ökologischem Referenzmaterial eine Mindestanforderung von etwa 5O Referenzmaterialien, wie aus Tab.12 hervorgeht.

Sowohl bei der Entwicklung als auch bei der Anwendung der Verfahren ist eine enge Zusammenarbeit zwischen Biowissenschaftlern und Analytikern erforderlich. Der Analytiker darf nicht nur Datenlieferant sein, sondern er muß sich an der Planung und Durchführung der Untersuchung beteiligen, um bei Fehlern möglichst früh eingreifen zu können. Der Biowissenschaftler muß die

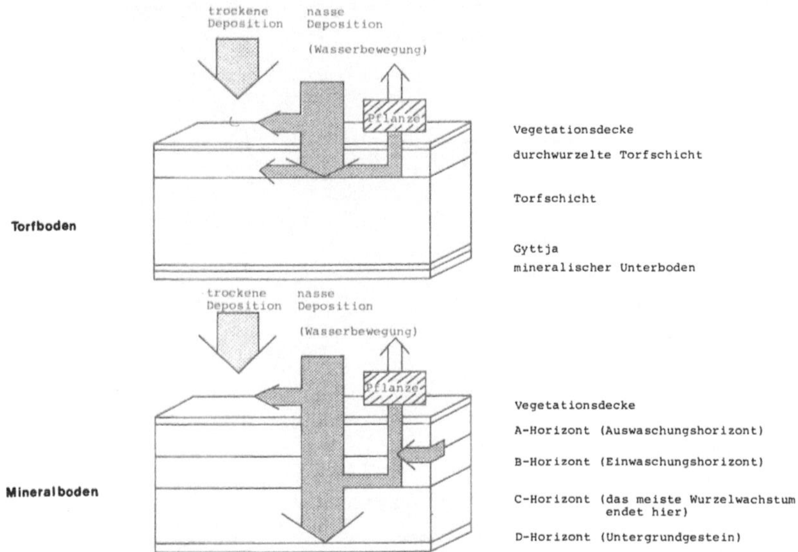

Abb.15: Schematischer Vergleich eines Hoch-
moorökosystems und eines Waldökosystems auf mineralischen Untergrund
(Podsol)

Probenahme bei der Spurenelementbestimmung und die
Fehlermöglichkeiten kennen, um die Probenahme richtig
durchführen, die Analysendaten interpretieren und
kritisch beurteilen zu können (BEHNE und IYENGAR,
1986)

Tab.12: Referenzmaterialien für die chemische Ökosystemanalyse

	Anzahl der Proben
I. Ökosystem Wiese	
a. Wiese auf saurem Boden	
Mischprobe der Pflanzen	1
3 Bodenhorizonte	3
b. Wiese auf alkalischem Boden	
Mischprobe der Pflanzen	1
3 Bodenhorizonte	3
II. Ökosystem Wald	
a. Eichenwald	
Pflanze (Blätter, Zweige, Stämme)	3
3 Bodenhorizonte	3
Litter + (strauchiger Unterwuchs) + (krautiger U.)	1 + (1) + (1)
b. Buchenwald	
Pflanze (Blätter, Zweige, Stämme)	3
3 Bodenhorizonte	3
Litter + (strauchiger Unterwuchs) + (krautiger U.)	1 + (1) + (1)
c. Kiefernwald	
Pflanze (Nadeln, Zweige, Stämme)	3
3 Bodenhorizonte	3
Litter + (strauchiger Unterwuchs) + (krautiger U.)	1 + (1) + (1)
d. Fichtenwald	
Pflanze (Nadeln, Zweige, Stämme)	3
3 Bodenhorizonte	3
Litter + (strauchiger Unterwuchs) + (krautiger U.)	1 + (1) + (1)
	36 (40) (44)

3 Die vergleichende Darstellung von Ergebnissen aus Multielementuntersuchungen

Die Darstellung zahlreicher Daten in der anorganischen Umweltanalytik bereitete bisher wenig Schwierigkeiten, da die quantitativen Ergebnisse meist nur für wenige Elemente des periodischen Systems darzustellen waren. Da in Zukunft möglichst alle Elemente bei der Betrachtung ökologischer Fragestellungen einbezogen werden sollen, werden nachfolgend verschiedene Darstellungsmöglichkeiten für Daten aus der Multielementanalyse aufgezeigt, die einen raschen Überblick über das ermittelte Datenmaterial geben sollen. Als Datenpool dienen die von Markert 1986 und 1987 ermittelten Konzentrationsangaben für einen schwedischen Mineralboden und der darauf wachsenden Preiselbeere .

Die verwendete Darstellungsmethode wird auf ihre Brauchbarkeit für ökologische Fragestellungen überprüft. Im Idealfall sollte eine Darstellungsform folgende Kriterien erfüllen (MARKERT, 1987a):

- die jeweils gewählte Darstellungsform soll
  für jeden Benutzer ohne die Hilfe
  softwaregestützter Computer darstellbar sein.
- die Daten sollen einen schnellen Überblick
  über die jeweiligen Meßergebnisse geben,
- alle in einer Probe ermittelten Daten sollen

auf einer Graphik darstellbar sein.

- die Graphiken sollen miteinander vergleichbar
sein und Interpretationen des Datenmaterials
ermöglichen.

Ein Problem, das sich bei der Darstellung sämtlicher,
analytisch erfaßbarer Daten ergibt, ist das Vorkommen
der Elemente in Konzentrationsbereichen zwischen 10^5-
10^{-5} ppm. Daraus ergibt sich fast zwangsläufig, daß die
Daten logarithmisch aufgetragen werden müssen, um
sämtliche Elementkonzentrationen auf einer Graphik zu
erfassen. Die logarithmische Auftragung entfällt, wenn
die Ergebnisse in Form von Ziffern dargestellt werden.

3.1 Die Darstellung des Datenmaterials in Form von Ziffern

In Tab.13 sind die Elementkonzentrationen aus dem
schwedischen Ökosystem mit Hilfe von Dezimalzahlen
wiedergegeben. Diese Darstellung beinhaltet die exakten
Meßdaten pro Element. Allerdings ist aus der
Betrachtung der Einzelelementdaten keine
Gesamtelementbetrachtung des Bodens oder der Pflanze
möglich, so daß sich die Daten nur einzeln miteinander
vergleichen lassen. Ein schnell zu überschauender
Gesamtüberblick für mögliche Interpretationen ist
aufgrund der Fülle des Datenmaterials nicht möglich.
Trotzdem ist es wichtig, daß diese Einzelmeßergebnisse
jederzeit zur Verfügung stehen, sobald nach der

Tab.13: Elementgehalt eines schwedischen Mineralbodens und von <u>Vaccinium vitis-idaea</u>
(Blätter). Angaben in mg/kg

	Mineralboden Schweden	Vaccinium vitis-idaea auf Mineralboden in Schweden		Mineralboden Schweden	Vaccinium vitis-idaea auf Mineralboden in Schweden
Ag	0,42	0,08	N	− 200	12200
Al	40935	160	Na	15600	54
Ar	< 30	< 30	Nb	15	0,13
As	6	0,1	Nd	27,7	0,13
Au	< 0,0076	< 0,00046	Ne	< 10	< 10
B	4,9	8,2	Ni	32	1,6
Ba	615	53	O	474000	393000
Be	< 0,5	< 0,5	Os	< 5	< 5
Bi	0,17	< 0,1	P	5954	1165
Br	2,9	1,1	Pb	8,15	0,15
C	8500	498000	Pd	< 10	< 10
Ca	9746	4555	Pm	< 10	< 10
Cd	0,2	0,07	Pr	9,15	0,078
Cė	62	0,28	Pt	< 5	< 5
Cl	80	480	Rb	81	3,3
Co	18	0,2	Re	< 10	< 10
Cr	64	0,97	Rh	< 10	< 10
Cs	2	0,01	Ru	< 10	< 10
Cu	30,5	4,1	S	93	1427
Dy	5	0,02	Sb	0,28	0,0149
Er	1,7	0,0077	Sc	22	0,03
Eu	1,72	0,004	Se	0,0847	0,0231
F	< 500	< 500	Si	290000	818
Fe	38330	378	Sm	6,2	0,049
Ga	9,5	< 0,02	Sn	1,7	0,3
Gd	5,97	0,027	Sr	142	6,3
Ge	1,4	< 1	Ta	< 0,1	< 0,1
H	5800	38300	Tb	1,1	0,0047
He	< 5	< 5	Tc	< 10	< 10
Hf	6,9	0,0258	Te	< 200	< 200
Hg	0,015	0,0047	Th	6,31	0,0408
Ho	1,1	0,00025	Ti	−	2,5
I	< 100	< 100	Tl	< 5	< 5
In	< 0,5	< 0,5	Tm	0,48	−
Ir	< 5	< 5	U	1,85	−
K	16800	5410	V	150	0,67
La	32'	0,19	W	< 0,3	< 0,3
Li	< 10	< 10	Xe	< 70	< 70
Lu	0,49	0,0019	Y	30	0,15
Mg	10917	1340	Yb	3,14	0,01
Mn	409	1010	Zn	74,75	25,25
Mo	2,6	0,09	Zr	309	0,6

Gesamtbetrachtung des Verteilungsmusters aller Elemente die Einzelelementdiskussion durchgeführt werden soll.

3.2 Die Darstellung als "Fingerprintgraph"

Bei dieser Auftragungsweise werden die erhaltenen ppm-Daten pro Element in μ-molale Einheiten umgerechnet (n = ppm/M, ROSSBACH, 1986). Die berechneten Daten werden in Form von Balkendiagrammen logarithmisch nach abnehmender Konzentration in Abbildungen dargestellt (Abb.16 und 17).

Wie aus den Abb. 16 und 17 hervorgeht, werden sämtliche determinierte Elemente in einer übersichtlichen Graphik dargestellt, allerdings erfordert die Darstellungsweise ohne Computerprogramm einen großen Zeitaufwand. Die Umrechnung in μ-molale Einheiten bringt keine Verbesserung für die Vergleichbarkeit einzelner Elemente. Da sich die Reihenfolge der Elemente nach der Häufigkeit ihres Vorkommens in der Umwelt richtet, ändert sich die Reihenfolge der Elemente ständig, so daß Graphiken kaum miteinander vergleichbar sind. Selbst bei so unterschiedlichen Matrizes wie Pflanze und Boden erscheinen die Diagramme sehr ähnlich. Eine bessere Interpretationsmöglichkeit für ökologische Fragestellungen ergibt sich daraus nicht.

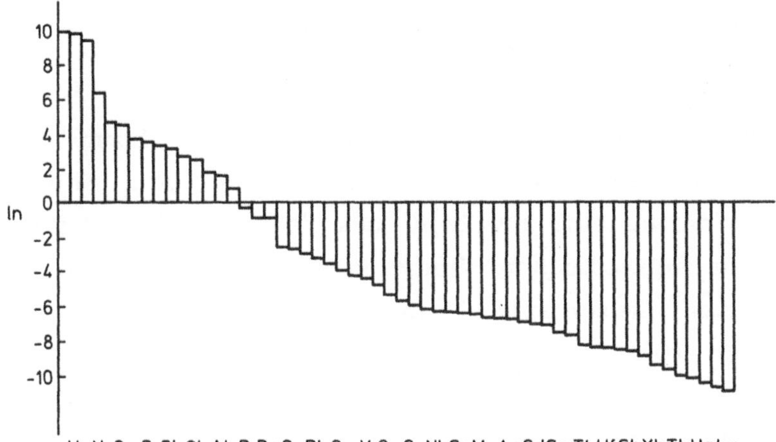

Abb.16: Fingerprint der Blätter von <u>Vaccinium-vitis-idaea</u> (nach ROSSBACH, 1986 aus MARKERT, 1987a)

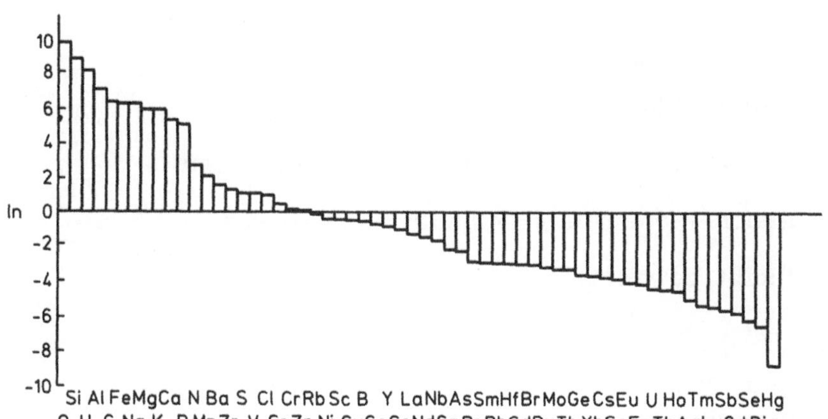

Abb.17: Fingerprint eines schwedischen Mineral-bodens (nach ROSSBACH, 1986 aus MARKERT, 1987a)

3.3. Die Darstellung in Form von Element-Konzentrations-Katastern (ECCE)

Die Wiedergabe von Einzelelementdaten in Form von Element-Konzentrations-Katastern sind in den Abb.18 und 19 dargestellt. Erscheint beispielsweise das Element Eisen im schwedischen Mineralboden mit 38300 ppm, so wird das Elementsymbol in die Konzentrationsklasse zwischen 10^4 und 10^5 ppm eingetragen. Elemente, die nicht in der Probe nachgewiesen werden können, erscheinen mit der entsprechenden Nachweisgrenze rechts neben dem Element-Konzentrations-Kataster. Wie unter 3.2 haben wir es wiederum mit einer logarithmischen Darstellung der Meßdaten zu tun. Allerdings ergeben sich bei dieser Darstellung folgende Vorteile:

- Die Aufstellung der Element-Konzentrations-Kataster kann schnell von Hand ohne Zuhilfenahme eines Computers erfolgen.
- Die Vergleichbarkeit und Überschaubarkeit gleicher oder unterschiedlicher Matrizes bleibt gewahrt.

Beispielsweise erkennt man beim schwedischen Mineralboden durch die Lage des ersten Verteilungsmaximums (zwischen 10^0 - 10^2 ppm), daß es sich, verglichen mit _Vaccinium vitis-idaea_, um eine

-4	-3	-2	-1	0	1	2	3	4	5	6	Übrige Elemente
Ho	Er Eu Hg Lu Tb	Ag Cd Cs Dy Gd Hf Mo Pr Sb Sc Se Sm Th W Yb	As Ce Co Cr La Nb Nd Pb Sn V Y Zr	B Br Cu Ni Rb Sr Ti	Ba Na Zn	Al Cl Fe Si	Ca K Mg Mn P S	H N	C O		Au < 0,00046 Bi < 0,1 Ga < 0,02 Ge < 1 Tm < 0,1 U < 0,071

Abb.18: Element-Konzentrations-Kataster der Blätter von *Vaccinium vitis-idaea*

-4	-3	-2	-1	0	1	2	3	4	5	6	Übrige Elemente
		Hg Se	Ag Bi Cd Lu Sb Tm	As B Br Cs Dy Er Eu Ga Gd Ge Hf Ho Mo Sm Sn Tb Th U Yb	Ce Cl Co Cr Cu La Nb Nd Ni Pb Pr Rb S Sc Y Zn	Ba Mn Sr V Zr	C Ca H P	Al Fe K Mg Na	O Si		Au < 0,0076 N – Ti – W < 1,49

Abb.19: Element-Konzentrations-Kataster eines schwedischen Mineralbodens

wesentlich mineralstoffreichere Matrix handelt. _Vaccinium vitis-idaea_ hat sein Verteilungsmaximum zwischen 10^{-2} und 10^0 ppm. Außerdem ist zu erkennen, daß die Pflanze im Gegensatz zum Boden ein zweites Verteilungsmaximum zwischen 10^3 und 10^4 ppm aufweist (biologisches Selektionsvermögen der Pflanzen für essentielle Elemente). Die Darstellung liefert einen schnellen Überblick über die gefundenen Daten und ermöglicht somit eine rasche Interpretation der Meßergebnisse.

Ein wesentlicher Nachteil, der sich bei der Klassifizierung unterschiedlicher Matrizes in Form von Element-Konzentrations-Katastern ergibt, ist das Auftreten von Elementverschiebungen von einer Konzentrationsklasse in die andere, d.h. das Vortäuschen einer Konzentrationszunahme um eine Zehnerpotenz, obwohl es sich lediglich um eine Konzentrationsverschiebung von wesentlich geringeren Konzentrationen handelt. Beispielsweise wird das Element Bor mit 1.1 mg/kg in die Konzentrationsklasse zwischen 10^1 und 10^2 mg/kg eingeordnet, hingegen das Element Chrom mit ermittelten 0.97 mg/kg in die Konzentrationsklasse zwischen 10^0 und 10^1 mg/kg, obwohl beide Elemente nur um 0.14 mg/kg differieren.

3.4 Die Darstellung in Form von Element-Konzentrations-Bereichs-Katastern (ECRC)

Die Darstellung der Meßergebnisse in ECRCs geht über die Voraussetzungen, die oben beschrieben wurden, hinaus. Bei dieser Darstellungsform werden nicht die Elementkonzentrationen einzelner Böden bzw. einzelner Pflanzenarten aufgetragen, sondern es werden die Konzentrationsbereiche einzelner Elemente in unterschiedlichen Pflanzen auf einer Abbildung graphisch dargestellt. Diese Art der Auftragung der Elementkonzentrationen dient also primär nicht dazu, einzelne Ökosystemtypen miteinander vergleichen zu können, sondern soll die Schwankungsbreite einzelner Elemente in gleichen Matrizes aufzeigen. In der Untersuchung von MARKERT (1986) wurden 5 unterschiedliche Pflanzenarten auf ihren Elementgehalt untersucht. Dies waren: <u>Vaccinium vitis-idaea, Molinia coerulea, Pinus mugo (sylvestris), Frangula alnus</u> und <u>Alnus glutinosa.</u> Ebenfalls wurden 4 verschiedene Bodentypen in die Untersuchung einbezogen (Podsol, Kalk, Ton und 3 Hochmoorböden). Die Ergebnisse werden, wie aus Abb.20 hervorgeht, logarithmisch in alphabetischer Reihenfolge der Elemente in das Diagramm eingetragen. Aus dieser Auftragungsweise wird deutlich, daß zumindest in den hier untersuchten Pflanzenarten einige Elemente nur in engen Grenzen auftreten (z.B. Zink zwischen 10^1 und 10^2 ppm), andere Elemente

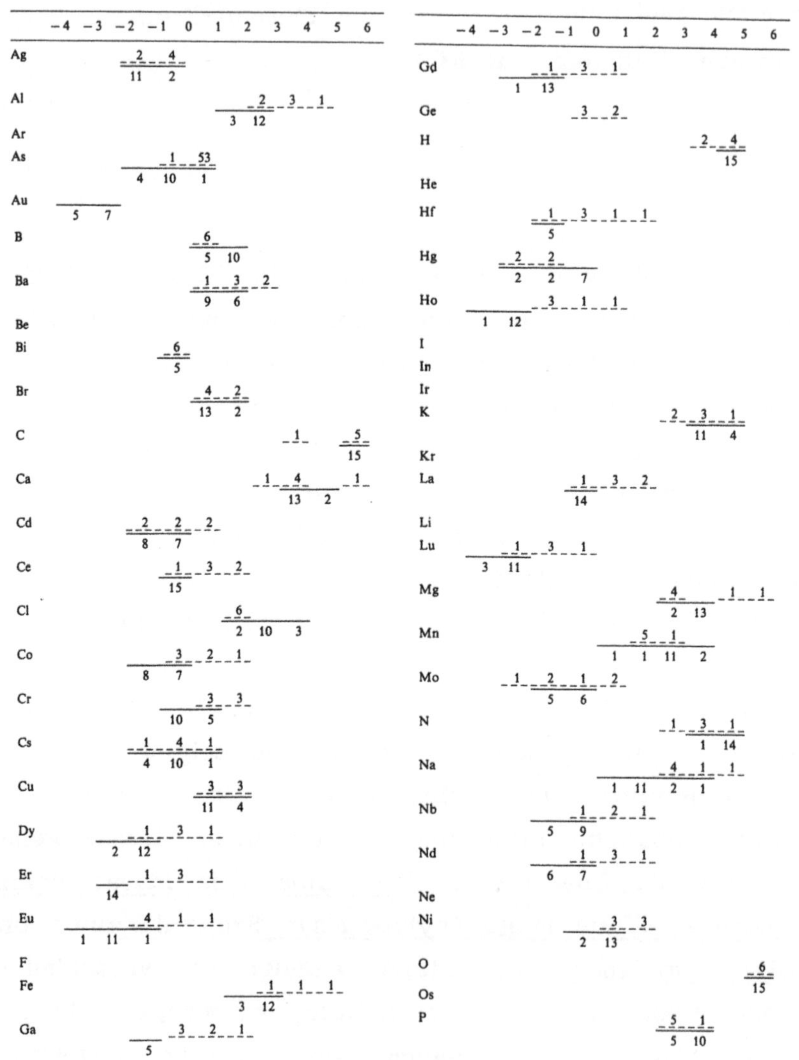

Abb. 20 : Element-Konzentrations-Bereichs-Kataster verschiedener Böden (gestrichelte Linie) und verschiedener Pflanzenarten (durchgezogene Linie)

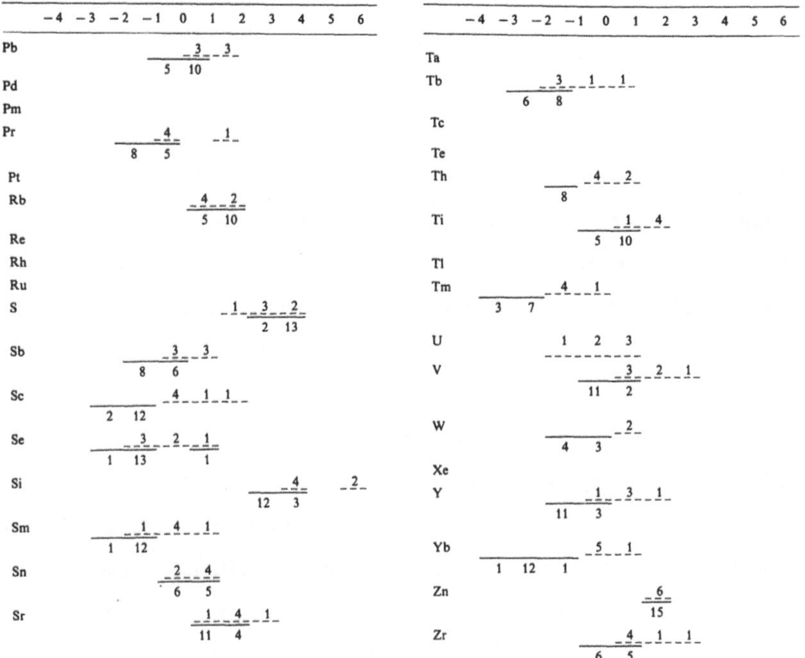

Abb.20: Fortsetzung

dagegen über große Konzentrationsbereiche gestreut sein können (z.B. Mn zwischen 10^1 - 10^{-2} ppm). Die hier diskutierten Konzentrationsbereiche sollen durch weiterführende Untersuchungen von unterschiedlichen Pflanzenarten und Bodentypen ergänzt werden.

3.5 Die ECCE-Tabellen für das IUBS-Programm

Multielementanalysen in Ökosystemen werden mehreren Zwecken dienen. Es ist deshalb vorteilhaft, eine Datenerhebung, die möglichst umfangreich und vielseitig ist, von Programmbeginn an anzusetzen. Wenn Daten von bestehenden Forschungsprojekten erworben werden, dann werden größere Mengen von Begleitdaten bereits vorhanden sein, an die eine ECCE-Erhebung sinnvoll angeschlossen werden kann. Gleichzeitig sollte man darauf achten, daß die Datensammlung auch für zukünftige, zusätzliche Datenerhebungen offenbleibt. Außerdem sollte die Tabellenarbeit so angelegt werden, daß sie mit EDV-Programmen bearbeitet werden kann. Der Umfang der zu katalogisierenden Daten ist so groß, daß diese in einer einzigen Tabelle nicht wiedergegeben werden können. Man sollte deshalb eine Serie von Tabellen vorsehen, die mit Hilfe einer Decktabelle verwaltet werden kann. In Zukunft werden die Elemente innerhalb einer Konzentrationsklasse nach steigendem Elementgehalt geordnet, wie es bereits von SANSONI (1986) vorgeschlagen wurde. Jede ECCE-Tabelle wird mit den entsprechenden Parametern der Klimadaten, geographischen Daten, Angaben zur Probennahme und Analytik etc. versehen. Eine solche Tabelle ist im Anhang enthalten.

4 Möglichkeiten der Anwendung von Element-Konzentrations-Katastern und den Ergebnissen der Multielementanalytik

4.1 Anwendung von Element-Konzentrations-Katastern auf die Untersuchung von Hochmoorböden zur Indikation der anorganischen Umweltbelastung

Die sich ständig ändernde Belastung der Umwelt durch anorganische und organische Stoffe fordert eine ständige globale Überwachung der Umwelt auf mögliche Stoffänderungen und den damit verbundenen Auswirkungen auf die Ökosysteme. Als geeignete Referenzmaterialien im Rahmen eines Monitorprogramms haben sich biologische Akkumulationsindikatoren nach chemischer Aufbereitung bewährt (MARKERT und MEER, 1985; SCHUBERT, 1985; MARKERT und LIETH, 1987a; MARKERT und JAYASEKERA, 1987; KOVACS et al.,1981). Weltweit wird eine Vielzahl anorganischer und organischer Substanzen hergestellt und eingesetzt, deren Gesamtzahl derzeit etwa 80000 - 100000 betragen dürfte. Jährlich kommen bis zu 1000 erstmals produzierte und eingesetzte Chemikalien dazu (STOEPPLER und NUERNBERG, 1984).

Wie aus Abb.21 hervorgeht, lassen sich zwar Emissionen mit hoher Genauigkeit mittels physikalisch-chemisch

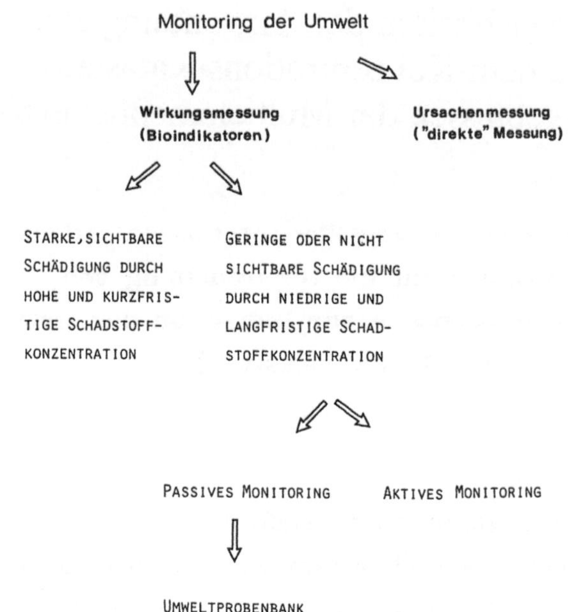

Abb.21: Möglichkeiten der Umweltkontrolle

arbeitender Geräte messen, da sich aber über die auf diesem Wege erfaßten Schadstoffe keine exakten Folgerungen über den Grad der Belastungen von Organismen und den hervorgerufenen Wirkungen ergeben (VETTER et al., 1978), erweist sich der Einsatz von Bioindikatoren für Monitorprogramme in Problemregionen als sehr hilfreich (STEUBING und JAEGER, 1982). Beim Biomonitoring benutzt man pflanzliche oder tierische Organismen, um den Grad der Umweltbelastung etwa durch Schwermetalle festzustellen. Insbesondere unterscheidet man 2 Arten des Biomonitorings (MAB 11, 1983):

das passive Monitoring, bei dem freilebende Biozönosen (Lebensgemeinschaften) oder einzelne ihrer Glieder (z.B. nur bestimmte Pflanzenarten) nach vorgegebenen Kriterien beurteilt werden.

das aktive Monitoring (experimentelles Monitoring), bei dem unter Standardbedingungen herangezogene Indikatororganismen (Pflanzen oder Tiere) im Überwachungsgebiet für einen definierten Zeitraum exponiert werden.

Um globale Untersuchungen mit Hilfe eines passiven Biomonitorings vornehmen zu können, müssen an diesen globalen Biomonitor Anforderungen gestellt werden (MARKERT und LIETH, 1987a und b).

Der Biomonitor sollte

- auf vielen Kontinenten der Erde vorkommen.
- in großen Mengen vorhanden sein.
- leicht und kostengünstig gesammelt werden können.
- für viele Institute leicht analysierbar sein.
- Akkumulatoreigenschaften haben.

Diese Forderungen werden von Hochmoorböden erfüllt, da

- der Eintrag von Substanzen durch in Regenwasser gelöste oder suspendierte Stoffe bzw. durch die minerogenen und organogenen Bestandteile des Flugstaubes nur aus einer Richtung erfolgt.
- keine Verlagerung der Stoffe aus basalen in höhere Schichten stattfindet (FIRBAS, 1952).
- Hochmoore weltweit verbreitet sind.

Die Durchführbarkeit eines solchen Vorhabens wurde an 2 Hochmooren in Nordschweden (Abisko) und Norddeutschland (Osnabrück) getestet. 62 Elemente des periodischen Systems wurden dabei quantitativ erfaßt und die Analysendaten eines jeden Elements in Element-Konzentrations-Kataster eingetragen (Abb. 22 und 23).

-4	-3	-2	-1	0	1	2	3	4	5	6	Übrige Elemente
	Hg	Ag	As	B	Ba	Al	Ca	H	C		Au < 0,0021
		Cd	Bi	Br	Cl	K	Fe		O		
		Cs	Dy	Ce	La	Mg	N				
		Eu	Er	Co	Mn	Na	Si				
		Hf	Ga	Cr	Sr	P					
		Ho	Gd	Cu	Zn	S					
		Lu	Ge	Nd							
		Mo	Nb	Ni							
		Tb	Pr	Pb							
		Tm	Sb	Rb							
		U	Sc	Ti							
			Se	V							
			Sm	W							
			Sn	Y							
			Th	Zr							
			Yb								

Abb.22: Element-Konzentrations-Kataster eines schwedischen Hochmoorbodens

-4	-3	-2	-1	0	1	2	3	4	5	6	Übrige Elemente
	Hg	Ag	Bi	As	Ba	Mg	Al	H	C		Au < 0,00199
		Eu	Co	B	Br	Na	Ca		O		
		Ho	Cs	Cd	Cl	P	Fe				
		Lu	Dy	Ce	Mn		K				
		Tb	Er	Cr	Sr		N				
		Tm	Ga	Cu	Ti		S				
			Gd	La	V		Si				
			Ge	Nb	Zn						
			Hf	Nd							
			Mo	Ni							
			Pr	Pb							
			Sc	Rb							
			Sm	Sb							
			Sn	Se							
			Th	W							
			U	Y							
			Yb	Zr							

Abb.23: Element-Konzentrations-Kataster eines deutschen Hochmoorbodens

Bei Betrachtung des Element-Konzentrations-Katasters des schwedischen Hochmoorbodens fällt zunächst die gleichmäßige Normalverteilungskurve mit Verteilungsmaximum zwischen 0.01 ppm - 10 ppm auf. Es sind keine außergewöhnlichen Elementverschiebungen festzustellen, das heißt, keine unerwarteten Verteilungsmaxima treten auf. Anscheinend ist der schwedische Hochmoorboden noch durch keine anthropogenen Einflüsse seitens der Industrie, des Autoverkehrs oder privater Haushalte beeinflußt. Aus diesem Grunde wird vorgeschlagen, den schwedischen Hochmoorboden als Referenzstandard für unbelastete Ökosysteme zu verwenden, um die Entwicklung dieses Moores in bezug auf den Elementeintrag im Lauf der nächsten Jahrzehnte näher zu untersuchen.

Vergleichen wir das Element-Konzentrations-Kataster des schwedischen Hochmoorbodens mit dem des deutschen Hochmoorbodens, so fällt auf, daß 1. ein neues Verteilungsmaximum zwischen 10^3 und 10^4 ppm aufgetreten ist und daß 2. sich das zweite Verteilungsmaximum, das beim schwedischen Hochmoorboden zwischen 0,01 ppm und 1 ppm lag, um eine Zehnerpotenz weiter nach rechts verschoben hat (0.1 ppm - 100 ppm). Gründe hierfür dürften in der wesentlich stärkeren anthropogenen Beeinflussung des nordwestdeutschen Hochmoors liegen.

Besonders erwähnt sei an dieser Stelle, daß hoch toxische Elemente, wie beispielsweise Cadmium, um 2

Zehnerpotenzen in den höheren Bereich verschoben sind.

Im deutschen Hochmoorboden sind neben Cadmium 14 weitere Elemente um eine Zehnerpotenz in den höheren Konzentrationsbereich gerückt. Darunter fallen im einzelnen: Br, Cs, As, Hf, Mo, U, Nb, Sb, Se, Ti, V, Al, K und S.

Im schwedischen Hochmoor sind nur 2 Elemente im Vergleich zum deutschen Hochmoor in einen höheren Bereich verschoben, Co und La.

In diesem Zusammenhang ist interessanterweise zu beobachten, wie sich Pflanzen, die auf diesen unterschiedlich stark belasteten Böden wachsen, in bezug auf ihre stoffliche Zusammensetzung verhalten. Die erstellten Element-Konzentrations-Kataster sind in den Abb.24 und 25 wiedergegeben. Von den auf Torfsubstrat angereicherten Elementen sind von insgesamt 15 Elementen nur noch 5 Elemente in höheren Konzentrationen vorhanden und zwar Cd, Br, Cs, Mo und Se. Die Elemente As, Nb, Sb, Ti, V, Al, K und S kommen in gleichen Konzentrationsklassen vor. Über die Elemente U und Hf kann keine Aussage gemacht werden, da hier in der pflanzlichen Matrix die analytische Nachweisgrenze erreicht wurde.

Die Pflanze <u>Vaccinium vitis-idaea</u> hat offensichtlich ein Selektionsvermögen für gewisse Elemente. Dies wird noch deutlicher, wenn wir uns das Element-Konzentrations-Kataster eines sehr mineralstoffreichen Bodens und das

-4	-3	-2	-1	0	1	2	3	4	5	6	Übrige Elemente
Au	Er	Cd	Ag	B	Ba	Al	Ca	H	C		Bi < 0,1
	Eu	Cs	As	Ni	Cl	Fe	K	N	O		Ga < 0,02
	Hg	Dy	Br	Rb	Cu	Si	Mg				Ge < 1
	Ho	Gd	Ce	Sr	Na		Mn				Hf < 0,040
	Lu	Mo	Co	Ti	Zn		P				Th < 0,04
	Se	Sb	Cr				S				U < 0,069
	Tm	Sc	La								W < 0,3
	Yb	Sm	Nb								
		Tb	Nd								
			Pb								
			Pr								
			Sn								
			V								
			Y								
			Zr								

Abb.24: Element-Konzentrations-Kataster der Blätter von _Vaccinium vitis-idaea_ auf einem schwedischen Hochmoorboden

-4	-3	-2	-1	0	1	2	3	4	5	6	Übrige Elemente
	Au	Ga	Ag	Br	B	Al	Ca	H	C		Bi < 0,1
	Hg	Sb	As	Cu	Ba	Cl	K	N	O		Dy < 0,3
		Se	Cd	Ni	Na	Fe	Mg				Er < 0,3
			Ce	Pb	Rb	Mn	S				Eu < 0,1
			Co	Sn	Zn	P	Si				Gd < 0,3
			Cr	Sr							Ge < 1
			Cs	Ti							Hf < 0,040
			Mo	Zr							Ho < 0,1
			Nb								La < 0,095
			V								Lu < 0,0070
											Nd < 0,3
											Pr < 0,1
											Sc < 0,019
											Sm < 0,3
											Tb < 0,1
											Th < 0,038
											Tm < 0,1
											U < 0,086
											W < 0,040
											Y < 0,1
											Yb < 0,3

Abb.25: Element-Konzentrations-Kataster der Blätter von _Vaccinium vitis-idaea_ auf einem deutschen Hochmoorboden

der auf diesem Boden vorkommenden <u>Vaccinium vitis-idaea</u> anschauen. Die Element-Konzentrations-Kataster dieser beiden Proben sind in den Abb. 26 und 27 wiedergegeben.

Der schwedische Mineralboden zeigt sein Hauptverteilungsmaximum der Elemente zwischen 1 und 100 ppm. Der schwedische Torfboden (Abb.22) dagegen zwischen 0.1 und 10 ppm. Man sollte vermuten, daß bei <u>Vaccinium vitis-idaea</u>, die auf beiden Standorten in Schweden wächst, höhere Gehalte an Mineralstoffen vorzufinden sind, wenn diese, gleiche Verfügbarkeit der einzelnen Elemente vorausgesetzt, auf dem elementreicheren Mineralboden wächst. Der Vergleich der beiden Element-Konzentrations-Kataster zeigt aber, daß beide Pflanzenarten trotz unterschiedlichstem Mineralstoffangebots fast identische Element-Konzentrations-Kataster aufweisen. Das erste Verteilungsmaximum der Pflanzen liegt mit fast identischen Elementen zwischen 1000 und 10000 ppm. Dies bestätigt sich, wenn wir die Originaldaten aus der chemischen Analyse (MARKERT, 1986) beispielsweise für die Elemente Mangan - als ein essentielles Element - und für Aluminium - ein in höheren Konzentrationen für die meisten Organismen hoch toxisches Element - betrachten. Obwohl Mangan im schwedischen Mineralboden mit 408 ppm in wesentlich höheren Konzentrationen vorkommt als im schwedischen Torfboden (26 ppm), finden wir in <u>Vaccinium vitis-idaea</u> fast identische Werte an Mangan mit 1009 und 1502 ppm. Die sehr hohen Mangangehalte in <u>Vaccinium vitis-idaea</u> rühren daher, daß Ericaceen

-4	-3	-2	-1	0	1	2	3	4	5	6	Übrige Elemente
Ho	Er	Ag	As	B	Ba	Al	Ca	H	C		Au < 0,00046
	Eu	Cd	Ce	Br	Na	Cl	K	N	O		Bi < 0,1
	Hg	Cs	Co	Cu	Zn	Fe	Mg				Ga < 0,02
	Lu	Dy	Cr	Ni		Si	Mn				Ge < 1
	Tb	Gd	La	Rb			P				Tm < 0,1
		Hf	Nb	Sr			S				U < 0,071
		Mo	Nd	Ti							
		Pr	Pb								
		Sb	Sn								
		Sc	V								
		Se	Y								
		Sm	Zr								
		Th									
		W									
		Yb									

Abb.26: Element-Konzentrations-Kataster der
Blätter von _Vaccinium vitis-idaea_
auf einem schwedischen Mineralboden

-4	-3	-2	-1	0	1	2	3	4	5	6	Übrige Elemente
Eu	Au	Ag	As	Br	B	Al	Ca	H	C		Bi < 0,1
	Dy	Cd	Ce	Cu	Ba	Cl	K	N	O		Ga < 0,02
	Er	Gd	Co	Ni	Na	Fe	Mg				Ge < 1
	Ho	Hf	Cr	Sr	Rb	Mn	P				Sn < 0,2
	Lu	Hg	Cs	Ti	Zn	Si	S				Tm < 0,1
	Yb	Mo	La								U < 0,073
		Nb	Pb								W < 0,057
		Nd	Sb								
		Pr	V								
		Sc	Zr								
		Se									
		Sm									
		Tb									
		Th									
		Y									

Abb.27: Element-Konzentrations-Kataster der
Blätter von _Vaccinium vitis-idaea_
auf einem deutschen Mineralboden

verstärkt Mangan anreichern. Die Pflanze ist anscheinend in der Lage, für sie lebensnotwendige Elemente aufzunehmen bzw. zu akkumulieren. Möglicherweise liegt der Mechanismus für dieses Selektionsvermögen in einer genetischen Vordetermination.

Das Element Aluminium kommt im schwedischen Mineralboden mit 40934 ppm in sehr viel höheren Konzentrationen vor als im schwedischen Torfboden. Trotzdem finden wir in Vaccinium vitis-idaea nur Konzentrationen zwischen 114 und 159 ppm. In diesem Fall verschmäht also Vaccinium das Element, weil es sonst zu Vergiftungen im Zellstoffwechsel kommen könnte. Für diesen Verschmähungsprozeß könnte auch eine genetische Vordetermination verantwortlich sein.

Wie oben gezeigt werden konnte, eignet sich Torfboden ausgezeichnet als globaler Biomonitor: eingehend wurde dieser Aspekt, insbesondere in bezug auf die Profiltiefe, von ERNST et al. (1974) zur Beurteilung der großflächigen Belastung in Westfalen untersucht. Die Untersuchung der Torfprofile eines westfälischen, ombrogenen Hochmoores erbrachte Hinweise über den zeitlichen Verlauf von Blei- und Zinkemissionen. Bei 90 bis 100 cm Moortiefe steigt der Bleigehalt um mehr als 100%, der Zinkgehalt um das Vierfache. Diese Schicht fällt etwa in die Zeit um Christi Geburt und dürfte die Schwermetallkontamination durch den römischen Bergbau anzeigen. Bis auf 60 cm nehmen der Blei- und Zinkwert wieder ab, um von dort an auf das Fünffache für Blei und das Dreifache für Zink zu steigen. Dieser Anstieg der Schwermetallbelastung des Moores fällt etwa in das 12./13. Jahrhundert, in dem aus vielen Teilen Westfalens eine hohe Aktivität des Blei- und Zinkbergbaus urkundlich nachgewiesen ist. Das Maximum der Blei-und Zinkwerte fällt in die zweite Industralisierungsphase des 18. und 19. Jahrhunderts.

Weitere Untersuchungsergebnisse in bezug auf Nah- und Ferntransport von Mineralstoffen liegen etwa vor bei RÜHLING und TYLER (1971), STEINNES (1980), MARKERT und MEER (1985), RICHARDSON, (1985), RICHARDSON et al., (1985).

4.2. Vergleich der Element-Konzentrations-
Kataster von Glycophyten und Halophyten

Eines der Hauptanliegen der Ökologen ist, die Konzentrationen der chemischen Elemente in Pflanzen, die auf unterschiedlichem Substrat aufgewachsen sind, zu vergleichen. Hierbei ist insbesondere der Vergleich von Halophyten und Glycophyten sinnvoll. Die erste Gruppe nimmt Wasser zusammen mit gelösten Mineralstoffen gegen ein Konzentrationsgefälle auf (Meerwasser), die zweite Gruppe benötigt Süßwasser zum Überleben. Von den Pflanzen, die im folgenden diskutiert werden sollen, sind <u>Aster tripolium</u> und <u>Rhizophora mangle</u> Halophyten, <u>Vaccinium vitis-idaea</u> und <u>Pinus sylvestris</u> repräsentieren die Gruppe der Glycophyten. In diesem Kapitel wird der Versuch unternommen, die chemische Zusammensetzung der oben erwähnten Pflanzen miteinander zu vergleichen. Die Diskussion basiert auf früheren Publikationen von LIETH und MARKERT (1985 und 1986), MARKERT und JAYASEKERA (1987), ROSSBACH (1986) und JAYASEKERA (1987). In diesen Arbeiten werden auch die für diesen Vergleich notwendigen Probenahme-, Probenaufbereitungs- und Meßverfahren beschrieben, so daß hier nur auf die chemisch analytischen Ergebnisse eingegangen werden soll.

In den Abb.28 und 29 werden die Konzentrationsdaten in Form von Element-Konzentrations-Katastern

Rhizophora mangle (n = 45)

10^x	-4	-3	-2	-1	0	+1	+2	+3	+4	+5	+6	Nachweisgrenzen
			Se	Ag	Co	Al	Br	Mg	Ca	C		As<0.5 La<0.1
			Ta	Cd	Cu	Fe	Mn	N	Cl	O		Au<0.005 Lu<0.004
			Th	Ce	Rb	Pb		P	H			Ba<7 Mo<0.5
				V		Sr		S	K			Cr<0.004 Ni<2
						Zn		Si	Na			Cs<0.005 Sb<0.04
												Eu<0.02 Sc<0.004
												Hf<0.05 Sm<0.006
												I <6 Yb<0.05

Aster tripolium (n = 38)

10^x	-4	-3	-2	-1	0	+1	+2	+3	+4	+5	+6
		Eu	Cs	Ag	Cd	Cu	Br	Ca	Na	C	
			Hg	As	Cr	Sr	Fe	K		Cl	
			Lu	Ce	Hf?		Mn	Mg		Oα	
			Sc	Co	Mo		Zn	P			
			Sm	La	Ni						
			Ta	Sb	Pb						
			Th	Se	Rb						
				U							
				Yb?							

Abb.28: Element-Konzentrations-Kataster der Blätter von <u>Rhizophora</u> <u>mangle</u> und <u>Aster</u> <u>tripolium</u>

Vaccinium vitis-idaea (n = 63)

10^x	-4	-3	-2	-1	0	+1	+2	+3	+4	+5	+6	Nachweisgrenzen
	Au	Er	Cd	Ag	B	Ba	Al	Ca	H	C		Bi<0.1
		Eu	Cs	As	Ni	Cl	Fe	K	N	O		Ga<0.02
		Hg	Dy	Br	Rb	Cu	Si	Mg				Ge<1
		Ho	Gd	Ce	Sr	Na		Mn				Hf<0.04
		Lu	Mo	Co	Ti	Zn		P				Th<0.04
		Se	Sb	Cr				S				U <0.07
		Tm	Sc	La								W <0.3
		Yb	Sm	Nb								
			Tb	Nd								
				Pb								
				Pr								
				Sn								
				V								
				Y								
				Zr								

Pinus sylvestris (n = 63)

10^x	-4	-3	-2	-1	0	+1	+2	+3	+4	+5	+6	Nachweisgrenzen
		Er	Ag	Cd	As	B	Al	Ca	H	C		Au<0.002
		Eu	Dy	Ce	Ba	Br	Fe	Cl		O		Bi<0.1
		Ho	Ga	Co	Cr	Rb	Mg	K				Ge<1
		Lu	Gd	Cs	Cu	Zn	Mn	N				Hf<0.018
		Tm	Hg	La	Ni		Si	Na				U <0.1
		Yb	Nb	Mo	Pb			P				W <0.15
			Sc	Nd	Se			S				
			Sm	Pr	Sn							
			Tb	Sb	Sr							
			Th	Zr	Ti							
			Y		V							

Abb.29: Element-Konzentrations-Kataster der Blätter von <u>Vaccinium</u> <u>vitis-idaea</u> und der Nadeln von <u>Pinus</u> <u>sylvestris</u>

wiedergegeben. Die Konzentrations-Kataster für die Halophyten sind noch nicht vollständig, für unsere Zwecke des Vergleichs reichen sie aber zunächst einmal aus. Die Konzentrations-Kataster zeigen, daß Pflanzen generell zwei Verteilungsmaxima aufweisen, eines zwischen 10^2 und 10^5 und ein zweites zwischen 10^2 und 10^{-3} mg/kg. Vergleichen wir die Element-Konzentrations-Kataster von Halophyten mit denen der Glycophyten ,so scheint es, daß sich das erste Verteilungsmaximum um eine Größenordnung nach rechts verschoben hat. Dieses Verteilungsmaximum umfaßt die Elemente Br, Cl, Na und Sr, das in beiden Halophyten in höhere Konzentrationsbereiche verschoben wurde. Diese Anreicherung wurde bereits mehrfach in der Literatur beschrieben, vgl. BOWEN (1979).

Zusätzlich haben sich einige Elemente innerhalb der beiden Halophyten in höhere Konzentrationsklassen bewegt. Solche Elemente sind Co, Ca, Si, K und Pb in Rhizophora mangle und Cd, Cu, Mo und Zn in Aster tripolium. Nur Al und Fe erscheinen in Rhizophora mangle in niedrigeren Konzentrationsklassen. Bereits bekannt ist, daß von den Ericaceen Mangan bevorzugt akkumuliert wird (MARKERT, 1986), und es erscheint somit in höheren Konzentrationsklassen (zwischen 10^3 und 10^4) im Kataster von Vaccinium vitis-idaea. Aus evolutiver Sicht kann angenommen werden, daß Halophyten sich in ihrer Entwicklung auf eine artspezifische chemische Zusammensetzung eingerichtet haben, die ihnen das Überleben an extremen Standorten ermöglicht.

4.3 Verteilungsmuster der Lanthaniden in verschiedenen Pflanzen und Böden

Die Lanthaniden, auch Seltene-Erd-Elemente (SEE) genannt, bilden eine Gruppe von 15 Elementen, von denen nur das Promethium (Pm) nicht natürlich in der Erdkruste vorkommt (KABATA-PENDIAS und PENDIAS, 1984). Die Lanthaniden zeigen annähernd gleiche chemische und physikalische Eigenschaften und bilden somit eine geochemisch homogene Elementfamilie. Es ist schon länger bekannt, daß die Lanthaniden eine Besonderheit in ihrem natürlichen Vorkommen aufweisen. Die Seltenen Erdelemente mit gerader Atomnummer kommen in höheren Konzentrationen vor als die mit ungerader Atomnummer. Diese Besonderheit wird nach ihrem Entdecker HARKINS-Regel (HARKINS, 1928) genannt. Zusätzlich sinkt nahezu linear das Vorkommen der einzelnen Lanthaniden mit zunehmender Atomzahl (SUGIMAE, 1980).

Wenig Aufmerksamkeit wurde in den letzten Jahren den Konzentrationen der Lanthaniden im Pflanzenmaterial gewidmet. Außerdem ist wenig über das Verhalten der Lanthaniden im Boden und über das Konzentrationsverhältnis Pflanze/Boden bekannt (LAUL et al., 1979). Dies ist weitgehend auf die schlechten analytischen Nachweisverfahren zurückzuführen, da die Lanthaniden nur in sehr geringen Konzentrationen im

Pflanzenkörper vorkommen. ROBINSON (1943) und ROBINSON et al. (1958) fanden extrem hohe Lanthanidenkonzentrationen (2300 ppm) in Hickory-Blättern (<u>Carya species</u>), die in dieser Beziehung eine Ausnahme im Pflanzenreich darstellen. Anscheinend sind Carya-Arten ausgezeichnete Lanthanidenakkumulatoren. Weitere Lanthanidengehalte werden von BOWEN (1979) berichtet. So konnten die Lanthaniden beispielsweise von YLIRUOKANEN (1975) in Moosen und Flechten nachgewiesen werden, die auf granitischen und radioaktiven Gestein wuchsen. ERÄMETSÄ et al. (1974) konnten die Lanthaniden in drei verschiedenen Schachtelhalmarten nachweisen. Im Rahmen unserer Multielementuntersuchungen wurden die Lanthaniden in <u>Vaccinium vitis-idaea</u> und in <u>Pinus sylvestris</u> analysiert. Ebenfalls wurde der Boden analysiert, auf dem diese Pflanzen wuchsen. Folgende ökochemische Aspekte sollten dabei berücksichtigt werden (MARKERT, 1987c):

- es sollten Konzentrationsdaten für die
  Pflanzen- und Bodenproben erhalten werden
- es sollte eine mögliche Pflanze-Boden-
  beziehung für die Lanthaniden ermittelt
  werden
- die Verteilungsmuster für Lanthaniden sollten
  nach der HARKINS-Regel sowohl in der Pflanze
  als auch im Boden ermittelt werden.

Im Rahmen unserer Multielementuntersuchungen (MARKERT, 1987a-e, MARKERT,1986, LIETH und MARKERT, 1985 und 1986, LIETH et al., 1987, MARKERT und LIETH, 1984 und 1985) wurden in verschiedenen Systemen Europas Proben von Vaccinium vitis-idaea und Pinus sylvestris mit dem Bodensubstrat entnommen (Tab.14). Die Proben wurden getrocknet und im Rahmen unserer Elementuntersuchungen nach Japan (Environmental Pollution Control Center, Osaka) geschickt. Dort wurden sie nach Voranreicherung an einem Ionenaustauscher mit Hilfe der AES/ICP analysiert. Die Richtigkeit der Methode wurde mit Hilfe verschiedener Standardreferenzmaterialien überprüft (NBS SRM 1571 und 1575, USGS G-2 und BCR-1).

In Tab.15 werden alle analytischen Ergebnisse dargestellt, die aus der AES/ICP-Analyse stammen. In Abb.30 sind die Lanthaniden-Boden-Konzentrationen in mg/kg (log) als eine Funktion der Atomnummer aufgetragen. Wir erhalten das typische Verteilungsmuster der Lanthaniden, wie wir es aufgrund der HARKINS-Regel erwartet haben. Aufgrund des Verteilungsmusters in Abb.30 ist anzunehmen, daß als natürliche Quelle für die Lanthaniden die Erdkruste anzusehen ist (SUGIMAE, 1980), da das gleiche Verteilungsmuster bereits in geologischen Proben gefunden wurde (YLIRUOKANEN, 1975 ; NIEMINEN et al., 1974). Der Gesamt-Lanthaniden-Gehalt des schwedischen Mineralbodens ist ungefähr 10mal so hoch wie der des deutschen Mineralbodens. Dies ergibt eine gute Übereinstimmung zu unseren vorausgegangenen

Tab.14: Herkunft der untersuchten Pflanzen-
und Bodenproben

Proben-Nr.	Geographische Lage	Bemerkungen
S - 1	1 km südlich von Abisko, Nord-Schweden	sandig,lehmiger Boden, leicht podsolisiert, pH = 3.8
S - 2	10 km südlich von von Abisko, Name des Moores: Stordalen	Torf , pH = 2.6
S - 3	Achmer, 15 km nördlich von Osnabrück, Deutsch-land	stark ausgewaschene Flug-sanddüne, pH = 3.9
S - 4	20 km nordöstlich von Osnabrück, Name des Moores: Venner Moor	Torf, PH = 2.6
L - 1	Preiselbeere, gewachsen auf S - 2	Mischprobe
L - 2	Preiselbeere, gewachsen auf S - 1	wie L - 1
L - 3	Preiselbeere, gewachsen auf S - 3	wie L - 1
N - 1	Kiefer, gewachsen auf S - 3	Mischprobe aus ver-schiedenen Bäumen
N - 2	Kiefer, gewachsen auf S - 4	wie N - 1

Elementuntersuchungen (MARKERT, 1986, LIETH und
MARKERT, 1985).

Tab.15: Daten der Lanthanidenkonzentrationen in Böden, Blättern und Nadeln (Legende s. Tab.14)

	S - 1	S - 2	S - 3	S - 4	L - 1	L - 2	L - 3	N - 1	N - 2
La	34	1.4	5.4	1.9	0.34	0.23	0.13	0.26	0.30
Ce	56	2.1	8.4	2.7	0.74	0.33	0.21	0.37	0.37
Pr	14	0.44	1.4	0.71	0.14	0.078	0.07	0.062	0.12
Nd	26	0.99	3.6	1.2	0.10	0.13	0.073	0.15	0.16
Sm	5.9	0.20	0.86	0.25	0.027	0.049	0.024	0.032	0.03
Eu	1.5	0.032	0.17	0.060	0.0056	0.0040	0.00082	0.0049	0.0053
Gd	5.0	0.16	0.70	0.21	0.023	0.027	0.011	0.025	0.023
Tb	1.2	0.044	0.20	0.051	0.014	0.0047	0.012	0.012	0.022
Dy	5.0	0.14	0.80	0.18	0.021	0.021	0.0086	0.022	0.02
Ho	1.1	0.033	0.19	0.041	0.0041	0.00025	0.0042	0.0051	0.0039
Er	1.7	0.050	0.26	0.054	0.0054	0.0077	0.0015	0.0068	0.006
Tm	0.48	0.014	0.058	0.015	0.001	-	-	0.0011	0.0017
Yb	2.8	0.072	0.38	0.077	0.0086	0.01	0.0025	0.0082	0.0085
Lu	0.38	0.014	0.054	0.012	0.0023	0.0019	0.0012	0.002	0.0019

Betrachten wir Abb.31, so stellen wir auch für die untersuchten Hochmoorböden das typische Verteilungsmuster nach der HARKINS-Regel fest. In Abb.31 sehen wir deutlich, daß die Hochmoorböden unabhängig vom mineralischen Ausgangsgestein sind, d.h. keiner Nachlieferung durch den mineralischen Unterboden unterliegen. Bereits FIRBAS (1952) stellte fest, daß der Aufwärtstransport von mineralischen Elementen sehr gering und somit vernachlässigbar klein

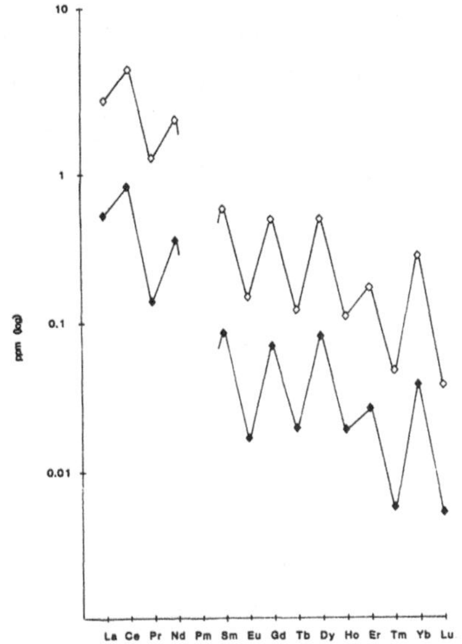

Abb.30: Verteilungsmuster der Lanthaniden in mineralischen Böden in Abhängigkeit von der Atomnummer

◇ = schwedischer Mineralboden
◆ = deutscher Mineralboden

Die einzelnen Lanthaniden sind nach zunehmender Atommasse aufgetragen

ist. Der Eintrag von Mineralstoffen in Hochmoorökosysteme geschieht im wesentlichen aus der Luft. SUGIMAE (1980) untersuchte mit Hilfe der Massenspektroskopie die Lanthanidenkonzentrationen in Aerosol-Proben, die in der Nähe von Osaka gesammelt wurden. Die Konzentrationen fielen dabei zwischen die von Granit und Sandstein, den hauptsächlich

vorkommenden Gesteinen aus der Umgebung von Osaka.
SUGIMAE (1980) konnte zeigen, daß der atmosphärische
Lanthanidengehalt von den geologischen Verhältnissen im
Untersuchungsgebiet abhängig ist.

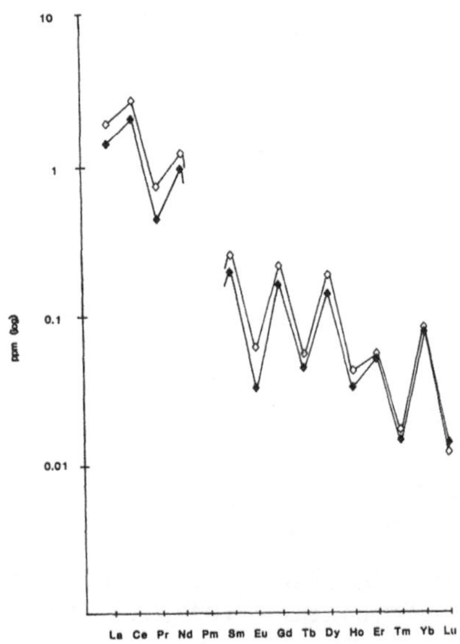

Abb.31: Verteilungsmuster der Lanthaniden in
Hochmoorböden in Abhängigkeit von der
Atomnummer

◇ = deutscher Hochmoorboden
◆ = schwedischer Hochmoorboden

Die einzelnen Lanthaniden sind nach
zunehmender Atommasse aufgetragen

Da Hochmoorböden pflanzlichen Ursprungs sind, sollte man annehmen, daß Hochmoorpflanzen ebenfalls ein Lanthanidenverteilungsmuster entsprechend der HARKINS-Regel zeigen. Die Abb.32 und 33 zeigen die typischen Verteilungsmuster der Lanthaniden in <u>Vaccinium vitis-idaea</u> und <u>Pinus sylvestris</u>. Die leichten Abweichungen von der HARKINS-Regel in den Abb.32

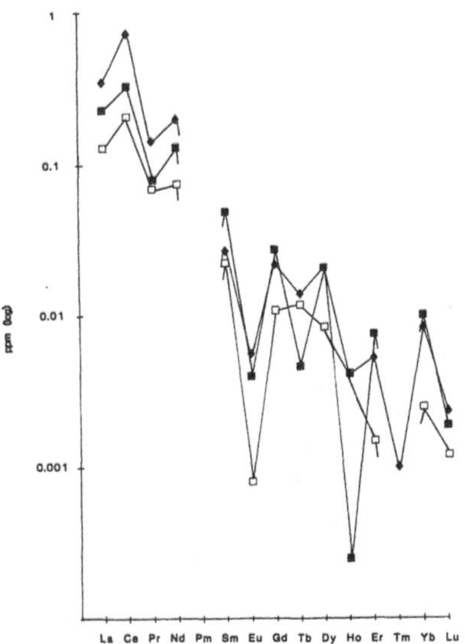

Abb.32: Verteilungsmuster der Lanthaniden in den Blättern von Vaccinium vitis-idaea in Abhängigkeit von der Atomnummer

♦ = auf schwedischem Torf
■ = auf schwedischem Mineralboden
□ = auf deutschem Mineralboden

Die einzelnen Lanthaniden sind nach zunehmender Atommasse aufgetragen und 33 können auf analytische Variationen zurückgeführt werden (z.B. der Tb und Ho Gehalt in <u>Vaccinium vitis-idaea</u> auf deutschem Mineralboden). Die Anreicherung von Lanthaniden ist anscheinend unabhängig vom Substrat, auf dem die Pflanzen wachsen, da z.B. die deutschen und schwedischen Preiselbeeren gleich hohe Lanthanidenkonzentrationen aufwiesen, obwohl der Gehalt

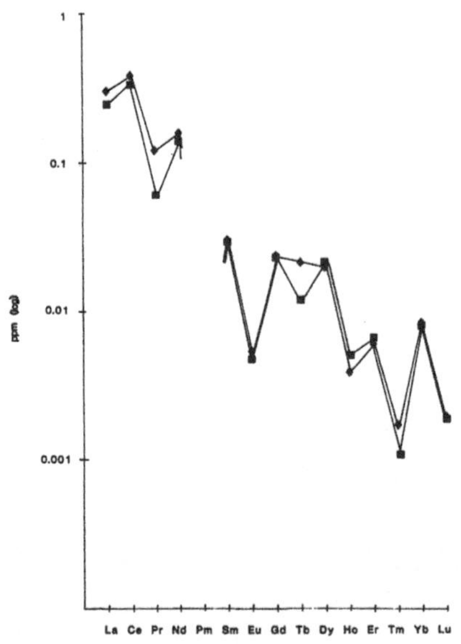

Abb.33: Verteilungsmuster der Lanthaniden in den Nadeln von Pinus sylvestris in Abhängigkeit von der Atomnummer

    = auf deutschem Mineralboden
    = auf deutschem Torfboden

Die einzelnen Lanthaniden sind nach zunehmender Atommasse aufgetragen an Lanthaniden im Bodensubstrat, wie wir oben gesehen haben, im schwedischen Mineralboden wesentlich höher ist.

Da die Konzentrationen der Lanthanidenelemente anscheinend untereinander in Beziehung stehen, müßte es möglich sein, durch Ermitteln eines Elementverhältnisses, z.B. dem von La zu Ce, die übrigen Elementkonzentrationen der anderen Lanthanidenelemente theoretisch vorauszusagen. Allerdings müssen hierzu weitere exakte Daten über die Lanthaniden-Konzentrationen im Pflanzenmaterial vorliegen.

4.4 Interelement-Korrelationen in verschiedenen Pflanzenarten

Ein chemisches Gleichgewicht zwischen den anorganischen Elementen in lebenden Organismen ist eine grundlegende Voraussetzung für ein gesundes Wachstum und eine normale Entwicklung des Lebewesens. Interaktionen zwischen chemischen Elementen sind somit mitverantwortlich für Mangel- und Vergiftungserscheinungen in der Physiologie der Pflanze. Interaktionen zwischen Elementen können antagonistische wie auch synergistische Effekte haben, und ein Ungleichgewicht zwischen zwei Elementen kann innerhalb der Pflanze einen chemischen "Stress" auslösen. In diesem Zusammenhang sind drei Möglichkeiten von interelementaren Beziehungen im Pflanzensystem denkbar (MARKERT, 1987d):

a. Boden-Boden-Beziehungen zwischen den
   Elementen

GOLLEY et al. (1978) untersuchten den Elementgehalt von tropischen Wäldern und Böden in Nord-West-Columbia. Es sollte festgestellt werden, ob die Verteilungsmuster einzelner Elemente im Boden mit denen der Vegetation korrelierbar sind. Bei diesen

Untersuchungen zeigte die Vegetation ein vollkommen anderes Verteilungsmuster als der jeweilige Bodentyp. Innerhalb des Bodens traten nur wenige als signifikant zu bezeichnende Korrelationspaare auf: Kalzium war positiv korreliert mit Magnesium, Natrium und Strontium. Weiterhin waren Kobalt und Eisen bzw. Blei und Magnesium positiv korreliert.

b. Boden-Pflanze-Beziehungen zwischen den
   Elementen

Bei Betrachtung eines Elementes in der Bodenlösung ist anzunehmen, daß ein anderes Element mit ähnlichem physikalisch-chemischen Charakter die Absorption des zu betrachtenden Elements erhöhen, erniedrigen oder nicht beeinflussen kann (EPSTEIN, 1972). Von den Mineralstoffen, die häufig in der Landwirtschaft benutzt werden, haben Schwefel und Phosphor einen wesentlichen Einfluß auf die Verfügbarkeit und Aufnahme des Molybdäns (ADRIANO, 1986). STOUT et al. (1951) stellen fest, daß Molybdationen durch Ionenaustausch von $H_2SO_4^{2-}$-Ionen freigesetzt werden und es somit zu einem Anwachsen der pflanzenverfügbaren Molybdän-Konzentration kommt. Die Zugabe von Sulfat in den Boden zeigte eine Erniedrigung der Aufnahme von Molybdän durch die Pflanzen (ADRIANO, 1986). STOUT et al. (1951) vermuten, daß durch die Ähnlichkeit in der Struktur und der Ladung (2-) des Sulfat- und des Molybdat-

114

Anions das Sulfation während der Absorption das
Molybdation verdrängt. MARKERT (1986) fand, daß die
Aufnahme des Mangans in <u>Vaccinium vitis-idaea</u> auf
unterschiedlichen Böden weitgehend unabhängig von der
Konzentration des Elements im Boden ist. Außerdem
scheint die Aufnahme des Mangans weitgehend
unabhängig von der Konzentration einiger anderer
Elemente. Dagegen konnte die Abhängigkeit der Mn-
Aufnahme von <u>Pinus mugo</u> und <u>Pinus sylvestris</u> auf den
pH-Wert des Bodens, verursacht durch höhere Gehalte
an Mg und Ca, eindeutig nachgewiesen werden
(MARKERT, 1987b).

c. Pflanze-Pflanze-Beziehungen zwischen den
   Elementen

Interaktionen zwischen den Elementen innerhalb des
Pflanzenkörpers können entstehen, wenn die Pflanze ein
Element, das für sie verfügbar ist, in hohen
Konzentrationen akkumuliert und dies zu toxischen
Symptomen innerhalb der Pflanze führt. Möglicherweise
beeinflußt dann die erhöhte Konzentration des einen
Elements den Stoffwechsel des anderen (COX und
HUTCHINSON, 1979). Ein Beispiel hierfür ist eine
abnorm erhöhte Aufnahme des Elements Zink durch die
Pflanze, was zu einer negativen Beeinflussung des
Eisenmetabolismus innerhalb der Pflanze führt. Die
Pflanze leidet dann unter einer Eisenchlorose, obwohl
Eisen in "normalen" Konzentrationen zur Verfügung

steht (OLSON, 1972). In diesem Fall scheint es sich um eine antagonistische Wirkung zwischen Eisen und Zink zu handeln.

Interelementare Beziehungen werden durch verschiedene Prozesse gesteuert. KABATA-PENDIAS und PENDIAS (1984) haben verschiedene Interaktionen zwischen Makroelementen in Pflanzen zusammengefaßt. Außerdem hat sich herausgestellt, daß die interelementaren Prozesse zwischen den Elementen komplex aufgebaut sind. Einerseits können synergistische und antagonistische Prozesse parallel, also zur gleichen Zeit ablaufen, anderseits kann eine interelementare Beziehung auch zwischen drei und mehr Elementen bestehen, die dann nur noch schwerlich experimentell festzustellen ist. Innerhalb intensiver Untersuchungen konnten unabhängig voneinander ROSSBACH (1986) und JAYASEKERA (1987) interelementare Korrelationen bei den Halophyten <u>Aster tripolium</u> und <u>Rhizophora mangle</u> feststellen.

Die im folgenden beschriebene Untersuchung wurde vorgenommen, um herauszufinden, ob in unterschiedlichen Pflanzenarten, die auf verschiedenen Substraten wuchsen, interelementare Beziehungen bestehen. Weiterhin sollte sichergestellt werden, daß die zur Korrelationsrechnung benutzten Analysendaten als weitgehend richtig angenommen werden konnten, da systematische Fehler bei der Analyse eine Korrelation zwischen verschiedenen Elementen hätten vortäuschen

Tab.16: Pflanzenarten der untersuchten Referenz-materialien und deren Herkunft

Nr.	Probe	Botanischer Name	Gemeiner Name	Pflanzen-familie	Ursprung
NBS 1572	getrock-nete Blät-ter	_Citrus aurantia_	Zitrusblätter	Rutaceae	National Bureau of Standards Washington
Bo-wen's kale	getrock-nete Blätter	_Brassica olera-ceae_	Kohl-Pulver	Brassica-ceae	University of Reading
NBS 1573	getrock-nete Blätter	_Lycopersicon esculentum_	Tomaten-blätter	Solanaceae	National Bureau of Standards Washington
NBS 1575	getrock-nete Nadeln	_Pinus strobus_	Kiefern-nadeln	Pinaceae	National Bureau of Standards Washington

können. Aus diesem Grunde wurden vier Standardreferenzmaterialien (Tab.16) in die Untersuchungen einbezogen und nur solche Elemente einer Korrelationsanalyse unterzogen, die mindestens drei Wertepaare von den vier möglichen ergaben. Die Standardreferenzmaterialien wurden zertifiziert bzw. hergestellt vom National Bureau of Standards in Washington und von Dr. BOWEN in Reading. Die Konzentrationsdaten von Blatt- und Nadelproben folgender Pflanzenarten wurden in der Korrelationsanalyse berücksichtigt:

Citrus aurantia (NBS 1572), Brassica oleraceae (BOWEN's kale powder), Lycopersicon esculentum (NBS 1573) und Pinus strobus (NBS 1575). Der Korrelationskoeffizient wurde nach folgender Gleichung von BRAVAIS-PEARSON (s. INEICHEN, 1977) ermittelt (Tab.17).

Tab.17: Berechnung des Korrelationskoeffizienten r_{xy} nach BRAVAIS PEARSON (INEICHEN, 1977)

$$s_x^2 = \frac{1}{n-1}\left(\sum_{i=1}^{n} x_i^2 - n\bar{x}^2\right) = \frac{1}{n-1}\left[\sum_{i=1}^{n} x_i^2 - \frac{1}{n}\left(\sum_{i=1}^{n} x_i\right)^2\right]$$

$$s_y^2 = \frac{1}{n-1}\left(\sum_{i=1}^{n} y_i^2 - n\bar{y}^2\right) = \frac{1}{n-1}\left[\sum_{i=1}^{n} y_i^2 - \frac{1}{n}\left(\sum_{i=1}^{n} y_i\right)^2\right]$$

$$c_{xy} = \frac{1}{n-1}\left[\sum_{i=1}^{n} x_i y_i - \frac{1}{n}\left(\sum_{i=1}^{n} x_i\right)\left(\sum_{i=1}^{n} y_i\right)\right]$$

$$r_{xy} = \frac{c_{xy}}{s_x s_y}.$$

Die erhaltene Korrelationsmatrix wird in Abb.34 dargestellt. Bei Betrachtung von Abb.34 fallen zunächst einige extrem hohe Korrelationen auf, wenn man die

	Al	As	Br	Ca	Cd	Cl	Co	Cr	Cu	Eu	Fe	Hg	K	La	Mg	Mn	N	Ni	P	Pb	Rb	Sb	Sc	Sr	Tl	U	Zn
Al		0.39	0.55	-0.99		0.97	-0.47	0.99	-0.53	-0.23	0.93	0.25	-0.98	0.65			1.00	-0.93	0.98	-0.60	0.39	-0.47	0.96	1.00	-0.99		
As			0.61	0.19	-0.68	-0.35	-0.66	-0.40	0.85	-0.10	-0.41	-0.75	-0.16	-0.24	0.35	-0.46	-0.19	-0.57	-0.55	0.72	-0.55	-0.62	-0.36	0.54	-0.92	0.89	-0.56
Br				0.62	0.73	0.57	1.00	0.24	-0.19	0.51	0.55	0.27	0.80	0.48	-0.29	-0.38	0.89	-0.36	0.96	-0.92	0.71	-0.31	0.51	0.20	0.48	0.36	0.60
Ca					-0.38	0.07	0.56	-0.39	0.42	0.15	0.00	-0.15	0.63	0.04	-1.00	-0.96	0.82	-0.94	0.72	-0.53	0.56	-0.91	-0.02	0.89	0.73	0.06	-0.52
Cd						0.96	0.73	0.93	-0.24	0.92	0.97	-0.03	1.00	0.93	0.45	0.95	0.90		0.45	-0.43	-0.01		0.96	-0.98			0.99
Ce							0.57	0.89	0.17	0.98	1.00	-0.36	0.82	0.99	0.66	0.08	0.61	1.00	0.30	-0.26	-0.17	1.00	1.00	-0.32	-0.56	0.99	1.00
Co								0.21	-0.26	0.51	0.57	0.32	0.77	0.48	-0.28	-0.32	0.85	-0.28	0.95	-0.93	0.71	-0.22	0.52	0.13	0.48	0.37	0.60
Cr									-0.02	0.84	0.92	-0.27	0.47	0.90	0.74	0.51	0.19	0.95	-0.05	0.00	-0.41	0.93	-0.93	-0.70	-0.89	0.92	0.98
Cu										0.35	0.10	-0.94	0.37	0.27	0.76	-0.58	0.28	-0.69	-0.25	0.48	-0.52	-0.73	0.14	0.54	-0.29	0.92	-0.07
Eu											0.97	-0.51	0.85	0.99	0.76	-0.04	0.64	-0.43	0.25	-0.17	-0.25	-0.48	0.97	-0.20	0.52	0.99	0.97
Fe												-0.30	0.77	0.98	0.64	0.16	0.56	0.99	0.28	-0.26	-0.17	1.00	1.00	-0.40	-0.61	1.00	1.00
Hg													-0.36	-0.46	-0.91	0.30	-0.17	-0.16	0.41	-0.60	0.73	0.50	-0.35	-0.23	0.69	-1.00	-0.20
K														0.79	0.48	-0.49	0.95	-0.91	0.65	-0.52	0.20	-0.89	0.76	0.23	0.02	0.76	0.99
La															0.75	0.08	0.56	0.47	0.20	-0.14	-0.28	0.42	0.99	-0.31	-0.61	1.00	0.98
Mg																0.69	0.02		-0.61	0.61	-0.90		0.68	-0.63			0.59
Mn																	-0.67	0.99	-0.50	0.29	-0.38	0.98	0.17	-0.97	-0.76	-0.01	0.99
N																		-0.83	0.83	-0.69	0.47	-0.79	0.53	0.47	0.34	0.50	0.81
Ni																			-0.43	0.19	-0.27	1.00	0.98	-1.00			
P																				-0.97	0.87	-0.37	0.23	0.37	0.75	0.02	0.30
Pb																					-0.91	0.13	-0.21	-0.18	-0.84	0.12	-0.27
Rb																						-0.22	-0.22	0.37	0.99	-0.55	-0.18
Sb																							0.97	-0.99			
Sc																								-0.41	-0.64	1.00	1.00
Sr																									0.90	-0.24	-1.00
Tl																										-0.64	
U																											
Zn																											

Abb.34: Lineare Korrelation von 27 Elementen in 4 pflanzlichen Referenzmaterialien

relativ schwach korrelierten Daten aus GOLLEY et al. (1978), ROSSBACH (1986) und JAYASEKERA (1987) damit vergleicht. Negative Korrelationen entstehen, wenn die kombinierte physiologische Wirkung der Summe von zwei oder mehreren Elementen geringer ist als die Summe der einzelnen Elementeinflüsse; positive oder synergistische Korrelationen treten auf, wenn die kombinierte Wirkung der Summe der Elemente größer ist als die Summe der einzelnen Elementeinflüsse (KABATA-PENDIAS und PENDIAS, 1984). Interelementare Beziehungen müssen also darauf zurückgeführt werden, daß ein Element die Reaktion eines anderen Elementes fördert bzw. behindert. Alle diese Reaktionen können sehr unterschiedlich sein. Sie finden innerhalb der Zelle, an der Zellmembran oder bereits im Außenmedium der Zelle statt. Die hierbei stattfindenden Mechanismen sind weitgehend unbekannt und stellen somit einen neuen Fragenkomplex an die Physiologen und Biochemiker (KABATA-PENDIAS und PENDIAS, 1984). Die Elemente, die stark miteinander korrelieren (r = 0.9), wurden der Korrelationsmatrix entnommen und werden in Tab.18 nochmals aufgeführt. Weiterhin können wir feststellen, daß einige Elemente nur positiv korreliert sind (Ce, Cr, Eu, Fe, La), andere wiederum nur negativ mit anderen Elementen korrelieren (Ca, Al). Da wir über die Rolle der seltenen Elemente im Stoffwechsel sehr wenig wissen, kann über die Gründe für die hier aufgezählten interelementaren Korrelationen keine abschließende bzw. hypothetische Aussage gemacht werden. Es kann vermutet werden, daß die negative Korrelation zwischen Kalzium und Aluminium auf die

Tab.18: Einige signifikante positive und negative interelementare Beziehungen (r = +0.9 bzw. r = -0.9)

	Positiv korreliert mit (r = + 0.9)	Negativ korreliert mit (r = - 0.9)
Al	Ce, Cr, Fe, Mn, Ni, Sb	Ca, K, N, Sr
As		Tl
Br	Co, P	Pb
Ca		Al, Mg, Mn, Ni, Sb
Cd	Ce, Cr, Eu, Fe, K, La, Mn, N, Sc, Zn	Sr
Ce	Al, Cd, Eu, Fe, K, La, Ni, Sb, Sc, U, Zn	
Co	Br, P	Pb
Cr	Al, Cd, Fe, La, Ni, Sb, Sc, U, Zn	
Cu	U	Hg
Eu	Cd, Ce, Eu, La, Sb, U, Zn	
Fe	Al, Cd, Ce, Cr, Eu, La, Ni, Sb, Sc, U, Zn	
Hg		Cu, Mg, U
K	Cd, N, Zn	Al, Ni
La	Cd, Ce, Cr, Eu, Fe, Sc, U, Zn	
Mg		Ca, Hg, Rb
Mn	Al, Cd, Ni, Sb, Zn	Ca
N	Cd, K	Al
Ni	Al, Ce, Cr, Fe, Mn, Sb, Sc	Ca, K, Sr
P	Br, Co	Pb
Pb		Br, Co, P
Rb	Tl	Mg, Pb
Sb	Al, Ce, Cr, Fe, Mn, Ni, Sc	Ca, Sr
Sc	Al, Cd, Ce, Cr, Eu, Fe, La, Ni, Sb	U, Zn
Sr	Tl	Al, Cd, Mn, Ni, Sb, Zn
U	Ce, Cr, Cu, Eu, Fe, La, Sc	Hg
Zn	Cd, Ce, Cr, Eu, Fe, K, La, Mn, Sc	Sr

Auswirkungen von erhöhten Kalziumkonzentrationen auf den pH-Wert die Folge einer erniedrigten Aluminiumverfügbarkeit sein kann. Anscheinend herrschen auch hohe Korrelationen bei den Elementen vor, die hauptsächlich die Oxidationsstufe +III bevorzugen.

Die interelementaren Beziehungen mit den Korrelationskoefizienten +1 bzw. -1 sind in Tab.19

Tab.19: Elementpaare, die entweder mit r = +1 oder r = -1 miteinander korreliert sind

Elementpaare, die mit r = + 1 korreliert sind	Elementpaare, die mit r = - 1 korreliert sind
Ce−Fe, Ce−Ni, Ce−Sb, Ce−Sc, Ce−Zn, Fe−Sb, Fe−Sc, Fe−U, Fe−Zn, K−Cd, La−U, Ni−Sb, Sc−U, Sc−Zn	Mg−Ca, Ni−Sr, Sr−Zn, U−Hg

zusammengefaßt, zusätzlich wurden die Elemente mit den Korrelationskoeffizienten +1 (mit Ausnahme von K, La, Na und Ni) aus Tab.19 nochmals getrennt aufgeführt und graphisch in Abb.35 in einem regelmäßigen Oktaeder wiedergegeben. In dieser Abbildung sind einige Korrelationen, wie z.B. die von Sb und Sc, nicht durch eine durchgezogene Linie miteinander verbunden, sondern nur mit einer gestrichelten Linie. Es wird erwartet, daß diese beiden Elemente in einer hohen Korrelation miteinander stehen, was durch den Wert +0.97 aus der Korrelationsmatrix (Abb.34) bestätigt wird. Interelementare Beziehungen (z.B. von U-Zn), die aufgrund des fehlenden Datenmaterials nicht ermittelt

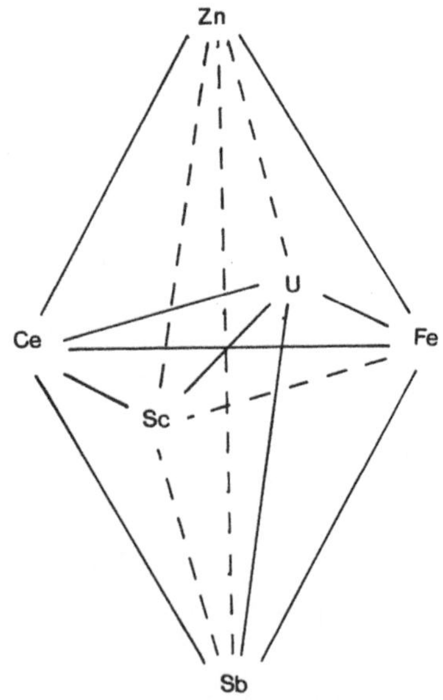

Abb.35: Geometrische Darstellung der Elementpaare, die mit r = +1 korreliert sind (durchgezogene Linien). Gestrichelte Linien = vermutet hohe Korrelationen

werden können, sind möglicherweise vorauszusagen und in unserem Beispiel als hoch, mit +1 korreliert, anzusehen.

Ausgehend von den oben gemachten Beobachtungen, kann geschlossen werden, daß die Pflanzen unabhängig von der jeweiligen Art für manche Elementpaare konstante Massenverhältnisse erzeugt haben. Möglicherweise bestehen nicht nur lineare Beziehungen, sondern auch logarithmische oder exponentielle etc., die durch weitere Untersuchungen ermittelt werden sollen.

Die Untersuchung von auftretenden Varianzen ist insofern wichtig, da erst durch ihre Kenntnis eine Aussage über den "Vertrauensbereich" einer Konzentrationsangabe gemacht werden kann. Wie aus Tab.20 zu ersehen ist, setzt sich die Gesamtvarianz eines Elements in pflanzlichen Matrizes aus biologischen und analytischen Teilvarianzen zusammen. Dabei lassen sich Schwankungen des Elementgehalts von pflanzlichen Proben einer Art insbesondere durch unterschiedliche Bodenverhältnisse, individuelle Schwankungen und Konzentrationsunterschiede innerhalb des Pflanzenkörpers (z.B. in Wurzel, Sproß und Blatt) erklären (biologische Varianz).

Analytische Varianzen können als Folge der biologischen Varianzen bei der Probenahme, der späteren Probenaufbereitung, der eigentlichen Messung oder des abschließenden Datenvergleichs auftreten. Insbesondere bei der Untersuchung analytischer Varianzen nach erfolgter Probenahme liefert zertifiziertes Referenzmaterial eine gute Möglichkeit zur Feststellung der analytischen Variabilitäten (SANSONI, 1985, GRIEPINK und MARCHANDISE, 1986).

Nachfolgend wird versucht, am Beispiel der Preiselbeere (Vaccinium vitis-idaea) analytische und biologische Varianzen für die Elemente Cu, Fe, Mn und Zn aufzuzeigen. Als Untersuchungsgebiet diente dazu das "Venner Moor", das am Südrand des "Großen Moores" etwa 20 km nordöstlich von Osnabrück liegt.

Tab.20: Mögliche biologische und analytische Varianzen bei der Analyse von pflanzlichen Proben einer Art und deren mögliche Ursachen

I. BIOLOGISCHE VARIANZEN:	MÖGLICHE URSACHEN:
1. Varianzen aufgrund unterschiedlicher Standortverhältnisse	a. die Pflanze wächst auf unterschiedlichen Bodentypen
	b. Individuelle Schwankungen bei unterschiedlichen Einzelpflanzen und ähnlichen Bodenverhältnissen
2. Varianzen aufgrund zeitlicher Veränderungen bzw. zell- und organspezifischerUnterschiede	a. unterschiedliches Alter
	b. jahreszeitliche Schwankungen
	c. Kompartimentierung der Pflanze in Wurzel, Sproß und Blatt
	d. Kompartimentierung der Pflanze in verschiedene Zellgewebe und Zellorganellen
II. ANALYTISCHE VARIANZEN	
1. Varianzen aufgrund analytischer Unzulänglichkeiten während der Probenahme und der Probenaufbereitung	a. Probenahme
	b. Probenvorbereitung
	b_1. Waschen
	b_2. Trocknen
	b_3. Homogenisieren
	b_4. Aufschluß
	b_5. Anreichern
2. Varianzen aufgrund der Meßwertstreuung und des Datenvergleichs	a. variable Meßergebnisse bei Anwendung gleicher bzw. unterschiedlicher Meßtechniken
	b. Unterschiedliche Verfahren beim statistischen Meßdatenvergleich

a. Zur experimentellen Bestimmung der biologischen Varianz wurden 10 Einzelpflanzen von Vaccinium vitis-idaea aus einer 3 x 3 m² großen Versuchsfläche des Venner Moores entnommen. Die Blätter wurden im Trockenschrank bei 80°C 48 h getrocknet und anschließend in einer Achatmühle homogenisiert. Jeweils 0.1g der Proben wurden mit 10 ml konzentrierter Salpetersäure (Merck suprapur) in geschlossenen Quarzgefäßen bei einem Druck von 2 - 4 bar 3 h aufgeschlossen. Die Proben wurden mit bidestilliertem Wasser auf 50 ml Endvolumen aufgefüllt.

b. Zur experimentellen Bestimmung der analytischen Varianz wurden ebenfalls 10 Einzelpflanzen entnommen, die Blätter der Einzelpflanzen zu einer Mischprobe vereinigt, danach getrocknet und homogenisiert wie oben beschrieben. Anschließend wurden aus der homogenisierten Mischprobe 10 Einzelpflanzen von jeweils 0.1g entnommen und naß verascht.

Die 20 Einzelproben wurden mit einem AAS der Firma IL (357) in der Luft/Acetylen-Flamme auf die Elemente Cu, Fe, Mn und Zn analysiert. Die benutzten Geräteparameter sind in MARKERT (1987) zusammengefaßt.

Die erhaltenen Meßdaten sind in den Abb.36-39 graphisch wiedergegeben. Die Achsenabschnitte A - K stellen dabei jeweils die Meßdaten für eine Einzelpflanze

in bezug auf ihre biologische und analytische Varianz
dar.

Vergleichen wir zunächst die biologische und analytische
Varianz der beiden Elemente Eisen und Zink miteinander
(Abb.36 und 37), fällt auf, daß diese etwa in der
gleichen Größenordnung liegen. Dies bedeutet, daß die
Elemente Eisen und Zink in einzelnen Pflanzen von
Vaccinium vitis-idaea in ähnlichen Größenordnungen
vorkommen, also keine große biologische Variabilität
aufweisen, und außerdem analytisch problemlos mit Hilfe
der Flammen-AAS erfaßt werden können.

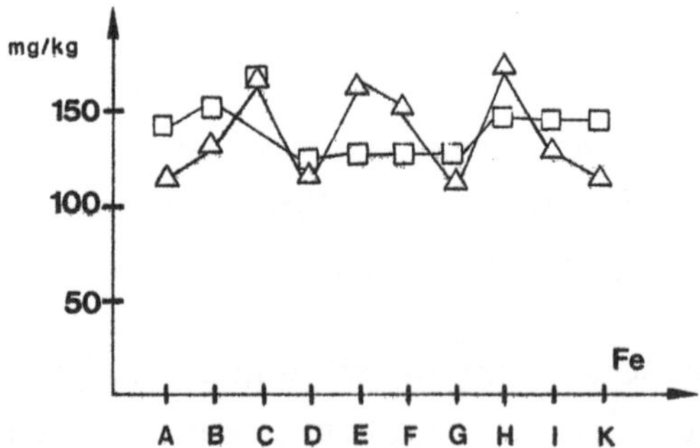

Abb.36: Vergleich der analytischen (□) und
biologischen (△) Varianz in den
Blättern von Vaccinium vitis-idaea
für das Element Eisen

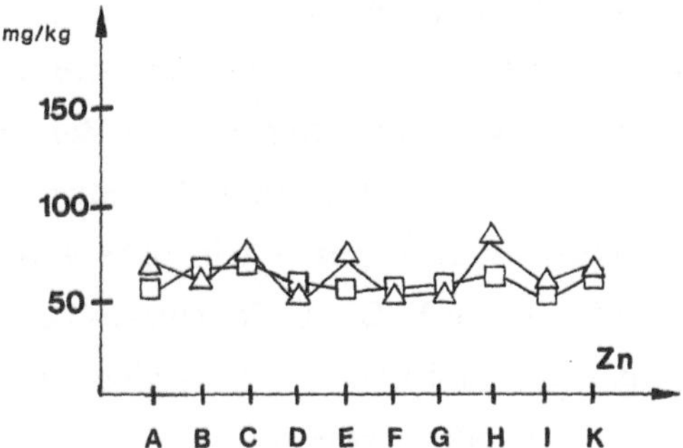

Abb.37: Vergleich der analytischen (□) und
biologischen (△) Varianz in den
Blättern von <u>Vaccinium</u> <u>vitis-idaea</u>
für das Element Zink

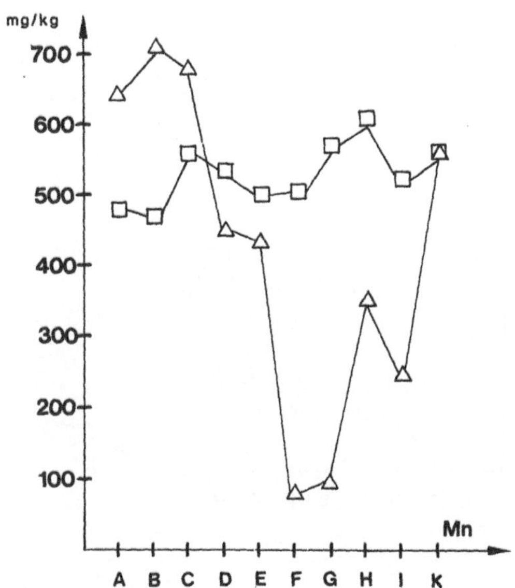

Abb.38: Vergleich der analytischen (□) und
biologischen (△) Varianz in den
Blättern von <u>Vaccinium</u> <u>vitis-idaea</u>
für das Element Mangan

130

Betrachten wir die biologischen und analytischen
Varianzen von Mangan und Kupfer (Abb.38 und 39), so
fällt auf, daß die biologische Varianz wesentlich größer
ist als die analytische. Die analytische Varianz bewegt
sich etwa in den Größenordnungen, wie wir sie schon
bei den Elementen Eisen und Zink festgestellt haben,
d.h. Mangan und Kupfer können problemlos mit Hilfe
der Flammen-AAS nachgewiesen werden.

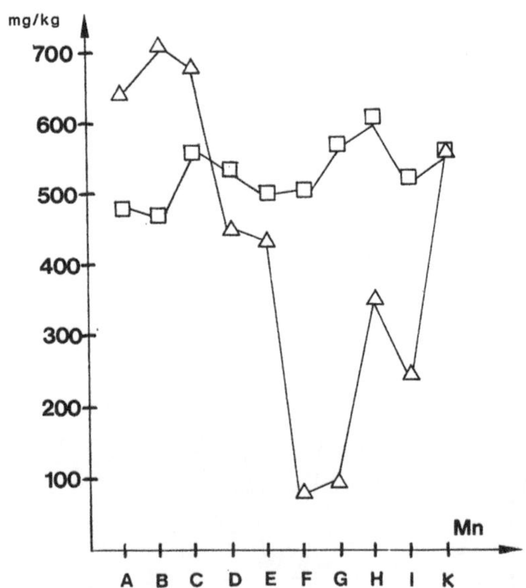

Abb.39: Vergleich der analytischen (□) und
biologischen (△) Varianz in den
Blättern von Vaccinium vitis-idaea
für das Element Kupfer

Die auftretenden biologischen und analytischen Varianzen machen es notwendig, eine möglichst hohe Probenzahl anzusetzen, was dann allerdings, wie schon unter Kapitel 5 angesprochen, zu einer rapiden Steigerung der Projektkosten führt. So haben alle Mitarbeiter vorher genau abzuwägen, welche Fragestellungen sie mit dem angestrebten Projekt und mit den zu ziehenden Proben bearbeiten wollen. Nur durch eine genaue Beantwortung der Frage "Was will ich wie mit der Untersuchung zeigen?" läßt sich eine vernünftige Elementanalytik anlegen und eine kostenexpansive Untersuchung verhindern.

Neben den teilweise sehr hohen Kosten, die jedes laufende oder geplante Projekt limitieren, wurden in den vorigen Kapiteln bereits weitere Probleme angesprochen, die bei der Aufstellung von Element-Konzentrations-Katastern entstehen. Sie sollen noch einmal stichpunktartig mit einem Verweis auf das entsprechende Kapitel aufgeführt werden:

1. repräsentative Probenahme, insbesondere des
   Wurzelbereichs und an hohen Bäumen (3.1.2.5)
2. Standardisierung eines Waschverfahrens von
   z.B. Pflanzenproben (3.2)
3. kontaminationsfreie Homogenisierung von
   großen Probenmengen (3.3)
4. Trocknung großer Probenmengen (3.2)
5. Analyse von Problemelementen wie etwa den
   Platinmetallen, die in Umweltmatrizes nur in
   äußerst geringen Konzentrationen vorkommen.

6 Anhang

6.1 Erweiterte Liste der chemischen Elemente mit Ordungszahl

Nuclidmassen der natürlich vorkommenden Isotope auf der Basis von ^{12}C als Standard[1]. Für die nicht natürlich vorkommenden Elemente ist jeweils ein Isotop aufgeführt.

Ordnungs-zahl Z	Name	Isotop-Symbol	Nuklidmasse
1	Hydrogen	^{1}H	1,007825037
		^{2}H	2,014101787
2	Helium	^{3}He	3,016029297
		^{4}He	4,00260325
3	Lithium	^{6}Li	6,0151232
		^{7}Li	7,0160045
4	Beryllium	^{9}Be	9,0121825
5	Boron	^{10}B	10,0129380
		^{11}B	11,0093053
6	Carbon	^{12}C	12,000000000
		^{13}C	13,003354839
7	Nitrogen	^{14}N	14,003074008
		^{15}N	15,000108978
8	Oxygen	^{16}O	15,99491464
		^{17}O	16,9991306
		^{18}O	17,99915939
9	Fluorine	^{19}F	18,99840325
10	Neon	^{20}Ne	19,9924391
		^{21}Ne	20,9938453
		^{22}Ne	21,9913837

[1]Die Tabelle wurde aus mehreren publizierten Tabellen zusammengestellt. Als Hauptquelle diente K.H. Lieser 1980, Kernchemie in Einzeldarstellungen Bd. 1, Verlag Chemie, Weinheim

Ordnungs-zahl Z	Name	Isotop-Symbol	Nuklidmasse
11	Sodium	^{23}Na	22,9897697
12	Manganese	^{24}Mg	23,9850450
		^{25}Mg	24,9858392
		^{26}Mg	25,9825954
13	Aluminium	^{27}Al	26,9815413
14	Silicon	^{28}Si	27,9769284
		^{29}Si	28,9764964
		^{30}Si	29,9737717
15	Phosphorus	^{31}P	30,9737634
16	Sulfur	^{32}S	31,9720718
		^{33}S	32,9714591
		^{34}S	33,96786774
		^{36}S	35,9670790
17	Chlorine	^{35}Cl	34,968852729
		^{37}Cl	36,965902624
18	Silver	^{36}Ar	35,967545605
		^{38}Ar	37,9627322
		^{40}Ar	39,9623831
19	Potassium	^{39}K	38,9637079
		^{40}K	39,9639988
		^{41}K	40,9618254
20	Calcium	^{40}Ca	39,9625907
		^{42}Ca	41,9586218
		^{43}Ca	42,9587704
		^{44}Ca	43,9554848
		^{46}Ca	45,953689
		^{48}Ca	47,952532
21	Scandium	^{45}Sc	44,9559136

Ordnungs-zahl Z	Name	Isotop-Symbol	Nuklidmasse
22	Titanium	^{46}Ti	45,9526327
		^{47}Ti	46,9517649
		^{48}Ti	47,9479467
		^{49}Ti	48,9478705
		^{50}Ti	49,9447858
23	Vanadium	^{50}V	49,9471613
		^{51}V	50,9439625
24	Chromium	^{50}Cr	49,9460463
		^{52}Cr	51,9405097
		^{53}Cr	52,9406510
		^{54}Cr	53,9388822
25	Manganese	^{55}Mn	54,9380463
26	Iron	^{54}Fe	53,9396121
		^{56}Fe	55,9349393
		^{57}Fe	56,9353957
		^{58}Fe	57,9332778
27	Cobalt	^{59}Co	58,9331978
28	Nickel	^{58}Ni	57,9353471
		^{60}Ni	59,9307890
		^{61}Ni	60,9310586
		^{62}Ni	61,9283464
		^{64}Ni	63,9279680
29	Copper	^{63}Cu	62,9295992
		^{65}Cu	64,9277924
30	Zinc	^{64}Zn	63,9291454
		^{66}Zn	65,9260352
		^{67}Zn	66,9271289
		^{68}Zn	67,9248458
		^{70}Zn	69,9253249

Ordnungs-zahl Z	Name	Isotop-Symbol	Nuklidmasse
31	Gallium	^{69}Ga	68,9255809
		^{71}Ga	70,9247006
32	Germanium	^{70}Ge	69,9242498
		^{72}Ge	71,9220800
		^{73}Ge	72,9234639
		^{74}Ge	73,9211788
		^{76}Ge	75,9214027
33	Arsenic	^{75}As	74,9215955
34	Selenium	^{74}Se	73,9224771
		^{76}Se	75,9192066
		^{77}Se	76,9199077
		^{78}Se	77,9173040
		^{80}Se	79,9165205
		^{82}Se	81,916709
35	Bromine	^{79}Br	78,9183361
		^{81}Br	80,916290
36	Krypton	^{78}Kr	77,920397
		^{79}Kr	79,916375
		^{82}Kr	81,913483
		^{83}Kr	82,914134
		^{84}Kr	83,9115064
		^{86}Kr	85,910614
37	Rubidium	^{85}Rb	84,9117996
		^{87}Rb	86,9091836
38	Strontium	^{84}Sr	83,913428
		^{86}Sr	85,9092732
		^{87}Sr	86,9088902
		^{88}Sr	87,9056249
39	Yttrium	^{89}Y	88,9058560

Ordnungszahl Z	Name	Isotop-Symbol	Nuklidmasse
40	Zirconium	^{90}Zr	89,9047080
		^{91}Zr	90,9056442
		^{92}Zr	91,9050392
		^{94}Zr	93,9063191
		^{96}Zr	95,908272
41	Niobium	^{93}Nb	92,9063780
42	Molybdenum	^{92}Mo	91,906809
		^{94}Mo	93,9050862
		^{95}Mo	94,9058379
		^{96}Mo	95,9046755
		^{97}Mo	96,9060179
		^{98}Mo	97,9054050
		^{100}Mo	99,907473
43	Technecium	^{99}Tc	98,9062522
44	Ruthenium	^{96}Ru	95,907596
		^{98}Ru	97,905287
		^{99}Ru	98,9059371
		^{100}Ru	99,9042175
		^{101}Ru	100,9055808
		^{102}Ru	101,9043475
		^{104}Ru	103,905422
45	Rhodium	^{103}Rh	102,905503
46	Palladium	^{102}Pd	101,905609
		^{104}Pd	103,904026
		^{105}Pd	104,905075
		^{106}Pd	105,903475
		^{108}Pd	107,903894
		^{110}Pd	109,905169

Ordnungs-zahl Z	Name	Isotop-Symbol	Nuklidmasse
47	Silver	^{107}Ag	106,905095
		^{109}Ag	108,904754
48	Cadmium	^{106}Cd	105,906461
		^{108}Cd	107,904186
		^{110}Cd	109,903007
		^{111}Cd	110,904182
		^{112}Cd	111,9027614
		^{113}Cd	112,9044013
		^{114}Cd	113,9033607
		^{116}Cd	115,904758
49	Indium	^{113}In	112,904056
		^{115}In	114,903875
50	Tin	^{112}Sn	111,904823
		^{114}Sn	113,902781
		^{115}Sn	114,9033441
		^{116}Sn	115,9017435
		^{117}Sn	116,9029536
		^{118}Sn	117,9016066
		^{119}Sn	118,9033102
		^{120}Sn	119,9021990
		^{122}Sn	121,903440
		^{124}Sn	123,905271
51	Antimony	^{121}Sb	120,9038237
		^{123}Sb	122,904222
52'	Tellurium	^{120}Te	119,904021
		^{122}Te	121,903055
		^{123}Te	122,904278
		^{124}Te	123,902825
		^{125}Te	124,904435

Ordnungs-zahl Z	Name	Isotop-Symbol	Nuklidmasse
52	Tellurium	^{126}Te	125,903310
		^{128}Te	127,904464
		^{130}Te	129,906229
53	Iodine	^{127}I	126,904477
54	Xenon	^{124}Xe	123,90612
		^{126}Xe	125,904281
		^{128}Xe	127,9035308
		^{129}Xe	128,9047801
		^{130}Xe	129,9035095
		^{131}Xe	130,905076
		^{132}Xe	131,904148
		^{134}Xe	133,905395
		^{136}Xe	135,907219
55	Cesium	^{133}Cs	132,905433
56	Barium	^{130}Ba	129,906277
		^{132}Ba	131,905042
		^{134}Ba	133,904490
		^{135}Ba	134,905668
		^{136}Ba	135,904556
		^{137}Ba	136,905816
		^{138}Ba	137,905236
57	Lanthanum	^{138}La	137,907114
		^{139}La	138,906355
58	Cerium	^{136}Ce	135,90714
		^{138}Ce	137,905996
		^{140}Ce	139,905442
		^{142}Ce	141,909249
59	Praseody-mium	^{141}Pr	140,907657

Ordnungs-zahl Z	Name	Isotop-Symbol	Nuklidmasse
60	Neodymium	^{142}Nd	141,907731
		^{143}Nd	142,909823
		^{144}Nd	143,910096
		^{145}Nd	144,912582
		^{146}Nd	145,913126
		^{148}Nd	147,916901
		^{150}Nd	149,920900
61	Promethium	Pm	....
62	Samarium	^{144}Sm	143,912009
		^{147}Sm	146,914907
		^{148}Sm	147,914832
		^{149}Sm	148,917193
		^{150}Sm	149,917285
		^{152}Sm	151,919741
		^{154}Sm	153,922218
63	Europium	^{151}Eu	150,919860
		^{153}Eu	152,921243
64	Gadolinium	^{152}Gd	151,919803
		^{154}Gd	153,920876
		^{155}Gd	154,922629
		^{156}Gd	155,922130
		^{157}Gd	156,923967
		^{158}Gd	157,924111
		^{160}Gd	159,927061
65	Terbium	^{159}Tb	158,925350
66	Dysprosium	^{156}Dy	155,924287
		^{158}Dy	157,924412
		^{160}Dy	159,925203
		^{161}Dy	160,926939

Ordnungs-zahl Z	Name	Isotop-Symbol	Nuklidmasse
66	Dysprosium	^{162}Dy	161,926805
		^{163}Dy	162,928737
		^{164}Dy	163,929183
67	Holmium	^{165}Ho	164,930332
68	Erbium	^{162}Er	161,928787
		^{164}Er	163,929211
		^{166}Er	165,930305
		^{167}Er	166,932061
		^{168}Er	167,932383
		^{170}Er	169,935476
69	Thulium	^{169}Tm	168,934225
70	Ytterbium	^{168}Yb	167,933908
		^{170}Yb	169,934774
		^{171}Yb	170,936338
		^{172}Yb	171,936393
		^{173}Yb	172,938222
		^{174}Yb	173,938873
		^{176}Yb	175,942576
71	Lutetium	^{175}Lu	174,940785
		^{176}Lu	175,942694
72	Hafnium	^{174}Hf	173,940065
		^{176}Hf	175,941420
		^{177}Hf	176,943233
		^{178}Hf	177,943710
		^{179}Hf	178,945827
		^{180}Hf	179,946561
73	Tantalum	^{180}Ta	179,947489
		^{181}Ta	180,948014
74	Tungsten	^{180}W	179,946727

Ordnungs-zahl Z	Name	Isotop-Symbol	Nuklidmasse
74	Tungsten	^{182}W	181,948225
		^{183}W	182,950245
		^{184}W	183,950953
		^{186}W	185,954377
75	Rhenium	^{185}Re	184,952977
		^{187}Re	186,955765
76	Osmium	^{184}Os	183,952514
		^{186}Os	185,953852
		^{187}Os	186,955762
		^{188}Os	187,955850
		^{189}Os	188,958156
		^{190}Os	189,958455
		^{192}Os	191,961487
77	Iridium	^{191}Ir	190,960603
		^{193}Ir	192,962942
78	Platinum	^{190}Pt	189,959937
		^{192}Pt	191,961049
		^{194}Pt	193,962679
		^{195}Pt	194,964785
		^{196}Pt	195,964947
		^{198}Pt	197,967879
79	Gold	^{197}Au	196,966560
80	Mercury	^{196}Hg	195,965812
		^{198}Hg	197,966760
		^{199}Hg	198,968269
		^{200}Hg	199,968316
		^{201}Hg	200,970293
		^{202}Hg	201,970632
		^{204}Hg	203,973481

Ordnungs- zahl Z	Name	Isotop- Symbol	Nuklidmasse
81	Thallium	^{203}Tl	202,972336
		^{205}Tl	204,974410
82	Lead	^{204}Pb	203,973037
		^{206}Pb	205,974455
		^{207}Pb	206,975885
		^{208}Pb	207,976641
83	Bismuth	^{209}Bi	208,980388
84	Polonium	^{209}Po	208,982422
85	Astatine	^{210}At	209,987143
86	Radon	^{222}Rn	222,017573
87	Francium	^{223}Fr	223,019734
88	Radium	^{226}Ra	226,025406
89	Actinium	^{227}Ac	227,027750
90	Thorium	^{232}Th	232,0380538
91	Protac- tinium	^{231}Pa	231,035880
92	Uranium	^{234}U	234,0409474
		^{235}U	235,0439252
		^{238}U	238,0507858

146

6.2 Häufigkeiten der natürlich vorkommenden Isotope in % der jeweiligen Gesamtmenge der Elemente. Abdruck mit Erlaubnis der VG Isotopes Ltd., Ion Path. Road Three, Winsford, Cheshire (CW7 3BX England).

OZ	A▶	1	2	3	4	5	6	7	8	9	10	11	12	13	14	15	16	17	18	19	20	◀A
1	H	99.9	0.01																			H
2	He				100																	He
3	Li						7.5	92.5														Li
4	Be									100												Be
5	B										20	80										B
6	C												98.9	1.11								C
7	N														99.6	0.36						N
8	O																99.8	0.08	0.20			O
9	F																			100		F
10	Ne																				90.5	Ne

OZ	A▶	21	22	23	24	25	26	27	28	29	30	31	32	33	34	35	36	37	38	39	40	◀A
10	(Ne)	0.27	9.2																			(Ne)
11	Na			100																		Na
12	Mg				79	10	11															Mg
13	Al							100														Al
14	Si								92.2	4.7	3.1											Si
15	P											100										P
16	S												95.0	0.75	4.2		0.02					S
17	Cl															75.8		24.2				Cl
18	Ar																0.34		0.07		99.6	Ar
19	K																			93.3	0.01	K
20	Ca																				96.9	Ca

OZ	A▶	41	42	43	44	45	46	47	48	49	50	51	52	53	54	55	56	57	58	59	60	◀A
19	(K)	6.7																				(K)
20	(Ca)		0.65	0.14	2.08		003		0.19													(Ca)
21	Sc					100																Sc
22	Ti						8.0	7.5	73.7	5.5	5.3											Ti
23	V										0.25	99.7										V
24	Cr										4.35		83.8	9.5	2.36							Cr
25	Mn															100						Mn
26	Fe														5.8		91.7	2.14	0.31			Fe
27	Co																			100		Co
28	Ni																		67.8		26.4	Ni

OZ	A▶	61	62	63	64	65	66	67	68	69	70	71	72	73	74	75	76	77	78	79	80	◀A
28	(Ni)	1.16	3.71		0.95																	(Ni)
29	Cu			69.1		30.9																Cu
30	Zn				48.9		27.8	4.1	18.6		0.62											Zn
31	Ga									60		40										Ga
32	Ge										20.7		27.5	7.7	36.4		7.7					Ge
33	As															100						As
34	Se														0.9		9.0	7.5	23.5		50	Se
35	Br																			50.7		Br
36	(Kr)																		0.35		2.25	(Kr)

OZ	A▶	81	82	83	84	85	86	87	88	89	90	91	92	93	94	95	96	97	98	99	100	◀A
34	(Se)		9.0																			(Se)
35	(Br)	49.3																				(Br)
36	Kr		11.6	11.5	57		17.3															Kr
37	Rb					72.2		27.8														Rb
38	Sr				0.56		9.9	7.0	82.6													Sr
39	Y									100												Y
40	Zr										51.4	11.2	17.1		17.5		2.8					Zr
41	Nb													100								Nb
42	Mo												14.8		9.1	15.9	16.7	9.5	24.4		9.6	Mo
43	Tc																					Tc
44	(Ru)																5.5		1.9	12.7	12.6	(Ru)

147

Die nicht natürlich vorkommenden Elemente mit
den Ordnungszahlen 61, 84-89 und 91 sind in
dieser Tabelle nicht aufgeführt

OZ	A▶	101	102	103	104	105	106	107	108	109	110	111	112	113	114	115	116	117	118	119	120	◀A
44	Ru	17.1	31.6		18.6																	Ru
45	Rh			100																		Rh
46	Pd		1.0		11.0	22.2	27.3		26.7		11.8											Pd
47	Ag							51.8		48.2												Ag
48	Cd						1.2		0.9		12.4	12.8	24.0	12.3	28.8		7.6					Cd
49	In													4.3		95.7						In
50	Sn												1.0		0.65	0.35	14.4	7.6	24.1	8.6	32.8	Sn
51	(Sb)																					(Sb)
52	(Te)																				0.09	(Te)

OZ	A▶	121	122	123	124	125	126	127	128	129	130	131	132	133	134	135	136	137	138	139	140	◀A
50	(Sn)		4.7		5.8																	(Sn)
51	Sb	57.3		42.7																		Sb
52	Te		2.4	0.87	4.6	7.0	18.7		31.8		34.5											Te
53	I							100														I
54	Xe				0.10		0.09		1.9	26.4	3.9	21.2	27.0		10.5		8.9					Xe
55	Cs													100								Cs
56	Ba										0.10		0.1		2.4	6.5	7.8	11.2	71.9			Ba
57	La																		0.09	99.9		La
58	Ce																0.19		0.26		88.5	Ce

OZ	A▶	141	142	143	144	145	146	147	148	149	150	151	152	153	154	155	156	157	158	159	160	◀A
58	(Ce)		11.1																			(Ce)
59	Pr	100																				Pr
60	Nd		27.1	12.2	23.9	8.3	17.2		5.7		5.6											Nd
61	Pm																					Pm
62	Sm				3.1			15.0	11.2	13.8	7.4		26.7		22.8							Sm
63	Eu											47.8		52.2								Eu
64	Gd												0.20		2.2	14.9	20.6	15.7	24.7		21.7	Gd
65	Tb																			100		Tb
66	(Dy)																0.06		0.10		2.3	(Dy)

OZ	A▶	161	162	163	164	165	166	167	168	169	170	171	172	173	174	175	176	177	178	179	180	◀A
66	Dy	18.9	25.5	24.9	28.2																	Dy
67	Ho					100																Ho
68	Er		0.14		1.6		33.4	22.9	27.0		15.0											Er
69	Tm									100												Tm
70	Yb								0.14		3.0	14.3	21.9	16.2	31.8		12.7					Yb
71	Lu															97.4	2.6					Lu
72	Hf														0.18		5.2	18.5	27.2	13.8	35.1	Hf
73	(Ta)																				0.01	(Ta)
74	(W)																				0.13	(W)

OZ	A▶	181	182	183	184	185	186	187	188	189	190	191	192	193	194	195	196	197	198	199	200	◀A
73	Ta	99.9																				Ta
74	W		26.3	14.3	30.7		28.6															W
75	Re					37.4		62.6														Re
76	Os				0.02		1.6	1.6	13.3	16.1	26.4		41.0									Os
77	Ir											37.4		62.6								Ir
78	Pt										0.13		0.78		32.9	33.8	25.3		7.23			Pt
79	Au																	100				Au
80	(Hg)																0.15		10.2	16.9	23.1	(Hg)

OZ	A▶	201	202	203	204	205	206	207	208	209	210	211	212	213	214	215	216	217	218	219	220	◀A
80	Hg	13.2	29.7		6.8																	Hg
81	Tl			29.5		70.5																Tl
82	Pb				1.4		24.1	22.1	52.4													Pb
83	Bi									100												Bi

OZ	A▶	221	222	223	224	225	226	227	228	229	230	231	232	233	234	235	236	237	238	239	240	◀A
90	Th												100									Th
91	Pa																					Pa
92	U														0.06	0.72			99.3			U

6.3 Vorschlag für das ECCE-project an die
    International Union of Biological Sciences
    Englische Zusammenfassung

International Union of Biological Sciences

Element Concentration Cadasters in Ecosystems

1. Introduction and Motion

The International Union of Biological Sciences
(IUBS) is organizing an international study
assessing the inorganic resources of ecosystems.
This program is designed to provide an understanding of the chemical structure and element
fluxes of ecosystems on a global, regional, and
local scale. The program would involve ecologists,
pedologists, and chemists. It would contribute
to the goals of the International Geosphere-Bio-
sphere Program (IGBP) by describing the patterns
of chemical abundance in the biota and of their
fluxes between the biota and the geosphere. It
is recommended that IUBS sponsor this global
program and set up an organizing and coordinat-
ing structure for it. Since the program is
interdisciplinary, the members of the organizing
committee will have the task of having the program cosponsored by relevant unions within
ICSU:IUBS, IUPAC.

2. The Project

2.1 The goals

The proposed project should yield, over a 5- to 10-year time span, the following results:

1. With regard to technical and methodological problems:
   - A procedure for representative sampling in ecosystems including soil, water, plants, animals, and atmospheric components.
   - A test of comparability of the analytical techniques leading to the most efficient analytical procedure for multielement concentrations in the respective matrices.
2. With regard to ecological problems:
   - Comparisons of transferrates for individual elements across the different ecosystem compartments. This would demonstrate points of accumulation, filtering, or passages along the material and energy flow through ecosystems.
   - The role of one or more elements on the behaviour of the element of interest.
   - The influence of element concentrations on the evolution of species and development of ecosystems in similar climatic and edaphic environments.
   - The circulation of detectable chemical elements, especially those which are

potential tracers of human activities.
- Concentration of chemical elements in different ecosystems, with initial focus on selected ecosystems representing large landscape units.
- Resource detection for rare but important elements in ecosystems.

2.2 Links to other IUBS Programs

The program would involve comparison of elemental concentrations among ecosystems, biomes, plant, and animal species and would study the accumulation and filtering of elements by the biota under different climates, soils, and pertubation histories. It would focus on the study of the chemical diversity of the biosphere, providing a link with the IUBS effort to study the biological diversity of the biosphere. It is unique in taking a broad view, seeking to determine the full spectrum of chemical abundance in ecological matrices based on the assumption that the abundance of one element (or elements) influences the abundance of the others.

The results of the proposed study are expected to lead to a more definite global description of ecosystem biogeochemistry (i.e., inorganic, biological, and soil chemistry), thereby contributing directly to the IGBP goals. It is

different from other efforts on global bioche-
mistry (e.g. the SCOPE) in its breadth, in that
it emphasizes comparative field study and the
building up of a linked network of analytical
laboratories where determinations can be made
under standardized conditions. Coupled with the
studies of flux to be undertaken in other IGBP
studies, it will provide more comprehensive
explanations of flows and pools, temporal dyna-
mics of storages, and concentration gradients
for global biogeochemical models.

2.3 Envisioned Scope of the Project

We expect that individual projects be developed
in each country which would contribute to the
basic goals outlined in paragraph 2.1.

3. Justifications

Today, we have tools available to undertake
this type of global study which were unavailable
a few years ago. Most importantly, today's analytical methods can precisely determine elemental abundances in tissues even when they occur
at very low concentrations. Advances in geo-
botanical prospecting have led to a better
understanding of plant substrate relationships
which in turn provide a firm basis for the
study of global and regional patterns. However,
beyond the value of establishing the parameters

of elemental abundance in ecosystems and species, the study can provide the basis to determine the influence of the abundance of one element on another, and on the chemical interrelationships among the biota and its substrate and of plants and consumers.

4. Potential Problems

A series of problems have been identified which must be overcome to build a working program. The organizers are confident that they can be overcome, but nevertheless it is useful to consider them. Firstly, the study depends upon analytical comparability among laboratories. A large set of cooperating laboratories has been identified and it is expected that comparability can be achieved by using standard test materials. Secondly, many issues on sampling and sample preparation to minimize contaminations must be resolved. It is proposed that a workshop be held early in the project development to develop a standard sampling and handling protocol. Thirdly, this project, like other projects concerned with global and regional studies, has problems of scaling from microdetermination of the elemental abundances in square centimeters of soil or in a leaf to the vegetation and regional soils. Clearly, addressing the scaling problem will be a prime part of the research program. Fourthly, ecologists tend to be interested in very fine-scale projects. What would motivate them to collect data across the meso- and macroscale needs to be considered. We feel that the presence of cooperating analytical facilities and the generation of comparable, precise, and standardized data will prove attractive and may overcome the particularist tendency of the ecologists. And fifthly, the project could be considered as a study of the chemistry of ecosystem compartments represented by species and not species themselves. To be any broader would be extremely difficult. However, identification of specific ecosystems, components, and species for a few important locations should be accomplished in the initial project design workshops.

5. Organization

The project has been conceived and developed initially as the Element Concentration Cadaster of Ecosystems project by Prof. H. Lieth (Osnabrück, FRG). In this title "Cadaster" is used to mean a complete description of element concentrations. The project was presented to the General Assembly of IUBS in September, 1985 and has been discussed by ecologists, including being the focus of workshop at The University of Georgia in April, 1986. Several reviews of Lieth's original proposal have led to the present draft.

It is proposed that Prof. Lieth be designated
the Secretary General of the project and
Dr. Markert designated the executive Secretary.
Cooperating ecologists, analytical chemists,
geochemists, and soil scientists be enlisted
through contacts of IUBS, ICSU, and other international organizations.

For the ad hoc committee:

    F.G. Golley
    V. Sokolov, A.D. Pokarzhevskij
    H. Lieth, B. Markert

6.4 ECCE-Tabelle für das IUBS-Programm

Blatt 00: Deckblatt

Inhaltsverzeichnis:

Blatt 10: EEC von *Vaccinium vitis-idaea* auf podsolisierter Flug-and sanddüne in Achmer bei Osnabrück

Blatt 20: Ursprung der Probe und geographische Koordination des Entnahmeortes

Blatt 30: Klimadaten und Beschreibung der Witterungsverhältnisse bei der Probenentnahme

Blatt 40: Pedologie, Geologie und Mineralogie des Untersuchungsgebietes, ggf. Adressen der Bearbeiter

Blatt 50: Vegetationstypus, ggf. Adressen der Vegetationsanalytiker

Blatt 60: Fauna des Untersuchungsgebietes, ggf. Adressen der Bearbeiter

Blatt 70: Analytische Techniken, Adressen der analytischen Chemiker

Blatt 80: Probenahme, Probenaufbereitung und Probenaufschluß

Abkürzungen: T= Trockung, W= Waschung, H= Homogenisation, A= Aufschluß
AAS= Atomabsorptionsspektroskopie
AES/ICP= Atomemissionsspektroskopie mit induktiv gekoppeltem Plasma, NAA= Neutronenaktivierung, MAS= Massenspektroskopie, EA= Elementaranalyse

Blatt 10

ECCE Nr. 10	*Vaccinium vitis-idaea* Preiselbeere	Osnabrück Achmer	O:7°50′ N:52°20′ 68 NN	8,8°C 771 mm	regnerisch, Tage vorher wechselhaft
17.6.1983	podsolige Flugsanddüne		AAS AES-ICP MAS NAA, EA	T:48h/105°C W:– H:Achat/10min	A:konz. HNO_3 3h, 170°C 2–4 Torr

10^x mg/kg	-6	-5	-4	-3	-2	-1	0	1	2	3	4	5	6	unter der Nachweisgrenze	nicht bestimmt
			Eu	Lu	Gd	Sb	Ti	B	Fe	P	N	O		Bi <0.1	Ac,Ar,At,
			Er	Tb	As	Br	Na	Cl	Mg	H	C			Ga <0.02	Be, F
			Yb	Sc	La	Ni	Rb	Al	S					Ge <1	Fr,He,I
			Au	Hg	Co	Cu	Zn	Mn	Ca					Sn <0.2	In,Ir,Kr,
			Ho	Hf	Ce	Sr	Ba	Si	K					Tm <0.1	Li,Ne,Os,
			Dy	Sm	Zr									U <0.073	Pa,Pd,Pm,
				Th	Cs									W <0.057	Po,Pt,Ra,
				Y	V										Re,Rh,Rn,
				Se	Pb										Ru,Ta,Tc,
				Ag	Cr										Te,Tl,Xe
				Cd											
				Nb											
				Pr											
				Nd											
				Mo										n= 7	n= 29

Mitarbeiter	Buczko, Damsgaard, David, De Bruin, Dudas, Ehmann, Heydorn, Hoffmann, Kroner, Lieth, Markert, Ohno, Parry, Pawluk, Pickett, Pinkerton, Schramel, Stoeppler, Sugimae, Wilson, Yliruokanen, Yuan.

Bemerkung:	Elemente mit einer Kernladungszahl <92 wurden nicht berücksichtigt, − = Mitte der Konzentrationsklasse

Blatt 20: Ursprung der Probe und geographische Koordination des Entnahmeortes

Die Untersuchungsfläche liegt etwa 2 km
südlich von Achmer, 68 m.N.N.

O: 7° 50'

N: 52° 20'

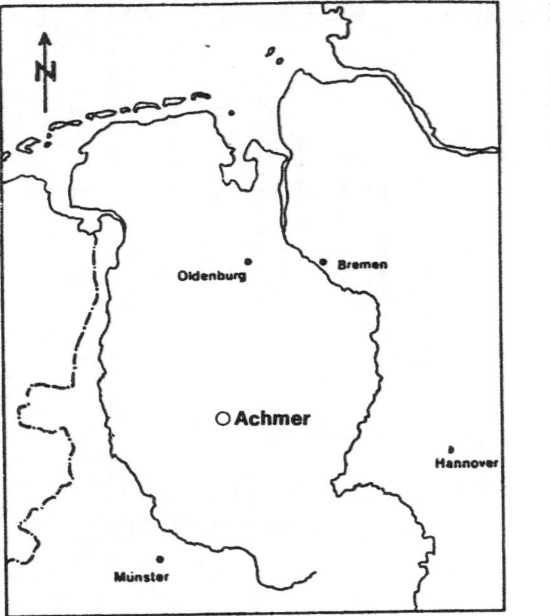

Blatt 30: Klimadaten und Beschreibung der Witterungsverhältnisse bei der
Probenentnahme

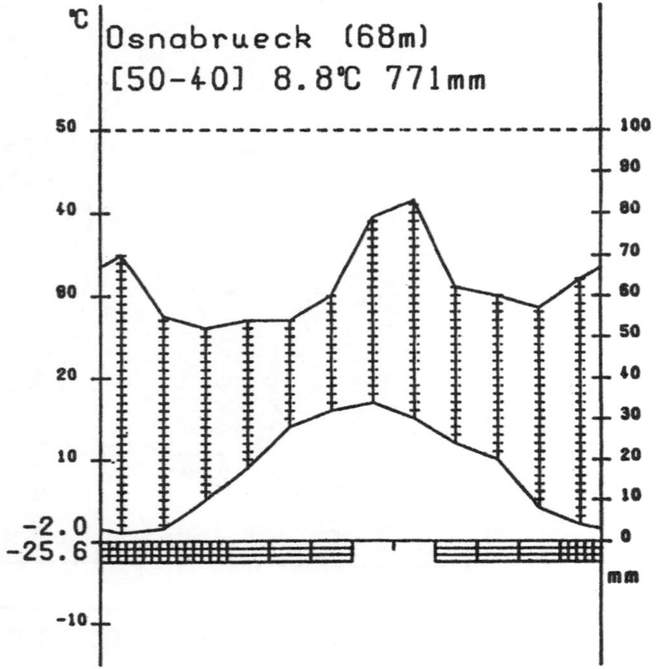

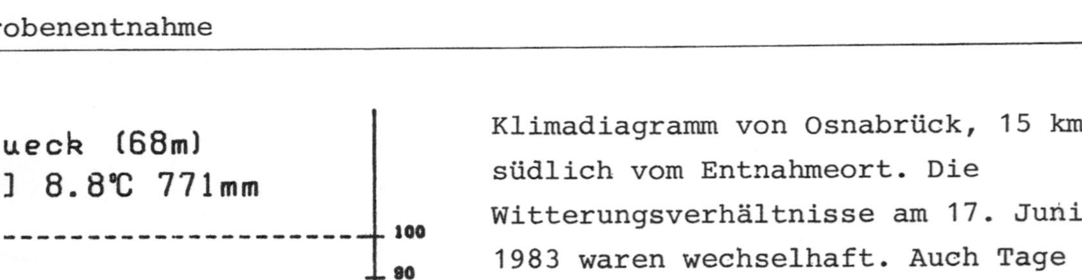

Klimadiagramm von Osnabrück, 15 km südlich vom Entnahmeort. Die Witterungsverhältnisse am 17. Juni 1983 waren wechselhaft. Auch Tage vor der Probenahme wechselten sich Sonnenschein und Regenschauer ab.

Blatt 40: Pedologie, Geologie und Mineralogie des Untersuchungsgebietes

Bei der untersuchten Flugsanddüne handelt es sich um Ablagerungen von Flugsanden in der Eiszeit. Im Laufe der Zeit kam es zu einer deutlichen Ausprägung eines Podsolprofils. Mineralogische Untersuchungen wurden bisher nicht vorgenommen.

Bodenprofil: bisher nicht aufgenommen

Blatt 50: Vegetationstypus: *Querceto-betuletum* (Eichen-Birken-Kiefern-Mischwald)

Pflanzenbestand:

Bäume: Eiche, Birke, Kiefer

Sträucher:

Krautschicht: *Vaccinium vitis-idaea*

Vaccinium myrtillus

Deschampsia flexuosa

Blatt 60: Fauna des Untersuchungsgebietes

Eine faunistische Aufnahme wurde im Untersuchungsgebiet noch nicht durchgeführt.

Blatt 70: Analytische Techniken, Adressen der analytischen Chemiker

Für die Analyse wurden folgende Techniken eingesetzt:

AAS: Dr. A. Pinkerton, Canberra, Australien, Sr

Dr. D.J. David, Canberra, Australien, Sr

Dr. S. Pawluk und Dr. M.D. Dudas, Edmonton, Canada, Al

Dr. B. Markert, Osnabrück, BRD, Cd, Cr, Cu, Ni, Mo, Pb, Al, Ba, Ca, Co, Fe, Mg, Mn, Na, Sr, Ti, Zn

Dr. M. Stoeppler, Jülich, BRD, Ag, Hg, Se

Dr. T.L. Yuan, Gainesville, USA, Al, Si

Dr. D.O. Wilson, Experiment, USA, Mo

AES-ICP: Dr. P. Schramel, München, BRD, Al, B, Ca, Cd, Cr, Cu, Fe, Mg, Mn, Ni, P, Pb, Ti, Zn

Dr. A. Sugimae, Osaka, Japan, Ce, Dy, Er, Eu, Gd, Ho, La, Lu, Nd, Pr, Sc, Sm, Tb, Tm, Y, Yb

Dr. H.J. Hoffmann, München, BRD, Ag, Al, B, Ba, Ca, Cd, Co, Cr, Cu, Fe, K, Mg, Mn, Mo, Na, Ni, P, Pb, S, Si, Sn, Sr, V, Zn

Blatt 70 (2)

AES: Dr. E.E. Pickett, Columbia, USA, Ag, Ga, Ge, Sn, Zr
MAS: Dr. Yliruokanen, Helsinki, Finland, Bi, Ce, Dy, Er, Eu, Gd, Hf, Ho, La,
Lu, Nb, Nd, Pr, Sm, Tb, Th, Tm, U, W,
Y, Yb

EA: Dr. J. Kroner, München, BRD, C, H, N
NAA: Dr. K. Heydorn und Dr. E. Damsgard, Rosklide, Dänemark, V
Dr. S. Parry, London, Sc, Co, Cs, As, Rb, W, Ag, Se, Fe, Au
Dr. S. Ohno, Chiba-shi, Japan, Co, Cs
Dr. M. de Bruin, Delft, Niederlande, Na, Cl, Ca, Sc, Cr, Mn, Fe, Co, Ni,
Cu, Zn, Ga, As, Se, Br, Rb, Zr, Mo, Ag,
Co, Sn, Sb, Cs, Ba, La, Ce, Nd, Sm, Eu,
Tb, Dy, Ho, Ge, Au, Hg, Th, U
Dr. Cs. M. Buczko, Debrecen, Ungarn, Fe, K, Ca, Mg, Cl, Si, Al
Dr. W.D. Ehmann, Lexington, USA

Blatt 70 (3)

Weitere Einzelheiten zur Analytik sind beschrieben bei:

MARKERT, B., 1986: Aufstellung von Element-Konzentrations-Katastern in unterschiedlichen Pflanzenarten und Bodentypen in Deutschland,
Österreich und Schweden, Beiträge zur Umweltprobenbank,
Hrsg. M. Stoeppler und H.W. Dürbeck, Jül. Spez., 360,
166 S.

Blatt 80: Probenahme, Probenaufbereitung und Probenaufschluß

Probenahme: Die Proben wurden auf einer Fläche von 3x3 m^2 manuell entnommen (Plastikhandschuhe), die Blätter von den Sprossen getrennt und in Plastiktüten in das Labor überführt.

Probenaufbereitung: Im Labor wurden die Proben bei 105°C 48 Stunden im Trockenschrank getrocknet (erhaltene Menge an Blättern: 150 g). 20 g Blätter (Frischgewicht) wurden für die Quecksilberbestimmung in Duran Schott Gläsern mit 1 g Thymol konserviert. Die Proben wurden mit einer Achat-mühle 10 Minuten homogenisiert bzw. im nicht homo-genisierten Zustand in Polyethylenflaschen an die Analytiker versandt.

Blatt 80 (2)

Probenaufschluß: Die Proben (0,5 g) wurden in Quarzgefäßen mit 10 ml Salpetersäure (Merck suprapur) versetzt, die Quarzgefäße
verschlossen, und 3 h bei 170°C und 2-4 Torr aufgeschlossen.
Die Proben wurden anschließend mit bidestilliertem Wasser
auf 50 ml Endvolumen aufgefüllt. Es wurden mindestens
2 Parallelaufschlüsse durchgeführt.

Die Proben wurden bis zur Messung maximal 60 Tage im Kühlschrank bei +4°C
aufbewahrt.

7 Literatur

ADRIANO, D.C., 1986:
Trace elements in the terrestrial environment. Springer, Berlin Heidelberg New York Tokyo

ALBAN, D.H., PERALA, D.A., SCHLAEGEL, B.E., 1978:
Biomass and nutrient distribution in aspen, pine, and spruce stands on the same soil type in Minnesota. Can. J. For. Res. 8, 290 - 299

ALLEN, S.E., GRIMSHAW, H.M.,PARKINSON, J.A.,GUARMBY, C. 1974:
Chemical analysis of ecological materials. Blackwell, Oxford

ARNDT, U., SEUFERT, G., BENDER, J., JÄGER, H.J., 1985:
Untersuchungen zum Stoffhaushalt von Waldbäumen aus belasteten Ökosystemen in Open-Top-Kammern. VDI-Berichte 560: 783 - 803

BAUMEISTER, W. und ERNST, W.H.O., 1978:
Mineralstoffe und Pflanzenwachstum. Fischer, Stuttgart, 416 S.

BAZILEVICH,N.I. und RODIN,L.E., 1966:
The biological cycle of nitrogen and ash elements in
plant communities of the tropical and subtropical zones.
For Abstr 27: 357-368

BAZILEVICH, N.I. und RODIN, L.E., 1971:
Geographical regularities in productivity and the
circulation of chemical elements in the earth's main
vegetation types. Sov Geogr 12: 24-53

BEHNE, D. und IYENGAR, G.V., 1986:
Spurenelementanalyse in biologischen Proben. In:
FRESENIUS, W., GÜNZLER, H., HUBER, W.,
LÜDERWALD, I., TÖLG, G., WISSER, H., (Hrsg.):
Analytiker Taschenbuch, Bd 6, Springer, Berlin
Heidelberg New York Tokyo, S 237-280

BOWEN, H.J.M., 1967:
Comperative elemental analyses of a standard plant
material. Analyst 92, 124-131

BOWEN, H.J.M., 1974:
Problems in the elementary analysis of standard
biological samples. J Radioanal Chem 19: 215-226

BOWEN, H.J.M.,1979:
Environmental chemistry of the elements. Academic
Press, London New York

BREDOW, B., BUGGERT, A., ECKHOFF, A.,
HOLLSTEIN, B., NEUMANN, M., SCHINDEL, R.,
WEBER, A., ZECH, S., und GLAVAC, V., 1986:
Vergleichende Untersuchung der Boden-, Wurzel- und
Blattmineralstoffgehalte von Bäumen verschiedener
Schadstufen in einem immissionsbelasteten
Altbuchenbestand. Allg Forstz 22: 551-554

CAROLI,S., DELLE FEMMINE, P., ALIMONTE, A.,
PETRUCCI, F., VIOLANTE, N., 1982:
Applicability of spectroscopic methods of the
determination of Aluminium in biological samples.
Spectrosc Lett 15: 211-215

COX, R.M., HUTCHINSON, T.C., 1979: Metal co-
tolerances in the grass Deschampsia cespitosa. Nature,
London, 279: 231-233

DAVIES, B.E., 1983:
A Graphical estimation of the normal lead content of
some british soils. Geoderma 29: 67-75

DAVIES, B.E. und WIXSON, B.G., 1985:
Trace elements in surface soils from the mineralized area
of Madison County. Missouri, U.S.A. J Soil Sci 36: 551-
570

170

DUVIGNEAUD, P. und DENAEYER-DE SMET, S., 1962:
Distribution de certains elements mineraux (K, Ca, N)
dans les tapis vegetaux naturels. Bull Soc Fr Physiol
Veg 8: 96-103

DUVIGNEAUD, P. und DENAEYER-DE SMET, S., 1968:
Biomass, productivity and mineral cycling in deciduous
mixed forests in Belgium. In: H.E. YOUNG, (Hrsg)
Symposium on primary productivity and mineral cycling
in natural ecosystems. Univ Maine Press, Orono, S 167-
186

DUVIGNEAUD, P. und DENAYER-DE SMET, S., 1973:
Biological cycling of minerals in temperate deciduous
forests. Ecol Stud 1: 199-225

EHWALD, E., 1957:
Über den Nährstoffkreislauf des Waldes. Dtsch Akad
Landwirtsch Wiss Sitz 6: 1-56

ELLENBERG, H., MAYER, R., SCHAUERMANN, J.,
1986:
Ökosystemforschung, Ergebnisse des Solling Projektes.
Ulmer, Stuttgart

EPSTEIN, E., 1972:
Mineral nutrition of plants, principles and perspectives.
Wiley, New York

ERÄMETSÄ, O., HAARALA, A.R. und YLIRUOKANEN,
I., 1973:
Lanthanide content in three species of Equisetum.Suom
Kemistil B 46: 234-236

ERNST, W.H.O., 1978:
Ökologische Risiken, verursacht durch emittierte
Feinstäube aus Verbrennungsmotoren, Folgerungen für
die analytische Chemie. Chem Rundsch 31: 32-35

ERNST, W.H.O. und JOOSEE VAN DAMME, E.N.G.,
1983:
Umweltbelastung durch Mineralstoffe. Fischer, Stuttgart

ERNST, W.H.O., MATHYS, W., SALASKE, J. und
JANIESCH, P., 1974:
Aspekte der Schwermetallbelastungen in Westfalen. Abh
Landesmus Naturkd Münster 36: 1-33

ESSER, G., 1987:
Sensitivity of global carbon pools and fluxes to human
and potential climatic impacts. Tellus 39B: 245-260

FIRBAS, F., 1952:
Einige Berechnungen zur Ernährung der Hochmoore.
Veröffentl Geobot Inst ETH Zürich Stift Rübel 25: 177-
182

172

FISCHER, W.R., 1987:
Das Verhalten von Spurenelementen im Boden.
Naturwissenschaften: 74 63-70

FORTESCUE, J.A.C., 1980:
Environmental Geochemistry. Springer, Berlin

FRÄNZLE, O., 1983:
Regional repräsentative Auswahl der Böden für eine
Umweltprobenbank. FE-Vorhaben 106 05 028 des
Umweltbundesamtes

FRÄNZLE, O., SCHRÖDER, W. und VETTER, L., 1985:
Saure Niederschläge als Belastungsfaktoren: Synoptische
Darstellung möglicher Ursachen des Waldsterbens.
Umweltforschungsplan des Bundesministers des Innern,
Forschungsber 106 07 046/13 im Auftrag des
Umweltbundesamtes. Berlin

FRIBERG, L., NORDBERG, G. F., VOUK, V.B.
(Hersg.), 1979:
Handbook on the toxicology of metals. Elsevier,
Amsterdam Oxford

GLAVAC, V., 1986:
Die Abhängigkeit der Schwermetalldeposition in
Waldbeständen von der Höhenlage. Natur Landsch 61:
43-47

GLAVAC, V. und KOENIES, H. 1986:
Kleinräumige Verteilung der pflanzenaufnehmbaren
Mineralstoffe in den vom Stammablaufwasser beeinflußten
Bodenbereichen alter Buchen in verschiedenen
Waldgesellschaften. Düsseldorfer Geobot Kolloq 3: 3-14

GOLLEY, F.B. und RICHARDSON, T., 1977:
Chemical relationships in tropical forests. Geo-Eco-Trop
1: 35-44

GOLLEY, F.B., RICHARDSON, T. und CLEMENTS,
R.G., 1978:
Elemental concentrations in tropical forests and soils of
northwestern Colombia. Biotropica 10: 144-151

GOLLEY, F.B., YANTKO, J., RICHARDSON, T.,
KLINGE, H., 1980a.: Biogeochemistry of tropical forest.
1. The frequency distribution and mean concentration of
selected elements in a forest near Manaus, Brasil. Trop
Ecol 21: 59-70

GOLLEY, F.B., YANTKO, J., JORDAN, C., 1980b.:
Biogeochemistry of tropical forests. 2. The frequency
distribution and mean concentration of selected elements
near San Carlos de Rio Negro, Venezuela. Trop Ecol 21:
71-80

GOLLEY, F.B., SOKOLOV, V., POKARZHEVSKIJ, A.D.,
LIETH, H. und MARKERT, B., 1986:
Assessment of inorganic resources of ecosystems, an
IUBS-program. Discussion paper prepared for the IUBS
meeting 7th-9th August 1986 in Syracuse, New York
(unveröffentlicht)

GRIEPINK, B. und MARCHANDISE, H., 1986:
Referenzmaterialien. In : FRESENIUS, W., GÜNZLER,
H., HUBER, W., LÜDERWALD, I., TÖLG, G., WISSER,
H. (Hrsg), Analytiker Taschenbuch, Bd 6. Springer,
Berlin Heidelberg New York Tokyo, S 3-16

HARKINS, W.D., 1928:
Lehrbuch der anorganischen Chemie. De Gruyter, Berlin
New York (zitiert nach HOLLEMANN, A.F. und WIBERG,
E. 1976)

HEMPHILL, D.D. (Hrsg) 1967 - 1987:
Trace substances in environmetal health, Proceedings of
University of Missouri's annual conferences on trace
substances in environmetal health. Univ Missouri,
Columbia, Missouri

HOBBS, R.J. und STREIT, B., 1986:
Heavy metal contaminations in plants growing on a
copper mine spoil in the Grand Canyon, Arizona. Am
Midl Nat 115: 277-281

INEICHEN, R., 1977:
Einführung in die elementare Statistik. Raeber, Luzern
Stuttgart

IRGOLIC, K.J. und MARTELL, A.E., (Hrsg), 1985:
Environmental inorganic chemistry. Verlag Chemie,
Weinheim

IYENGAR, G.V., KOLLMER, W.E., BOWEN, H.J.M.,
1978:
The elemental composition of human tissues and body
fluids, a compilation of values for adults. Verlag
Chemie, Weinheim

JÄGER, H.J., WEIGEL, H.J. und GRÜNHAGE, L., 1986:
Physiologische und biochemische Aspekte der Wirkung
von Immissionen auf Waldbäume. Eur J For Pathol 16:
98-109

JAYASEKERA, R., 1987:
Growth characteristics and element uptake of the two
mangrove species Rhizophora mangle L. and Rhizophora
mucronata Lamk. under different environmental
conditions. PhD-Thesis, Univ Osnabrück

JORDAN, C.F. und KLINE, J.R., 1972:
Mineral cycling: some basic concepts and their
application in a tropical rain forest. Annu Rev Ecol Syst
3: 33-50

176

KABATA-PENDIAS, A. und PENDIAS, H., 1984:
Trace elements in soils and plants. CRC Press, Boca
Raton

KALETA, M., 1984:
Synanthrope Vegetation im Bereich von Emissionsquellen.
Acta Bot Slov Acad Sci Slov Ser A Suppl 1: 107-109

KAZMIERCZAK, J., ITTEKKOT, V. und DEGENS, E.T.,
1985:
Biocalcification through time environmental challenge and
cellular response. Palaeontol Z 59: 15-33

KIEFER, F., 1984: Metalle als lebensnotwendige
Spurenelemente für Pflanzen, Tiere und Menschen. In
MERIAN, E. (Hrsg), 1984: Metalle in der Umwelt. Verlag
Chemie, Weinheim, S 117-123

KNABE, W., 1985:
Methodische Fortschritte bei der Waldschadensforschung.
Allg Forstz 22: 555-556

KNAPP, G., 1984:
Der Weg zu leistungsfähigeren Methoden der
Elementspurenanalyse in Umweltproben. Fresenius Z Anal
Chem 317: 213-219

KOCH, O.G. und KOCH-DEDIC, G.A., 1974:
Handbuch der Spurenanalyse, Teil I und II. Springer,
Berlin Heidelberg New York

KOVACS, M., 1982:
Chemical composition of the lesser reedmace (Typha angustifolia) in lake Balaton. Acta Bot Acad Sci Hung 28: 297-307

KOVACS, M., PODANI, J., KLINCSEK, P., DINKA, M. und TÖRÖK, K., 1981: Element composition of the leaves of some deciduous trees and the biological indication of heavy metals in an urban industrial environment. Acta Bot Acad Sci Hung 27: 43-52

LARCHER, W., 1985:
Ökologie der Pflanzen. Ulmer, Stuttgart

LAUL, J.C., WEIMER, W.C. und RANCITELLI, L.A., 1979: Biogeochemical distribution of rare earths and other trace elements in plants and soils. In: AHRENS, L.H. (Hrsg), 1979: Origin and distribution of the elements, vol 11. Pergamon, Oxford

LIETH, H., 1975:
Primary productivity in ecosystems: Comparative analysis of global patterns. In: DOBBEN, W.H. und LOW MC CONNELL (Hrsg), Unifying concepts in ecology. Junk, Den Haag, S 67-88

LIETH, H. und MARKERT, B., 1985:
Concentration cadasters of chemical elements in contrasting ecosystems. Naturwissenschaften 72: 322-324

178

LIETH, H. und MARKERT, B., 1987:
Elementkonzentrationskataster für Böden und einige
Pflanzen in Walchsee/Österreich. Veroeff ETH-Zürich 87:
328-342

LIETH, H. und MARKERT, B., 1988:
The establishment of Element Concentration Cadasters
for Ecosystems (ECCE) in the different vegetation zones
of the earth. Biology International 16: 7-11.

LIETH, H. und WHITTAKER, R.H., 1975:
Primary productivity of the biosphere. Ecol Stud, vol
14. Springer, Berlin Heidelberg New York

LIETH, H., JAYASEKERA, R. und MARKERT, B., 1987:
The application of element concentration cadasters to
different ecological and ecophysiological problems. 3rd
Italo Hungarian symposium on spectroscopy and
biomedical research to be held at ISPRA, Joint Research
Centre, 8.6 - 12.6., 1987, im Druck

LIKENS, G.E., BORMANN, F.H., JOHNSON, N.M.,
PIERCE, R.S., 1967: The calcium, magnesium, potassium
and sodium budgets for a small forested ecosystem.
Ecology 48: 772-786

LIKENS, G.E., BORMANN, F.H., PIERCE, R.S.,
EATON, J.S., JOHNSON, N.M., 1977: Biogeochemistry
of a forested ecosystem. Springer, Berlin Heidelberg
New York

LUCKEY, T.D. und VENUGOPAL, B., 1977:
Metal toxicity in mammals, vol 1. Plenum Press, New
York London

LUCKEY, T.L., VENUGOPAL, B., HUTCHINSON, D.,
1975:
Heavy metal toxicity, Safety and hormonology. Thieme,
Stuttgart

MAB 11, 1983:
Monitoring mittels Bioindikatoren in Belastungsgebieten
Umlandverband, Frankfurt

MARKERT, B., 1986:
Aufstellung von Elementkonzentrationskatastern in
unterschiedlichen Pflanzenarten und Bodentypen in
Deutschland, Österreich und Schweden. In:
STOEPPLER, M. DÜRBECK, H.W., (Hrsg), Contrib
Environ Spec Banking Jül Spez 360: 166 S

MARKERT, 1987a:
Multielemetanalytik: Mögliche Darstellungsweisen von
Meßdaten. Fresenius Z Anal Chem 327: 329-334

MARKERT,B. 1987b.:
Der Vergleich von analytischer und biologischer Varianz
bei der Elementanalytik von Fe, Cu, Pb und Zn mit Hilfe
der AAS. In: WELZ,B. Hrsg.), 4. Colloquium
Atomspektrometrische Spurenanalytik. 385-392.

MARKERT, B., 1987c.:
The pattern of distribution of lanthanide elements in
soils and plants, Phytochemistry 26:(12), 3167-3170

MARKERT, B., 1987d.:
Interelement correlation analysis of chemical elements in
plants. Fresenius Z Anal Chem 329: 462-465

MARKERT, 1987e.:
Chemical characteristics of plants growing on different
soils in central Europe. XIV. Int Bot Congr, 24. July -
1. August, 1987, Berlin, im Druck

MARKERT, B., 1988:
 Systematik biologischer Varianzen, 17. Jahrestagung
der Gesellschaft für Ökologie, Göttingen, im Druck.

MARKERT, B. und JAYASEKERA, R., 1987:
Elemental composition of different plant species, J Plant
Nutr 10: 783-794

MARKERT, B. und LIETH,H 1984:
Vergleichende Elementbestimmung in einem ombrogenen
und minerogenen System. Fresenius Z Anal Chem 317:
412

MARKERT, B. und LIETH, H., 1985:
Elementkonzentrationskataster für einige Pflanzen in
kontrastierenden Ökosystemen. Veroeff Naturforsch Ges
Emden (Ser Jahresber) 5: 27-56

MARKERT, B. und LIETH, H., 1987:
Element concentration cadasters in a swedish
biotope/Reference standard for inorganic environmetal
chemistry. Fresenius Z Anal Chem 326: 716-718

MARKERT, B. und STEINBECK, R., 1988:
Some aspects of element distribution in Betula alba, a
contribution to representative sampling of terrestrial
plants for multielement analysis, Fresenius Z Anal.
Chem, im Druck

MARKERT, B. und MEER, G., 1985:
Biomonitoring mittels Hypnum cupressiforme (Hedw.) im
Großraum Osnabrück. Veroeff Naturforsch Ges Emden
(Ser Jahresber) 5: 57-67

MAY,K. und STOEPPLER, M., 1984:
Petreatment studies with biological and environmental
materials. IV.: Complete wet digestion in partly and
completely closed quartz vessels for subsequent trace
and ultratrace mercury determination. Fresenius Z Anal
Chem 317: 248-251

MAYER, R. und ULRICH, B., 1974:
Conclusions on the filtering action of forests from
ecosystem analysis. Ecol Plant 9 (2): 157-168

MENGEL,K., 1984:
Ernährung und Stoffwechsel der Pflanze. Fischer,
Stuttgart New York

182

MERIAN, E., (Hrsg) 1984:
Metalle in der Umwelt, Verteilung, Analytik und
biologische Relevanz. Verlag Chemie. Weinheim

MOODY, J. R. und LINDSTRÖM, P., 1975:
Selection and cleaning of plastic containers for storage
of trace element samples. Anal Chem 47: 2264-2266

MÜLLER, P. und WAGNER, G., 1986:
Probenahme und genetische Vergleichbarkeit
(Probendefinition) von repräsentativen Umweltproben im
Rahmen des Umweltprobenbankprojektes BMFT-
Forschungsber-T 86-040: 115 S

NEWBOULD, P. J.; 1967:
Methods of estimating the primary production of forests,
Blackwell, Oxford Edingburgh

NIEMINEN, K., HAARALA, A. R. und YLIRUOKANEN,
I., 1974:
Trace element analysis of granite and radioactive rocks
by spark source mass spectrometry with electrical
detection. Bull Geol Soc Finl 46: 167-176

NIHLGARD, B., 1972:
Plant biomass, primary production and distribution of
chemical elements in a beech and a planted spruce forst
in South Sweden. Oikos 23: 69-81

NUERNBERG, H.W., NGUYEN, V.D., VALENTA, P.,
1982:
Wet deposition of toxic metals from the atmosphere in the
Federal Republic of Germany. In: GEORGII, H.W.
PANKRATH, J.(Hrsg), Deposition of atmospheric
pollutants. Reidel, Dordrecht Boston, S 143-157

ODUM, E. P., 1983:
Grundlagen der Ökologie. Thieme, Stuttgart New York

OLSON, S. R., 1972:
Micronutrient interactions. In: Mortvedt, J. J.,
Giordano, P. M.,Lindsay, W. L.(Hrsg), Micronutrients
in agriculture. Soil Sci Soc Am, Madison, Wisconsin, S
243-264

REEDIJK, J., 1987:
Bioinorganic Chemistry. Inorganic chemistry in a
perspective of biology, medicine and the environment.
Naturwissenschaften 74: 71-77

REICHLE, D. E., 1973:
Analysis of temperate forest ecosystems. Ecol Stud vol
1. Springer, Berlin Heidelberg New York

RICHARDSON, D. H. S., 1985:
Applications of voltametry in environmental science.
Environ Pollut Ser B 10: 261-276

184

RICHARDSON, D. H. S., KIANG, S., AHMADJIAN, V.,
NIEBOER, E., 1985:
Lead and uranium uptake by lichens. In: BROWN, D.
H., (Hrsg) Lichen Physiology and cell biology. Plenum,
New York London, S 227-246

ROBINSON, W. O., 1943:
The occurrence of rare earths in plants and soils, Soil
Sci 56: 1-6

ROBINSON, W. O., BASTRON, H. and MURATA, K. J.,
1958:
Biogeochemistry of the rare earth elements with
particular references to hickory trees. Geochim
Cosmochim Acta 124: 55 - 67

RODIN, L. E. and BAZILEVICH, N. I., 1967:
Production and mineral cycling in terrestrial vegetation.
Oliver and Boyd, Edinburgh London

ROSSBACH, M., 1986:
Instrumentelle Neutronenaktivierungsanalyse zur
standortabhängigen Aufnahme und Verteilung von
Spurenelementen durch die Salzmarschpflanze Aster
tripolium von Marschwiesen des Scheldeestuars,
Niederlande. In: STOEPPLER, M., DÜRBECK, H.
W.(Hrsg), Beitr Umweltprobenbank, Jül Spez 365: 171 S

ROTH, M., 1984:
Die Coleopteren im Ökosystem "Fichtenforst".
Ökologische und chemisch-analytische Untersuchungen.
Dissertation, Ulm 1984

ROTH, M., FUNKE, E., KRIVAN, V., 1983:
Multielementbestimmung an Coleopteren- Imagines eines
Fichtenforstes durch instrumentelle
Neutronenaktivierungsanalyse. Verh Dtsch Zool Ges ,
76. Jahrestagung, 23.-28.5.1983, Bonn, S 203:

RÜHLING,A. und TYLER,G., 1971:
Regional differences in the deposition of heavy metals
over Skandinavia. J Appl Ecol 8: 497-507

SANSONI, B.(Hrsg), 1985:
Instrumentelle Mulitelementanalyse. Verlag Chemie,
Weinheim

SANSONI, B., 1986:
Fortgeschrittener chemischer Analysendienst für
Elemente, Radionukleide und Phasen. Fresenius Z Anal
Chem 323: 573-600

SCHEFFER. F. und SCHACHTSCHABEL, P., 1982:
Lehrbuch der Bodenkunde. Enke, Stuttgart

186

SCHLADOT, J.D., BACKHAUS, F. und REUTER, U.,
1985:
Beiträge zur Umweltprobenbank, I. Studie zur
Probenhomogenisierung bei tiefen Temperaturen unter
Berücksichtigung der für die Umweltprobenbank
notwendigen Parameter. Spez Ber Kernforschungsanlage
Jülich, Nr 330

SCHMIDT, M., MAYER, R. und GEORGI, B., 1985:
Beeinflussung der Interceptionsdeposition (trockene
Deposition) durch die Aerosolkonzentration und -
größenverteilung in einem Buchenbestand (Solling).
VDI-Ber 560: 423 - 438

SCHRAMEL, P., KLOSE, B.J. und HASSE, S., 1982:
Die Leistungsfähigkeit der ICP-Emissionsspektroskopie
zur Bestimmung von Spurenelementen in biologisch
medizinischen und in Umweltproben. Fresenius Z Anal
Chem 31: 209-216

SCHUBERT,R., 1985:
Bioindikation in terrestrischen Ökosystemen. Fischer,
Stuttgart

SHAKLETTE, H. T. and BOERNGEN, J. G., 1984:
Element concentrations in soils and other surfical
materials of the conterminous United States. USGS Prof
Pap 1270. US Gov Print Office, Washington D C

STEINNES, E., 1980:
Atmospheric deposition of heavy metals in Norway
studied by the analysis of moss samples using neutron
activation analysis and atomic absorption spectrometry. J
Radioanal Chem 58: 387-391

STEUBING,L. und JAEGER, H.L., 1982:
Monitoring of air pollutants by plants. Methods and
problems, T:VS, vol 7, Junk, Den Haag Boston London

STOEPPLER, M., 1980:
Beiträge zur Umweltforschung und Umweltüberwachtung,
III.: Optimierung und Einsatz automatisierter Methoden
bei Bilanzierungsstudien mit toxischen Elementen. Ber
KFA Jülich, 1675: 79 S

STOEPPLER, M., 1984:
Bedeutung von Umweltprobenbanken - Anorganisch-
analytische Aufgabenstellungen und erste Ergebnisse des
Deutschen Umweltprobenbankprogramms. Fresenius Z
anal Chem 317: 228-236

STOEPPLER, M. und NUERNBERG, H.W., 1984: Analytik
von Metallen und ihren Verbindungen. In: MERIAN, E.
(Hrsg), Metalle in der Umwelt. Verlag Chemie, Weinheim
S 45-104

188

STOUT, P. R., MEAGHER, W. R., PEARSON, G. A.
and JOHNSON, C. M., 1951: Molybdenum nutrition of
crop plants. I. The influence of phosphate and sulfate
on the absorption on molybdenum from culture. Plant
Soil 3: 51 - 87

STREIT, B., 1984:
Effects of high copper concentrations on soil
invertebrates (earthworms and oribatid mites):
Experimental results and a model. Oecologia (Berlin) 64:
381 - 388

SUGIMAE, A., 1980:
Atmospheric Concentrations and sources of rare earth
elements in the Osaka area, Japan. Atmos Environ 14:
1171 - 1175

THORNTON,I. und ABRAHAMS, P.W., 1983:
Soil ingestion- a mayor pathway of heavy metals into
livestock grazing contaminated land. Sci Total Environ
28: 287-294

THORNTON, I., CULBARD, E., MOORCROFT, S.,
WATT, J., WHEATLY, M., THOMPSON, M., THOMAS,
J.F.A., 1987: Metals in urban dusts and soils. Environ
Technol Lett (im Druck)

ULRICH, B., 1981:
Destabilisierung von Waldökosystemen durch
Akkumulation von Luftverunreinigungen. In: Land-
Holzwirt 36: 525 - 532

ULRICH, B., 1986:
Waldbodenforschung in ökosystemarer Sicht. Allg Forstz
22: 549 - 550
UNESCO-MAB 18, 1985:
Der deutsche Beitrag zum UNESCO-Programm. Der
Mensch und die Biosphäre. Bonn

VENUGOPAL, B. und LUCKEY, T. D., 1978:
Metal toxicity and mammals, vol 2. Plenum, New York
London

VETTER, H., GRAGE, U., MEYER, H.H., 1978:
Gas- und Staubimmissionen und dadurch verursachte
Schäden an Pflanzen und Tieren im Raum Nordenham,
Umweltfortschungsplan des Bundesministers des Innern,
Luftreinhaltung. Forschungsber 78-104 01 003.
Umweltbundesamt

VINOGRADOV, A. P., 1959:
The geochemistry of rare and dispersed chemical
elements in soils. Consultants Bureau, New York

WALTER, H., 1984:
Vegetation und Klimazonen. Ulmer, Stuttgart

WELZ, B., 1983: Atomabsorptionsspektroskopie. Verlag
Chemie, Weinheim

WOODWELL, G.M. und WHITTAKER, R.H., 1968:

WOODWELL, G.M. und WHITTAKER, R.H., 1968:
Primary production and the cation budget of the
Brookhaven Forest. In: YOUNG, H.E. (Hrsg),
Symposium on primary productivity and mineral cycling
in natural ecosystems. Orono , Univ Maine Press, S 151-
166

YLIRUOKANEN, I., 1975:
Uranium, thorium, lead, lanthanides and yttrium in some
plants growing on granitic and ratioactive rocks. Bull
Geol Soc Finl 47: 71-78

ZEISLER, R. und GREENBERG, R.R., 1982:
Ultratrace determination of platinum in biological
materials via neutron activation and radiochemical
separation. J Radioanal Chem 75: 27-37

ZIEGLER, H., 1978:
Physiologie. In: STRASBURGER et al.(Hrsg), Lehrbuch
der Botanik. Fischer, Stuttgart New York, S 213-476

8 Sachverzeichnis